普通高等教育“十二五”规划教材

现代设计方法与应用

主　编　房亚东　陈　桦
编　者　秦忠宝　陈金亮　田建辉　孙　波
　　　　贾建军　孙
主　审　何卫平

机 械 工 业 出 版 社

本书系统阐述了现代设计的理论基础、基本方法、关键技术和应用领域。内容包括：计算机处理技术、优化设计方法、有限元分析方法、可靠性设计方法和其他常用现代设计方法及应用，并以典型机械产品为例，通过 Matlab、C、Visual Lisp 等软件工具实现产品设计问题的求解与优化。

本书在内容安排上，着重介绍一些基本概念、实施方法和关键技术。在介绍实施方法时，突出思路和方法的多样化，以开阔学生思路，培养学生分析问题和解决问题的能力，并初步掌握某些现代设计方法在机电工程中的应用；在介绍关键技术时，突出多目标优化问题启发式方法、有限元分析方法、可靠性设计方法，以适应现代设计方法的不断发展。

本书可作为高等工科院校机械类专业以及汽车、光电等专业高年级学生和研究生的教材和教学参考书，也可作为相关专业工程技术人员的参考资料和培训教材。

图书在版编目（CIP）数据

现代设计方法与应用/房亚东，陈桦主编. —北京：机械工业出版社，2013.1（2024.8 重印）
普通高等教育“十二五”规划教材
ISBN 978-7-111-40607-5

Ⅰ.①现…　Ⅱ.①房…②陈…　Ⅲ.①机械设计-高等学校-教材　Ⅳ.①TH122

中国版本图书馆 CIP 数据核字（2012）第 285164 号

机械工业出版社（北京市百万庄大街 22 号　邮政编码 100037）
策划编辑：舒　恬　责任编辑：舒　恬　章承林　余　皡　赵亚敏
版式设计：闫玥红　责任校对：刘雅娜
封面设计：张　静　责任印制：常天培
固安县铭成印刷有限公司印刷
2024 年 8 月第 1 版第 8 次印刷
184mm×260mm · 22.25 印张 · 549 千字
标准书号：ISBN 978-7-111-40607-5
定价：55.00 元

电话服务	网络服务
客服电话：010-88361066	机　工　官　网：www.cmpbook.com
010-88379833	机　工　官　博：weibo.com/cmp1952
010-68326294	金　　书　　网：www.golden-book.com
封底无防伪标均为盗版	机工教育服务网：www.cmpedu.com

前　言

现代设计方法是在设计理论的基础上，结合计算机技术所形成的一系列设计方法，它是科学方法在设计中的应用。现代设计方法具有多学科交叉的特点，它融合了信息技术、计算机技术、知识工程和管理科学等领域的知识。由于现代设计方法与应用内容繁多、涉及面广，编者在多年现代设计方法的课程教学与科学研究的基础上，参考国内外主要教材，选取计算机处理技术、优化设计方法、有限元分析方法、可靠性设计方法和其他常用现代设计方法简介五个部分作为本书编写的主要内容。

本书在内容安排上，着重介绍一些基本概念、实施方法和关键技术。在介绍实施方法时，突出思路和方法的多样化，以开阔学生思路，培养学生分析问题和解决问题的能力，并初步掌握某些现代设计方法在机电工程中的应用；在介绍关键技术时，突出多目标优化问题启发式方法、有限元分析方法、可靠性设计方法，以适应现代设计方法的不断发展。在阐明基本科学理论和方法的基础上，针对典型机械产品工程问题，通过 Matlab、C、Visual Lisp 等软件工具实现设计问题的求解与优化，从而达到培养学生运用优化设计、可靠性设计、计算机辅助设计等方法解决设计问题的能力。本课程的学习不但要求学生前期掌握工程力学、机械设计、机械原理等专业基础知识，而且应具备一定的软件编程、算法分析、矩阵理论、概率论、数理统计和数值计算的能力。

本书由西安工业大学房亚东、陈桦主编、统稿并定稿。各章编写人员分工如下：

第 1 章 1.1 节由西安工业大学陈桦编写，第 1 章 1.2 节、1.3 节和第 2 章 ~9 章由西安工业大学房亚东编写，第 10.1 节 ~10.3 节、11.2 节、12.4 节由西安工业大学田建辉编写，第 13 章 ~16 章由陕西理工学院孙伏编写，第 17 章由西安工业大学贾建军编写，第 10.4 节、11.1 节、12.1 节 ~12.3 节、第 18 章由第二炮兵工程学院秦忠宝编写，第 19 章由西安建筑科技大学陈金亮编写，第 20 章由西安工业大学杜江编写，各章习题及参考文献由西安工业大学房亚东和孙波编写和整理。

本书由西北工业大学何卫平主审，北京理工大学张春林老师对本书提出了宝贵意见，在此一并表示衷心感谢！

由于本书编者水平所限，不妥之处在所难免，敬请读者不吝赐教，在此表示感谢。

编　者

目　　录

第1章　绪　　论

【内容】

本章介绍现代设计方法的基础知识，包括现代设计方法的概念、特征、手段和原则，并对系统论、设计方法学和设计系统进行说明和阐述，最后给出系统建模的应用范围、模型的分类以及建模时应注意的问题，并以等截面轴传递转矩为例说明系统建模的方法和步骤。

【目的】

通过本章的学习，使读者了解现代设计方法的发展历程和包括的主要内容，初步掌握系统建模的基本方法和步骤。

1.1　现代设计方法概述

1.1.1　设计的概念和特征

制造的灵魂是设计，设计的灵魂是创新。这就意味着设计是从无到有，从不足到完善的一个创造性的活动。设计的内容很广泛，几乎涉及人类所有的创造活动，机械设计、建筑设计、服装设计以及如今的产品造型设计等。随着人类社会的进步和发展，设计有狭义、广义之分。狭义的设计是指完成满足用户功能需求的图样和技术文档制订过程，目前大多数产品的设计皆属于此。我国曾在若干重大工程实践中行之有效的七事一贯制的设计方法即为广义设计的核心，它将实验、研究、设计、制造、安装、使用和维修称为七事，以设计为主来综合权衡，然后进行设计和说明。从影响因素分析，广义设计是综合考虑经济、社会、环境、人体工学、心理学和文化层次等方面的创造性活动。从时间历程上看，设计贯彻了产品从产生到消亡的整个生命周期，涵盖了市场需求、概念设计、详细设计、工艺设计、生产计划、制造生产、售后及回收等阶段。随着科学技术和生产力的不断发展，设计所涉及的领域不断扩大，其内容、要求、理论和手段等都在不断更新。

（1）设计的概念　目前科技界对设计仍然没有统一的定义，但都是在基本内涵的基础上对其进行进一步诠释。

1）设计是人类征服自然改造世界的基本活动之一，是一种满足需求的过程。

2）设计以自然科学与技术科学为基础，以设计者的经验为引导。它是开发和创造新的系统和结构的过程。

3）从给定目标出发，通过各种手段与方法创造出所需要的优化系统或结构的过程。

4）设计是一种社会文化活动。一方面，设计是创造性的、类似于艺术的活动；另一方面，它又是理性的、类似于条理性的科学活动。

5）设计是综合社会的、经济的、技术的、心理的、生理的、人类学的、艺术的各种形态的特殊的美学活动及产品。

6）设计是通过分析、创造与综合，达到满足某些特定功能系统的一种活动过程。

综合上述设计的定义，可以看出产品设计过程从本质上来说就是创造性的思维与活动过程，是将创新思维转化为具有竞争力产品的过程。

（2）设计的特征　设计活动应具有以下特征：

1）需求性。用户和市场是产品循环的源头和驱动，所以设计师要收集大量不同的信息，包括已有的相似产品市场背景、用户需求、目前存在的问题及正确的解决办法等。

2）创造性。随着科技进步和人类需求的变化，设计者需要进行创新构思，追求新奇、新颖、独特和非重复性的创造成果。

3）时代性。设计活动受时代的物质条件、技术水平的限制，如设计方法、设计手段和设计工具等，故所有产品设计都具有时代的烙印。

4）程式性。任何一个产品设计都是一个过程，由若干个步骤组成，该过程总体上分为产品规划、原理方案设计、技术设计和施工设计等。

1.1.2　设计方法定义及分类

方法指的是用于解决某个问题（实际问题或理论问题），所遵循的一个做事情的顺序和步骤。设计方法指的是面向一个设计问题，做事情的顺序和步骤。这里没有明确设计对象，没有说明是服装设计、机械设计还是电子线路设计，所以此处讨论的方法应该是更通用的方法。内容主要包括以下两方面：一方面是用于设计的各种各样的方法，该设计对象是不定的，可以是服装设计、机械设计，也可以是电子线路的设计；另一方面是关于设计方法本身的研究，本课程侧重于具体的设计方法的介绍。

把做事情分成两部分：一部分是把做事情的顺序规划好，称之为设计；另一部分是将所做的规划付诸实施，称之为制造或实现。以机器制造为例，为了生产某种产品而形成技术文件的过程，即为设计。当然设计为制造提供依据的技术文件可以是纸质的，也可以是电子的。针对零件，机械设计规定零件材料、几何形状和尺寸，以及最终要达到的技术指标，然后按照设计规定的零件树型结构，按照一定的顺序去加工制造零件，最后按照规定的顺序组装成部件乃至产品。所以设计方法本身讨论的是设计里边应该包含什么顺序，并为制造规定一定的顺序和步骤。由于设计工作本身也按照一定顺序展开，所以设计方法是指在设计过程中，为设计本身所规定的特定目标而形成的做事情的顺序。

完成一个设计方案就需要一定的设计思想和方法（随着社会的进步和科学技术的发展，设计已形成一门完整的体系），并且这些思想和方法随社会的发展而变化，因而有了“传统设计”与“现代设计”的概念。从时间轴划分，20 世纪 60 年代之前形成的各种各样的设计方法称为传统设计，20 世纪 60 年代之后形成的设计方法称为现代设计。

1. 传统设计

传统设计是以经验总结为基础，利用力学和数学而形成的经验、公式、图表、设计手册等作为设计的依据，通过近似或类比等方法进行产品设计。由于传统设计所用的计算方法和参考数据侧重于经验的概括和总结，忽略了一些难解或非主要因素，因而造成了设计结果的不精确。另外，在信息处理、参数选择、经验或状态的存储和调用等方面还没有理想有效的方法，解算和绘图都要靠手工才能完成，所以不仅影响设计速度和设计质量，而且优化效果不理想，当然这是其历史局限性造成的，有待进一步完善与改进。传统设计按照其发展进程可分为三个阶段：直觉设计、经验设计和半理论半经验设计。

（1）直觉设计　按照直觉想象这个东西应该是什么样子，没有什么理论来指导和提示，这是最原始的设计方法，不是根据什么经验，而是根据直觉应该这么设计。直觉设计阶段在人类社会历史中经历了很长时期，17 世纪以前基本属于这个阶段。

（2）经验设计　随着生产的发展，单个手工艺人联合起来，相互协作。一部分经验丰富的手工艺人通过图样或其他技术文档将自己的经验和构思表达出来。即在面对一个新的设计的时候，一个有着设计经历的人总会将原来设计过的产品中形成的处理问题的方法（即做事情的顺序）移植到新的产品设计中。这种把过去处理问题的方法移植到新设计中的做法就称为经验设计。

（3）半理论半经验设计　理论是指在实践中被证明是一个有效的方法，有一定的适用范围，并以文字的形式记录下来，然后用于指导新的设计，又被证明是正确的。这种从实践中来，又用于指导实践的方法就被称为理论。20 世纪以来，随着理论研究的深入，实验数据和设计经验的积累，已形成了一套行之有效的半理论半经验的设计方法。该方法以理论计算和长期设计实践而形成的经验公式或类比等方法进行设计。

2. 现代设计

20 世纪 60 年代以后，随着电子计算机的发展及应用，为设计工作提供了实现设计自动化和精密计算的条件。现代设计是以市场需求为驱动，以知识获取为中心，以现代设计思想、方法和手段为工具，考虑产品的整个生命周期和人、机、环境相容性等因素的设计。在现代设计中，所使用的工具归根结底就是电子计算机，利用计算机进行分析、计算、评价、决策和信息处理。并将许多工程现象不断升华和总结为揭示事物内在规律和本质的理论，如摩擦学理论、模态分析理论、可靠性理论、疲劳理论、润滑理论等。

现代设计是在传统设计基础上发展起来的，它继承了传统设计的精华，并非是独立于传统设计的全新设计。由于传统设计发展到现代设计有时序性和继承性，当前正处于共存性阶段。现代设计不仅是设计方法的更新，也包含了新技术的引入和产品的创新，形成了许多新兴的理论与方法：优化设计、可靠性设计、设计方法学、计算机辅助设计、动态设计、有限元设计、工业艺术造型设计、人机工程、并行工程、价值工程、反求工程设计、模块化设计、相似性设计、虚拟设计、疲劳设计、三次设计、摩擦学设计和绿色设计等。

1.1.3　现代设计理论与方法

设计理论是对产品设计原理和机理的科学总结，设计方法是使产品满足要求以及判断产品是否满足设计原则的依据。现代设计方法是在设计理论的基础上，结合计算机技术所形成的一系列设计方法，它是科学方法在设计中的应用。现代设计方法具有多学科交叉的特点，它融合了信息技术、计算机技术、知识工程和管理科学等领域的知识。现代设计方法将整个系统作为研究对象，同时考虑系统与外界之间的联系，用系统工程的概念进行分析和综合，以求系统整体最优。现代设计方法重视产品原理方案的设计、开发和创新，强调综合考虑市场需求、设计、生产、管理、使用和销售等各方面的因素，强调综合运用优化设计、系统工程、可靠性理论、价值工程、计算机技术等学科知识，探索多种解决设计问题的科学途径。

总之，现代设计方法把经验的、类比的设计观点，变成逻辑的、推理的、系统设计观点，采用动态的、多变量的、多方案的、扩散性的设计思维方式。到目前为止，现代设计方法还不能完全取代传统设计方法，因为工程上有许多东西还是要按照经验知识才能进行设计，传统设计行之有效的方法还在使用。目前提出的现代设计方法有几十种之多，其中代表性的方法有：系统分析方法、价值工程方法、技术经济预测方法、有限元法和边界元法、最优化设计法、可靠性设计法、动态设计法、绿色设计方法、虚拟设计方法、并行设计法、生命周期设计法、创新设计法和稳健设计法等。

1.1.4　现代设计手段

设计手段是人的设计思想得以实现的工具和技术。计算机技术、软件技术和数据库技术的发展推动了设计手段的变革，以计算机为设计工具和环境正逐渐取代传统的图板、手册和绘图工具，所以计算机辅助设计（CAD）是现代设计手段的体现，其主要内容包括：

1. 计算机辅助绘图

目前可利用很多商用软件进行计算机辅助绘图，如 AutoCAD、CAXA 等。计算机辅助绘图的速度大大高于人工绘图，而且没有必要对绘制图形的视图和位置进行过多的规划，保存占用空间小，便于管理，查找方便，提高了绘图效率。

2. 计算机辅助几何建模

通过计算机建立几何模型，包含两方面内容：建立零件三维实体模型，以及建立零件二维模型，而且三维模型可以自动转换为二维模型。二维模型可以指导产品制造，三维模型用于虚拟装配，检验产品是否发生干涉。过去在没有计算机帮助进行三维实体的建模和组装的时候，要检验零件之间是否发生干涉所需要的计算量是很大的，而且常常出错。目前产品的几何建模，特别是三维几何建模很常见，很多产品在设计完成之后，不仅要提供二维工程图样，而且要提供三维几何模型，以给用户直观的感觉，提高设计直观性。

3. 工程分析与计算

现代设计会涉及非常复杂的计算。一个机械零件在外载荷作用下，在零件的不同部位会产生不同的应力。如果这个零件的几何形状比较简单，比如一根光轴，就可以利用材料力学的公式对轴的弯曲应力和切应力进行计算。但是如果在轴上开一些槽，并且存在圆角和倒角，然后在轴上装一个齿轮，齿轮在传递运动过程中，轴就会在这个作用力的作用下产生变形，在其内部产生应力。但是仅利用材料力学知识求解不了应力的大小，这时候需要分析方法去解决它，这样的分析方法现在常用的是有限元分析方法。利用有限元的方法分析轴在外载荷作用下的内部应力。由于有限元计算量非常大，故只能够借助高性能计算机及配套软件，对工程中应力、温度、电场、磁场问题进行分析计算。

4. 工程数据管理

在现代设计过程中，会涉及大量不同类型数据，如管理型数据、设计型数据和图形数据等，需要设计过程中进行信息的传输和交换。而且随着并行作业方式的推广应用，还存在着几个设计者或工作小组之间的信息交换问题，因此需要利用数据库管理系统对设计数据进行快速、有序、合理地存储、查询和控制，以提高设计的水平和效率。

5. 计算机决策支持

应用人工智能技术和计算机技术，根据工程设计领域一个或多个专家提供的知识和经验，进行推理和判断，模拟设计人员的决策过程，以便解决那些需要设计专家处理的复杂问题。通过该智能计算机程序系统，提高设计人员的决策判断能力，加快设计速度，减少设计失误。

1.1.5　现代设计特征

现代设计主要特征是以计算机技术和信息技术为核心，主要表现在设计手段的更新、产品表示的改变、设计方法的发展、数字化集成制造、工作方式的改变、管理水平的提高、生产模式的改变等方面。

1. 设计手段的更新

传统设计是以图板、尺子和铅笔为工具，工作量比较大，设计结果不易修改和保存。但是也有特例，如服装设计，利用手工设计出的线条比较流畅，而利用鼠标和键盘等交互设备反而影响设计意图的表达，当然也可以使用绘图笔。所以 CAD 技术的出现和发展，使得甩掉图板的“无纸设计”成为现代设计的主流和发展趋势。

2. 产品表示的改变

传统设计利用投影原理表示零件，这种二维表示形式虽然可用于指导生产，但是由于表达单一、数据量小，不利于产品的进一步分析与制造。利用计算机进行产品三维建模越来越得到广泛的应用，这种表示不仅可以反映产品的几何和拓扑信息，而且可以在形状特征之上附着分析、加工、材料和管理等方面信息，可方便产品的三维显示、分析、工艺和制造，所以计算机的出现推动了零件表达从二维到三维的转变。

3. 设计方法的发展

一些先进设计方法如有限元分析、优化设计、模态设计需要大量的计算，计算机出现使得这些方法的应用普及成为可能。以前有限元分析需要工作站，现在可以在个人计算机上进行处理。计算机发展提供了新的技术方法，如并行工程、虚拟设计、计算机仿真等，并行设计需要不同部门的人员协调工作，没有计算机是不可能的。设计方法要求有好的手段，好的手段又推动设计方法的发展。

4. 数字化集成制造

设计结果可以用计算机以三维模型显示给用户和存储在计算机里。并且该结果可以转换为加工工艺顺序和数控代码，传入到数控机床进行加工，使得设计制造变得更为紧密，这与传统制造明显不同。

5. 工作方式的改变

受设计手段限制，传统设计里面采用串行方法。所谓的串行方法就是从时间坐标轴上面来看，设计任务是按照时间的顺序从一个环节进入到下一个环节的。随着计算机技术、数据库技术和网络技术的发展，并行设计正在得到广泛的应用。所谓的并行设计是指在设计之初就考虑机器制造、使用、销售等整个环节里面的所有内容。从空间上考虑人与机器、机器与机器、机器与环境的关系，把所有人都投入到设计小组中去，大家都同时参与设计，使得设计在开始阶段就尽量考虑所有影响因素和信息，以缩短设计周期。这样，设计思想有助于将新技术、新思想融入到产品设计之中。

6. 管理水平的提高

产品设计是一个复杂的系统，设计过程中涉及大量的设计数据，比如说国家标准、各种各样的手册以及传统的数据和经验公式和设计行为的管理。在利用计算机进行协同设计的时候，一般通过数据库技术实现数据共享和设计行为的管理。数据库技术包括管理信息系统（Management Information System，MIS）、产品数据管理等（Production Data Management，PDM）、产品全生命周期管理（Production Life-cycle Management，PLM）等。总之数据库技术改变了传统的手工管理模式，提高了设计的效率，减少了人与人之间沟通的错误。

7. 生产模式的改变

传统的设计方法局限于企业的内部，受企业行政行为的约束和管理。网络技术的发展加快了数据通信的速度，缩短了企业之间的距离，打破了企业行政的约束和壁垒，使得不同隶属单位相互沟通。对同一个设计，可以实行多企业参与的异地设计，这样为完成一个设计任务而形成的虚拟企业或者动态联盟将实现优势互补和资源共享，目前应运而生的网络化制造和敏捷制造等生产模式也是因为网络技术发展的结果，极大地提高了生产的效率和水平。

1.1.6　现代设计原则

设计原则是指产品设计过程中应满足什么样的条件和要求，是设计行为的基本准则。受设计水平、观念和体制等诸多因素限制，传统设计原则重点考虑产品的功能和技术范畴，它是设计过程中必须保证的，但仅是必要条件但不充分。因为产品在设计之后要付诸制造和投入使用，在使用过程中可能出现破坏、维修甚至报废，诸如此类问题在传统设计过程中考虑的不是太多。现代设计原则是传统设计原则的扩充和完善，即在满足功能要求的基础上，更加强调整个生命周期内产品完成功能的好坏程度以及保持该功能的能力，可分为五个方面：

1. 功能满足原则

设计产品的目的就是生产出满足一定功能的产品，或者产品一定具有某种用途和功能。假如所设计的产品没有达到预先规定的功能，则该设计就没有任何意义。所以满足产品的使用要求，即设计之前提出的各项功能和完成程度的要求，是产品设计的首先条件和必要原则。例如四轮驱动汽车的设计，汽车应具有前进、后退和转弯等基本功能，有一个功能没有实现，这个设计就没有意义。

2. 经济合理原则

任何产品最后都要交付到用户手中，不计加工成本和使用费用的用户恐怕是不存在的，因此在设计过程中需要考虑如何降低产品的价格。考虑产品加工成本和使用费用的原则就称为经济合理原则。

3. 社会适用原则

机器设计完成以后，就要考虑机器和机器之间、机器与人之间、机器与环境之间的关系，该关系主要包括环境友好性、环境适应性、人机友好性、可维修性、安全性、可安装性以及可拆卸性和可回收性等方面。

4. 质量保障原则

产品的质量主要由其性能和可靠性来决定，保证产品质量是产品设计的重要方面，产品质量主要包括以下内容：

（1）性能指标　性能指标指的是产品的各类技术指标，如机床加工精度、传动系统运动精度、显示器分辨率等。以车床设计为例，车床不仅能够完成加工外圆、车端面、钻孔等功能，而且对其加工出零件的圆柱度和表面粗糙度有定量要求。也就是机床不仅能完成设计者预先规定的基本动作，即基本功能，而且能够达到完成动作准确程度的要求。所以从产品完成的准确程度、精细程度来考核产品性能，是质量保障原则的重要内容。

（2）强度原则　强度是指产品零件具有抵抗整体断裂、塑性变形和某些表面损伤的能力。无论是温度载荷还是力载荷，当作用在机器上时，可通过零件的执行结构将载荷传递到机器的每一部分和位置。同时机器是一个由零件构成的可动实体系统，零件之间传递着载荷又在发生着相对运动，所以零件的表面和内部就有可能在危险的部位上发生破坏。该破坏可分为两种：一种是因为零件体积强度的不足，而导致的开裂以至断裂；另一种是因为表面强度的不足，导致表面的磨损。无论是断裂和磨损都会影响机器的正常使用，会出现机器功能失效、噪声增大、冲击载荷变大等现象，在设计过程中必须要保证机器不发生断裂，尽可能地延缓机器过度磨损期的到来，这就体现了设计过程中强度的重要性。

（3）抗磨损性　抗磨损性指的是零件在规定的时间内，抵抗材料磨损的能力，即磨损量在规定的范围之内。一台机器在运转过程中，不同零件之间、不同构件之间可能存在摩擦。由于摩擦零件温度会升高，零件强度相应下降。在外载荷频繁的作用下，造成零件表面材料的损失，引起零件更大的磨损。在产品设计时，提出机器磨损许用值的概念，从磨损量方面规定零件或机器的使用寿命。

（4）刚度原则　刚度指的是在外载荷作用下系统发生弹性变形的量的大小。机器完成某种功能时，由于机器每一个组成零件都是由一定材料制作的，具有一定几何形状的实体，它在外载荷作用下肯定会发生变形。如果变形量小，在弹性范围之内，则说明刚度较好。在产品设计过程中，可通过零件材料、零件结构、系统结构来保证机器系统的变形量没有超过规定好的要求，即允许变形量。

（5）可靠性　可靠性是指产品在规定的条件和时间内，完成规定功能的可能性。可能性大的产品可靠性高，反之亦然。产品可靠性包括三方面内容：

1）规定的条件，任何一个产品它的使用都有环境条件。

2）规定的时间，任何一个产品都是开始投入使用，然后出现一些小故障，经过维修又投入使用，最终到产品报废，这样一个整体使用过程称为产品使用周期，在该阶段真正使用时间的总和称为产品工作时间。

3）可能性，产品质量保障中需要深究产品工作时间里完成规定功能的时间和可能性。

（6）稳定性　稳定性指的是产品在外载荷作用下，能够恢复其平衡的特性。如车床在加工的过程中，车床是一个弹性系统。当刀具作用在零件上加工外圆时，零件对刀具的反作用力是一个变化的力，相当于外界对弹性系统有一个驱动力。当驱动力振动频率与系统某一固有频率重合时，将会导致系统产生振幅较大的振动，这将使得加工零件的精度下降。如果振动较小，系统加工过程中的摩擦会消耗掉振动，工作就比较平稳，并能恢复到平稳或平衡的状态，即没有失稳的状态。

（7）耐蚀性　耐蚀性指的是产品在恶劣环境下不被周围介质侵蚀的特性。机器的工作环境迥异，一些是在干燥的环境里，一些是在潮湿甚至腐蚀性的环境里。在腐蚀性环境下，零件受到腐蚀性介质的侵蚀，使得其表面的化学成分变化、力学性能下降，从而影响零件的强度。故在设计机器时，如果预先知道工作环境中腐蚀性介质的详细情况，设计人员就可以选择一种和腐蚀性环境不相容的或者能抵抗这种腐蚀的材料，从而保证零件及其机器在腐蚀性环境中稳定地工作。

（8）抗蠕变性　蠕变指的是零件在外载荷作用下，载荷不增加而零件的变形不断增加的情况，零件发生蠕变就意味着发生了塑性变形。在材料力学的单向拉伸试验中，屈服阶段就类似于蠕变。蠕变一般发生在高温条件下，因为高温将会导致材料变软。在设计过程中，设计者需要规定好零件在工作环境中发生蠕变的变形量最大是多少，即规定发生蠕变的许用值。所以如何从材料选择、零件形状、作用力分布等方面保证零件发生的蠕变量在规定范围之内是设计者需要考虑的问题。

（9）平衡特性　平衡特性指的是旋转产品具有良好的静平衡和动平衡能力。对于一个盘类零件，需要进行静平衡实验，使不平衡质量落在或接近其回转中心，从而使得圆盘在工作中的惯性力比较小，减轻支持这个圆盘的轴的轴承的负载。如果一个选择的零件，沿着轴线方向长度比较大，这时候就需规定好它的动平衡特性。任何一个零件不管要它做动平衡也好，做静平衡也好，绝对的动静平衡是不可做到的，而且随着两者要求的提高，平衡时所需要花费的时间变长，能够达到这个精度的机会就少。所以过分地提出动静平衡的高指标要求是不现实的。因此就要规定一个许用的不平衡量，不管是静平衡还是动平衡，这个对于机器设计而言是必不可少的，尤其是高速运行的机器。

（10）热特性　热特性指的是保证产品具有要求的温度大小、温度分布和热流状态，而且对应的热应力、热变形在规定的值以内。机器在工作过程中，运动部件之间摩擦生热，这将导致不同零件的温度不同，同一个零件不同部位温度也存在差异。由于材料的力学性能会随着温度变化而变化，该温度变化取决于环境温度和摩擦损耗产生的温度。在产品设计过程中，需要在发热量给定的情况下，通过零件材料的选择，使得零件不会在一定的温度范围内发生过度的力学性能变化，以满足使用要求。

5. 工艺优良原则

工艺指加工零件的顺序和过程，它包括加工零件的方法和具体加工的细节。工艺优良原则就是能够利用现有的加工手段、装配手段和工人技术条件，对机器系统进行制造、装配和测试，而且成本低、效率高，主要包括三方面内容：

1）可制造性，指利用现有设备能够制造出满足精度要求的零件，并且制造成本低、效率高。

2）可装配性，指零件能够装配成满足精度要求的部件和整机，而且装配成本低、效率高。

3）可测试性，指产品能够通过适当方法进行相关检测，以评估设计、制造和装配的质量。

1.2　设计中的系统科学方法

1.2.1　系统论

系统的概念具有普遍意义，主要指具有一定目的、由若干部分组成的有机整体。如机床的目的通过机床能够实现的功能表现出来。同时机床又是由若干个零件和部件组装而成的，而且零部件之间相互有联系和作用，从而形成了一个有机整体，即一个系统。在日常生活中，有很多东西可以看成是系统，如自然界中小到一个细胞，甚至构成细胞的分子原子，大到茫茫无限的宇宙，都是一些复杂程度不同的系统。细胞有细胞的功能，它又是由比细胞更小的元素所组成的。这些元素之间相互联系不是杂乱无章的，而是按照一定的规律进行的，只有这样才能使细胞具有一定的功能。在现代社会领域，小到一个企业、科研机构，大到一个国民经济部门都可以是一个系统，因为其本身都有各自存在的价值，对社会都有一定的功用，这种功用也是它们存在的目的。如科研机构要开发出新的技术，企业要生产出新的产品。虽然系统千差万别，但是其特征可归纳为三点：

1）自底而上观察时，系统由若干比自己小的部分，按照一定的方式相互连接而成。

2）自顶而下观察时，系统可分解为若干个基本组成部分。

3）任何系统都具有一定的目的性。

为了对系统进行深入的研究，往往根据不同的需要，从不同的角度对不同形态的系统进行分类，并将不同系统放到不同的领域中去进行研究。如研究机器，需把其从客观世界中分离出来，把它作为机械设计理论、机械制造领域的一个研究对象。如果研究企业的发展，就要把企业从各种各样的系统中分离出来，将其放到管理科学的领域中作为一个研究对象。

系统论是研究系统的一般模式、结构和规律的学问，它研究各种系统的共同特征，用数学方法定量地描述其功能，寻求并确立适用于一切系统的原理、原则和数学模型，是具有逻辑和数学性质的一门新兴的科学。系统论认为，整体性、关联性、等级结构性、动态平衡性、时序性等是所有系统共同的基本特征。系统论不仅是反映客观规律的科学理论，而且具有科学方法论的含义。贝塔朗菲对此曾做过说明，英语 System Approach 直译为系统方法，也可译成系统论，因为 Approach 既可代表概念、观点、模型，又可表示数学方法。所以 Approach 这样一个不太严格的词，正好表明这门学科的性质特点。系统论以系统为研究对象，研究其结构，采用优化方法，使目的最佳。系统论的研究主题包括系统内部与外部的关系，系统静态与动态的关系，如结构与功能、系统与部分、部分与部分、系统与环境、系统与时间的关系等。

系统方法是系统理论的实际应用，既包括运用系统概念、原理来分析和认识事物的一般方法，也包括用以处理具体系统问题的系统分析和系统工程方法。一般系统方法指的是按照客观事物本身的系统性，始终以整体与部分、部分与部分、整体与环境的关系去考察研究对象，从而实现最佳处理问题的目的。系统分析是一般系统方法在科学决策中的具体应用，是在一般系统方法的指导下对某些具体系统进行数量分析的决策方法。系统分析的主要任务是将在系统详细调查中所得到的文档资料集中到一起，对组织内部整体管理状况和信息处理过程进行分析。

系统工程的主要任务是根据总体协调的需要，把自然科学和社会科学中的基础思想、理论、策略和方法联系起来，应用现代数学和电子计算机等工具，对系统的构成要素、组织结构、信息交换和自动控制等功能进行分析研究，借以达到最优化设计，最优控制和最优管理的目标。系统工程的基本方法是：系统分析、系统设计与系统的综合评价（性能、费用和时间等）。系统工程的应用日趋广泛，至20世纪70年代已发展成许多分支，如经营管理系统工程、后勤系统工程、行政系统工程、科研系统工程、环境系统工程、军事系统工程等。用定量和定性相结合的系统思想和方法处理大型复杂系统的问题，无论是系统的设计或组织建立，还是系统的经营管理，都可以统一地看成是一类工程实践，统称为系统工程。

1.2.2 设计方法学

设计方法学（Design Methodology）作为现代设计方法的重要组成部分，是以系统论的观点研究设计进程（战略问题）和具体设计方法（战术问题）的科学。在总结设计规律、启发创造性的基础上促进研究现代设计理论、科学方法、先进手段和工具在设计中的综合运用。从20世纪60年代以来，工业发达国家就对设计方法学进行了深入的研究，不同国家形成了各自的研究风格和体系。

德国学者着重研究设计的进程、步骤和规律，进行系统化的逻辑分析，并将成熟的设计模式、解法等编程规范和资料供设计人员参考；英美则注重创造性设计的研究，在优化、价值工程、可靠性和计算机辅助设计方面做了许多工作；日本则在开发创造工程学和自动化设计的同时，强调工业设计；前苏联进行了发明创造方法学的研究（Theory of Invention Problem Solving，TRIZ），通过TRIZ理论体系实现高质量创新产品的快速发明。

尽管各国在研究内容上有所差异，但共同特点都是总结设计规律，启发创造性，采用现代化的理论和方法，使设计过程自动化、合理化，其目的是为了提高设计水平和质量，设计出满足用户多方面需求的产品。设计方法学的研究内容包括以下几方面：

1）分析设计过程及各设计阶段的任务，寻求符合科学规律的设计程序。将设计过程分为设计规划（明确设计任务）、方案设计、技术设计和施工设计四个阶段，明确各阶段的主要工作任务和目标，在此基础上建立产品开发的进程模式，探讨产品全寿命周期的优化设计及一体化开发策略。

2）研究解决设计问题的逻辑步骤和应遵循的工作原则。以系统工程分析、综合、评价、决策的解题步骤贯彻于设计各阶段，使问题逐步深入扩展，多方案求优。

3）强调产品设计中设计人员创新能力的重要性，分析创新思维规律，研究并促进各种创新技法在设计中的运用。

4）分析各种现代设计理论和方法（如系统工程、创造工程、价值工程、优化工程、相似工程、人机工程、工业美学等）在设计中的应用，实现产品的科学合理设计，提高产品的竞争能力。

5）深入分析各种类型设计（如开发型设计、扩展型设计、变参数设计、反求设计等）的特点，以便按规律更有针对性地进行设计。

6）研究设计信息库的建立。用系统工程方法编制设计目录——设计信息库。把设计过程中所需的大量信息规律地加以分类、排列、储存，便于设计者查找和调用，便于计算机辅助设计的应用。

7）研究产品的计算机辅助设计。运用先进理论，建立知识库系统，利用智能化手段使设计自动化逐步实现。

1.2.3 设计系统

产品设计中产品本身是系统，产品的功能、结构、评价目标等都可用系统工程方法处理，而设计是一种信息处理系统，可利用系统工程学中的“黑箱法”研究分析设计问题，通过黑箱与周围环境的联系来达到认识和处理问题的目的。故对于设计产品问题，输入的是设计要求和约束条件信息，输出的是产品方案、图样、程序、文件等设计结果，当然还有设计反馈信息。随着输入信息的增多和完善，设计者利用计算机、实验设备等工具，通过合理地处理，就能不断完善设计结果。产品设计系统模型如图1-1所示。

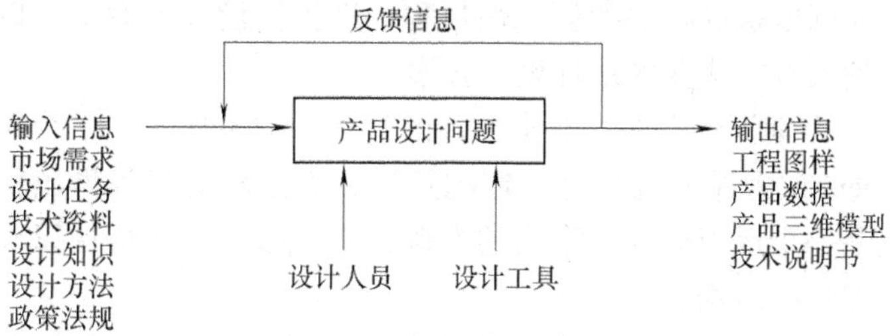

图1-1　产品设计系统模型

设计系统可从时间维、逻辑维和方法维三方面进行描述，如图1-2所示。时间维反映的是按时间顺序的设计工作阶段，对产品的设计过程一般分为四个阶段：产品规划阶段、方案设计阶段、技术设计阶段和施工设计阶段；逻辑维是解决问题的逻辑步骤，即在解决设计问题过程中，从总体上可分为若干阶段，每个阶段又由小的步骤来完成，各个步骤之间存在着先后的逻辑关系；方法维列出设计过程中的各种思维和工作方法，在设计过程中不同阶段有不同的方法，有时也把方法看成一定的手段，如机械结构设计中的应力分析就可以采用有限元的分析方法，当然有限元方法本身也是按照一定的步骤来操作的。设计过程中每一个行为都反映为三维空间中的一个点，人们可以从上述三个方面去分析和研究设计系统的规律。

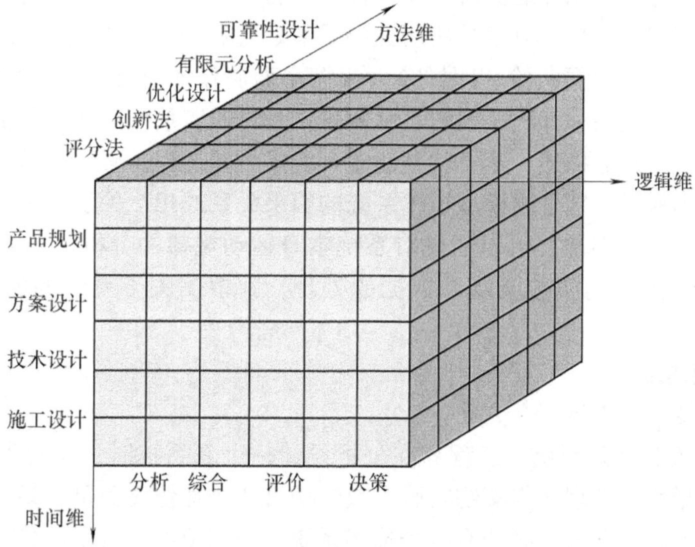

图1-2　设计系统三维分析

由时间维可以看出产品设计过程可分为产品规划阶段、方案设计阶段、技术设计阶段和施工设计阶段，而每个阶段都需要解决一系列具体问题。上述问题解决的科学步骤一般是重复循环的活动，该活动由分析—综合—评价—决策构成，如图1-3所示，在设计过程的各个阶段需要反复迭代地利用该方法才能达到较理想的设计效果。

（1）分析问题　分析是解决问题的第一步，其目的是找到设计目标与影响设计目标因素之间的定性和定量关系，以明确设计任务的本质要求。

（2）综合求解　综合求解是为了达到设计目标，利用现有技术手段，在一定约束条件下对问题探寻解法的创造性过程，即提出设计方案。可以通过抽象、发生、搜索等方法获取多种设计方案。

（3）方案评价　方案评价是一个非常复杂的过程。它本质上是一个判断的处理过程。Bloom 认为评价就是对一定的想法、方法和材料等做出价值判断的过程。它是一个运用标准对事物的准确性、实效性、经济性以及满意度等方面进行评估的过程。

（4）综合决策　从广义上讲，综合决策是为了实现某一特定目标，借助于一定的科学手段和方法，从两个或两个以上的可行方案中选择一个最优方案，并组织实施的全部过程。综合决策一般由形成决策问题、判断自然状态及其概率、拟定多个可行方案、评价方案并做出选择四个步骤组成。

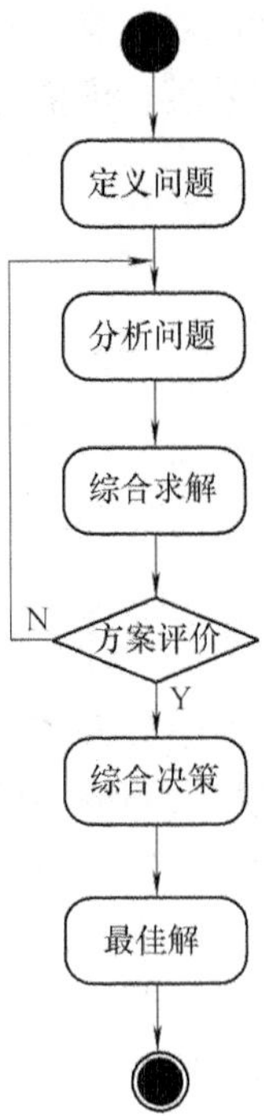

图 1-3　解决问题的逻辑步骤

1.3　系统建模

在规划、分析、设计系统时，需要定性或定量地了解系统的功能和结构，并对系统的行为进行充分地探讨。在现代设计方法中，上述问题和系统建模或系统模型密不可分。模型是所研究的系统、过程、事物或概念的一种表达形式，也可指根据实验、图样放大或缩小而制作的样品，主要用以分析问题的概念、数学关系、逻辑关系和算法序列的表示体系，是对现实系统及其过程某一方面的本质属性与影响因素之间关系的描述。建模就是建立系统模型的过程，又称为模型化。建模是研究系统的重要手段和前提，凡是用模型描述系统的因果关系或相互关系的过程都属于建模。实现建模过程的方法多种多样，可以通过对系统本身运动规律的分析，根据事物的机理来建模。也可以通过对系统的实验或统计数据的处理，并根据关于系统的已有知识和经验来建模。

1. 系统建模的应用

系统建模主要用于以下三个方面：

（1）分析和设计实际系统　工程界在分析设计一个新系统时，通常先进行数学仿真和物理仿真实验，最后再到现场作实物实验。数学仿真比物理仿真简单、易行。用数学仿真来分析和设计一个实际系统时，必须有一个描述系统特征的模型。对于许多复杂的工业控制过程，建模往往是最关键和最困难的任务。对社会和经济系统的定性或定量研究也是从建模着手的。例如在人口控制论中，建立各种类型的人口模型，改变模型中的某些参量，可以分析研究人口政策对于人口发展的影响。

（2）预测或预报实际系统的某些状态的未来发展趋势

预测或预报基于事物发展过程的连贯性。例如根据以往的测量数据建立气象变化的数学模型，用于预报未来的气象。

（3）对系统实行最优控制

运用控制理论设计控制器或最优控制律的关键或前提是有一个能表征系统特征的数学模型。在建模的基础上，再根据极大值原理、动态规划、反馈、解耦、极点配置、自组织、自适应和智能控制等方法，设计各种各样的控制器或控制律。

2. 模型的分类

模型可以取各种不同的形式，不存在统一的分类原则。按照模型的表现形式可以分为物理模型、数学模型、结构模型和仿真模型。

(1) 物理模型 物理模型也称实体模型，又可分为实物模型和类比模型。

1) 实物模型。根据相似性理论制造的按原系统比例缩小（也可以是放大或与原系统尺寸一样）的实物，例如风洞实验中的飞机模型、水力系统实验模型、建筑模型、船舶模型等。

2) 类比模型。在不同的物理学领域（力学、电学、热学、流体力学等）的系统中各自的变量有时服从相同的规律，根据这个共同规律可以制出物理意义完全不同的比拟和类推的模型。例如在一定条件下由节流阀和气容构成的气动系统的压力响应与一个由电阻和电容所构成的电路的输出电压特性具有相似的规律，因此可以用比较容易进行实验的电路来模拟气动系统。

(2) 数学模型 用数学语言描述的一类模型。数学模型可以是一个或一组代数方程、微分方程、差分方程、积分方程或统计学方程，也可以是它们的某种适当的组合，通过这些方程定量地或定性地描述系统各变量之间的相互关系或因果关系。除了用方程描述的数学模型外，还有用其他数学工具，如代数、几何、拓扑、数理逻辑等描述的模型。需要指出的是，数学模型描述的是系统的行为和特征而不是系统的实际结构。

(3) 结构模型 主要反映系统的结构特点和因果关系的模型。结构模型中一类重要模型是图模型，图模型广泛应用于自然科学、工程技术、社会经济和管理等方面。此外生物系统分析中常用的房室模型等也属于结构模型。结构模型是研究复杂系统的有效手段。

(4) 仿真模型 通过数字计算机、模拟计算机或混合计算机上运行的程序表达的模型。采用适当的仿真语言或程序，物理模型、数学模型和结构模型一般能转变为仿真模型。关于不同控制策略或设计变量对系统的影响，或是系统受到某些扰动后可能产生的影响，最好是在系统本身上进行实验，但这并非永远可行。原因是多方面的，例如：实验费用可能是昂贵的；系统可能是不稳定的，实验可能破坏系统的平衡，产生危险；系统的时间常数很大，实验需要很长时间；待设计的系统尚不存在等。在这样的情况下，建立系统的仿真模型是有效的。例如建造三峡大坝的建模，不可能在建好三峡大坝后再确定其影响因素以及各影响因素之间的关系。利用计算机虚拟仿真就是可行的方法，通过计算机仿真得知三峡大坝的溃坝情况，中华鲟通过大坝时是否受到损害，有没有伤害到环境等。

3. 建模时应注意的问题

建模是实现现代设计方法的桥梁，是系统工程的起点。掌握建模的基本思想与方法，是学好现代设计方法的基础。现代设计方法就是通过建立模型来研究整体与部分之间、部分与部分之间、系统与外部环境之间、系统随时间发生变化的情况，所有这些研究的方面或主题都要通过数学模型来进行研究。总的说来，建模时应注意以下问题：

(1) 明确目的 明确建模目的就是确定系统目标，这与数学上确定目标函数相对应。即研究目的的不同，建立的模型也不同。如研究飞机飞行性能时，需要飞机在飞行过程中具有良好的升力和稳定性，即飞机的气动布局较合理。这时候需要研究气流在和飞机相互作用时，飞机应采用什么样的几何外形？飞机的机翼形状如何？几何尺寸如何？厚度如何？机翼安装在飞机的哪个部位？飞机的机翼是向后的还是向前的？当研究飞机的结构强度时，需要研究如何保证飞机飞行过程中不会发生断裂？如何避免飞行过程中飞机机翼长时间的颤动？所以对于飞机而言，由于研究方面的不同，将导致研究目标不一样，这样最后建立的对应模型肯定迥然不同。

（2）确定组成要素　建模过程中，目标明确后，下一步需要确定系统目标的影响因素，即模型的精度，具体包括影响因素的数目和影响因素的深入程度。模型精度与系统实施可行性互为矛盾，精度过高，模型过于复杂而难以使用；精度过低，模型过于简单而不能使用。以研究飞机的气动性能为例，应主要考虑机翼形状、大小、厚度和安装位置灯光影响因素，而应忽略驾驶舱的几何形状和材料等不相关因素。在设计飞机机翼的时候，可以把对飞机气动性能影响非常低的机翼曲线的高阶部分舍去。

（3）验证模型　模型建立后要验证它的精度，只满足建模时数据的模型是毫无意义的。因为前面提供的数据满足不了建模目标中精确程度的要求，所以仅考虑现有条件而不顾及研究目标的精确程度的做法是不合适的，所以模型必须高精度地满足其他实验数据。当验证结果不理想时，要重新探讨建模时确定的假定和假说，修改模型中采纳的组成要素和模型结构，并调整模型的参数。同时还应注意模型的适用范围。

例 1-1　以传递转矩的等截面轴优化设计为例说明系统建模问题，其目标为轴的质量最小，如图 1-4 所示。其中轴的直径为 d，跨度为 l。决定该轴质量的可变影响因素有两个：轴直径 d 和跨度 l。设轴的质量为 m，轴材料密度为 ρ，则该等截面轴质量可表示为

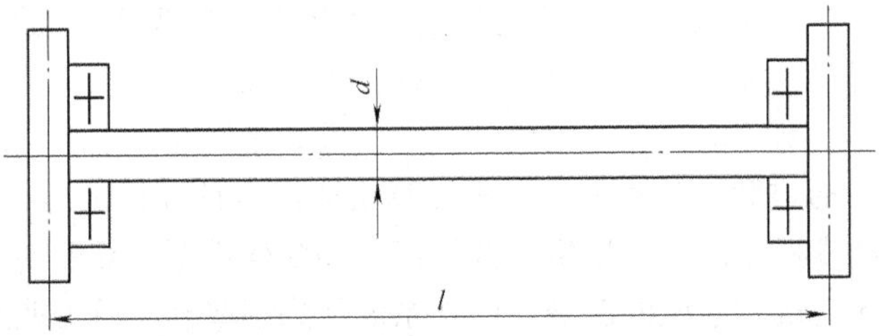

图 1-4　传递转矩的等截面轴

$$m=\rho\frac{\pi d^2}{4}l=\rho\frac{\pi x_1^2}{4}x_2$$

该等截面轴必须满足三方面约束：强度约束、刚度约束和结构尺寸约束，即

1）$\tau=\dfrac{M_T}{W_T}=\dfrac{16M_T}{\pi d^3}=\dfrac{16M_T}{\pi x_1^3}\leqslant[\tau]$，对于实心轴抗扭截面系数 $W_T=\dfrac{\pi d^3}{16}$。

2）$\varphi=\dfrac{M_T l}{GI_p}=\dfrac{32M_T l}{\pi G d^4}=\dfrac{32M_T x_2}{\pi G x_1}\leqslant[\varphi]$，对于实心轴极惯性矩 $I_p=\dfrac{\pi d^4}{32}$。

3）$d_{min}\leqslant d\leqslant d_{max}$，$l_{min}\leqslant l\leqslant l_{max}$。

式中，M_T 为轴传递的最大转矩；[τ] 为许用扭转应力；φ 为扭转角，G 为材料的剪切弹性模量。

针对上述模型，只要给出传递转矩大小、许用切应力、许用转角、材料密度、材料剪切

弹性模量以及该等截面轴直径和跨度的范围，通过一定优化方法的求解即可得到对应质量最小目标的轴的直径和跨度。

本章习题

1-1　试述设计的含义，产品设计具有哪些特征？

1-2　何谓传统设计、现代设计？现代设计的主要特点表现在哪几方面？

1-3　试说明现代设计的手段和特征，现代设计应遵循什么原则？

1-4　试述系统的含义，并说明系统的主要特征和系统论的研究主题。

1-5　从系统工程角度应如何分析和描述设计系统？

1-6　试述模型、建模的含义，从模型的表现形式如何对其进行分类？

第 1 篇　计算机处理技术

第 2 章　计算机数据处理技术

【内容】

本章介绍现代设计中的数据处理部分，包括数表的计算机处理技术和线图的计算机处理技术，并对数据库基本原理与应用进行说明和阐述，最后介绍工程设计中常用的数据库和工程数据库的特点。

【目的】

学会采用适当方式处理工程设计中不同形式的数据，了解几种数据管理方法的特点，掌握数据库的基础知识。

在机械设计过程中，需要查阅大量的手册、文献资料，并检索其中的表格、曲线，以获取设计或校核计算时所需要的各种系数和参数。传统设计中该项工作繁琐、费时费力且易出错，现代设计中可以将各种表格数据和曲线图表编入程序、预先存入计算机中，以便设计时由程序自动检索和调用，提高设计的自动化程度。这样就可以使设计人员从大量重复性工作中摆脱出来，以更多精力去从事创造性设计工作。工程数据可通过计算机以数组或变量的形式存储在内存中，也可用简单的结构化数据文件形式存储在外存中。有关设计数据分类及常用处理方法如图 2-1 所示。

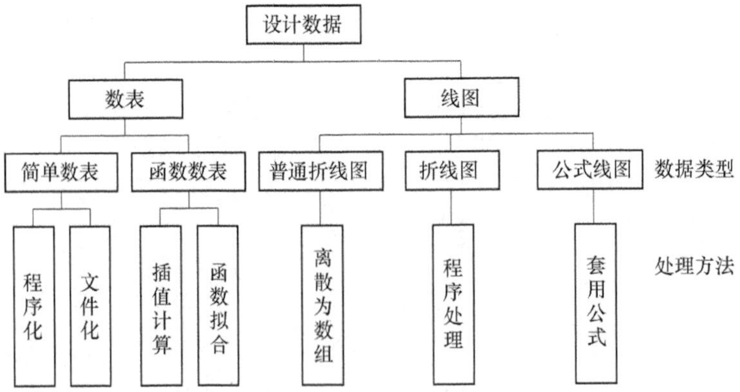

图 2-1　设计数据分类及常用处理方法

2.1　数表的计算机处理技术

机械设计中工程技术数表种类繁多，可以按数据之间是否存在函数关系将其分为函数数表和简单数表，也可以按数表的维数将其分为一维数表和二维数表。对于有计算公式的函数数表可以直接将对应的理论计算公式或经验公式编制成程序来计算对应数据，对于无计算公式的简单数表，可以将数表中的离散数据存储在数组中，查询时可以通过插值的办法获取对应数据。数表常用的处理方法包括数表程序化和数表文件化。

如果该数表是有计算公式的函数数表，则可将数表转化为公式编入程序，再根据已知数据计算出所需数据，这是数表处理中最直接、最理想和最快捷的方式，当然也需考虑计算结果的精度问题。在需要处理的数表较小或所处理的数表个数较少的情况下，用数组赋值的方法进行程序化是完全可行的。

例 2-1　将标准螺纹底孔尺寸进行数组化处理，数表数据见表 2-1。

表 2-1　标准螺纹底孔尺寸数表　（单位：mm）

公称尺寸	M4	M5	M6	M7	M8	M9	M10	M12	M14	M16	M18	M20
底孔尺寸 d	3.3	4.2	5.0	6.0	6.7	7.7	8.5	10.2	11.9	13.9	15.4	17.4

对于上述一维数表可定义两个一维数组，将数表中的数值赋值于各自的数组，使之初始化。该数表程序化的 C 语言初始化赋值语句为

float nominalDim [12] = {4, 5, 6, 7, 8, 9, 10, 12, 14, 16, 18, 20}

float bottomSize [12] = {3.3, 4.2, 5.0, 6.0, 6.7, 7.7, 8.5, 10.2, 11.9, 13.9, 15.4, 17.4}

可用 bottomSize [0] =3.3 表示 M4 的底孔尺寸，bottomSize [1] =4.2 表示 M5 螺孔的底孔尺寸，以此类推。若已知螺孔公称尺寸 nominalDim [i]，就可相应地检索出螺孔底孔尺寸 bottomSize [i]。

二维数表反映的数据二维关系，需要使用二维数据对其进行存储。

例 2-2　以链传动工作情况系数 K_A 为例，其数据见表 2-2。决定链传动工作情况系数 K_A 值有两个自变量，即原动机的载荷特性和工作机的载荷特性。它们原本无数值概念，现用 i =0 ~2 及 j =0 ~2 分别代表原动机和工作机不同的载荷特性，用一个二维数组 ka [3] [3] 记载表中的系数。

表 2-2　链传动工作情况系数 K_A 数表

工作机载荷特性 / 原动机载荷特性		工作平稳	中等冲击	较大冲击
		j =0	j =1	j =2
工作平稳	i =0	1.00	1.10	1.30
中等冲击	i =1	1.40	1.50	1.70
较大冲击	i =2	1.80	1.90	2.10

如需查询数表中某个数据，只需给出其位置序号（i，j）即可，有关检索链传动工况系数的 C 程序如下：

```
/******* chap2-01.c ******/
#include <stdio.h>
main(){
  int i,j;
  float ka[3][3]={{1.00,1.10,1.30},{1.40,1.50,1.70},{1.80,1.90,2.10}};
  while(1){
    printf("输入原动机载荷特性(0,1,2):");
    scanf("% d",&i);
    if(i>=0&&i<=2)break;
  }
  while(1){
    printf("输入工作机载荷特性(0,1,2):");
    scanf("% d",&j);
    if(j>=0&&j<=2)break;
  }
  printf("得到的齿轮工况系数为% f",ka[i][j]);
}
```

多维数表中的数据由三个以上的主参数共同确定，在处理时可降为多个低维数表来处理，并在程序中加上一层或多层循环语句。也可以定义多维数组存放数据，当然也可以将数表中的数据编成数据文件存储在程序外部，然后再调用数据文件中的数据。

例 2-3 如齿轮齿圈跳动公差数表（表 2-3）。可用三维数组 fr [4] [4] [4] 表示，分别表示齿轮中点分度圆直径、中点法向模数和精度等级情况下齿圈跳动公差情况。该数表程序化 C 语言初始化赋值语句为

```
float fr[4][4][4]={{0,{{36,45,56,71},{40,50,63,80},{45,56,71,90},{50,63,80,100}}},{1,{{50,63,80,100},{56,71,90,112},{63,80,100,125},{71,90,112,140}}}},{2,{{63,80,100,125},{71,90,112,140},{80,100,125,160},{90,112,140,180}}}},{3,{{1e10,1e10,1e10,1e10},{80,100,160,160},{90,112,180,180},{100,125,200,200}}}}}
```

表 2-3 齿轮齿圈跳动公差数表 （单位：μm）

中点分度圆直径 D/mm	中点法向模数 M_n/mm	精度等级			
		7	8	9	10
$D \leqslant 125$	1 ~ 3.5	36	45	56	71
	>3.5 ~ 6.3	40	50	63	80
	>6.3 ~ 10	45	56	71	90
	>10 ~ 16	50	63	80	100
$125 < D \leqslant 400$	1 ~ 3.5	50	63	80	100
	>3.5 ~ 6.3	56	71	90	112
	>6.3 ~ 10	63	80	100	125
	>10 ~ 16	71	90	112	140

（续）

中点分度圆直径 D/mm	中点法向模数 M_n/mm	精度等级			
		7	8	9	10
400 < D≤800	1 ~ 3.5	63	80	100	125
	>3.5 ~ 6.3	71	90	112	140
	>6.3 ~ 10	80	100	125	160
	>10 ~ 16	90	112	140	180
800 < D≤1600	1 ~ 3.5	—	—	—	—
	>3.5 ~ 6.3	80	100	160	160
	>6.3 ~ 10	90	112	180	180
	>10 ~ 16	100	125	200	200

在设计数据处理过程中，如果数表数据量很大，这时采用程序化的处理方法将会使程序膨胀、累赘，而且数据的独立性差。数表的文件化可以提高设计数据的可维护性，而且使得数表与程序分离，保证单个数表文件供多个应用程序使用。

例 2-4　如图 2-2 所示，圆柱螺旋压缩弹簧（GB/T 2861.6—2008）数表见表 2-4，可对其进行文件化处理，然后可根据给定的主参数弹簧中径 D_2 从数据文件中调出相应的系列尺寸，并按比例绘制对应的图形。

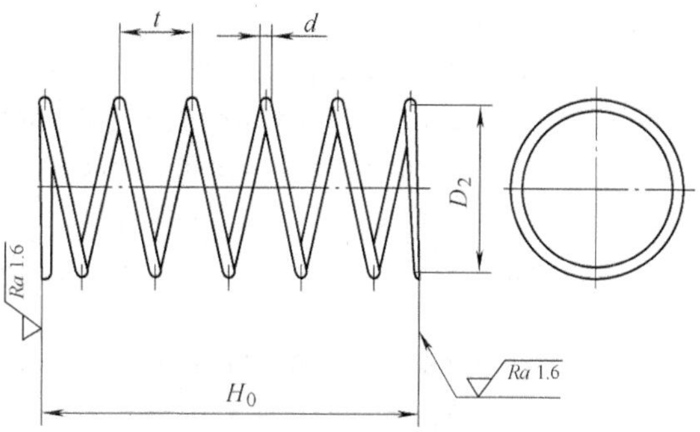

图 2-2　圆柱螺旋压缩弹簧（GB/T 2861.6—2008）

表 2-4　圆柱螺旋压缩弹簧数表

钢丝直径 d/mm	弹簧中径 D_2/mm	节距 t/mm	自由高度 H_0/mm	有效圈数 n
1.6	22	9.6	60	6
1.6	22	9.6	75	7.5
1.6	27	9.6	75	7.5
2	33	13.6	85	6
2	35	13.6	85	6
2	41	13.6	105	7.5
2	45	13.6	105	7.5
2.5	52	19.2	100	5
2.5	54	19.2	100	5
2.5	52	19.2	110	5.5
2.5	54	19.2	110	5.5
3	65	23.7	135	5.5
3	58	23.7	135	5.5

有关数据文件建立和数据文件读取及图形绘制文件 C 语言程序如下：

```
/*******   chap2-02.c,建立数据文件****** /
#include <stdio.h>
#define SIZE 5
struct JB_TYPE{
     int d;int d2;int t;int h0;int n;
}springer[SIZE];
void saveFile(){
     FILE *fp;
     int i;
     if((fp =fopen("springer.txt","wb")) ==NULL){
            printf("cannot open file \n");
            return;
     }
     for(i =0;i <SIZE;i + +)
            if(fwrite(&springer [i],sizeof(struct JB_TYPE),1,fp)! =1)
            printf("file write error \n");
     }
  main(){
     int i;
     printf("d,d2,t,h0,n(Please Input...) \n");
     for(i =0;i <SIZE;i + +)
        scanf("% d,% d,% d,% d,% d",& springer[i].d,& springer[i].d2,& springer
[i].h0,& springer[i].t,& springer[i].n);
     for(i =0;i <SIZE;i + +)
         printf("% 4d,% 4d,% 4d,% 4d,% 4d \n",springer [i].d,springer [i].d2,
springer [i].h0,springer [i].t,springer [i].n);
     saveFile();
    }
/*******   chap2-03.c,从数据文件中读取数据并绘图* * * * * * /
#include <stdio.h>
#include "graphics.h"
#define SIZE 5
struct JB_TYPE{
     int d;int d2;int t;int h0;int n;
}springer[SIZE];
   main(){
     int i,dd,scale;
     int d,d1,h1,r,d2,l,gdriver,gmode;
     float p0x =300.0,p0y =200.0;
     FILE *fp;
     gdriver =VGA;
     gmode =VGAHI;
```

```
        printf("\n Please input the diameter:");
        scanf("% d",&dd);
        printf("\n Input the scale of graph:");
        scanf("% d",&scale);
        fp = fopen("springer.txt","rb");
        for(i =0;i < SIZE;i + +){
              fread(&springer[i],sizeof(struct JB_TYPE),1,fp);
              printf("% 4d,% 4d,% 4d,% 4d,% 4d \n",springer [i].d,springer [i].d2,
springer [i].t,springer [i].h0,springer [i].n);
              if(springer [i].d == dd){
                   printf(" Have Found!!");
                   d = springer [i].d * scale;
                   d2 = springer [i].d2 * scale;
                   t = springer [i].t * scale;
                   h0 = springer [i].h0 * scale;
                   n = springer [i].n * scale;
                   break;
              }else{
                        d = 0;
              }
        }
        if(d == 0){
             printf("the value does not find. \n");
        }else{
          getch();
          initgraph(&gdriver,&gmode,"");
          setbkcolor(YELLOW);
          setcolor(BLUE);
          setlinestyle(2,0,1);
          line(p0x-2 * scale-d2 /2,p0y,p0x +2 * scale + d2/2,p0y);
          line(p0x,p0y + d2 /2 +2 * scale,p0x,p0y-d2 /2-2 * scale);
          setlinestyle(0,0,3);
          circle(p0x,p0y,d2 / 2);
          circle(p0x,p0y,(d2-2 * d) / 2);
          getch();
          closegraph();
        }
    }
```

2.2　线图的计算机处理技术

设计资料中，除数表以外，还经常出现线图，线图可由直线、折线或各种曲线构成，能够直观地表示出参数间的函数关系及函数的变化趋势，线图不能直接存储，需进行计算机化处理。针对线图的不同类型，可有三种对应的处理方法。

1. 若能查到线图原有的公式，将公式编写到程序中

对于直线或折线图，可将其转化为线性方程，用以表示参数间的函数。直线图有直角坐标系的、对数坐标系的和由折线组成的区域图三种类型。

（1）直角坐标系直线图　图 2-3 所示为直流电动机调速范围与功率特性的线图，直流电动机可通过调压和调磁方式得到主轴所需的转速。该线图由 A、B、C、D 四条直线段组成，任取直线段两点，由此两点坐标可以构成一个直线方程，故线图上任意点数据可通过公式计算获得，该公式为

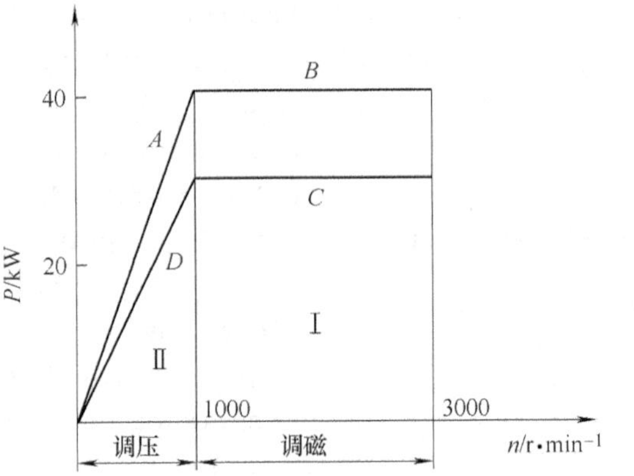

图 2-3　直流电动机调速范围与功率特性的线图

$$\left.\begin{aligned} & y(x)=y_1+k(x-x_1), \quad k=k_A \text{ 或 } k_D \\ & y=C, \quad C=C_A \text{ 或 } C_D \end{aligned}\right\} \tag{2-1}$$

（2）对数坐标系直线图　机械设计资料中还有对数坐标系直线图，若已知线图两点数据 (x_1, y_1) 和 (x_2, y_2)，并且在对数坐标系下设计数据呈线性关系，则代入式（2-2），然后通过公式变换，即可求解任一点坐标 (x, y)。

$$\frac{\lg y-\lg y_1}{\lg x-\lg y}=\frac{\lg y_2-\lg y_1}{\lg x_2-\lg y} \tag{2-2}$$

（3）折线组成的区域图　工程设计中有许多量影响因素较多，只能给出其取值范围，设计者需要根据设计需求自行确定具体值。如图 2-4 所示齿轮材料的接触疲劳强度极限应力 σ_{Hmin} 线图为折线组成的区域图，实际操作时需要设计者根据质量水平、材料成分以及构件尺寸等因素确定，该线图计算机处理方法为

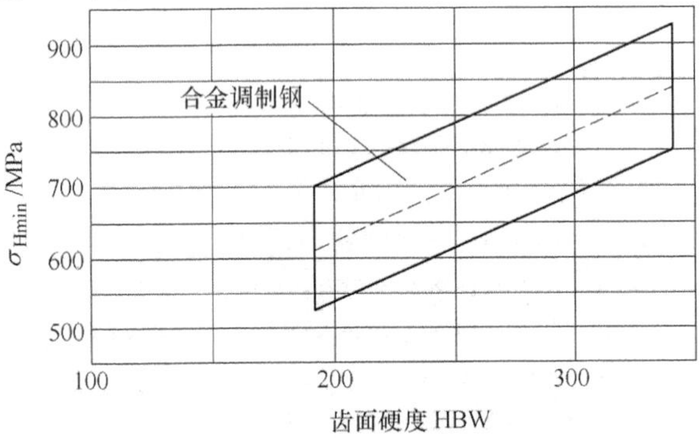

图 2-4　齿轮材料接触疲劳强度极限应力 σ_{Hmin}

1）确定区域图中线方程，并在中线上任取两点（HBW_1，H_1）和（HBW_2，H_2），两点构成的直线方程为

$$H=H_1+\frac{H_2-H_1}{\mathrm{HBW}_2-\mathrm{HBW}_1}(\mathrm{HBW}-\mathrm{HBW}_1) \tag{2-3}$$

2）确定疲劳极限幅值参数 H_Amp 和调整系数 H_Adjust，其中 H_Adjust $\in[-1, 1]$，区间的上下边界表示取极限应力的上下限值，H_Adjust 表示取极限应力的中值。

3）极限应力的计算公式为

$$H = H_1 + \frac{H_2 - H_1}{\mathrm{HBW}_2 - \mathrm{HBW}_1}(\mathrm{HBW} - \mathrm{HBW}_1) + \mathrm{H\_Amp} \cdot \mathrm{H\_Adjust} \tag{2-4}$$

2. 将线图离散为数表，然后将数表进行程序化处理

为了将曲线图变换成数表，可将曲线进行分割离散，用这些分割离散点的坐标值列成一张数表。线图分割离散时，各分割点间的函数值应相差不大，而且分割点的选取一般随曲线的形状而异，陡峭部分分割密集一些，平坦部分分割稀疏一些。当变位系数 $x=0$，渐开线齿轮的当量齿数 z_v 和齿形系数 Y 之间的关系如图 2-5 所示时，则该线图可离散化为表 2-5 所示的数表。

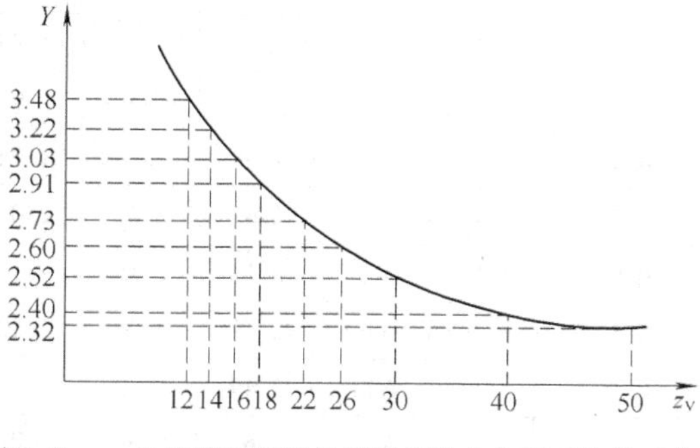

图 2-5　$x=0$ 时渐开线齿轮当量齿数和齿形系数关系曲线

表 2-5　渐开线齿轮变位系数 $x=0$ 的当量齿数和齿形系数的关系

当量齿数 z_v	12	14	16	18	22	26	30	40	50
齿形系数 Y	3.48	3.22	3.03	2.91	2.73	2.60	2.52	2.40	2.32

线图有时根据需要可以离散化为多维数表，如针对不同变位系数 x 的渐开线齿轮齿形系数如图 2-6 所示，变位系数 x 取不同数值时所对应的曲线都画在同一坐标平面内，就得到不同 x 值时当量齿数 z_v 与齿形系数 Y 之间的关系曲线图。每条曲线可变换成一张一维数表，则 m 条曲线的线图就可变换成 m 张一维数表，这些数表组合在一起就是一张二维数表，见表 2-6。转换后的数表只能表示曲线上有限点处的变量关系，若要查找曲线上任意点处的变量值，要用插值方法。

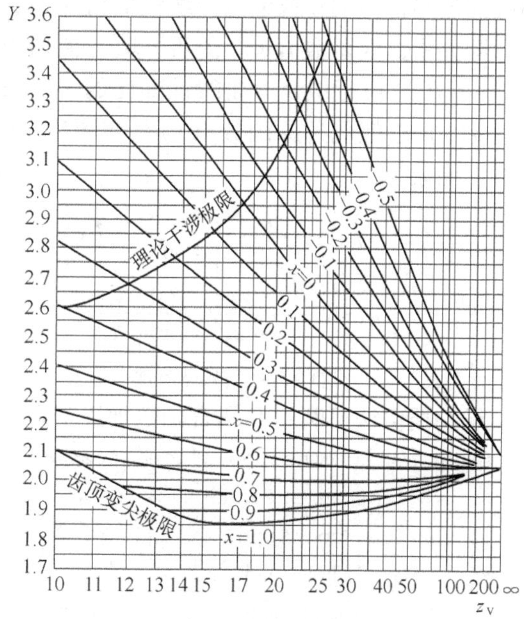

图 2-6　$x=0$ 时渐开线齿轮当量齿数和齿形系数关系曲线

3. 用曲线插值或拟合的方法求出线图的近似公式，再将公式编写到程序中

由于数据的离散性和离散数量的有限性，相邻两数值点之间的函数值只能选取相近的数据，会给计算带来误差。而且数表的存储和使用会占用较多的计算机资源和存储空间，增加计算机检索时间。数据间存在某些联系或函数关系的列表函数应尽量进行公式化处理，以充分利用计算机的高速计算功能。

表 2-6 渐开线齿轮的当量齿数和齿形系数的关系

变位系数 x	齿形系数 $Y(M, N)$	当量齿数 z_v								
		12	14	16	18	22	26	30	40	50
1	$Y(1, N)$			1.86	1.87	1.88	1.90	1.91	1.93	1.95
0.9	$Y(2, N)$		1.9	1.90	1.91	1.92	1.93	1.93	1.95	1.97
0.8	$Y(3, N)$	1.98	1.97	1.96	1.97	1.96	1.97	1.97	1.98	1.99
0.7	$Y(4, N)$	2.07	2.05	2.03	2.02	2.02	2.01	2.01	2.02	2.02
0.6	$Y(5, N)$	2.19	2.15	2.12	2.1	2.08	2.07	2.06	2.05	2.05
0.5	$Y(6, N)$	2.32	2.26	2.22	2.2	2.16	2.14	2.12	2.10	2.09
0.4	$Y(7, N)$	2.49	2.42	2.36	2.32	2.25	2.22	2.19	2.15	2.13
0.3	$Y(8, N)$	2.67	2.56	2.48	2.43	2.35	2.30	2.25	2.20	2.17
0.2	$Y(9, N)$	2.89	2.74	2.63	2.56	2.46	2.39	2.34	2.26	2.21
0.1	$Y(10, N)$	3.17	2.97	2.83	2.72	2.58	2.49	2.43	2.33	2.26
0	$Y(11, N)$	3.48	3.22	3.05	2.91	2.73	2.60	2.52	2.40	2.32

（1）函数插值法　函数插值法包括线性插值、抛物线插值和拉格朗日插值等。线性插值又称为两点插值，即如果曲线函数 $f(x)$ 在某区域（插值点相邻两点 P_1 和 P_2）可近似认为是线性变化的，则可用线性方程 $g(x)$ 近似代替原函数 $f(x)$，如图2-7 所示，且插值点函数为

$$g(x)=f(x_1)+\frac{f(x_2)-f(x_1)}{x_2-x_1}(x-x_1) \tag{2-5}$$

$$g(x)=\frac{x-x_2}{x_1-x_2}y_1+\frac{x-x_1}{x_2-x_1}y_2 \tag{2-6}$$

$$g(x)=A_1y_1+A_2y_2 \tag{2-7}$$

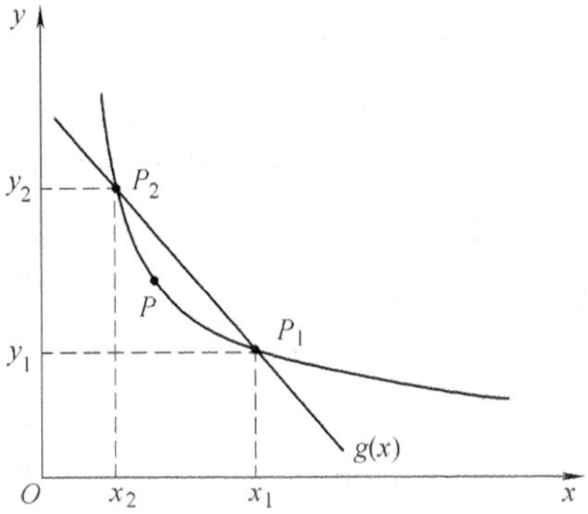

图 2-7　线性插值法示意图

线性插值法可利用 C 语言函数加以实现：

```
float [][]linInterpolation(float x[] float y[],int n){
    float interPoint[n][2];
    float coorSpan = (x[1] - x[0]) /n;
    for(int i = 0;i < n;i + + ){
        float tempx = x[1] + coorSpan;
        float tempy = y[0] + (y[1] - y[0]) * (tempx-x[0]) /(x[1]-x[0]);
        interPoint[i][0] = tempx;
        interPoint[i][1] = tempy;
    }
    return interPoint;
}
```

为提高插值精度，可采用抛物线插值，抛物线插值又称三点插值。如图 2-8 所示，根据插值点 x 值，选取三个相邻自变量 x_{i-1}、x_i 和 x_{i+1}，简化为 x_1、x_2、x_3，满足 $x_1 \leqslant x_2 \leqslant x_3$，过

这三点作抛物线 $g(x)$ 替代 $f(x)$，与线性插值类似可写出抛物线插值公式，即

$$g(x)=\frac{(x-x_2)(x-x_3)}{(x_1-x_2)(x_1-x_3)}y_1+\frac{(x-x_1)(x-x_3)}{(x_2-x_1)(x_2-x_3)}y_2+\frac{(x-x_1)(x-x_2)}{(x_3-x_1)(x_3-x_2)}y_3 \tag{2-8}$$

（2）曲线拟合法　用插值法对列表函数进行公式化处理是一种比较简便的方法，但存在两方面不足：

1）插值函数严格通过列表函数中的每个节点，而这些节点数据往往由试验所得，不可避免地带有试验误差，这样得到的插值公式复印了原有的节点误差。

2）仍需将各节点数据存储在计算机内，占用存储空间。

工程上常采用数据的函数拟合方法（又称曲线拟合），所拟合的曲线不要求严格通过所有的节点，而是尽量反映数据的变化趋势。

函数拟合有多种方法，最常用的为最小二乘法。如图 2-9 所示，若列表函数所有节点基本上呈现线性变化规律，用直线方程 $f(x)=a+b\,x$ 描述选取系数 a、b，使偏差平方和 ϕ 最小，这就是最小二乘法的实质。最小二乘法处理的任务就是求直线方程中的待定系数 a 和 b。

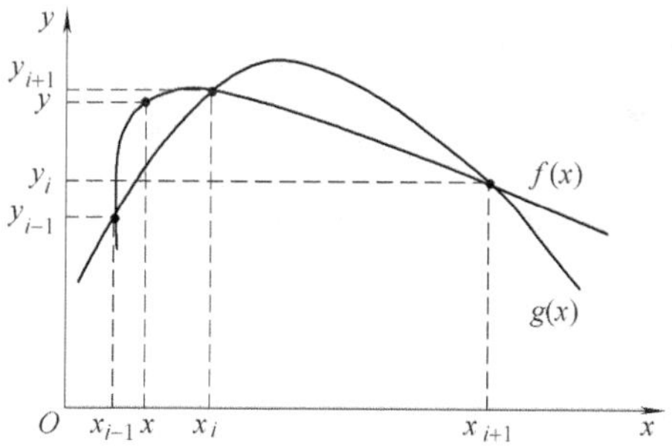

图 2-8　抛物线插值法示意图

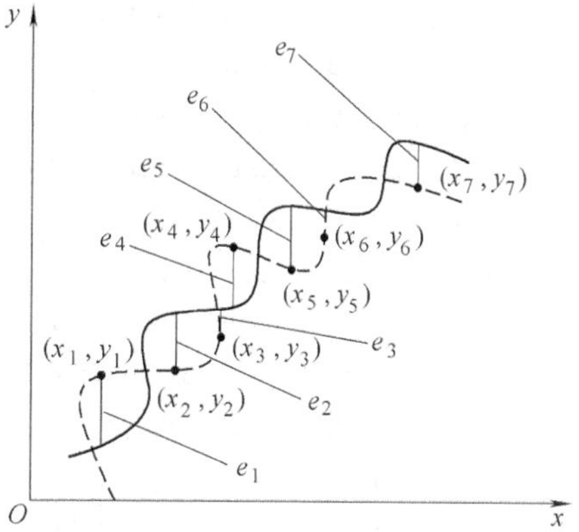

图 2-9　最小二乘法原理图

图 2-9 中各点到所拟合直线偏差的平方和为

$$\phi=\sum_{i=1}^{n}e_i^2=\sum_{i=1}^{n}(f(x_i)-y_i)^2=\sum_{i=1}^{n}(a+bx_i-y_i)^2 \tag{2-9}$$

根据函数求极值性质，函数对自变量的偏导数为零，故令：$\partial\phi/\partial a=0$，$\partial\phi/\partial b=0$，求偏导数，得

$$\left.\begin{aligned}\sum 2(a+bx_i-y_i)=0\\ \sum 2x_i(a+bx_i-y_i)=0\end{aligned}\right\} \tag{2-10}$$

求解可得线性方程的系数为

$$\begin{aligned}a&=\bar{y}-b\bar{x}\\ b&=\frac{\sum x_i(y_i-\bar{y})}{\sum x_i(x_i-\bar{x})}\end{aligned} \tag{2-11}$$

例 2-5　为了解和掌握工程数据公式化的处理过程和方法，以在某车削过程中，车刀前

角对切削力的影响为例说明曲线拟合过程。其中车刀前角对切削力的影响见表 2-7。要求利用 C 语言编程实现车刀前角与切削力的线性经验公式的确定，并在显示器上绘制相应曲线。

表 2-7　车刀前角对切削力的影响

车刀前角/(°)	0	5	10	15	20	25	30
切削力/N	150	140	132	124	116	110	103

```
/*******  chap2-04.c,线性数据拟合并绘图 * * * * * * /
#include <stdio.h>
#include "graphics.h"
void point(int x,int y){
    circle(x,y,5);
}
main(){
    int n,i;
    float data[50][2],xe,ye,sx,sy,sxx,sxy,a,b;
    float maxx,minx,xx,yy;
    maxx =9999;minx =0;
    sx = sy = sxx = sxy =0;
    printf(" \n Please input the number of teams:");
    scanf("% d",&n);
    for(i =0;i <n;i + +){
        printf(" \n Please input % 2d of % d x and y:",i +1,n);
        scanf("% f,% f",&xx,&yy);
        data[i][0] =xx;
        data[i][1] =yy;
        sx =sx +data[i][0];
        sy =sy +data[i][1];
        if(data[i][0] >maxx)
            maxx =data[i][0];
        if(data[i][0] <minx)
            minx =data[i][0];
    }
    xe =sx /n;
    ye =sy /n;
    for(i =0;i <n;i + +){
        sxx =sxx +data[i][0] *(data[i][0]-xe);
        sxy =sxy +data[i][0] *(data[i][1]-ye);
    }
    b =sxy /sxx;
    a =ye-b *xe;
    printf(" \n The result is:");
    printf(" y =% 8.3f +% 8.3fx \n",a,b);
```

```
    getch();
    int gd = DETECT,gm = 0;
    initgraph(&gd,&gm,"");
    for(i = 0;i < n;i + +)
          point(data[i][0],data[i][1]);
    line(minx,a + b * minx,maxx,a + b * maxx);
    getch();
    closegraph();
}
```

2.3　数据库基本原理与应用

2.3.1　数据库基本原理

数据库以文件方式存储数据，是数据的一种高级组织形式。数据库技术是在人工管理和文件管理技术上发展起来的数据管理技术。在应用程序和数据库之间，由数据库管理系统（Database Management System，DBMS）把所有应用程序中使用的相关数据汇集起来，按统一的数据模型，以记录为单位存储在数据库中，为各个应用程序提供方便、快捷的查询、使用。数据库基本原理如图 2-10 所示。

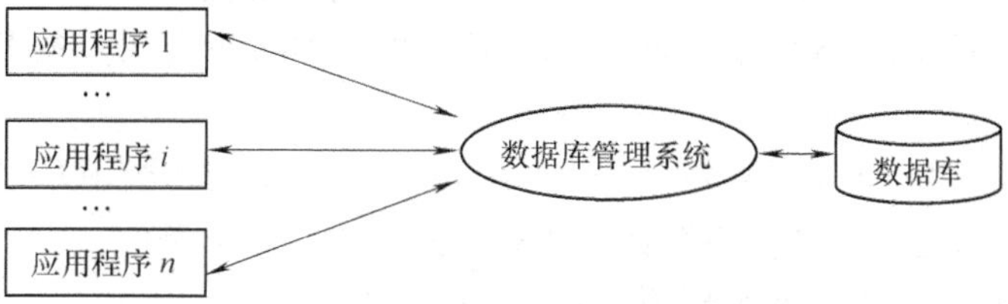

图 2-10　数据库基本原理

1. 数据库管理系统的功能

数据库管理系统的功能包括数据库定义功能、数据库管理功能、数据库的建立和维护功能、通信功能和其他功能等，详述如下：

（1）数据库定义功能　实现全局逻辑结构、局部逻辑结构和物理结构定义、权限定义等。

（2）数据库管理功能　提供对数据进行各种应用操作，如检索、排序、统计、输入、输出等功能。

（3）数据库的建立和维护功能　即建立、更新、再组织数据库等结构维护功能。

（4）通信功能　具备与操作系统的联机处理功能分时系统及远程作业输入的相应接口。

（5）其他功能　如应用程序的开发、文件管理、存储变量、设备控制等。

2. 结构化查询语言（SQL）

结构化查询语言（Structured Query Language，SQL）是一种数据库查询和程序设计语言，用于存取数据以及查询、更新和管理关系数据库系统。同时也是数据库脚本文件的扩展名。SQL 不但可以面向数据库执行查询，而且可从数据库取回数据。SQL 还可在数据库中插入新的记录，同时更新数据库中的数据，而且可从数据库删除记录。SQL 可创建新数据库，并在数据库中创建新表、创建存储过程和视图，同时 SQL 还可以设置表、存储过程和视图的权限。SQL 语言包含四个部分：

（1）数据定义语言（DDL） 例如：CREATE、DROP、ALTER 等语句。

（2）数据操作语言（DML） 例如：INSERT（插入）、UPDATE（修改）、DELETE（删除）语句。

（3）数据查询语言（DQL） 例如：SELECT 语句。

（4）数据控制语言（DCL） 例如：GRANT、REVOKE、COMMIT、ROLLBACK 等语句。

3. 常用的数据库模型

数据库系统的一个核心问题就是研究如何表示和处理实体间的联系。表示实体及实体间联系的模型被称为数据模型。现行数据库系统中，常用的数据模型有层次模型、网状模型和关系模型三种。

（1）层次模型（Hierarchical Model） 用树形结构表示实体之间联系的模型称为层次模型，它能描述一对多的关系。按照层次模型建立的数据库系统称为层次模型数据库系统，在一个层次模型中的限制条件是：有且仅有一个节点，无父节点，此节点为树的根；其他节点有且仅有一个父节点。

（2）网状模型（Network Model） 用有向图结构表示实体类型及实体间联系的数据结构模型称为网状模型。网状模型中以记录为数据的存储单位。记录包含若干数据项。网状数据库的数据项可以是多值的和复合的数据。比较著名的网状模型 DBMS 有 Cullinet 软件公司的 IDMS、Honeywell 公司的 IDSII、Univac 公司（后来并入 Unisys 公司）的 DMS1100、HP 公司的 IMAGE 等。

（3）关系模型（Relational Model） 用二维表结构表示实体之间联系的一种模型，能描述多对多的关系。作为一个“关系”的二维表，必须满足如下条件：

1）表中每一列必须是基本数据项，而不是组合项。

2）表中每一列必须具有相同的数据类型。

3）表中的每一列必须有一个唯一的属性名。

4）表中不应有内容相同的行。

5）行与列的顺序均不影响表中所表示的信息含义。

关系模型的数据结构简单，数据独立性高，理论基础坚实，操作算法成熟、完善。关系模型的理论基础是关系代数、集合论，基于关系模型建立的数据库系统称为关系数据库系统。

2.3.2 工程设计中常用数据库

目前有许多数据库产品，如 Oracle、Sybase、Informix、Microsoft SQL Server、Microsoft Access、Visual FoxPro 等产品各以自己特有的功能，在数据库市场上占有一席之地。下面简要介绍几种常用的数据库管理系统。

1. Oracle

Oracle 是一个最早商品化的关系型数据库管理系统，也是应用广泛、功能强大的数据库管理系统。Oracle 作为一个通用的数据库管理系统，不仅具有完整的数据管理功能，而且是一个分布式数据库系统，支持各种分布式功能，特别是支持网络应用。作为一个应用开发环境，Oracle 提供了一套界面友好、功能齐全的数据库开发工具。Oracle 使用 PL/SQL 语言执行各种操作，具有可开放性、可移植性、可伸缩性等功能。特别是在 Oracle 8i 中，支持面向对象的功能，如支持类、方法、属性等，使得 Oracle 产品成为一种对象/关系型数据库管理系统。Oracle 9i 数据库企业管理控制界面如图 2-11 所示。

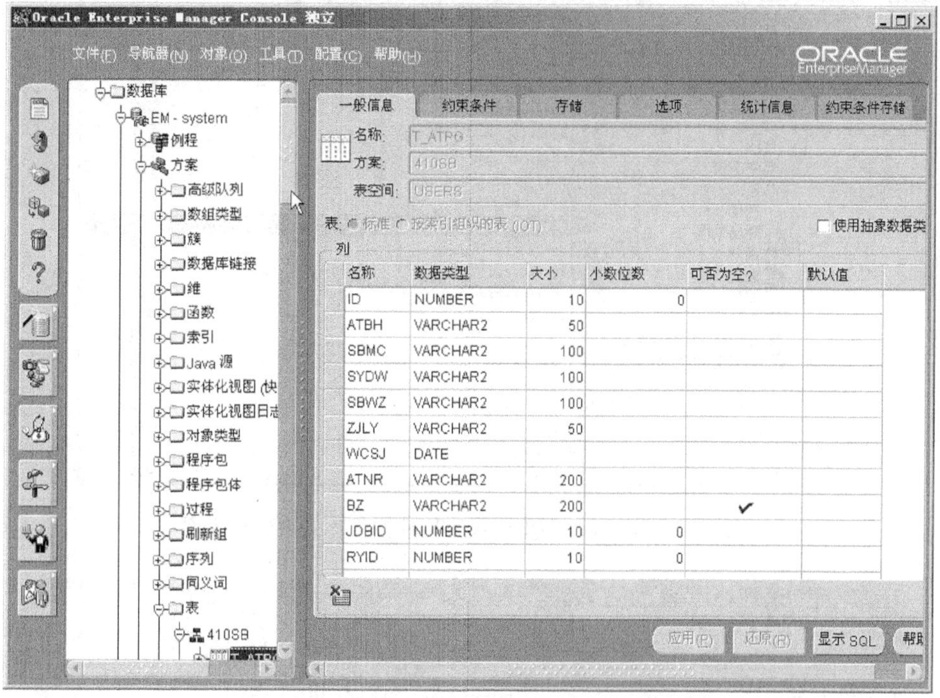

图 2-11　Oracle 9i 数据库企业管理控制界面

2. Microsoft SQL Server

Microsoft SQL Server 是一种典型的关系型数据库管理系统，可以在许多操作系统上运行，它使用 Transact-SQL 语言完成数据操作。由于 Microsoft SQL Server 是开放式的系统，其他系统可以与它进行完好地交互操作。Microsoft SQL Server 2000 数据库企业管理界面如图 2-12 所示。它具有可靠、可伸缩、可用性强、可管理性高等特点，为用户提供完整的数据库解决方案。

3. Microsoft Access

作为 Microsoft Office 组件之一的 Microsoft Access 是在 Windows 环境下非常流行的桌面型数据库管理系统。使用 Microsoft Access 无需编写任何代码，只需通过直观的可视化操作就可以完成大部分数据管理任务。在 Microsoft Access 数据库中，包括许多组成数据库的基本要素。这些要素是存储信息的表、显示人机交互界面的窗体、有效检索数据的查询、信息输出载体的报表、提高应用效率的宏、功能强大的模块工具等。它不仅可以通过 ODBC 与其他数据库相连，实现数据交换和共享，还可以与 Word、Excel 等办公软件进行数据交换和共享，并且通过对象链接与嵌入技术在数据库中嵌入和链接声音、图像等多媒体数据。Microsoft Access 数据管理界面如图 2-13 所示。

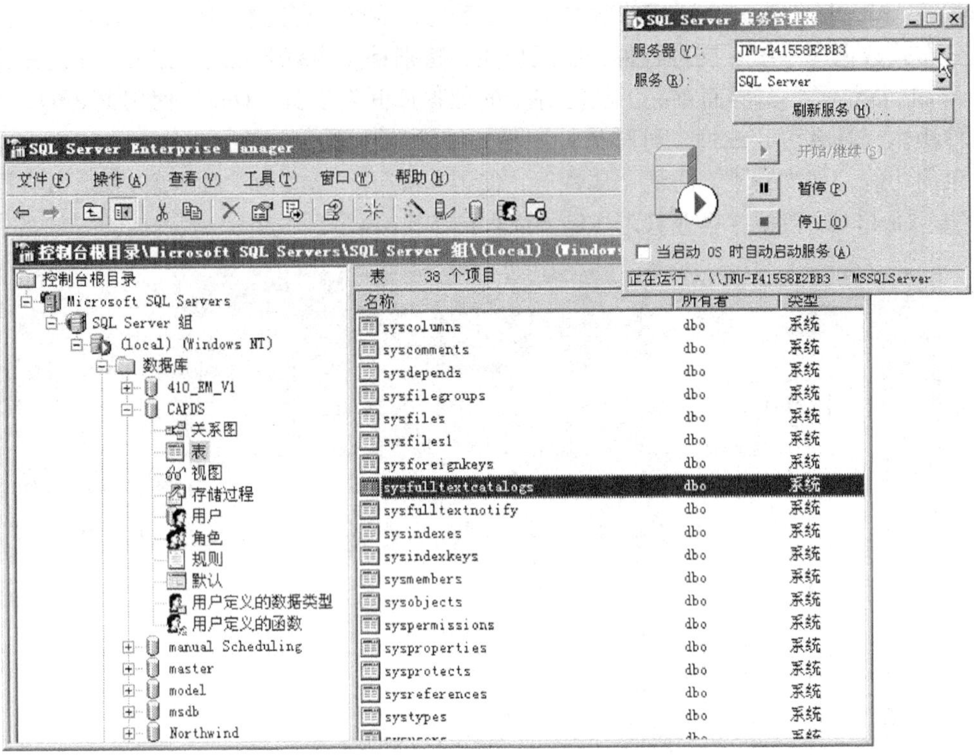

图 2-12　Microsoft SQL Server 2000 数据库企业管理界面

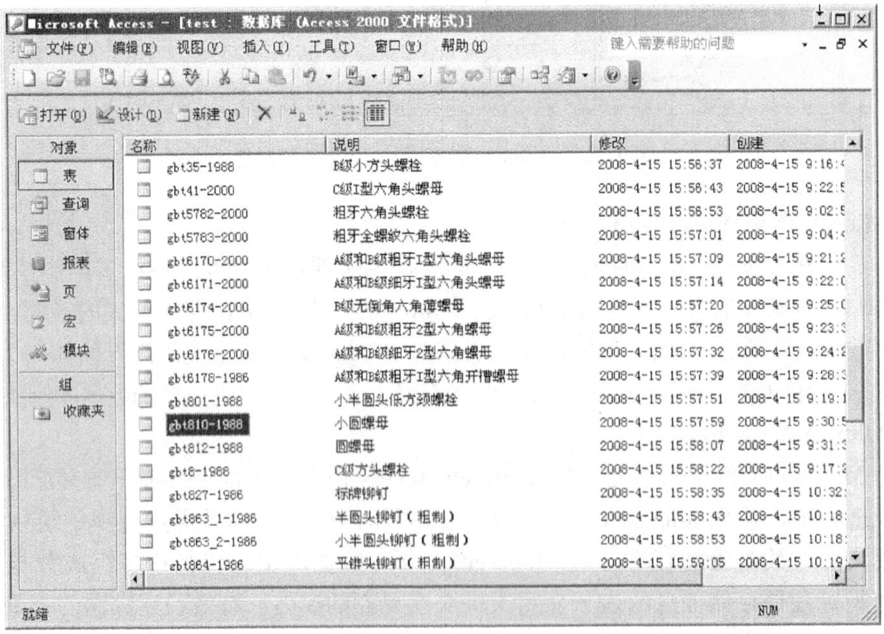

图 2-13　Microsoft Access 数据管理界面

4. MySQL

MySQL 是一个小型关系型数据库管理系统，开发者为瑞典 MySQLAB 公司，在 2008 年 1 月被 Sun 公司收购。MySQL 被广泛地应用在 Internet 上的中小型网站中。由于其体积小、速度快、总体拥有成本低，尤其是开放源码这一特点，许多中小型网站为了降低网站总体拥有成本而选择了 MySQL 作为网站数据库。在 MySQL 使用过程中，可通过 MySQL Workbench、phpMyAdmin、Aqua Data Studio、Navicat Lite MySQL Admin Tool 等工具对其进行可视化管理。Navicat 8 Lite for MySQL 数据管理界面如图 2-14 所示。

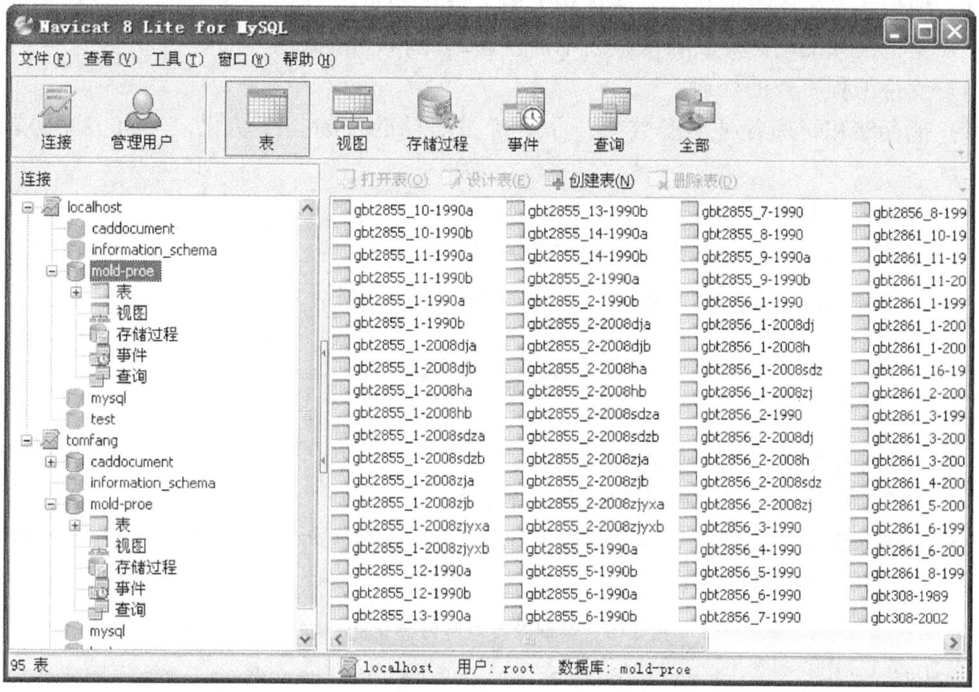

图 2-14　Navicat 8 Lite for MySQL 数据管理界面

2.3.3　工程数据库

1. 工程数据库的类型

工业领域数据库需要支持整个生产过程，数据类型非常复杂，归纳如下：

（1）管理型数据　包括产品设计与制造中所用到的数据资料。如国家标准与规范、产品目录及文档管理等。数据之间关系分明，数据相对稳定，存储的数据结构基本不变，并且数据在语义上具有一致性，与管理型数据库中数据基本相同。

（2）设计型数据　在产品设计过程中会产生很多的数据，如设计的产品结构数据、工艺路线、切削参数、工艺规则等。而且存储的数据结构随数据类型的改变而改变，所以具有数据呈动态性、修改频繁等特点。

（3）图形数据　产品开发过程中会产生各种工程图表、二维工程图形、三维图形等数据，如零件图中某些图表或图形之间的相互联系也需要数据库进行存储与管理。该类数据也具有动态的特点，而且在设计过程中数据量会急剧增加。

（4）加工制造型数据　为加工制造服务的数据，包括加工工艺数据、数控加工指令、检测监控数据等，当然还包括在制品质量信息、制造资源状态信息、车间非常规信息等。

2. 工程数据库的功能

工程数据库技术尚不成熟，目前市场上的工程数据库系统（如挪威工业中心研究所开发的 TORNADO 系统等）只是某些方面功能较强，具有一定的局限性。当前工程数据处理仍以关系型数据库为主（如 Foxpro、SQL Server、Oracle 等），在其基础上进行扩展和再开发，实现工程数据库的部分功能。工程数据库主要功能有：

1）能描述复杂的数据模型，保存相关语义信息。

2）支持模式的动态定义和修改，不需重新编译和数据重载。

3）支持工程事务的处理。

4）能存储和管理各种类型数据，并支持图形标准件的相互转化，具有多库协调管理能力。

5）具有版本管理功能。

6）支持程序控制和交互操作两种工作方式。

7）具有分布式数据库处理能力，支持多用户工作环境。

本章习题

2-1　试述设计数据的分类及常用的处理方法。

2-2　何谓曲线拟合法？简述曲线拟合法的基本原理。

2-3　磨削深度对冷作硬化的影响见表 2-8，试建立如图 2-15 所示的磨削深度与硬度的线性函数的经验公式，并在屏幕上绘制相应曲线。

表 2-8　磨削深度对冷作硬化的影响

磨削深度 a_p/mm	0.125	0.25	0.375	0.50	0.625	0.75
硬度 HV	346	355	366	375	376	400

2-4　管法兰用非金属平垫片（GB/T 9126—2008）如图 2-16 所示，请用 C 语言编程，并将表 2-9 中数据以数据文件的形式存入硬盘。通过主参数公称尺寸 *DN* 从数据文件中调出相应的系列尺寸，并按比例绘制对应的图形。

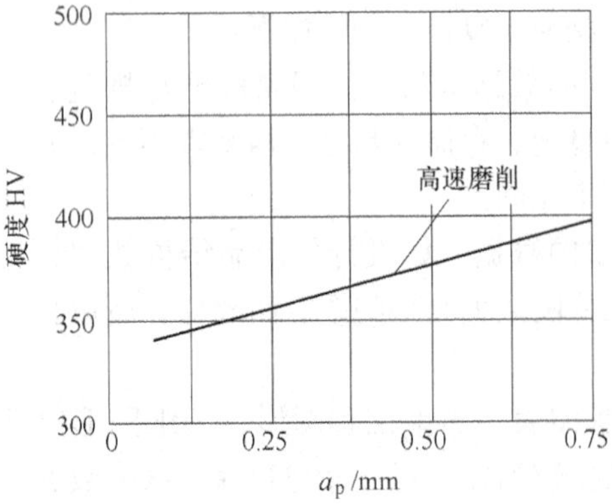

图 2-15　磨削深度对冷作硬化的影响曲线

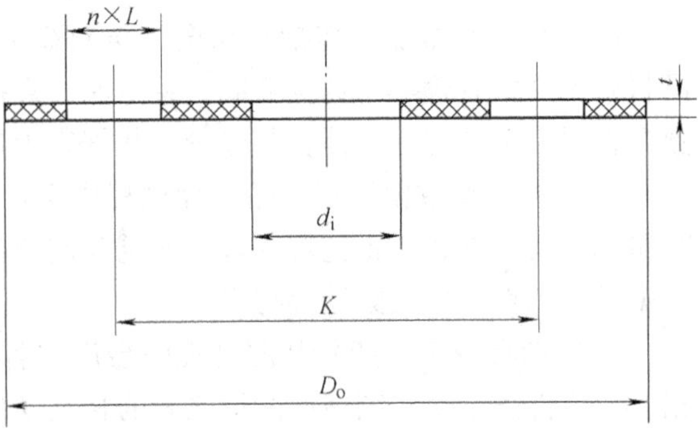

图 2-16　管法兰用非金属平垫片

表 2-9　管法兰用非金属平垫片数据表

编号	DN/mm	d_i/mm	D_o/mm	K/mm	L/mm	n/mm	t/mm
1	10	18	75	50	11	4	0.8～3.0
2	15	22	80	55	11	4	0.8～3.0
3	20	27	90	65	11	4	0.8～3.0
4	25	34	100	75	11	4	0.8～3.0
5	32	43	120	90	14	4	0.8～3.0
6	40	49	130	100	14	4	0.8～3.0

2-5　分析比较层次模型、网状模型以及关系模型的异同。

2-6　商用数据库为什么不能直接应用在工程数据库中？

第 3 章　计算机图形处理技术

【内容】

本章是现代设计中的计算机图形处理部分，将介绍图形变换基本原理及二维、三维图形的基本变换和组合变换，然后讨论图形消隐技术和图形裁剪技术，最后通过实例说明 AutoCAD 环境下零件参数化设计。

【目的】

学会用适当方法进行图形几何变换、消隐和裁剪，了解参数化设计的基本原理，能够熟练利用 Visual Lisp 对零件进行二维参数化设计。

3.1　图形的几何变换

3.1.1　图形变换的基本原理

图形是指能够在人的视觉系统中形成印象的客观对象，构成图形的要素主要包括几何要素和非几何要素。前者用以刻画形状的点、线、面，后者反映物体表面属性或材质的明暗、灰度、色彩等。计算机图形处理与数学中研究图形不同，比数学中描述的图形更为具体，但仍是一种抽象，因为一只玻璃杯与一只塑料杯只要形状一样，颜色一样，透明度一样，则从计算机图形学的观点来看，它们的图形是一样的。计算机图形处理的任务是存储、生成、显示、输出、变换图形，并能够实现图形的组合、分解运算，最后可以自动绘图。图形对象的描述、输入及输出都是在一定的坐标系中进行的，在图形变换中有三种坐标系：世界坐标系、显示坐标系和视点坐标系。

图形变换一般是指对图形的几何信息经过几何变换后产生新的图形，它提供了构造或修改图形的方法。从某种意义上来说，图形是点的集合，所以图形变化实质上就是点的变换。在二维平面内，一个点通常用它的两个坐标（x，y）来表示，写成矩阵形式则为：（x，y）或$\begin{pmatrix} x \\ y \end{pmatrix}$，表示点的矩阵通常被称为点的位置矢量。如三角形的三个顶点坐标 $a(x_1, y_1)$，$b(x_2, y_2)$，$c(x_3, y_3)$，用矩阵表示则记为：$\boldsymbol{P}\begin{pmatrix} x_1 & y_1 \\ x_2 & y_2 \\ x_3 & y_3 \end{pmatrix}$，$\boldsymbol{P}'=\boldsymbol{P}\cdot\boldsymbol{T}$，则 $\boldsymbol{T}$ 被称为变换矩阵，变换矩阵为点的变换提供了工具。

在图形变换中一般使用齐次坐标表示法进行处理。所谓齐次坐标表示法就是由 $N+1$ 维矢量表示一个 N 维矢量，其优越性在于：①提供了用矩阵运算实现点集在坐标系下的有效变换；②可以表示无穷远点。对于二维空间，(x，y) 点对应的齐次坐标为 (x_h，y_h，h)，则两者的关系为

$$\begin{cases} x_h = hx \\ y_h = hy \\ z_h = h \end{cases}$$

对于平面上的点，有如下齐次变换矩阵：(x'，y'，1) = (x，y，1) · $\boldsymbol{T}$。对于由多个点、线、面组成的二维、三维图形，有 $\boldsymbol{P}' = \boldsymbol{P} \cdot \boldsymbol{T}$。对于二维图形，$\boldsymbol{T}$ 是 3×3 阶齐次矩阵；对于三维图形，$\boldsymbol{T}$ 是 4×4 阶齐次矩阵。图形变换的主要工作就是求解变换矩阵。

3.1.2　二维图形的基本变换

在二维空间中，图形变换矩阵可表示为：$\boldsymbol{T} = \begin{pmatrix} a & b & p \\ c & d & q \\ e & f & s \end{pmatrix}$，其中元素 a、b、c、d 可实现图形的缩放、对称、旋转、错切等变换，e、f 实现对图形进行平移变换，p、q 负责图形的透视变换，而 s 是对图形进行整体伸缩变换，并且变换后的坐标均为原坐标的 $1/s$ 倍。二维图形的基本变换包括以下几种：恒等变换、平移变换、旋转变换、比例变换、对称变换、错切变换、逆变换等。

1. 恒等变换

当主对角线上的元素均为 1，其他元素都为零时，主变换矩阵就变成了一个单位矩阵。即 (x'，y'，1) = (x，y，1) $\begin{pmatrix} 1 & 0 & 0 \\ 0 & 1 & 0 \\ 0 & 0 & 1 \end{pmatrix}$ = (x，y，1)。

2. 平移变换

平移变换是将图形中的每一个点进行移动。若将一个点 (x，y) 沿水平方向移动 c 单位，沿竖直方向移动一个 f 单位，平移到一个新位置 (x'，y')，数学表达式为

$\begin{cases} x' = x + c \\ y' = y + f \end{cases}$，其齐次坐标平移变换为：($x'$，$y'$，1) = ($x$，$y$，1) $\begin{pmatrix} 1 & 0 & 0 \\ 0 & 1 & 0 \\ c & f & 1 \end{pmatrix}$，如果 c 是正值，则点向右移动，如果是负值，则点向左移动；同理，如果 f 是正值，则点向上移动，如果 f 是负值，则点向下移动。平移变换示意图如图 3-1 所示。

3. 旋转变换

旋转变换是将图形绕一固定点（默认为坐标原点）顺时针或逆时针方向进行旋转。规定：逆时针方向为正，顺时针方向为负。由图 3-2 可得

$$\left.\begin{aligned} x &= r\cos\alpha \\ y &= r\sin\alpha \end{aligned}\right\}$$

$$\left.\begin{aligned} x' &= r\cos(\alpha + \theta) = r\cos\alpha \times \cos\theta - r\sin\alpha\sin\theta \\ y' &= r\sin(\alpha + \theta) = r\sin\alpha \times \cos\theta + r\cos\alpha\sin\theta \end{aligned}\right\}$$

$$\left.\begin{aligned} x' &= x\cos\theta - y\sin\theta \\ y' &= x\sin\theta + y\cos\theta \end{aligned}\right\}$$

故齐次坐标旋转变换为

$$(x',\ y',\ 1)=(x,\ y,\ 1)\begin{pmatrix}\cos\theta & \sin\theta & 0\\ -\sin\theta & \cos\theta & 0\\ 0 & 0 & 1\end{pmatrix}=\big((x\cos\theta-y\sin\theta),\ (x\sin\theta+y\cos\theta),\ 1\big)$$

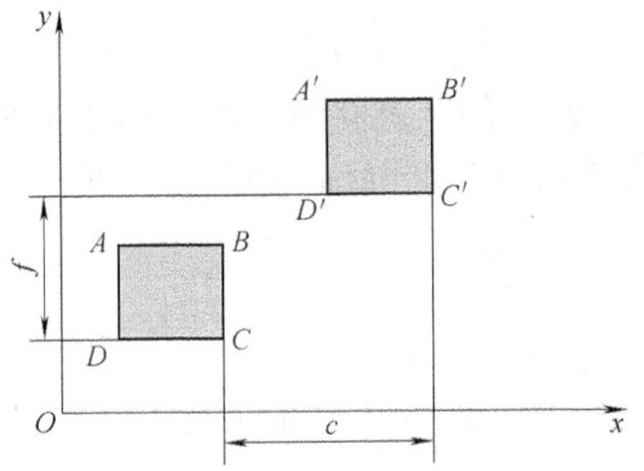

图 3-1　平移变换示意图

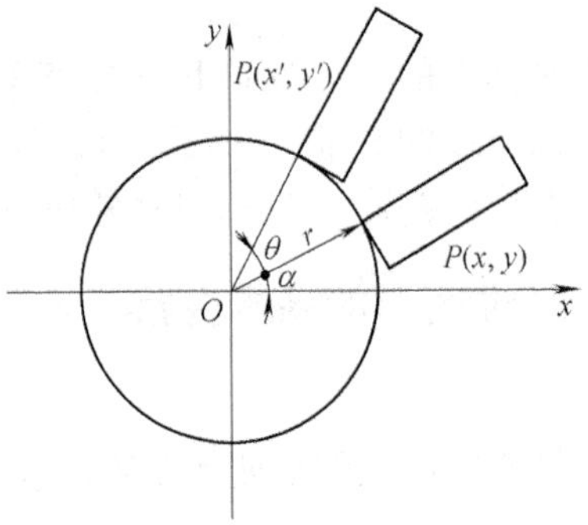

图 3-2　旋转变换示意图

4. 比例变换

比例变换是使用比例因子乘以图形的点集，使图形放大或缩小的变换。由图 3-3 可得

$$\begin{cases}x'=ax,\ a\neq0\\ y'=ey,\ e\neq0\end{cases}，则\ (x',\ y',\ 1)=(x,\ y,\ 1)\begin{pmatrix}a & 0 & 0\\ 0 & e & 0\\ 0 & 0 & 1\end{pmatrix}=(ax,\ ey,\ 1)$$

其中，$a=e=1$ 时，为恒等比例变换，即图形不变；$a=e>1$ 时，图形沿两个坐标轴方向等比放大（图 3-3a）；$a=e<1$ 时，图形沿两个坐标轴方向等比缩小；$a\neq e$ 时，两个坐标轴方向非等比变换，几何形状发生了畸变（图 3-3b）。

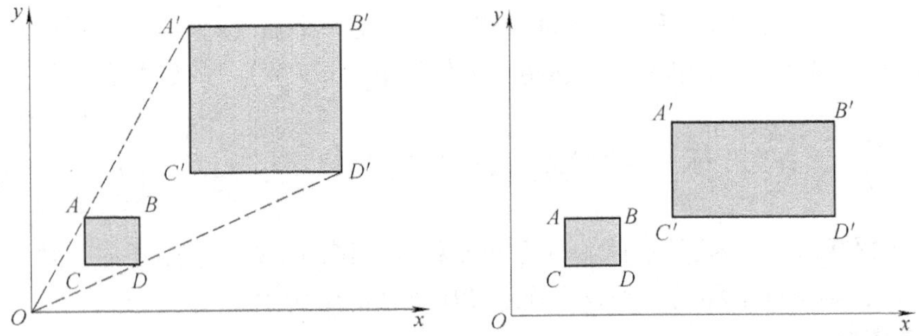

a)　　b)

图 3-3　比例变换示意图

a）$a=e=3$　b）$a=3$，$e=2$

5. 对称变换（镜像变换）

以 y 轴为对称线的对称变换，y 坐标不变，x 坐标取反，则变换矩阵为

$$(x',\ y',\ 1)=(x,\ y,\ 1)\begin{pmatrix}-1 & 0 & 0\\ 0 & 1 & 0\\ 0 & 0 & 1\end{pmatrix}=(-x,\ y,\ 1)$$

以 x 轴为对称线的对称变换，x 坐标不变，y 坐标取反，则变换矩阵为

$$(x',\ y',\ 1)=(x,\ y,\ 1)\begin{pmatrix}1 & 0 & 0\\0 & -1 & 0\\0 & 0 & 1\end{pmatrix}=(x,\ -y,\ 1)$$

以原点为对称的对称变换，x 坐标取反，y 坐标取反，则变换矩阵为

$$(x',\ y',\ 1)=(x,\ y,\ 1)\begin{pmatrix}-1 & 0 & 0\\0 & -1 & 0\\0 & 0 & 1\end{pmatrix}=(-x,\ -y,\ 1)$$

以直线 $y=x$ 为对称线的对称变换，如图 3-4 所示，x 坐标取 y 值，y 坐标取 x 值，则变换矩阵为

$$(x',\ y',\ 1)=(x,\ y,\ 1)\begin{pmatrix}0 & 1 & 0\\1 & 0 & 0\\0 & 0 & 1\end{pmatrix}=(y,\ x,\ 1)$$

以直线 $y=-x$ 为对称线的对称变换，x 坐标取 $-y$ 值，y 坐标取 $-x$ 值，则变换矩阵为

$$(x',\ y',\ 1)=(x,\ y,\ 1)\begin{pmatrix}0 & -1 & 0\\-1 & 0 & 0\\0 & 0 & 1\end{pmatrix}=(-y,\ -x,\ 1)$$

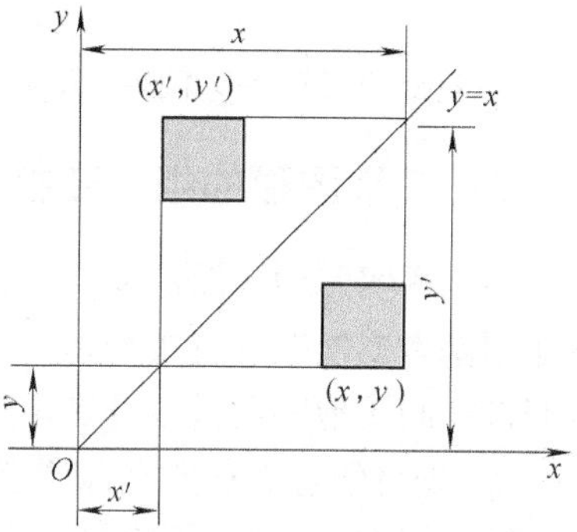

图 3-4　关于 $y=x$ 的对称变换示意图

6. 错切变换

错切变换是使图形产生一个扭变，类似金属的错切变形，可以是某一个坐标方向，或者两个方向。错切变换的意义在于可使长方形变成平行四边形，使圆形变成椭圆，从而使平面造型的内容更加丰富。错切变换矩阵为

$$\boldsymbol{T}=\begin{pmatrix}1 & b & 0\\c & 1 & 0\\0 & 0 & 1\end{pmatrix},\ (x',\ y',\ 1)=(x,\ y,\ 1)\begin{pmatrix}1 & b & 0\\c & 1 & 0\\0 & 0 & 1\end{pmatrix}=(x+cy,\ y+bx,\ 1)$$

图形沿 x 方向的错切矩阵表示为

$$(x',\ y',\ 1)=(x,\ y,\ 1)\begin{pmatrix}1 & 0 & 0\\c & 1 & 0\\0 & 0 & 1\end{pmatrix}=(x+cy,\ y,\ 1)$$

此时，图形的 y 坐标不变，x 坐标随坐标（x，y）和系数 c 作线性变化。$c>0$，图形沿 $+x$ 方向作错切；$c<0$，图形沿 $-x$ 方向作错切；$c\neq0$。

图形沿 y 方向的错切矩阵表示为

$$(x',\ y',\ 1)=(x,\ y,\ 1)\begin{pmatrix}1 & b & 0\\0 & 1 & 0\\0 & 0 & 1\end{pmatrix}=(x,\ y+bx,\ 1)$$

图形的 x 坐标不变，y 坐标随坐标（x，y）和系数 b 作线性变化。$b>0$，图形沿 $+y$ 方向作错切；$b<0$，图形沿 $-y$ 方向作错切；$b\neq0$。

7. 逆变换

考察两个矩阵：$T_1=\begin{pmatrix}1&0&0\\0&1&0\\L&M&1\end{pmatrix}$和$T_2=\begin{pmatrix}1&0&0\\0&1&0\\-L&-M&1\end{pmatrix}$

变换矩阵具有相反的效果，即当某一实体矩阵乘以T_1后，再乘以T_2，其结果将导致实体的位置不变，即两个矩阵相乘的乘积是一个单位矩阵：

$$T_1T_2=\begin{pmatrix}1&0&0\\0&1&0\\L&M&1\end{pmatrix}\begin{pmatrix}1&0&0\\0&1&0\\-L&-M&1\end{pmatrix}=\begin{pmatrix}1&0&0\\0&1&0\\0&0&1\end{pmatrix}$$

即T_1和T_2互为逆矩阵，记：$T_1=T_2^{-1}$。

3.1.3 二维图形的组合变换

在工程实际中，图形变换往往相对于任意点或线变换，而不是坐标原点或坐标轴，所以不能用基本变换矩阵直接处理。解决该问题的思路是将工程中的一般变换分步骤地转换成基本变换，间接地利用基本变换矩阵对其进行处理，详述如下：

1）先将任意点移向坐标原点（任意线则移向与 x 或 y 轴重合的位置）。

2）再用前述变换矩阵加以变换。

3）最后反向移回任意点（任意线移回原位）。

由于经过平移、某种变换、再平移的多次变换构成，而不仅仅是一种独立的变换，故而称为组合变换。在组合变换中，多个变换矩阵之积称为组合变换矩阵。

例 3-1 以图 3-5 所示的二维图形绕任意点旋转为例，根据上述解决问题的原则，将其分解为三个不同的基本问题，通过三种连续变换实现：

1）平移旋转中心 Q 到原点，图形也随之平移，以确保旋转中心成为原点，变换矩阵为平移矩阵 T_1。

2）完成所需的旋转，变换矩阵为旋转矩阵 T_2。

3）将旋转后的结果平移到原来的中心 Q，变换矩阵为平移矩阵 T_3。

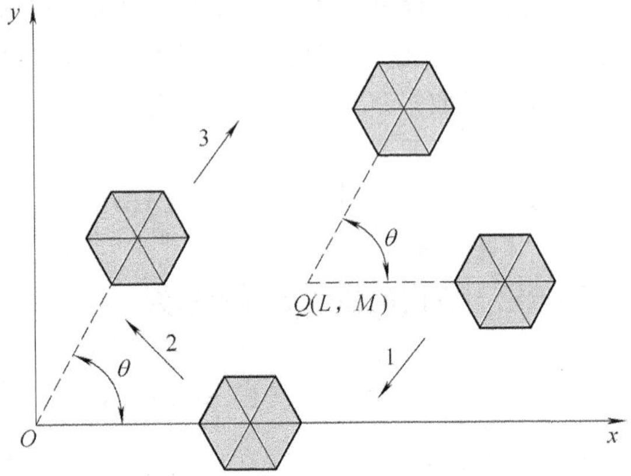

图 3-5 二维图形绕任意点旋转

$$T_1=\begin{pmatrix}1&0&0\\0&1&0\\-L&-M&1\end{pmatrix},\ T_2=\begin{pmatrix}\cos\theta&\sin\theta&0\\-\sin\theta&\cos\theta&0\\0&0&1\end{pmatrix},\ T_3=\begin{pmatrix}1&0&0\\0&1&0\\L&M&1\end{pmatrix}$$

$$T=T_1T_2T_3=\begin{pmatrix}1&0&0\\0&1&0\\-L&-M&1\end{pmatrix}\begin{pmatrix}\cos\theta&\sin\theta&0\\-\sin\theta&\cos\theta&0\\0&0&1\end{pmatrix}\begin{pmatrix}1&0&0\\0&1&0\\L&M&1\end{pmatrix}$$

$$= \begin{pmatrix} \cos\theta & \sin\theta & 0 \\ -\sin\theta & \cos\theta & 0 \\ L(1-\cos\theta)+2M\sin\theta & M(1-\cos\theta)-L\sin\theta & 1 \end{pmatrix}$$

若有△ABC，各顶点坐标为 A（10，10）、B（15，20）、C（30，40），现需实现以（4，6）为中心逆时针旋转30°的变换，并在显示器上绘制出旋转变换后的图形。由上述分析，可利用C语言实现相对（4，6）点的旋转变换，具体代码如下：

```
/*******  chap3-01.c,相对任意点旋转******/
#include<stdio.h>
#include<graphics.h>
#include<math.h>
#define PI 3.1415926
/*初始化函数*/
void initgr(){
  int gd=DETECT,gm=0;
  initgraph(&gd,&gm,"");
}
/*画点函数*/
void point(int x,int y){
  line(x-3,y,x+3,y);
  line(x,y-3,x,y+3);
}
main(){
  float degree=90;
  /*三角形顶点坐标*/
  float x[3]={40,90,40};
  float y[3]={40,40,60};
  float x1[3],y1[3];
  int i;
  /*相对坐标系原点*/
  float xa=200,ya=200;
  degree=degree*PI/180;
  /*由相对任意点组合变换矩阵而来*/
  for(i=0;i<3;i++){
        x1[i]=x[i]*cos(degree)-y[i]*sin(degree)-xa*cos(degree)+ya*
sin(degree)+xa;
        y1[i]=x[i]*sin(degree)+y[i]*cos(degree)-xa*sin(degree)-ya*
cos(degree)+ya;
    }
    initgr();
    point(xa,ya);
    setlinestyle(1,0,1);
    /*生成原始三角形*/
```

```
    line(x[0],y[0],x[1],y[1]);
    line(x[0],y[0],x[2],y[2]);
    line(x[1],y[1],x[2],y[2]);
    setcolor(210);
    setlinestyle(0,0,1);
    /* 生成变换后的三角形 */
    line(x1[0],y1[0],x1[1],y1[1]);
    line(x1[0],y1[0],x1[2],y1[2]);
    line(x1[1],y1[1],x1[2],y1[2]);
    getch();
    closegraph();
}
```

3.1.4　三维图形的基本变换

和二维图形一样，用适当的变换矩阵也可以对三维图形进行各种几何变换。对三维空间的点如（x，y，z），可用齐次坐标表示为（x，y，z，1），或（X，Y，Z，H），因此，三维空间里的点的变换可写为

$(x'，y'，z'，1) = (x，y，z，1)M$，其中 M 是 4×4 阶变换矩阵。

1. 三维比例变换

比例变换有两种变换形式：一种是沿各坐标轴分别调节每个坐标方向上的大小，比例变换齐次矩阵为 $\boldsymbol{S}_1$，其中 S_x、S_y、S_z为沿 x、y、z 坐标轴方向的变化系数；另外一种是对整体图形进行缩放，图形整体缩放变换的齐次矩阵为 $\boldsymbol{S}_2$，并且若 $S>1$，则整个图形缩小；若 $S<1$，则整个图形放大。

$$\boldsymbol{S}_1=\begin{pmatrix} S_x & 0 & 0 & 0\\ 0 & S_y & 0 & 0\\ 0 & 0 & S_z & 0\\ 0 & 0 & 0 & 1\end{pmatrix} 和 \boldsymbol{S}_2=\begin{pmatrix} 1 & 0 & 0 & 0\\ 0 & 1 & 0 & 0\\ 0 & 0 & 1 & 0\\ 0 & 0 & 0 & S\end{pmatrix}$$

2. 三维对称变换（三维镜像变换）

标准的三维空间对称变换是相对于坐标平面进行的，若对 xOy 平面进行对称变换，x、y 坐标不变，z 坐标相反，变换矩阵为 $\boldsymbol{M}_{xy}$；若对 yOz 平面进行对称变换，y、z 坐标不变，x 坐标相反，变换矩阵为 $\boldsymbol{M}_{yz}$；若对 xOz 平面进行对称变换，x、z 坐标不变，y 坐标相反，变换矩阵为 $\boldsymbol{M}_{xz}$。

$$\boldsymbol{M}_{xy}=\begin{pmatrix} 1 & 0 & 0 & 0\\ 0 & 1 & 0 & 0\\ 0 & 0 & -1 & 0\\ 0 & 0 & 0 & 1\end{pmatrix},\ \boldsymbol{M}_{yz}=\begin{pmatrix} -1 & 0 & 0 & 0\\ 0 & 1 & 0 & 0\\ 0 & 0 & 1 & 0\\ 0 & 0 & 0 & 1\end{pmatrix},\ \boldsymbol{M}_{xz}=\begin{pmatrix} 1 & 0 & 0 & 0\\ 0 & -1 & 0 & 0\\ 0 & 0 & 1 & 0\\ 0 & 0 & 0 & 1\end{pmatrix}$$

3. 三维错切变换

与二维类似，三维错切是指图形沿 x、y、z 三个方向的变形，其变换矩阵为

$$M=\begin{pmatrix}1&B&C&0\\D&1&F&0\\G&H&1&0\\0&0&0&1\end{pmatrix}$$

在错切变换矩阵中，主对角线四个元素均为 1，第 4 行和第 4 列其他元素均为 0。变换后一个坐标的变换结果受另外两个坐标的影响。错切变换是画斜轴测图的基础，按方向不同，可分为六种基本变换。

1）沿 x 轴含 y 向错切（图 3-6），变换矩阵为

$$M=\begin{pmatrix}1&0&0&0\\D&1&0&0\\0&0&1&0\\0&0&0&1\end{pmatrix}$$

2）沿 x 轴含 z 向错切（图 3-7），变换矩阵为

$$M=\begin{pmatrix}1&0&0&0\\0&1&0&0\\G&0&1&0\\0&0&0&1\end{pmatrix}$$

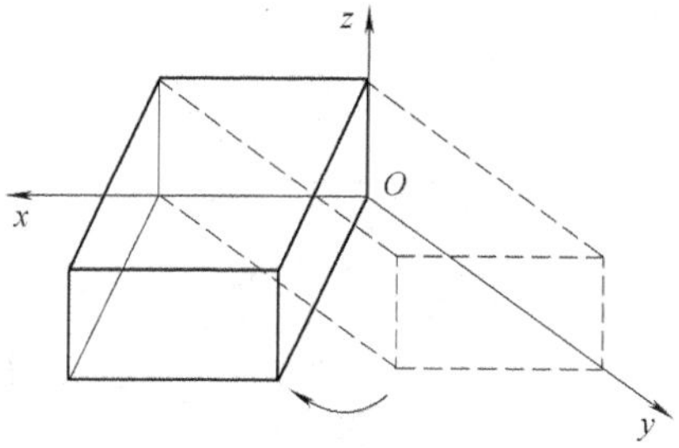

图 3-6　沿 x 轴含 y 向的错切

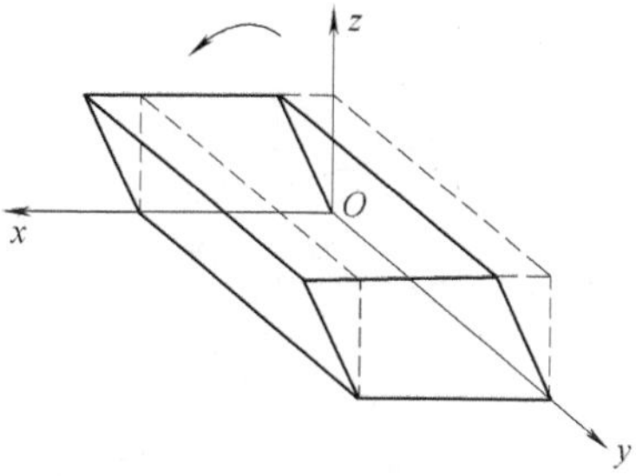

图 3-7　沿 x 轴含 z 向错切

3）沿 y 轴含 x 向错切（图 3-8），变换矩阵为

$$M=\begin{pmatrix}1&0&B&0\\0&1&0&0\\0&H&1&0\\0&0&0&1\end{pmatrix}$$

4）沿 y 轴含 z 向错切（图 3-9），变换矩阵为

$$M=\begin{pmatrix}1&0&0&0\\0&1&0&0\\0&H&1&0\\0&0&0&1\end{pmatrix}$$

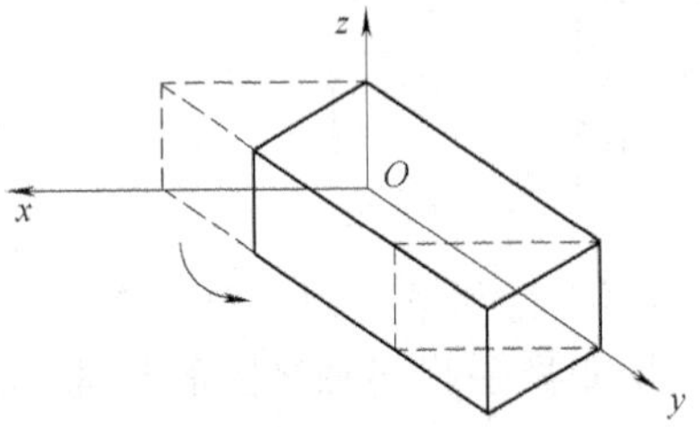

图 3-8　沿 y 轴含 x 向错切

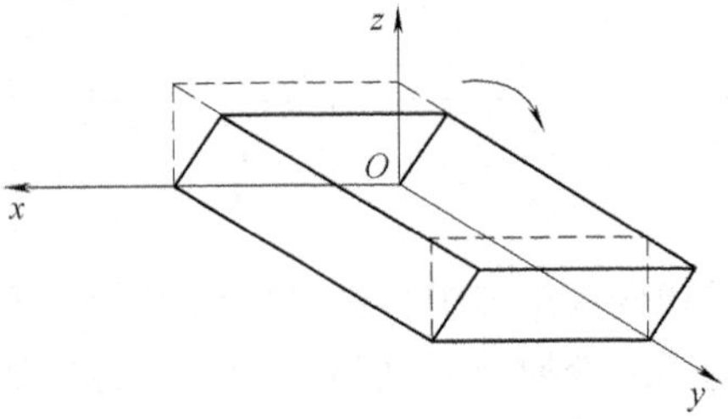

图 3-9　沿 y 轴含 z 向错切

5）沿 z 轴含 x 向错切（图 3-10），变换矩阵为

$$M=\begin{pmatrix}1&0&C&0\\0&1&0&0\\0&0&1&0\\0&0&0&1\end{pmatrix}$$

6）沿 z 轴含 y 向错切（图 3-11），变换矩阵为

$$M=\begin{pmatrix}1&0&0&0\\0&1&F&0\\0&0&1&0\\0&0&0&1\end{pmatrix}$$

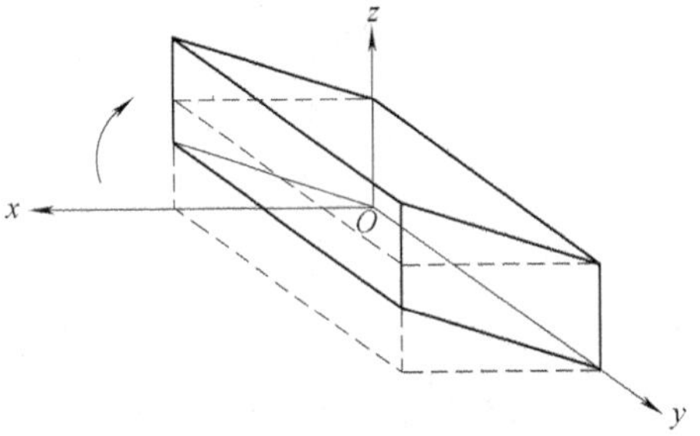

图 3-10　沿 z 轴含 x 向错切

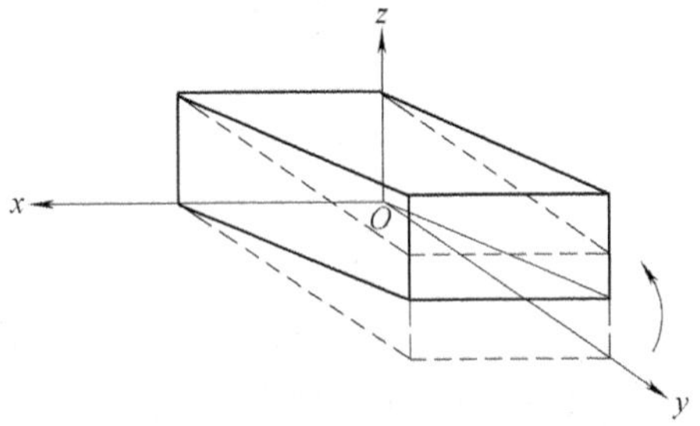

图 3-11　沿 z 轴含 y 向错切

4. 三维平移变换

与二维平移变换类似，三维平移变换矩阵为

$$M=\begin{pmatrix}1&0&0&0\\0&1&0&0\\0&0&1&0\\L&M&N&1\end{pmatrix}$$

其中 L、M、N 分别为 x、y、z 方向的平移量。

5. 三维旋转变换

二维变换中，图形绕原点旋转的变换实际上是 xOy 平面图形绕 z 轴旋转的变换。三维旋转变换应按绕不同轴线旋转分别处理。同样的，旋转角 θ 沿着旋转轴的反方向看，逆时针转动为正，顺时针转动为负。

1）绕 x 轴旋转的变换矩阵（旋转角为 α）为

$$R_x = \begin{pmatrix} 1 & 0 & 0 & 0 \\ 0 & \cos\alpha & \sin\alpha & 0 \\ 0 & -\sin\alpha & \cos\alpha & 0 \\ 0 & 0 & 0 & 1 \end{pmatrix}$$

2）绕 y 轴旋转（图 3-12）的变换矩阵（旋转角为 β）为

$$R_y = \begin{pmatrix} \cos\beta & 0 & -\sin\beta & 0 \\ 0 & 1 & 0 & 0 \\ \sin\beta & 0 & \cos\beta & 0 \\ 0 & 0 & 0 & 1 \end{pmatrix}$$，绕 y 轴的变换矩阵之所以和 x、z 轴正负号的顺序不同的原因分析如下：

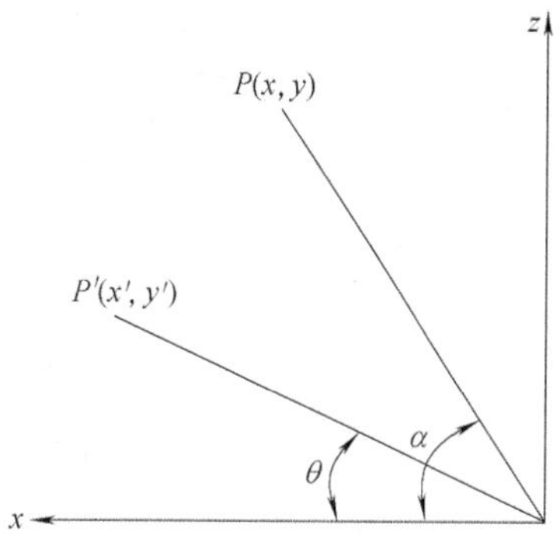

图 3-12　绕 y 轴旋转示意图

$x = r\cos\alpha$

$z = r\sin\alpha$

$x' = r\cos(\alpha - \theta) = r\cos\alpha\cos\theta + r\sin\alpha\sin\theta$

$y' = r\sin(\alpha - \theta) = r\sin\alpha\cos\theta - r\cos\alpha\sin\theta$

$x' = x\cos\theta + z\sin\theta$

$y' = z\cos\theta - x\sin\theta$

$z' = z$

3）绕 z 轴旋转的变换矩阵（旋转角为 γ）为

$$R_z = \begin{pmatrix} \cos\gamma & \sin\gamma & 0 & 0 \\ -\sin\gamma & \cos\gamma & 0 & 0 \\ 0 & 0 & 1 & 0 \\ 0 & 0 & 0 & 1 \end{pmatrix}$$

3.1.5　三维图形的组合变换

三维图形组合变换的处理思路与二维图形的组合变换相同，仍是分步骤地将其转化为一系列基本变换。

例 3-2　如图 3-13a 所示，空间任一点 $P(x_P, y_P, z_P)$ 绕空间轴 AA' 旋转至 P'，求 P' 点的坐标。已知 A 点坐标为（x_A，y_A，z_A），矢量 $\boldsymbol{AA}(\boldsymbol{n}_1, \boldsymbol{n}_2, \boldsymbol{n}_3)$ 为单位矢量为图 3-13b 所示，即 $\sqrt{n_1^2 + n_2^2 + n_3^2} = 1$。

上述问题可分解为五个步骤完成：

（1）三维平移变换　将整个图形从 A 点平移到坐标原点 O，变换矩阵为

$$T_1 = \begin{pmatrix} 1 & 0 & 0 & 0 \\ 0 & 1 & 0 & 0 \\ 0 & 0 & 1 & 0 \\ -x_A & -y_A & -z_A & 1 \end{pmatrix}$$

（2）三维旋转组合变换　将整个图形并随 $\boldsymbol{AA}'$ 轴旋转至与 z 轴重合。

1）将整个图形并随 $\boldsymbol{AA}'$ 轴绕 y 轴负方向旋转 β 角，以使 $\boldsymbol{AA}'$ 轴与 $\boldsymbol{n}$ 重合，变换矩阵为

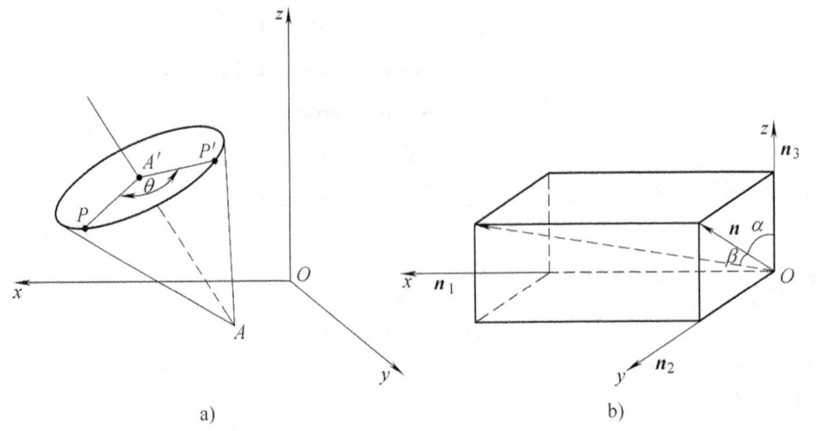

图 3-13　相对任意轴的三维旋转变换示意图

$$T_{21}=\begin{pmatrix}\cos\beta & 0 & \sin\beta & 0\\ 0 & 1 & 0 & 0\\ -\sin\beta & 0 & \cos\beta & 0\\ 0 & 0 & 0 & 1\end{pmatrix}$$

2）将整个图形并随 $\boldsymbol{AA'}$轴从 $\boldsymbol{n}$ 绕 x 轴正方向旋转 α 角，以使 $\boldsymbol{AA'}$轴与 z 轴重合，变换矩阵为

$$T_{22}=\begin{pmatrix}1 & 0 & 0 & 0\\ 0 & \cos\alpha & \sin\alpha & 0\\ 0 & -\sin\alpha & \cos\alpha & 0\\ 0 & 0 & 0 & 1\end{pmatrix}$$

其中，$n=\sqrt{n_2^2+n_3^2}$，$\cos\alpha=n_3/n$，$\sin\alpha=n_2/n$，$\cos\beta=n$，$\sin\beta=n_1$。故三维组合选择变换矩阵为

$$T_2=T_{21}T_{22}$$

（3）三维旋转变换　将变换后图形绕 z 轴旋转 θ 角，变换矩阵为

$$T_3=\begin{pmatrix}\cos\gamma & \sin\gamma & 0 & 0\\ -\sin\gamma & \cos\gamma & 0 & 0\\ 0 & 0 & 1 & 0\\ 0 & 0 & 0 & 1\end{pmatrix}$$

（4）对步骤（2）作逆变换　使 $\boldsymbol{AA'}$回到原来的位置，变换矩阵为

$$T_4=\begin{pmatrix}1 & 0 & 0 & 0\\ 0 & \cos\alpha & -\sin\alpha & 0\\ 0 & \sin\alpha & \cos\alpha & 0\\ 0 & 0 & 0 & 1\end{pmatrix}\begin{pmatrix}\cos\beta & 0 & -\sin\beta & 0\\ 0 & 1 & 0 & 0\\ \sin\beta & 0 & \cos\beta & 0\\ 0 & 0 & 0 & 1\end{pmatrix}$$

（5）对步骤（1）作逆变换　使 A 点回到原来的位置，变换矩阵为

$$T_5 = \begin{pmatrix} 1 & 0 & 0 & 0 \\ 0 & 1 & 0 & 0 \\ 0 & 0 & 1 & 0 \\ x_A & y_A & z_A & 1 \end{pmatrix}$$

综合上述五个步骤，其组合变换矩阵为

$$\boldsymbol{T} = \boldsymbol{T}_1 \boldsymbol{T}_2 \boldsymbol{T}_3 \boldsymbol{T}_4 \boldsymbol{T}_5$$

3.2　图形的消隐技术

三维图形由于投影变换失去了深度信息，往往导致图形的二义性，如图 3-14 所示，仅从图 3-14a 所示图形，不能确定表示的六面体是图 3-14b 所示的情况还是图 3-14c 所示的情况。

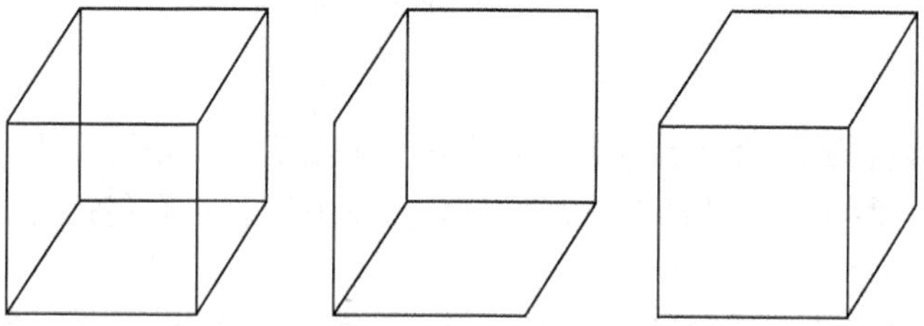

a)　b)　c)

图 3-14　图形二义性示意图

3.2.1　图形消隐的基本概念

当沿投影视线观察一个三维物体时，由于物体中各种表面或其他物体的遮挡，某些线段或面不可见，这些不可见的线段或面称为隐藏线或隐藏面。要消除二义性，就必须在绘制时消除实际不可见的线和面，习惯上将这些隐藏线或隐藏面消除的过程称为消隐。查找、确定并消除隐藏线和隐藏面的技术称为消隐技术。

3.2.2　消隐算法的基本测试方法

各种消隐算法其策略方法各有特点，但都是以一些基本测试方法为基础的。一种算法中往往会包含一种甚至多种基本测试方法，常用的基本测试方法包括：

1. 重叠测试

许多物体的投影是由若干个多边形构成的，重叠测试将这些多边形两两判别，看它们是否有重叠部分，如果不重叠，则说明肯定不互相遮挡。重叠测试也称为极大、极小测试或边界盒测试。重叠测试分两步完成：

（1）粗筛选　用矩形外接多边形检查 x 和 y 方向任意两个矩形是否相交。如果 A 和 B 的顶点坐标满足如下四个不等式之一，则两个多边形不可能重叠，如图 3-15a 所示，即

$$x_{A\max} \leqslant x_{B\min} \qquad x_{A\min} \geqslant x_{B\max}$$

$$y_{A\max} \leqslant y_{B\min} \qquad y_{A\min} \geqslant y_{B\max}$$

（2）细筛选　如果测试无确定结果，如图 3-15b 所示，则需进行细筛选，将不等式均得不到满足的一个多边形的每一条边与另一个多边形的每条边比较，测试它们是否相交，以此来判别两个多边形是否重叠，如图 3-15c 所示。

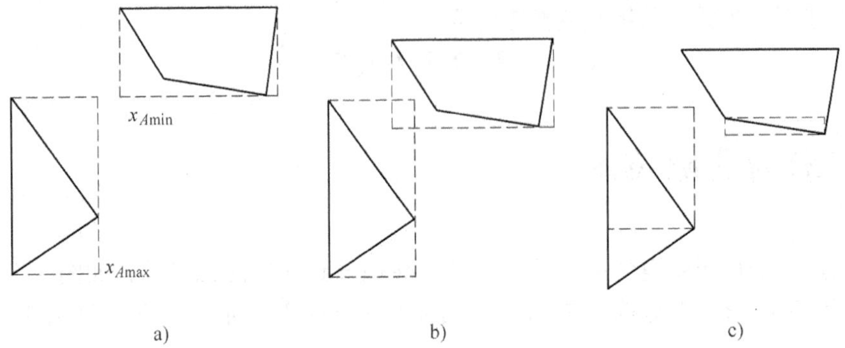

图 3-15　重叠测试示意图

2. 包含性测试

对于不满足重叠测试的两个多边形，需检查一个给定的点是否位于给定的多边形或多面体内。包含性测试是测试点与非凸多边形的包含关系方法，主要包括射线交点数算法和夹角求和算法两种。

（1）射线交点数算法　从测试点一侧引出一条射线，如果射线与多边形的交点数为偶数，则可以判定点在多边形外部，如图 3-16a 所示；如果交点数为奇数，则可以判定点在多边形内部，如图 3-16b 所示。

（2）夹角求和算法　按某固定方向，累计测试点到多边形顶点连线的夹角，并规定逆时针方向夹角为正，顺时针方向夹角为负，最后如果夹角和为 0°，则可判断点在多边形外部，如图 3-16c 所示；如果夹角为 360°，则可判断点在多边形内部，如图 3-16d 所示。

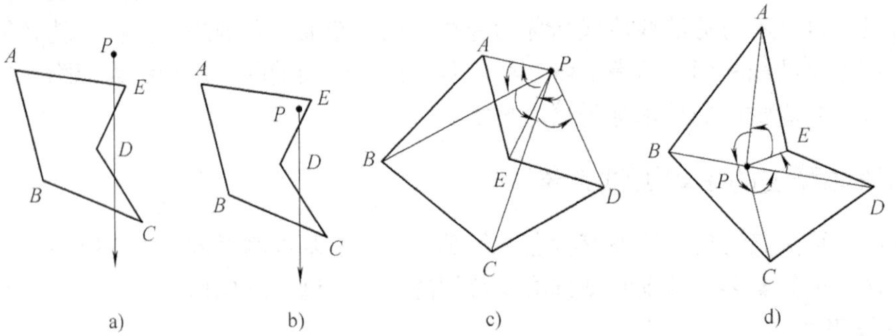

图 3-16　包含性测试示意图

3. 可见性测试

单一凸形物体表面外法向矢量指向观察者方向的面是可见的，否则不可见。如图 3-17 所示，定义由观察点至物体方向的视线矢量为 $\boldsymbol{S}$，计算物体表面某点的法向矢量 $\boldsymbol{N}$ 和视线矢量的点积判别该点是否可见：$\boldsymbol{NS} = |\boldsymbol{N}||\boldsymbol{S}|\cos\theta$，如果 $\theta < 0$，则观察点可见，否则不可见。

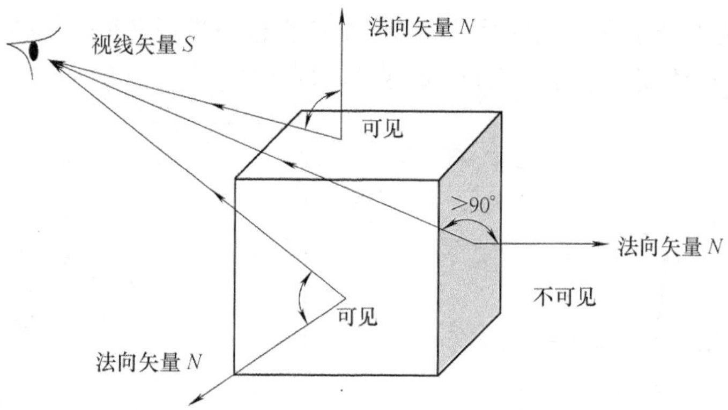

图 3-17　可见性测试示意图

4. 优先级测试

如图 3-18 所示，设 P_{12}是空间矩形 F_1和三角形 F_2在投影平面 xOy 的正投影的一个重影点。将 P_{12}的 x、y 坐标代入矩形 F_1和三角形 F_2的平面方程，分别求出 z_1 和 z_2。比较 z_1和 z_2的大小，可知 F_1和 F_2所在的平面哪个更靠近观察者，即哪个面遮挡另一个面。由于 $z_1 > z_2$，则 P_1点为可见点，F_1 比 F_2有较高的优先级。

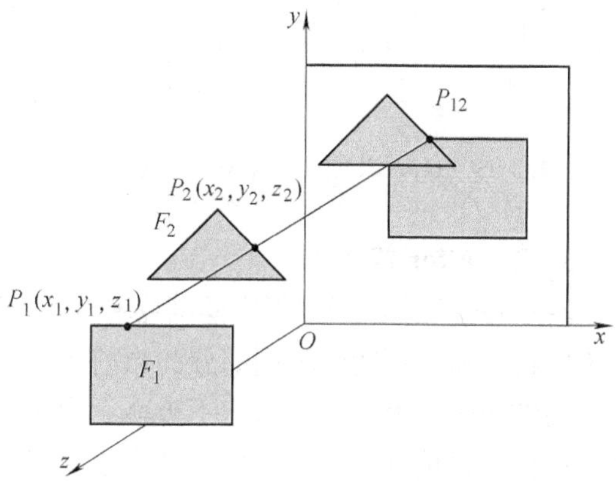

图 3-18　优先级测试示意图

3.2.3　常用消隐算法

根据消隐对象不同，消隐算法分为线消隐和面消隐两类。若消除的是物体上不可见的线段，称线消隐；若消除的是物体上不可见的面，则称面消隐。根据消隐空间的不同，消隐算法分为物体空间的消隐算法和图形空间的消隐算法两类。前者侧重于物体空间中各物体之间的几何关系，直接在视点坐标系中确定视点不可见的表面区域，将它们表达成同原表面一致的数据结构。后者侧重于向显示器投影后形成的图像。在投影显示器上以显示器像素为采样单位，确定投影于每一像素的可见景物表面区域，将其颜色作为该像素的显示光亮度。常用的消隐算法有：Catmull 曲面分割算法、Warnock 算法、Z-Buffer 算法、扫描线算法等。

1. Catmull 曲面分割算法

Catmull 曲面分割算法属于物体空间消隐算法，是对曲面本身进行递归分割。其基本思想是将原先的曲面片递归地加以分割，直至所有分割后的小曲面片在显示器上投影至多覆盖一个像素，然后在各个像素上确定使用哪个小曲面片的色彩和灰度。Catmull 曲面分割算法示意图如图 3-19 所示。

2. Warnock 算法

Warnock 算法属于图形空间消隐算法，该算法首先观察整个窗口区域，并判别窗口是否单纯。如果窗口内无任何可见物体，或窗口已被一个可见面片完全充满则输出。否则将非单纯的窗口四等分为四个子窗口，然后对每个子窗口再进一步判别是否单纯，直到窗口单纯或窗口边长已缩至一个像素点为止。Warnock 算法示意图如图 3-20 所示。

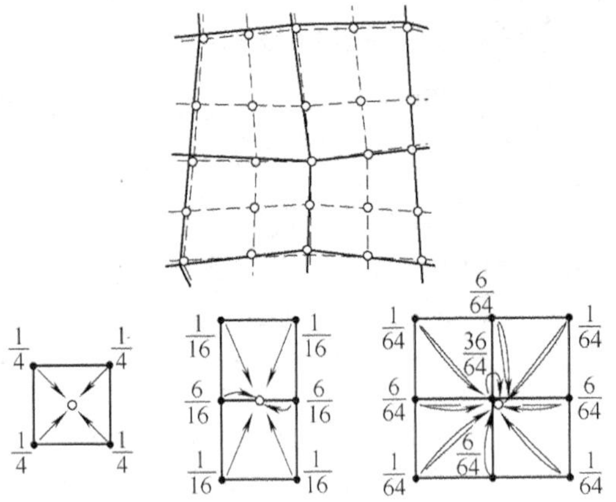

图 3-19　Catmull 曲面分割算法示意图

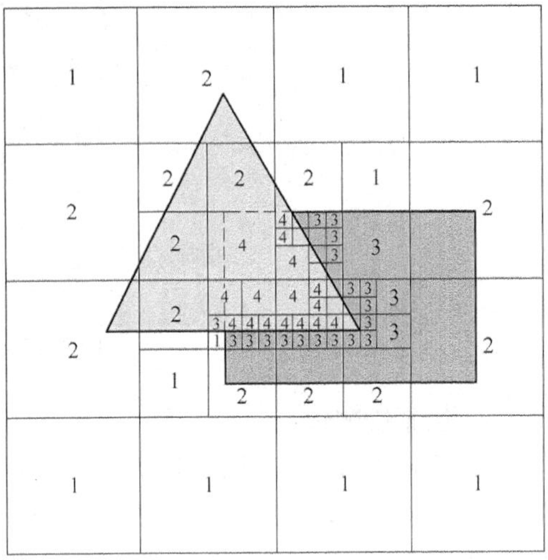

图 3-20　Warnock 算法示意图

3. Z-Buffer 算法

Z-Buffer 算法属于图形空间消隐算法，该方法是一项处理 3D 物体深度信息的技术，它对不同物体和同一物体不同部分的当前 z 坐标进行纪录，在进行着色时，对那些在其他物体背后的结构进行消隐，使它们不被显示出来。Z-Bufer 所用的位数越高，则代表它能够提供的景深值就越精确。现在图形芯片大多支持 24bit Z-Buffer 而加上 8bit 的模板 Buffer 后合称为 32bit Z-Buffer。

4. 扫描线算法

扫描线算法也属于图像空间消隐算法。消隐处理中，在逐条处理各扫描线时，首先要判别与其相交的所有多边形表面的可见性，然后计算各重叠面片的深度值以确定离观察者最近的面片。当某像素点所对应的可见面被确定后，该点的光强值也可以计算出来，将其置入帧缓冲器。

扫描线消隐算法不仅用于多边形的消隐，还可扩展应用到任意曲面体的消隐。在任意曲面体的消隐中，需要将多边形表 PT 改为曲面表 ST，活动边表改为活动曲面表，并需要一些附加的计算，如将一个曲面分解成多个小多边形。扫描转换时，当进入下一条扫描线，需删除那些已脱离扫描线的多边形节点，并增加一些新加入的多边形节点。当然，工作量会增加许多。

3.3　图形裁剪技术

在实际应用中，面对一幅大的画面，常要求开一个矩形窗口显示指定的部分画面。窗口内的图形被显示出来，而窗口之外的图形则被裁剪掉，使图形恰当地显示到显示器上的处理技术称为裁剪技术。将三维物体的图形由图形输出设备显示或绘制时，往往也要用到裁剪技术。三维窗口在平行投影时为立方体，三维线段裁剪就是要显示三维线段落在三维窗口内的部分。

3.3.1　窗口与视区

在计算机绘图中，常常遇到这样的情况：不同时刻、针对不同目的、只关心整幅图形的不同部位，而对其他部分暂时不感兴趣，此时希望关心的这部分图形能够尽量清晰地显示出来。用户在所需的图形部分区域选定一个观察框，这个观察框就称为窗口。利用显示器按人们意愿选取和放大画面的方法称为开窗口（Window），对不感兴趣的画面不予显示的技术称为剪切（Clipping）。在二维平面，通常定义窗口为一矩形区域，它的大小和位置在用户坐标上表示，用四个变量代表窗口左下角和右上角点的坐标，即

$$W_1 = X_{wl} \qquad W_2 = X_{wr} \qquad W_3 = Y_{wl} \qquad W_4 = Y_{wr}$$

在显示窗口内图形时，可能占用整个显示器，也可能设想显示器上有一个方框，要显示的图形只出现在这个方框内。在图形输出设备上用来复制窗口内容的矩形区域被称为视区。视区是一个与设备密切联系的概念，显示终端的平面和绘图仪的幅面都是用来表现图形的二维平面，而且是个有限的平面。通常也用四个变量指示视区两个角点的坐标，即

$$V_1 = X_{sl} \qquad V_2 = X_{sr} \qquad V_3 = Y_{sl} \qquad V_4 = Y_{sr}$$

视区也可以嵌套，还可以在同一物理设备上定义多个视区，分别作不同的应用或分别显示不同角度、不同对象的图形（如三视图）。

3.3.2　窗口与视区的变换

窗口与视区可以是多个，而且几个窗口或几个视区可以重叠或嵌套。窗口与视区不一定都是矩形区域，也可能是圆形或多边形区域。当定义的视区大小与窗口大小相同，而且设备坐标的度量单位与用户坐标的度量单位也相同时，两者之间才是1:1 的对应关系。大多数情况下，窗口与视区无论是大小还是单位都不相同。为了把选定的窗口内容在希望的视区上表现出来，必须进行坐标变换，而且可归结为点的坐标变换。根据窗口与视区的相似性对应关系，窗口内一点 $W(X_W,\ Y_W)$ 与视区内对应点 $S(X_S,\ Y_S)$ 的变换公式为

$$\begin{cases} \dfrac{X_S - X_{sl}}{X_{sr} - X_{sl}} = \dfrac{X_W - X_{wl}}{X_{wr} - X_{wl}} \\ \dfrac{Y_S - Y_{sl}}{Y_{sr} - Y_{sl}} = \dfrac{Y_W - Y_{wl}}{Y_{wr} - Y_{wl}} \end{cases} \Rightarrow \begin{cases} X_S = \dfrac{(X_W - X_{wl})(X_{sr} - X_{sl})}{(X_{wr} - X_{wl})} + X_{sl} \\ Y_S = \dfrac{(Y_W - Y_{wl})(Y_{sr} - Y_{sl})}{(Y_{wr} - Y_{wl})} + Y_{sl} \end{cases}$$

令 $a = (X_{sr} - X_{sl})/(X_{wr} - X_{wl}) \qquad b = X_{sl} - X_{wl}(X_{sr} - X_{sl})/(X_{wr} - X_{wl})$

$c = (Y_{sr} - Y_{sl})/(Y_{wr} - Y_{wl}) \qquad d = Y_{sl} - Y_{wl}(Y_{sr} - Y_{sl})/(Y_{wr} - Y_{wl})$

$X_S = aX_W + b$

$Y_S = cY_W + d$

为保证在窗口与视区变换时图形不会变形而失真，x 轴和 y 轴系数应相等，即

$$X_S = D_S(X_W - X_{wl}) + X_{sl}$$

$$Y_S = D_S(Y_W - Y_{wl}) + Y_{sl}$$

$$D_S = \min[(X_{sr} - X_{sl})/(X_{wr} - X_{wl}),\ (Y_{sr} - Y_{sl})/(Y_{wr} - Y_{wl})]$$

从显示器坐标映射到用户坐标的公式为

$$X_W = (X_S - X_{sl})/D_S + X_{wl}$$
$$Y_W = (Y_S - Y_{sl})/D_S + Y_{wl}$$

由上述公式，可得到以下结论：

1）视区不变，窗口缩小或放大时，显示的图形会相应放大或缩小。

2）窗口不变，视区缩小或放大时，显示的图形会相应缩小或放大。

3）视区纵横比不等于窗口纵横比时，显示的图形会有伸缩变化。

4）窗口与视区大小相同、坐标原点也相同时，显示的图形不变。

为了正确显示窗口内的全部图形，必须明确把图形分为窗口内的部分（可见部分）和窗口外的部分（不可见部分），尤其是与窗口边界相交的那些图形。区分可见与不可见部分的过程就称为裁剪。

3.3.3　二维图形裁剪

1. 点的裁剪

设置窗口后，保留窗口内的图形，舍弃窗口外的图形，这就是裁剪所要做的工作。裁剪算法中最基本的情况为点的剪取，判断一个点 $P(x, y)$ 是否可见，即

$$X_{wl} \leqslant X \leqslant X_{wr}$$
$$Y_{wl} \leqslant Y \leqslant Y_{wr}$$

满足上述两个不等式的点即在窗口范围以内，属于可见的点，予以保留；否则，该点为不可见点，应予舍弃。点与窗口关系如图 3-21a 所示。

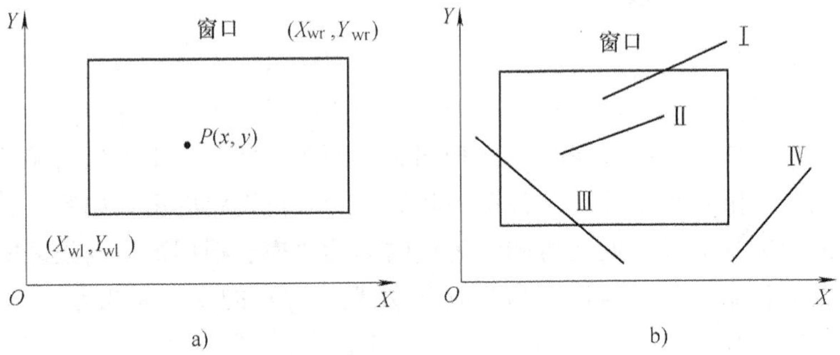

图 3-21　点、直线的裁剪

a）点与窗口关系　b）直线与窗口关系

2. 直线的裁剪

如图 3-21b 所示，直线与窗口的关系可分为四种：第一种为一端在内，一端在外，如直线Ⅰ所示；第二种为两个端点都在窗口内部，如直线Ⅱ所示；第三种为两端点在窗口外且与窗口相交，如直线Ⅲ所示；第四种为两端点在窗口外部且与该窗口不相交，如直线Ⅳ所示。关于直线的裁剪有很多方法，具有代表性的是编码裁剪算法（九区算法）。针对如图 3-21b 所示直线与窗口的关系，一般处理步骤为：首先判断线段是否全在窗口内，如果不满足条件，则需将线段分段，进一步测试。编码规则描述如下：

1）第一位：点是否在窗口上方，是为 1，否为 0，取（$Y_{wr}-Y$）符号位。

2）第二位：点是否在窗口下方，是为 1，否为 0，取（$Y-Y_{wl}$）符号位。

3）第三位：点是否在窗口右方，是为 1，否为 0，取（$X_{wr}-X$）符号位。

4）第四位：点是否在窗口左方，是为 1，否为 0，取（$X-X_{wl}$）符号位。

九区算法编码规则如图 3-22 所示。

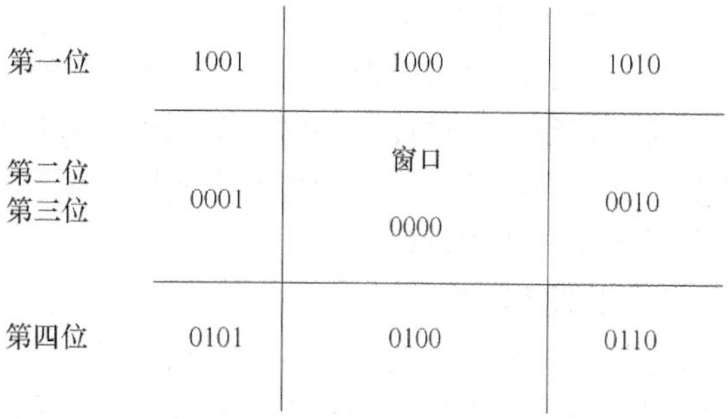

图 3-22　九区算法编码规则

算法伪代码如下：

```
STEP1:两端点对应位进行逻辑与运算;
STEP2:if 逻辑与运算结果不等于 0000{ //两端点同时在窗口的上、下、左、右
        该直线舍去;
      }else{
          if(逻辑或运算结果等于 0000){
              显示全部直线;
          }else{
              计算线段与窗口各边的交点;
          go to STEP1;
          }
      }
```

3. 多边形的裁剪

利用直线裁剪算法剪取一个由直线组成的多边形时，最后的结果往往不是封闭的多边形。故在裁剪多边形过程中需加上适当的窗口边界线段，使得图形封闭起来。该种方式称为多边形的裁剪。多边形裁剪原则为依次按照窗口的一个边界来剪取多边形，窗口边界一般按窗口上边界、右边界、下边界、左边界选取。

3.4　图形生成方法

图形由基本图形元素组成，图形生成方法是使用基本图形元素生成图形的方法。图形生成方法决定了计算机绘图的作用和效率，归纳起来主要有五种方法。

1. 轮廓线法

任何一个二维图形都是由线条组成的。所谓轮廓线法，就是将这些线条逐一绘出，它只取决于线条的端点坐标，不分先后，没有约束，因而，比较简单，适应面也广，但绘图工作量大，效率低，容易出错，生成的图形无法通过尺寸参数加以修改。

2. 参数化法

实际应用中常常面临系列化的设计，即基本几何拓扑关系不变，只变动形状尺寸。参数化法首先建立图形与尺寸参数的约束关系，每个可变的尺寸参数用待标示变量表示，并赋予一个默认值。绘图时，修改不同的尺寸参数即可得到不同规格的图形。

3. 图形元素拼合法

图形元素拼合法类似于一种搭积木的方法。将各种常用的、带有某种特定专业含义的图形元素存储建库，设计绘图时，根据需要调用合适的图形元素加以拼合。图形元素拼合法要以参数化法为基础，每个图形元素实际上就是一个小参数化图形。固定尺寸参数的图形元素在应用中没有使用价值。

4. 尺寸驱动法

这是一种交互式的变量设计方法。按设计者的意图，先将草图快速勾画在显示器上，然后根据产品结构需要，为草图建立尺寸和几何约束，草图就受到这种约束的驱动而变得横平竖直起来，尺寸大小也一一对应。

5. 三维实体投影法

工程师在进行零件结构设计时，首先在思维中建立起来的是一种三维物体模型，苦于没有一个形象描述、记录的工具和手段，因而只能将其画成二维图形；而在读图时，又要在头脑中还原图样表示的三维物体。如果开始设计时就在计算机三维环境下，则不仅能更直观、全面地反映设计对象，还能减轻设计时的负担，提高设计质量和效率。这时，若要将三维设计结果以二维图样形式输出，则只需利用三维几何建模软件系统提供的二维图投影功能就可方便地实现了。

3.5 零件参数化设计二次开发实例

参数化设计以约束造型为核心、以尺寸驱动为特征。在参数化设计中采用参数化模型，设计者可以通过调整参数来修改和控制几何形状，实现产品的精确造型，而不必在设计时专注于产品的具体尺寸。参数化设计方法存储了设计的全过程，能设计出一系列而不是单一的产品模型。对已有设计的修改，只需变动相应的参数，而无需重新进行产品设计的全过程。与传统的自由约束的设计方法相比，参数化设计更符合工程设计的习惯，因此极大地提高了设计效率，缩短了设计周期，减少了设计过程中信息的存储量，降低了设计费用，从而增强了产品的市场竞争力。基于通用 CAD 系统实现参数化设计的方法大体有以下两种。

1. 人机交互的方式实现参数化设计

该方法利用通用 CAD 软件自身的参数化特征造型功能，建立零件三维模型，系统会根据建模过程自动生成设计变量。以设计变量作为三维模型的参数，用户通过交互的方式在 CAD 系统中对其进行修改，通过给其赋予不同参数值来驱动零件模型，从而实现用户交互操作层次上的参数化设计。很多 CAD 软件还提供了各具特色的参数化设计工具以帮助用户更好地进行参数化设计，如 Solid Works、Pro/E 等三维造型软件。

2. 运用编程技术实现参数化

该方法又可以分为两种：一种是程序驱动法，另一种是尺寸驱动法。程序驱动法并不依靠 CAD 软件本身进行建模，而是将设计过程的所有关系式融入应用程序中，然后在程序的控制下，顺序执行这些设计表达式，按用户所指定的参数值，生成相应的零件模型，这种方法的主要特点是：无需人工建立零件模型，完全由程序实现，但每一次生成零件，都必须重新运行一遍应用程序。尺寸驱动法是通过建立零件模型，以此模型作为零件参数化设计的模板，通过编制应用程序，利用通用 CAD 软件所提供的编程接口来操作该模板，给设计变量赋值以实现参数化设计，这种方法快捷高效，程序代码简洁，但有些零件参数无法用尺寸标注或特征生成的方式来描述，系统无法生成对应的设计变量，也就无法用尺寸来驱动。

3.5.1　AutoCAD 环境下二维参数化技术

1. 参数化编程原理

参数化编程的实质，就是将图形信息储存在程序中，用一组变量记录图形的几何参数与结构参数之间的关系，然后再调用一系列绘图语言来描述图形的拓扑关系。AutoCAD 软件本身是一种非参数化环境，从而不能实现尺寸驱动的参数化技术，在进行系列设计时此问题尤显突出。因此，在 AutoCAD 环境下为了达到尺寸与图形的一致变更，也就是说修改尺寸后相关图形自动按参数改变，也即实现参数化技术，可通过使用编制程序，使参数驱动图形的自动变化来实现。

2. AutoCAD 环境下参数化步骤、开发工具的选择

机械生产企业的定型产品，往往有多个系列，以满足用户对其大小、功率、规格的不同需求。这些产品的零件结构形状一般比较类似，这就要求该产品的 CAD 系统具有参数化的绘图功能，使得产品的设计图可以方便地随着某些参数的调整而修改，并自动地重新绘出所要求的图样，实现参数驱动图形的自动变化。其参数化图库开发的一般步骤为：

1）分析零件的结构和图形，查找相关手册，进行绘图数据和绘图过程分析。

2）确定零件图的参数。

3）通过已确定的参数确定构成图形的其他几何数据。

4）编制绘图程序和人机交互对话框程序。

5）编辑、调试、加载和运行程序。

迄今为止，针对 AutoCAD 进行二次开发的工具已经相继变化了三代，第三代开发工具主要有 Object ARX、Visual LISP、VBA（Visual Basic for Applications）、ActiveX 等。Visual LISP 是从 AutoCAD 2000 版本开始被完整地集成到 AutoCAD 中的，它为开发者提供了崭新的、增强的集成开发环境，其自身是 AutoCAD 2000 中默认的代码编辑工具。用它开发 AutoLISP 程序的时间被大大地缩短；使用了流行的有色代码编辑器和完善的调试工具，很容易创建和分析 LISP 程序的运行情况。

3. AutoLISP 语言的特点和功能

LISP（List Processing Language）是一种计算机的表处理语言，是在人工智能科学领域广泛应用的一种程序设计语言。AutoLISP 语言是嵌套于 AutoCAD 内部，将 LISP 语言和 AutoCAD 有机结合的产物，它是 AutoCAD 开放式体系结构的具体表现。使用 AutoLISP 可直接调用几乎全部 AutoCAD 命令，AutoLISP 语言既具有一般高级语言的基本结构和功能，又具有一般高级语言所没有的强大的图形处理功能，是当今世界上 CAD 软件广泛采用的语言之一。AutoLISP 语言的一个最大特点是语法较为简单易懂，比用其他语言（如 ARX、VBA 等）开发 AutoCAD 的应用程序更易于掌握，所以被广泛地应用于 AutoCAD 的二次开发上。此外，AutoLISP 语言还能够利用 PDB 函数驱动 DCL（Dialog Control Language）文件创建自己的对话框。AutoLISP 语言最典型的应用之一就是实现参数化绘图程序设计。

4. Visual LISP 界面

Visual LISP 是 Autodesk 公司提供给用户的可视化的、功能强大的开发 LISP 程序的集成开发环境。Visual LISP 作为一个完整的集成开发环境（IDE），具有自己的窗口和菜单，可以进行编辑、编译、修改及调试 AutoLISP 源程序，可以说是完全针对 AutoLISP 程序语法规则设计的专业编辑器。但是，它并不能独立于 AutoCAD 运行，当用户从 Visual LISP IDE 中运行 AutoLISP 程序时，经常需要与 AutoCAD 图形交互或在命令窗口响应程序提示。

由于 Visual LISP 集成于 AutoCAD 系统内部，因此用户必须先启动 AutoCAD，然后才能进入 Visual LISP IDE 环境。启动 Visual LISP 的方式有两种：一是按照工具→AutoLISP→Visual LISP 编辑器的顺序在菜单中打开；另一种方法是直接在命令行输入：VLIDE 或 VLISP 命令打开。启动 Visual LISP 后，其主要界面如图 3-23 所示，主要分为下拉菜单区、工具栏、文本编辑区和状态栏四大部分。

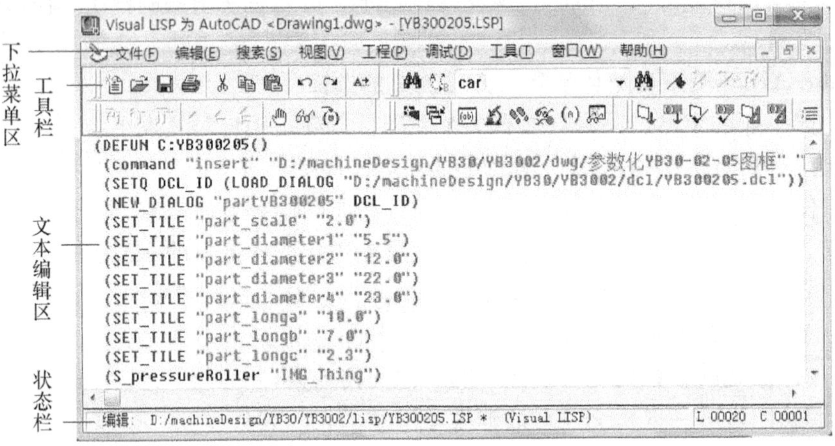

图 3-23　Visual LISP 界面

3.5.2　液包机成型器参数化设计主要内容

全自动液体软包装机简称液包机，是对液体、糊状物料等的包装。液包机适用于灌装巴氏消毒牛奶、豆奶、消毒饮料、酱油、醋等，适用于中小型饮料厂使用，是理想的软包装机械。包装材料采用聚乙烯薄膜卷。成型制袋、定量、灌装、封口等全部自动进行。薄膜在制袋前经紫外线消毒，保证了食品卫生。此类包装机的主要组成部分为导纸装置、成型器、竖封装置、牵引机构、横封装置、计量装置、箱体、电气控制部分等。

1. 实现流程框图

参数化绘图程序实现流程图如图 3-24 所示。要实现以上程序流程，必须完成菜单设计、对话框程序、对话框驱动程序以及参数化绘图程序，并将其有机联系起来。

2. 菜单设计

菜单设计主要是指下拉式菜单的自定义。在 AutoCAD 早期版本（AutoCAD 2005 及之前的版本）中菜单文件是 AutoCAD 安装目录的子目录 support 下的 ACAD. MNU 文件，要自定义自己的下拉式菜单最好的方法是在 Vlisp 环境中对 ACAD. MNU 文件进行编辑来实现。自 AutoCAD 2006 开始，CUI 文件［一种基于 XML 的文件，用于存储自定义数据。可以通过“自定义用户界面”（CUI）编辑器来修改自定义文件］取代之前版本中用来定义菜单的 MNU、MNS 和 MNC 文件。下拉菜单的创建过程如下：

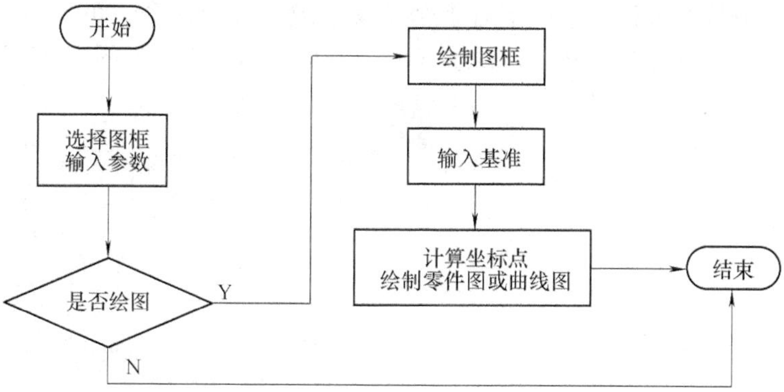

图 3-24　参数化绘图程序实现流程图

（1）进入自定义用户界面　在菜单中按照“工具”→“自定义”→“界面”的顺序打开“自定义用户界面”。界面如图 3-25 所示。

图 3-25　自定义用户界面

（2）新建菜单项　在“自定义用户界面”编辑器的“自定义”选项卡的 < 文件名 > 中的“自定义”窗格中，在“菜单”上单击鼠标右键。如图 3-26 所示，依次单击“新建”→“菜单”。“菜单”树底部将出现一个新菜单（名为“菜单 1”），可选中开始新建的菜单，单击右键“重命名”或在右侧的“特征”框中修改其名称。每个新建的菜单又可在其上建立子菜单。

（3）创建新命令　单击“命令列表”中的“新建”按钮，创建新命令。将创建好的新命令修改名称后，用鼠标拖动到对应的新建菜单项下。

(4) 添加分隔符　若每个菜单下有多个子菜单或是多个命令，可在该菜单项上单击右键“添加分隔符”将其分类隔开，以便于区分。成型器部分菜单如图 3-27 所示。

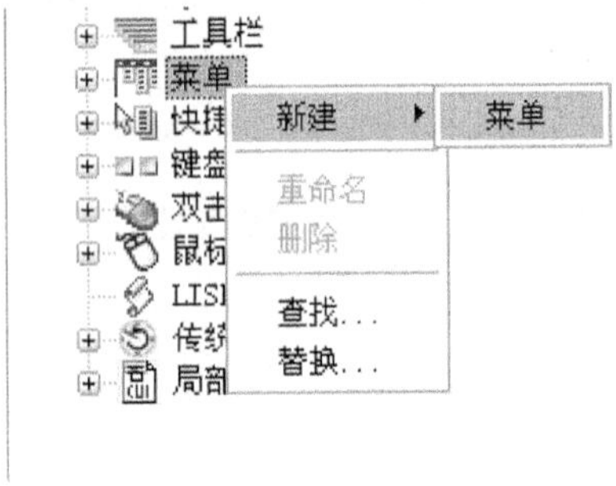

图 3-26　新建菜单

图 3-27　成型器部分菜单

3. 对话框设计

程序实现参数化绘图中，对话框界面的引入，不仅可以使人机交互界面焕然一新，而且对于控制输入数据的类型及范围，提高其稳定性，降低对软件操作人员的计算机水平的要求是十分有益的。因此，在参数化设计中引入对话框非常必要。在 AutoCAD 中，对话框用 DCL 语言定义，生成 . DCL 后缀的程序文件。

对话框由主对话框和其内部的各种片型框组成，其结构为树状。树叶是各种片型框，树根为 dialog。在可编程对话框（Programmable Dialog Box，PDB）中已预定义了以下基本片型框：

: dialog 对话框

: button 按钮

: edit_box 编辑框

: list_box 列表框

: image_button 图像按钮

: popup_list 弹出表

: radio_button 单选按钮

: slider 滚动条

: toggle 开关

每个片型框包含一系列的属性，这些属性的值确定了片型框的位置、大小、长度、高度和文件标识等，例如 lable 属性确定了在片型框上显示的文字，可以根据 DCL 语法将这些基本的片型框组装起来，形成更为复杂，功能更为详尽的对话框，也可以定义与基本片型框无关的新片型框，并将其与基本片型框组合成新的片型框组。

为了方便对话框的布局，可将一行或一列片型框当作一个新的片型框，并在其周围画上边框。对话框的基本布局有以下几种：

：column　列。定义，可以与行、列嵌套。

：row　行。片型框组按行平行分布，显示顺序同 column，也可与行、列嵌套。

：radio_column　单选列。包含一列单选片型框，同时只能选择一个片型框。

：radio_row　单选行。包含一行单选片型框，同时只能选择一个片型框。

：boxed_column　有界列。列的周围画上边框。

：boxed_row　有界行。行的周围画上边框。

：boxed_radio_column　有界单选列。在单选列的周围画上边框。

：boxed_radio_row　有界单选行。在单选行的周围画上边框。

当片型框中的属性未被指定时，PDB 将赋予其默认值。每个片型框的预定义属性各不相同，但布局属性和功能属性则是所有有效片型框的公共属性，这些公共属性是：

aligment　片型框的定位方式。

width height　片型框的宽度和高度。

fixed_width fixed_height　其值为 true 时，片型框大小固定不变。

children_aligment　子片型框的定位属性。

children_fixed_width　子片型框的宽度固定属性。

children_fixed_height　子片型框的固定高度属性。

label　显示在片型框内或左上方的文字。

key　指定程序引用片型框的文本字符串，在指定的对话框中，每个 key 的值应该是唯一的。

value　片型框的初始值，为一字符串。

action　指定片型框时，对应的 AutoLISP 程序进行的操作。

另外，片型框还包括图像框 image、文本框 text 和衬框 spacer，这三种片型框只是起修饰作用和加强视觉效果，不能引起任何操作。

DCL 文件采用 C 语言的风格，每个分号表示一句，每个片型框的定义用一对大括号括起来；注释在单行时用//，多行时可采用/ * 注释语句 * /的形式。

PDB 还提供了一组标准的按钮群，在 DCL 文件中可以直接使用：

：ok_only　单个 ok 按钮。

：ok_cancel　ok 按钮和 cancel 两个按钮。

：ok_cancel_help　ok、cancel 和 help…三个按钮。

：ok_cancel_help_info　ok、cancel、help…和 info…四个按钮。

对话框一般由若干控件组成，控件可以是按钮、切换开关、编辑框、列表或图像等。

4. 对话框驱动

对话框文件是扩展名为 . DCL 的文本文件，符合 DCL 对话框控制语言的语法但对话框文件自身不能工作，需要用 AutoLISP 应用程序调用对话框文件才行，即对话框驱动程序。

AutoLISP 提供了一组管理对话框的函数包，处理用户与对话框之间的交互。下面是最重要的几个函数：

(load_dialog dclfile)　用于装入一个 DCL 文件，返回一个整数标识。

(unload_dialog dcl_id)　卸载标识为 dcl_id 的 DCL 文件。

(new_dialog dialog_name dcl_id)　初始化对话框，并在屏幕显示对话框，其中 dialog_name 是在对话框文件中定义的对话框名称。

(start_dialog)　启动对话框，并接受用户的输入信息。

(done_dialog)　终止对话框信息的输入，并且停止显示对话框。

(action_tile key action_express)　处理用户的选择，将片型框与应用程序中的对应操作联系起来，key 是片型框的关键字。

5. 参数化绘图

图形绘制程序在参数化程序中占有很大的比重。编制绘图程序的方法很多，各有优缺点。常用的有逐点绘制法和子图拼合法两种，本设计中主要采用逐点绘制法。这种方法是最基本的一种作图方法，虽然程序较冗长，但却简单易懂。参数化设计原则上，图形的描述可以分为三部分：图形的拓扑关系、图形的几何参数以及几何参数和图形结构之间的关系。如图 3-28 所示，图形的几何参数是四个顶点的坐标 (x_1, y_1)、(x_2, y_2)、(x_3, y_3)、(x_4, y_4)，结构参数是三个尺寸 a、b、c。这些参数之间的关系是：$x_4 = x_1 - (c-a)$，$x_3 = x_4 + c$，$x_2 = x_3$，$y_2 = y_1$，$y_3 = y_2 + b$，$y_4 = y_3$。用 AutoLISP 所编程序如下：

```
/******* chap3-02.lsp,梯形参数化驱动******/
(defun c:rect()
  (setq x1(getreal  "\输入 x1 值"))
  (setq y1(getreal  "\输入 y1 值"))
  (setq a(getreal  "\输入 a 值"))
  (setq b(getreal  "\输入 b 值"))
  (setq c(getrea l  "\输入 c 值"))
  (setq x4(-x1(-c a))  x3( +x4 c)  x2 x3)
  (setq y2 y1  y3( +y2 b)y4 y3)
  (setq p1(list x1 y1)p2(list x2 y2)  p3(list x3 y3)p4(list x4 y4))
  (command "line" p1 p2 p3 p4)
)
```

其中，defun 为自定义函数，setq 为赋值函数，line 为画直线命令。运行程序后，在 AutoCAD 命令行输入 rect 命令，回车后按提示输入对应的参数值，就可得到图 3-28 中所示的梯形（不包含点和尺寸标注）。

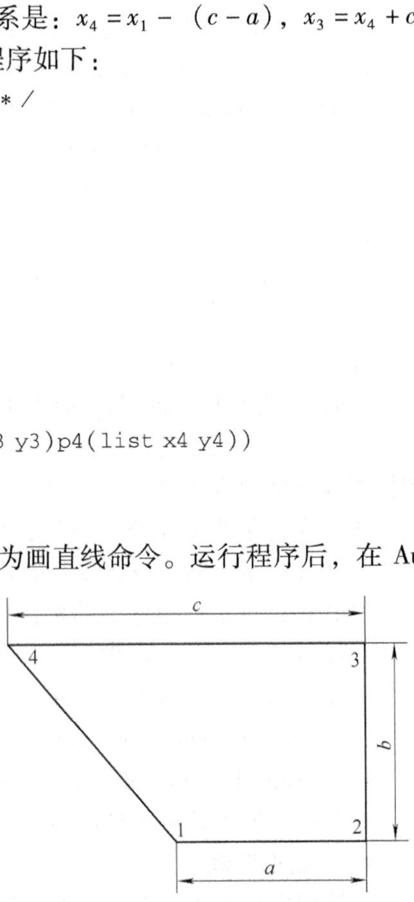

图 3-28　参数化模型

在 AutoCAD 中，常用的尺寸标注有长度型尺寸标注、直径型和半径型尺寸标注、处理尺寸文本的测量值等，详述如下：

(1) 长度型尺寸标注　长度型尺寸标注的命令为 dimliner。标注时，如果默认将实际尺寸的测量数值作为尺寸文本显示在图中，那么关键是确定其第 1 条尺

寸界线起点的位置 p_1、第 2 条尺寸界线起点的位置 p_2 和尺寸线的位置 p_3。尺寸界线的起点通常与确定图形对象的点重合，因此可看做是已知的，于是剩余的工作就是确定位置尺寸线的位置 p_3。图 3-29 所示为两个标注长度尺寸的实例。

可分别用：

```
(command "dimlinear" p1 p2 "h" p3)
(command "dimlinear" p1 p2 "v" p3)
```

两条语句来实现，其中 p_3 可换为具体的相对或绝对坐标值。

对于图 3-30 所示的对齐型尺寸的长度型尺寸标注实例，可用 dimaligned 命令来实现。方法与 dimliner 命令类似，在此不作赘述。

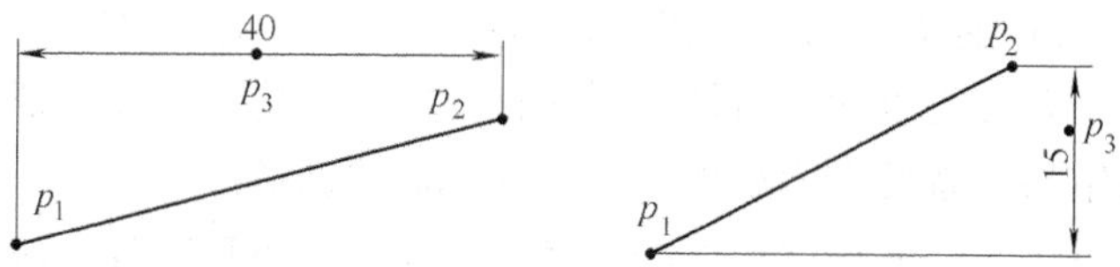

图 3-29　长度尺寸标注实例（一）

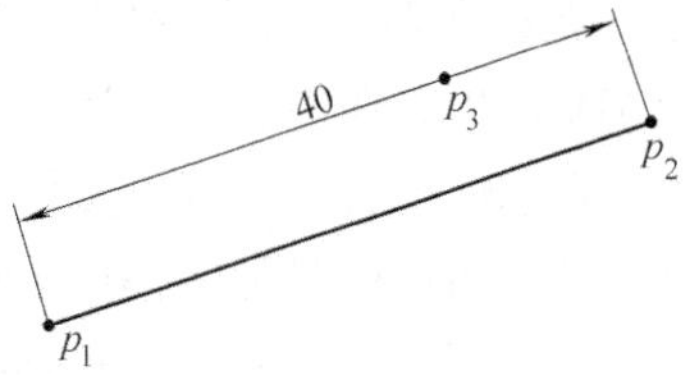

图 3-30　长度尺寸标注实例（二）

(2) 直径型和半径型尺寸标注　直径型和半径型尺寸标注需要首先选择被标注的圆或圆弧，然后确定尺寸线的位置，如果默认将实际尺寸的测量数值作为尺寸文本显示在图中，用""作为默认的选择即可。

如图 3-31 所示，圆的标注语句为（command"dimdiameter" p1 p2），其中 p_1 是圆的选择点，p_2 点确定了尺寸线的位置和方向。半径型尺寸标注与直径型尺寸标注方法相类似，只是命令不同。半径标注的命令是 dimradius，图 3-32 所示的半径标注语句为（command "dimradius" p2 p4）。

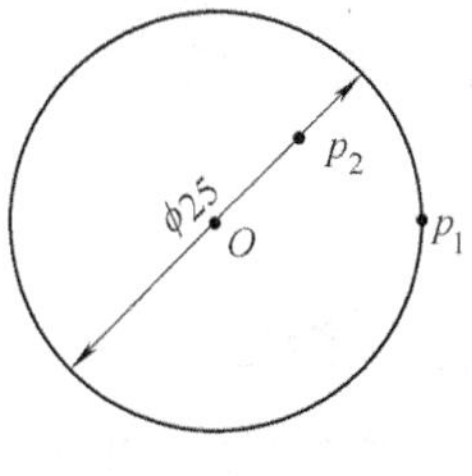

图 3-31　直径尺寸标注

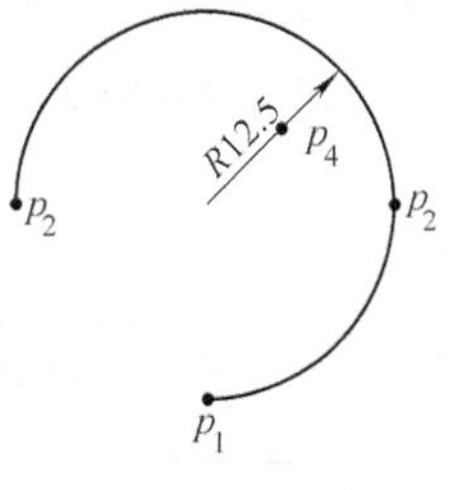

图 3-32　半径尺寸标注

(3) 处理尺寸文本的测量值　如果尺寸的测量值和期待生成的尺寸文本完全一致，在这种情况下应该选择默认。如果不想使用尺寸的测量值，在确定尺寸线位置时增加"text" 或"t" 选项，随后输入自定的文本即可。有时还会出现一种情况，就是虽然对尺寸的测量值满意，但是还需要为尺寸的测量值增加前缀或后缀。解决的办法是，在确定尺寸线位置时增加"text" 或"t" 选项，随后输入以下字符串：

""前缀内容 < >后缀内容"

其中 < >表示使用尺寸的测量值，如果不需要为尺寸的测量值增加前缀或后缀，可以缺少相应的内容。

6. 程序加载及调试

在编辑器下编辑好的 LISP 程序，必须经过加载方能使用。加载 LISP 程序有以下几种方式：

（1）Visual LISP 中加载　程序在编辑状态下，单击按钮加载活动编辑窗口即可。

（2）命令行方式　用 Load 函数装载：command：（load“驱动器:\\ 路径\\ 文件名”）

（3）对话框方式　选择下拉菜单“工具”→“Auto LISP”→“加载”选项，会出现“加载/ 卸载应用程序”对话框，选择所需加载的 LISP 文件，单击加载即可。

（4）自动加载　在 AutoCAD 工作目录下有一个 ACAD. LSP 文件，它是 AutoCAD 启动时自动装载的 Auto LISP 程序。用户想要在 AutoCAD 启动时自动装入自己定义的程序，在 ACAD. LSP 文件中加入（load“驱动器:\\ 路径\\ 文件名”）即可。

完成加载后，若有语法错误，就需要细心查找。另外，语法正确的程序也并不能保证正常运行，在运行时可能会产生错误的结果或者发生崩溃现象，因此就需要调试。

为了便于调试程序，Visual LISP 提供了一些调试程序的工具，帮助用户迅速查找并改正程序中的错误。Visual LISP 提供的调试工具有：监视窗口、检验窗口、符号服务对话框、中断和继续执行程序的模式、命令跟踪、跟踪堆栈、跟踪窗口等，可根据需要综合使用。

在 AutoCAD 环境中，相关程序调试完成被顺利装载后就可以运行了。运行时，在命令提示符下键入 defun 定义的程序名，就会出现相应的对话框。输入相关的参数后确定，再根据提示选取绘图基点，就可以绘出所需的图形。更进一步还可以设计菜单，在菜单项对应的“宏”里设置所对应 LISP 程序中 defun 定义的程序调用名称，单击设计的菜单项便可实现与在命令行输入命令相同的作用。

3. 5. 3　领口交接曲线参数化设计

例 3-3　图 3-33 所示为领口交接曲线计算程序框图。分析数学模型，将空袋净宽、长轴和短轴的长度、后倾角及超椭圆常数确定为领口交接曲线参数化设计的基本参数，如图 3-34 所示。

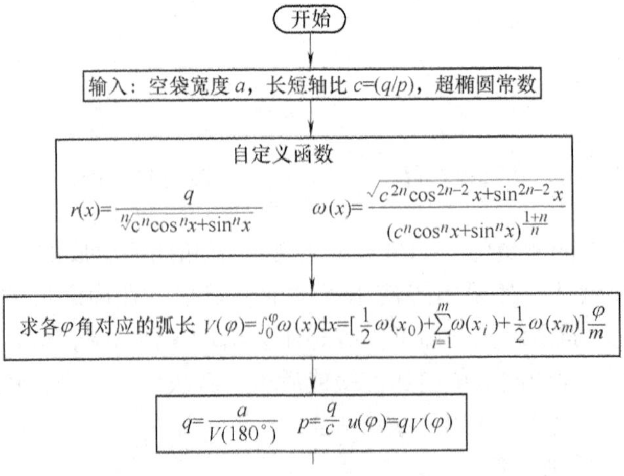

图 3-33　领口交接曲线计算程序框图

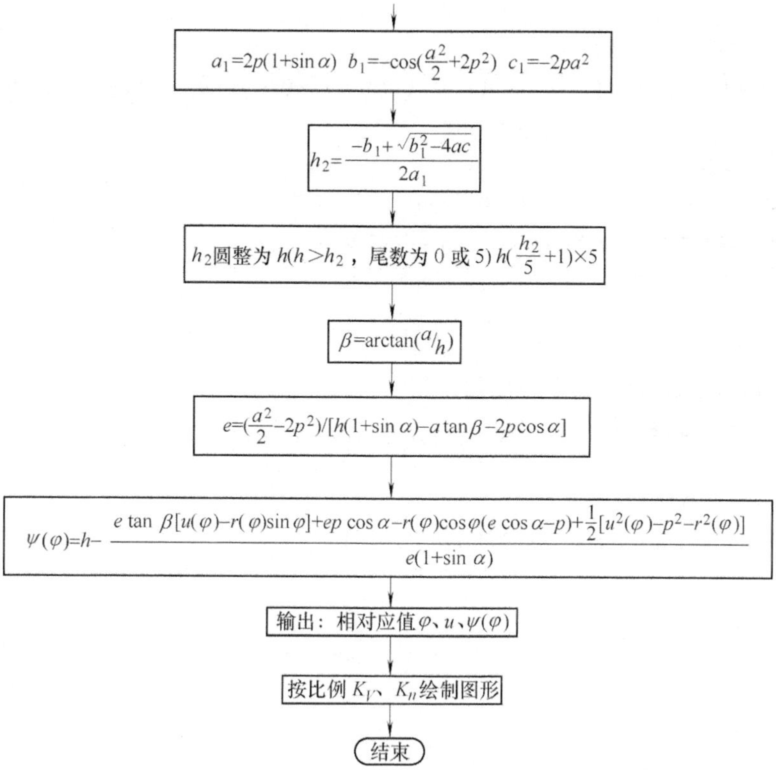

图 3-33　领口交接曲线计算程序框图（续）

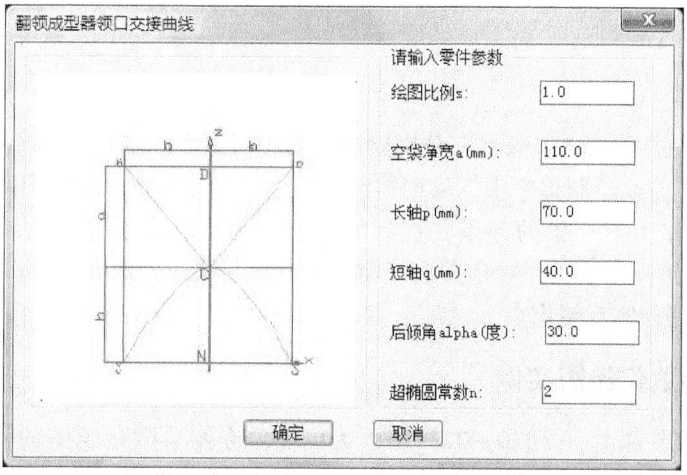

图 3-34　领口交接曲线绘制对话框

利用数学模型及程序框图编制的领口交接曲线函数计算的部分程序如下：

```
(defun rx(x /r m1 m2)
 (setq m1( +(expt( * c(cos x))n)(expt(sin x)n))
       m2(expt m1(/1.0(float n)))
       r  (/q m2)
 )
```

```
)
(defun wx(x /w m1 m2 m3 m4)
 (setq m1( +( *(expt c( * 2 n))(expt(cos x)(-( * 2 n)2)))(expt(sin x)(-( * 2 n)
2)))
      m2(sqrt m1)
      m3( +(expt( * c(cos x))n)(expt(sin x)n))
      m4(expt m3( /( +(float n)1)(float n)))
      w  ( /m2 m4)
 )
)
(defun vx(x /s s1 s2 i m)
 (setq s2 0 i 0 m 180.0)
 (setq s( /x m))
 (while( < =i m)
      (setq s2( +(wx( * i s))s2))
      (setq i  (1 +i))
 )
 (setq s1( *( +( * 0.5(wx 0.0))s2( * 0.5(wx x)))s))
)
(defun ux(x /u)
  (setq u( * q(vx x)))
)
(defun zx(x /alpha1 a1 b1 c1 h2 beita e z m1 m2 m3)
 (setq alpha1( * alpha rad))
……
)
```

其中，函数 rx、wx、vx、ux、zx 分别对应于程序框图中的函数 $r(x)$、$\omega(x)$、$v(\varphi)$、$u(\varphi)$、$\psi(\varphi)$。曲线绘制程序中，采用连续多段的直线来拟合曲线，用 While 循环将每次绘制线段的终点作为下一条的起点，直到循环结束为止。为了进行曲线的镜像，首先在 while 循环外绘制第一条线段，在定义选择集的同时将其赋入，然后在 while 循环内每次进行添加，最后在循环外实现镜像。

3.5.4　零件参数化绘图实例

例 3-4　以零件压片（YB30—02—10）为例简单介绍参数化绘图的程序设计方法。首先，确定图形基本参数并计算各点位的坐标，即零件基本参数的确定。通常情况下，零件图中标注的尺寸就是要定的参数，然后选择一个基准点。基准点的选择相当重要，关系到后面计算点位的复杂程度。最后，按基准点计算点位的坐标。图 3-35 所示为压片的点位图。基本参数有 5 个，分别为 a、b、d、r、r_1，其中以 pt_0 点为基准点计算其余各点的坐标，共 15 个点。

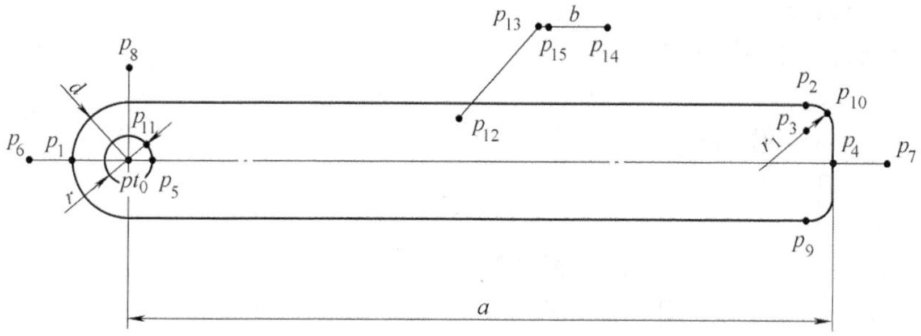

图 3-35　压片的点位图

制作对话框图像控件（YB300210. sld），在对话框中加入图像控件（幻灯片）可以起到图文并茂的效果，用户可以参看幻灯片来输入参数，这样非常直观。幻灯片的制作过程如下：

1）在 AutoCAD 中绘制出压片的零件图（用绘图程序生成零件图），并标注参数，如 a、b、d、r、r_1 等。

2）输入 mslide 命令，保存文件类型幻灯片，给幻灯片命名为 YB300210，对应于其零件名称。至此幻灯片制作完成，若要查看制作好的幻灯片，输入 vslide 命令即可。

对话框编程语言丰富了用户界面的处理手段，增强了 Visual LISP 能力，在一定程度上简化了用户与计算机的交互操作，极大提高了软件的使用效率。对话框设计应美观、大方、合理，可以参考很多现成的例子。图 3-36 所示为压片的 DCL 对话框，下面给出该对话框的程序（程序中已加入了图像控制）。

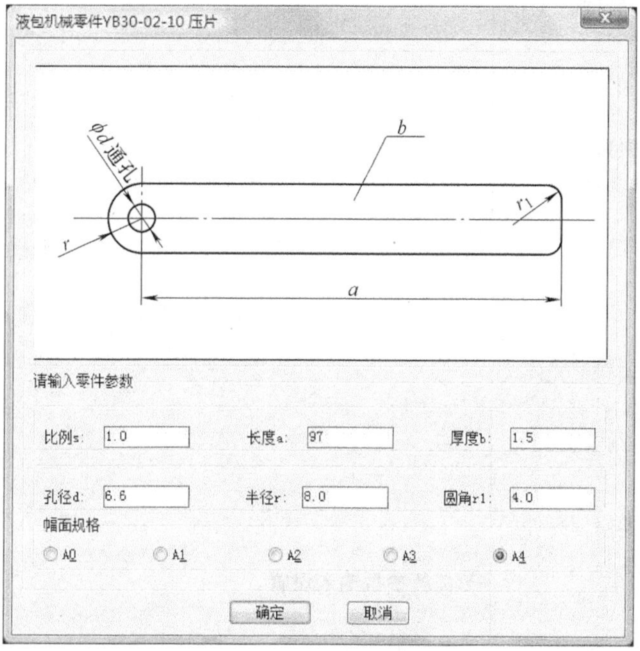

图 3-36　压片的 DCL 对话框

该对话框 dcl 文件源代码如下所示：

```
/*******   chap3-01.dcl,压片对话框设计程序 ****** /
```

```
Part YB300210:dialog
{label = "液包机械零件 YB30-02-10 压片";
 :boxed_row {
 :image  //建立影像元件
  {key = "IMG_Thing";
  width = 80;
  height = 20;          图像控制程序
  color = -2;
 }
}
:boxed_column {
label = "请输入零件参数";
:boxed_row{
:edit_box  //编辑框元件
{label = "比例 s:";
 key = "part_scale";
 edit_limit = 16;
 edit_width = 10;
 fixed_width = true;
 alignment = "right";     第一行参数输入设置
}
:edit_box  //编辑框元件
{  label = "长度 a:";
……
}
:edit_box  //编辑框元件
{  label = "厚度 b:";
……
}
}
:boxed_row{
:edit_box  //编辑框元件
{  label = "孔径 d:";
……
}
:edit_box  //编辑框元件
{  label = "半径 r:";     第二行参数输入设置
……
}
:edit_box  //编辑框元件
{  label = "圆角 r1:";
……
}
```

```
                         }
  :boxed_radio_row
  {label = "幅面规格";
   key = "size";
  :radio_button
   {label = "A&0";
    key = "a0";
   }
  ……                                     第三行参数输入设置
  :radio_button
   {label = "A&4";
   key = "a4";
   value = 1;
   }
  }
  :spacer{
  height = 3;
  }
  }
  ok_cancel;
  }
```

下面为主程序设计（YB300210. lsp）的编制，可在任何文本编辑器下进行，建议在 Visual L ISP 编辑器中进行。主程序包括如下四个部分：

（1）对话框驱动程序　包括调入图像控件（幻灯片）的程序，设置对话框参数的预设值，打开、关闭对话框。常用控件有：new_ dialog、start_ dialog、done_ dialog、unload_ dialog、action_ tile、set_ tile、get_ tile。

（2）计算各点位的程序　可以有多种计算点位的方法，例如建立一个自定义数据表、点位表，建立点位响应。以下几种最常用：

由用户输入点位（setq p0（getpoint "圆心"））

设置常量点位表（setq p1 （100 250））

由运算组织点位表

（setq p2（list（+ （carp0）5）（- （cadr p0）10）

（setq p3（polar p1 0 25）

（3）调用绘图命令编制绘图程序　AutoCAD 的绘图命令在 Visual LISP 下都可以使用。如 line、circle、arc、mirror、behatch 等。

（4）调用函数进行尺寸标注程序的编制　AutoCAD 的尺寸标注命令在 Visual LISP 下大多数都可以使用，如 dimlinear、dimdiameter。

（5）程序加载及操作说明　在 AutoCAD 中加载所编制的应用程序，出现对话框后，在编辑框中输入新的参数，也可以使用预设值（直接按"确定"按钮），即可自动生成压片零件图。

另外，编制好的程序（包括 YB300210. dcl、YB300210. sld 和 YB300210. lsp）必须放

在 AutoCAD 目录下的 support 文件夹中，如果程序单独放在一个文件夹中，必须在 AutoCAD 支持文件搜索路径中加入该文件的路径，否则 AutoCAD 会找不到程序文件，无法加载。

压片零件部分主程序部分如下所示：

```
/*******  chap3-02.lsp,压片零件主程序 ****** /
(DEFUN C:YB300210(/tf)
  (SETQ DCL_ID(LOAD_DIALOG "D:/machine
  Design/YB30/YB3002/dcl/YB300210.dcl"))
  (NEW_DIALOG "partYB300210" DCL_ID)
  (SET_TILE "part_scale" "1.0")
  ……
  (SET_TILE "part_r1" "4.0")
  (S_pressureSheet "IMG_Thing")
  (action_tile "a0"  "(setq tf 0)")                       对话框驱动程序
  ……
  (action_tile "a4"  "(setq tf 4)")
  (if( =tf nil)(setq tf 4))
  (ACTION_TILE "accept" "(setq ok t)(S_YB300210)
  (DONE_DIALOG)")
  (ACTION_TILE "cancel" "(setq ok nil)(DONE_DIALOG)")
  (START_DIALOG)
  (UNLOAD_DIALOG DCL_ID)
  (if( =ok t)
  (pressureSheet s a b d r r1))
  (PRINC)
)
(DEFUN S_YB300210()
  (SETQ
     s(ABS(ATOF(GET_TILE "part_scale")))                  数据传递程序
   ……
   r1(ABS(ATOF(GET_TILE "part_r1"))))
)
(defun pressureSheet(s a b d r r1);压片 YB30-02-10
  (setq os(getvar "osmode")cmdcho(getvar "cmdecho"))
  ;获取 cmdecho 当前值,获取光标标记当前值
  (setvar "osmode" 0);关闭光标标记
  (setvar "cmdecho" 0);关掉命令提示
   (cond
   (( =tf 0)  (command "insert" "D:/machineDesign/YB30/
   YB3002/dwg/a0" "0,0" "" "" ""))
```

```
    ((=tf 1) (command "insert" "D:/machineDesign/YB30/
    YB3002/dwg/a1" "0,0" "" "" ""))
    ((=tf 2) (command "insert" "D:/machineDesign/YB30/
    YB3002/dwg/a2" "0,0" "" "" ""))
    ((=tf 3) (command "insert" "D:/machineDesign/YB30/
    YB3002/dwg/a3" "0,0" "" "" ""))                          } 图幅插入程序
    ((=tf 4) (command "insert" "D:/machineDesign/YB30/
    YB3002/dwg/a4" "0,0" "" "" ""))
  )
  (setq pt0(getpoint "\n 输入基准点:"))
  (princ pt0)(princ "\n")
  (if(null s)(setq s 1.0))
  (princ "s=")(princ s)(princ "\n");打印测试
    ……                                                        } 点位计算程序
  (if(null r1)(setq r1 4.0))
  (princ "r1=")(princ r1)(princ "\n");打印测试
  (setq a(* a s)d(* d s) r(* r s)r1(* r1 s))
  (setq p1(list(-(car pt0)r)(cadr pt0))
    ……
    p15(list(car p13)(+(cadr p13)1))
  )
  (command "ltscale" 6)
  (command "layer" "m" "6" "c" "2" "6" "l" "center" "6" "lw" "0.20" "6" "");
  点画线层
  (command "line" p6 p7 "")
  (setq el(ssget "l"))
  (command "line" p8 pt0 "")
  (ssadd(entlast)el)
  (command "layer" "m" "0" "c" "white" "0" "l" "continuous" "0" "");粗实线层
  (command "pline" p1 "a" "a" "-90" "ce" pt0 "l" p2 "a" "a" "-90" "ce"
  p3 "l" p4 "")                                               } 绘图程序
  (ssadd(entlast)el)
  (command "pline" p5 "a" "a" "180" "ce" pt0 "")
  (ssadd(entlast)el)
  (command "mirror" el "" p6 p7 "")
  (command "layer" "m" "2" "c" "3" "2" "l" "continuous" "2" "lw" "0.20"
  "2" "");尺寸线层
  (command "line" p12 p13 p14 "")
  (command "dimlinear" pt0 p4 "@18<270")
  (command "dimradius" p1 "@-10,-8")                          } 尺寸标注程序
  (command "dimdiameter" p11 "t" "<>通孔" "@-12,12")
  (setq kk(strcat "c="(rtos b 2 1)))
```

```
(command "text"  p15 "3.5" "0" kk)
(command "dimradius"  p10 "@ -7,-7")              尺寸标注程序
(setq s nil a nil b nil d nil r nil r1 nil kk nil)
(setvar "osmode" os);恢复环境设置
(setvar "cmdecho" cmdcho);恢复环境设置
)
```

本章习题

3-1　试述对比分析二维图形基本变换和三维图形基本变换。

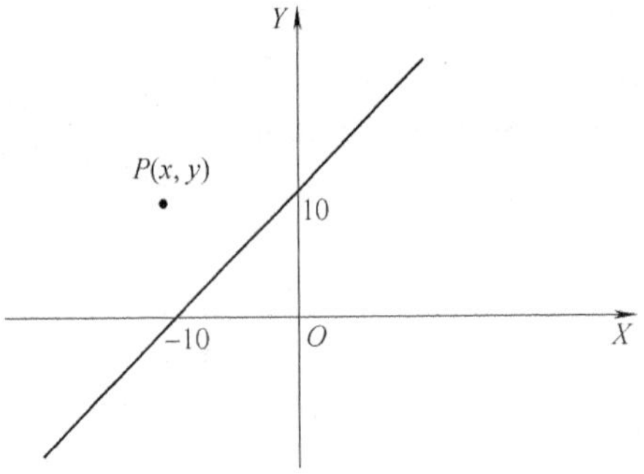

图 3-37　相对于直线 $y=x+10$ 的对称变换

3-2　在如图 3-37 所示用户坐标系下，求平面图形相对于直线 $y=x+10$ 对称变换后的组合变换矩阵，并用 C 语言编写上述图形变换的程序。

3-3　何谓图形消隐？简述图形消隐的基本测试方法。

3-4　简述窗口和视区的概念，并依据视窗变化公式说明窗口与视区分别变化对显示图形的影响。

3-5　利用 Auto LISP 语言实现带颈螺纹钢制管法兰（GB/T 9114—2010）零件库的设计，要求按照图 3-38 所示的零件中的主参数以及表 3-1 所示的数据，实现对话框中零件参数的选择，并能在 AutoCAD 中自动绘制对应的零件图。

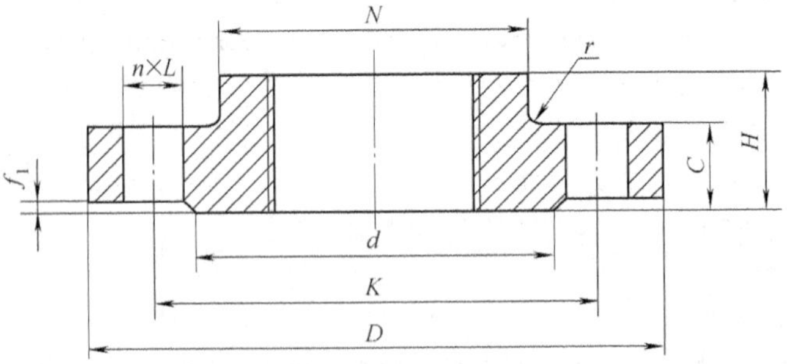

图 3-38　带颈螺纹钢制管法兰（GB/T 9114—2010）结构图

表 3-1　带颈螺纹钢制管法兰（GB/T 9114—2010）数据

公称尺寸 *DN*/mm	钢管外径 *A*/mm	连接尺寸					密封面		法兰厚度 *C*/mm	法兰高度 H/mm	法兰颈	
		法兰外径 *D*/mm	螺栓孔中心圆直径 *K*/mm	螺栓孔直径 *L*/mm	螺栓							
					数量 *n*/个	螺纹规格	*d*/mm	f_1/mm			*N*/mm	*r*/mm
10	17.2	75	50	11	4	M10	35	2	12	20	25	4
15	21.3	80	55	11	4	M10	40	2	12	20	30	4
20	26.9	90	65	11	4	M10	50	2	14	24	40	4
25	33.7	100	75	11	4	M10	60	2	14	24	50	4
32	42.4	120	90	14	4	M12	70	2	14	26	60	5
40	48.3	130	100	14	4	M12	80	3	14	26	70	6
50	60.3	140	110	14	4	M12	90	3	14	28	80	6
65	76.1	160	130	14	4	M12	110	3	14	32	100	6
80	88.9	190	150	18	4	M16	128	3	16	34	110	8
100	114.3	210	170	18	4	M16	148	3	16	40	130	8
125	139.7	240	200	18	8	M16	178	3	18	44	160	8
150	168.3	265	225	18	8	M16	202	3	18	44	185	10
200	219.1	320	280	18	8	M16	258	3	20	44	240	10
250	273.0	375	335	18	12	M16	312	3	22	44	295	12
300	323.9	440	395	22	12	M20	365	4	22	44	355	12

第 2 篇　优化设计方法

第 4 章　优化设计概述

【内容】

本章对优化设计进行整体论述，将介绍优化设计的基本概念和研究内容。然后通过对设计变量、目标函数和约束条件的解释，说明优化设计数学模型建立的过程和步骤。最后介绍优化问题的几何描述迭代算法，并对常用优化软件 MATLAB 进行简单的介绍。

【目的】

了解优化设计的基本概念和迭代算法思想，掌握优化问题数学模型建模方法，熟悉 MATLAB 软件基本功能，能够通过图解法解决二维低阶优化设计问题。

4.1　优化设计的基本概念

设计属于综合决策的范畴，因为设计是将各种各样已有的技术、手段组合起来解决一个具体的问题，不同的组合方式所形成的方案会有所差别，设计的结果需要从若干设计方案中选择出最终可行的方案，所以设计必然包含决策的内容。由于作为决策方案的设计不是唯一的，所以决策与最优的概念相关联，决策即是趋利避害，找到最优。总的说来，优化设计是在现代计算机广泛应用的基础上发展起来的一项新技术，是根据最优化理论和方法，并综合各方面的因素，在计算机上进行的半自动或自动设计，以选出现有工程条件下最好设计方案的一种现代设计方法。总之优化设计就是使设计问题转化为在规定的限制条件下的最优化问题。最优值是一个相当概念，它不同于数学上的极值，但在很多情况下可以用最大值或最小值来表示。

在优化设计成为一门学科之前，这种设计最优的意图尽管是直觉的，但是达到这个目标的过程却是含糊的、不严格的。由于经验或直觉具有很大的随意性和模糊性，所以不能精确地确定设计目标和影响因素之间的定量关系，也就不能够保证设计的最优，因而要达到设计的最优是一个长期的不断探索的过程。如许多著名的传世配方就是经过一代一代人不断地改进而形成的。这一点与“自然力”的优化过程非常类似，如蛋壳和动物的骨骼结构，蔓生植物按最短路线攀援，这些都是通过生物长期进化过程达到的“最优设计”。当然生物不是有意识地进行优化以适应环境，而是自然界对其选择的结果，这与人类的优化设计存在主动和被动的区别。优化设计之所以形成理论，是人类主动追求更好的结果，也是社会生产的需求，更是设计经验积累的意义之所在。社会生产要求我们所设计的产品功能多、性能好、价格低，设计经验的积累可保证产品通过不断地改进，从而可以达到比较好的结果。当然优化设计也是技术进步的结果，特别是数学理论和计算机发展的结果。优化设计对于工程设计问题来讲是十分重要的，采用计算机对实际的工程问题进行优化是现代设计的一个重要特征。

优化设计理论与方法用于工程设计已经有几十年的历史，传统的工程设计方法已发生了根本性的变革，即把经验的、感性的、类比的传统设计方法转变为科学的、理性的、立足于计算分析的设计方法。近年来，随着有限元法、可靠性设计、计算机辅助设计与优化设计方法相结合，使得整个工程设计过程逐步走向自动化、集成化、智能化，因而学习、掌握和应用优化理论与设计方法对工程设计人员来说是十分必要的。概括来讲，优化设计工作主要包括以下两方面内容：

1. 建立模型

将设计问题的物理模型转变为数学模型。建立数学模型时要选取设计变量、列出目标函数、给出约束条件。约束条件可以有，也可以没有。目标函数是设计问题所要求的最优指标与设计变量之间的函数关系式。目标函数是因变量，影响函数的因素就是自变量。

2. 求解模型

采用适当的最优化方法求解数学模型，可归结为在给定的条件（如约束条件）下求目标函数的极值或最优值问题。通过调整自变量获得因变量较好值的过程就称为优化过程，该方法是纯数学优化。纯数学的方法对于复杂大型问题的求解往往无能为力，所以目前倾向于在计算机上进行寻优计算，从而选出最优或比较优的设计方案。

4.2 优化设计数学模型的建立

优化设计数学模型就是根据研究的问题，建立设计变量与目标函数之间的关系，以及设计变量之间应遵守的约束条件。设计变量其实就是自变量，目标函数就是因变量，两者之间的关系就是一个函数关系。其中，自变量不是任意变化的，它们要有一些约束它们的条件。故优化设计数学模型是描述实际优化设计问题的设计内容、变量关系、有关设计条件和优化意图的一个数学表达式。它反映了物理或工程上的现象以及各组成要素的内在联系，数学模型能否准确反映优化问题的实质，是优化设计成败的关键。在建立数学模型时，需从实际优化设计问题中抽象出设计变量、目标函数和约束条件。

1. 设计变量

在设计过程中进行选择并最终确定的各项独立参数称为设计变量。在选择过程中它们是变量，但是该变量一旦确定以后则设计对象就完全确定。设计对象不同，设计目标有异，选取的设计变量也会有所差异。它可以是几何参数，如零件外形尺寸、截面尺寸、机构的运动尺寸等；也可以是物理量，如零部件的重量、体积、力、力矩和惯性矩等；还可以是工作性能的导出量，如应力、变形等。总之设计变量是影响设计目标并且相互独立的一组参数，可用矢量 $\boldsymbol{X}$ 表示：

$$\boldsymbol{X}=(x_1,\ x_2,\ x_i,\ \cdots,\ x_n)^{\mathrm{T}} \tag{4-1}$$

这种以 n 个独立变量为坐标轴组成的 n 维矢量空间是一个 n 维实空间（用 $\boldsymbol{R}^n$ 表示），在优化设计中由各设计变量的坐标轴所描述的这种空间称为设计空间。设计变量的数目称为优化设计的维数，如式（4-1）描述的设计变量对应的维数为 n，故该设计为 n 维设计问题。只有两个设计变量的二维设计问题，可用图 4-1a 所示的平面直角坐标系表示。有三个设计变量的三维设计问题可用图 4-1b 所示的空间坐标系表示。当 $n>3$ 时，很难用图像表示，这时的 n 维空间又称为超越空间。设计空间的一个点对应一个设计方案，优化设计实质上就是在设计空间中从当前点，沿着某个搜索方向，以一定步长获取更优点不断反复的过程。设计空间维数越大，设计自由度越高，则可供选择的方案越多。此时设计越灵活，但难度越大，求解自然越复杂。一般情况下，2～10 个设计变量的优化问题为小型设计问题，10～50 个设计变量的优化问题为中型设计问题，50 个设计变量以上的优化问题为大型设计问题。

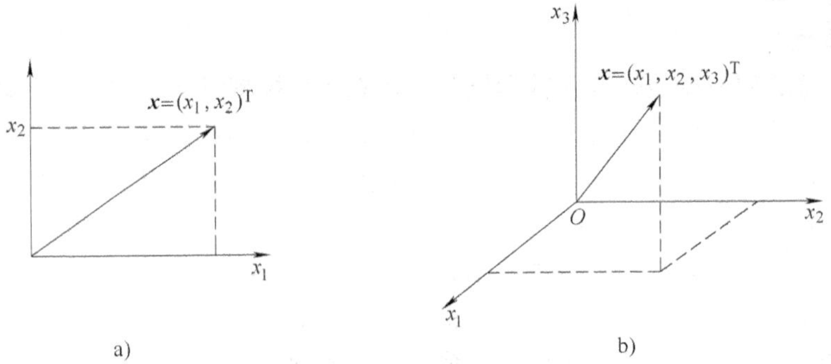

图 4-1　设计变量所组成的坐标系

a）二维设计问题　b）三维设计问题

2. 目标函数

目标函数是指设计中预期达到的目标，如最好性能、最小质量、最小体积、最小制造成本或最大经济效益等。设计过程中，可将设计目标用设计变量的函数的形式来表达出来。这个表达出来的函数就是目标函数。优化设计问题中如果只有一个目标函数，则该问题称为单目标函数，可表示为

$$f(\boldsymbol{X})=f(x_1, x_2, \cdots, x_n) \tag{4-2}$$

当然也可以有多个目标函数，这时称为多目标函数的优化问题。在一般的优化设计问题中，多目标函数的优化问题较常见。目标函数越多，设计的综合效果越好，但问题求解越复杂。对于多目标函数，可以独立列出 n 个目标函数式

$$\begin{cases} f_1(\boldsymbol{X})=f_1(x_1, x_2, \cdots, x_n) \\ f_2(\boldsymbol{X})=f_2(x_1, x_2, \cdots, x_n) \\ \cdots\cdots \\ f_m(\boldsymbol{X})=f_m(x_1, x_2, \cdots, x_n) \end{cases} \tag{4-3}$$

目标函数与设计变量之间的函数关系，可用曲线或曲面来表示。一个设计变量与一个目标函数之间的函数关系，是二维平面上的一条曲线，如图 4-2a 所示。当有两个设计变量时，目标函数与它们的关系是三维空间的曲面，如图 4-2b 所示。当有 n 个设计变量时，目标函数与设计变量之间呈（$n+1$）维空间的超越曲面关系。

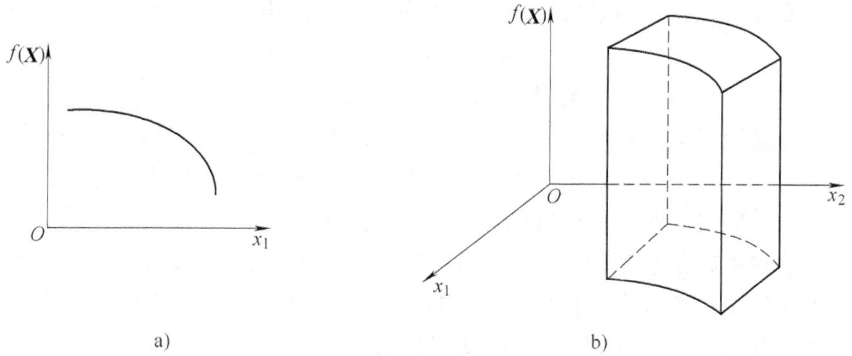

图 4-2　目标函数与设计变量之间的函数关系

在设计变量组合中，有若干点的目标函数值相同，把这些点连接起来，就称为等值线或等值面。n 个设计变量的等值线定义为

$$f(\boldsymbol{X})=f(x_1,\ x_2,\ \cdots,\ x_n)=C \tag{4-4}$$

其中，C 为常数，常数 C 所确定的空间连接起来就形成了等值线或等值面。两个设计变量与目标函数所确定的等值线如图 4-3 所示，它是由许多具有相等目标函数值的设计点所构成的平面曲线。当给目标函数以不同值时，可得到一系列的等值线，这样构成了目标函数的等值线族，该等值线族在 x_1Ox_2 平面上投影得到一系列同心椭圆。等值线族在极值处汇聚成一点，并位于等值线族的中心，该中心对应在 x_1Ox_2 平面上椭圆中心。等值线或等值面具有以下用途：

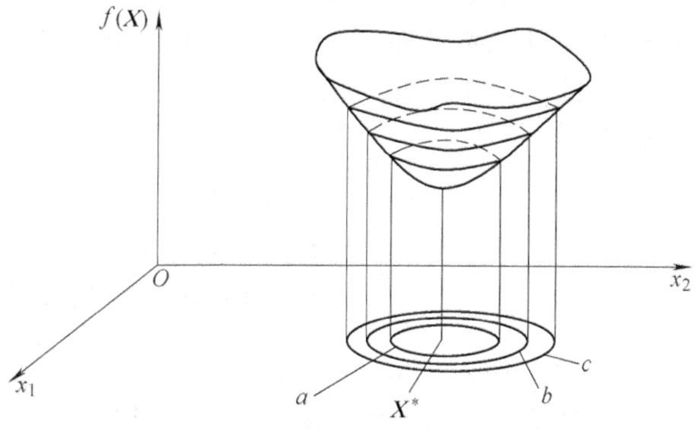

图 4-3　等值线

1）等值线聚集成一点的地方，就是目标函数取极值的地方。

2）对二维问题而言，在目标函数取极值的附近，等值线群一般是一组大小不等的同心椭圆。椭圆组的中心就是目标函数取极值的地方。

3）当相邻等值线所代表的目标函数值的差为常数时，等值线稀疏的地方目标函数值变化慢；等值线密集的地方，目标函数变化快。

从某种程度来说，优化设计就是从空间某一点开始，按照某种方法寻找等值线“椭圆”中心的过程。

3. 约束条件

约束条件是指设计变量的限制条件。在优化设计中这种限制条件就称为约束条件或设计约束。设计约束可分为两种类型：不等式约束和等式约束，不等式约束称为松约束，因为点可以在设计空间里随意移动，并且将设计空间 $\boldsymbol{R}^n$ 分为可行域 D 和不可行域。可行区域指设计变量必须落在的区域，不可行区域是指设计变量不能设定的区域，是可行域的补集。可行域与不可行域的交界处称为设计边界点，边界点是允许的极限设计方案。等式约束也称为紧

约束，是设计变量必须满足的条件。不等式约束与等式约束定义如下

$$g_i(\boldsymbol{X}) \leqslant 0,\ i=1,\ 2,\ \cdots,\ m \tag{4-5}$$

$$h_j(\boldsymbol{X}) = 0,\ i=1,\ 2,\ \cdots,\ p \tag{4-6}$$

其中，$\boldsymbol{X}$ 为设计变量，m 为不等式约束数，p 为等式约束数，等式约束数应小于设计变量数。约束的形式又可分为显约束和隐约束，前者是对某个或某组设计变量的直接限制，后者是对设计变量的间接限制。如圆柱齿轮传动副优化设计中，为了保证小齿轮不发生根切，齿数 $z_1 \leqslant 17$，该约束就是显约束。大小齿轮要满足弯曲强度要求，许用应力由设计变量齿数、模数和齿宽决定，所以齿轮许用应力间接限制设计变量，故该约束为隐约束。

例如，某优化设计问题有两个设计变量，其约束条件有三项：$g_1(\boldsymbol{X}) = x_1^2 + x_2^2 - 25 \leqslant 0$、$g_2(\boldsymbol{X}) = 2 - x_1 \leqslant 0$ 和 $g_3(\boldsymbol{X}) = 3 - x_2 \leqslant 0$，则可通过图 4-4 得出该优化问题的可行域为圆弧 AB、线段 AC 和线段BC围成的区域。

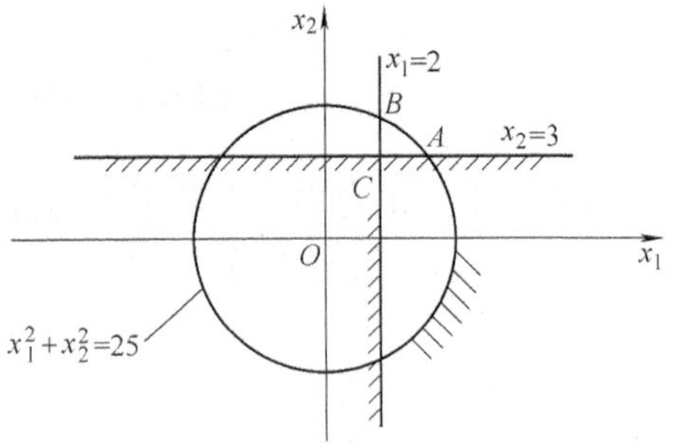

图 4-4　约束条件围成的可行域 D

任何一个优化问题都可以描述为：在满足不等式约束和等式约束的条件下，求设计变量 $\boldsymbol{X}$，使得设计目标 $f(\boldsymbol{X})$ 极小化，优化问题数学模型表达式为

$$\begin{cases} \min f(\boldsymbol{X}),\ \boldsymbol{X} \in R^n \\ \text{s. t. } g_i(\boldsymbol{X}) \leqslant 0,\ i=1,\ 2,\ \cdots,\ m \\ h_j(\boldsymbol{X}) = 0,\ j=1,\ 2,\ \cdots,\ p,\ p<n \end{cases} \tag{4-7}$$

式中 s. t. 意为 subject to，整个表达式具有普遍意义，原因如下：

1）求目标函数极大值问题可转换为求极小值问题，即 $\max f(\boldsymbol{X}) = min[-\mathrm{f}(\boldsymbol{X})]$。

2）如约束条件 $g_i(\boldsymbol{X}) \leqslant 0$，两边同乘以 -1，即可变成 $-g_i(\boldsymbol{X}) \geqslant 0$。

3）如果 $m=0$，则仅有等式约束；如果 $p=0$，则仅有不等式约束；如果 $m=p=0$，则为无约束优化问题。

4）如果$f(\boldsymbol{X})$、$g_i(\boldsymbol{X})$、$h_j(\boldsymbol{X})$ 全为线性函数，称为线性规划问题，否则称为非线性规划问题。

4.3　优化问题的几何描述

对于二维优化问题，针对问题的几何特点，可通过图解法对其进行直观地描述和求解。

例 4-1　某车间生产甲乙两种产品，生产甲种产品每件需要材料 9kg、3h、4kW 电能，可获利 60 元。生产乙种产品每件需要材料 4kg、10h、5kW 电能，可获利 120 元。若每天能供应材料 360kg，有 300h，能供 200kW 电能，则每天生产甲乙两种产品各多少件才能获得最大的利润？

解：1. 建立优化设计数学模型

设 x_1、x_2分别为每天生产甲乙两种产品的数量，以利润为目标函数，且为极大，则

$$\min f(\boldsymbol{X}) = -\max f(\boldsymbol{X}) = -60x_1 - 120x_2$$

确定两种产品的产量时，应不超过该车间的制造能力。即需要的材料不超过 360kg，耗费的工时不超过 300h，耗电量不超过 200kW，而且设计变量非负，故得到该优化问题的约束条件为

$$g_1(\boldsymbol{X}) = 9x_1 + 4x_2 \leqslant 360$$

$$g_2(\boldsymbol{X}) = 3x_1 + 10x_2 \leqslant 300$$

$$g_3(\boldsymbol{X}) = 4x_1 + 5x_2 \leqslant 200$$

$$g_4(\boldsymbol{X}) = -x_1 \leqslant 0$$

$$g_5(\boldsymbol{X}) = -x_2 \leqslant 0$$

该问题是一个线性规划问题。

2. 利用图解法对问题求解

1）所有约束条件构成的可行域 D 如图 4-5 中阴影部分所示。

2）分析目标函数 $-f(\boldsymbol{X})$，在坐标平面内，其等值线是一系列平行线，如图 4-5 中虚线所示。等值线沿法线方向右上方移动时，函数值 $-f(\boldsymbol{X})$ 由小变大。

3）当等值线移动到直线 $4x_1 + 5x_2 = 200$ 和 $3x_1 + 10x_2 = 300$ 的交点处时，$-f(\boldsymbol{X})$ 在可行域取值最大，该点即为问题的最优解。

4）求该点坐标为 $\boldsymbol{X}^*$（68，34），最大利润为 $f(\boldsymbol{X}^*) = 4080$ 元。

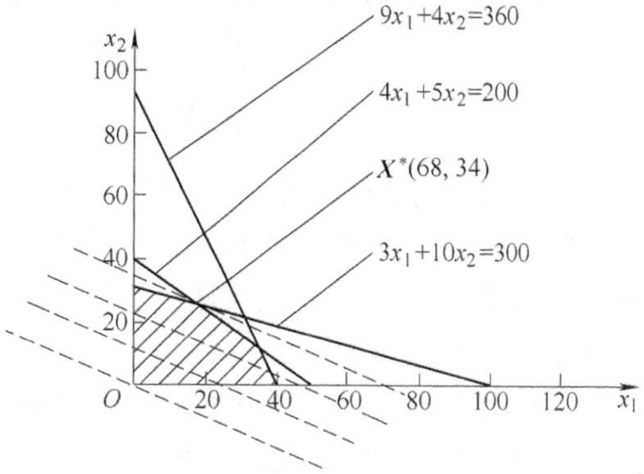

图 4-5　可行域及图解过程

优化问题的几何描述有助于理解优化过程。即：建立数学模型，根据图形求解极值点。优化问题要求的是全域极值，但通过优化方法求解的一般为局域极值，而该值不一定是全域极值。可以通过选择不同的初始点，先求解局域极值，然后再比较各局域极值，最后从中选出全域极值。

4.4　优化设计的迭代算法

优化问题实质上是数学中的求极值问题，但由于设计优化的目标函数和约束条件往往比较复杂，所以不能直接运用微分学中有关求极值的方法。数值迭代法是求解优化问题的有效方法，其基本思想是从某一个点开始，沿着函数值下降的方向，逐渐迭代计算，直到计算结果满足给定的收敛条件为止。

1. 数值迭代法的特点

迭代方法与计算机技术发展的联系是紧密的，数值计算法比解析法更能适应计算机的工作特点，因为数值迭代方法具有以下特点：

①是数值计算而不是数学分析方法。

②具有简单逻辑结构并能进行反复的同样的数学运算。

③无限逼近精确解的最优解。

2. 数值迭代法的步骤

数值迭代法的基本思路是“步步逼近”或“步步下降”，最后达到目标函数的最优点，该方法优化过程可按以下步骤进行：

1）选择尽可能靠近最小点的初始点 $\boldsymbol{X}^{(0)}$，从 $\boldsymbol{X}^{(0)}$ 出发按照一定的原则寻找可行方向的初始步长，向前跨出一步至 $\boldsymbol{X}^{(1)}$。

2）得到新点 $\boldsymbol{X}^{(1)}$ 后再选择一个新的使函数值迅速下降的方向及适当的步长，从 $\boldsymbol{X}^{(1)}$ 点出发再跨出一步，达到 $\boldsymbol{X}^{(2)}$ 点。

3）以此类推，一步一步地向前探索并重复数值计算，最终达到目标函数的最优点，在中间过程中每一步的迭代形式为

$$\begin{cases}\boldsymbol{X}^{(k+1)}=\boldsymbol{X}^{(k)}+\boldsymbol{\alpha}^{(k)}\boldsymbol{S}^{(k)}\\ f(\boldsymbol{X}^{(k+1)})<f(\boldsymbol{X}^{(k)}),k=0,1,2,\cdots,n\end{cases} \tag{4-8}$$

式中，$\boldsymbol{X}^{(k)}$ 表示第 k 步迭代计算所得到的点，$\boldsymbol{\alpha}^{(k)}$ 为第 k 步迭代计算的步长，$\boldsymbol{S}^{(k)}$ 表示第 k 步迭代计算的探索方向。用迭代法逐步逼近最优点的探索过程如图 4-6 所示。

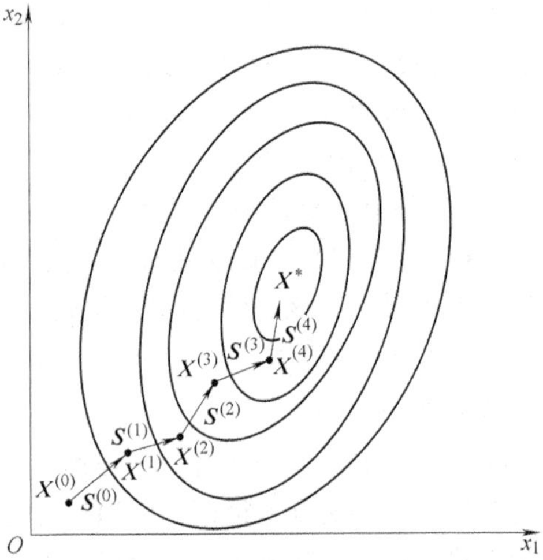

图 4-6　数值迭代方法的迭代过程

4）每向前跨一步，都应检查所得到的新点能否满足预定的计算精度，如果满足，则认为 $\boldsymbol{X}^{(k+1)}$ 为局部最小点；否则以 $\boldsymbol{X}^{(k+1)}$ 为新的初始点继续搜索。

在每次迭代中，必须满足以下几方面要求：收敛性，新点不断向理论最优点逼近；适用性，每次迭代都能保证函数值下降；可行性，新点要在可行域内。选择搜索方向 $\boldsymbol{S}^{(k)}$ 和步长因子 $\boldsymbol{\alpha}^{(k)}$ 是优化方法的主要问题，并由此构成了不同的优化方法。

3. 迭代结束的判断标准

由线性代数可知，通过任意迭代式进行计算，不一定得到逼近精确解的近似解。如果根据某迭代公式可计算出其精确解的近似解，则认为该迭代公式是收敛的，反之则为发散的。理论上来说，任何迭代算法都能产生无穷点列的设计方案 $\{\boldsymbol{X}^{(0)}, \boldsymbol{X}^{(1)}, \cdots, \boldsymbol{X}^{(n)}\}$。但是实际工程里只能进行有限次的修改，故适当的时候迭代应停止。由于很难判断目标函数的极小值，所以要想找到一个完美而适用的计算机终止准则很困难，必须根据计算中的具体情况来进行判断。为防止迭代死循环，迭代结束的判断标准一般有三种类型：

（1）点距准则　当设计变量在相邻两点之间的移动距离已充分小时，可用相邻两次迭代点的矢量差的模作为终止迭代的依据，即

$$\|\boldsymbol{X}^{(k+1)}-\boldsymbol{X}^{(k)}\|<\varepsilon_1 \tag{4-9}$$

或

$$\sqrt{\sum_{i=1}^{n}(X^{(k+1)}-X^{(k)})^2}<\varepsilon_1 \tag{4-10}$$

（2）函数下降准则 当相邻两点目标函数值之差已充分小时，即在某次迭代过程中目标函数值下降量已充分小时，可用两次迭代的目标函数值之差作为终止依据，即

$$\|f(\boldsymbol{X}^{(k+1)})-f(\boldsymbol{X}^{(k)})\|<\varepsilon_2 \tag{4-11}$$

或

$$\frac{\|f(\boldsymbol{X}^{(k+1)})-f(\boldsymbol{X}^{(k)})\|}{\|f(\boldsymbol{X}^{(k)})\|}<\varepsilon_2 \tag{4-12}$$

（3）梯度准则 当迭代点逼近极值点时，目标函数在该点的梯度将变得非常小，故可依据目标函数在该点处的梯度来判断迭代过程是否结束，即

$$\|\nabla f(\boldsymbol{X}^{(k+1)})\|<\varepsilon_3,\|\nabla f(\boldsymbol{X}^{(k+1)})\|=\sqrt{\sum_{i=1}^{n}\left(\frac{\partial f}{\partial x_i}\right)^2} \tag{4-13}$$

以上三种准则中的 ε_i（$i=1, 2, 3$）为允许误差或精度控制量，一般取 $10^{-1}\sim10^{-7}$。具体在程序里面可以自行设定，如果取得过小，可能会导致运算时间过长或死机现象。但是如果计算结果很快就出来，有可能是给的精度不够高。

4.5 MATLAB 软件简介

MATLAB 是矩阵实验室（Matrix Laboratory）的简称，是美国 Math Works 公司出品的商业数学软件，用于算法开发、数据可视化、数据分析以及数值计算的高级技术计算语言和交互式环境，主要包括 MATLAB 和 Simulink 两大部分。MATLAB 和 Mathematica、Maple 并称为三大数学软件。它在数学类科技应用软件中数值计算方面首屈一指。MATLAB 可以进行矩阵运算、绘制函数和数据、实现算法、创建用户界面、连接其他编程语言的程序等，主要应用于工程计算、控制设计、信号处理与通信、图像处理、信号检测、金融建模设计与分析等领域。

MATLAB 对许多专门的领域都开发了功能强大的模块集和工具箱。一般来说，它们都是由特定领域的专家开发的，用户可以直接使用工具箱学习、应用和评估不同的方法而不需要自己编写代码。目前，MATLAB 已经把工具箱延伸到了科学研究和工程应用的诸多领域，诸如数据采集、数据库接口、概率统计、样条拟合、优化算法、偏微分方程求解、神经网络、小波分析、信号处理、图像处理、系统辨识、控制系统设计、LMI 控制、鲁棒控制、模型预测、模糊逻辑、金融分析、地图工具、非线性控制设计、实时快速原型及半物理仿真、嵌入式系统开发、定点仿真、DSP 与通信、电力系统仿真等，都在工具箱（Toolbox）家族中有了自己的一席之地。MATLAB 常用工具箱包括：Matlab Main Toolbox（MATLAB 主工具箱）、Control System Toolbox（控制系统工具箱）、Communication Toolbox（通信工具箱）、Fuzzy Logic Toolbox（模糊逻辑工具箱）、LMI Control Toolbox（线性矩阵不等式工具箱）、Model Predictive Control Toolbox（模型预测控制工具箱）、Neural Network Toolbox（神经网络工具箱）、Optimization Toolbox（优化工具箱）、Simulink Toolbox（动态仿真工具箱）、Wavele Toolbox（小波工具箱）等。

使用 MATLAB 语言和 MATLAB 工具箱，用户可以专注于算法研究，编程只需要几行就可以完成，而且可以很快地画出图形，从而迅速地进行多种算法的比较，从中找出最好的方案。MATLAB 被广泛用于研究和解决各种具体的工程问题，已成为欧美等发达国家各设计单位和科研部门的基本工具，同时也是高等院校大学生、硕士生和博士生必须掌握的工具。

MATLAB 里面典型的是三窗口形式，它也可以分成五个窗口，左上角给出的是工作空间，包括 Toolbox 等工具条都在里面。左下角是命令执行的历史，就是 MATLAB 使用过程中输入的各种各样的命令以及现在目录的位置都会在这里面显示出来。右边为执行部分，每次打开有一个英文提示。MATLAB 的视窗环境如图 4-7 所示。

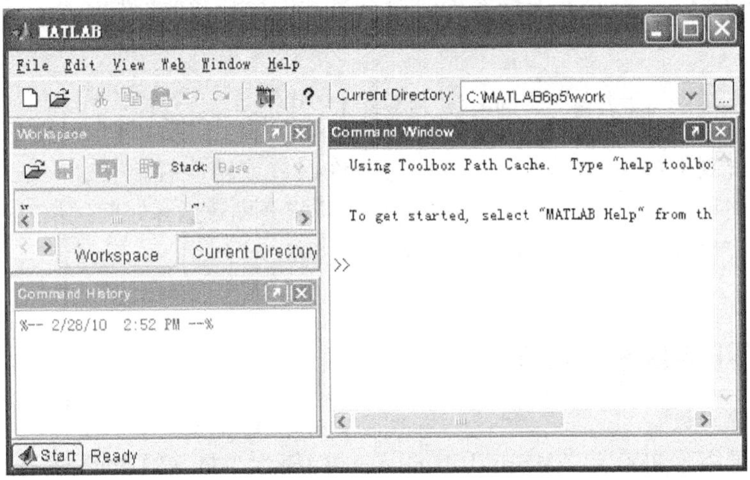

图 4-7 MATLAB 的视窗环境

MATLAB 的程序类型有三种：一种是在命令窗口下执行的脚本 M 文件；另外一种是可以存取的 M 文件，也即程序文件；最后一种是函数（function）文件。

（1）脚本 M 文件　在命令窗口中输入并执行，它所用的变量都要在工作空间中获取，不需要输入输出参数的调用，退出 MATLAB 后即可释放。

（2）程序文件　在 MATLAB 的提示符 >> 下，键入命令文件的文件名，MATLAB 就会自动执行该命令文件中的各条指令。命令执行中的输入、输出数据都在工作空间中，以 . m 格式进行存取，包含一连串的 MATLAB 指令和必要的注解。没有输入参数，也不会返回参数。

（3）函数文件　与在命令窗口中输入命令一样，函数接受输入参数，然后执行并输出结果。用 help 命令可以显示它的注释说明函数文件。除了输入和输出数据，中间数据在函数调用完成后不再保存。其标准格式为：function [out1, out2, …] = filename (in1, in2, …)，关键词为 function。输入和输出（返回）的参数个数分别由 nargin 和 nargout 两个 MATLAB 保留的变量来给出。

例 4-2　求下面矩阵的逆矩阵，并验证所得结果。

$$\boldsymbol{A}=\begin{pmatrix}1 & 2 & 0\\ 2 & 5 & 1\\ 4 & 8 & -1\end{pmatrix}$$

在 MATLAB 命令窗口中，输入：

```
>> A = [1    2    0; 2    5    1; 4    8    -1];
>> B = inv (A)
B =
     13   -2   -2
     -6    1    1
      4    0   -1
>> E = A * B
E =
     1  0  0
     0  1  0
     0  0  1
```

由上述命令行运行结果可知，矩阵与其逆矩阵相乘结果是单位阵。输入某命令行后，如果不希望显示结果，可在命令行后加分号“;”再回车，否则可直接回车。

MATLAB 不仅能绘制几乎所有的标准图形，而且其表现形式也是丰富多样的。其最基本的二维图形指令是 plot，plot 命令自动打开一个图形窗口 Figure，用直线连接相邻两数据点来绘制图形，可进行多窗口多曲线绘图，并且可以设定曲线的颜色和线型。plot 的调用格式一般有四种：

1）plot（x）是默认自变量绘图格式，x 为矢量，以 x 元素值为纵坐标，以相应元素下标为横坐标绘图。

2）plot（x，y）为基本格式，以 y（x）的函数关系作出直角坐标图，如果 y 为 $n \times m$ 的矩阵，则以 x 为自变量，作出 m 条曲线。

3）plot（x_1，y_1，x_2，y_2）可进行多条曲线绘图。

4）plot（x，y，'s'）为开关格式，开关量字符串 s 设定曲线颜色和绘图方式，使用颜色字符串的前 1～3 个字母，如黄色用 yel 表示等。或 plot（x_1，y_1，'s_1'，x_2，y_2，'s_2'，…）。s 的标准设定值见表 4-1。

表 4-1　s 的标准设定值

字母	颜色	标点	线型
y	黄色	·	点线
m	粉红	○	圈线
c	亮蓝	×	×线
r	大红	+	十字线
g	绿色	−	实线
b	蓝色	*	星形线
w	白色	:	虚线
k	黑色	−·　(--)	点画线

例 4-3　绘制函数 $y = xe^{-x}$ 在 $0 \leqslant x \leqslant 1$ 时的曲线。

```
>> x =0:0.1:1;          %定义自变量的采样点取值数组
y =x. * exp ( - x);       %利用数组运算计算各自变量采样点上的函数值
plot (x, y), xlabel ('x'), ylabel ('y'), title ('y = x * exp ( - x) ')    %绘图
```

绘图结果如图 4-8 所示。

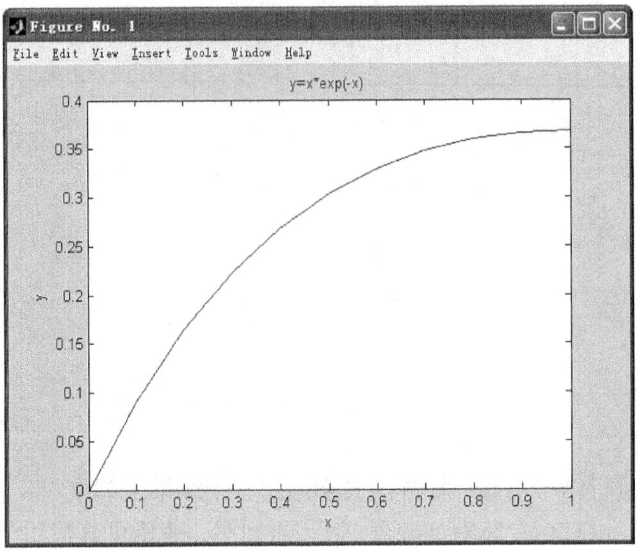

图 4-8　$y = xe^{-x}$曲线绘制

例 4-4　单窗口多曲线绘图，实例如图 4-9 所示。

```
>> x = peaks;
plot(x)
x = 1:length(peaks);
y = peaks;plot(x,y)
```

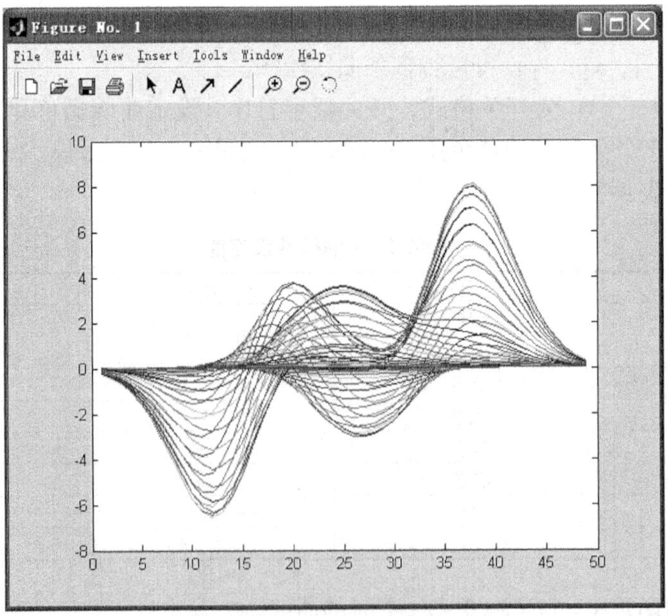

图 4-9　单窗口多曲线实例

例 4-5　阶梯曲线的绘制，如图 4-10 所示。

```
>>x = 0:pi/20:2 * pi;y = sin(x);stairs(x,y)
```

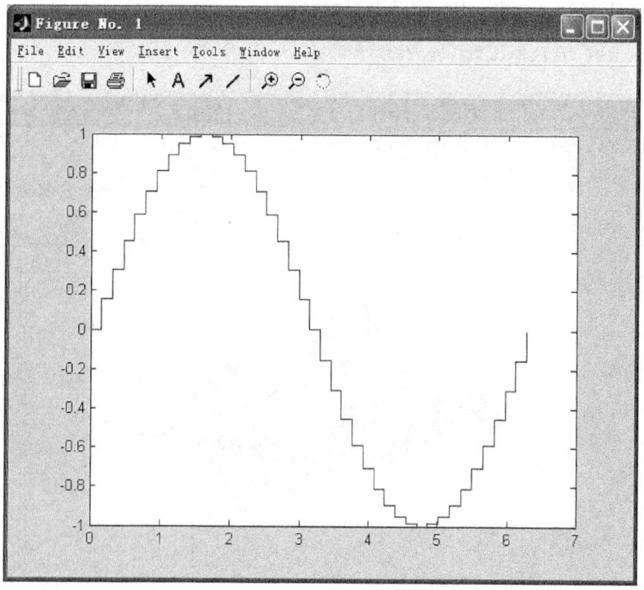

图 4-10　阶梯曲线的绘制

例 4-6　从不同视角观察波峰图形，如图 4-11 所示。

```
>> z = peaks(40);
subplot(2,2,1);mesh(z);
subplot(2,2,2);mesh(z);view(-15,60);
subplot(2,2,3);mesh(z);view(-90,0);
subplot(2,2,4);mesh(z);view(-7,-10);
```

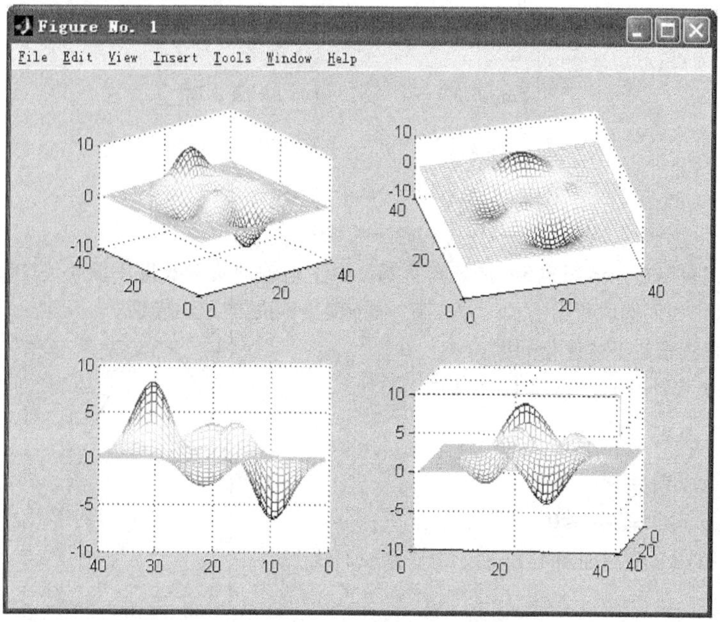

图 4-11　观察不同视角的波峰图形

例 4-7　带等高线的曲线图，如图 4-12 所示。

```
>>[X,Y,Z] = peaks(30);surfc(X,Y,Z)
```

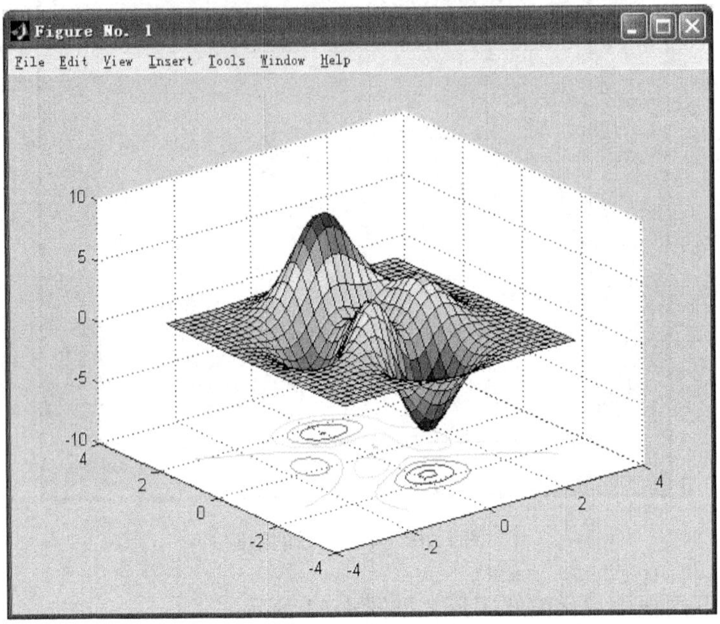

图 4-12　带等高线的曲线图

本 章 习 题

4-1　试将如下优化问题的目标函数等值线和可行域勾勒出来，并判断点 $X^{(1)} = [1,\ 1]^T$ 和 $X^{(2)} = [0.51,\ 2.5]^T$ 是否为可行点。

$$\begin{cases} \min f(\boldsymbol{X}) = x_1^2 + x_2^2 - 4x_1 + 4, \boldsymbol{X} \in \mathrm{R}^2 \\ \text{s. t. } g_1(\boldsymbol{X}) = x_1^2 - x_2 + 1 \leqslant 0 \\ \quad g_2(\boldsymbol{X}) = -x_1 - 3 \leqslant 0 \\ \quad g_3(\boldsymbol{X}) = -x_2 \leqslant 0 \end{cases}$$

4-2　要用薄钢板制造一体积为 5m³ 的汽车货箱，由于运输的货物长度不能小于 4m，为了使耗费的钢板最少并减小质量，如何选取货箱的长、宽、高？试确定该问题的数学模型。

4-3　利用图解法求解下述优化问题：

$$\begin{cases} \min f(\boldsymbol{X}) = (x_1 - 2)^2 + (x_2 - 2)^2 \\ \text{s. t. } g_1(\boldsymbol{X}) = x_1^2 + x_2^2 - 4 \leqslant 0 \\ \quad g_2(\boldsymbol{X}) = -x_1 \leqslant 0 \\ \quad g_3(\boldsymbol{X}) = -x_2 \leqslant 0 \end{cases}$$

4-4　利用 MATLAB 绘制如图 4-13 所示的正余弦曲线。

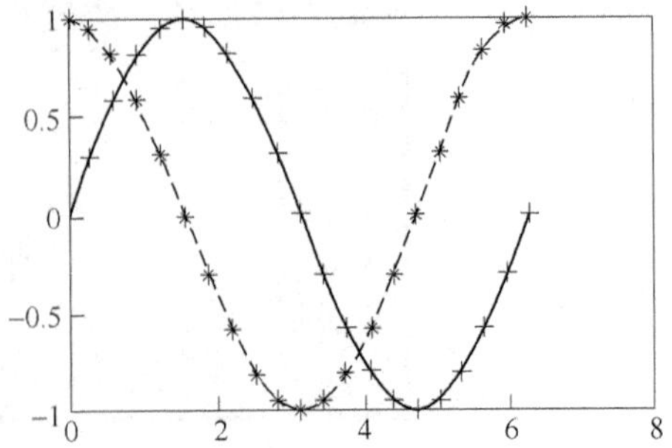

图 4-13　习题 4-4 图

第 5 章　优化方法的数学基础

【内容】

本章重点讨论优化方法的数学基础，将介绍矢量与矩阵的范数、方向梯度与导数、函数的泰勒级数展开、无约束问题的最优性条件，并在凸集、凸函数和凸规划的基础上，对约束问题的最优性条件进行讨论。

【目的】

了解方向梯度与导数的基本概念，掌握函数泰勒级数展开的方法，熟悉无约束问题和有约束问题最优性条件的判断过程。

5.1　矢量与矩阵的范数

矢量是既有大小又有方向的量，矢量的大小可用某数值表示，该数值称为范数，记为$\|\boldsymbol{x}\|$。对于矢量 $\boldsymbol{x}=[x_1,\ x_2,\ \cdots,\ x_n]^{\mathrm{T}}$，其长度就是一种范数，记为$\|\boldsymbol{x}\|_2$，且$\|\boldsymbol{x}\|_2=\sqrt{x_1^2+x_2^2+\cdots+x_n^2}$。矢量范数应满足以下三个特性：

1）正定性：$\|\boldsymbol{x}\|\geqslant 0$，且$\|\boldsymbol{x}\|=0 <=> \boldsymbol{x}=0$。

2）齐次性：$\|c\boldsymbol{x}\|=|c|\ \|\boldsymbol{x}\|$。

3）三角不等式：$\|x+y\|\leqslant\|\boldsymbol{x}\|+\|\boldsymbol{y}\|$。

故矢量范数是矢量的一种具有特殊性质的实值函数，常用的矢量范数有：

1）1-范数：$\|\boldsymbol{x}\|_1=|\boldsymbol{x}_1|+|\boldsymbol{x}_2|+\cdots+|\boldsymbol{x}_n|$。

2）2-范数：$\|\boldsymbol{x}\|_2=\sqrt{x_1^2+x_2^2+\cdots+x_n^2}$；

3）∞-范数：$\|\boldsymbol{x}\|_\infty=\max(|\boldsymbol{x}_1|,\ |\boldsymbol{x}_2|,\ \cdots,\ |\boldsymbol{x}_n|)$；

易得

$$\|\boldsymbol{x}\|_\infty\leqslant\|\boldsymbol{x}\|_2\leqslant\|\boldsymbol{x}\|_1\leqslant\frac{n_1}{2\|\boldsymbol{x}\|_2}\leqslant n\|\boldsymbol{x}\|_\infty$$

对于给定的 n 阶方阵 $\boldsymbol{A}$，$\|\boldsymbol{A}\|=\max\frac{\|\boldsymbol{Ax}\|}{\|\boldsymbol{x}\|}$称为矩阵 $\boldsymbol{A}$ 的范数，常用的矩阵范数有：

1）1-范数：$\|\boldsymbol{A}\|_1=\max\ \{\sum|a_{i1}|,\ \sum|a_{i2}|,\ \cdots,\ \sum|a_{in}|\}$（列和范数，$\boldsymbol{A}$ 每一列元素绝对值之和的最大值）。

2）2-范数：$\|\boldsymbol{A}\|_2=\boldsymbol{A}$ 的最大奇异值 $=\sqrt{\lambda_{\max}(\boldsymbol{A}^{\mathrm{T}}\boldsymbol{A})}$，其中 $\lambda_{\max}$表示矩阵 $\boldsymbol{A}^{\mathrm{T}}\boldsymbol{A}$ 的最大特征值。

3）∞-范数：$\|\boldsymbol{A}\|_\infty=\max\ \{\sum|a_{1j}|,\ \sum|a_{2j}|,\ \cdots,\ \sum|a_{mj}|\}$（行和范数，$\boldsymbol{A}$ 每一行元素绝对值之和的最大值）。

5.2 方向梯度与导数

目标函数的变化趋势可以通过等值线进行定性分析，但函数沿着什么方向变化才能迅速地越过不同的等值线达到等值线族的中点（即极值点）？为此需研究函数的变化率。以二元函数为例，如图 5-1 所示，设函数 $f(x_1, x_2)$ 在点 $X^{(0)}$ 的邻域内有定义且可微，则函数从 $\boldsymbol{X}^{(0)}$ 到 $\boldsymbol{X}^{(1)}$ 沿 x_1 轴和 x_2 轴方向平均变化率为

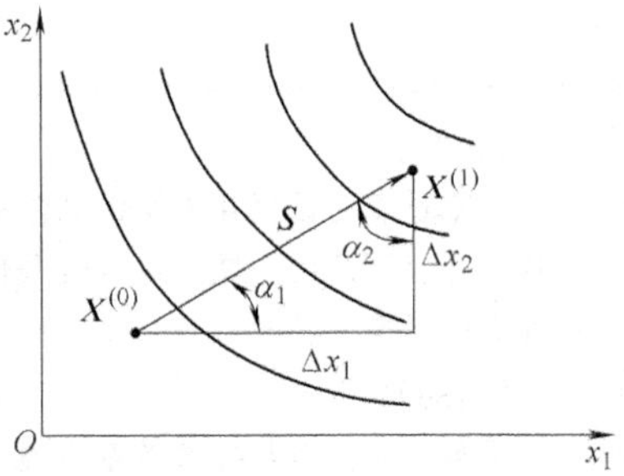

图 5-1 函数的方向导数

$$\frac{\Delta f}{\Delta x_1}=\frac{f(x_1^{(0)}+\Delta x_1,\ x_2^{(0)})-f(x_1^{(0)},\ x_2^{(0)})}{\Delta x_1} \tag{5-1}$$

$$\frac{\Delta f}{\Delta x_2}=\frac{f(x_1^{(0)},\ x_2^{(0)}+\Delta x_2)-f(x_1^{(0)},\ x_2^{(0)})}{\Delta x_2} \tag{5-2}$$

由此，该函数在 $\boldsymbol{X}^{(0)}$ 处沿 x_1 轴和 x_2 轴方向的变化率分别为

$$\frac{\partial f}{\partial x_1}=\lim_{\Delta x_1\to 0}\frac{f(x_1^{(0)}+\Delta x_1,\ x_2^{(0)})-f(x_1^{(0)},\ x_2^{(0)})}{\Delta x_1} \tag{5-3}$$

$$\frac{\partial f}{\partial x_2}=\lim_{\Delta x_2\to 0}\frac{f(x_1^{(0)},\ x_2^{(0)}+\Delta x_2)-f(x_1^{(0)},\ x_2^{(0)})}{\Delta x_2} \tag{5-4}$$

令矢量长度范数 $\rho=\|\Delta \boldsymbol{x}\|_2=\sqrt{\Delta x_1^2+\Delta x_2^2}$，用 $\boldsymbol{S}$ 表示沿 $\boldsymbol{X}^{(0)}$ 到 $\boldsymbol{X}^{(1)}$ 的搜索方向。当沿着 $\boldsymbol{S}$ 方向，$\boldsymbol{X}^{(0)}$ 无限逼近 $\boldsymbol{X}^{(1)}$，且比例 $\dfrac{f(x_1^{(0)}+\Delta x_1,\ x_2^{(0)}+\Delta x_2)-f(x_1^{(0)},\ x_2^{(0)})}{\|\Delta \boldsymbol{x}\|_2}$ 的极限存在时，则该极限定义为函数 $f(x_1, x_2)$ 在点 $\boldsymbol{X}^{(0)}$ 处沿方向 $\boldsymbol{S}$ 的方向导数，记为

$$\begin{aligned}\frac{\partial f(\boldsymbol{X}^{(0)})}{\partial \boldsymbol{S}}&=\lim_{\rho\to 0}\frac{f(x_1^{(0)}+\Delta x_1,\ x_2^{(0)}+\Delta x_2)-f(x_1^{(0)},\ x_2^{(0)})}{\rho}\\&=\lim_{\rho\to 0}\frac{f(x_1^{(0)}+\Delta x_1,\ x_2^{(0)}+\Delta x_2)-f(x_1^{(0)},\ x_2^{(0)}+\Delta x_2)}{\Delta x_1}\frac{\Delta x_1}{\rho}+\\&\qquad\frac{f(x_1^{(0)}+\Delta x_1,\ x_2^{(0)}+\Delta x_2)-f(x_1^{(0)},\ x_2^{(0)})}{\Delta x_2}\frac{\Delta x_2}{\rho}\\&=\frac{\partial f(\boldsymbol{X}^{(0)})}{\partial x_1}\cos\alpha_1+\frac{\partial f(\boldsymbol{X}^{(0)})}{\partial x_2}\cos\alpha_2\end{aligned}$$

故二元函数的方向导数为

$$\frac{\partial f(\boldsymbol{X}^{(0)})}{\partial \boldsymbol{S}}=\frac{\partial f(\boldsymbol{X}^{(0)})}{\partial x_1}\cos\alpha_1+\frac{\partial f(\boldsymbol{X}^{(0)})}{\partial x_2}\cos\alpha_2 \tag{5-5}$$

当 $\alpha_1=0$ 和 $\alpha_1=\pi/2$ 时，方向导数分别为 $\dfrac{\partial f}{\partial \boldsymbol{S}}=\dfrac{\partial f}{\partial x_1}$ 和 $\dfrac{\partial f}{\partial \boldsymbol{S}}=\dfrac{\partial f}{\partial x_2}$，这说明偏导数是方向导数的特殊形式。

同理，对于 n 元函数，其方向导数定义为

$$\frac{\partial f(\boldsymbol{X}^{(0)})}{\partial \boldsymbol{S}} = \sum_{i=1}^{n} \frac{\partial f(\boldsymbol{X}^{(0)})}{\partial x_i}\cos\alpha_i \tag{5-6}$$

其中，$\frac{\partial f(\boldsymbol{X}^{(0)})}{\partial x_i}$为函数对各坐标轴的偏导数，$\alpha_i(i=1, 2, \cdots, n)$为 $\boldsymbol{S}$ 方向的 n 个方向角。方向导数是一个标量，其值为正时表明函数值在 $\boldsymbol{X}^{(0)}$ 处沿 $\boldsymbol{S}$ 方向是增加的，否则是减少的。总之，函数在某一点处沿着某一个方向跨越一个单位距离所发生的函数值的变化量就称为沿着这个方向的方向导数。

例 5-1　设目标函数为$f(x_1, x_2)=2x_1x_2^2$，求 $\boldsymbol{X}^{(0)}=[1, 1]^{\mathrm{T}}$点处沿 $\boldsymbol{S}_1$和 $\boldsymbol{S}_2$两个方向的方向导数，其中矢量 $\boldsymbol{S}_1$的方向：$\alpha_1=\alpha_2=\pi/4$，矢量 $\boldsymbol{S}_2$的方向：$\alpha_1=\pi/6$，$\alpha_2=\pi/3$。

解：分别求函数在 $\boldsymbol{X}^{(0)}$ 处，对两个坐标轴方向的偏导数

$$\left(\frac{\partial f}{\partial x_1}\right)_{\boldsymbol{X}^{(0)}} = 2x_2^2\big|_{(1,1)} = 2$$

$$\left(\frac{\partial f}{\partial x_2}\right)_{\boldsymbol{X}^{(0)}} = 4x_1x_2\big|_{(1,1)} = 4$$

代入式（5-5）得到沿两个方向的方向导数

$$\left(\frac{\partial f}{\partial \boldsymbol{S}_1}\right)_{\boldsymbol{X}^{(0)}} = 2\cos\frac{\pi}{4} + 4\cos\frac{\pi}{4} = 3\sqrt{2}$$

$$\left(\frac{\partial f}{\partial \boldsymbol{S}_2}\right)_{\boldsymbol{X}^{(0)}} = 2\cos\frac{\pi}{6} + 4\cos\frac{\pi}{3} = \sqrt{3} + 2$$

由上述例题可以看出，对于一般函数而言，在同一点沿不同方向的方向导数是不一样的。方向导数给出了函数在某点沿某方向的变化率，优化设计中最关心的是函数变化率最大的方向，即梯度的方向。对于 n 元函数，将式（5-6）写成矩阵形式

$$\begin{aligned}\frac{\partial f(\boldsymbol{X}^{(0)})}{\partial \boldsymbol{S}} &= \sum_{i=1}^{n} \frac{\partial f(\boldsymbol{X}^{(0)})}{\partial x_i}\cos\alpha_i \\ &= \left[\frac{\partial f(\boldsymbol{X}^{(0)})}{\partial x_1}, \frac{\partial f(\boldsymbol{X}^{(0)})}{\partial x_2}, \cdots, \frac{\partial f(\boldsymbol{X}^{(0)})}{\partial x_n}\right]\begin{pmatrix}\cos\alpha_1 \\ \cos\alpha_2 \\ \vdots \\ \cos\alpha_n\end{pmatrix} = \boldsymbol{B}_0^{\mathrm{T}}\boldsymbol{H}\end{aligned} \tag{5-7}$$

其中 $\boldsymbol{B}_0=\nabla f(\boldsymbol{X}^{(0)})=\left[\frac{\partial f(\boldsymbol{X}^{(0)})}{\partial x_1}, \frac{\partial f(\boldsymbol{X}^{(0)})}{\partial x_2}, \cdots, \frac{\partial f(\boldsymbol{X}^{(0)})}{\partial x_n}\right]^{\mathrm{T}}$，$\boldsymbol{H}=[\cos\alpha_1, \cos\alpha_2, \cdots, \cos\alpha_n]^{\mathrm{T}}$，$\nabla f(\boldsymbol{X}^{(0)})$即为函数在该点的梯度矢量。由于$\|\boldsymbol{H}\|=\sqrt{\cos\alpha_1^2+\cos\alpha_2^2+\cdots+\cos\alpha_n^2}=1$，故 $\boldsymbol{H}$ 为单位矢量。如果以 θ 表示两矢量 $\boldsymbol{B}_0$和 $\boldsymbol{H}$ 正方向之间的夹角，根据两矢量点积的规定，则有

$$\frac{\partial f(\boldsymbol{X}^{(0)})}{\partial \boldsymbol{S}} = \boldsymbol{B}_0^{\mathrm{T}}\boldsymbol{H} = \|\boldsymbol{B}_0\|\ \|\boldsymbol{H}\|\cos\theta = \|\boldsymbol{B}_0\|\cos\theta = \|\nabla f(\boldsymbol{X}^{(0)})\|\cos\theta \tag{5-8}$$

其中，梯度向量 2-范数为

$$\|\nabla f(\boldsymbol{X}^{(0)})\| = \sqrt{\left(\frac{\partial f}{\partial x_1}\right)^2 + \left(\frac{\partial f}{\partial x_2}\right)^2 + \cdots + \left(\frac{\partial f}{\partial x_n}\right)^2} \tag{5-9}$$

由式（5-8）可知，函数$f(\boldsymbol{X})$ 在 $\boldsymbol{X}^{(0)}$ 点的变化率$\frac{\partial f(\boldsymbol{X}^{(0)})}{\partial \boldsymbol{S}}$的最大值为$\|\nabla f(\boldsymbol{X}^{(0)})\|$，此

时 $\theta=0$，此方向称之为梯度方向，梯度方向是函数最速上升的方向；最小值为 $-\|\nabla f(\boldsymbol{X}^{(0)})\|$，此时 $\theta=\pi$，此方向为函数最速下降的方向，是梯度方向的反方向；当 $\theta=\pi/2$ 时，函数的变化率为0，此时 $\boldsymbol{S}$ 方向是给定点处函数的等值线（面）的切线方向，由此可知函数在给定点的梯度方向就是函数等值线（面）在该点的法线方向。

可以推断，函数沿正梯度方向上升最快，沿负梯度方向下降最快，沿与梯度成锐角的方向行进是上升的，沿着与梯度成钝角的方向行进是下降的。

例 5-2 求目标函数 $f(\boldsymbol{X})=x_1^2+2x_1x_2$ 在 $\boldsymbol{X}^{(0)}=(1,\ 2)^{\mathrm{T}}$ 处的梯度。

解： $\dfrac{\partial f}{\partial x_1}=2x_1+2x_2\big|_{(1,2)}=6$，$\dfrac{\partial f}{\partial x_2}=2x_1\big|_{(1,2)}=4$

$f(\boldsymbol{X})$ 在 $\boldsymbol{X}^{(0)}$ 点处的梯度为

$$\nabla f(\boldsymbol{X}^{(0)})=\begin{pmatrix}\dfrac{\partial f}{\partial x_1}\\[2mm] \dfrac{\partial f}{\partial x_2}\end{pmatrix}_{\boldsymbol{X}^{(0)}}=\begin{pmatrix}6\\4\end{pmatrix}$$

对于一般二元二次函数 $f(\boldsymbol{X})=f(x_1,\ x_2)=ax_1^2+bx_1x_2+cx_2^2+dx_1+ex_2+f$，令矢量 $\boldsymbol{X}=\begin{pmatrix}x_1\\x_2\end{pmatrix}$，$\boldsymbol{A}=\begin{pmatrix}2a & b\\ b & 2c\end{pmatrix}$，$\boldsymbol{B}=\begin{pmatrix}d\\e\end{pmatrix}$，$\boldsymbol{C}=f$，则 $f(\boldsymbol{X})=\dfrac{1}{2}\boldsymbol{X}^{\mathrm{T}}\boldsymbol{A}\boldsymbol{X}+\boldsymbol{B}^{\mathrm{T}}\boldsymbol{X}+\boldsymbol{C}$

例 5-3 求上述一般二元二次函数矩阵表达式 $f(\boldsymbol{X})=\dfrac{1}{2}\boldsymbol{X}^{\mathrm{T}}\boldsymbol{A}\boldsymbol{X}+\boldsymbol{B}^{\mathrm{T}}\boldsymbol{X}+\boldsymbol{C}$ 的梯度 $\nabla f(\boldsymbol{X})$。

解： 将二元二次函数矩阵式展开得

$$f(\boldsymbol{X})=f(x_1,\ x_2)=ax_1^2+bx_1x_2+cx_2^2+dx_1+ex_2+f$$

$$\nabla f(\boldsymbol{X})=\begin{pmatrix}\dfrac{\partial f}{\partial x_1}\\[2mm] \dfrac{\partial f}{\partial x_2}\end{pmatrix}=\begin{pmatrix}2ax_1+bx_2+d\\ 2cx_2+bx_1+e\end{pmatrix}=\begin{pmatrix}2a & b\\ b & 2c\end{pmatrix}\begin{pmatrix}x_1\\x_2\end{pmatrix}+\begin{pmatrix}d\\e\end{pmatrix}=\boldsymbol{A}\boldsymbol{X}+\boldsymbol{B}$$

同理，对于一般 n 元二次函数梯度的矩阵表达式仍为

$$\nabla f(\boldsymbol{X})=\boldsymbol{A}\boldsymbol{X}+\boldsymbol{B}$$

式中，$\boldsymbol{A}=\begin{pmatrix}a_{11} & a_{12} & \cdots & a_{1n}\\ a_{21} & a_{22} & \cdots & a_{2n}\\ \vdots & \vdots & & \vdots\\ a_{n1} & a_{n2} & \cdots & a_{nn}\end{pmatrix}$，$\boldsymbol{B}=\begin{pmatrix}b_1\\b_2\\ \vdots\\ b_n\end{pmatrix}$，$\boldsymbol{X}=\begin{pmatrix}x_1\\x_2\\ \vdots\\ x_n\end{pmatrix}$

5.3 函数的泰勒级数展开

研究函数的极值问题，主要在于研究目标函数在极值点附近的变化形态，该变化形态对高阶函数而言是非常复杂的，但在极值点附近可近似看成一系列椭圆的等值线。故在极值点附近函数的变化形态，可以用二次函数来近似。由此，优化的目标就是寻找近似函数的中心，即椭圆的中心。假设高阶 n 元函数 $f(\boldsymbol{X})$ 在 $\boldsymbol{X}^{(k)}$ 点二阶连续可微，在该点的邻域内可通

过泰勒级数展开。展开式就是函数在 $X^{(k)}$ 点的值加上第二项一次偏导数线性变化项，再加上二次偏导数的二次项，高阶项全部都忽略了。

对于一元函数 $f(x)$，设 $f(x)$ 在开区间（a，b）内具有直到（$n+1$）阶的导数，x_0 是区间（a，b）内一点，x 是 x_0 附近邻域内的点，则 $f(x)$ 在 x_0 处的泰勒级数展开为

$$f(x)=f(x_0)+\frac{f'(x_0)}{1!}(x-x_0)+\frac{f''(x_0)}{2!}(x-x_0)^2+o(\Delta x^2) \tag{5-10}$$

取级数的前三项近似目标函数，则目标函数可近似表示为

$$f(x)\approx f(x_0)+\frac{f'(x_0)}{1!}(x-x_0)+\frac{f''(x_0)}{2!}(x-x_0)^2 \tag{5-11}$$

对于 n 元函数 $f(\boldsymbol{X})=f(x_1, x_2,\cdots, x_n)$，设 $f(\boldsymbol{X})$ 在 $\boldsymbol{X}^{(k)}$ 点在某一邻域内的偏导数至少二阶连续，则在这一点邻近的泰勒公式展开式可近似地表示为

$$f(\boldsymbol{X}) \approx f(\boldsymbol{X}^{(k)}) + \sum_{i=1}^{n} \frac{\partial f(\boldsymbol{X}^{(k)})}{\partial x_i}(x_i - x_i^{(k)}) + \frac{1}{2}\sum_{i,j=1}^{n} \frac{\partial^2 f(\boldsymbol{X}^{(k)})}{\partial x_i \partial x_j}(x_i - x_i^{(k)})(x_j - x_j^{(k)}) \tag{5-12}$$

写成矩阵形式为

$$f(\boldsymbol{X})\approx f(\boldsymbol{X}^{(k)})+[\nabla f(\boldsymbol{X}^{(k)})]^{\mathrm{T}}(\boldsymbol{X}-\boldsymbol{X}^{(k)})+\frac{1}{2}(\boldsymbol{X}-\boldsymbol{X}^{(k)})^{\mathrm{T}}\nabla^2 f(\boldsymbol{X}^{(k)})(\boldsymbol{X}-\boldsymbol{X}^{(k)}) \tag{5-13}$$

其中，

$$\nabla^2 f(\boldsymbol{X})=\boldsymbol{H}(\boldsymbol{X})=\begin{pmatrix} \dfrac{\partial^2 f(\boldsymbol{X})}{\partial x_1^2} & \cdots & \dfrac{\partial^2 f(\boldsymbol{X})}{\partial x_1 \partial x_2} \\ \vdots & & \vdots \\ \dfrac{\partial^2 f(\boldsymbol{X})}{\partial x_n \partial x_1} & \cdots & \dfrac{\partial^2 f(\boldsymbol{X})}{\partial x_n^2} \end{pmatrix} \tag{5-14}$$

$\boldsymbol{H}(\boldsymbol{X})$ 为 $f(\boldsymbol{X})$ 的二阶导数矩阵，称为 $f(\boldsymbol{X})$ 的海森（Hessian）矩阵，海森矩阵是一个 $n\times n$ 的对称方阵，常用 $\boldsymbol{H}(\boldsymbol{X})$ 表示。

例 5-4　求上述二元二次函数矩阵表达式 $f(\boldsymbol{X})=\frac{1}{2}\boldsymbol{X}^{\mathrm{T}}\boldsymbol{A}\boldsymbol{X}+\boldsymbol{B}^{\mathrm{T}}\boldsymbol{X}+\boldsymbol{C}$ 的海森矩阵 $\boldsymbol{H}(\boldsymbol{X})$。

解：将二元二次函数矩阵式展开得

$$f(\boldsymbol{X})=f(x_1, x_2)=ax_1^2+bx_1x_2+cx_2^2+dx_1+ex_2+f$$

$$\nabla f(\boldsymbol{X})=\begin{pmatrix} \dfrac{\partial f}{\partial x_1} \\ \dfrac{\partial f}{\partial x_2} \end{pmatrix}=\begin{pmatrix} 2ax_1+bx_2+d \\ 2cx_2+bx_1+e \end{pmatrix}$$

$$\boldsymbol{H}(\boldsymbol{X})=\nabla^2 f(\boldsymbol{X})=\begin{pmatrix} \dfrac{\partial^2 f}{\partial x_1^2} & \dfrac{\partial^2 f}{\partial x_1 \partial x_2} \\ \dfrac{\partial^2 f}{\partial x_2 \partial x_1} & \dfrac{\partial^2 f}{\partial x_2^2} \end{pmatrix}=\begin{pmatrix} 2a & b \\ b & 2c \end{pmatrix}=\boldsymbol{A}$$

5.4 无约束问题的最优性条件

1. 一元函数

由高等数学中的极值概念，任何一个单值、连续、可微分的不受任何约束的一元函数 $y=f(x)$ 在 $x=x_0$ 点处有极值的条件是：

（1）必要条件

$$f'(x^*)=0$$

满足上式的点称为驻点，驻点不一定是极值点。

（2）充分条件　若 $f''(x^*)>0$ 时，驻点成为极小点；若 $f''(x^*)<0$ 时，驻点成为极大点；若驻点不是极值点，$f''(x^*)=0$。但不能根据 $f''(x^*)=0$ 来判断驻点是不是极值点，即有时二阶导数等于零，依然为极值点。如 $f(x)=x^4$，$x^*=0$ 这一点肯定为驻点，因为该函数一阶导数等于零，而且二阶导数也等于零，但是该点就是极值点。

2. *n* 元函数

对于 n 元连续可微函数在某点 $\boldsymbol{X}^*$ 处有极值的条件是

（1）必要条件

$$\nabla f(\boldsymbol{X}^*)=\left(\frac{\partial f(\boldsymbol{X}^*)}{\partial x_1},\ \frac{\partial f(\boldsymbol{X}^*)}{\partial x_2},\ \cdots,\ \frac{\partial f(\boldsymbol{X}^*)}{\partial x_n}\right)^{\mathrm{T}}=0 \tag{5-15}$$

在极值点处函数 $f(\boldsymbol{X})$ 的梯度为 n 维零矢量，$\boldsymbol{X}^*$ 称为驻点。

（2）充分条件　将驻点处的梯度（零矢量）代入式（5-13），得在驻点的泰勒公式展开式

$$f(\boldsymbol{X})\approx f(\boldsymbol{X}^*)+[\nabla f(\boldsymbol{X}^*)]^{\mathrm{T}}(\boldsymbol{X}-\boldsymbol{X}^*)+\frac{1}{2}(\boldsymbol{X}-\boldsymbol{X}^*)^{\mathrm{T}}\nabla^2 f(\boldsymbol{X}^*)(\boldsymbol{X}-\boldsymbol{X}^*)$$

$$=f(\boldsymbol{X}^*)+\frac{1}{2}(\boldsymbol{X}-\boldsymbol{X}^*)^{\mathrm{T}}\nabla^2 f(\boldsymbol{X}^*)(\boldsymbol{X}-\boldsymbol{X}^*)$$

要使 $\boldsymbol{X}^*$ 为极小点，则在 $\boldsymbol{X}^*$ 邻域内，有 $f(\boldsymbol{X})-f(\boldsymbol{X}^*)>0$，故

$$(\boldsymbol{X}-\boldsymbol{X}^*)^{\mathrm{T}}\nabla^2 f(\boldsymbol{X}^*)(\boldsymbol{X}-\boldsymbol{X}^*)=(\boldsymbol{X}-\boldsymbol{X}^*)^{\mathrm{T}}H(\boldsymbol{X}^*)(\boldsymbol{X}-\boldsymbol{X}^*)>0 \tag{5-16}$$

即驻点处的海森矩阵 $H(\boldsymbol{X}^*)$ 应是正定的，这是 $\boldsymbol{X}^*$ 为极小点的充分必要条件。

要使 $\boldsymbol{X}^*$ 为极大点，则在 $\boldsymbol{X}^*$ 邻域内，有 $f(\boldsymbol{X})-f(\boldsymbol{X}^*)<0$，故

$$(\boldsymbol{X}-\boldsymbol{X}^*)^{\mathrm{T}}\nabla^2 f(\boldsymbol{X}^*)(\boldsymbol{X}-\boldsymbol{X}^*)=(\boldsymbol{X}-\boldsymbol{X}^*)^{\mathrm{T}}H(\boldsymbol{X}^*)(\boldsymbol{X}-\boldsymbol{X}^*)<0 \tag{5-17}$$

即驻点处的海森矩阵 $\boldsymbol{H}(\boldsymbol{X}^*)$ 应是负定的，这是 $\boldsymbol{X}^*$ 为极大点的充分必要条件。

当驻点不是极值点时，$\boldsymbol{H}(\boldsymbol{X}^*)$ 不定，驻点称为鞍点。但不能由 $\boldsymbol{H}(\boldsymbol{X}^*)$ 不定，得出驻点是鞍点的结论。

对于 n 阶方阵而言，其正定的充要条件是各阶顺序主子式均大于零，即

$$a_{11}>0,\quad \begin{vmatrix} a_{11} & a_{12} \\ a_{21} & a_{22} \end{vmatrix}>0,\ \cdots,\ \begin{vmatrix} a_{11} & a_{12} & \cdots & a_{1n} \\ a_{21} & a_{22} & \cdots & a_{2n} \\ \vdots & & & \\ a_{n1} & a_{n2} & \cdots & a_{nn} \end{vmatrix}>0 \tag{5-18}$$

n 阶方阵负定的充要条件是各阶顺序主子式负正相间，即

$$a_{11}<0,\quad \begin{vmatrix} a_{11} & a_{12} \\ a_{21} & a_{22} \end{vmatrix}>0,\ \cdots,\ (-1)^n\begin{vmatrix} a_{11} & a_{12} & \cdots & a_{1n} \\ a_{21} & a_{22} & \cdots & a_{2n} \\ \vdots & \vdots & & \vdots \\ a_{n1} & a_{n2} & \cdots & a_{nn} \end{vmatrix}>0 \tag{5-19}$$

例 5-5　求目标函数 $f(x_1,\ x_2)=2x_1^2-4x_1+x_2^2-2x_2+10$ 的极值和极值点。

解： $\nabla f(\boldsymbol{X})=\begin{pmatrix} \dfrac{\partial f}{\partial x_1} \\ \dfrac{\partial f}{\partial x_2} \end{pmatrix}=\begin{pmatrix} 4x_1-4 \\ 2x_2-2 \end{pmatrix}=\begin{pmatrix} 0 \\ 0 \end{pmatrix}$

得驻点 $\boldsymbol{X}^*=[1,\ 1]^{\mathrm{T}}$，在 $\boldsymbol{X}^*$ 点处的海森矩阵为

$$\boldsymbol{H}(\boldsymbol{X})=\begin{pmatrix} 4 & 0 \\ 0 & 2 \end{pmatrix}$$

因为 $|4|>0$　$\begin{vmatrix} 4 & 0 \\ 0 & 2 \end{vmatrix}>0$

所以在 $\boldsymbol{X}^*$ 点处的海森矩阵是正定的，因此为极小值，而且极小值为

$$f(\boldsymbol{X}^*)=f(1,\ 1)=2-4+1-2+10=7$$

例 5-6　应用 MATLAB 编程判断矩阵 $\boldsymbol{A}=\begin{pmatrix} -1 & 2 & 0 & -1 \\ -1 & -5 & 2 & 1 \\ 2 & -2 & -2 & 5 \\ 1 & 2 & -3 & 2 \end{pmatrix}$ 的正定性。

解： 建立函数文件 getDeterminant. m

```
% 计算 n 阶方阵各节主子式
function[a1] = getDeterminant(a)
 or i =1:length(a)
   a1(i) = det(a(1:i,1:i))
 end
```

在 MATLAB 命令窗口输入：

```
>> a = [-1 2 0 -1; -1 -5 2 1; 2 -2 -2 5; 1 2 -3 2];
>> x = getDeterminant(a);
>> x
a1  = -1   7   -10   25
```

即矩阵 $\boldsymbol{A}$ 的各阶主子式的值负正相间，所以矩阵 $\boldsymbol{A}$ 为负定。

5.5　凸集、凸函数与凸规划

函数的极值点一般相对于其附近局部区域内的各点，一个函数有时在整个可行域内有若干个极值点，所以局部极值点不一定是整个可行域内点的最优点（最大值或最小值）。如果

某点在整个可行域内为最小值，则称该点为全域最优点或整体最优点。否则，在局部可行域内的极值点称为局部最优点或相对最优点。为了判断某一极值点是否为全域极值点，有必要研究函数的凸性（单峰性），而函数凸性研究的前提是凸集、凸函数和凸规划概念的引入。

1. 凸集

设 $\boldsymbol{D}$ 是 n 维空间 $\boldsymbol{R}^n$ 的一个点集，即 $\boldsymbol{D}\subset\boldsymbol{R}^n$，如任意两点 $\boldsymbol{X}^{(1)}\in\boldsymbol{D}$，$\boldsymbol{X}^{(2)}\in\boldsymbol{D}$ 的连线上的一切点 $\lambda\boldsymbol{X}^{(2)}+(1-\lambda)\boldsymbol{X}^{(1)}$ 都在 $\boldsymbol{D}$ 中，即 $\lambda\boldsymbol{X}^{(2)}+(1-\lambda)\boldsymbol{X}^{(1)}\in\boldsymbol{D}$，则称 $\boldsymbol{D}$ 为凸集。如果设计空间的可行域内任意两点的连线上的一切点都在该区域中，则称该区域为凸集，即凸集内部必须连通，而且边界无凹陷。图 5-2a 所示是凸集，而图 5-2b 所示不是凸集。

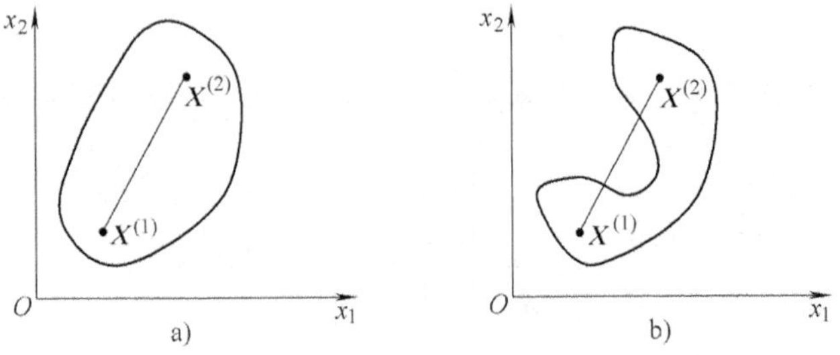

图 5-2　二维空间的凸集与非凸集

2. 凸函数

具有凸性或只有唯一全域最优值的函数称为凸函数或单峰函数。设 $\boldsymbol{D}$ 是 n 维空间 $\boldsymbol{R}^n$ 的一个凸集，$f(\boldsymbol{X})$ 为定义在 $\boldsymbol{D}$ 上的一个函数，若对 $\boldsymbol{D}$ 内任意两点 $\boldsymbol{X}^{(1)}$ 和 $\boldsymbol{X}^{(2)}$ 及 $\lambda\in[0,1]$ 恒有

$$f(\lambda\boldsymbol{X}^{(1)}+(1-\lambda)\boldsymbol{X}^{(2)})\leqslant\lambda f(\boldsymbol{X}^{(1)})+(1-\lambda)f(\boldsymbol{X}^{(2)}) \tag{5-20}$$

则称 $f(\boldsymbol{X})$ 为凸函数，如果将式（5-20）中等号去掉而写成严格的不等式

$$f(\lambda\boldsymbol{X}^{(1)}+(1-\lambda)\boldsymbol{X}^{(2)})<\lambda f(\boldsymbol{X}^{(1)})+(1-\lambda)f(\boldsymbol{X}^{(2)}) \tag{5-21}$$

则称 $f(\boldsymbol{X})$ 为严格凸性函数。凸函数的几何意义可通过一元函数的情况加以说明，在凸函数曲线上选取任意两点的连线完全处于 $f(\boldsymbol{X})$ 曲线（曲面）的上方，如图 5-3a 所示。由于凸函数都是向上弯曲的，所以凸函数的局部极小值就是全局极小值。

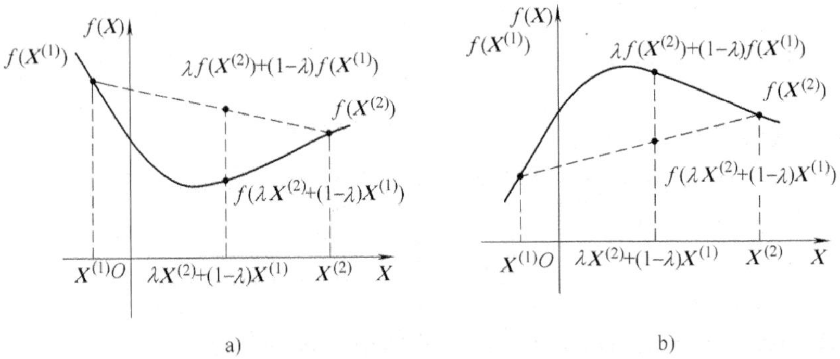

图 5-3　凸函数的几何意义

同理，满足式（5-22）要求的函数称为凹函数，图 5-3b 所示为一维凹函数。凹函数都是弯曲向下的，故局部极大也是全局极大。

$$f(\lambda\boldsymbol{X}^{(1)}+(1-\lambda)\boldsymbol{X}^{(2)})\geqslant\lambda f(\boldsymbol{X}^{(1)})+(1-\lambda)f(\boldsymbol{X}^{(2)}) \tag{5-22}$$

判断一个函数是否具有凸性，除可利用函数的一些简单性质外，更多的是利用函数的凸性条件：

1）设$f(\boldsymbol{X})$为定义在$\boldsymbol{D}_1$上具有连续一阶导数的函数，而$\boldsymbol{D}$又是$\boldsymbol{D}_1$内部的一个凸集，则$f(\boldsymbol{X})$为$\boldsymbol{D}$上的凸函数的充分必要条件为：对于任意两点$\boldsymbol{X}^{(1)}$和$\boldsymbol{X}^{(2)}\in\boldsymbol{D}$，有式（5-21）恒成立。

$$f(\boldsymbol{X}^{(2)})\geqslant f(\boldsymbol{X}^{(1)})+(\boldsymbol{X}^{(2)}-\boldsymbol{X}^{(1)})\nabla f(\boldsymbol{X}^{(1)}) \qquad (5\text{-}23)$$

2）设$f(\boldsymbol{X})$为定义在$\boldsymbol{D}$上具有连续二阶导数的函数，而$\boldsymbol{D}$又是$\boldsymbol{D}_1$内部的一个凸集，则$f(\boldsymbol{X})$为$\boldsymbol{D}$上的凸函数的充分必要条件为：函数$f(\boldsymbol{X})$的海森矩阵$\boldsymbol{H}(\boldsymbol{X})$处处是半正定矩阵。如$\boldsymbol{H}(\boldsymbol{X})$对每个点$\boldsymbol{X}\in\boldsymbol{D}$是正定的，则$f(\boldsymbol{X})$是$\boldsymbol{D}$上的严格凸函数，但反过来不一定成立。

例 5-7　证明函数$f(\boldsymbol{X})=100-8x_1-3x_2+2x_1^2+3x_2^2-4x_1x_2$在$\boldsymbol{D}=\{x_1,\ x_2\,|\,(-\infty<x_i<\infty),\ i=1,2\}$上是一个凸函数。

解：根据函数凸性条件，只要证明函数$f(\boldsymbol{X})$的海森矩阵非负定即可。

$\dfrac{\partial^2 f}{\partial^2 x_1^2}=4$，$\dfrac{\partial^2 f}{\partial^2 x_2^2}=6$，$\dfrac{\partial^2 f}{\partial x_1\partial x_2}=-4$，$\dfrac{\partial^2 f}{\partial x_2\partial x_1}=-4$ 代入海森矩阵得

$$\boldsymbol{H}(\boldsymbol{X})=\nabla^2 f(\boldsymbol{X})=\begin{pmatrix}4 & -4\\ -4 & 6\end{pmatrix}$$

该海森矩阵的各阶主子式的值为：$a_{11}=4>0$，$\begin{vmatrix}a_{11} & a_{12}\\ a_{21} & a_{22}\end{vmatrix}=\begin{vmatrix}4 & -4\\ -4 & 6\end{vmatrix}=40>0$，故海森矩阵为正定，所以函数$f(\boldsymbol{X})$是严格凸函数。

3. 凸规划

对于非线性规划$\begin{cases}\min f(\boldsymbol{X}) & \boldsymbol{X}\in\boldsymbol{R}^n\\ \text{s. t. } g_i(\boldsymbol{X})\leqslant 0 & i=1,\ 2,\ \cdots,\ m\end{cases}$，若其中$f(\boldsymbol{X})$和$g(\boldsymbol{X})$均为凸函数，则这样的规划问题为凸规划，凸规划的可行域为凸集。凸规划的局部极小值肯定是全局极小值，这是凸规划的一个重要性质。

例 5-8　判断下述非线性规划是否是凸规划：

$\min f(\boldsymbol{X})=100-8x_1-3x_2+2x_1^2+3x_2^2-4x_1x_2$

s. t. $g_1(\boldsymbol{X})=x_1^2+x_2^2-4\leqslant 0$

$g_2(\boldsymbol{X})=-x_1\leqslant 0$

$g_3(\boldsymbol{X})=-x_2\leqslant 0$

解：由例 5-7 可知，目标函数$f(\boldsymbol{X})$为凸函数。

约束条件$g_1(\boldsymbol{X})=x_1^2+x_2^2-4$，其海森矩阵$H_{g1}(\boldsymbol{X})=\begin{pmatrix}2 & 0\\ 0 & 2\end{pmatrix}$为正定，故可判断该约束函数为凸函数。

又目标函数的可行域为凸集，由此可推断该非线性规划问题为凸规划。

5.6　约束问题的最优性条件

在约束条件下的优化问题比无约束条件下的优化问题更为复杂，因为约束最优点不仅与

目标函数本身的性质有关，而且还与约束函数的性质有关。在存在约束的条件下，因为要满足约束条件的限制，其最优点即约束最优点，不一定是目标函数的自然最优点。可通过库恩-塔克（Kuhn-Tucker）条件，简称K-T条件判断约束极值点存在的条件。该条件指出一个约束极值点存在的必要条件为：目标函数在某点的负梯度可表示成在该点起作用约束条件梯度的线性组合，即

$$-\nabla f(\boldsymbol{X}^{(k)}) = \sum_{i=1}^{q} \lambda_i \nabla g(\boldsymbol{X}^{(k)}) \tag{5-24}$$

其中，q 为在点 $\boldsymbol{X}^{(k)}$ 处起作用的约束数，λ_i 是非负的乘子，也称为拉格朗日乘子。等式约束必然为起作用约束。不等式约束中，当点 $\boldsymbol{X}^{(k)}$ 落在不等式约束的边界上时，该不等式约束才称为起作用约束。对于凸规划问题，K-T条件是确定约束极值点的充分必要条件。而且凸规划问题有唯一的K-T点，但它所对应的拉格朗日乘子不一定是唯一的。如图5-4a所示，最优点 $\boldsymbol{X}^*$ 落在约束曲线 $g_1(\boldsymbol{X})$ 和目标函数等值线的切点处，则 $g_1(\boldsymbol{X})$ 为起作用约束，其他约束不起作用，且 $-\nabla f(\boldsymbol{X}^*) = k\nabla g_1(\boldsymbol{X}^*)$。同理，如图5-4b所示，最优点 $\boldsymbol{X}^*$ 落在约束曲线 $g_1(\boldsymbol{X})$ 和 $g_2(\boldsymbol{X})$ 的交点上，则 $g_1(\boldsymbol{X})$ 和 $g_2(\boldsymbol{X})$ 为起作用约束，且 $-\nabla f(\boldsymbol{X}^*) = \nabla g_1(\boldsymbol{X}^*) + \nabla g_2(\boldsymbol{X}^*)$。

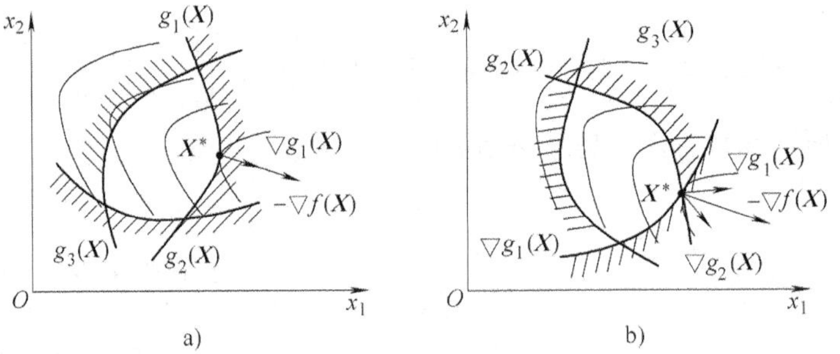

图5-4　K-T条件示意图

K-T条件可描述为：对于有约束优化问题 $\begin{cases} \min f(\boldsymbol{X}) & \boldsymbol{X} \in \boldsymbol{R}^n \\ \text{s.t. } g_i(\boldsymbol{X}) \leqslant 0 & i=1,2,\cdots,m \\ h_j(\boldsymbol{X}) = 0 & j=1,2,\cdots,p, p<n \end{cases}$，如果 $\boldsymbol{X}^*$ 是局部最优点，且各函数梯度呈线性关系，则必存在一组非负拉格朗日乘子 λ_i 和另一组无特殊要求的乘子 μ_j，使得式（5-25）恒成立。

$$\begin{cases} \nabla f(\boldsymbol{X}^*) + \sum_{i=1}^{m} \lambda_i \nabla g_i(\boldsymbol{X}^*) + \sum_{j=1}^{p} \mu_j \nabla h_j(\boldsymbol{X}^*) = 0 \quad \boldsymbol{X} \in \boldsymbol{R}^n \\ \lambda_i g_i(X^*) = 0 \quad i = 1,2,\cdots,m \end{cases} \tag{5-25}$$

例5-9　对于约束优化问题：

$$\min f(\boldsymbol{X}) = (x_1 - 3)^2 + x_2^2$$
$$\text{s.t. } g_1(\boldsymbol{X}) = x_1^2 + x_2^2 - 1 \leqslant 0$$
$$g_2(\boldsymbol{X}) = -x_1 \leqslant 0$$
$$g_3(\boldsymbol{X}) = -x_2 \leqslant 0$$

试用K-T条件判断当前迭代点 $\boldsymbol{X}^* = (1,\ 0)^{\mathrm{T}}$ 是否为约束最优点。

解：1）当前迭代点为 $\boldsymbol{X}^*=(1,\ 0)^{\mathrm{T}}$为可行点，因为满足约束条件：

$$g_1(\boldsymbol{X}^*)=x_1^2+x_2-1=0\leqslant 0$$

$$g_2(\boldsymbol{X}^*)=-1\leqslant 0$$

$$g_3(\boldsymbol{X}^*)=0\leqslant 0$$

2）由 1）可知 $\boldsymbol{X}^*$ 点起作用约束为 $g_1(\boldsymbol{X})$ 和 $g_3(\boldsymbol{X})$。

3）$\boldsymbol{X}^*$ 点处各函数的梯度为

$$\nabla f(\boldsymbol{X}^*)=\begin{pmatrix}2x_1-6\\2x_2\end{pmatrix}=\begin{pmatrix}-4\\0\end{pmatrix}$$

$$\nabla g_1(\boldsymbol{X}^*)=\begin{pmatrix}2x_1\\1\end{pmatrix}=\begin{pmatrix}2\\1\end{pmatrix}$$

$$\nabla g_3(\boldsymbol{X}^*)=\begin{pmatrix}0\\-1\end{pmatrix}$$

由式（5-25）的 K-T 条件求拉格朗日乘子 λ_1和 λ_2得

$$\nabla f(\boldsymbol{X}^*)+\lambda_1\nabla g_1(\boldsymbol{X}^*)+\lambda_2\nabla g_2(\boldsymbol{X}^*)=0$$

$$\begin{pmatrix}-4\\0\end{pmatrix}+\lambda_1\begin{pmatrix}2\\1\end{pmatrix}+\lambda_2\begin{pmatrix}0\\-1\end{pmatrix}=0$$

当 $\lambda_1=2>0$，$\lambda_2=2>0$ 时上式恒成立，故满足 K-T 条件，即 $\boldsymbol{X}^*=(1,\ 0)^{\mathrm{T}}$点确为局部最优点。根据函数凸性的判断条件，上述目标函数和约束函数均为凸函数，而且可行域为凸集，所以该优化问题为凸规划问题，则可知 $\boldsymbol{X}^*=(1,\ 0)^{\mathrm{T}}$为该问题的全局最优点。

本 章 习 题

5-1　求函数 $f(\boldsymbol{X})=x_1^2+x_2^2-4x_1+4$ 在点 $\boldsymbol{X}^{(1)}=(1,\ 0)^{\mathrm{T}}$和点 $\boldsymbol{X}^{(2)}=(2,\ 0)^{\mathrm{T}}$处的梯度。

5-2　应用 MATLAB 编程判断矩阵 $\boldsymbol{A}=\begin{pmatrix}5&-2&-1\\-2&2&-1\\-1&1&5\end{pmatrix}$是否正定。

5-3　求函数 $f(\boldsymbol{X})=4+4.5x_1-4x_2+x_1^2+2x_2^2-2x_1x_2+x_1^4-2x_1^2x_2$的极值点。

5-4　求凸规划问题：

$$\begin{aligned}&\min f(\boldsymbol{X})=-x_1-x_2\\ \text{s. t.}\ &g_1(\boldsymbol{X})=3x_1^2+x_2^2-1\leqslant 0\\ &g_2(\boldsymbol{X})=-x_1\leqslant 0\\ &g_3(\boldsymbol{X})=-x_2\leqslant 0\end{aligned}$$

的最优解。

第 6 章　一维搜索方法

【内容】

本章对一维搜索的基本思想和主要处理步骤进行论述，将介绍一维搜索的典型方法。首先介绍如何通过进退法实现单峰区间的确定，然后讨论黄金分割法和二次插值法求极值点的算法描述及程序框图，最后通过三个实例说明一维搜索方法的 MATLAB 实现。

【目的】

了解一维搜索的基本思想和步骤，掌握进退法、黄金分割法和二次插值法的处理方法，能够通过 MATLAB 环境实现一维搜索方法的处理。

6.1　一维搜索的基本思想

第 5 章给出了求解优化问题的一般步骤：首先确定搜索的方向，然后沿着搜索方向寻找极值点。其中，确定搜索初始点，沿着某方向搜索极值点的问题就是一维搜索问题。即优化问题涉及从当前点 $\boldsymbol{X}^{(k)}$ 沿着 $\boldsymbol{S}^{(k)}$ 方向，寻找最优步长因子 $\boldsymbol{\alpha}^{(k)}$，使本次搜索达到最小值，即 $f(\boldsymbol{X}^{(k+1)})<f(\boldsymbol{X}^{(k)})$。上述问题可描述成以下优化问题

$$\min q(\alpha)=\min_{\alpha} f(\boldsymbol{X}^{(k)}+\alpha^{(k)}\boldsymbol{S}^{(k)}) \tag{6-1}$$

即本次搜索的最小值 $f(\boldsymbol{X}^{(k+1)})$ 是 $\alpha^{(k)}$ 的函数。图 6-1 所示为二维空间的优化问题，它的自变量是 x_1 和 x_2，目标函数是 $f(\boldsymbol{X})$，函数形状好像是个杯子，是一个凸集。一维搜索中，从 $\boldsymbol{X}^{(k)}$ 点出发沿着 $\boldsymbol{S}^{(k)}$ 方向进行搜索。通过 $\boldsymbol{X}^{(k)}$ 点并通过 $\boldsymbol{S}^{(k)}$ 方向作一个竖直平面，该平面和 $f(\boldsymbol{X})$ 曲面的交线为抛物线 $q(\alpha)$，其顶点即为本次搜索的最小值，该点在 x_1Ox_2 平面对应的点就是要求的列矢量 $\boldsymbol{X}^{(k+1)}$。

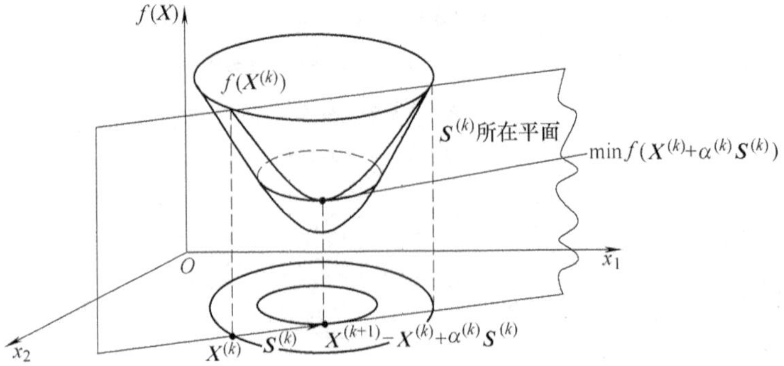

图 6-1　二维问题转化一维问题时的几何关系

故从 $\boldsymbol{X}^{(k)}$ 点出发沿着 $\boldsymbol{S}^{(k)}$ 方向搜索问题，实质上就是目标函数 $f(\boldsymbol{X})$ 在某竖直平面的相贯曲线的极值问题，而且该问题的最小值肯定为曲面的最低点。但一般情况下通过搜索方向的平面不会一次通过函数曲面的最小点，故需以搜索到的点为初始点继续搜索，才有可能达到最后的极值点。

由上述分析可知，一维搜索分为两个步骤：首先确定搜索区间，然后在此基础上搜索最小点。为了表述的习惯与方便，将步长因子用 x 表示，搜索函数用 $f(\boldsymbol{x})$，注意与目标函数 $f(\boldsymbol{X})$ 的区别。一维搜索过程中确定包容峰值的区间称为单峰区间，单峰函数指的是只有一个峰值（极大或极小）的函数。单峰函数允许不可微或不连续，如图6-2所示的两个函数均为单峰函数，而且含有极小点的单峰区间，其函数的变化形态呈现“高-低-高”的特点，所以在单峰区间中必然存在极小值点。

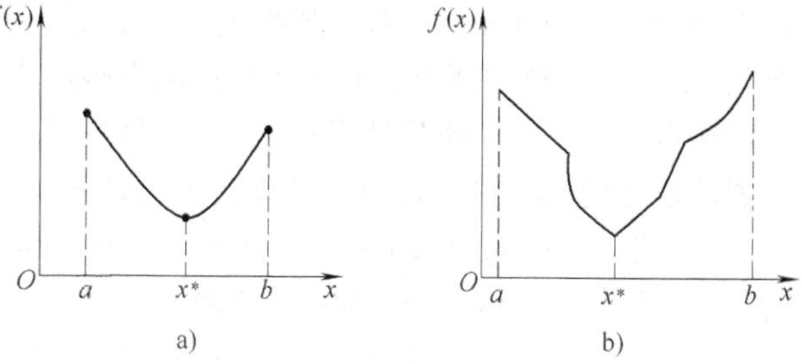

图6-2　单峰函数与单峰区间

在找到单峰区间后，可以采用区间消去法进行单峰区间的迭代收缩，直到满足给定的收敛精度 ε，即最终的区间 $[a^{(k)}, b^{(k)}]$ 满足精度要求，如式（6-2）所示，然后根据式（6-3）取最后单峰区间的重点作为最终的极小点。

$$b^{(k)} - a^{(k)} < \varepsilon \tag{6-2}$$

$$x^* = \frac{b^{(k)} + a^{(k)}}{2} \tag{6-3}$$

区间消去法的过程为：在区间中任取两点，计算和比较它们函数值的大小，消去大函数值一边的区间，剩下的区间中一定包含极小点。如令初始单峰区间为 $[a, b]$，取两点 x_1，$x_2(x_1 < x_2)$ 且 $f_1 = f(x_1)$，$f_2 = f(x_2)$，则分以下三种情况进行处理：

1）如果 $f_1 > f_2$，如图6-3a所示，则将单峰区间缩短为 $[x_1, b]$。

2）如果 $f_1 = f_2$，如图6-3b所示，则将单峰区间缩短为 $[x_1, x_2]$。

3）如果 $f_1 < f_2$，如图6-3c所示，则将单峰区间缩短为 $[a, x_2]$。

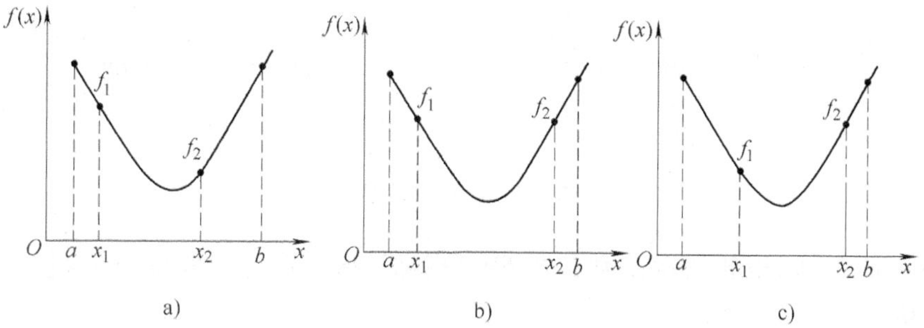

图6-3　区间消去法示意图

6.2 确定单峰区间的方法——进退法

进退法是一种通过比较函数值大小来确定单峰区间的方法，由单峰函数的性质可知，极小点左侧函数值严格下降，右侧严格上升。故对于单峰区间$f(x)$，任选一个初始点x_0及初始步长h，由此可确定两点，通过比较这两点函数值的大小，来确定第三点的位置，比较这三点的函数值大小，判断其是否呈现“高-低-高”形态，如为肯定，即找到单峰区间。利用进退法确定搜索区间［a，b］的算法描述如下：

1）设定初始点x_0和初始步长$h(h>0)$，取$x_1=x_0$，$x_2=x_0+h$，计算函数值$f_1=f(x_1)$，$f_2=f(x_2)$，比较f_1和f_2，分三种情况处理：

① 若$f_1>f_2$，图6-4a所示为x_0和x_0+h的情况，则极小点必在x_0的右侧，故应前进寻找，转向2）。

② 若$f_1=f_2$，则极小点必在x_1和x_2之间，故停止寻找，单峰区间为［x_0，x_0+h］。

③ 若$f_1<f_2$，图6-4b所示为x_0和x_0+h的情况，则极小点必在x_0的左侧，故应后退寻找，转向3）。

2）前进运算，将步长加倍，令$x_1=x_0+h$，$x_2=x_0+h+2h=x_0+3h$，并计算函数值$f_1=f(x_1)$，$f_2=f(x_2)$，比较f_1和f_2，分三种情况处理：

① 若$f_1>f_2$，则步长继续再加倍$h=2h$，令$x_1=x_2$，$x_2=x_1+h$，并计算比较函数值$f_1=f(x_1)$，$f_2=f(x_2)$。如果$f_1>f_2$仍满足，则循环执行②；如果$f_1<f_2$，则相邻三点函数值满足“高-低-高”形态，故停止寻找，单峰区间为［x_0，x_2］；如果$f_1=f_2$，停止寻找，单峰区间为［x_1，x_2］。

② 若$f_1=f_2$，则极小点必在x_1和x_2之间，故停止寻找，单峰区间为［x_0+h，x_0+3h］。

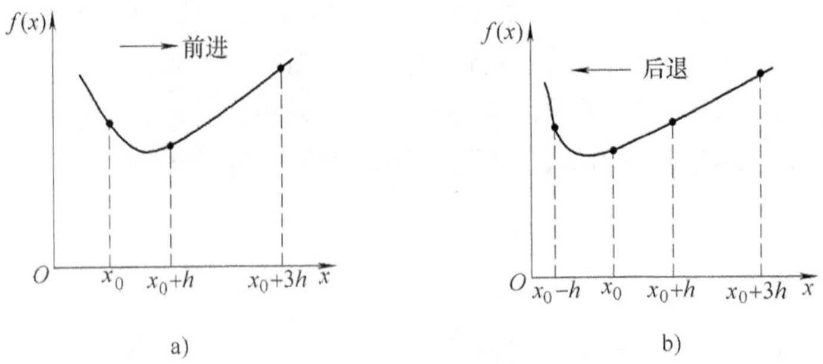

图6-4　进退法示意图

③ 若$f_1<f_2$，则相邻三点函数值满足“高-低-高”形态，故停止寻找，单峰区间为［x_0，x_0+3h］。

3）后退运算，将步长取负，反方向寻找，即令$x_1=x_0-h$，$x_2=x_0$，并计算函数值$f_1=f(x_1)$，$f_2=f(x_2)$，比较f_1和f_2，分三种情况处理：

① 若$f_1<f_2$，则步长继续再加倍$h=2h$，令$x_1=x_2-h$，$x_2=x_1$，并计算比较函数值$f_1=$

$f(x_1)$，$f_2=f(x_2)$，如果 $f_1<f_2$ 仍满足，则循环执行①；如果 $f_1>f_2$，则相邻三点函数值满足“高-低-高”形态，故停止寻找，单峰区间为 $[x_1,\ x_0]$；如果 $f_1=f_2$，停止寻找，单峰区间为 $[x_1,\ x_2]$。

② 若 $f_1=f_2$，则极小点必在 x_1 和 x_2 之间，故停止寻找，单峰区间为 $[x_0-h,\ x_0]$。

③ 若 $f_1>f_2$，则相邻三点函数值满足“高-低-高”形态，故停止寻找，单峰区间为 $[x_0-h,\ x_0+h]$。

根据进退法的算法描述，可画出其计算程序框图，如图 6-5 所示。

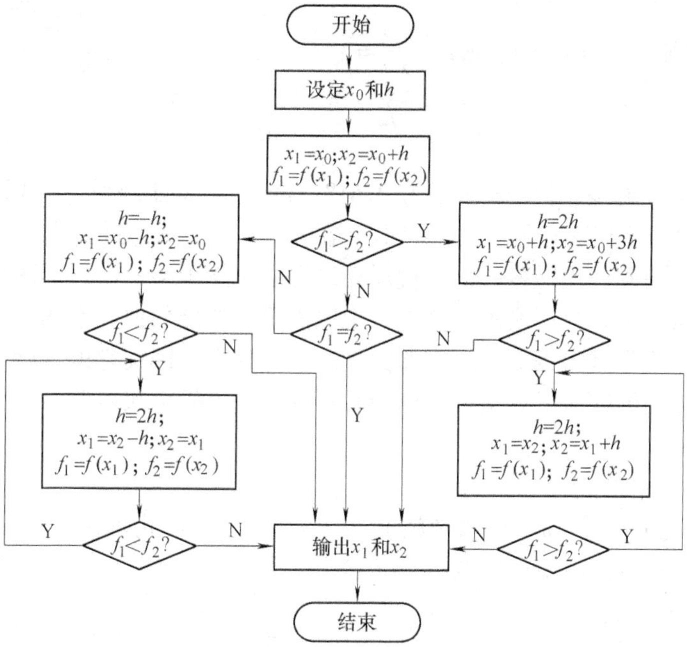

图 6-5　进退法计算程序框图

6.3　黄金分割法

黄金分割法又称为 0.618 法，它通过不断缩短区间长度来寻求一维函数 $f(x)$ 的极小点。其基本思想是在已确定的单峰区间中，适当插入两点，利用区间消去法，寻求极小点。选点一般遵循以下原则：

1）等比收缩原则，区间每一次的缩短率不变。

2）对称取点原则，所插入两点在区间中位置对称。

如图 6-6 所示，设初始单峰区间 $[a,\ b]$ 的长度为 L，在该区间对称取两点 x_1、x_2，令 $\overline{ax_1}=\overline{bx_2}$，由区间消去法可获得新区间 $[x_1,\ b]$，则第一次区间收缩率为

$$\lambda_1=\frac{\overline{x_1b}}{\overline{ab}}$$

所以　　$\overline{x_1b}=\overline{ax_2}=\lambda_1 L$，$\overline{ax_1}=\overline{x_2b}=(1-\lambda_1)L$

在区间 $[x_1,\ b]$ 进行第二次收缩，在该区间取一点 x_3，使得 x_2 和 x_3 在区间 $[x_1,\ b]$ 满足对称取点原则，如图 6-6 所示。由区间消去法可获得新区间 $[x_3,\ b]$，则第二次区间收缩率为

$$\lambda_2=\frac{\overline{x_2b}}{\overline{x_1b}}=\frac{\overline{ab}-\overline{ax_2}}{\overline{x_1b}}=\frac{\overline{ab}-\overline{x_1b}}{\overline{x_1b}}=\frac{1-\lambda_1}{\lambda_1}$$

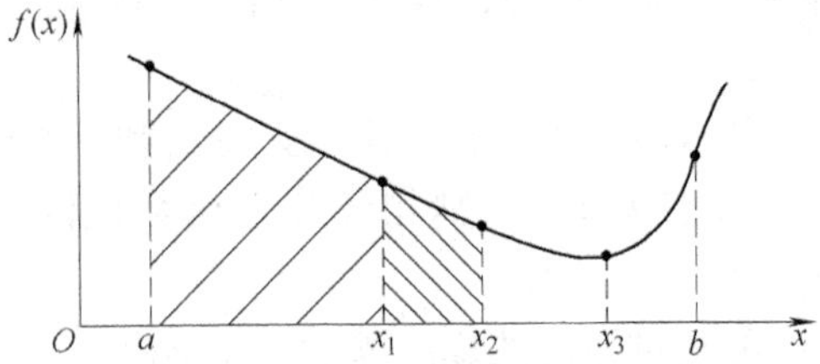

图 6-6　黄金分割法示意图

由等比收缩原则，$\lambda_1=\lambda_2=\lambda$，所以 $\frac{1-\lambda}{\lambda}=\lambda$

$$\lambda=\frac{\sqrt{5}-1}{2}\approx 0.618$$

所以黄金分割法中区间收缩率恒为 0.618，经过 k 次分割后，所保留的区间长度为 $\lambda^k L=0.618^k L$。由于该算法实际上是区间不断缩小的方法，只不过在收缩过程中采用了等比收缩和对称取点的原则，使得每一次迭代循环过程中，除了第一次选择两个点外，后面每一次都选一个点就可以了。只要增加一个点，把原来算过的函数值和它的自变量移一下位置就行了，重新取一个代号就可以了，不需要大量的重复计算，因此它的速度和效率比较高。但是 0.618 为一个近似值，所以每次黄金分割后会带来一定的舍入误差，一般规定黄金分割的次数在 11 次之内。

黄金分割法描述如下：

1）给定单峰区间 $[a,\ b]$ 和收敛精度 ε，进行算法初始化操作。

2）在区间 $[a,\ b]$ 内，计算两插入点的坐标，并计算对应函数值

$$x_1=a+(1-0.618)(b-a),\ f_1=f(x_1)$$
$$x_2=a+0.618(b-a),\ f_2=f(x_2)$$

3）判断黄金分割是否满足精度要求：若 $|x_2-x_1|<\varepsilon$，则输出极小点 $x^*=(x_1+x_2)/2$，并计算对应函数值，停止分割；若不满足精度要求，则转向 4）。

4）判断 f_1 和 f_2 的大小：若 $f_1\leqslant f_2$，则令 $b=x_2$，$x_2=x_1$，$x_1=a+0.382(b-a)$，$f_2=f_1$，$f_1=f(x_1)$，转向判断 3）精度；否则，令 $a=x_1$，$x_1=x_2$，$x_2=a+0.618(b-a)$，$f_1=f_2$，$f_2=f(x_2)$，转向判断 3）精度。

黄金分割法计算程序框图如图 6-7 所示。

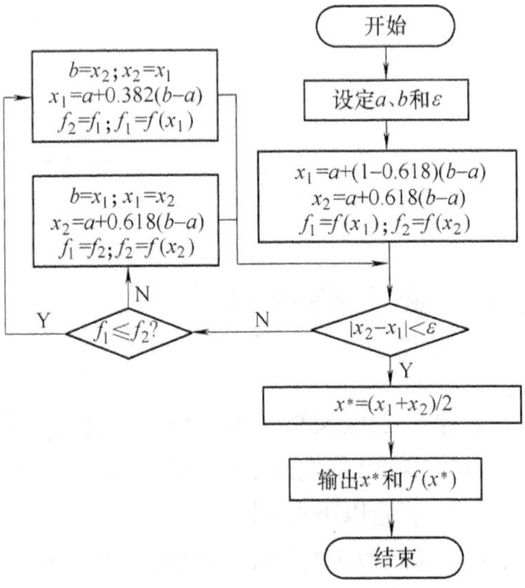

图 6-7　黄金分割法计算程序框图

6.4　二次插值法

二次插值法又称为近似抛物线法，属于利用拉格朗日多项式逼近的近似法（即曲线拟合方法）。其基本思想是利用目标函数在不同三点的函数值，构成一个与原函数$f(x)$相近似的二次多项式$p(x)$，以函数$p(x)$的极值点$\boldsymbol{x}_p^*$（即$p'(x)=0$的根）作为目标函数$f(x)$的近似极值点。经过多次迭代，逐步缩短区间，直至满足计算精度，最终逼近函数$f(x)$的极值点。故二次插值法又称为三点二次曲线拟合法或抛物线法。

设一维目标函数$f(\boldsymbol{X}^{(k)}+\alpha\boldsymbol{S}^{(k)})=f(\alpha)$的初始单峰区间为$[x_1, x_3]$。函数在$x_1$、$x_2$、$x_3$三点处的函数值分别为$f_1$、$f_2$、$f_3$。其中$x_1<x_2<x_3$，且$f_1>f_2<f_3$，利用这三点及相应的函数值作二次插值函数

$$p(x)=a_0+a_1x+a_2x^2 \tag{6-4}$$

显然三个插值点处的函数值与目标函数应具有相同的函数值，即二次多项式应满足条件

$$\begin{cases} p(x_1)=a_0+a_1x_1+a_2x_1^2=f_1 \\ p(x_2)=a_0+a_1x_2+a_2x_2^2=f_2 \\ p(x_3)=a_0+a_1x_3+a_2x_3^2=f_3 \end{cases} \tag{6-5}$$

由此得到$p(x)$的系数a_0、a_1、a_2，然后对式（6-5）求导数，得极值点坐标

$$x_p^* = -\frac{a_1}{2a_2} \tag{6-6}$$

将a_1、a_2代入式（6-6）得

$$x_p^* = -\frac{1}{2}\frac{(x_2^2-x_3^2)f_1+(x_3^2-x_1^2)f_2+(x_1^2-x_2^2)f_3}{(x_2-x_3)f_1+(x_3-x_1)f_2+(x_1-x_2)f_3} \tag{6-7}$$

其中x_p^*为目标函数$f(x)$极小值的近似点，如果原函数$f(x)$是二次函数，则x_p^*就是原函数的极值。根据区间中x_2和x_p^*的相对位置和函数值f_2和$f(x_p^*)$大小，区间缩短有六种情况，如图6-8所示。参考该图，二次插值法计算程序框图如图6-9所示。二次函数插值法算法描述如下：

1）给定单峰区间$[x_1, x_3]$和收敛精度ε，并设定$x_2=0.5(x_1+x_3)$，进行算法初始化操作，使得$f(x_1)>f(x_2)<f(x_3)$。

2）构造过x_1、x_2、x_3的二次曲线$p(x)$，并按式(6-7）计算二次曲线极小值x_p^*；

3）判断二次函数插值法是否满足精度要求：若$|x_2-x_p^*|<\varepsilon$，则将x_2和x_p^*代入$f(x)$中，输出函数值较小的点的坐标及对应函数值，并停止求解；若不满足精度要求，则转向4）。

4）由图6-8所示的x_2和x_p^*的相对位置及函数值f_2和$f(x_p^*)$大小有六种缩短单峰区间的情况。

① 若$x_p^*>x_2$，$f_2>f(x_p^*)$，则$x_1=x_2$，$x_2=x_p^*$，$x_3=x_3$，然后转向3）。如图6-8a所示。

② 若$x_p^*<x_2$，$f_2>f(x_p^*)$，则$x_1=x_1$，$x_2=x_p^*$，$x_3=x_2$，然后转向3）。如图6-8b所示。

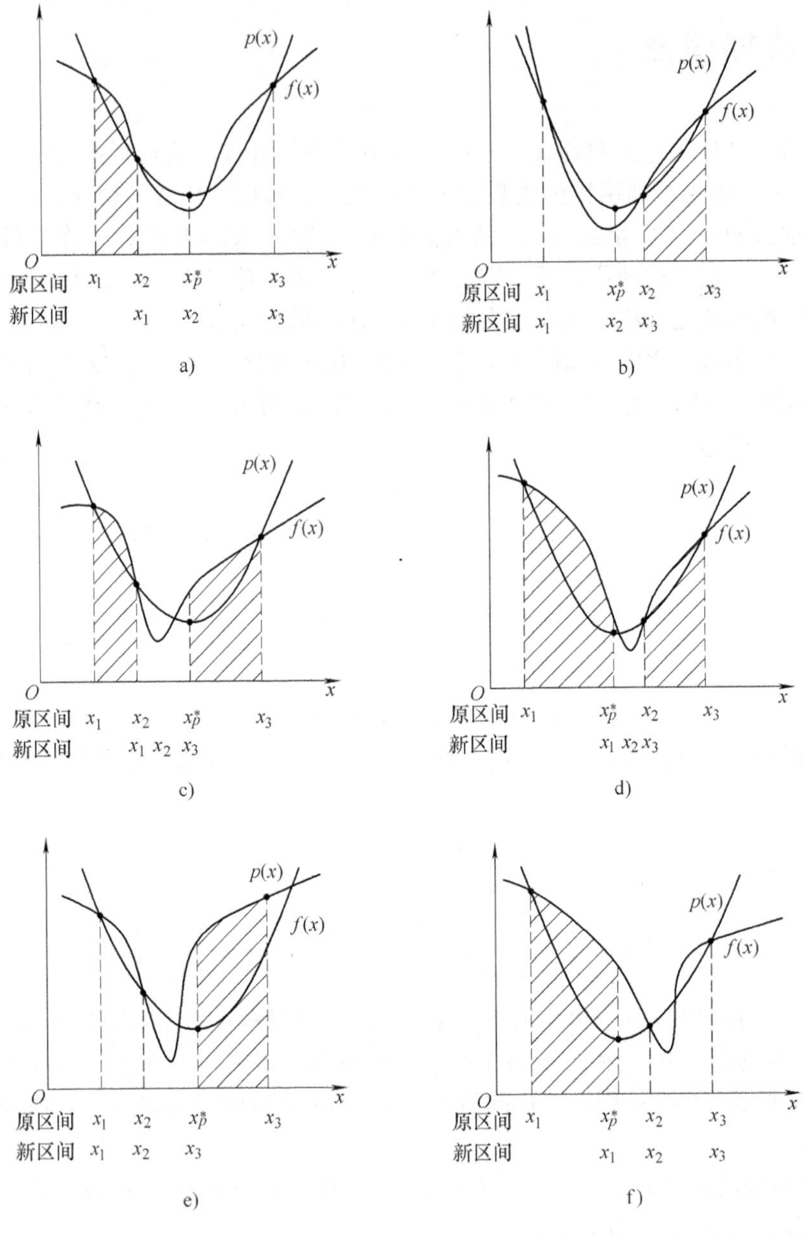

图 6-8　二次函数插值法区间缩短的六种情况

③ 若 $x_p^* > x_2$，$f_2 = f(x_p^*)$，则 $x_1 = x_2$，$x_3 = x_p^*$，$x_2 = 0.5(x_1 + x_3)$，然后转向 3)。如图 6-8c 所示。

④ 若 $x_p^* < x_2$，$f_2 = f(x_p^*)$，则 $x_1 = x_p^*$，$x_3 = x_2$，$x_2 = 0.5(x_1 + x_3)$，然后转向 3)。如图 6-8d 所示。

⑤ 若 $x_p^* > x_2$ 且 $f_2 < (x_p^*)$，则 $x_1 = x_1$，$x_2 = x_2$，$x_3 = x_p^*$，然后转向 3)。如图 6-8e 所示。

⑥ 若 $x_p^* < x_2$ 且 $f_2 < f(x_p^*)$，则 $x_1 = x_p^*$，$x_2 = x_2$，$x_3 = x_3$，然后转向 3)。如图 6-8f 所示。

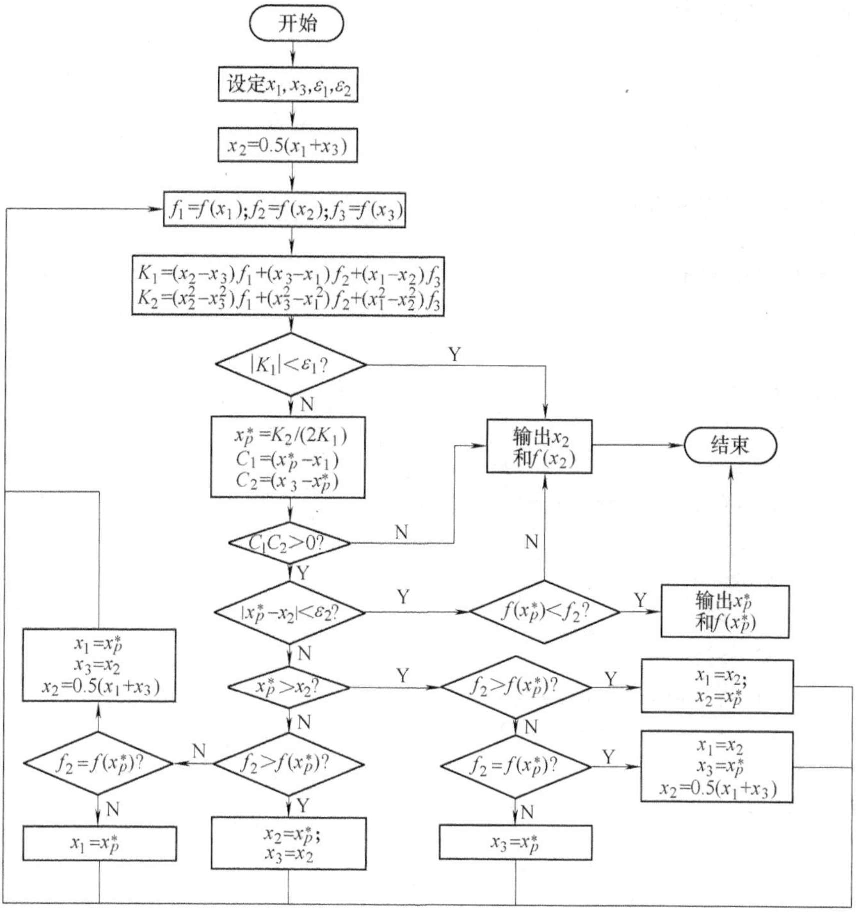

图 6-9　二次插值法计算程序框图

6.5　一维搜索方法的 MATLAB 程序及实例

例 6-1　利用 MATLAB 编程实现基于进退法的函数 $f(x)=x^4-x^2-2x+5$ 单峰区间的确定，初始点 $x_0=1$。

解：参考图 6-5 所示的进退法计算程序框图，进退法 MATLAB 实现程序如下：

```
%****** forwardBackward.m ******%
function [minx,maxx] = forwardBackward(f,x0,h,eps)
% 目标函数:f;
% 初始点:x0;
% 初始步长:h;
% 精度:eps;
% 目标函数取包含极值区间左端点:minx;
% 目标函数取包含极值区间右端点:maxx;
```

```
% 处理输入三个参数时情况
if nargin ==3
      eps =1.0e-6;
end
x1 =x0;
f1 =subs(f,findsym(f),x1);
x2 =x0 +h;
f2 =subs(f,findsym(f),x2);
if f1 > f2
       x1 =x2;
       x3 =x2;
       x2 =x1 +h;
       f1 =subs(f,findsym(f),x1);
       f2 =subs(f,findsym(f),x2);
       while f1 > f2
            h =2 * h;
            x1 =x3;
            x2 =x1 +h;
            f1 =subs(f,findsym(f),x1);
            f2 =subs(f,findsym(f),x2);
       end
       minx =x1;
       maxx =x2;
else
       if f1 == f2
            minx =x1;
            maxx =x2;
else
            x2 =x1;
            x3 =x1;
            h = -h;
            x1 =x2 +h;
            while f1 < f2
                 h =2 * h;
                 x2 =x3;
                 x1 =x2 +h;
                 f1 =subs(f,findsym(f),x1);
                 f2 =subs(f,findsym(f),x2);
            end
            minx =x1;
            maxx =x2;
       end
end
```

在 MATLAB 命令窗口输入以下命令：

```
>> clc;
>> f = inline('x^4-x^2-2*x+5','x');
>> [x1,x2] = forwardBackward(f,0,0.1)
```

计算结果为：

x1 =0.1000

x2 =1.7000

例 6-2　利用黄金分割法，实现例 6-1 中目标函数 $f(x)=x^4-x^2-2x+5$ 在区间 [0, 2] 内极小点的 MATLAB 计算。

解：参考图 6-7 所示的黄金分割法计算程序框图，黄金分割法 MATLAB 实现程序如下：

```
%****** fibonacciMethod.m ******%
function [minx,minf] = fibonacciMethod(f,a,b,eps)
% 目标函数:f;
% 区间上界:a;
% 区间下界:b;
% 精度:eps;
% 目标函数极值点:minx;
% 处理输入三个参数时情况
if nargin ==3
      eps =1.0e-6;
end
x1 =a +0.382 *(b-a);
x2 =a +0.618 *(b-a);
f1 =feval(f,x1);
f2 =feval(f,x2);
while abs(x2-x1) > =eps
   if f1 > f2
          a =x1;
          x1 =x2;
          x2 =a +0.618 *(b-a);
          f1 =f2;
          f2 =feval(f,x2);
   else
          b =x2;
          x2 =x1;
          f2 =f1;
          x1 =a +0.382 *(b-a);
          f1 =feval(f,x1);
   end
end
minx =(x1 +x2)/2;
minf =feval(f,minx);
```

在 MATLAB 命令窗口输入以下命令：

```
>> clc;
>> f = inline('x^4 -x^2 -2 * x + 5 ','x');
>> [minx,fmin] = fibonacciMethod(f,0,2)
```

计算结果为：

minx = 1.0000

fmin = 3.0000

例 6-3 利用二次插值法，基于 MATLAB 实现例 6-1 中目标函数 $f(x) = x^4 - x^2 - 2x + 5$ 计算区间［0，2］内的极小点及对应的函数值。

解：参考图 6-9 所示的二次插值法计算程序框图，二次插值法 MATLAB 实现程序如下：

```
% ****** quadraticInterpolation.m ****** %
function [minx,minf] = quadraticInterpolation(f,x1,x3,eps1,eps2)
% 目标函数:f;
% 区间上界:a;
% 区间下界:b;
% 精度:eps;
% 目标函数极值点:minx;
% 处理输入三个参数时情况
if nargin == 3
      eps1 = 1.0e-6;
      eps2 = 1.0e-6;
end
x2 = (x1 + x3) /2;
i = 1;
while i == 1
    f1 = feval(f,x1);
    f2 = feval(f,x2);
    f3 = feval(f,x3);
    k1 = (x2 -x3) * f1 + (x3 -x1) * f2 + (x1 -x2) * f3;
    k2 = (x2 ^2 -x3 ^2) * f1 + (x3 ^2 -x1 ^2) * f2 + (x1 ^2 -x2 ^2) * f3;
    if abs(k1) < eps1
         minx = x2;
         minf = feval(f,x2);
         break;
    else
         xp = k2 /(2 * k1);
         c1 = xp -x1;
         c2 = x3 -xp;
         if c1 * c2 < = 0
              minx = x2;
              minf = feval(f,x2);
              break;
```

```
            else
                if abs(xp-x2) < eps2
                    if feval(f,xp) < f2
                        minx = xp;
                        minf = feval(f,xp);
                    else
                        minx = x2;
                        minf = feval(f,x2);
                    end
                    break;
                else
                    if xp > x2
                        if f2 > feval(f,xp)
                            x1 = x2;
                            x2 = xp;
                        else
                            if f2 == feval(f,xp)
                                x1 = x2;
                                x3 = xp;
                                x2 = 0.5 * (x1 + x3);
                            else
                                x3 = xp;
                            end
                        end
                    else
                        if f2 > feval(f,xp)
                            x2 = xp;
                            x3 = x2;
                        else
                            if f2 == feval(f,xp)
                                x1 = xp;
                                x3 = x2;
                                x2 = 0.5 * (x1 + x3);
                            else
                                x1 = xp;
                            end
                        end
                    end
                end
            end
        end
    end
end
```

在 MATLAB 命令窗口输入以下命令：

```
>> clc;
>> f = inline('x^4 -x^2 -2 * x + 5 ','x');
>> [minx,fmin] = quadraticInterpolation(f,0,2)
```

计算结果为：

minx = 1. 0000

fmin = 3. 0000

本章习题

6-1　利用 MATLAB 编程实现基于进退法的函数 $f(x) = x^4 + 5$ 单峰区间的确定，初始点 $x_0 = 1$。

6-2　利用黄金分割法，实现目标函数 $f(x) = x^2 + 2x + 3$ 在区间 [-4，6] 内极小点的 MATLAB 计算，收敛精度 ε 为 0. 001。

6-3　利用二次插值法，实现目标函数 $f(x) = x^2 - 3x + 2$ 在区间 [-2，2] 内极小点的 MATLAB 计算，收敛精度 ε 为 0. 005。

第 7 章　无约束优化方法

【内容】

本章将对无约束优化方法进行讨论，包括梯度法、牛顿法、变尺度法、坐标轮换法、Powell 法的求解步骤以及程序框图，并通过 MATLAB 实现无约束优化方法的实例求解。

【目的】

了解梯度法、牛顿法、变尺度法、坐标轮换法、Powell 法的基本原理和求解步骤，能够熟练使用 MATLAB 求解多次高阶的无约束优化问题。

7.1　梯度法

对设计变量的取值范围不加任何限制的优化问题，称为无约束优化问题。其数学模型为：$\min f(\boldsymbol{X})$，$\boldsymbol{X} \in \boldsymbol{R}^n$，求解的基本思想是从当前点 $\boldsymbol{X}^{(k)}$ 出发，沿着按一定规律产生的搜索方向 $\boldsymbol{S}^{(k)}$，寻找 $\alpha^{(k)}$ 使函数值下降的新迭代点 $\boldsymbol{X}^{(k+1)} = \boldsymbol{X}^{(k)} + \alpha^{(k)}\boldsymbol{S}^{(k)}$。随着迭代次数 k 的不断增加，无约束优化问题将逐步逼近其最优点，使得 $f(\boldsymbol{X}^{(k+1)}) < f(\boldsymbol{X}^{(k)})$。各种无约束优化方法的区别主要在于其搜索方向，按照求解方法的不同，无约束优化方法主要分为两类：

（1）直接解法　此类方法不用对函数求导，但是求解速度相对较慢，如坐标轮换法、鲍威尔法（Powell 法）、随机搜索法、单纯形法等。

（2）间接解法（或解析法）　该方法需要对 $f(x)$ 求导，如用到一阶导数的方法有梯度法、共轭梯度法和变尺度法，用到二阶导数的方法以牛顿法为代表。

在实际工程问题中，无约束条件的优化问题是比较少见的。但无约束优化方法是解有约束优化问题的基础，许多约束优化问题往往是通过对约束条件的处理而转化为无约束优化问题来求解的。因此无约束优化方法是优化方法中的基本方法。

梯度法采用负梯度方向（函数值下降最快的方向）作为搜索方向，即

$$\boldsymbol{S}^{(k)} = -\nabla f(\boldsymbol{X}^{(k)}) \tag{7-1}$$

或

$$\boldsymbol{S}^{(k)} = -\frac{\nabla f(\boldsymbol{X}^{(k)})}{\|\nabla f(\boldsymbol{X}^{(k)})\|} \tag{7-2}$$

梯度法的迭代公式为

$$\boldsymbol{X}^{(k+1)} = \boldsymbol{X}^{(k)} + \alpha^{(k)}\boldsymbol{S}^{(k)} \tag{7-3}$$

为了使目标函数在搜索方向 $-\nabla f(\boldsymbol{X}^{(k)})$ 下降最多，需要沿该方向作一维搜索，求得最优步长 $\alpha^{(k)}$。

$$f(\boldsymbol{X}^{(k)} + \alpha^{(k)}\boldsymbol{S}^{(k)}) = \min_{\alpha} f(\boldsymbol{X}^{(k)} + \alpha^{(k)}\boldsymbol{S}^{(k)}) \tag{7-4}$$

梯度法过程简单，直观易懂，且对初始点的选取要求不严。梯度法实质上是一阶梯度法，也称为最速下降法，其算法描述如下：

1）给定初始点 $\boldsymbol{X}^{(0)}$ 及收敛精度 ε，令 $k=0$。

2）求目标函数的梯度矢量 $-\nabla f(\boldsymbol{X}^{(k)})$。

3）检查是否满足收敛性判别准则：若 $\|\nabla f(X^{(k)})\|<\varepsilon$，则停止迭代，输出极小点 $\boldsymbol{X}^{(k)}$ 及函数值 $f(X^{(k)})$；若不满足收敛准则，则转向 4）。

4）进行一维搜索，求最优步长 $\alpha^{(k)}$，使得 $f\left(\boldsymbol{X}^{(k)}+\alpha^{(k)}\boldsymbol{S}^{(k)}\right)=\min\limits_{\alpha} f(\boldsymbol{X}^{(k)}+\alpha\boldsymbol{S}^{(k)})$，其中 $\alpha>0$。

5）令 $\boldsymbol{X}^{(k+1)}=\boldsymbol{X}^{(k)}+\alpha^{(k)}\boldsymbol{S}^{(k)}$，且 $k=k+1$，转向 2）。

根据梯度法的算法描述，可画出其计算程序框图，如图 7-1 所示。

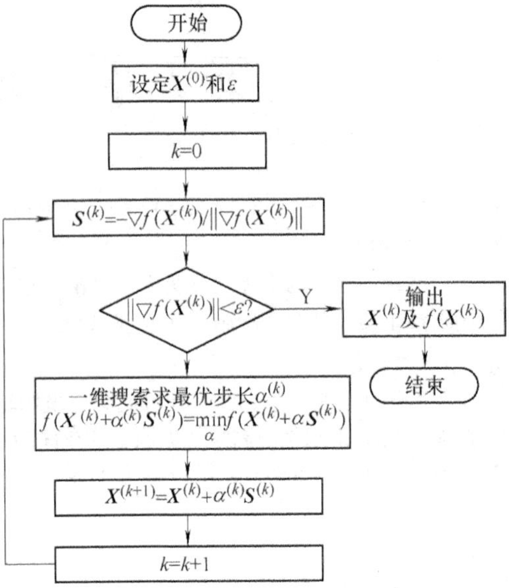

图 7-1　梯度法计算程序框图

例 7-1　试用梯度法求函数 $f(\boldsymbol{X})=x_1^2+25x_2^2$ 的极小值，设初始点 $\boldsymbol{X}^{(0)}=(\boldsymbol{X}_1^{(0)},\boldsymbol{X}_2^{(0)})^{\mathrm{T}}=(2,2)^{\mathrm{T}}$，收敛要求 $\varepsilon=10^{-2}$。

解：原函数的梯度为

$$\nabla f(\boldsymbol{X})=\left(\frac{\partial f(\boldsymbol{X})}{\partial x_1},\frac{\partial f(\boldsymbol{X})}{\partial x_2}\right)^{\mathrm{T}}=(2x_1,50x_2)^{\mathrm{T}}$$

故 $\boldsymbol{X}^{(0)}$ 的梯度为

$$\nabla f(\boldsymbol{X}^{(0)})=(4,100)^{\mathrm{T}}$$

$\boldsymbol{X}^{(0)}$ 梯度的模为

$$\|\nabla f(\boldsymbol{X}^{(0)})\|=\sqrt{\left(\frac{\partial f(\boldsymbol{X}^{(0)})}{\partial x_1}\right)^2+\left(\frac{\partial f(\boldsymbol{X}^{(0)})}{\partial x_2}\right)^2}=\sqrt{4^2+100^2}=100.080$$

由式（7-2）得

$$S^{(0)}=-\frac{\nabla f(\boldsymbol{X}^{(0)})}{\|\nabla f(\boldsymbol{X}^{(0)})\|}=-\frac{(4,100)^{\mathrm{T}}}{100.080}=(-0.03997,-0.9992)^{\mathrm{T}}$$

由式（7-3）得迭代点为

$$\boldsymbol{X}^{(1)}=\boldsymbol{X}^{(0)}+\alpha^{(0)}\boldsymbol{S}^{(0)}=\begin{pmatrix}2\\2\end{pmatrix}+\alpha^{(0)}\begin{pmatrix}-0.03997\\-0.9992\end{pmatrix}=\begin{pmatrix}2-0.03997\alpha^{(0)}\\2-0.9992\alpha^{(0)}\end{pmatrix}=\begin{pmatrix}x_1^{(1)}\\x_2^{(1)}\end{pmatrix}$$

令 $\dfrac{\mathrm{d}f(\boldsymbol{X}^{(0)}+\alpha^{(0)}\boldsymbol{S}^{(0)})}{\mathrm{d}\alpha^{(0)}}=0$ 确定最优步长：$\alpha^{(0)}=2.0047$。

从而得新点 $\boldsymbol{X}^{(1)}=\boldsymbol{X}^{(0)}+\alpha^{(0)}\boldsymbol{S}^{(0)}=[3.840,-0.154]^{\mathrm{T}}$

对应的函数值为 $f(\boldsymbol{X}^{(1)})=3.6862$。

再从 $\boldsymbol{X}^{(1)}$ 点出发，重复上述迭代过程，可获得一系列迭代点，最后获得逼近精确解 $(0,\ 0)^{\mathrm{T}}$ 的近似解，表 7-1 列出了其探索过程的计算结果。

表 7-1　梯度法的计算过程

k	$x_1^{(k)}$	$x_2^{(k)}$	$\nabla f(\boldsymbol{X}^{(k)})$	$\Vert\nabla f(\boldsymbol{X}^{(k)})\Vert$	$\boldsymbol{S}^{(k)}$	α^*	$f(\boldsymbol{X}^{(k)})$
0	2	2	$(4, 100)^{\mathrm{T}}$	100.080	$-(0.03997, 0.99920)^{\mathrm{T}}$	2.0047	104
1	1.9169	-0.0763	$(3.840, -0.154)^{\mathrm{T}}$	3.8428	$(-0.0400, -0.9992)^{\mathrm{T}}$	5.6e-004	3.6862
2	0.0709	0.0709	$(0.142, 3.544)^{\mathrm{T}}$	3.5472	$(-0.9992, 0.0400)^{\mathrm{T}}$	1.8505	0.1307
3	0.0680	-0.0001	$(0.136, 0.005)^{\mathrm{T}}$	0.1362	$(-0.0400, -0.9992)^{\mathrm{T}}$	0.0711	0.0046
4	0.0025	0.0025	$(0.005, 0.126)^{\mathrm{T}}$	0.1257	$(-0.9992, 0.0400)^{\mathrm{T}}$	0.0656	1.6413e-004
5	0.0024	-0.0000	$(0.005, -0.0002)^{\mathrm{T}}$	0.0048	$(-0.0400, -0.9992)^{\mathrm{T}}$	0.0025	5.8175e-006

由于一维搜索是求 $q(\alpha)=f(\boldsymbol{X}^{(k+1)})=f(\boldsymbol{X}^{(k)}-\alpha^{(k)}\nabla f(\boldsymbol{X}^{(k)}))$ 的极小值，故应满足 $\dfrac{\mathrm{d}q(\alpha)}{\mathrm{d}\alpha}=0$，即

$$q'(\alpha)=\frac{\mathrm{d}f(\boldsymbol{X}^{(k+1)})}{\mathrm{d}\alpha}=\frac{\mathrm{d}f(\boldsymbol{X}^{(k)}-\alpha^{(k)}\nabla f(\boldsymbol{X}^{(k)}))}{\mathrm{d}\alpha}$$
$$=-\nabla f(\boldsymbol{X}^{(k)}+\alpha^{(k)}\nabla f(\boldsymbol{X}^{(k)}))\cdot\nabla f(\boldsymbol{X}^{(k)})=0$$

整理得：$-\nabla f(\boldsymbol{X}^{(k+1)})\cdot\nabla f(\boldsymbol{X}^{(k)})=0$。所以目标函数在 $\boldsymbol{X}^{(k)}$ 和 $\boldsymbol{X}^{(k+1)}$ 两点处的梯度乘积等于零，即函数在相邻迭代点处的梯度矢量是垂直正交的，由此可知在梯度法中，相邻两次搜索方向（即相邻两次迭代点的梯度方向）是正交的。梯度法的搜索过程如图 7-2 所示，其特点分析如下：

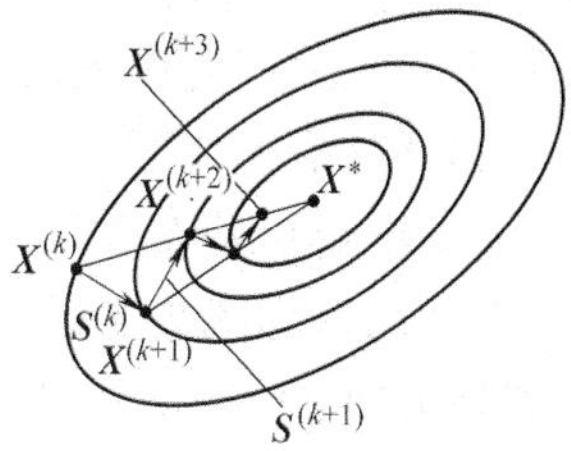

图 7-2　梯度法的搜索过程

1）程序简单，计算量少，对初始点要求不严格。

2）梯度法不能保证搜索方向直指极小点，它仅能保证搜索方向是一次的最速下降方向。

3）迭代路径呈锯齿形。接近极值点时，速度变慢。当目标函数的等值线（面）是扁平的椭圆（椭球）时，收敛更慢。

7.2　牛顿法及其改进

梯度法在接近极值点附近，函数值下降速度将变得越来越小，因此应当寻求使目标函数值下降更快的方法。牛顿法又称二阶梯度法，它是一种收敛速度非常快的方法。在极值点处，目标函数等值线的形状接近于一个椭圆或者是超椭圆，故可用多元二次函数去逼近或代替极值点附近真实的函数形状，并且用近似的二次函数极值点来代替原函数真实的极值点，这样就可以不断缩小搜索空间，利用二次函数极值点来逼近目标函数的极值点。该思路和一维搜索中二次插值法是非常类似的。对于目标函数 $f(\boldsymbol{X})$，在 $\boldsymbol{X}^{(k)}$ 邻域内，用二次函数 $\phi(\boldsymbol{X})$ 近似代替原目标函数 $f(\boldsymbol{X})$，并将 $\phi(\boldsymbol{X})$ 的极小点 $\boldsymbol{X}_\phi^*$ 作为对原目标函数 $f(\boldsymbol{X})$ 求优的下一个迭代点 $\boldsymbol{X}^{(k+1)}$，经过多次迭代，逐步逼近目标 $f(\boldsymbol{X})$ 函数的极小点 $\boldsymbol{X}^*$。

近似函数 $\phi(\boldsymbol{X})$ 取 $f(\boldsymbol{X})$ 在 $\boldsymbol{X}^{(k)}$ 点泰勒级数的前二阶项：

$$f(\boldsymbol{X})\approx\phi(\boldsymbol{X}^{(k)})$$
$$=f(\boldsymbol{X}^{(k)})+(\nabla f(\boldsymbol{X}^{(k)}))^{\mathrm{T}}(\boldsymbol{X}-\boldsymbol{X}^{(k)})+\frac{1}{2}(\boldsymbol{X}-\boldsymbol{X}^{(k)})^{\mathrm{T}}\nabla^2 f(\boldsymbol{X}^{(k)})(\boldsymbol{X}-\boldsymbol{X}^{(k)}) \quad (7\text{-}5)$$

令式(7-5) 中的 $\nabla^2 f(\boldsymbol{X}^{(k)})=H(\boldsymbol{X})$，即海森矩阵，则可改写为成

$$f(\boldsymbol{X})\approx\phi(\boldsymbol{X}^{(k)})$$
$$=f(\boldsymbol{X}^{(k)})+(\nabla f(\boldsymbol{X}^{(k)}))^{\mathrm{T}}(\boldsymbol{X}-\boldsymbol{X}^{(k)})+\frac{1}{2}(\boldsymbol{X}-\boldsymbol{X}^{(k)})^{\mathrm{T}}H(\boldsymbol{X}^{(k)})(\boldsymbol{X}-\boldsymbol{X}^{(k)}) \quad (7\text{-}6)$$

当 $\phi(\boldsymbol{X})=0$ 时可得二次函数 $\phi(\boldsymbol{X})$ 的极值点，当且仅当在该点处的海森矩阵为正定时为极小点。即

$$\nabla\phi(\boldsymbol{X}^{(k)})=\nabla f(\boldsymbol{X}^{(k)})+H(\boldsymbol{X}^{(k)})(\boldsymbol{X}-\boldsymbol{X}^{(k)})=0 \quad (7\text{-}7)$$

若 $H(\boldsymbol{X}^{(k)})$ 为可逆矩阵，将上式等号两端同乘以 $(H(\boldsymbol{X}^{(k)}))^{-1}$，则得

$$\boldsymbol{X}=\boldsymbol{X}^{(k)}-(H(\boldsymbol{X}^{(k)}))^{-1}\nabla f(\boldsymbol{X}^{(k)}) \quad (7\text{-}8)$$

式（7-8）中，用 $-(H(\boldsymbol{X}^{(k)}))^{-1}\nabla f(\boldsymbol{X}^{(k)})$ 作为搜索方向，步长因子 $\alpha^{(k)}$ 恒等于1，点 $\boldsymbol{X}$ 作为下一个逼近点 $\boldsymbol{X}^{(k+1)}$，这时式（7-8）可改写成牛顿法的一般迭代公式

$$\boldsymbol{X}^{(k+1)}=\boldsymbol{X}^{(k)}-(H(\boldsymbol{X}^{(k)}))^{-1}\nabla f(\boldsymbol{X}^{(k)}) \quad (7\text{-}9)$$

如果 $f(\boldsymbol{X})$ 是二次函数，则 $H(\boldsymbol{X})$ 是常量矩阵，这时 $f(\boldsymbol{X})=H(\boldsymbol{X})$，$\phi(\boldsymbol{X})$ 的极值 $\boldsymbol{X}_{\phi}^{*}$ 就是 $f(\boldsymbol{X})$ 的极值 $\boldsymbol{X}^{*}$。当函数高于二次，且二次性态较强或迭代点已进入最优点的邻域，牛顿法的收敛速度也是很快的。

其算法描述如下所示：

1）给定初始点 $\boldsymbol{X}^{(0)}$，令 $k=0$。

2）求目标函数的梯度矢量 $\nabla f(\boldsymbol{X}^{(k)})$ 和海森矩阵 $H(\boldsymbol{X}^{(k)})$。

3）检查是否满足停止准则：若 $\nabla f(\boldsymbol{X}^{(k)})=0$，且 $H(\boldsymbol{X}^{(k)})>0$ 则停止迭代，输出极小点 $\boldsymbol{X}^{(k)}$ 及函数值 $f(\boldsymbol{X}^{(k)})$；若 $\nabla f(\boldsymbol{X}^{(k)})=0$，且 $H(\boldsymbol{X}^{(k)})<0$ 则停止迭代，输出极大点 $\boldsymbol{X}^{(k)}$ 及函数值 $f(\boldsymbol{X}^{(k)})$；若不满足上述条件，则转向4)。

4）按式（7-9）计算下一个迭代点且 $k=k+1$，转向2)。

根据牛顿法的算法描述，可画出其计算程序框图，如图7-3所示。

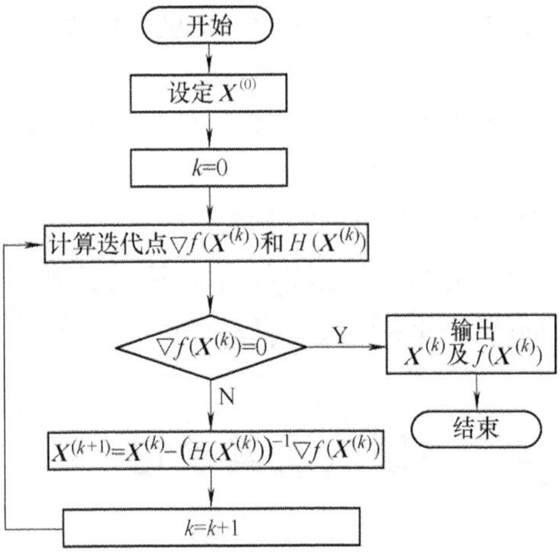

图7-3　牛顿法程序框图

例7-2　试用牛顿法求函数 $f(\boldsymbol{X})=x_1^2+8x_2^2$ 的极小值，设初始点 $\boldsymbol{X}^{(0)}=(\boldsymbol{X}_1^{(0)},\boldsymbol{X}_2^{(0)})^{\mathrm{T}}=(1,1)^{\mathrm{T}}$。

解：原函数的梯度为

$$\nabla f(\boldsymbol{X})=\left(\frac{\partial f(\boldsymbol{X})}{\partial x_1},\frac{\partial f(\boldsymbol{X})}{\partial x_2}\right)^{\mathrm{T}}=(2x_1,16x_2)^{\mathrm{T}}$$

故 $\boldsymbol{X}^{(0)}$ 的梯度为 $\nabla f(\boldsymbol{X}^{(0)})=(2,16)^{\mathrm{T}}$

$X^{(0)}$点处海森矩阵为 $H(X^{(0)}) = \nabla f^2(X^{(0)}) = \begin{pmatrix} \frac{\partial^2 f}{\partial x_1^2} & \frac{\partial^2 f}{\partial x_1 \partial x_2} \\ \frac{\partial^2 f}{\partial x_2 \partial x_1} & \frac{\partial^2 f}{\partial x_2^2} \end{pmatrix}_{X=X^{(0)}} = \begin{pmatrix} 2 & 0 \\ 0 & 16 \end{pmatrix}$

由式（7-9）得

$$X^{(1)} = X^{(0)} - (H(X^{(0)}))^{-1} \nabla f(X^{(0)}) = \begin{pmatrix} 1 \\ 1 \end{pmatrix} - \frac{1}{32}\begin{pmatrix} 16 & 0 \\ 0 & 2 \end{pmatrix}\begin{pmatrix} 2 \\ 16 \end{pmatrix} = \begin{pmatrix} 0 \\ 0 \end{pmatrix}$$

故 $f(X^{(1)}) = 0$，$X^{(1)} = \begin{pmatrix} 0 \\ 0 \end{pmatrix}$为极小点。

牛顿法无一维搜索而直接代入公式计算，当初始点选择合适且 $f(X)$ 为二次函数时收敛很快，是目前算法中最快的一种。而且即使目标函数是高次函数，如果初始点选择合适，算法的收敛速度也是很快的。如果初始点选择不当，则可能出现迭代函数值增大，从而使迭代过程发散。基于上述原因，为了防止牛顿法收敛太快，而出现迭代过程发散的问题，提出了阻尼牛顿法。阻尼牛顿法的迭代公式为

$$X^{(k+1)} = X^{(k)} - \alpha^{(k)}(H(X^{(k)}))^{-1} \nabla f(X^{(k)}) \tag{7-10}$$

式中，$\alpha^{(k)}$为步长因子，由一维搜索方法确定，即

$$f(X^{(k)} - \alpha^{(k)}(H(X^{(k)}))^{-1} \nabla f(X^{(k)})) = \min f(X^{(k)} - \alpha^{(k)}(H(X^{(k)}))^{-1} \nabla f(X^{(k)}))$$

阻尼牛顿法又称为广义牛顿法，虽然计算工作量多一些，但具有收敛快的特点，而且对初始点的选择没有特殊要求，其算法描述如下：

1）给定初始点 $X^{(0)}$ 及收敛精度 ε，令 $k=0$。

2）计算目标函数的梯度矢量 $\nabla f(X^{(k)})$ 和海森矩阵 $(H(X^{(k)}))^{-1}$。

3）检查是否满足收敛性判别准则：若 $\|\nabla f(X^{(k)})\| < \varepsilon$，则停止迭代，输出极小点 $X^{(k)}$ 及函数值 $f(X^{(k)})$；若不满足收敛准则，则转向 4)。

4）令 $S^{(k)} = -(H(X^{(k)}))^{-1} \nabla f(X^{(k)})$。

5）进行一维搜索，求最优步长 $\alpha^{(k)}$，使得 $\min\limits_{\alpha} f(X^{(k)} + \alpha S^{(k)}) = f(X^{(k)} + \alpha^{(k)} S^{(k)})$，其中 $\alpha > 0$。

6）令 $X^{(k+1)} = X^{(k)} + \alpha^{(k)} S^{(k)}$，且 $k = k+1$，转向 2)。

根据阻尼牛顿法的算法描述，可画出其计算程序框图，如图 7-4 所示。

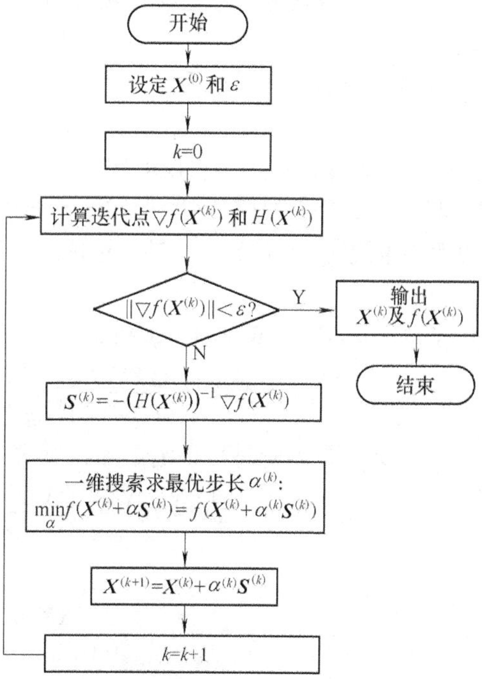

图 7-4　阻尼牛顿法计算程序框图

7.3 变尺度法

变尺度法是在牛顿法的基础上发展起来的，它和梯度法也有密切关系，该方法被公认为是求解无约束极值问题最有效的算法之一。梯度法的搜索方向为 $-\nabla f(\boldsymbol{X}^{(k)})$，由于只需计算函数的一阶偏导数，计算工作量小，当迭代点远离最优点时对突破函数的非二次性极为有利，函数值下降很快，但是当迭代点接近最优点时收敛速度很慢。牛顿法以及阻尼牛顿法的搜索方向为 $-(H(\boldsymbol{X}^{(k)}))^{-1}\nabla f(\boldsymbol{X}^{(k)})$，不仅需计算一阶偏导数，而且要计算二阶偏导数的海森矩阵及其逆矩阵，计算工作量大，但具有二次收敛性，当迭代点接近最优点时收敛速度很快。变尺度法综合了梯度法和牛顿法的优点，其迭代公式为

$$\boldsymbol{X}^{(k+1)}=\boldsymbol{X}^{(k)}-\alpha^{(k)}A^{(k)}\nabla f(\boldsymbol{X}^{(k)}) \tag{7-11}$$

其中，$\alpha^{(k)}$最优步长因子，由一维搜索而得

$$f(\boldsymbol{X}^{(k)}-\alpha^{(k)}\boldsymbol{A}^{(k)}\nabla f(\boldsymbol{X}^{(k)}))=\min_{\alpha} f(\boldsymbol{X}^{(k)}-\alpha^{(k)}\boldsymbol{A}^{(k)}\nabla f(\boldsymbol{X}^{(k)})) \tag{7-12}$$

$\boldsymbol{A}^{(k)}$称为尺度矩阵，它是一个 $n\times n$ 的对称方阵，用它来代替$[H(\boldsymbol{X}^{(k)})]^{-1}$。$\boldsymbol{A}^{(k)}$随迭代点位置的变化而变化，由此形成一个变化的尺度矩阵序列，变尺度法由此得名，变尺度法的关键是产生尺度矩阵。经证明，尺度矩阵必须是对称正定矩阵，才能保证变尺度法搜索方向是函数值下降方向。

变尺度法搜索方向称为拟牛顿方向

$$\boldsymbol{S}^{(k)}=-\boldsymbol{A}^{(k)}\nabla f(\boldsymbol{X}^{(k)}) \tag{7-13}$$

尺度矩阵的递推形式为

$$\boldsymbol{A}^{(k+1)}=\boldsymbol{A}^{(k)}+\Delta\boldsymbol{A}^{(k)} \tag{7-14}$$

其中 $\Delta\boldsymbol{A}^{(k)}$为修正矩阵，它仅取决于本次迭代的 $\boldsymbol{X}^{(k)}$、$\boldsymbol{X}^{(k+1)}$以及对应的梯度$\nabla f(\boldsymbol{X}^{(k)})$ 和 $\nabla f(\boldsymbol{X}^{(k+1)})$，修正矩阵 $\Delta\boldsymbol{A}^{(k)}$形式的不同构成了不同的变尺度法。随着迭代过程的持续，尺度矩阵逐渐逼近 $[H(\boldsymbol{X}^{(k)})]^{-1}$。粗选时，尺度矩阵为单位阵

$$\boldsymbol{A}^{(0)}=\boldsymbol{E} \tag{7-15}$$

W. C. Davidon、R. Fletcher 和 M. J. D. Powell 给出了修正矩阵 DFP 公式

$$\Delta\boldsymbol{A}^{(k)}=\frac{\Delta\boldsymbol{X}^{(k)}(\Delta\boldsymbol{X}^{(k)})^{\mathrm{T}}}{(\Delta\boldsymbol{X}^{(k)})^{\mathrm{T}}\Delta\boldsymbol{g}^{(k)}}-\frac{\boldsymbol{A}^{(k)}\Delta\boldsymbol{g}^{(k)}(\Delta\boldsymbol{g}^{(k)})^{\mathrm{T}}(\boldsymbol{A}^{(k)})^{\mathrm{T}}}{(\Delta\boldsymbol{g}^{(k)})^{\mathrm{T}}\boldsymbol{A}^{(k)}\Delta\boldsymbol{g}^{(k)}} \tag{7-16}$$

由于$\boldsymbol{A}^{(k)}$是 n 阶对称正定矩阵，故式（7-16）可写成

$$\Delta\boldsymbol{A}^{(k)}=\frac{\Delta\boldsymbol{X}^{(k)}(\Delta\boldsymbol{X}^{(k)})^{\mathrm{T}}}{(\Delta\boldsymbol{X}^{(k)})^{\mathrm{T}}\Delta\boldsymbol{g}^{(k)}}-\frac{\boldsymbol{A}^{(k)}\Delta\boldsymbol{g}^{(k)}(\Delta\boldsymbol{g}^{(k)})^{\mathrm{T}}\boldsymbol{A}^{(k)}}{(\Delta\boldsymbol{g}^{(k)})^{\mathrm{T}}\boldsymbol{A}^{(k)}\Delta\boldsymbol{g}^{(k)}} \tag{7-17}$$

其中

$$\Delta\boldsymbol{X}^{(k)}=\boldsymbol{X}^{(k+1)}-\boldsymbol{X}^{(k)} \tag{7-18}$$

$$\Delta\boldsymbol{g}^{(k)}=\boldsymbol{g}^{(k+1)}-\boldsymbol{g}^{(k)}=\nabla f(\boldsymbol{X}^{(k+1)})-\nabla f(\boldsymbol{X}^{(k)}) \tag{7-19}$$

其算法描述如下：

1）给定初始点 $\boldsymbol{X}^{(0)}$、收敛精度 ε 以及初始尺度矩阵 $\boldsymbol{A}^{(0)}=\boldsymbol{E}$，令 $k=0$。

2）计算目标函数的梯度矢量$\nabla f(\boldsymbol{X}^{(k)})$。

3）检查是否满足收敛性判别准则：若 $\|\nabla f(\boldsymbol{X}^{(k)})\|<\varepsilon$，则停止迭代，输出极小点

$\boldsymbol{X}^{(k)}$及函数值$f(\boldsymbol{X}^{(k)})$；若不满足收敛准则，则转向4）。

4）令$\boldsymbol{S}^{(k)}=-\boldsymbol{A}^{(k)}\nabla f(\boldsymbol{X}^{(k)})$。

5）进行一维搜索，求最优步长$\alpha^{(k)}$，使得$\min\limits_{\alpha} f(\boldsymbol{X}^{(k)}+\alpha\boldsymbol{S}^{(k)})=f(\boldsymbol{X}^{(k)}+\alpha^{(k)}\boldsymbol{S}^{(k)})$，其中$\alpha>0$。

6）判断迭代次数是否达到问题维数：若$k=n$，则重置，$\boldsymbol{X}^{(0)}=\boldsymbol{X}^{(k+1)}$，$k=0$，转向3）；否则，转向7）。

7）由式（7-17）~式（7-19）计算修正系数$\Delta\boldsymbol{A}^{(k)}$。

8）由式（7-14）计算尺度矩阵$\boldsymbol{A}^{(k+1)}$，并求解$\boldsymbol{S}^{(k+1)}$，令$k=k+1$，并转向5）。

根据变尺度法的算法描述，可画出其计算程序框图，如图7-5所示。

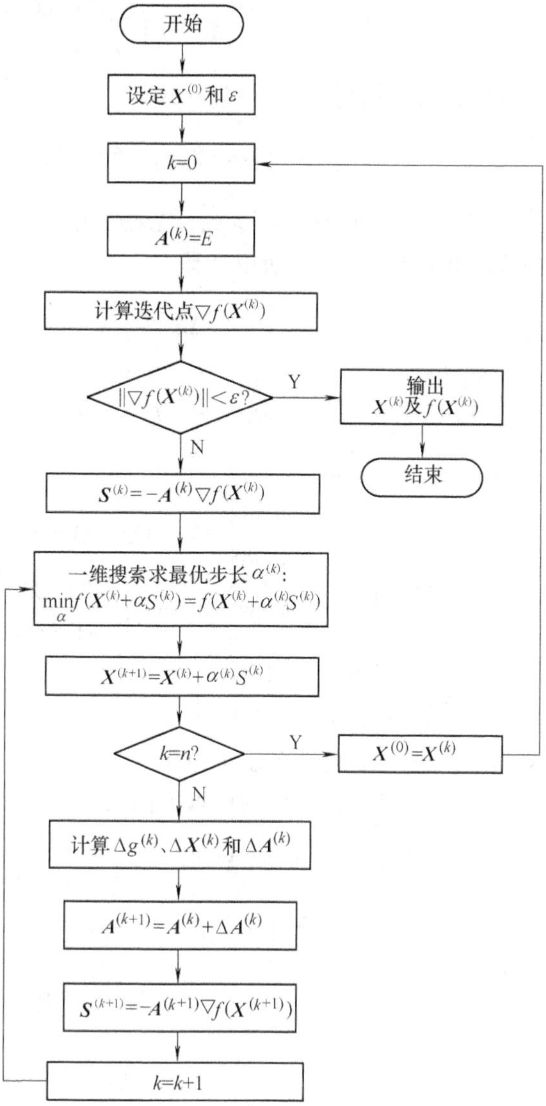

图7-5　变尺度法计算程序框图

例7-3　试用变尺度法求函数$f(\boldsymbol{X})=4(x_1-5)^2+(x_2-6)^2$的极小值，设初始点$\boldsymbol{X}^{(0)}=(x_1^{(0)},x_2^{(0)})^{\mathrm{T}}=(8,9)^{\mathrm{T}}$，收敛要求$\varepsilon=10^{-2}$。

解：1）计算目标函数梯度。原函数的梯度为

$$\nabla f(\boldsymbol{X})=\left(\frac{\partial f(\boldsymbol{X})}{\partial x_1},\frac{\partial f(\boldsymbol{X})}{\partial x_2}\right)^{\mathrm{T}}$$
$$=(8(x_1-5),2(x_2-6))^{\mathrm{T}}$$

故$\boldsymbol{X}^{(0)}$的梯度为：$\nabla f(\boldsymbol{X}^{(0)})=(24,6)^{\mathrm{T}}$

$\|\nabla f(\boldsymbol{X}^{(0)})\|=24.739>\varepsilon$，继续迭代。

2）确定拟牛顿方向：

$$\boldsymbol{S}^{(0)}=-\boldsymbol{A}^{(0)}\nabla f(\boldsymbol{X}^{(0)})=-\begin{pmatrix}1&0\\0&1\end{pmatrix}\begin{pmatrix}24\\6\end{pmatrix}=\begin{pmatrix}-24\\-6\end{pmatrix}$$

3）计算迭代点：

$$\boldsymbol{X}^{(1)}=\boldsymbol{X}^{(0)}+\alpha^{(0)}\boldsymbol{S}^{(0)}=\begin{pmatrix}8\\9\end{pmatrix}+\alpha^{(0)}\begin{pmatrix}-24\\-6\end{pmatrix}=\begin{pmatrix}8-24\alpha^{(0)}\\9-6\alpha^{(0)}\end{pmatrix}$$

将$\boldsymbol{X}^{(1)}$代入目标函数得

$f(\boldsymbol{X}^{(1)})=4(8-24\alpha^{(1)}-5)^2+(9-6\alpha^{(1)}-6)^2$，求驻点$f'(\alpha)=0$，得最优步长$\alpha=0.1308$。所以

$$\boldsymbol{X}^{(1)}=\begin{pmatrix}8-24\times0.1308\\9-6\times0.1308\end{pmatrix}=\begin{pmatrix}4.862\\8.215\end{pmatrix}$$

4）收敛性判别：

$$\nabla f(\boldsymbol{X}^{(1)})=(8(x_1-5),\ 2(x_2-6))^{\mathrm{T}}_{(4.862,8.215)}=\begin{pmatrix}-1.108\\4.431\end{pmatrix}$$

$\|\nabla f(\boldsymbol{X}^{(1)})\|=4.567>\varepsilon$，继续迭代。

5）此时 $k<n=2$，所以计算

$$\Delta\boldsymbol{X}^{(0)}=\boldsymbol{X}^{(1)}-\boldsymbol{X}^{(0)}=\begin{pmatrix}-3.138\\-0.785\end{pmatrix}$$

$$\Delta\boldsymbol{g}^{(0)}=\nabla f(\boldsymbol{X}^{(1)})-\nabla f(\boldsymbol{X}^{(0)})=\begin{pmatrix}-25.108\\-1.569\end{pmatrix}$$

$$\boldsymbol{A}^{(1)}=\boldsymbol{A}^{(0)}+\Delta\boldsymbol{A}^{(0)}$$

$$=\begin{pmatrix}1&0\\0&1\end{pmatrix}+\frac{\begin{pmatrix}-3.138\\-0.785\end{pmatrix}(-3.138,-0.785)}{(-3.138,-0.785)\begin{pmatrix}-25.108\\-1.569\end{pmatrix}}-\frac{\begin{pmatrix}1&0\\0&1\end{pmatrix}\begin{pmatrix}-25.108\\-1.569\end{pmatrix}(-25.108,-1.569)\begin{pmatrix}1&0\\0&1\end{pmatrix}}{(-25.108,-1.569)\begin{pmatrix}1&0\\0&1\end{pmatrix}\begin{pmatrix}-25.108\\-1.569\end{pmatrix}}$$

$$=\begin{pmatrix}0.0127&-0.031\\-0.031&1.004\end{pmatrix}$$

由此可见，它是一个正定矩阵。

6）$k=k+1$，构造新的搜索方向为

$$\boldsymbol{S}^{(1)}=-\boldsymbol{A}^{(1)}\nabla f(\boldsymbol{X}^{(1)})=-\begin{pmatrix}0.0127&-0.031\\-0.031&1.004\end{pmatrix}\begin{pmatrix}-1.108\\4.431\end{pmatrix}=\begin{pmatrix}0.2802\\-4.482\end{pmatrix}$$

沿 $\boldsymbol{S}^{(1)}$ 方向作一维搜索求 $\alpha^{(1)}$，方法与 $\alpha^{(0)}$ 相同，得 $\alpha^{(1)}=0.494$。所以

$$\boldsymbol{X}^{(2)}=\boldsymbol{X}^{(1)}+\alpha^{(1)}\boldsymbol{S}^{(1)}=\begin{pmatrix}4.999\\6.000\end{pmatrix}$$

$$\nabla f(\boldsymbol{X}^{(2)})=\begin{pmatrix}-0.00016\\0.00028\end{pmatrix}$$

7）收敛性判别

$\|\nabla f(\boldsymbol{X}^{(2)})\|=0.00032<\varepsilon$，停止迭代，输出最优解：

$$\boldsymbol{X}^{*}=\boldsymbol{X}^{(2)}=\begin{pmatrix}4.999\\6.000\end{pmatrix},\ f(\boldsymbol{X}^{*})=2.1\mathrm{e}-8\approx0$$

7.4 坐标轮换法

把一个多维问题转化为一系列较少维数的问题称之为降维，坐标轮换法是一种典型的降维方法，它不需要求函数的导数就可以直接搜索目标函数的最优解。坐标轮换法又称为变量轮换法，其基本思想是将 n 维设计变量的优化问题，转化为一系列的一维优化问题来求解。即对 n 维空间中每个坐标依次搜索完一遍，称为一轮。然后，将前轮得到的最优点，作为下

一轮搜索的初始点。这样不断循环，直到满足收敛条件为止。根据上述思想，对于 k 轮探索，其迭代计算公式为

$$\boldsymbol{X}_i^{(k)}=\boldsymbol{X}_{i-1}^{(k)}+\alpha_i^{(k)}\boldsymbol{S}_i^{(k)}\ (i=1,2,\cdots,n) \tag{7-20}$$

其中，$\boldsymbol{X}_i^{(k)}$ 为第 k 轮搜索沿 i 坐标轴方向迭代后的点，$\boldsymbol{S}_i^{(k)}$ 依次取 n 维空间的单位矢量 $e_i(i=1,2,\cdots,n)$，即

$$\begin{cases} e_1=(1\ \cdots\ 0\ \cdots\ 0)^{\mathrm{T}} \\ \vdots \\ e_i=(0\ \cdots\ 1\ \cdots\ 0)^{\mathrm{T}} \\ \vdots \\ e_n=(0\ \cdots\ 0\ \cdots\ 1)^{\mathrm{T}} \end{cases} \tag{7-21}$$

坐标轮换法算法描述如下：

1）给定初始点 $\boldsymbol{X}^{(0)}$、收敛精度 ε，令 $k=1$，$i=1$。

2）设定第 k 轮搜索的起始点 $\boldsymbol{X}_{i-1}^{(k)}$ 为 $\boldsymbol{X}^{(0)}$。

3）在 n 维设计空间中，沿 e_i 方向进行一维搜索求 $\alpha_i^{(k)}$，完成一轮搜索。

4）检查是否满足收敛性判别准则：若 $\|\boldsymbol{X}_n^{(k)}-X_0^{(k)}\|<\varepsilon$，则停止迭代，输出极小点 $\boldsymbol{X}_n^{(k)}$ 及函数值 $f(\boldsymbol{X}_n^{(k)})$；若不满足收敛准则，则转向 5)。

5）判断搜索轮数是否达到问题维数：若 $k=n$，则重置，$\boldsymbol{X}^{(0)}=\boldsymbol{X}_n^{(0)}$，$k=1$，$i=1$，转向 2)；否则，$\boldsymbol{X}^{(0)}=\boldsymbol{X}_n^{(k)}$，$k=k+1$，$i=1$，转向 2)。

根据坐标轮换法的算法描述，可画出其计算程序框图，如图 7-6 所示。

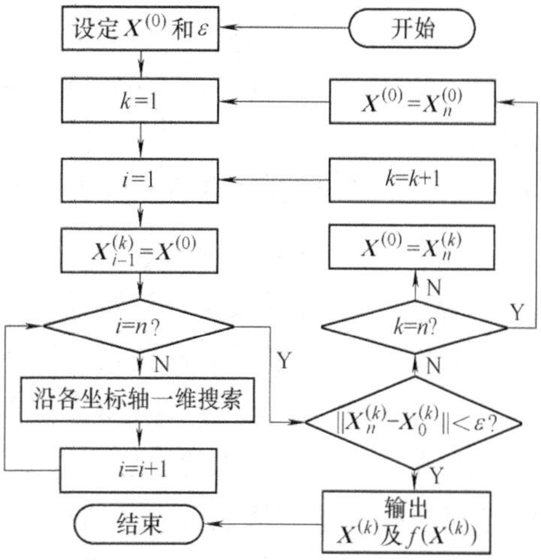

图 7-6　坐标轮换法程序框图

7.5　Powell 法

Powell 法基于坐标轮换法，不用求导数，在迭代过程中逐次产生共轭搜索方向。对于正定（有极小值）二次函数，经过 n 轮迭代后求得极小点；对于非二次函数，一般也具有较高的收敛速度。Powell 法是求解无约束优化问题的最好方法。将其与惩罚函数结合，可以处理有约束最优化问题。以二元二次函数为例，说明 Powell 法的优化过程。初始 Powell 法一般分为两轮搜索：

(1) 第一轮　从 $\boldsymbol{X}^{(0)}=\boldsymbol{X}_0^{(1)}$ 出发，沿着 e_1、e_2 搜索至 $\boldsymbol{X}_1^{(1)}$、$\boldsymbol{X}_2^{(1)}$，再沿着 $\boldsymbol{S}_1=\boldsymbol{X}_2^{(1)}-\boldsymbol{X}_0^{(1)}$ 搜索至 $\boldsymbol{X}^{(1)}$。

(2) 第二轮　从 $\boldsymbol{X}^{(1)}=\boldsymbol{X}_0^{(2)}$ 出发，沿着 $\boldsymbol{e}_2$、$\boldsymbol{S}_1$ 搜索至 $\boldsymbol{X}_1^{(2)}$、$\boldsymbol{X}_2^{(2)}$，再沿着 $\boldsymbol{S}_2=\boldsymbol{X}_2^{(2)}-\boldsymbol{X}_0^{(2)}$ 搜索至 $\boldsymbol{X}^{(2)}$。

对于二元二次函数，两轮搜索的结果 $\boldsymbol{X}^{(2)}$，就是函数的极小点 $\boldsymbol{X}^*$，即 $\boldsymbol{X}^* = \boldsymbol{X}^{(2)}$。

下一轮搜索方向组的生成：去掉前一轮搜索组中第一个方向，并将最后一个方向用前一轮生成的新方向替换。初始 Powell 法的特点如下：

1）Powell 法形成的两个新方向 $\boldsymbol{S}_1$ 和 $\boldsymbol{S}_2$ 共轭。

2）形成的新搜索方向组可能线性相关（平行）。如 $\boldsymbol{e}_2$ 与 $\boldsymbol{S}_1$ 平行。这样，对于下一轮搜索 $\boldsymbol{e}_2$、$\boldsymbol{S}_1$，实际上就是沿着一个方向 $\boldsymbol{e}_2$ 进行。这种现象称为“退化”。“退化”使搜索过程总是在某个降维的领域（二维在直线、三维在平面）内进行，其结果导致无法求得目标函数的最小值。这是初始 Powell 法的固有缺陷。

针对初始 Powell 法可能产生的退化现象，应选取 n 个线性无关且尽可能共轭的方向作为下一轮的搜索方向组，这就是 Powell 改进算法的基本思想。即形成新的搜索方向组时，不是固定的去掉前一次搜索方向组中的第一个方向，而是首先根据 Powell 条件，判断原方向组是否需要替换。若需要，则进一步判断原方向组中那个方向最坏，并以前一轮新生成的搜索方向替换本轮中的这个最坏方向。Powell 改进算法条件描述如下：

$$\begin{cases} f_3 < f_1 \\ (f_1 + f_3 - 2f_2)(f_1 - f_2 - \Delta_m^{(k)})^2 < 0.5\Delta_m^{(k)}(f_1 - f_3)^2 \end{cases} \tag{7-22}$$

其中

$$\begin{cases} f_1 = f(\boldsymbol{X}_0^{(k)}),\ f_2 = f(\boldsymbol{X}_n^{(k)}),\ f_3 = f(\boldsymbol{X}_{n+1}^{(k)}) \\ \Delta_m^{(k)} = \max\limits_{1 \leqslant i \leqslant n} \Delta_i^{(k)} = \max\limits_{1 \leqslant i \leqslant n}(f(\boldsymbol{X}_{i-1}^{(k)}) - f(\boldsymbol{X}_i^{(k)})) = f_{m-1} - f_m \end{cases} \tag{7-23}$$

式中　$\boldsymbol{X}_0^{(k)}$——第 k 轮搜索的初始点；

$\boldsymbol{X}_n^{(k)}$——第 k 轮第 n 次搜索的最小点；

$\boldsymbol{X}_{n+1}^{(k)} = 2\boldsymbol{X}_n^{(k)} - \boldsymbol{X}_0^{(k)}$（关于 $\boldsymbol{X}_n^{(k)}$ 点的反射点）。

如果在第 k 轮搜索中，满足式（7-22）的条件，则选用新方向 $\boldsymbol{S}_{n+1}^{(k)}$，并在第 $k+1$ 轮搜索中用它替换换上值下降最大 $\Delta_m^{(k)}$ 的相应方向 $\boldsymbol{S}_m^{(k)}$，则方向组为（$\boldsymbol{S}_1^{(k)}$，$\boldsymbol{S}_2^{(k)}$，…，$\boldsymbol{S}_{m-1}^{(k)}$，…，$\boldsymbol{S}_n^{(k)}$）；否则仍用原方向组（$\boldsymbol{S}_1^{(k)}$，$\boldsymbol{S}_2^{(k)}$，…，$\boldsymbol{S}_n^{(k)}$）进行第 $k+1$ 轮搜索。

Powell 改进算法描述如下：

1）给定初始点 $\boldsymbol{X}^{(0)}$、收敛精度 ε。

2）依次设定 n 个坐标轴的单位矢量 $\boldsymbol{e}_i$（$i=1$，2，…，n）为搜索方向 $\boldsymbol{S}_i^{(k)}$，且令 $k=1$。

3）从 $\boldsymbol{X}_0^{(k)}$ 点出发，依次沿 $\boldsymbol{S}_i^{(k)}$ 进行一维搜索，分别得到 n 个极小点 $\boldsymbol{X}_i^{(k)} = \boldsymbol{X}_{i-1}^{(k)} + \alpha_i^{(k)}\boldsymbol{S}_i^{(k)}$。

4）连接 $\boldsymbol{X}_0^{(k)}$ 和 $\boldsymbol{X}_n^{(k)}$ 构成新方向 $\boldsymbol{S}^{(k)}$，沿新生方向 $\boldsymbol{S}^{(k)}$ 计算 $\boldsymbol{X}_0^{(k)}$ 的反射点 $\boldsymbol{X}_{n+1}^{(k)} = 2\boldsymbol{X}_n^{(k)} - \boldsymbol{X}_0^{(k)}$。

5）计算 k 轮中各相邻极小点目标函数的差值，并找出其中的最大差值及相应的方向：

① $\Delta_m^{(k)} = \max\limits_{1 \leqslant i \leqslant n} \Delta_i^{(k)} = \max\limits_{1 \leqslant i \leqslant n}(f(\boldsymbol{X}_{i-1}^{(k)}) - f(\boldsymbol{X}_i^{(k)}))(i=1,2,\cdots,n)$

② $\boldsymbol{S}_m^{(k)} = \boldsymbol{X}_{m-1}^{(k)} - \boldsymbol{X}_m^{(k)}$

6）计算 k 轮初始点、终点和反射点的函数值：

$$f_1 = f(\boldsymbol{X}_0^{(k)}),\ f_2 = f(\boldsymbol{X}_n^{(k)}),\ f_3 = f(\boldsymbol{X}_{n+1}^{(k)})$$

7）由式（7-22）判别原方向组是否需替换：若满足条件，则以 $\boldsymbol{X}^{(k)}$ 作为 $k+1$ 轮迭代

的起始点 $X_0^{(k+1)}$，并剔除方向 $S_m^{(k)}$，将方向 $S^{(k)}$ 增至 $k+1$ 轮迭代的最后一个搜索方向。若不满足条件，则仍采用第 k 轮迭代方向进行 $k+1$ 轮迭代。

8）检查是否满足收敛性判别准则：若 $\| f(X_0^{(k+1)}) - f(X_0^{(k)}) \| < \varepsilon$，则停止迭代，输出极小点 $X_0^{(k+1)}$ 及函数值 $f(X_0^{(k+1)})$；若不满足收敛准则，则 $k=k+1$，并转向 3)。

Powell 改进算法搜索方向确定示意图如图 7-7 所示。

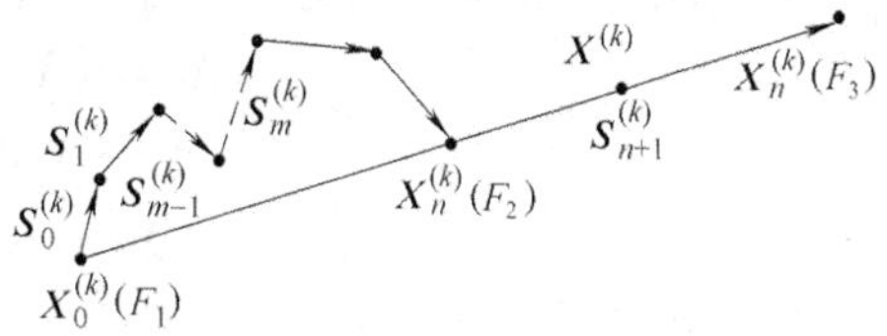

图 7-7　Powell 改进算法搜索方向确定示意图

根据 Powell 改进算法的算法描述，可画出其计算程序框图，如图 7-8 所示。

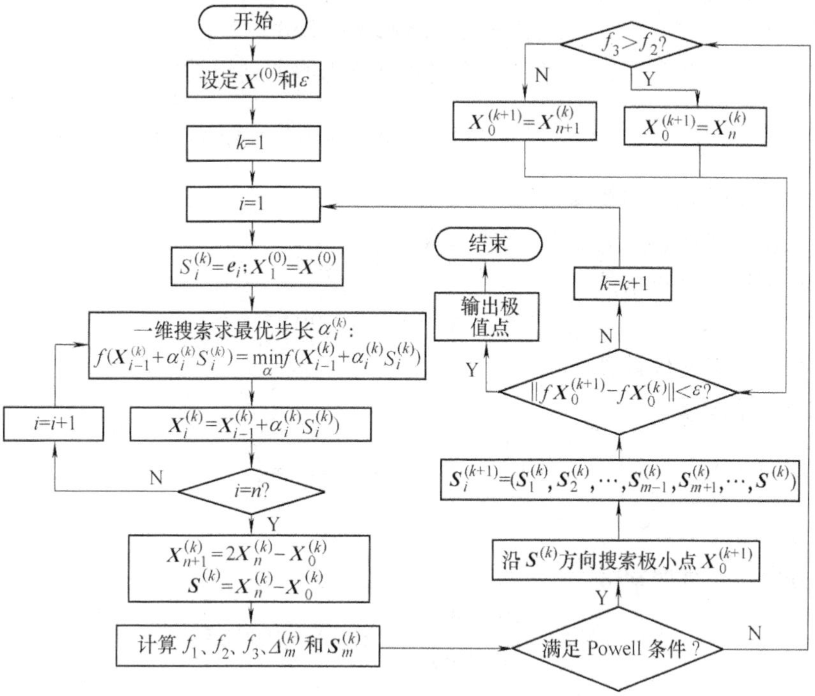

图 7-8　Powell 改进算法程序框图

例 7-4　试用 Powell 改进算法求函数 $f(X)=10(x_1+x_2-5)^2+(x_1-x_2)^2$ 的极小值，设初始点 $X^{(0)}=(x_1^{(0)},x_2^{(0)})^T=(0,0)^T$，收敛要求 $\varepsilon=10^{-2}$。

解：1. 第一轮迭代计算

$$X_0^{(1)}=\begin{pmatrix}0\\0\end{pmatrix},\ f_1=f(X_0^{(1)})=250,\ S_1^{(1)}=e_1=\begin{pmatrix}1\\0\end{pmatrix},\ S_2^{(1)}=e_2=\begin{pmatrix}0\\1\end{pmatrix}$$

沿第一坐标轴方向 e_1 进行一维搜索

$$\min f(X_0^{(1)}+\lambda S_1^{(1)})=11\lambda^2-100\lambda+250$$

得　$\lambda=\dfrac{50}{11}$，$X_1^{(1)}=X_0^{(1)}+\lambda S_1^{(1)}=\begin{pmatrix}0\\0\end{pmatrix}+\dfrac{50}{11}\begin{pmatrix}1\\0\end{pmatrix}=\begin{pmatrix}4.546\\0\end{pmatrix}$，$f(X_1^{(1)})=22.727$。

以 $X_1^{(1)}$ 为起点，改沿第二坐标轴方向 e_2 进行一维搜索

$$\min f(X_1^{(1)}+\lambda S_2^{(1)})=10(4.5455+\lambda-5)^2+(4.5455-\lambda)^2$$

得 $\lambda=0.826$，$X_2^{(1)}=X_1^{(1)}+\lambda S_2^{(1)}=\begin{pmatrix}4.546\\0\end{pmatrix}+0.826\begin{pmatrix}0\\1\end{pmatrix}=\begin{pmatrix}4.546\\0.826\end{pmatrix}$，$f_2=f(X_2^{(1)})=15.215$。

确定此轮中的最大函数下降量及其相应的方向

$$\Delta_1=f(X_0^{(1)})-f(X_1^{(1)})=227.273$$
$$\Delta_2=f(X_1^{(1)})-f(X_2^{(1)})=7.513$$
$$\Delta_m=\max(\Delta_1,\Delta_2)=227.273$$

反射点及其函数值为

$$X_3^{(1)}=2X_2^{(1)}-X_0^{(1)}=2\begin{pmatrix}4.546\\0.826\end{pmatrix}-\begin{pmatrix}0\\0\end{pmatrix}=\begin{pmatrix}9.091\\1.653\end{pmatrix},\ f_3=f(X_3^{(1)})=385.239$$

检验 Powell 条件

$$f_3=385.239>f_1=250$$

由于不满足 Powell 条件，所以第二轮搜索仍可用原方向组的方向，即

$$S_1^{(2)}=S_1^{(1)}=e_1=\begin{pmatrix}1\\0\end{pmatrix},\ S_2^{(2)}=S_2^{(1)}=e_2=\begin{pmatrix}0\\1\end{pmatrix}$$

因为 $f_2=15.215<f_3=385.239$

所以第二轮迭代初始点为 $X^{(1)}=X_0^{(2)}=X_2^{(1)}$

按点距准则检验终止条件

$$\|X^{(1)}-X^{(0)}\|=4.6204>\varepsilon$$

故需进行第二轮迭代计算。

2. 第二轮迭代计算

此轮方向组为 $S_1^{(2)}=S_1^{(1)}=e_1=\begin{pmatrix}1\\0\end{pmatrix}$，$S_2^{(2)}=S_2^{(1)}=e_2=\begin{pmatrix}0\\1\end{pmatrix}$

起始点 $X^{(1)}=X_0^{(2)}=X_2^{(1)}$

沿 $S_1^{(2)}$ 方向作一维搜索得

$$X_1^{(2)}=\begin{pmatrix}3.869\\0.826\end{pmatrix},\ f(X_1^{(2)})=10.185$$

以 $X_1^{(2)}$ 为起始点沿 $S_2^{(2)}$ 方向一维搜索得

$$X_2^{(2)}=\begin{pmatrix}3.869\\1.380\end{pmatrix},\ f(X_2^{(2)})=6.818$$

确定此轮中最大函数下降量及其相应方向

$$\Delta_1=f(X_0^{(2)})-f(X_1^{(2)})=5.030$$
$$\Delta_2=f(X_1^{(2)})-f(X_2^{(2)})=3.367$$
$$\Delta_m=\max(\Delta_1,\Delta_2)=5.03$$

确定反射点及其函数值

$$X_3^{(2)}=2X_2^{(2)}-X_0^{(2)}=\begin{pmatrix}3.193\\1.930\end{pmatrix}$$
$$f_3=f(X_3^{(2)})=1.747$$

且 $f_1=f(X_0^{(2)})=15.215$，$f_2=f(X_2^{(2)})=6.818$

检验 Powell 条件

$$f_3 = 1.747 < f_1 = 15.215$$

$$(f_1 + f_3 - 2f_2)(f_1 - f_2 - \Delta_m^{(k)})^2 = 37.702 < 0.5\Delta_1^{(2)}(f_1 - f_3)^2 = 456.145$$

满足 Powell 条件，应淘汰函数值下降量最大的方向组 $\boldsymbol{S}_1^{(2)} = \boldsymbol{e}_1$，故下轮的基本方向为

$$\boldsymbol{S}_1^{(3)} = \boldsymbol{e}_2,\ \boldsymbol{S}_2^{(3)} = \boldsymbol{S}_3^{(2)} = \boldsymbol{X}_2^{(2)} - \boldsymbol{X}_0^{(2)} = \begin{pmatrix} -0.676 \\ 0.553 \end{pmatrix}$$

沿 $\boldsymbol{S}_2^{(3)}$ 方向作一维搜索得

$\boldsymbol{X}^{(2)} = \begin{pmatrix} 2.469 \\ 2.525 \end{pmatrix}$，$f(\boldsymbol{X}^{(2)}) = 0.00352$ 为下一轮迭代初始点

检验终止条件

$$\| \boldsymbol{X}^{(2)} - \boldsymbol{X}^{(1)} \| = 2.6834 > \varepsilon$$

故需进行第三轮迭代计算。

3. 第二轮迭代计算

第三轮搜索方向

$$\boldsymbol{S}_1^{(3)} = \begin{pmatrix} 0 \\ 1 \end{pmatrix},\ \boldsymbol{S}_2^{(3)} = \begin{pmatrix} -0.676 \\ 0.553 \end{pmatrix}$$

搜索起始点为

$$\boldsymbol{X}_0^{(3)} = \begin{pmatrix} 3.755 \\ 1.473 \end{pmatrix}$$

分别沿 $\boldsymbol{S}_1^{(3)}$ 和 $\boldsymbol{S}_2^{(3)}$ 进行一维搜索，得

$$\boldsymbol{X}^{(3)} = \begin{pmatrix} 2.469 \\ 2.525 \end{pmatrix}$$

检验终止条件

$$\| \boldsymbol{X}^{(3)} - \boldsymbol{X}^{(2)} \| = 0 < \varepsilon$$

故最优解为

$$\boldsymbol{X}^* = \begin{pmatrix} 2.469 \\ 2.525 \end{pmatrix},\ f(\boldsymbol{X}^*) = 0.00352$$

7.6　无约束优化方法的 MATLAB 程序及实例

例 7-5　利用 MATLAB 编程实现基于梯度法的函数 $f(\boldsymbol{X}) = x_1(x_1 - 2x_2 - 5) + x_2(3x_2 - 7)$ 极小值的确定，初始点 $\boldsymbol{X}^{(0)} = (0,0)^{\mathrm{T}}$。

解：参考图 7-1 所示的梯度法流程框图，梯度法 MATLAB 实现程序如下：

```
% ****** gradOptimizMethod.m ****** %
clc
clear
x = [0;0];% 设置搜索起始点
eps = 0.01;% 精度
g = detaf(x);% 设定目标函数并计算起始点对应的函数梯度
```

```
nc = 0;% 迭代次数
syms alpha;
while norm(g) > eps
    s = -g'/norm(g);% 设置该点负梯度方向为搜索方向
    tt = subs(x) + alpha * subs(s);
    ff = fx(tt(1),tt(2));
    ff = inline(ff);
     [minx,maxx] = forwardBackward(ff,1,0.1);
     t = quadraticInterpolation(ff,minx,maxx);% 一维搜索最优步长因子
     x = x + t * s;
     g = detaf(x);
     f = fx(x(1),x(2));
     gradeValue = norm(g);
     nc = nc + 1;
     fprintf('*********** 第% d 次搜索结果为 *************',nc);
     x
     g
     gradeValue
     s
     t
     f
    end
    % ****** fx.m ****** %
    % 设定目标函数
    function f = fx(x1,x2)
    f = x1^2 + 25 * x2^2;
    f = x1 * (x1-2 * x2-5) + x2 * (3 * x2-7);
    %  目标函数表达式
    end
    % ****** deta.m ****** %
    % 求解目标函数的梯度
    function [gradf] = detaf(x);
    % detaf:∇f
    % 目标函数:f;
    % 函数梯度:df;
    % 设计变量:x;
    gradf(1) = 2 * x(1)-2 * x(2)-5;
    gradf(2) = 6 * x(2)-2 * x(1)-7;
    end
```

计算结果为:

x =　　5.4961　　2.9979

g =　　-0.0035　　-0.0049

gradeValue =　　　0.0061

s =　　0.8137　　-0.5812

t =　　0.0024

f =　　-24.2500

例 7-6　利用 MATLAB 编程实现基于牛顿法的函数 $f(\boldsymbol{X}) = x_1^2 + 5x_2^2 - 2x_1x_2$ 极小值的确定，初始点 $\boldsymbol{X}^{(0)} = (2,2)^{\mathrm{T}}$。

解：参考图 7-3 所示的牛顿法流程框图，牛顿法 MATLAB 实现程序如下：

```
% ****** NewtonMethod.m ****** %
clc
clear
x0 = [2;2];% 设置搜索起始点
syms x1 x2 fx1 fx2;
f = 'x1^2 +5 * x2^2 -2 * x1 * x2 ';
objectFun = inline(f,'x1','x2');
% f = inline(f,'x1','x2');
fx1 = diff(f,x1);
fx2 = diff(f,x2);
f2x1 = diff(fx1,x1);
f2x2 = diff(fx2,x2);
fx1x2 = diff(fx1,x2);
G = [f2x1 fx1x2;fx1x2 f2x2];% 获得海森矩阵
gx1 = inline(fx1);
gx2 = inline(fx2);
inverseG = inv(G);% 海森矩阵逆矩阵
gx1Value = feval(gx1,x0(1),x0(2));
gx2Value = feval(gx2,x0(1),x0(2));
deltf = 1;
while deltf ~ = 0
   deltf = [feval(gx1,x0(1),x0(2));feval(gx2,x0(1),x0(2))];
   x = x0-inverseG * deltf;
   x0 = x;
end
objectPoint = x0
fmin = feval(objectFun,x0(1),x0(2))
```

计算结果为：

objectPoint = [0, 0]

fmin = 0

例 7-7　利用 MATLAB 编程实现基于阻尼牛顿法的函数 $f(\boldsymbol{X}) = x_1^2 + 5x_2^2 - 2x_1x_2$ 极小值的确定，初始点 $\boldsymbol{X}^{(0)} = (5,\ 0.5)^{\mathrm{T}}$，收敛精度 $\varepsilon = 0.001$。

解：参考图 7-4 所示的阻尼牛顿法流程框图，阻尼牛顿法 MATLAB 实现程序如下：

```
% ****** grampNewTonOptimizMethod.m ****** %
```

```
clc
clear
eps =0.001;% 精度
x0 =[5;0.5];% 设置搜索起始点
syms x1 x2 fx1 fx2 alpha;
f ='x1^2 +5 * x2^2-2 * x1 * x2 ';
objectFun = inline(f,'x1','x2');
fx1 =diff(f,x1);
fx2 =diff(f,x2);
f2x1 =diff(fx1,x1);
f2x2 =diff(fx2,x2);
fx1x2 =diff(fx1,x2);
G =[f2x1 fx1x2;fx1x2 f2x2];% 获得海森矩阵
gx1 = inline(fx1);
gx2 = inline(fx2);
inverseG = inv(G);
gx1Value = feval(gx1,x0(1),x0(2));
gx2Value = feval(gx2,x0(1),x0(2));
deltf =[feval(gx1,x0(1),x0(2));feval(gx2,x0(1),x0(2))];% 当前迭代点梯度
modelf =norm(deltf);
while modelf >eps
    x =x0-alpha * inverseG * deltf;
    falpha = feval(objectFun,x(1),x(2));
    falpha = inline(falpha);% 目标函数转化为 α 函数
    [minx,maxx] = forwardBackward(falpha,1,0.1);
    t =quadraticInterpolation(falpha,minx,maxx);
    x =x0-t * inverseG * deltf;
    x0 =x;
    deltf =[feval(gx1,x0(1),x0(2));feval(gx2,x0(1),x0(2))];
    modelf =norm(subs(deltf));
end
objectPoint = subs(x0)
fmin = subs(feval(objectFun,x0(1),x0(2)))
```

计算结果为：

objectPoint = [0.5 e-004, 0.05 e-004]

fmin =2.1250e-009

例 7-8　利用 MATLAB 编程实现基于变尺度法的函数 $f(\boldsymbol{X}) = x_1^2 + x_2^2 - x_1x_2 - 10x_1 - 4x_2 + 60$ 极小值的确定，初始点 $\boldsymbol{X}^{(0)} = [0,0]^{\mathrm{T}}$，收敛精度 $\varepsilon = 0.001$。

解：参考图 7-5 所示的变尺度法流程框图，变尺度法 MATLAB 实现程序如下：

```
% ****** DFPMethod.m ****** %
clc
clear
```

```
eps = 0.001;% 精度
x0 = [5;0.5];% 设置搜索起始点
syms x1 x2 fx1 fx2 alpha;
f = 'x1^2 + x2^2 - x1 * x2 - 10 * x1 - 4 * x2 + 60';
objectFun = inline(f,'x1','x2');
n = length(x0);% 问题维数
k = 0;% 问题求解次数
fx1 = diff(f,x1);
fx2 = diff(f,x2);
gx1 = inline(fx1);
gx2 = inline(fx2);
deltf = [feval(gx1,x0(1),x0(2));feval(gx2,x0(1),x0(2))];% 当前迭代点梯度
modelf = norm(deltf);
A = [1 0;0 1];
while modelf > eps
   x = x0 - alpha * A * deltf;
   falpha = feval(objectFun,x(1),x(2));
   falpha = inline(falpha);% 目标函数转化为α函数
   [minx,maxx] = forwardBackward(falpha,1,0.1);
   t = quadraticInterpolation(falpha,minx,maxx);
   x = x0 - t * A * deltf;
   if k == n
         x0 = x;
         A = [1 0;0 1];
         k = 0;
         deltf = [feval(gx1,x0(1),x0(2));feval(gx2,x0(1),x0(2))];
         continue;
   else
         g2 = [feval(gx1,x(1),x(2));feval(gx2,x(1),x(2))];
         g1 = [feval(gx1,x0(1),x0(2));feval(gx2,x0(1),x0(2))];
         deltg = g2 - g1;
         deltx = x - x0;
   deltA = (deltx * transpose(deltx))/(transpose(deltx) * deltx) - (A * deltg * trans-
pose(deltg) * A)/(transpose(deltg) * A * deltg);
         A = A + deltA;
         deltf = [feval(gx1,x(1),x(2));feval(gx2,x(1),x(2))];
         modelf = norm(subs(deltf));
         k = k + 1;
         x0 = x;
   end
end
objectPoint = subs(x0)
fmin = subs(feval(objectFun,x0(1),x0(2)))
```

计算结果为：

objectPoint = [8.0000， 6.0000]

fmin = 8

例 7-9 利用 MATLAB 编程实现基于坐标轮换法的函数 $f(\boldsymbol{X})=100(x_1+x_2-5)^2+(x_1-x_2)^2$ 极小值的确定，初始点 $\boldsymbol{X}^{(0)}=[0,\ 0]^{\mathrm{T}}$，收敛精度 $\varepsilon=0.001$。

解： 参考图 7-6 所示的坐标轮换法流程框图，变尺度法 MATLAB 实现程序如下：

```
% ****** coordinateAltMethod.m ****** %
clc
clear
eps = 0.001;% 精度
x0 = [0;0];% 设置搜索起始点
syms x1 x2 fx1 fx2;
f = '100 * (x1 + x2 -5)^2 + (x1 -x2)^2';
objectFun = inline(f,'x1','x2');
n = length(x0);% 问题维数
e = [1 0;0 1];
for k = 1:n% 搜索轮次
      for i = 1:n% 迭代次数
            syms alpha;
            x = x0 + alpha * transpose(e(2 * i-1:2 * i));
            falpha = feval(objectFun,x(1),x(2));
            falpha = inline(falpha);% 目标函数转化为 α 函数
            [minx,maxx] = forwardBackward(falpha,1,0.1);
            t = quadraticInterpolation(falpha,minx,maxx);
            x = x0 + t * transpose(e(2 * i-1:2 * i));
            if i ~ = n
                  x0 = x;
            end
      end
      deltx = x-x0;
      f2 = feval(objectFun,x(1),x(2));
      f1 = feval(objectFun,x0(1),x0(2));
      if(norm(deltx) < eps &&f2 < f1)
            x0 = x;
            break;
      else
            x0 = x;
            k = k + 1;
      end
end
objectPoint = subs(x0)
fmin = subs(feval(objectFun,x(1),x(2)))
```

计算结果为：

objectPoint = [2.5, 2.5]

fmin = 8.6821e-014

本章习题

7-1　试用梯度法求解目标函数 $f(\boldsymbol{X}) = x_1^2 + x_2^2 - x_1x_2 - 10x_1 - 4x_2 + 60$ 的极小值，设初始点 $\boldsymbol{X}^{(0)} = (x_1^{(0)}, x_2^{(0)})^{\mathrm{T}} = (0,0)^{\mathrm{T}}$，收敛要求 $\varepsilon = 10^{-2}$。

7-2　利用 MATLAB 编程实现基于阻尼牛顿法的函数 $f(\boldsymbol{X}) = x_1^2 + 25x_2^2$ 极小值的确定，初始点 $X(0) = (2,2)^{\mathrm{T}}$。

7-3　利用 MATLAB 编程实现基于变尺度法的函数 $f(\boldsymbol{X}) = x_1^2 + 2x_2^2 - 2x_1x_2 - 4x_1 + x_2$ 极小值的确定，初始点 $\boldsymbol{X}^{(0)} = (1,1)^{\mathrm{T}}$，收敛精度 $\varepsilon = 0.001$。

7-4　利用 MATLAB 编程实现基于坐标轮换法的函数 $f(\boldsymbol{X}) = x_1^2 + x_2^2 - x_1x_2 - 10x_1 - 4x_2 + 60$ 极小值的确定，初始点 $\boldsymbol{X}^{(0)} = (0,0)^{\mathrm{T}}$，收敛精度 $\varepsilon = 0.001$。

7-5　试分析坐标轮换法、变尺度法和 Powell 法的特点。

7-6　用 Powell 法求函数 $f(\boldsymbol{X}) = (x_1 - 2)^2 + (x_1 - 2x_2)^2$ 的极小值。

第 8 章　有约束优化方法

【内容】

本章介绍多维有约束的优化方法，主要包括随机方向法、拉格朗日乘子法、惩罚函数法、复合形法，每种方法通过算法分析、程序框图以及实例分析进行介绍。其中，对惩罚函数法从内点法、外点法以及混合法三个方面进行探讨。最后通过 MATLAB 实例求解讨论有约束优化方法的求解过程。

【目的】

了解有约束优化方法的基本概念和处理问题步骤，重点掌握拉格朗日乘子法和惩罚函数法的求解过程，能够通过 MATLAB 工具实现有约束优化方法的求解。

机械优化设计问题大多数属于有约束优化问题，其数学模型可表示为

$$\begin{cases} \min f(\boldsymbol{X}), \boldsymbol{X} \in \boldsymbol{R}^n \\ \text{s. t. } g_i(\boldsymbol{X}) \leqslant 0, i=1,2,\cdots,m \\ h_j(\boldsymbol{X})=0, j=1,2,\cdots,p, p<n \end{cases} \tag{8-1}$$

按照对约束条件处理的方法的不同，分为两种解法：

1. 直接法

直接法直接处理约束条件，不需计算函数梯度，如约束坐标轮换法、随机方向法、复合形法等。该类方法的基本思想是设法把每一次迭代点都限制在可行域内，且一步一步降低函数值直至最后获得在可行域内的约束最优解。迭代的过程中，选择的搜索方向和迭代步长需经过可行性和适用性条件的检查。即每次迭代过程中，要判断下一个迭代点是否在可行域内，而且检查函数值是否下降。直接法算法简单、直观性强，对函数无特殊要求，但由于计算量大、收敛慢，而效率低下，所以该类方法适用于维数低、收敛精度要求不高但目标函数较复杂的问题。

2. 间接法

将约束优化问题中的约束函数进行特殊的加权处理后，和目标函数结合起来，构成一个新的目标函数，即将约束优化问题转化成为一个或一系列的无约束优化问题，再对新的目标函数进行无约束优化计算，从而间接地搜索到原约束优化问题的最优解。该方法易于处理，同时具有等式和不等式约束问题，因而获得广泛的应用。其中最具代表性的方法是惩罚函数法，当然对于仅有等式约束的问题，可应用拉格朗日乘子法进行转换。间接法的基础是无约束优化方法，而且可以有效处理具有等式约束的约束优化问题，但是如果加权因子选取不当，会影响算法的收敛速度和精度，甚至会导致计算失败。

8.1　随机方向法

随机方向法是约束优化问题中经常采用的一种直接求解方法。它适于解决带有不等式约束的优化问题。在不破坏约束条件的前提下，从选定的初始可行点 $\boldsymbol{X}^{(0)}$ 出发，相继沿着 n 个随机产生的搜索方向 $\boldsymbol{e}^{(k)}$（$k=1$，2，…，n），以定步长 α_0 搜索得到 n 个试验点 $\boldsymbol{X}^{(k)}$（$k=1$，2，…，n），然后计算比较 n 个试验点处的函数值 $f(\boldsymbol{X}^{(k)})$，找出其中的最小点 $\boldsymbol{X}_{\mathrm{L}}$。

若 $f(\boldsymbol{X}_{\mathrm{L}}) \geqslant f(\boldsymbol{X}^{(0)})$，则缩短步长 α_0，或重新产生 N 个随机方向，重复前面的过程；

1）若 $f(\boldsymbol{X}_{\mathrm{L}}) < f(\boldsymbol{X}^{(0)})$，则继续沿方向 $\boldsymbol{S}=\boldsymbol{X}_{\mathrm{L}}-\boldsymbol{X}^{(0)}$，并令 $\boldsymbol{X}^{(0)}=\boldsymbol{X}_{\mathrm{L}}$，以适当步长 α 向前跨步，得到新点 $\boldsymbol{X}^{(1)}=\boldsymbol{X}^{(0)}+\alpha S$。

2）若 $f(\boldsymbol{X}^{(1)}) < f(\boldsymbol{X}_{\mathrm{L}})$，则将新的起始点移到 $\boldsymbol{X}^{(1)}$，重复前面的过程进行新一轮搜索。

3）若 $f(\boldsymbol{X}^{(1)}) > f(\boldsymbol{X}_{\mathrm{L}})$，则应缩短步长 α，直至取得一个好的可行点作为新一轮搜索的起始点。如此周而复始，当迭代步长 α 已经很小时，说明搜索已逼近约束最优点。达到精度要求时，即可终止迭代计算。

随机方向法一般迭代计算公式为

$$\boldsymbol{X}^{(k+1)}=\boldsymbol{X}^{(k)}+\alpha\boldsymbol{S}^{(k)}\ (k=0,1,\cdots) \tag{8-2}$$

式中，α 为步长，$\boldsymbol{S}^{(k)}$ 为第 k 次迭代的随机探索方向。

因此随机方向探索法的计算过程可归结为

$$\begin{cases}\boldsymbol{X}^{(k+1)}=\boldsymbol{X}^{(k)}+\alpha\boldsymbol{S}^{(k)}\\ f(\boldsymbol{X}^{(k+1)})<f(\boldsymbol{X}^{(k)})\\ g_u(\boldsymbol{X}^{(k)})\leqslant 0\ (u=1,2,\cdots,m)\end{cases} \tag{8-3}$$

随机方向法的初始点必须是可行点，即满足式（8-3）中的全部约束条件。当约束条件比较简单时，可在约束可行域内人为确定初始点。当问题的约束条件较为复杂时，靠判断选择初始可行点较困难，这时可借助计算机中的随机数发生器，通过随机投点方法，产生随机但可行的初始点。设给定设计变量的上下限值为

$$a_i \leqslant x_i \leqslant b_i \quad (i=1,2,\cdots,n) \tag{8-4}$$

则产生的随机点的各分量为

$$x_i^{(0)}=a_i+r_i(b_i-a_i) \quad (i=1,2,\cdots,n) \tag{8-5}$$

其中，r_i 为［0，1］区间上的随机数。还需对点 $\boldsymbol{X}^{(0)}$ 进行可行性检验，即是否满足

$$g_j(\boldsymbol{X}^{(0)}) \leqslant 0 \quad (j=1,2,\cdots,m) \tag{8-6}$$

若满足，$\boldsymbol{X}^{(0)}$ 可作为初始点；否则，则应另取随机数重新产生随机点，直到得到一个可行的随机点为止。

利用计算机中的随机数发生器，在区间［－1，1］上产生一组随机数方法 r_1、r_2、…、r_n（n 为变量的维数），则随机搜索方向为

$$\boldsymbol{e}=[e_1,e_2,\cdots,e_n]^{\mathrm{T}}=[r_1,r_2,\cdots,r_n]^{\mathrm{T}}/(\sum r_i^2)^{0.5} \tag{8-7}$$

$\|\boldsymbol{e}\|=1$，$\boldsymbol{e}$ 是一个单位矢量。

要产生 N 个随机搜索方向 $\boldsymbol{e}^{(k)}(k=1,2,\cdots,N)$，需要产生 N 组随机数 $r_i^{(k)}$（$i=1$，2，…，

n；$k=1, 2, \cdots, N$)。

随机方向法算法描述如下：

1）给定设计变量上下界矢量 la、ub 及收敛精度 ε_1 和 ε_2，并令初始步长 $\alpha=1$。

2）由式（8-5）随机产生可行初始点 $\boldsymbol{X}^{(0)}$。

3）检验 $\boldsymbol{X}^{(0)}$ 是否满足式（8-6）所示的约束条件：若满足，则转向 4)；若不满足，转向 2)。

4）随机产生 N 个搜索方向，并进行归一化处理形成单位矢量 $\boldsymbol{e}^{(j)}$。

5）从点 $\boldsymbol{X}^{(0)}$ 出发沿单位矢量 $\boldsymbol{e}^{(j)}$ 进行搜索：$\boldsymbol{X}^{(j)}=\boldsymbol{X}^{(0)}+\alpha\boldsymbol{e}^{(j)}$。

6）计算 $f(\boldsymbol{X}^{(j)})$，并选出函数值最小值对应点 $\boldsymbol{X}^{(L)}$ 作为新的迭代点 $\boldsymbol{X}^{(L)}=\boldsymbol{X}^{(0)}+\alpha\boldsymbol{e}^{(L)}$。

7）判断点 $\boldsymbol{X}^{(L)}$ 是否满足约束条件：若满足约束条件 $g_j(\boldsymbol{X}^{(L)})\leqslant 0$，且 $f(\boldsymbol{X}^{(L)})<f(\boldsymbol{X}^{(0)})$，则转向 8)；否则 $\alpha=0.7\alpha$，转向 4)。

8）检查是否满足收敛性判别准则：若 $\|\boldsymbol{X}^{(L)}-\boldsymbol{X}^{(0)}\|<\varepsilon_1$，且 $\|f(\boldsymbol{X}^{(L)})-f(X^{(0)})\|<\varepsilon_2$，则停止迭代，输出极小点 $\boldsymbol{X}^{(L)}$ 及函数值 $f(\boldsymbol{X}^{(L)})$；若不满足收敛准则，则 $\boldsymbol{X}^{(0)}=\boldsymbol{X}^{(L)}$，$\alpha=1.3\alpha$，转向 4)。

根据随机方向法的算法描述，可画出其计算程序框图，如图 8-1 所示。

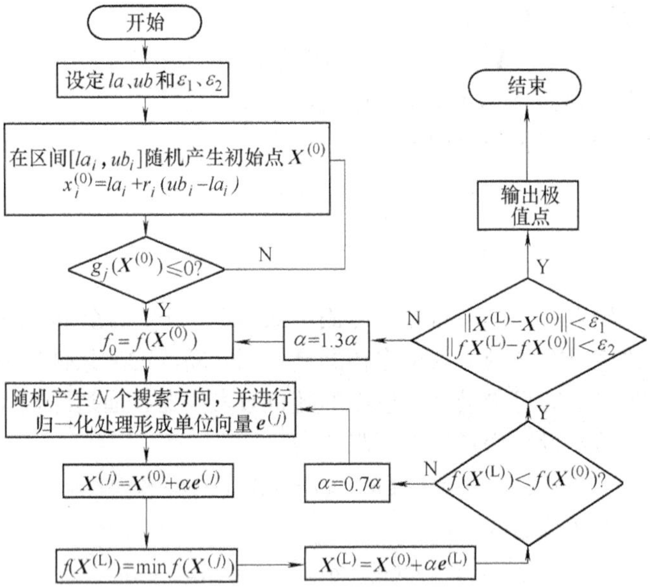

图 8-1　随机方向法程序框图

8.2　拉格朗日乘子法

拉格朗日乘子法是一种古典的方法，它给出了等式约束条件下，函数取得极值的必要条件。该方法将约束条件合并到目标函数中，形成新的目标函数，并对其优化。

对于等式约束问题

$$\begin{cases}\min f(\boldsymbol{X}), \boldsymbol{X} \in R^n \\ \text{s. t. } h_j(\boldsymbol{X}) = 0, j = 1,2,\cdots,p, p < n\end{cases}$$

引入拉格朗日函数

$$L(\boldsymbol{X},\lambda) = f(\boldsymbol{X}) + \sum_{j=1}^{p} \lambda_j h_j(\boldsymbol{X}) \tag{8-8}$$

其中，λ_j为拉格朗日乘子。转化后的无约束优化问题的极值条件为

$$\begin{aligned}&\frac{\partial L}{\partial x_i} = \frac{\partial f}{\partial x_i} + \sum_{j=1}^{p} \lambda_j \frac{\partial h_j}{\partial x_i} = 0, i = 1,2,\cdots,n \\ &\frac{\partial L}{\partial \lambda_j} = h_j = 0, j = 1,2,\cdots,p\end{aligned} \tag{8-9}$$

以上共有 $n+p$ 个方程，可解出 $\boldsymbol{X}_1^*$，$\boldsymbol{X}_2^*$，…，$\boldsymbol{X}_n^*$ 和 λ_1^*，λ_2^*，…，λ_p^*，共 $n+p$ 个未知量，则有

$$\begin{cases}\lambda_j h_j(\boldsymbol{X}^*) = 0, j = 1,2,\cdots,p \\ L(\boldsymbol{X}^*, \lambda^*) = f(\boldsymbol{X}^*)\end{cases} \tag{8-10}$$

由此推知，若 $\boldsymbol{X}^*$ 和 λ^* 是 $L(\boldsymbol{X}, \lambda)$ 的极小点，则 $\boldsymbol{X}^*$ 必为 $f(\boldsymbol{X})$ 的极小点。

对于不等式约束优化问题，可以设法引入松弛变量，使不等式变成等式，然后再按等式约束优化问题求解。如对于不等式约束条件：$g_1(\boldsymbol{X}) = x_1^2 + x_2^2 - 9 \leqslant 0$，引入松弛变量 x_3，使得$\overline{g_1}(\boldsymbol{X}) = x_1^2 + x_2^2 - 9 + x_3^2 = 0$，则对应的拉格朗函数为

$$L(\boldsymbol{X},\lambda) = f(\boldsymbol{X}) + \lambda \overline{g_1}(\boldsymbol{X})$$

为了便于在计算机上直接利用已有的寻优方法求解，一般引入 Z 函数，然后对 Z 函数求极小值，即可求得原问题的最优解。

$$Z = \sum_{i=1}^{n} \left(\frac{\partial L}{\partial x_i}\right)^2 + \sum_{j=1}^{p} (h_j(\boldsymbol{X}))^2 \tag{8-11}$$

例 8-1　使用拉格朗日乘子法求$\begin{cases}\min f(\boldsymbol{X}) = x_1^2 + x_2^2 \\ \text{s. t. } h(\boldsymbol{X}) = x_1 + x_2 - 2 = 0\end{cases}$的极小值。

解： 1）构造拉格朗日函数

$$L(\boldsymbol{X},\lambda) = f(\boldsymbol{X}) + \lambda h(\boldsymbol{X}) = x_1^2 + x_2^2 + \lambda(x_1 + x_2 - 2)$$

2）构成 Z 函数

$$\begin{cases}\dfrac{\partial L}{\partial x_1} = 2x_1 + \lambda \\ \dfrac{\partial L}{\partial x_2} = 2x_2 + \lambda \\ \dfrac{\partial L}{\partial \lambda} = x_1 + x_2 - 2\end{cases}$$

则 Z 函数为

$$Z = (2x_1 + \lambda)^2 + (2x_2 + \lambda)^2 + (x_1 + x_2 - 2)^2$$

3）利用无约束优化方法求解，如步骤 2）中的三个方程，令其等于零，联立求解，则可以得到

$$x_1^* = 1,\ x_2^* = 1,\ f(\boldsymbol{X}^*) = 2$$

8.3 惩罚函数法

惩罚函数法是将约束优化问题转化为无约束优化问题的一种解法。对于有约束优化问题

$$\begin{cases} \min f(\boldsymbol{X}) & \boldsymbol{X} \in \boldsymbol{R}^n \\ \text{s. t. } g_i(\boldsymbol{X}) \leqslant 0 & i=1,2,\cdots,m \\ h_j(\boldsymbol{X})=0 & j=1,2,\cdots,p<n \end{cases}$$

用类似于拉格朗日法的方法，可将上述问题中的不等式和等式约束函数经过加权转化，并和原目标函数构成新的目标函数，成为惩罚函数（简称罚函数）

$$\min \phi(\boldsymbol{X}, r_1^{(k)}, r_2^{(k)}) = f(\boldsymbol{X}) + r_1^{(k)} \sum_{u=1}^{m} G[g_i(\boldsymbol{X})] + r_2^{(k)} \sum_{v=1}^{p} H[h_j(\boldsymbol{X})] \tag{8-12}$$

G 是以不等式约束为自变量，而不等式约束是以 $\boldsymbol{X}$ 为自变量，所以 G 是 $\boldsymbol{X}$ 的泛函数，而且是考虑 m 个不等式约束的泛函。$r_1^{(k)}$ 是罚因子，是人为构造的一个正数。H 里面包括了 $h_j(\boldsymbol{X})$，$h_j(\boldsymbol{X})$ 就是等式约束里面左边这一项，它又是 H 变化的原因，所以 H 也是泛函，即函数的函数，而且 H 考虑了所有等式约束的变化，$r_2^{(k)}$ 也是一个罚因子或罚参数。k 是会发生变化的，是一系列因子。ϕ 就来表示后面三项的和，它的大小取决于 $\boldsymbol{X}$ 和罚因子 $r_1^{(k)}$ 和 $r_2^{(k)}$，罚因子本身随 k 发生变化，于是两个罚因子构成了一个序列。$r_1^{(k)}$ 和 $r_2^{(k)}$（$k=1,\ 2,\ \cdots$）为正。

采用无约束优化方法求解 $\phi(\boldsymbol{X}, r_1^{(k)}, r_2^{(k)})$ 的过程中，需要不断调整罚因子 $r_1^{(k)}$ 和 $r_2^{(k)}$（$k=1,\ 2,\ \cdots$）。每调整一次，求解一次 $\min\phi(\boldsymbol{X}, r_1^{(k)}, r_2^{(k)})$。这样就形成了一个无约束优化解的序列 $\boldsymbol{X}^*(r_1^{(k)}, r_2^{(k)})\boldsymbol{X}^*(\gamma_1^{(k)}, \gamma_2^{(k)})(k=1,2,\cdots)$。

在求解无约束优化问题的过程中，应保证约束条件不被破坏，以及无约束优化的解就是有约束优化的解。为了使 $\min\phi(\boldsymbol{X}, r_1^{(k)}, r_2^{(k)})$ 最后能收敛到约束目标函数 $f(\boldsymbol{X})$ 的最优解，其惩罚项必须具有下列性质

$$\begin{cases} \lim\limits_{k\to\infty} r_1^{(k)} \sum\limits_{u=1}^{m} G[g_i(\boldsymbol{X})] = 0 \\ \lim\limits_{k\to\infty} r_2^{(k)} \sum\limits_{j=1}^{p} H[h_j(\boldsymbol{X})] = 0 \end{cases} \tag{8-13}$$

所以

$$\lim_{k\to\infty} |\phi(\boldsymbol{X}, r_1^{(k)}, r_2^{(k)}) - f(\boldsymbol{X}^{(k)})| = 0$$

根据泛函 G 和 H 定义的不同以及罚因子调整的差异，惩罚函数法可分为外点法、内点法以及混合法三种。

8.3.1 内点法

内点法的起始点必须是可行点，其迭代点都在可行域内移动。对企图从内部穿越可行域的边界点施以惩罚。设计点离边界越近，惩罚越大。对边界上的点施加无穷大的惩罚，好像就在可行域的边界上设置很高的障碍，从而保障迭代点在可行域内，趋向于约束最优点。内点法惩罚函数一般表达式为

$$\phi(\boldsymbol{X},r^{(k)}) = f(\boldsymbol{X}) - r^{(k)}\sum_{i=1}^{m}\frac{1}{g_i(\boldsymbol{X})} \tag{8-14}$$

其中，罚因子 $r^{(k)}$ 被取为一个递减的正数列，即

$$r^{(1)} > r^{(2)} > \cdots > r^{(k)} > \cdots，且 \lim_{k\to\infty} r^{(k)} = 0 \tag{8-15}$$

所形成的最优点序列 $\boldsymbol{X}^*(r^{(k)})(k=0,1,2,\cdots)$ 将逼近原有约束优化问题的最优解 $\boldsymbol{X}^*$，而且最优解一般总在可行域的边界上。针对内点法特点，凡是能使迭代点在靠近边界时，函数值陡然增大的“惩罚”函数形式都可以采用，如式（8-16）和式（8-17）等。

$$\phi(\boldsymbol{X},r^{(k)}) = f(\boldsymbol{X}) - r^{(k)}\sum_{i=1}^{m}\ln[-g_i(\boldsymbol{X})] \tag{8-16}$$

$$\phi(\boldsymbol{X},r^{(k)}) = f(\boldsymbol{X}) - r^{(k)}\sum_{i=1}^{m}\frac{1}{[-g_i(\boldsymbol{X})]^2} \tag{8-17}$$

内点法算法描述如下：

1）给定初始惩罚因子 $r^{(0)}>0$，罚因子递减系数 C，收敛精度 ε_1 和 ε_2。

2）在可行域内选择满足约束条件的初始点 $\boldsymbol{X}^{(0)}$，令 $k=1$。

3）构造内点罚函数 $\phi(\boldsymbol{X},r^{(k)})$，用无约束最优化方法求解 $\min\phi(\boldsymbol{X},r^{(k)})$ 的极值点 $\boldsymbol{X}^*(r^{(k)})$。

4）检查是否满足收敛性判别准则：若 $\|\boldsymbol{X}^*(r^{(k)}) - \boldsymbol{X}^*(r^{(k-1)})\| < \varepsilon_1$ 且 $\left\|\dfrac{\phi(\boldsymbol{X}^*,r^{(k)}) - \phi(\boldsymbol{X}^*,r^{(k-1)})}{\phi(\boldsymbol{X}^*,r^{(k-1)})}\right\| \leqslant \varepsilon_2$，则停止迭代，输出极小点 $\boldsymbol{X}^*(r^{(k)})$ 及函数值 $f(\boldsymbol{X}^*(r^{(k)}))$；若不满足收敛准则，则转向 5）。

5）取 $r^{(k+1)} = Cr^{(k)}, \boldsymbol{X}^{(0)} = \boldsymbol{X}^*(r^{(k)})$，$k=k+1$，转向 3）。

根据内点法的算法描述，可画出其计算程序框图，如图 8-2 所示。

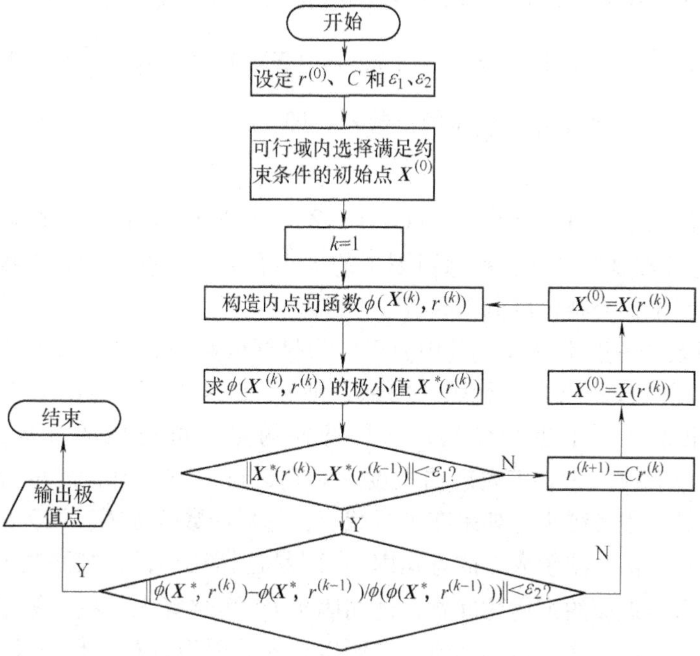

图 8-2　内点法程序框图

例 8-2　用内点法求$\begin{cases}\min f(x)=x \\ \text{s. t. } g(x)=1-x\leqslant 0\end{cases}$的约束最优解。

解：构造惩罚函数 $\phi(x,r^{(k)})=x-r^{(k)}\dfrac{1}{1-x}$

令$\dfrac{\partial\phi}{\partial x}=0$，得

$$x^*(r^{(k)})=1+\sqrt{r^{(k)}}$$

$$\phi(x^*,r^{(k)})=1+2\sqrt{r^{(k)}}$$

因为$\lim\limits_{k\to\infty}r^{(k)}=0$

故 $x^*=1$，$\phi^*=1$

内点法求解 $\min f(x)=x$ 受 $g_1(x)=1-x\leqslant 0$ 约束时的收敛情况如图 8-3 所示。

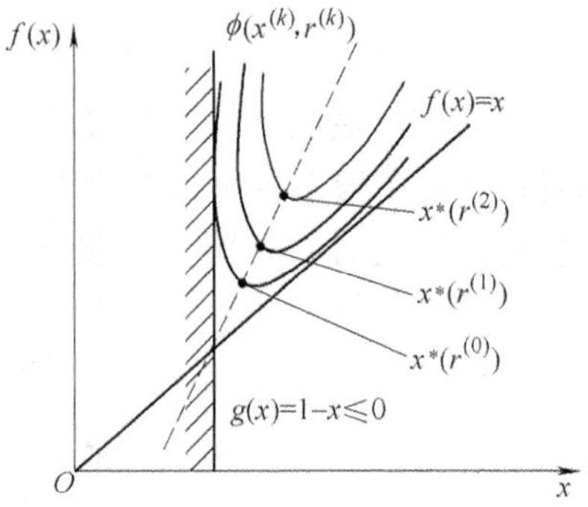

图 8-3　内点法求解 $\min f(x)=x$ 受 $g_1(x)=1-x\leqslant 0$ 约束时的收敛情况

8.3.2　外点法

与内点法将惩罚函数定义在可行域内且求解无约束问题的探索点总是保持在可行域内的特点不同，外点法的特点是将惩罚函数定义在约束可行域之外，且求解无约束问题的探索点是从可行域外部逼近原函数的约束最优解。若把目标函数看做价格，将约束条件看做某种规定，要求在遵守规定的条件下购买最便宜的东西。对于违反规定者罚款，遵守规定者不罚款。购买者付出的总代价是价格（目标函数）和罚款（是否遵守规定）的总和。合并考虑“价格”和“罚款”，即总代价，就是原有约束优化问题转化为无约束优化问题。

对于目标函数$f(\boldsymbol{X})$受约束于 $g_i(\boldsymbol{X})\leqslant 0(i=1,2,\cdots,m)$ 和 $h_j(\boldsymbol{X})\leqslant 0(j=1,2,\cdots,p)$，利用外点法求解时，作为无约束新目标函数的惩罚函数的一般表达式为

$$\phi(\boldsymbol{X},r^{(k)})=f(\boldsymbol{X})+r_1^{(k)}\sum_{i=1}^{m}\{\max[g_i(\boldsymbol{X}),0]\}^2+r_2^{(k)}\sum_{j=1}^{p}[h_j(\boldsymbol{X})]^2 \tag{8-18}$$

惩罚因子 $r_1^{(k)}$ 和 $r_2^{(k)}$ 被取为一个递增正数列，即

$$r^{(1)}<r^{(2)}<\cdots<r^{(k)}<\cdots,\ 且\lim_{k\to\infty}r^{(k)}=\infty \tag{8-19}$$

所形成的最优点序列 $\boldsymbol{X}^*(r_1^{(k)},r_2^{(k)})(k=1,2,\cdots)$ 将逼近原有约束优化问题的最优解 $\boldsymbol{X}^*$。而且求解是否收敛与初始点和惩罚因子的大小有关。只有当初始点接近最优点时，才能选择较大惩罚因子，否则，可能不收敛。

分析惩罚函数的一般不等式，其中$f(\boldsymbol{X})$为目标函数项，第二项为针对不等式约束的惩罚函数项。如果选择的点在可行域的内部，则 $g_i(\boldsymbol{X})<0$，那么 $\max[0,g_i(\boldsymbol{X})]=0$，说明如果满足约束条件则不进行惩罚；如果选择的点在可行域的外部，$g_i(\boldsymbol{X})\geqslant 0$，则 $\max[0,g_i(\boldsymbol{X})]=g_i(\boldsymbol{X})$。为了扩大惩罚力度，对其进行平方，而且离可行域越远，惩罚程度越大；越近，惩罚程度越小，如果在可行域上，惩罚函数也为零。因为外点法开始时离可行域较远，所以惩罚函数项较大，故惩罚因子 $r_1^{(k)}$ 易选择较小，否则函数过于动荡。这样随着最优点序列逐渐逼近原约束优化问题，惩罚因子 $r_1^{(k)}$ 可选择大一些。第三项为等式约束惩罚项，为等式约束左部分平方后相加值，之所以这样是因为点在可行域外部的时候，$h_j(\boldsymbol{X})$ 可能大于零也可能小于零。

外点法算法描述如下：

1）给定初始惩罚因子 $r^{(0)}>0$，惩罚因子递增系数 C，收敛精度 ε_1 和 ε_2。

2）在可行域内或外任选初始点 $\boldsymbol{X}^{(0)}$，令 $k=1$。

3）构造外点罚函数 $\phi(\boldsymbol{X},r^{(k)})$，用无约束最优化方法求解 $\min\phi(\boldsymbol{X},r^{(k)})$ 的极值点 $\boldsymbol{X}^*(r^{(k)})$。

4）检查是否满足收敛性判别准则：若 $\|\boldsymbol{X}^*(r^{(k)})-\boldsymbol{X}^*(r^{(k-1)})\|<\varepsilon_1$ 及 $\left\|\dfrac{\phi(\boldsymbol{X}^*,r^{(k)})-\phi(\boldsymbol{X}^*,r^{(k-1)})}{\phi(\boldsymbol{X}^*,r^{(k-1)})}\right\|\leqslant\varepsilon_2$，则停止迭代，输出极小点 $\boldsymbol{X}^*(r^{(k)})$ 及函数值 $f(\boldsymbol{X}^*(r^{(k)}))$；若不满足收敛准则，则转向 5）。

5）取 $r^{(k+1)}=Cr^{(k)}$，$\boldsymbol{X}^{(0)}=\boldsymbol{X}^*(r^{(k)})$，$k=k+1$，转向 3）。

根据外点法的算法描述，可画出其计算程序框图，如图 8-4 所示。

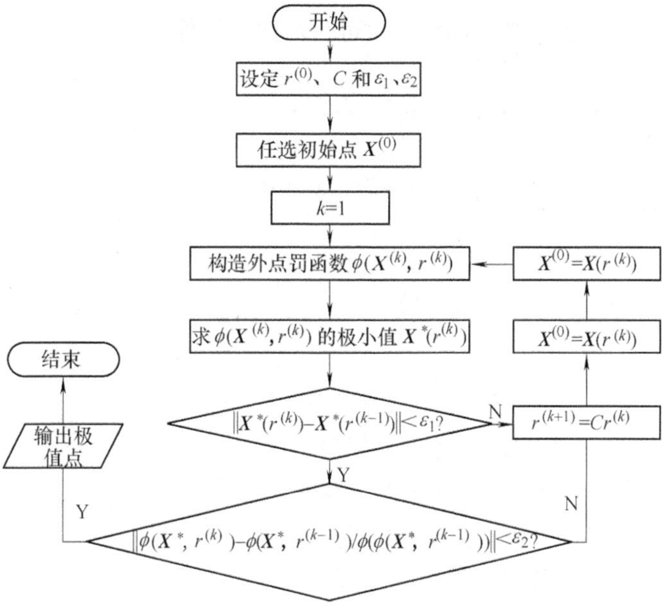

图 8-4　外点法程序框图

例 8-3　用外点法求 $\begin{cases}\min f(x)=x\\ \text{s. t. } g(x)=1-x\leqslant 0\end{cases}$ 的约束最优解。

解：构造惩罚函数

$$\phi(x,r^{(k)})=x+r^{(k)}\{\max[(-x+1),0]\}^2$$

该惩罚函数可根据是否在可行域内划分为两种情况：

$$\phi(x,r^{(k)})=\begin{cases}x+r^{(k)}(-x+1)^2, & g_i(x)>0\\ x, & g_i(x)\leqslant 0\end{cases}$$

通过 $\dfrac{\mathrm{d}\phi}{\mathrm{d}x}=0$，求驻点：$x^*=1-\dfrac{1}{2r^{(k)}}$

则 $\phi(x^*,r^{(k)})=1-\dfrac{1}{4r^{(k)}}$

$r^{(1)}=0.25$ 时，$x^*=-1$，$\phi=0$；
$r^{(2)}=0.5$ 时，$x^*=0$，$\phi=0.5$；
$r^{(3)}=1$ 时，$x^*=0.5$，$\phi=0.75$；
$r^{(4)}=2$ 时，$x^*=0.75$，$\phi=0.875$；
$r^{(k)}\to\infty$ 时，$x^*=1$，$\phi=1$。

例 8-4　用外点法求 $\begin{cases}\min f(\boldsymbol{X})=x_1+x_2\\ \text{s. t. } g_1(\boldsymbol{X})=x_1-x_2^2\leqslant 0\\ g_2(\boldsymbol{X})=-x_1\leqslant 0\end{cases}$ 的约束最优解。

解：构造惩罚函数

$$\min\phi(\boldsymbol{X},r^{(k)})=\begin{cases}x_1+x_2 & (g_i\leqslant 0)\\ x_1+x_2+r^{(k)}(x_1^2-x_2)^2+r^{(k)}(-x_1)^2 & (g_i>0)\end{cases}$$

可行域内：$\dfrac{\partial\phi}{\partial x_1}=1\neq 0$，$\dfrac{\partial\phi}{\partial x_2}=1\neq 0$，故可行域内无极值点。

可行域外：$\begin{cases}\dfrac{\partial\phi}{\partial x_1}=1+4r^{(k)}x_1(x_1^2-x_2)+2r^{(k)}x_1=0\\ \dfrac{\partial\phi}{\partial x_2}=1-2r^{(k)}(x_1^2-x_2)+2r^{(k)}x_1=0\end{cases}$

求解上式得

$$\begin{cases}x_1(r^{(k)})=-\dfrac{1}{2(1+r^{(k)})}\\ x_2(r^{(k)})=\dfrac{1}{4(1+r^{(k)})^2}-\dfrac{1}{2r^{(k)}}\end{cases}$$

$r^{(1)}=1$ 时，$x_1^*=-0.2500$，$x_2^*=-0.4375$；
$r^{(2)}=2$ 时，$x_1^*=-0.1667$，$x_2^*=-0.2222$；
$r^{(2)}=3$ 时，$x_1^*=-0.1250$，$x_2^*=-0.1510$；
$r^{(2)}=4$ 时，$x_1^*=-0.1000$，$x_2^*=-0.1150$；
$r^{(k)}\to\infty$ 时，$\boldsymbol{X}^*=(0,\ 0)^{\mathrm{T}}$，$\phi=0$。

8.3.3　混合法

对于外点法而言，其主要特点为：

1）初始点任选。故可用于初始可行点不易确定、约束较多的优化问题。

2）可以同时处理不等式约束和等式约束条件。

3）惩罚因子不断增大，极小点序列从可行域外部逼近最优点。只有迭代到可行域边界才能得最终正确的结果。

相对于外点法，内点法的特点分析如下：

1）初始点必须在可行域内。

2）只能处理不等式约束。因为满足等式约束的迭代点既不是内点，也不是外点。

3）惩罚因子不断减小，极小点序列从可行域内部逼近最优点。

4）内点法适合于容易确定可行初始点，且对现有可行设计作改进的情况。

混合法综合了外点法和内点法的优点。在求解过程中，对于满足等式约束或初始点不在可行域内的情况，采用外点法的惩罚项处理；对于初始点在可行域内的情况，采用内点法的惩罚项处理。因此，混合惩罚函数法既可以处理等式约束，也可以处理不等式约束，同时对初始点的选择也无特殊要求。混合法就是将外点法和内点法混合使用，对于 p 个等式约束，构造外罚函数；对于 m 个不等式约束，构造内罚函数。这样构造的混合罚函数为

$$\phi(\boldsymbol{X},r^{(k)}) = f(\boldsymbol{X}) - r\sum_{i\in I_1}^{m}\frac{1}{g_i(\boldsymbol{X})} + \frac{1}{r}\sum_{i\in I_2}^{m}\{\max[g_i(\boldsymbol{X}),0]\}^2 + \frac{1}{r}\sum_{j=1}^{p}[h_j(\boldsymbol{X})]^2 \tag{8-20}$$

式中，第二项为内点法的惩罚项，第三、四项为外点法的惩罚项。I_1、I_2的含义如下

$$\begin{cases} I_1 = \{i \mid g_i(\boldsymbol{X}^{(0)}) < 0, 1\leqslant i\leqslant m\} \\ I_2 = \{i \mid g_i(\boldsymbol{X}^{(0)}) \geqslant 0, 1\leqslant i\leqslant m\} \end{cases} \tag{8-21}$$

$\boldsymbol{X}^{(0)}$ 为当前迭代的新点或初始点，惩罚因子 r 为递减正值序列，是内点惩罚因子，$1/r$ 是外点惩罚因子。

8.4　复合形法

复合形法基本思想为在可行域内构造一个具有 k_1 个顶点的初始复合形（$n+1\leqslant k_1\leqslant 2n$），或称多面体，对该复合形各顶点的目标函数值进行比较，去掉目标函数值最大的顶点（或称最坏点），然后按一定的法则求出目标函数值有下降的可行的新点，并用此点代替最坏点，构成新的复合形。复合形的形状每改变一次，就向最优点移动一步，直到逼近最优点。该方法的特点是原理简单，灵活可变，适宜处理不等式约束问题，能防止顶点退化，在求解过程中涉及的可行域较广，结果可靠。但不宜用于中、高维问题。否则计算量激增，将影响收敛速度。

复合形法是约束优化问题中经常采用的一种重要的直接求解方法，要求初始复合形必须在可行域内生成，即初始复合形的 k_1 个顶点都必须是可行点。构造初始复合形是复合形法的关键内容之一，其方法和步骤如下：

1）给定 k 值，$n+1\leqslant k\leqslant 2n$。

2）通过以下方法生成初始复合形：

① 直接选择 k 个可行点，构成初始复合形。试选 k 个可行点，构成初始复合形。但是当设计变量较多或约束函数较复杂时，人工决定 k 个可行点往往很困难。只有在设计变量少，约束函数简单的情况下，才用这种方法。

② 利用随机投点法构造初始复合形。随机确定可行点 $\boldsymbol{X}_1$，其余的（$k-1$）个可行点按下式计算：

$$\boldsymbol{X}_k = a + r^{(k)}(b-a) \quad (k=2,\cdots) \tag{8-22}$$

其中，$r^{(k)}$ 为区间（0，1）上的随机数，a、b 为设计变量的上下限，$\boldsymbol{X}_k$ 为初始复合形的第 k 个顶点。由于式（8-22）计算得到的 $k-1$ 个随机点不一定都在可行域内，故需将不可行点移到可行域内。

如果随机点 $\boldsymbol{X}_k$ 在可行域内部，则转向步骤 3)，否则计算前（$k-1$）个可行点所组成的复合形的中心（或形心）点

$$X_F = \left(\sum_{j=1}^{k-1} X_j\right)/(k-1) \tag{8-23}$$

然后将非可行点 X_k 向中心点 X_F 移动，即

$$X_k = X_F + 0.5(X_k - X_F) \tag{8-24}$$

新的 X_k 是由原 X_k 向 X_F 退缩得到的，再检查是否为可行点，若仍为非可行点，则继续按上式使 X_k 向 X_F 退缩，直到成为可行点。如果目标函数是凸函数，可行域是凸集，则 X_F 总是可行的，故由 X_k 向 X_F 退缩，总可以找到可行点 X_k。若 X_F 不可行，则可行域必为非凸集。这种情况下为保证初始复合形在可行域内，应缩小随机投点的边界域，重新产生初始复合形的各顶点。

3）检查 $k=k_1$ 是否满足，如果 $k \neq k_1$，则令 $k=k+1$，并转步骤2），直至产生 k 个可行点，构成初始复合形 $X_1X_2\cdots X_k$。

复合形法算法描述如下：

1）给定收敛精度 ε_1、ε_2 和初始反射系数 $\alpha=1.3$。

2）根据式（8-22）~式（8-24）产生初始复合形。

3）计算各顶点的目标函数值，找出最坏点 $X^{(b)}$，次坏点 $X^{(sb)}$，最好点 $X^{(g)}$，即

$$\begin{cases} X^{(b)}:\ f(X^{(b)}) = \max(f(X^{(k)})), k=1,2,\cdots,2n \\ X^{(sb)}:\ f(X^{(sb)}) = \max(f(X^{(k)})), k=1,2,\cdots,2n, k\neq b \\ X^{(g)}:\ f(X^{(g)}) = \min(f(X^{(k)})), k=1,2,\cdots,2n \end{cases} \tag{8-25}$$

4）计算除最坏点 $X^{(b)}$ 之外的 $2n-1$ 个顶点的中心点

$$X^{(c)} = \left(\sum_{k=1,k\neq b}^{2n} X^{(k)}\right)\Big/(2n-1) \tag{8-26}$$

若 $X^{(c)}$ 在可行域内，则执行步骤5)；若不在可行域内，转回步骤2)，直至 $X^{(c)}$ 成为可行点为止。

5）计算最坏点 $X^{(b)}$ 相对于中心点 $X^{(c)}$ 的反射点 $X^{(r)}$，若 $X^{(r)}$ 越出可行域，则逐次减半 α，直至落在可行域内

$$X^{(r)} = X^{(c)} + \alpha(X^{(c)} - X^{(b)}) \tag{8-27}$$

6）检查比较最坏点 $X^{(b)}$ 和反射点 $X^{(r)}$：如果 $f(X^{(r)}) > f(X^{(b)})$，则逐次减半 α，使得 $f(X^{(r)}) < f(X^{(b)})$ 成立。当 $\alpha < \varepsilon_2$，则说明反射方向不好，令 $X^{(b)} = X^{(sb)}$，重新构造反射方向，转向4)。如果 $f(X^{(r)}) < f(X^{(b)})$，则 $X^{(b)} = X^{(r)}$，重新构造复合形，转向7)。

7）检查是否满足收敛性判别准则：计算此次复合形极值点

$$X^{(*)} = \sum_{k=1}^{2n} X^{(k)}/2n \tag{8-28}$$

或

$$X^{(*)} = X^{(g)} \tag{8-29}$$

若 $\frac{1}{2n}\sqrt{\sum_{k=1}^{2n}(X^{(k)} - X^*)^2} < \varepsilon_1$，则停止迭代，输出极小点 X^* 及函数值 $f(X^*)$；若不满足收敛准则，则转向3)，继续迭代。

根据复合形法的算法描述，可画出其计算程序框图，如图8-5所示。

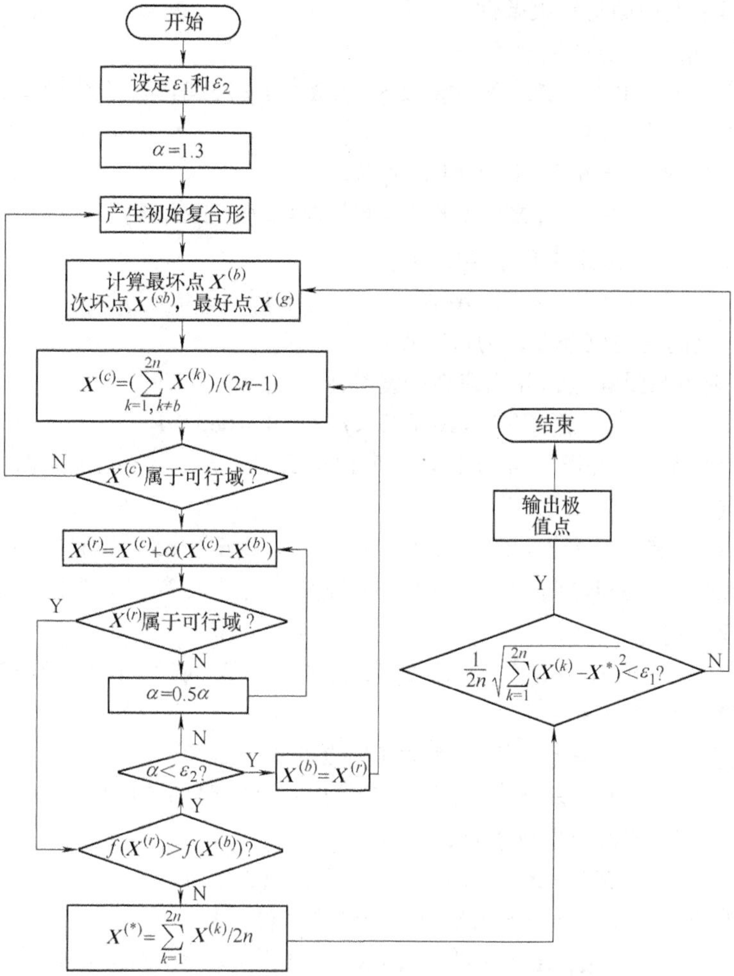

图 8-5　复合形法程序框图

例 8-5　用复合形法求

$$\min f(\boldsymbol{X})=\frac{25}{x_1x_2^3}$$

$$\begin{cases}\text{s. t. } g_1(\boldsymbol{X})=\dfrac{30}{x_1x_2^2}-50\leqslant 0\\ g_2(\boldsymbol{X})=4x_1x_2-10\leqslant 0\\ g_3(\boldsymbol{X})=2-x_1\leqslant 0\\ g_4(\boldsymbol{X})=x_1-4\leqslant 0\\ g_5(\boldsymbol{X})=0.5-x_2\leqslant 0\\ g_6(\boldsymbol{X})=x_2-1\leqslant 0\end{cases}$$

的约束最优解。

解：1）复合形顶点数为 $k=2n=4$，给定初始反射系数 $\alpha=1.3$ 和允许误差 $\varepsilon_1=\varepsilon_2=0.01$。

2）随机确定初始复合形的四个顶点

$\boldsymbol{X}^{(1)}=(2.2,0.55)^{\mathrm{T}}$，$\boldsymbol{X}^{(2)}=(2.4,0.6)^{\mathrm{T}}$，$\boldsymbol{X}^{(3)}=(2.6,0.65)^{\mathrm{T}}$，$\boldsymbol{X}^{(4)}=(2.8,0.7)^{\mathrm{T}}$

经检验这四个点均满足约束条件。

3）初始复合形各顶点的函数值分别为

$$f(\boldsymbol{X}^{(1)})=68.301,\ f(\boldsymbol{X}^{(2)})=48.225,\ f(\boldsymbol{X}^{(3)})=35.013,\ f(\boldsymbol{X}^{(4)})=26.031$$

故 $\boldsymbol{X}^{(b)}=\boldsymbol{X}^{(1)}$，$\boldsymbol{X}^{(g)}=\boldsymbol{X}^{(4)}$

4）除最坏点 $\boldsymbol{X}^{(b)}$ 外其余各顶点的中心点为

$$\boldsymbol{X}^{(c)}=(\boldsymbol{X}^{(2)}+\boldsymbol{X}^{(3)}+\boldsymbol{X}^{(4)})/3=(2.6,0.65)^{\mathrm{T}}$$

5）在 $\boldsymbol{X}^{(b)}$ 和 $\boldsymbol{X}^{(c)}$ 连线上求反射点，即

$$\boldsymbol{X}^{(r)}=\boldsymbol{X}^{(c)}+\alpha(\boldsymbol{X}^{(c)}-\boldsymbol{X}^{(b)})=(3.12,0.78)^{\mathrm{T}}$$

经检验 $\boldsymbol{X}^{(r)}$ 点满足约束条件，为可行点。

6）比较反射点与最坏点，并构建新的复合形

$$f(\boldsymbol{X}^{(r)})=16.885<f(\boldsymbol{X}^{(b)})=68.301$$

故用 $\boldsymbol{X}^{(r)}$ 代替 $\boldsymbol{X}^{(b)}$ 并和原复合形中的三个顶点 $\boldsymbol{X}^{(2)}$、$\boldsymbol{X}^{(3)}$、$\boldsymbol{X}^{(4)}$ 构成新的复合形，新复合形的四个顶点为

$$\boldsymbol{X}^{(1)}=(2.6,0.65)^{\mathrm{T}},\ \boldsymbol{X}^{(2)}=(2.4,0.6)^{\mathrm{T}},\ \boldsymbol{X}^{(3)}=(2.6,0.65)^{\mathrm{T}},\ \boldsymbol{X}^{(4)}=(2.8,0.7)^{\mathrm{T}}$$

第一次迭代结束。经判别，不满足收敛性条件，故进入第二次迭代。第二次迭代开始时，各顶点函数分别为

$$f(\boldsymbol{X}^{(1)})=35.013,\ f(\boldsymbol{X}^{(2)})=48.225,\ f(\boldsymbol{X}^{(3)})=35.013,\ f(\boldsymbol{X}^{(4)})=26.031$$

故 $\boldsymbol{X}^{(b)}=\boldsymbol{X}^{(2)}$，$\boldsymbol{X}^{(g)}=\boldsymbol{X}^{(1)}$

7）计算新复合形除最坏点 $\boldsymbol{X}^{(b)}$ 外其余各顶点的中心点为

$$\boldsymbol{X}^{(c)}=(\boldsymbol{X}^{(1)}+\boldsymbol{X}^{(3)}+\boldsymbol{X}^{(4)})/3=(2.84,0.71)^{\mathrm{T}}$$

8）在 $\boldsymbol{X}^{(b)}$ 和 $\boldsymbol{X}^{(c)}$ 连线上求反射点，即

$$\boldsymbol{X}^{(r)}=\boldsymbol{X}^{(c)}+\alpha(\boldsymbol{X}^{(c)}-\boldsymbol{X}^{(b)})=(3.41,0.85)^{\mathrm{T}}$$

将该点代入约束条件，由于不满足第二个约束条件，故

$$\alpha=0.5\alpha,\ \boldsymbol{X}^{(r)}=\boldsymbol{X}^{(c)}+\alpha(\boldsymbol{X}^{(c)}-\boldsymbol{X}^{(b)})=(3.13,0.78)^{\mathrm{T}}$$

经检验 $\boldsymbol{X}^{(r)}$ 点满足约束条件，为可行点。

$$f(\boldsymbol{X}^{(r)})=16.76<f(\boldsymbol{X}^{(b)})=48.23$$

故用 $\boldsymbol{X}^{(r)}$ 代替 $\boldsymbol{X}^{(b)}$ 并和原复合形中的三个顶点 $\boldsymbol{X}^{(1)}$、$\boldsymbol{X}^{(3)}$、$\boldsymbol{X}^{(4)}$ 构成新的复合形，新复合形的四个顶点为

$$\boldsymbol{X}^{(1)}=(2.6,0.65)^{\mathrm{T}},\ \boldsymbol{X}^{(2)}=(3.13,0.78)^{\mathrm{T}},\ \boldsymbol{X}^{(3)}=(2.6,0.65)^{\mathrm{T}},\ \boldsymbol{X}^{(4)}=(2.8,0.7)^{\mathrm{T}}$$

如果不满足收敛准则，则进入第三次迭代，以此类推。直到满足计算精度为止，最后取复合形顶点中函数值最小的一点作为最优解。

8.5 有约束优化方法的 MATLAB 程序及实例

例 8-6 通过 MATLAB 编程实现下述约束优化问题的求解：

$$\begin{cases}\min f(\boldsymbol{X})=x_1^2+x_2\\ \text{s.t. } g_1(\boldsymbol{X})=x_1^2+x_2^2-9\leqslant 0\\ g_2(\boldsymbol{X})=x_1+x_2-1\leqslant 0\end{cases}$$

解：参考图 8-1 所示的随机方向法流程框图，其 MATLAB 实现程序如下：

```
% ****** randomOptium.m ****** %
clear
eps1 =0.001;% 精度:eps1
eps2 =0.001;% 精度:eps2
la =[-5;-5];
ub =[2:2];
alpha =1;
syms x1 x2;
f ='x1^2 +x2';
g1 ='x1^2 +x2^2-9';
g2 ='x1 +x2-1';
x0 =[rand(1)0;0 rand(1)] *(ub-la) +la;
objectFun =inline(f,'x1','x2');
gg1 =inline(g1);
gg2 =inline(g2);
g1Value =feval(gg1,x0(1),x0(2));
g2Value =feval(gg2,x0(1),x0(2));
while g1Value >0 |g2Value >0
    x0 =[rand(1)0;0 rand(1)] *(ub-la);
    gg1 =inline(g1);
    gg2 =inline(g2);
    g1Value =feval(gg1,x0(1),x0(2));
    g2Value =feval(gg2,x0(1),x0(2));
end
x0
f0 =feval(objectFun,x0(1),x0(2))
L =0;
fL =1e10;
nc =1;
while 1 ==1
    s =rand(2,1);
    e =s/norm(s);% N个搜索方向
    x =x0 +alpha *e;
    f =feval(objectFun,x(1),x(2));
    for i =1:length(la)
        s =rand(2,1);
        e =s/norm(s);% N个搜索方向
        x =x0 +alpha *e;
        f =feval(objectFun,x(1),x(2))
        if(f <fL)
            L =i;
            xL =x(i);
```

```
                fL = f;
            end
        end
        fL
        if(fL < f0)
            alpha = 0.7 * alpha;
        else
            if(norm(x-x0) < eps1 |abs(f-f0) < eps2)
                break;
            else
                x0 = x;
                alpha = 1.3 * alpha;
            end
        end
    end
    objectPoint = subs(x)
    fmin = subs(feval(objectFun,x(1),x(2)))
```

计算结果为

objectPoint = [−0.007, −3]

fmin = −3.0

例 8-7　试设计某压缩圆柱螺旋弹簧，要求其质量最小。其中，弹簧材料为 65Mn，最大工作载荷 $P_{max}=40$N，最小工作载荷为 0，载荷变化频率 $f_r=25$Hz，弹簧寿命为 104h，弹簧钢丝直径 d 的取值范围为 1 ~4mm，中径 D_2 的取值范围为 10 ~30mm，工作圈数 n 不应小于 4.5 圈，弹簧缠绕比 C 不应小于 4，弹簧一端固定，一端自由，工作温度为 50℃，弹簧变形量不小于 10mm。

解：

1. 建立该问题的数学模型

该问题的优化目标是弹簧质量最小，圆柱螺旋弹簧的质量 m 可表示为

$$m \approx \rho(n+n_2)\pi D_2 \frac{\pi}{4}d^2$$

式中　ρ——弹簧材料的密度（kg/mm³），对于钢材 $\rho=7.8\times10^{-6}$kg/mm³；

n——工作圈数；

n_2——支承圈数，常取 $n_2=1.5\sim2.5$，现取 $n_2=2$；

D_2——弹簧中径（mm）；

d——弹簧钢丝直径（mm）。

故设计变量 $\boldsymbol{X}=[x_1,x_2,x_3]=[d,n,D_2]$

目标函数为

$$\min f(\boldsymbol{X})=0.192457\times10^{-4}(x_2+2)x_1^2x_3$$

根据弹簧性能和结构的要求，可写出问题的约束条件：

（1）强度条件

$\tau_{max} = K\dfrac{8P_{max}D_2}{\pi d^3} \leqslant [\tau]$，$K$ 为曲度系数，$K = \dfrac{4C-1}{4C-4} + \dfrac{0.615}{C}$

（2）刚度条件

$n = \dfrac{G\lambda_{max}d}{8P_{max}C^3} \geqslant 2$，$G$ 为材料的剪切弹性模量，λ_{max}为弹簧最大变形量

（3）稳定性条件　当弹簧的高径比 $b = H_0/D_2 \geqslant 3.7$ 时，要按 $P_{max} \leqslant P_C = C_B k H_0$进行稳定性验算，其中，$P_C$为临界载荷，$C_B$为不稳定系数。

（4）不发生共振现象

弹簧自振频率$f = 3.56\times10^5 \times d/(nD_2)$，要求$f/f_r \geqslant 10$。

（5）弹簧旋绕比的限制　弹簧的缠绕比 C 为中径和直径的比值，$C = D_2/d > 4$。

（6）对 d、n、D_2的限制

$$1.0 \leqslant d \leqslant 4.0;\ 4.5 \leqslant n \leqslant 50;\ 10 \leqslant D_2 \leqslant 30$$

由以上可知，该压缩圆柱螺旋弹簧的优化设计是一个三维的非线性约束优化问题，其数学模型为

$$\begin{cases} \min f(\boldsymbol{X}) = 0.192457\times10^{-4}(x_2+2)x_1^2x_3 \\ \text{s. t. } g_1(\boldsymbol{X}) = 350 - 163.0x_1^{-2.86}x_3^{0.86} \leqslant 0 \\ g_2(\boldsymbol{X}) = 10.0 - 0.4\times10^{-2}x_1^{-4}x_2x_3^{3} \leqslant 0 \\ g_3(\boldsymbol{X}) = (x_2+1.5)x_1 + 0.44\times10^{-2}x_1^{-4}x_2x_3^{3} - 3.7x_3 \leqslant 0 \\ g_4(\boldsymbol{X}) = 375 - 0.356\times10^{6}x_1x_2^{-1}x_3^{-2} \leqslant 0 \\ g_5(\boldsymbol{X}) = 4 - x_3/x_1 \leqslant 0 \\ g_6(\boldsymbol{X}) = 1 - x_1 \leqslant 0 \\ g_7(\boldsymbol{X}) = x_1 - 4 \leqslant 0 \\ g_8(\boldsymbol{X}) = 4.5 - x_2 \leqslant 0 \\ g_9(\boldsymbol{X}) = x_2 - 50 \leqslant 0 \\ g_{10}(\boldsymbol{X}) = 10 - x_3 \leqslant 0 \\ g_{11}(\boldsymbol{X}) = x_3 - 30 \leqslant 0 \end{cases}$$

2. 具体求解过程

(1)为目标函数编写 M 文件(springerFun. m)

```
function f = springerFun(x)
f =0.192457 *1e-4 *(x(2) +2) *x(1)^2 *x(3);
```

（2）为约束条件编写 M 文件（springerCon. m）

```
function [c,ceq] = springerCon(x)
    c(1) =350-163 *x(1)^(-2.86) *x(3)^0.86;
    c(2) =10-0.4 *0.01 *x(1)^(-4) *x(2) *x(3)^3;
    c(3) =(x(2) +1.5) *x(1) +0.44 *0.01 *x(1)^(-4) *x(2) *x(3)^3-3.7 *x(3);
    c(4) =375-0.356 *1e6 *x(1) *x(2)^(-1) *x(3)^(-2);
    c(5) =4-x(3)/x(1);
    ceq =[];
```

（3）在 MABLAB 的命令窗口调用 fmincon 求极值，optimset 函数用于创建 options 参数的结构

```
>> x0 =[2.0  5.0  25.0];% 设定初始值
>> lb =[1 4.5 10];% 设计变量的下界
>> ub =[4 50 30];% 设计变量的上界
>> options =optimset('LargeScale','off','display','iter','tolx',1e-6);
[x,fval,exitflag,output] = fmincon('springerFun',x0,[],[],[],[],lb,ub,'springer-Con',options)
```

（4）运算结果（表 8-1）

表 8-1　运算结果

Iter	F-count	f (x)	Max constraint	Step-size	Directional derivative	Optimality
1	9	0.00549	0.1395	1	-0.00579	188
2	14	0.00553	-0.00046	1	4.01e-005	0.0182
3	19	0.00553	0	1	-1.06e-006	0.00668

```
Optimization terminated successfully:
 Magnitude of directional derivative in search direction
  less than 2 * options.TolFun and maximum constraint violation
  is less than options.TolCon
Active Constraints:        2
x =1.6564        4.5000     16.1141
fval =     0.0055
exitflag =     1
output =
         iterations:3
         funcCount:19
         stepsize:1
         algorithm:'medium-scale:SQP,Quasi-Newton,line-search'
         firstorderopt:0.0067
         cgiterations:[]
```

（5）在命令窗口中对解的约束条件进行评估

```
>> [c ceq] = springerCon(x)
c =  -70.2775  -0.0041  -38.6789 -129.6670  -5.7281
ceq = []
```

由于得到的约束条件的值都小于零，故符合约束条件的要求。

本 章 习 题

8-1　试用 MATLAB 编程实现下述约束优化问题的随机方向法的求解：

$$\begin{cases}\min f(\boldsymbol{X}) = x_1^2 + 2x_2^2 - 6x_2 - 2x_1 - 2x_1x_2 \\ \text{s. t. } g_1(\boldsymbol{X}) = x_1 + x_2 \leqslant 2 \\ \quad g_2(\boldsymbol{X}) = -x_1 + 2x_2 \leqslant 2 \\ \quad g_3(\boldsymbol{X}) = x_2 \geqslant 0 \\ \quad g_4(\boldsymbol{X}) = x_1 \geqslant 0\end{cases}$$

8-2　用拉格朗日乘子法求 $\begin{cases}\min f(\boldsymbol{X}) = x_1^2 - 2x_1x_2 + 2x_2^2 - 6x_1 \\ \text{s. t. } g_1(\boldsymbol{X}) = 3x_1 + 4x_2 - 6 \leqslant 0 \\ g_2(\boldsymbol{X}) = -x_1 + 4x_2 - 2 \leqslant 0\end{cases}$ 的极小值。

8-3　用惩罚函数内点法求 $\begin{cases}\min f(\boldsymbol{X}) = x_1^2 + x_2^2 \\ \text{s. t. } g(\boldsymbol{X}) = 1 - x_1 \leqslant 0\end{cases}$ 的约束最优解。

8-4　用惩罚函数外点法求 $\begin{cases}\min f(\boldsymbol{X}) = x_1^2 - x_2^2 \\ \text{s. t. } g(\boldsymbol{X}) = x_1 + x_2 - 1 \leqslant 0\end{cases}$ 的约束最优解。

8-5　用复合形法求 $\begin{cases}\min f(\boldsymbol{X}) = (x_1 - 5)^2 + 4(x_2 - 6)^2 \\ \text{s. t. } g_1(\boldsymbol{X}) = 64 - x_1^2 - x_2^2 \leqslant 0 \\ g_2(\boldsymbol{X}) = x_2 - x_1 - 10 \leqslant 0 \\ g_3(\boldsymbol{X}) = x_1 - 10 \leqslant 0\end{cases}$ 的约束最优解。

8-6　有一铝合金箱形盖板，其尺寸如图 8-6 所示。承受的均布纵向单位长度载荷 $q = 60\text{N/cm}$，要求在满足强度、刚度和稳定性等条件下，设计一个质量最小的结构方案（设箱形盖板弹性模量 $E = 7 \times 10^4\text{MPa}$，泊松比 $\mu = 0.3$，允许弯曲应力 $[\sigma] = 70\text{MPa}$，允许切应力 $[\tau] = 45\text{MPa}$，假设收敛精度为 1×10^{-6}。）

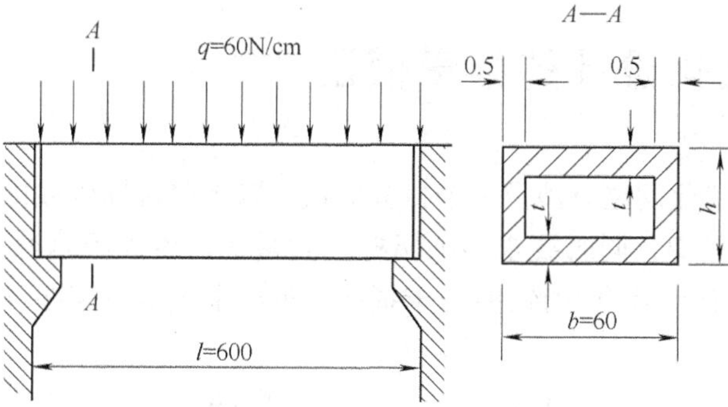

图 8-6　铝合金箱形盖板

第9章　多目标函数的优化方法

【内容】

本章介绍多目标函数的优化方法，首先介绍多目标优化设计的数学模型，然后将多目标优化方法分为统一目标法和主要目标法。其中统一目标法主要讨论线性加权法、目标规划法、功效系数法和乘除法。最后通过 MATLAB 实例讨论多目标函数优化方法的求解过程。

【目的】

了解多目标函数优化方法的基本概念和处理问题步骤，重点掌握线性加权法、目标规划法以及主要目标法的求解过程，能够通过 MATLAB 工具实现多目标函数优化方法的求解。

9.1　多目标优化设计的数学模型

无约束与有约束优化问题只涉及一个目标函数，属于单目标函数优化设计问题。然而在许多工程实际优化问题中，同时要求多项指标达到最优，该类问题称为多目标优化设计问题。多目标优化问题于 1951 年由库恩-塔卡提出，近年来大量研究涉及该方面内容。该问题的数学模型为

$$\begin{cases} \boldsymbol{X}=(x_1,x_2,\cdots,x_n),\boldsymbol{X}\in\boldsymbol{R}^n \\ \min f_1(\boldsymbol{X}) \\ \min f_2(\boldsymbol{X}) \\ \cdots \\ \min f_k(\boldsymbol{X}) \\ \text{s. t. } g_i(\boldsymbol{X})\leqslant 0,i=1,2,\cdots,m \\ h_j(\boldsymbol{X})=0,j=1,2,\cdots,p,p<n \end{cases} \tag{9-1}$$

多目标之间可能相互矛盾，需要妥协、让步，以便取得综合最优。如产品设计中，价格最低和强度最大就是矛盾的，因为机械产品强度大就意味着选择好的材料、投入更多的材料，而这样显然会导致产品价格上升。在进行多目标函数优化求解的时候，要在多个目标之间进行协调，相互之间要作出适当的让步，以便取得整体的最优方案。但是此处整体的定义可是很含糊的。故在进行多目标优化函数求解过程中，不能像单目标函数优化那样，通过简单比较函数值的大小来进行寻优，由此可以看出多目标函数的优化问题要比多目标函数的优化问题复杂得多，求解的难度也更大。

统一目标法的实质就是将式（9-1）中的各个目标函数 $f_1(\boldsymbol{X})$、$f_2(\boldsymbol{X})$、⋯、$f_k(\boldsymbol{X})$ 统一到一个总的统一目标函数中去，使得

$$f(\boldsymbol{X})=f(f_1(\boldsymbol{X}),f_2(\boldsymbol{X}),\cdots,f_k(\boldsymbol{X})) \tag{9-2}$$

从而实现式（9-1）所示的多目标优化问题的单目标转化，即

$$\begin{cases} \boldsymbol{X} = [x_1, x_2, \cdots, x_n], \boldsymbol{X} \in \boldsymbol{R}^n \\ \min f(\boldsymbol{X}) \\ \text{s. t. } g_i(\boldsymbol{X}) \leqslant 0, i = 1, 2, \cdots, m \\ h_j(\boldsymbol{X}) = 0, j = 1, 2, \cdots, p, p < n \end{cases} \tag{9-3}$$

在优化目标统一化过程中，为了协调各分目标函数的最优值，根据评价函数构造方法的不同，可采用线性加权法、目标规划法以及功效系数法等。

9.2　线性加权法

线性加权法是将加权因子引入分目标函数的统一过程，主要考虑各分目标在相对重要程度以及量级和量纲上的差异，故也称为加权因子法和加权组合法。故式（9-2）可改写为

$$f(\boldsymbol{X}) = \sum_{j=1}^{k} w_j f_j(\boldsymbol{X}) \tag{9-4}$$

式中，w_j是$f_j(\boldsymbol{X})$的加权因子，要求

$$w_j \geqslant 0, (j = 1, 2, \cdots, k), \sum_{j=1}^{k} w_j = 1 \tag{9-5}$$

所以加权因子的选择是该法的关键。

9.3　目标规划法

目标规划法的基本思想是先分别优化各分目标函数$f_j(\boldsymbol{X}^*)$，然后根据多目标函数优化的总体要求，然后对分目标函数进行适当调整，制订出理想的最优值f_j^0，统一目标函数按平方和法确定

$$f(\boldsymbol{X}) = \sum_{j=1}^{k} \left[\frac{f_j(\boldsymbol{X}) - f_j^0}{f_j^0}\right]^2 \tag{9-6}$$

式（9-6）意味着当各分目标函数达到最优值f_j^0时，统一目标函数$f(\boldsymbol{X})$也为最优。此法的关键在于选择恰当的f_j^0。

9.4　功效系数法（几何平均法）

如果每个分目标函数$f_j(\boldsymbol{X})$（$j=1, 2, \cdots, k$）都用一个介于0~1之间的功效系数η_j（$j = 1, 2, \cdots, k$）表示该项设计指标的好坏，而统一目标函数η为各分目标函数功效系数的几何平均，即

$$f(\boldsymbol{X}) = \eta = \sqrt[k]{\eta_1 \eta_2 \cdots \eta_k} \rightarrow \max \tag{9-7}$$

式（9-7）表明，$\eta_j=0$ 表示优化效果最差，说明该方案不能接受，此时必有某个分项目的优化结果不能接受；$\eta_j=1$ 表示优化效果最好，说明该方案最好。

9.5 乘除法

乘除法将分目标函数分为两类：一类是其值越小越好的费用类（如材料、工时、成本、质量等），共有 s 个；另一类是其值越大越好的效益类（如产量、产值、利润、效益等），共有 $k-s$ 个。则统一的目标函数可写成

$$f(\boldsymbol{X})=\frac{\sum_{j=1}^{s}f_j(\boldsymbol{X})}{\sum_{j=s+1}^{k}f_j(\boldsymbol{X})} \tag{9-8}$$

显然优化 $f(\boldsymbol{X})$，即 $f(\boldsymbol{X})\to\min$ 即可获得最优解。

9.6 主要目标法

考虑在多目标函数最优化问题中各目标的重要程度不一样，在优化设计中处理的原则是重点考虑主要目标，同时兼顾次要目标。主要目标法就是遵循该原则，按照重要程度将设计目标排序，将最重要的指标排在最前面。所以该方法的基本思想是将从各分目标函数中挑选一个最重要的目标函数作为优化目标，而将其他目标函数转化为约束条件。如对于有 k 个分目标函数的多目标优化问题，如果认为 $f_L(\boldsymbol{X})$ 最重要，则可以将其他 $k-1$ 个目标函数变成约束条件，即给出 $k-1$ 个目标函数变动范围

$$\alpha_j\leqslant f_j(\boldsymbol{X})\leqslant\beta_j(j\neq L) \tag{9-9}$$

所以该多目标函数转化为新的单目标问题

$$\begin{cases}\min f_L(\boldsymbol{X}),\boldsymbol{X}\in\boldsymbol{R}^n\\ \text{s. t. } g_i(\boldsymbol{X})\leqslant 0,i=1,2,\cdots,m\\ \alpha_j\leqslant f_j(\boldsymbol{X})(j=1,2,\cdots,k,j\neq L)\\ f_j(\boldsymbol{X})\leqslant\beta_j(j=1,2,\cdots,k,j\neq L)\end{cases} \tag{9-10}$$

在实际工程的最优化设计中，总可以根据基本要求，对各项设计指标做出正确的估计和判断，并按其重要程度进行排序，所以在实际使用中并不困难。

9.7 多目标优化方法的 MATLAB 程序及实例

例 9-1　某厂准备投资 5000 万用于Ⅰ、Ⅱ两个设备的技术改造。设 x_1、x_2 分别表示分配给设备Ⅰ、Ⅱ的投资。据专家估计，投资设备Ⅰ、Ⅱ的年收益分别为 70% 和 66%。同时，投资后总的风险损失将随着总投资和单项投资的增加而增加，已知总的风险损失为 $0.02x_1^2+$

$0.02x_2^2+0.03(x_1+x_2)^2$，问应如何分配资金才能使期望的收益最大，同时使风险损失最小？请用 MATLAB 实现基于线性加权法的问题求解。

解：1. 建立该问题的数学模型

设计变量 $\boldsymbol{X}=(x_1,x_2)^{\mathrm{T}}$

目标函数

$$\max f_1(\boldsymbol{X})=70x_1+66x_2$$
$$\min f_2(\boldsymbol{X})=0.02x_1^2+0.02x_2^2+0.03(x_1+x_2)^2$$

约束条件

$$\text{s. t.}\ \ x_1+x_2<5000$$
$$-x_1<0$$
$$-x_2<0$$

2. 具体求解过程

1）为目标函数编写 M 文件（linearWeightFun. m）

```
function f = linearWeightFun(x)
      f1 =70 * x(1) +66 * x(2);
      f2 =0.02 * x(1)^2 +0.02 * x(2)^2 +0.03 * (x(1) +x(2))^2;
      w1 =0.8;
      w2 =0.2;
      f =w2 * f2 +w1 * f1;
end
```

2）为约束条件编写 M 文件（linearWeightCon. m）

```
function [c,ceq] =linearWeightCon(x)
      c(1) =x(1) +x(2)-5000
      c(2) =-x(1);
      c(3) =-x(2);
      ceq =[];
end
```

3）在 MATLAB 的命令窗口调用 fmincon 求极值：

```
>> x0 =[1000,1000];
>> lb =[0,0];
>> [x,fval,exitflag,output] = fmincon('linearWeightFun',x0,[],[],[],[],lb,'lin-
earWeightCon')
```

4）经过运算的结果如下：

```
Active Constraints:   3   4
x =   108   105
fval =-1.1229e +004
```

本 章 习 题

9-1　试基于目标规划法利用 MATLAB 求解例 9-1。

9-2　某化工厂拟生产两种新产品 A 和 B，其生产设备费用分别为 2 万元/t 和 5 万元/t。这两种产品均将造成环境污染，设由污染所造成的损失 A 为 4 万元/t，B 为 1 万元/t。由于条件限制，工厂生产产品 A 和 B 的最大生产能力各为每月 5t 和 6t，而市场需要这两种产品的总量每月不少于 7t。该工厂决策认为：设备投资的目标值为 20 万元，污染损失的目标为 12 万元，且应优先考虑。试问工厂如何安排生产计划，在满足市场需要的前提下，使设备投资和污染损失均达最小。请用 MATLAB 实现基于主要目标法的问题求解。

9-3　某工厂生产两种产品甲和乙，已知生产甲产品 100kg 需 6h，生产乙产品 100kg 需 8h。假定每日可用的工时数为 48h。这两种产品每 100kg 均可获利 500 元。乙产品较受欢迎，且若有个老顾客要求每日供应乙种产品 500kg，问应如何安排生产计划？请用 MATLAB 实现基于线性加权法的问题求解。

第3篇　有限元分析方法

第10章　弹性力学基础

【内容】

首先给出弹性力学问题中的基本概念，然后阐明弹性力学的基本假设，并在此基础上介绍弹性力学的基本方程。最后探讨弹性力学中的能量原理，使得基本方程由数学上求解困难的偏微分方程边值问题转化为代数方程组。

【目的】

了解弹性力学问题中的基本概念和假设，熟知弹性力学的基本方程和能量原理。

弹性力学是弹性体力学的简称，又称弹性理论，是固体力学的重要分支，主要研究弹性体在外力作用或温度变化等外界因素影响下所产生的应力、应变和位移，从而解决结构的强度和刚度问题。它是材料力学、结构力学及相关交叉学科的基础，从研究对象上看，弹性力学同材料力学、结构力学之间有所差异。材料力学通常研究长度远大于高度和宽度的杆状构件；结构力学主要是在材料力学的基础上研究由多个杆状构件所组成的杆件系统结构；而弹性力学研究包括杆状构件在内的各种形状的弹性体，如板、壳、堤坝及地基等。

从研究方法上看，弹性力学与材料力学、结构力学也有所区别。材料力学在研究杆状构件时为了简化问题，通常会引入一些形变、应力分布等方面的假定，其结果只是近似解，而弹性力学解决问题时不必引入那些假定，因而计算结果为精确解。弹性力学通常不研究杆件系统，但近年来它吸收了结构力学中诸多分析方法，使其应用范围得以大大扩展。目前，弹性力学已经广泛应用于建筑、机械、化工、航天等工程领域。

10.1　弹性力学问题中的基本概念

弹性力学中各种各样的研究对象可以抽象成弹性体。所谓弹性体是指：在外力作用下产生变形，当外力不超过某一限度时，去除该外力后物体又恢复原来形状的一种变形体。现实中，绝对的弹性体是不存在的。当物体在外力除去后的残余变形很小时，一般就可认为是弹性体。弹性力学中和弹性体相关的基本概念有外力、应力、形变和位移。

（1）外力　其他物体对研究对象（弹性体）的作用力称为外力。作用于物体的外力可以分为体积力和表面力，简称为体力和面力。所谓体力是指分布在物体体积内的力，例如重力和惯性力。物体内各点受体力的情况通常存在差异，某一点处体力的强度常用该点体力的集度表示，即单位体积内所受的力，其单位为 $N \cdot m^{-3}$。所谓面力是指分布在物体表面上的力，如流体压力和接触力等。物体表面不同点所受面力的大小和方向不同。某一点处面力的强度常用该点面力的集度表示，即单位面积上所受的力，其单位为 $N \cdot m^{-2}$。

（2）应力　物体受外力之后，其内部将产生内力，即物体本身不同部分之间相互作用的力。为了研究物体在某一点 P 处的内力，假想经过 P 点的一个截面 mn 将该物体分为 A、B 两部分，并将 B 部分移除，如图 10-1 所示。被移除的 B 部分会在截面上对未移除的 A 部分产生内力作用。在截面上 P 点附近取一小部分，其面积为 ΔA，设作用于 ΔA 上的内力为 ΔQ，则内力的平均集度为$\frac{\Delta F}{\Delta A}$。若令 ΔA 无限减小而趋近于 P 点，假定内力连续分布，则$\frac{\Delta F}{\Delta A}$将趋近于极限值 p，即

$$\lim_{\Delta A \to 0}\frac{\Delta F}{\Delta A}=p$$

该极限 p 就是物体在截面 mn 上 P 点处的应力，其方向与 ΔF 的极限方向一致。通常将应力沿截面 mn 的法线和切线方向进行分解，即正应力 σ 和切应力 τ，如图 10-1 所示。应力的单位为 $N \cdot m^{-2}$。

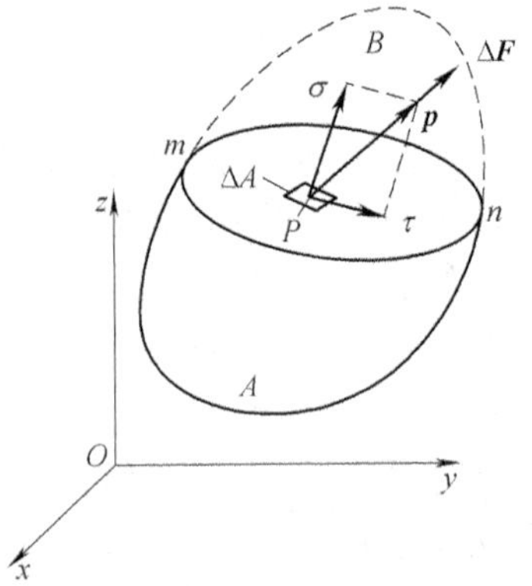

图 10-1　内力与应力

（3）形变　所谓形变就是形状的改变。物体的形状可以用其各部分的长度和角度表示，故其形变通常用长度及角度的变化来表示。物体内长度的改变率称为正应变，角度的改变量称为切应变。正应变和切应变都是无量纲的参数。通常，为讨论物体内部某一点处的形变情况，需要在该点处建立三维直角坐标系，则沿三个坐标轴方向形成对应的三个正应变参量为 ε_x、ε_y、ε_z，同时根据坐标轴之间的夹角的变化形成三个切应变 γ_{xy}、γ_{yz}、γ_{zx}，可以证明，这六个应变可以表示对应点处任意形式的形变，故这六个应变称为该点的形变参量。

（4）位移　位移就是位置的移动。物体内任意一点的位移，可以用它在三维坐标轴 x、y、z 上的投影 u、v、w 表示，这三个投影称为该点的位移分量。位移的单位为 m。

通常，在弹性力学问题中，物体的形状参数、边界条件是已知的，同时它所受的体力、面力及约束力是预先求得的，应力、形变及位移等参数则是需要求解的未知量。

10.2　弹性力学的基本假设

弹性力学解决问题的基础是静力学、几何学和物理学规律，即利用静力学的平衡规律，建立应力、体力和面力之间的关系；根据几何学的变形连续性规律建立形变、位移和边界位移之间的关系；按照物理学的应力-应变规律建立形变和应力之间的关系。这些规律也被称

为弹性力学三大基本规律，弹性力学中许多定理、公式和结论等，都可以从三大基本规律推导出来。

求解一个弹性力学问题，就是设法确定弹性体中各点的位移、应变和应力共计15个参数。从理论上讲，只有15个参数全部确定，问题才算解决。在实际问题中，为使问题简化，需要根据研究对象的特点，以及问题域的要求，作出若干假定，略去一些次要因素。通常使用的假定有：

1. 连续性假设

假定整个物体的体积都被组成这个物体的介质所填满，不留下任何空隙。因为只有这样物体内部各点处的物理量才可能是连续的，才可能用坐标的连续函数表示它们的变化规律。严格来说，这种假设与物质实际的微粒构成方式是不相符的，但是，只要物质微粒的尺寸及其间距远远小于物体自身的宏观尺寸，运用连续性假设就不会引起显著误差的。

2. 完全弹性假设

弹性是指“物体在引起形变的外力去除后能够恢复原形”的性质。所谓完全弹性，是指物体能够完全恢复原形而没有任何剩余形变。这样的物体在任一瞬间的形变完全取决于它在该时刻所受的外力，而与其过去的受力情况无关。完全弹性体服从胡克定律，物体的弹性常数不随应力及形变的大小改变。

3. 均匀性假设

假定整个物体是由同一材料组成的。这样，整个物体的所有部分才具有相同的弹性，因而物体的弹性才不随位置坐标而改变，可以取出物体的任意一小部分进行分析，并将分析结果用于整个物体。

4. 各向同性假设

物体的弹性在所有方向都相同。这样，物体的弹性常数才不随方向变化。通常钢材可以认为是各向同性的，木材则不具备这样的特性。

5. 微小变形假设

假定物体受力后所产生的形变和位移都远远小于物体原来的尺寸，而且应变和转角都远小于1。这样，物体在产生弹性变形后，依然采用其变形前的尺寸建立平衡方程，就不致引起显著的误差。同时，考虑物体形变和位移时，其转角和应变的二次项可以略去不计，使问题简化为线性问题。

满足上述前4个假设的物体称为理想弹性体，符合微小变形假设的理想弹性体力学问题即为理想弹性体的线性问题。

10.3 弹性力学的基本方程

在各向同性线性弹性力学中，为了求得应力、应变和位移，先对构成物体的材料以及物体的变形作了五条基本假设，即：连续性假设、均匀性假设、各向同性假设、完全弹性假设和微小变形假设，然后分别从问题的静力学、几何学和物理学方面出发，获得弹性力学的基本方程和边界条件的表达式。

直角坐标系下的弹性力学的基本方程为平衡微分方程

$$\begin{aligned}&\frac{\partial \sigma_x}{\partial x}+\frac{\partial \tau_{yx}}{\partial y}+\frac{\partial \tau_{zx}}{\partial z}+X=0\\&\frac{\partial \tau_{xy}}{\partial x}+\frac{\partial \sigma_y}{\partial y}+\frac{\partial \tau_{zy}}{\partial z}+Y=0\\&\frac{\partial \tau_{xz}}{\partial x}+\frac{\partial \tau_{yz}}{\partial y}+\frac{\partial \sigma_z}{\partial z}+Z=0\end{aligned} \tag{10-1}$$

几何方程

$$\begin{aligned}&\varepsilon_x=\frac{\partial u}{\partial x},\ \gamma_{yz}=\frac{\partial w}{\partial y}+\frac{\partial v}{\partial z}\\&\varepsilon_y=\frac{\partial v}{\partial y},\ \gamma_{xz}=\frac{\partial u}{\partial z}+\frac{\partial w}{\partial x}\\&\varepsilon_z=\frac{\partial w}{\partial z},\ \gamma_{xy}=\frac{\partial v}{\partial x}+\frac{\partial u}{\partial y}\end{aligned} \tag{10-2}$$

物理方程

$$\begin{aligned}&\varepsilon_x=\frac{1}{E}[\sigma_x-v(\sigma_y+\sigma_z)]\\&\varepsilon_y=\frac{1}{E}[\sigma_y-v(\sigma_x+\sigma_z)]\\&\varepsilon_z=\frac{1}{E}[\sigma_z-v(\sigma_x+\sigma_y)]\\&\gamma_{yz}=\frac{2(1+v)}{E}\tau_{yz}\\&\gamma_{xz}=\frac{2(1+v)}{E}\tau_{xz}\\&\gamma_{xy}=\frac{2(1+v)}{E}\tau_{xy}\end{aligned} \tag{10-3}$$

式（10-1）中的σ_x、σ_y、σ_z、$\tau_{yz}=\tau_{zy}$、$\tau_{xz}=\tau_{zx}$、$\tau_{xy}=\tau_{yx}$为应力分量，X、Y、Z为单位体积的体力在三个坐标方向的分量；式（10-2）中的u、v、w为位移矢量的三个分量（简称位移分量），ε_x、ε_y、ε_z、γ_{yz}、γ_{xz}、γ_{xy}为应变分量；式（10-3）中的E和v分别表示杨氏弹性模量和泊松比。

在物体的表面，如已知面力，则边界条件表示为

$$\begin{aligned}&\overline{X}=\sigma_x l+\tau_{yx}m+\tau_{zx}n\\&\overline{Y}=\tau_{xy}l+\sigma_y m+\tau_{zy}n\\&\overline{Z}=\tau_{xz}l+\tau_{yz}m+\sigma_z n\end{aligned} \tag{10-4}$$

这里的$\overline{X}$、$\overline{Y}$、$\overline{Z}$表示作用在物体表面的单位面积上的面力矢量的三个分量，l、m、n表示物体表面外法线的三个方向余弦。

如物体表面位移$\overline{u}$、$\overline{v}$、$\overline{w}$已知，则边界条件表示为

$$u=\overline{u}、v=\overline{v}、w=\overline{w} \tag{10-5}$$

这样就将弹性力学问题归结为在给定的边界条件下求解一组偏微分方程的问题。

式（10-1）~式（10-3）中有15个变量，15个方程，在给定了边界条件后，从理论上讲应能求解。但由式（10-2）、式（10-3）可见，应变分量、应力分量和位移分量之间不是彼此独立的，因此求解弹性力学问题通常有两条途径。其一是以位移作为基本变量，归结为在给定的边界条件下求解以位移表示的平衡微分方程，这个方程可以从式（10-1）~式（10-3）中消去应变分量和应力分量而得到。其二是以应力作为基本变量，应力分量除了要满足平衡微分方程和静力边界条件外，为保证物体变形的连续性，对应的应变分量还须满足相容方程，即

$$
\begin{aligned}
&\frac{\partial^2 \varepsilon_z}{\partial y^2}+\frac{\partial^2 \varepsilon_y}{\partial z^2}=\frac{\partial^2 \gamma_{yz}}{\partial y \partial z}\\
&\frac{\partial^2 \varepsilon_x}{\partial z^2}+\frac{\partial^2 \varepsilon_z}{\partial x^2}=\frac{\partial^2 \gamma_{xz}}{\partial x \partial z}\\
&\frac{\partial^2 \varepsilon_y}{\partial x^2}+\frac{\partial^2 \varepsilon_x}{\partial y^2}=\frac{\partial^2 \gamma_{xy}}{\partial x \partial y}\\
&\frac{\partial}{\partial x}\left(-\frac{\partial \gamma_{yz}}{\partial x}+\frac{\partial \gamma_{xz}}{\partial y}+\frac{\partial_{xy}}{\partial z}\right)=2\frac{\partial^2 \varepsilon_x}{\partial y \partial z}\\
&\frac{\partial}{\partial y}\left(\frac{\partial \gamma_{yz}}{\partial x}-\frac{\partial \gamma_{xz}}{\partial y}+\frac{\partial \gamma_{xy}}{\partial z}\right)=2\frac{\partial^2 \varepsilon_y}{\partial x \partial z}\\
&\frac{\partial}{\partial z}\left(\frac{\partial \gamma_{yz}}{\partial x}+\frac{\partial \gamma_{xz}}{\partial y}-\frac{\partial \gamma_{xy}}{\partial z}\right)=2\frac{\partial^2 \varepsilon_z}{\partial x \partial y}
\end{aligned}
\tag{10-6}
$$

这组方程由几何方程消去位移分量而得到，通常根据具体问题的附加条件，还可以简化。在弹性力学中，为克服求解偏微分方程（或方程组）的困难，通常采用试凑法，即根据物体形状的几何特性和受载情况，试凑位移分量或应力分量。根据弹性力学解的唯一性定理，只要所试凑的量满足全部方程和全部边界条件，即为问题的精确解。

10.4 弹性力学中的能量原理

能量原理为弹性力学开拓了新的求解思路，使得基本方程由数学上求解困难的偏微分方程边值问题转化为代数方程组。而功能关系是能量原理的基础。功能关系可以描述为：对于弹性体，外力在任意一组几何可能的位移上所做的功，等于任意一组静力可能的应力在与上述几何可能的位移对应的应变分量上所做的功。

1. 弹性体的功能关系

假设弹性变形体的体积为 V，对应的表面积为 S。根据作用条件不同，该表面积可以分为两个区域：一是位移给定的区域，称为 S_u；另一部分是面力给定的区域，称为 S_σ，且有 $S=S_u+S_\sigma$。

假设有一组应力分量 $\boldsymbol{\sigma}_{ij}$在弹性体内部满足平衡微分方程 $\boldsymbol{\sigma}_{ij,i}+\boldsymbol{F}_{bj}=0$，且在面力已知的边界区域 S_σ上，满足面力边界条件：$F_{sj}=\sigma_{ij}n_i$。则该组应力分量称为静力可能的应力，记作 $\boldsymbol{\sigma}_{ij}^s$。静力可能的应力未必是真实的应力，因为真实的应力还必须满足应力表达的变形协调方程，但是真实的应力分量必然是静力可能的应力。

假设有一组位移分量 $\boldsymbol{u}_i$ 和与其对应的应变分量 $\boldsymbol{\varepsilon}_{ij}$，它们在弹性体内部满足几何方程：$\boldsymbol{\varepsilon}_{ij}=\frac{1}{2}(\boldsymbol{u}_{i,j}+\boldsymbol{u}_{j,i})$，且在位移已知的边界区域 S_u 上，满足位移边界条件：$\boldsymbol{u}_i=\overline{\boldsymbol{u}_i}$，则该组位移称为几何可能的位移，记作 $\boldsymbol{u}_i^k$，它所对应的应变分量记作 $\boldsymbol{\varepsilon}_{ij}^k$。几何可能的位移未必是真实的位移，但真实的位移必然是几何可能的位移。

设 $\boldsymbol{F}_{bi}$ 和 $\boldsymbol{F}_{si}$ 分别为物体单位体积的体力和单位面积的面力（包括在位移边界 S_u 的约束反力）。则不难证明，有以下恒等式存在

$$\iiint_V \boldsymbol{F}_{bi}\boldsymbol{u}_i^k\mathrm{d}V+\iint_S \boldsymbol{F}_{si}\boldsymbol{u}_i^k\mathrm{d}S=\iiint_V \boldsymbol{\sigma}_{ij}^s\boldsymbol{\varepsilon}_{ij}^k\mathrm{d}V \tag{10-7}$$

式（10-7）揭示了弹性体的功能关系，即：对于弹性体，外力在任意一组几何可能位移上所做的功，等于任意一组静力可能应力在上述几何可能位移对应的应变分量上所做的功。

功能关系中，静力可能的应力 $\boldsymbol{\sigma}_{ij}^s$、几何可能的位移 $\boldsymbol{u}_i^k$ 以及其对应的应变分量 $\boldsymbol{\varepsilon}_{ij}^k$，可以是同一弹性体中的两种不同的受力状态和变形状态，两者彼此独立而且无任何关系。而且，当三者之间的关系满足材料本构方程时，静力可能的应力 $\boldsymbol{\sigma}_{ij}^s$、几何可能的位移 $\boldsymbol{u}_i^k$ 及对应的应变分量 $\boldsymbol{\varepsilon}_{ij}^k$，均成为真实的应力、位移和应变分量。此时功能关系简化为应变能表达式

$$\iiint_V \boldsymbol{u}_i^k\boldsymbol{\sigma}_{ij,j}^s\mathrm{d}V=-\iiint_V \boldsymbol{F}_{bi}\boldsymbol{u}_i^k\mathrm{d}V \tag{10-8}$$

功能关系是弹性力学中的一个普遍的能量关系，这一原理将用于推导其他的弹性力学变分原理。

2. 功的互等定理

功是指力与力作用点处沿力方向位移的乘积。显然，功包括力和位移两个基本量。如果力或者应力在其自身引起的真实位移或者应变上做功，称为实功；如果力或者应力在其他某种原因引起的微小位移或者应变上做功，则称为虚功。

设几何可能的位移为：$\boldsymbol{u}_i^k=\boldsymbol{u}_i+\delta\boldsymbol{u}_i$，其中 $\boldsymbol{u}_i$ 为真实位移，$\delta\boldsymbol{u}_i$ 称为虚位移。虚位移是位移边界条件所容许的，是位移的微小改变量。将几何可能位移公式代入几何方程得

$$\boldsymbol{\varepsilon}_{ij}^k=\frac{1}{2}(\boldsymbol{u}_{i,j}^k+\boldsymbol{u}_{j,i}^k)=\frac{1}{2}(\boldsymbol{u}_{i,j}+\boldsymbol{u}_{j,i})+\frac{1}{2}(\delta\boldsymbol{u}_{i,j}+\delta\boldsymbol{u}_{j,i}) \tag{10-9}$$

显然，上式右边的第一项是真实应变，而第二项是虚位移所产生的虚应变，记作 $\delta\boldsymbol{\varepsilon}_{ij}$。故式（10-9）可以写作

$$\boldsymbol{\varepsilon}_{ij}^k=\boldsymbol{\varepsilon}_{ij}+\delta\boldsymbol{\varepsilon}_{ij} \tag{10-10}$$

由此可知，几何可能的位移对应的应变可以表示为真实应变与虚位移对应的虚应变之和。将真实应力及式（10-10）所表示的应变代入功能关系式（10-7）中，可以得到由虚位移 $\delta\boldsymbol{u}_i$ 和虚应变 $\delta\boldsymbol{\varepsilon}_{ij}$ 表达的虚功方程——虚功原理表达式

$$\iiint_V \boldsymbol{F}_{bi}\delta\boldsymbol{u}_i\mathrm{d}V+\iint_S \boldsymbol{F}_{si}\delta\boldsymbol{u}_i\mathrm{d}S=\iiint_V \boldsymbol{\sigma}_{ij}\delta\boldsymbol{\varepsilon}_{ij}\mathrm{d}V \tag{10-11}$$

式中应力分量为实际应力。就力学意义而言，虚功原理表达式的等号左边为外力在虚位移中所做的功，称为外力虚功 δW；右边为应力分量在虚位移对应的虚应变上产生的应变能，称为虚应变能 δU。即

$$\delta W = \delta U \tag{10-12}$$

根据上述分析，可以得出结论：如果弹性体是处于静力平衡状态的，对于满足变形连续条件的虚位移及其虚应变而言，外力在虚位移上所做的虚功，等于真实应力分量在对应的虚应变上所做的虚功，即虚应变能。这就是虚功原理。

将功能方程式（10-7）应用于同一弹性体的两种不同的受力和变形状态，可以得到功的互等定理。

假设第一种状态的体力为 $\boldsymbol{F}_{bi}^1$，在面力边界 S 上的面力为 $\boldsymbol{F}_{si}^1$，在位移已知的边界 S_u 的位移为 $\boldsymbol{u}_i^1$，弹性体内部的应力，应变和位移分别为 $\boldsymbol{\sigma}_{ij}^1$、$\boldsymbol{\varepsilon}_{ij}^1$、$\boldsymbol{u}_{ij}^1$；第二种状态的体力、面力、应力、应变和位移分别为 $\boldsymbol{F}_{bi}^2$、$\boldsymbol{F}_{si}^2$、$\boldsymbol{u}_i^2$、$\boldsymbol{\sigma}_{ij}^2$、$\boldsymbol{\varepsilon}_{ij}^2$、$\boldsymbol{u}_{ij}^2$。由于两种状态的应力和应变分量都是真实解，所以它们当然也就是静力可能的和几何可能的。

现在把第一种状态的应力作为静力可能的应力，而把第二种状态的位移和应变作为几何可能的位移和应变。将上述两种状态的应力和位移分别代入功能方程，有

$$\iiint_V \boldsymbol{F}_{bi}^1 \boldsymbol{u}_i^2 \mathrm{d}V + \iint_S \boldsymbol{F}_{si}^1 \boldsymbol{u}_i^2 \mathrm{d}S = \iiint_V \boldsymbol{\sigma}_{ij}^1 \boldsymbol{\varepsilon}_{ij}^2 \mathrm{d}V$$

同理，把第二种状态的应力取为静力可能的应力，而把第一种状态的位移和应变作为几何可能的位移和应变分别代入功能方程，有

$$\iiint_V \boldsymbol{F}_{bi}^2 \boldsymbol{u}_i^1 \mathrm{d}V + \iint_S \boldsymbol{F}_{si}^2 \boldsymbol{u}_i^1 \mathrm{d}S = \iiint_V \boldsymbol{\sigma}_{ij}^2 \boldsymbol{\varepsilon}_{ij}^1 \mathrm{d}V$$

对于上述公式的右边，由于

$$\iiint_V \boldsymbol{\sigma}_{ij}^1 \boldsymbol{\varepsilon}_{ij}^2 \mathrm{d}V = \iiint_V \boldsymbol{\sigma}_{ij}^2 \boldsymbol{\varepsilon}_{ij}^1 \mathrm{d}V = \iiint_V (\lambda \boldsymbol{\varepsilon}_{ij}^1 \boldsymbol{\varepsilon}_{ij}^2 + 2\mu \boldsymbol{\varepsilon}_{ij}^1 \boldsymbol{\varepsilon}_{ij}^2) \mathrm{d}V$$

所以

$$\iiint_V \boldsymbol{F}_{bi}^1 \boldsymbol{u}_i^2 \mathrm{d}V + \iint_S \boldsymbol{F}_{si}^1 \boldsymbol{u}_i^2 \mathrm{d}S = \iiint_V \boldsymbol{F}_{bi}^2 \boldsymbol{u}_i^1 \mathrm{d}V + \iint_S \boldsymbol{F}_{si}^2 \boldsymbol{u}_i^1 \mathrm{d}S \tag{10-13}$$

上式称为功的互等定理。功的互等定理可以叙述为：作用在弹性体上的第一种状态的外力，包括体力和面力，在第二种状态对应的位移上所做的功等于第二种状态的外力在第一种状态对应的位移上所做的功。功的互等定理是一个十分重要的力学概念。主要用于推导有关的力学公式，也可以直接用于求解力学问题。

3. 最小势能原理

设应变能密度函数是应变分量的函数，则应变能密度函数的一阶变分为

$$\delta U_0 = \frac{\partial U_0}{\partial \boldsymbol{\varepsilon}_{ij}} \delta \boldsymbol{\varepsilon}_{ij} = \boldsymbol{\sigma}_{ij} \delta \boldsymbol{\varepsilon}_{ij}$$

上式推导中，应用了格林公式 $\boldsymbol{\sigma}_{ij} = \dfrac{\partial U_0}{\partial \boldsymbol{\varepsilon}_{ij}}$，将上式代入虚功方程，则

$$\iiint_V \boldsymbol{F}_{bi} \delta \boldsymbol{u}_i \mathrm{d}V + \iint_{S_\sigma} \boldsymbol{F}_{si} \delta \boldsymbol{u}_i \mathrm{d}S = \iiint_V \delta U_0 \mathrm{d}V = \delta \iiint_V U_0 \mathrm{d}V = \delta U$$

上式表示外力虚功等于弹性体应变能的一阶变分。定义外力势能为

$$W = -\iiint_V \boldsymbol{F}_{bi} \boldsymbol{u}_i \mathrm{d}V - \iint_{S_\sigma} \boldsymbol{F}_{si} \boldsymbol{u}_i \mathrm{d}S$$

从式中可知虚位移与真实的应力无关，因此在虚位移过程中外力保持不变，即变分与外力无

关。而且积分和变分两种运算次序可以交换的，所以外力势能的一阶变分可以写作

$$\delta W = -\iiint_V \boldsymbol{F}_{bi}\delta\boldsymbol{u}_i \mathrm{d}V - \iint_{S_\sigma} \boldsymbol{F}_{si}\delta\boldsymbol{u}_i \mathrm{d}S$$

回代可得

$$\delta(U + W) = \delta E_\mathrm{t} = 0$$

其中 E_t称为总势能，它是应变分量的泛函。由于应变分量通过几何方程可以用位移分量表示，所以总势能又是位移分量的泛函。

$$E_\mathrm{t} = \iiint_V U_0 \mathrm{d}V - \iiint_V \boldsymbol{F}_{bi}\boldsymbol{u}_i \mathrm{d}V - \iint_{S_\sigma} \boldsymbol{F}_{si}\boldsymbol{u}_i \mathrm{d}S$$

上式表明，在所有几何可能的位移中，真实位移将使弹性体总势能的一阶变分为零，因此真实位移使总势能取驻值。

将几何可能位移对应的应变代入总势能表达式，可以得到几何可能位移对应的总势能

$$E_\mathrm{t}(\boldsymbol{\varepsilon}_{ij}^k) = \iiint_V U_0(\boldsymbol{\varepsilon}_{ij} + \delta\boldsymbol{\varepsilon}_{ij})\mathrm{d}V - \iiint_V \boldsymbol{F}_{bi}(\boldsymbol{u}_i + \delta\boldsymbol{u}_i)\mathrm{d}V - \iint_{S_\sigma} \boldsymbol{F}_{si}(\boldsymbol{u}_i + \delta\boldsymbol{u}_i)\mathrm{d}S$$

将上式减去真实应变分量的总势能，可得

$$E_\mathrm{t}(\boldsymbol{\varepsilon}_{ij}^k) - E_\mathrm{t}(\boldsymbol{\varepsilon}_{ij}) = \iiint_V [U_0(\boldsymbol{\varepsilon}_{ij} + \delta\boldsymbol{\varepsilon}_{ij}) - U_0(\boldsymbol{\varepsilon}_{ij})]\mathrm{d}V - \iiint_V \boldsymbol{F}_{bi}\delta\boldsymbol{u}_i \mathrm{d}V - \iint_{S_\sigma} \boldsymbol{F}_{si}\delta\boldsymbol{u}_i \mathrm{d}S$$

将 $U_0(\boldsymbol{\varepsilon}_{ij} + \delta\boldsymbol{\varepsilon}_{ij})$ 按泰勒级数展开，并略去二阶以上的小量，有

$$\begin{aligned} U_0(\boldsymbol{\varepsilon}_{ij} + \delta\boldsymbol{\varepsilon}_{ij}) &= U_0(\boldsymbol{\varepsilon}_{ij}) + \frac{\partial U_0}{\partial \boldsymbol{\varepsilon}_{ij}}\delta\boldsymbol{\varepsilon}_{ij} + \frac{1}{2}\frac{\partial^2 U_0}{\partial \boldsymbol{\varepsilon}_{ij}\partial \boldsymbol{\varepsilon}_{ki}}\delta\boldsymbol{\varepsilon}_{ij}\delta\boldsymbol{\varepsilon}_{ki} \\ &= U_0(\boldsymbol{\varepsilon}_{ij}) + \delta U_0(\boldsymbol{\varepsilon}_{ij}) + \frac{1}{2}\frac{\partial(\delta U_0)}{\partial \boldsymbol{\varepsilon}_{ki}}\delta\boldsymbol{\varepsilon}_{ki} \\ &= U_0(\boldsymbol{\varepsilon}_{ij}) + \delta U_0(\boldsymbol{\varepsilon}_{ij}) + \frac{1}{2}\delta U_0(\boldsymbol{\varepsilon}_{ij}) \end{aligned}$$

回代可得

$$\begin{aligned} E_\mathrm{t}(\boldsymbol{\varepsilon}_{ij}^k) - E_\mathrm{t}(\boldsymbol{\varepsilon}_{ij}) &= \iiint_V \left[\delta U_0(\boldsymbol{\varepsilon}_{ij}) + \frac{1}{2}\delta^2 U_0(\boldsymbol{\varepsilon}_{ij})\right]\mathrm{d}V - \iiint_V \boldsymbol{F}_{bi}\delta\boldsymbol{u}_i \mathrm{d}V - \iint_{S_\sigma} \boldsymbol{F}_{si}\delta\boldsymbol{u}_i \mathrm{d}S \\ &= \delta E_\mathrm{t} + \delta^2 E_\mathrm{t} \end{aligned}$$

由于总势能的一阶变分为零，因此

$$E_\mathrm{t}(\boldsymbol{\varepsilon}_{ij}^k) - E_\mathrm{t}(\boldsymbol{\varepsilon}_{ij}) = \delta^2 E_\mathrm{t}$$

总势能的二阶变分为

$$\delta^2 E_\mathrm{t} = \iiint_V \delta^2 U_0 \mathrm{d}V = \frac{1}{2}\iiint_V \frac{\partial^2 U_0}{\partial \boldsymbol{\varepsilon}_{ij}\partial \boldsymbol{\varepsilon}_{ki}}\delta\boldsymbol{\varepsilon}_{ij}\delta\boldsymbol{\varepsilon}_{ki}\mathrm{d}V$$

由于

$$\delta^2 U_0 = \frac{\partial^2 U_0}{\partial \boldsymbol{\varepsilon}_{ij}\partial \boldsymbol{\varepsilon}_{ki}}\delta\boldsymbol{\varepsilon}_{ij}\delta\boldsymbol{\varepsilon}_{ki} = \left(\frac{\partial^2 \boldsymbol{\sigma}_{ij}}{\partial \boldsymbol{\varepsilon}_{ki}}\delta\boldsymbol{\varepsilon}_{ki}\right)\delta\boldsymbol{\varepsilon}_{ij} = \delta\boldsymbol{\sigma}_{ij}\delta\boldsymbol{\varepsilon}_{ij} = 2U_0(\delta\boldsymbol{\varepsilon}_{ij})$$

由于应变能密度函数为正定函数，即只有在所有的应变分量全部为零时其才可能为零，否则总是大于零的，因此

$$\delta^2 U_0 = 2U_0(\delta\boldsymbol{\varepsilon}_{ij}) \geqslant 0 \tag{10-14}$$

故

$$E_\mathrm{t}(\boldsymbol{\varepsilon}_{ij}^k) \geqslant E_\mathrm{t}(\boldsymbol{\varepsilon}_{ij})$$

以上证明了在所有的可能位移场中，真实位移场的总势能取最小值。所以这一原理称为

最小势能原理。数学描述即总势能的一阶变分为零，而且二阶变分是正定的（大于零）。必须强调指出的是，真实位移与其他的可能位移之间的差别在于是否满足静力平衡条件，所以说最小势能原理是用变分形式表达的平衡条件。最小势能原理完整的叙述为：**在所有几何可能位移中，真实位移使得总势能取最小值**。该方法是以位移函数作为基本未知量求解弹性力学问题的。

最小势能原理的主要用途并非推导平衡微分方程和面力边界条件，它是弹性力学问题近似解法的基础。根据最小势能原理，如果能够列出所有的几何可能位移，那么使总势能取最小值的那一组位移就是真实位移。问题是列出所有几何可能的位移是非常困难的，故对于实际问题，只能凭借经验和直觉缩小寻找范围，在这个范围内的一族几何可能的位移中，找到一组位移使得总势能最小。

虽然这一组位移一般地说并不是真实的，但是可以肯定，它是在这个缩小的给定范围内部，与真实位移最为接近的一组位移，因此可以作为近似解。

从上述思想出发，在一般情况下，可以将位移分量选择为如下的形式

$$u(x,y,z) = u_0(x,y,z) + \sum_m A_m u_m(x,y,z)$$

$$v(x,y,z) = v_0(x,y,z) + \sum_m B_m v_m(x,y,z)$$

$$w(x,y,z) = w_0(x,y,z) + \sum_m C_m w_m(x,y,z)$$

式中，A_m、B_m和 C_m均为任意的常数；u_0、v_0和 w_0以及 u_m、v_m和 w_m都是坐标的已知函数，并且在位移边界 S_u上，有

$$u_0 = \bar{u},\ v_0 = \bar{v},\ w_0 = \bar{w};$$

$$u_m = 0,\ v_m = 0,\ w_m = 0。$$

这样构造的位移试函数，不论系数 A_m、B_m和 C_m取何值，总是满足位移边界条件的。而且对于连续函数，必然满足几何方程。

（1）瑞利-里茨法　现在的问题是将要如何选择待定系数 A_m、B_m和 C_m，使得总势能在位移表达式表示的这一族位移中取最小值。

为此，将位移表达式代入几何方程求得应变分量，然后代入总势能的表达式，注意到应变能密度函数是应变分量的齐二次函数，因此总势能表达式的第一个积分成为待定系数 A_m、B_m和 C_m的齐二次函数，而第二和第三个积分为 A_m、B_m和 C_m的一次函数。于是，总势能 E_t 原本是自变函数的泛函，现在成为待定系数 A_m、B_m和 C_m的二次函数。

这样就把求解泛函的极值问题转化为求解函数的极值问题。总势能 E_t 取极值的条件为

$$\frac{\partial E_t}{\partial A_m} = 0,\ \frac{\partial E_t}{\partial B_m} = 0,\ \frac{\partial E_t}{\partial C_m} = 0$$

总势能 E_t 取极值的条件又可以写作

$$\begin{aligned}
&\frac{\partial}{\partial A_m}\iiint_V U_0 \mathrm{d}V - \iiint_V \boldsymbol{F}_{bi} u_m \mathrm{d}V - \iint_{S_\sigma} \boldsymbol{F}_{si} u_m \mathrm{d}S = 0 \\
&\frac{\partial}{\partial B_m}\iiint_V U_0 \mathrm{d}V - \iiint_V \boldsymbol{F}_{bi} v_m \mathrm{d}V - \iint_{S_\sigma} \boldsymbol{F}_{si} v_m \mathrm{d}S = 0 \\
&\frac{\partial}{\partial C_m}\iiint_V U_0 \mathrm{d}V - \iiint_V \boldsymbol{F}_{bi} w_m \mathrm{d}V - \iint_{S_\sigma} \boldsymbol{F}_{si} w_m \mathrm{d}S = 0
\end{aligned} \tag{10-15}$$

式 10-15 是一组以 A_m、B_m 和 C_m($m=1,2,3,\cdots$)为未知数的线性非齐次代数方程组，求解方程可得待定系数，回代就可以得到近似位移解答。

（2）伽辽金法　应变能的一阶变分可以写作

$$\delta U=\iiint_V \boldsymbol{\sigma}_{ij}\delta\boldsymbol{\varepsilon}_{ij}\mathrm{d}V=\iiint_V \boldsymbol{\sigma}_{ij}\delta(\boldsymbol{u}_{i,j}+\boldsymbol{u}_{j,i})\mathrm{d}V=\iiint_V \boldsymbol{\sigma}_{ij}\delta\boldsymbol{u}_{i,j}\mathrm{d}V$$

$$=\iiint_V(\boldsymbol{\sigma}_{ij}\delta\boldsymbol{u}_i)_{,j}\mathrm{d}V-\iiint_V \boldsymbol{\sigma}_{ij,j}\delta\boldsymbol{u}_i\mathrm{d}V=\iint_{S_\sigma}\boldsymbol{\sigma}_{ij}n_j\delta\boldsymbol{u}_i\mathrm{d}S-\iiint_V \boldsymbol{\sigma}_{ij,j}\delta\boldsymbol{u}_i\mathrm{d}V$$

将上式回代最小势能原理，整理可得

$$\iiint_V(\boldsymbol{\sigma}_{ij,j}+\boldsymbol{F}_{bi})\delta\boldsymbol{u}_i\mathrm{d}V+\iint_{S_\sigma}(\boldsymbol{F}_{si}-\boldsymbol{\sigma}_{ij}n_j)\delta\boldsymbol{u}_i\mathrm{d}S=0$$

如果选择的位移试函数不仅在位移边界上满足位移边界条件，而且在面力边界上满足面力边界条件，即位移试函数满足全部的边界条件，则上式可以进一步简化为

$$\iiint_V(\boldsymbol{\sigma}_{ij,j}+\boldsymbol{F}_{bi})\delta\boldsymbol{u}_i\mathrm{d}V=0$$

展开，有

$$\iiint_V\left[\left(\frac{\partial\sigma_x}{\partial x}+\frac{\partial\tau_{xy}}{\partial y}+\frac{\partial\tau_{xz}}{\partial z}+F_{bx}\right)\delta u+\left(\frac{\partial\tau_{xy}}{\partial x}+\frac{\partial\sigma_y}{\partial y}+\frac{\partial\tau_{yz}}{\partial z}+F_{by}\right)\delta v+\left(\frac{\partial\tau_{xz}}{\partial x}+\frac{\partial\tau_{yz}}{\partial y}+\frac{\partial\sigma_z}{\partial z}+F_{bz}\right)\delta w\right]\mathrm{d}V=0$$

将位移函数表达式代入几何方程求得应变分量，再根据物理方程求出应力分量代入上式，并且注意到

$$\delta u=\sum_m u_m\delta A_m,\delta v=\sum_m u_m\delta B_m,\delta w=\sum_m u_m\delta C_m$$

将上述结果代入虚功方程，可得

$$\sum_m\iiint_V\left[\left(\frac{\partial\sigma_x}{\partial x}+\frac{\partial\tau_{xy}}{\partial y}+\frac{\partial\tau_{xz}}{\partial z}+F_{bx}\right)u_m\delta A_m+\left(\frac{\partial\tau_{xy}}{\partial x}+\frac{\partial\sigma_y}{\partial y}+\frac{\partial\tau_{yz}}{\partial z}+F_{by}\right)v_m\delta B_m+\right.$$

$$\left.\left(\frac{\partial\tau_{xz}}{\partial x}+\frac{\partial\tau_{yz}}{\partial y}+\frac{\partial\sigma_z}{\partial z}+F_{bz}\right)w_m\delta C_m\right]\mathrm{d}V=0$$

由于 A_m、B_m 和 C_m 彼此独立而且是完全任意的，所以上式成立的条件为

$$\begin{aligned}&\iiint_V\left(\frac{\partial\sigma_x}{\partial x}+\frac{\partial\tau_{xy}}{\partial y}+\frac{\partial\tau_{xz}}{\partial z}+F_{bx}\right)u_m\mathrm{d}V=0\\&\iiint_V\left(\frac{\partial\tau_{xy}}{\partial x}+\frac{\partial\sigma_y}{\partial y}+\frac{\partial\tau_{yz}}{\partial z}+F_{by}\right)v_m\mathrm{d}V=0\\&\iiint_V\left(\frac{\partial\tau_{xz}}{\partial x}+\frac{\partial\tau_{yz}}{\partial y}+\frac{\partial\sigma_z}{\partial z}+F_{bz}\right)w_m\mathrm{d}V=0\end{aligned}\tag{10-16}$$

由于应力分量为 A_m、B_m 和 C_m 的线性函数，所以式 10-16 为 A_m、B_m 和 C_m 的线性非齐次代数方程组。解出待定系数代入公式就得到位移函数的近似解答，这种方法称为伽辽金法。

例 10-1　两端简支的等截面梁，受均匀分布载荷 q 作用。试求解梁的挠度 $w(x)$。

解： 使用瑞利-里茨法求解。

为了满足梁的位移边界条件，即简支梁两端的约束条件：在 $x=0$ 和 $x=1$ 处，$w=0$，取位移试函数，即挠曲线方程为

$$w = \sum_{m} C_m \sin\frac{m\pi x}{l}$$

问题的总势能为

$$E_t = \frac{EI}{2}\int_0^l \left(\frac{d^2 w}{dx^2}\right)^2 dx - \int_0^l qw dx$$

即

$$E_t = \frac{EI\pi^4}{4l^3}\sum_{m} m^4 C_m^2 - \frac{2ql}{\pi}\sum_{m=1,3,5,\cdots}\frac{C_m}{m}$$

因为$\frac{\partial E_t}{\partial C_m}=0$，所以

$$\frac{EI\pi^4}{2l^3}m^4 C_m - \frac{2ql}{\pi m} = 0 \qquad (m\ 为奇数)$$

$$\frac{EI\pi^4}{2l^3}m^4 C_m \qquad (m\ 为偶数)$$

所以

$$C_m = \frac{4ql^4}{EI\pi^5 m^5} = 0 \qquad (m\ 为奇数)$$

$$C_m = 0 \qquad (m\ 为偶数)$$

回代到位移公式，可得

$$w = \frac{4ql^4}{EI\pi^5}\sum_{m=1,3,5\cdots}\frac{1}{m^5}\sin\frac{m\pi x}{l}$$

挠曲线表达式是无穷级数，它给出了本问题的精确解答。这个级数收敛很快，只要取少数几项就可以得到足够的精度。最大挠度在梁的中点，即 $x=l/2$ 处，因此

$$w_{max} = \frac{4ql^4}{EI\pi^5}\left(1 - \frac{1}{3^5} + \frac{1}{5^5} - \cdots\right)$$

如果取一项，则 $w_{max}=\frac{ql^4}{76.6EI}$。这一结果与精确值十分接近。

由于上述位移试函数表示的挠曲线方程在求二阶导数后仍为正弦函数，所以二阶导数在 $x=0$ 和 $x=1$ 处仍旧为零。

本问题的静力边界条件是梁的铰支处弯矩为 0，所以该表达式也满足面力边界条件，因此这一试函数也可以应用于伽辽金法求解。注意到

$$\int_0^l \left(EI\frac{d^4 w}{dx^4} - q\right)\sin\frac{m\pi x}{l}dx = 0$$

将位移试函数公式代入上式并且积分，可以得到与瑞利-里茨法相同的结果。

4. 最小余能原理

首先介绍有关应变余能的概念。以单向拉伸为例，设单向拉伸应力为 σ_x，应变为 ε_x。对于线弹性问题，应力与应变曲线是一条直线，对于一般的弹性体，它是一条曲线。当弹性体受到拉伸，应变达到 σ_x时，弹性体内部存储的应变能密度相当于应力应变曲线与 ε_x 轴所

围的面积，有

$$U_0(\varepsilon_x) = \int_0^{\varepsilon_x} \sigma_x \mathrm{d}\varepsilon_x$$

而应力应变曲线与应力 σ_x 轴所围的面积定义为应变余能密度，有

$$U'_0(\sigma_x) = \int_0^{\sigma_x} \varepsilon_x \mathrm{d}\sigma_x$$

对于应变能和应变余能，显然

$$U_0(\varepsilon_{ij}) + U'_0(\sigma_{ij}) = \sigma_{ij}\varepsilon_{ij}$$

这里定义应变能密度是应变分量的泛函，而应变余能密度是应力分量的泛函。对于上式作变分，有

$$\frac{\partial U_0}{\partial \varepsilon_{ij}}\delta\varepsilon_{ij} + \frac{\partial U'_0}{\partial \sigma_{ij}}\delta\sigma_{ij} = \sigma_{ij}\delta\varepsilon_{ij} + \delta\sigma_{ij}\varepsilon_{ij}$$

即

$$\left(\frac{\partial U'_0}{\partial \sigma_{ij}} - \varepsilon_{ij}\right)\delta\sigma_{ij} = -\left(\frac{\partial U_0}{\partial \varepsilon_{ij}} - \sigma_{ij}\right)\delta\varepsilon_{ij}$$

根据格林公式，上式的右边为零。而 i、j 是任意的，所以可以证明对于应变，余能密度函数 $\dfrac{\partial U'_0}{\partial \sigma_{ij}} = \varepsilon_{ij}$。

以下通过虚功方程推导最小余能原理。设静力可能的应力为

$$\sigma'_{ij} = \sigma_{ij} + \delta\sigma_{ij}$$

式中，σ_{ij}为真实应力；$\delta\sigma_{ij}$为真实应力邻近的应力的微小改变量，通常称为虚应力。

将上式代入微分平衡方程和面力边界条件，则

$$(\sigma_{ij} + \delta\sigma_{ij})_{,j} + F_{bi} = 0$$

$$F_{si} = (\sigma_{ij} + \delta\sigma_{ij})n_j \quad (\text{在 } S_\sigma \text{ 上})$$

由于 σ_{ij}为真实应力，必然满足平衡微分方程和面力边界条件，所以虚应力 $\delta\sigma_{ij}$必然满足

$$\delta\sigma_{ij,j} = 0$$

$$\sigma_{ij}n_j = 0 \quad (\text{在 } S_u \text{ 上})$$

上式表明，如果应力试函数表示的应力是静力可能的，则虚应力应该满足无体力的平衡微分方程和无面力的面力边界条件。

现在将应力势函数 $\sigma^s_{ij} = \sigma_{ij} + \delta\sigma_{ij}$代入功能方程式（10-7），并且用真实位移替代几何可能的位移，则

$$\iiint_V F_{bi}u_i \mathrm{d}V + \iint_{S_\sigma} F_{si}u_i \mathrm{d}S + \iint_{S_u} (F_{si} + \delta F_{si})\bar{u}_i \mathrm{d}S = \iiint_V (\sigma_{ij} + \delta\sigma_{ij})\varepsilon_{ij} \mathrm{d}V$$

注意到公式

$$\iiint_V u^{\mathrm{k}}_i \sigma^s_{ij,j} \mathrm{d}V = -\iiint_V F_{bi}u^{\mathrm{k}}_i \mathrm{d}V$$

则上式简化为

$$\iint_{S_u} \delta F_{si}\bar{u}_i \mathrm{d}S = \iiint_V \delta\sigma_{ij}\varepsilon_{ij} \mathrm{d}V$$

应该注意的是，虚应力与虚位移、即位移变分方程不同，表面面力是有增量 δF_{si} 的。即虚应力 $\delta\sigma_{ij}$ 在位移边界 S_u 将引起的面力，称为虚面力。有

$$\delta F_{si} = \delta\sigma_{ij} n_j (\text{在 } S_u \text{上})$$

将虚面力表达式回代公式

$$\iiint_V u_i^k \sigma_{ij,j}^s \mathrm{d}V = -\iiint_V F_{bi} u_i^k \mathrm{d}V$$

可得

$$\iint_{S_u} \bar{u}_i \delta\sigma_{ij} n_j \mathrm{d}S = \iiint_V \varepsilon_{ij} \delta\sigma_{ij} \mathrm{d}V$$

上式称为虚应力方程，又称为应力变分方程。它表示在已知位移的边界上，虚面力在真实位移上所做的功等于整个弹性体内部的虚应力在真实变形中所做的功。

将 $\dfrac{\partial U'_0}{\partial\sigma_{ij}} = \varepsilon_{ij}$ 代入虚应力方程 $\iint_{S_u} \bar{u}_i \delta\sigma_{ij} n_j \mathrm{d}S = \iiint_V \varepsilon_{ij} \delta\sigma_{ij} \mathrm{d}V$ 的右边，有

$$\iiint_V \varepsilon_{ij} \delta\sigma_{ij} \mathrm{d}V = \iiint_V \frac{\partial U'_0}{\partial\sigma_{ij}} \delta\sigma_{ij} \mathrm{d}V = \iiint_V \delta U'_0 \mathrm{d}V$$

由于在位移边界 S_u 上的位移是给定的，所以上式左边的变分符号可以提到积分符号的外边，则应力变分方程还可以写作以下形式

$$\delta\left[\iiint_V U'_0 \mathrm{d}V - \iint_{S_u} \bar{u}_i F_{si} \mathrm{d}S\right] = 0$$

令

$$E'_{\mathrm{t}} = \iiint_V U'_0 \mathrm{d}V - \iint_{S_u} \bar{u}_i F_{si} \mathrm{d}S = \iiint_V U'_0 \mathrm{d}V - \iint_{S_u} \bar{u}_i \sigma_{ij} n_j \mathrm{d}S$$

则

$$\delta E'_{\mathrm{t}} = 0$$

这里，$E_{\mathrm{t}}(\sigma_{ij})$ 称为总余能，它是应力分量的泛函。上述公式表示，当应力分量从真实应力 σ_{ij} 变化到静力可能的应力 $\sigma_{ij} + \delta\sigma_{ij}$ 时，总余能的一阶变分为零，即真实应力使得总余能取驻值。因此这一关系称为最小余能原理。和最小势能原理相同，可以证明，对于稳定的平衡状态，真实应力使总余能取最小值。这一关系称为最小余能原理。它可以叙述为：在所有静力可能的应力中，真实应力使得总余能取最小值。

如果弹性体的全部边界面力已知，最小余能原理可以简化为

$$\delta \iiint_V U'_0 \mathrm{d}V = 0 \tag{10-17}$$

式 10-17 称为最小功原理，它是最小余能原理的特殊形式。

根据弹性力学的分析方法，真实应力除了满足平衡微分方程和面力边界条件以外，还必须满足用应力分量表示的变形协调方程。而根据能量变分的原理，真实应力除了满足平衡微分方程和面力边界条件以外，还要满足应力变分方程或者总余能的极值条件。因此，应力变分方程或者最小余能原理应该等价于以应力分量表示的变形协调方程和位移边界条件。

例 10-2 如图 10-2 所示，矩形薄板两端受抛物线分布的拉力作用，求应力分量。

解： 本问题的边界条件为

$$\tau_{xy|x=\pm a}=0,\ \tau_{xy|x=\pm b}=0,$$

$$\sigma_{x|x=\pm a}=q\left(1-\frac{y^2}{b^2}\right),\ \sigma_{y|x=\pm b}=0$$

为了满足边界条件，设

$$\varphi_{f0}=\frac{1}{2}qy^2\left(1-\frac{y^2}{6b^2}\right)$$

显然以上假设满足面力边界条件。现在适当的选取 φ_{f1}，φ_{f2}，…，φ_{fm}，并且使与之对应的应力分量在边界为零。为达到这一目的，设各个函数 φ_{f1}，φ_{f2}，…，φ_{fm} 中都包括 $(x-a)^2(y-b)^2$ 因子，则这些函数对 x、y 的二阶偏导数在 $x=\pm a$、$y=\pm b$ 为零。所以设

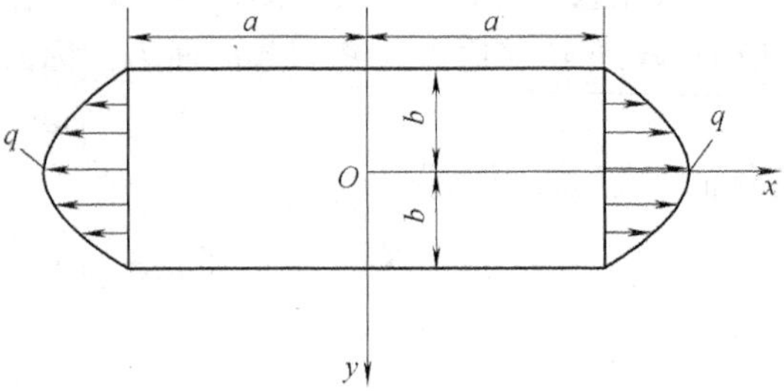

图 10-2　矩形薄板受力情况

$$\varphi_f=\frac{1}{2}qy^2\left(1-\frac{y^2}{6b^2}\right)+qb^2\left(1-\frac{x^2}{a^2}\right)^2\left(1-\frac{y^2}{b^2}\right)^2\left(A_1+A_2\frac{x^2}{a^2}+A_3\frac{y^2}{b^2}+\cdots\right)$$

由于对称性，上式中仅取 x 和 y 的偶次幂，为了使得待定系数 A_1，A_2，…，A_m 成为量纲为一的量，所以上式中布置了因子 qb^2，并且使 x 和 y 分别除以 a 和 b 等，如果在上式中仅取一项，即 A_1 一个系数，则

$$\varphi_f=\frac{1}{2}qy^2\left(1-\frac{y^2}{6b^2}\right)+A_1qb^2\left(1-\frac{x^2}{a^2}\right)^2\left(1-\frac{y^2}{b^2}\right)^2$$

将上式代入公式，则

$$A_1\left(\frac{64}{7}+\frac{256}{49}\frac{b^2}{a^2}+\frac{64}{7}\frac{b^4}{a^4}\right)=1$$

对于正方形薄板，即 $a=b$，可得 $A_1=0.0425$。因此，问题的应力分量近似解为

$$\sigma_x=\frac{\partial^2\varphi_f}{\partial y^2}=q\left(1-\frac{y^2}{a^2}\right)-0.17q\left(1-\frac{x^2}{a^2}\right)^2\left(1-3\frac{y^2}{a^2}\right)$$

$$\sigma_y=\frac{\partial^2\varphi_f}{\partial x^2}=-0.17q\left(1-3\frac{x^2}{a^2}\right)\left(1-\frac{y^2}{a^2}\right)^2$$

$$\tau_{xy}=\frac{\partial^2\varphi_f}{\partial x\partial y}=-0.681q\left(1-\frac{x^2}{a^2}\right)\left(1-\frac{y^2}{a^2}\right)\frac{xy}{a^2}$$

在薄板的中心，$x=y=0$，可得 $\sigma_x=0.830q$。

如果取 A_1、A_2、A_3 三项，通过同样的运算，可得 $A_1=0.0414$，$A_2=A_3=0.0117$，在薄板的中心，$x=y=0$，可得 $\sigma_x=0.862q$。

本章习题

10-1　对弹性体所做的基本假设有哪些？

10-2　在什么情况下切应力互等定律不成立？

10-3　任意斜截面上的正应变和切应变的意义是什么？

10-4　请说明应用伽辽金法求解微分方程的一般步骤。

第 11 章　有限元分析法概述

【内容】

首先介绍有限元分析法的发展历程和基本思路，然后重点讨论平面问题的有限元法，包括平面问题的单元位移函数、单元载荷移植、单元刚度矩阵、整体分析和约束条件的处理以及线性方程组解法。

【目的】

了解有限元分析法的基本概念，掌握平面问题有限元法的过程和步骤。

有限元法是目前工程上应用最为广泛的结构数值分析方法。它以弹性力学的变分原理为基础，将单元内部位移用节点位移表示，利用插值函数构造单元位移函数，并且通过单元位移描述单元的应力和应变分量，通过最小势能原理建立单元位移与单元节点力的关系，构造单元平衡方程。对于由单元集合得到的弹性体整体，应用最小势能原理构造整体平衡方程。这个方程是一个线性方程组，求解可以得到弹性体的位移，以及单元的应力和应变分量。近年来，以有限元原理为基础，借助计算机的强大计算能力，不仅改变了弹性力学理论在工程应用领域的处境，更使大型通用有限元分析软件得以迅速推广，目前已经成为工程技术人员手中强大的结构分析工具。

11.1　有限元分析法的基本概念

11.1.1　有限元分析法的形成和发展

在工程技术领域内，经常会遇到两类典型的问题，即离散系统问题和连续系统问题。前者可以归结为有限个已知单元体的组合。例如，材料力学中的连续梁、建筑结构框架和桁架结构等。如图 11-1 所示的平面桁架结构，是由 6 个承受轴向力的杆单元组成的，它可以直接求得精确解。后者通常由无限小的单元构成，需要建立连续的代数方程及边界条件才能求解，如弹性力学问题、热传导问题、电磁场问题等。

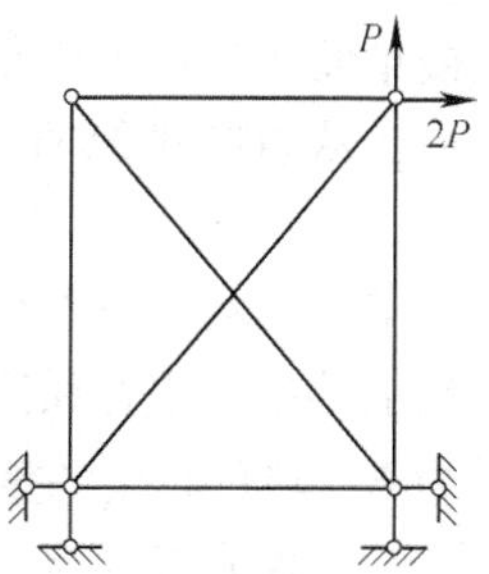

图 11-1　平面桁架结构

工程实际中，经常可以获得连续系统的基本方程，但通常由于边界条件的限制，只能得到少数简单问题的精确解答，多数问题无法得出精确的解答，通常只能采用近似方法。在众多的近似解法中，有限元分析法获得了工程师和数学家的共同认可。

有限元分析法最早可以追溯到 20 世纪 50 年代，它源于固体力学中矩阵结构法的发展和工程师对结构相似性的直觉判断。从固体力学的角度来看，桁架结构等标准离散系统与人为地分割成有限个分区后的连续系统在结构上存在相似性。

1956 年，M. J. Turner、R. W. Clough、H. C. Martin、L. J. Topp 在纽约举行的航空学会年会上介绍了一种新的计算方法，将矩阵位移法推广到求解平面应力问题。他们把连续几何模型划分成一个个三角形和矩形的“单元”，并为所使用的单元指定近似位移函数，进而求得单元节点力与节点位移关系的单元刚度矩阵。1954 ~ 1955 年，J. H. Argyris 在航空工程杂志上发表了一组能量原理和结构分析论文。1960 年，Clough 在著名的题为“The Finite Element in plane stress analysis”的论文中首次提出了有限元（Finite Element）这一术语，并在后来被广泛地引用，成为这种数值方法的标准称谓。

与此同时，数学家们则发展了微分方程的近似解法，包括有限差分方法、变分原理和加权余量法，这为有限元方法在以后的发展奠定了数学和理论基础。在 1963 年前后，经过 J. F. Besseling、R. J. Melosh、R. E. Jones、R. H. Gallaher、T. H. H. Pian 等许多人的工作，人们认识到有限元法就是变分原理中 Ritz 近似法的一种变形，从而发展了使用各种不同变分原理导出的有限元计算公式。1965 年 O. C. Zienkiewicz 和 Y. K. Cheung（张佑启）发现，对于所有的场问题，只要能将其转换为相应的变分形式，即可以用与固体力学有限元法的相同步骤求解。1969 年 B. A. Szabo 和 G. C. Lee 指出可以用加权余量法特别是迦辽金（Galerkin）法，导出标准的有限元过程来求解非结构问题。我国的力学工作者为有限元方法的初期发展做出了许多贡献，其中比较著名的有：陈伯屏（结构矩阵方法）、钱令希（余能原理）、钱伟长（广义变分原理）、胡海昌（广义变分原理）和冯康（有限单元法理论）。

当今有限元分析系统的另一个特点是与通用 CAD 软件的集成使用，即在用 CAD 软件完成部件和零件的造型设计后，自动生成有限元网格并进行计算，如果分析的结果不符合设计要求则重新进行造型和计算，直到满意为止，从而极大地提高了设计水平和效率。现在，工程师可以在集成的 CAD 和 FEA 软件环境中快捷地解决一个在以前无法应付的复杂工程分析问题。所以目前所有的商业化有限元系统商都开发了著名的 CAD 软件（例如 Unigraphics、Pro/ENGINEER、SolidEdge、SolidWorks 等）接口。

11.1.2　有限元分析法的基本思路

有限元分析法的基本思路可以归结为：将连续系统分割成有限个分区或单元，对每个单元提出一个近似解，再将所有单元按标准方法加以组合，从而形成原有系统的一个数值近似系统，即形成相应的数值模型。

下面用在自重作用下的等截面直杆来说明有限元法的思路。受自重作用的等截面直杆如图 11-2 所示，杆的长度为 L，截面积为 A，弹性模量为 E，单位长度的重量为 q，杆的内力为 N。

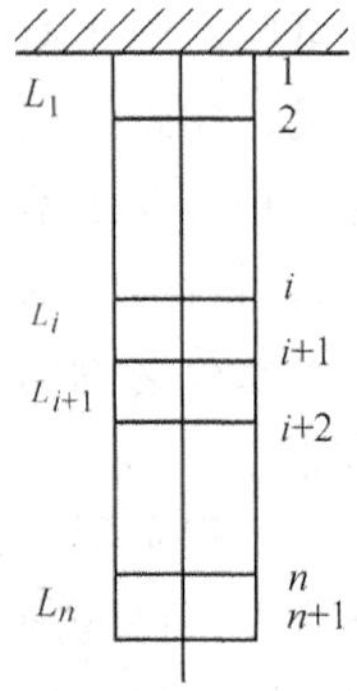

图 11-2　离散后的直杆

等截面直杆在自重作用下的有限元法解答过程如下：

1. 连续系统离散化

如图 11-2 所示，将直杆划分成 n 个有限段，有限段之间通过公共点相连接。在有限元法中将两段之间的公共连接点称为节点，将每个有限段称为单元。节点和单元组成的离散模型就称为对应于连续系统的“有限元模型”。有限元模型中的第 i 个单元，其长度为 L_i，包含第 i、$i+1$ 个节点。

2. 用单元节点位移表示单元内部位移

第 i 个单元中的位移用所包含的节点位移来表示

$$u(x)=u_i+\frac{u_{i+1}-u_i}{L_i}(x-x_i) \tag{11-1}$$

其中，u_i为第 i 节点的位移，x_i为第 i 节点的坐标。第 i 个单元的应变为 ε_i，应力为 σ_i，内力为 N_i，即

$$\varepsilon_i=\frac{\mathrm{d}u}{\mathrm{d}x}=\frac{u_{i+1}-u_i}{L_i} \tag{11-2}$$

$$\sigma_i=E\varepsilon_i=\frac{E(u_{i+1}-u_i)}{L_i} \tag{11-3}$$

$$N_i=A\sigma_i=\frac{EA(u_{i+1}-u_i)}{L_i} \tag{11-4}$$

3. 把外载荷归集到节点上

把第 i 单元和第 $i+1$ 单元重量的一半$\frac{q(L_i+L_{i+1})}{2}$，归集到第 $i+1$ 节点上，如图 11-3 所示。

4. 建立节点的力平衡方程

对于第 $i+1$ 节点，由力的平衡方程可得

$$N_i-N_{i+1}=\frac{q(L_i+L_{i+1})}{2} \tag{11-5}$$

令 $\lambda_i=\frac{L_i}{L_{i+1}}$，并将式（11-4）代入得

$$-u_i+(1+\lambda_i)u_{i+1}-\lambda_i u_{i+2}=\frac{q}{2EA}\left(1+\frac{1}{\lambda_i}\right)L_i^2 \tag{11-6}$$

根据约束条件，$u_1=0$，对于第 $n+1$ 个节点

$$N_n=\frac{qL_n}{2},\quad -u_n+u_{n+1}=\frac{qL_n^2}{2EA} \tag{11-7}$$

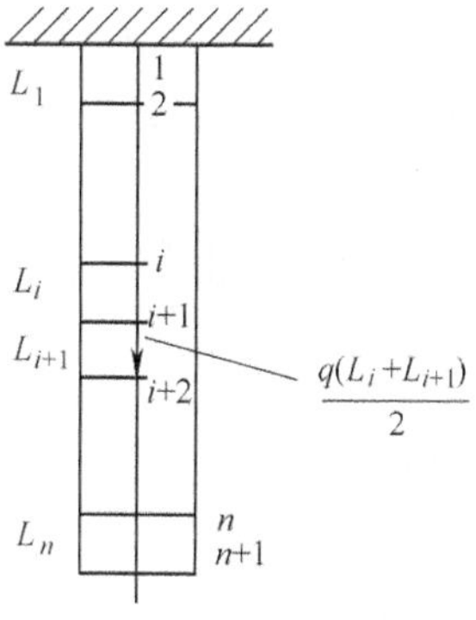

图 11-3　集中单元重量

建立所有节点的力平衡方程，可以得到由 $n+1$ 个方程构成的方程组，可解出 $n+1$ 个未知的节点位移。

11.2　平面问题的有限元法

根据有限元法的基本思路，将弹性体离散成有限个单元体的组合，以节点的位移作为未知量。弹性体内实际的位移分布可以用单元内的位移分布函数来分块近似地表示。在单元内的位移变化可以假定一个函数来表示，这个函数称为单元位移函数或单元位移模式。

11.2.1 平面问题的单元位移函数

对于弹性力学平面问题，单元位移函数可以用多项式表示

$$
\begin{aligned}
u &= a_1 + a_2 x + a_3 y + a_4 x^2 + a_5 xy + a_6 y^2 + \cdots \\
v &= b_1 + b_2 x + b_3 y + b_4 x^2 + b_5 xy + b_6 y^2 + \cdots
\end{aligned}
\tag{11-8}
$$

多项式中包含的项数越多，就越接近实际的位移分布，越精确。具体取多少项，由单元形式来确定。即以节点位移来确定位移函数中的待定系数。

如图 11-4 所示的三角形单元，节点 I、J、M 的坐标分别为（x_i，y_i）、（x_j，y_j）、（x_m，y_m），节点位移分别为 u_i、v_i、u_j、v_j、u_m、v_m。六个节点位移只能确定六个多项式的系数，所以三角形单元的位移函数如下

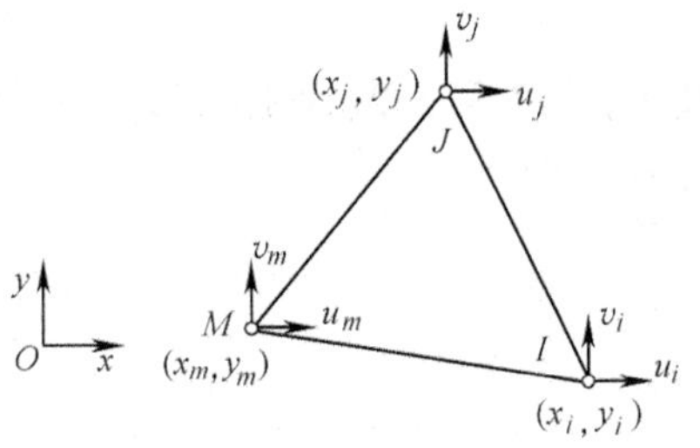

图 11-4　三角形单元分析

$$
\left.
\begin{aligned}
u &= a_1 + a_2 x + a_3 y \\
v &= a_4 + a_5 x + a_6 y
\end{aligned}
\right\}
\tag{11-9}
$$

将 3 个节点上的坐标和位移分量代入式（11-9）就可以将六个待定系数用节点坐标和位移分量表示出来。将水平位移分量和节点坐标代入式（11-9）中的第一式，得

$$
\begin{aligned}
u_i &= a_1 + a_2 x_i + a_3 y_i \\
u_j &= a_1 + a_2 x_j + a_3 y_j \\
u_m &= a_1 + a_2 x_m + a_3 y_m
\end{aligned}
$$

写成矩阵形式

$$
\begin{pmatrix} u_i \\ u_j \\ u_m \end{pmatrix} = \begin{pmatrix} 1 & x_i & y_i \\ 1 & x_j & y_j \\ 1 & x_m & y_m \end{pmatrix} \begin{pmatrix} a_1 \\ a_2 \\ a_3 \end{pmatrix}
\tag{11-10}
$$

令

$$
\begin{pmatrix} 1 & x_i & y_i \\ 1 & x_j & y_j \\ 1 & x_m & y_m \end{pmatrix} = \boldsymbol{T}
$$

则有

$$
\begin{pmatrix} a_1 \\ a_2 \\ a_3 \end{pmatrix} = \boldsymbol{T}^{-1} \begin{pmatrix} u_i \\ u_j \\ u_m \end{pmatrix}
\tag{11-11}
$$

$$
\boldsymbol{T}^{-1} = \frac{\boldsymbol{T}^*}{\boldsymbol{T}}
$$

$$
\boldsymbol{T} = 2A
$$

A 为三角形单元的面积。

$\boldsymbol{T}$ 的伴随矩阵为

$$
\boldsymbol{T}^* = \begin{pmatrix} x_j y_m - x_m y_j & y_j - y_m & x_m - x_j \\ x_m y_i - x_i y_m & y_m - y_i & x_i - x_m \\ x_i y_j - x_j y_i & y_i - y_j & x_j - x_i \end{pmatrix}^{\mathrm{T}}
\tag{11-12}
$$

令
$$T^* = \begin{pmatrix} a_i & b_i & c_i \\ a_j & b_j & c_j \\ a_m & b_m & c_m \end{pmatrix}^{\mathrm{T}} = \begin{pmatrix} a_i & a_j & a_m \\ b_i & b_j & b_m \\ c_i & c_j & c_m \end{pmatrix} \tag{11-13}$$

则
$$\begin{pmatrix} a_1 \\ a_2 \\ a_3 \end{pmatrix} = \frac{1}{2A} \begin{pmatrix} a_i & a_j & a_m \\ b_i & b_j & b_m \\ c_i & c_j & c_m \end{pmatrix} \begin{pmatrix} u_i \\ u_j \\ u_m \end{pmatrix} \tag{11-14}$$

同样，将垂直位移分量与结点坐标代入式（11-9）中的第二式，可得

$$\begin{pmatrix} a_4 \\ a_5 \\ a_6 \end{pmatrix} = \frac{1}{2A} \begin{pmatrix} a_i & a_j & a_m \\ b_i & b_j & b_m \\ c_i & c_j & c_m \end{pmatrix} \begin{pmatrix} v_i \\ v_j \\ v_m \end{pmatrix} \tag{11-15}$$

将式（11-14）、式（11-15）代回式（11-9）整理后可得

$$u = \frac{1}{2A}[(a_i + b_i x + c_i y)u_i + (a_j + b_j x + c_j y)u_j + (a_m + b_m x + c_m y)u_m]$$

$$v = \frac{1}{2A}[(a_i + b_i x + c_i y)v_i + (a_j + b_j x + c_j y)v_j + (a_m + b_m x + c_m y)v_m]$$

令
$$N_i = \frac{1}{2A}(a_i + b_i x + c_i y)$$

$$N_j = \frac{1}{2A}(a_j + b_j x + c_j y)$$

$$N_m = \frac{1}{2A}(a_m + b_m x + c_m y)$$

可得
$$\begin{pmatrix} u \\ v \end{pmatrix} = \begin{pmatrix} N_i & 0 & N_j & 0 & N_m & 0 \\ 0 & N_i & 0 & N_j & 0 & N_m \end{pmatrix} \begin{pmatrix} u_i \\ v_i \\ u_j \\ v_j \\ u_m \\ v_m \end{pmatrix} \tag{11-16}$$

单元内的位移记为
$$\boldsymbol{f} = \begin{pmatrix} u \\ v \end{pmatrix}$$

单元的节点位移记为
$$\boldsymbol{\delta}^{\mathrm{e}} = \begin{pmatrix} \delta_i \\ \delta_j \\ \delta_m \end{pmatrix} = \begin{pmatrix} u_i \\ v_i \\ u_j \\ v_j \\ u_m \\ v_m \end{pmatrix}$$

单元内的位移函数可以简写成

$$\boldsymbol{f} = \boldsymbol{N}\boldsymbol{\delta}^{\mathrm{e}} \tag{11-17}$$

把 $\boldsymbol{N}$ 称为形态矩阵，N_i称为形态函数。

选择单元位移函数应满足以下条件：

1）反映单元的刚体位移与常量应变。

2）相邻单元在公共边界上的位移连续，即单元之间不能重叠，也不能脱离。

由式（11-9）可以将单元位移表示成

$$u = a_1 + a_2 x - \frac{a_5 - a_3}{2} y + \frac{a_5 + a_3}{2} y$$

$$v = a_4 + a_6 y + \frac{a_5 - a_3}{2} x + \frac{a_5 + a_3}{2} x$$

上式反映了刚体位移和常应变。

单元位移函数是线性插值函数，因此单元边界上各点的位移可以由两个节点的位移完全确定。两个单元的边界共用两个节点，所以边界上的位移连续。

形态函数 N_i 具有以下性质：

1）在单元节点上形态函数的值为 1 或为 0。

2）在单元中的任意一点上，三个形态函数之和等于 1。

用 $|\boldsymbol{T}|$ 来计算三角形面积时，要注意单元节点的排列顺序，当三个节点 i、j、m 取逆时针顺序时，$A = \frac{1}{2}|\boldsymbol{T}| > 0$；当三个节点 i、j、m 取顺时针顺序时，$A = \frac{1}{2}|\boldsymbol{T}| < 0$。

例 11-1　图 11-5 所示为等腰三角形单元，求其形态矩阵 $\boldsymbol{N}$。

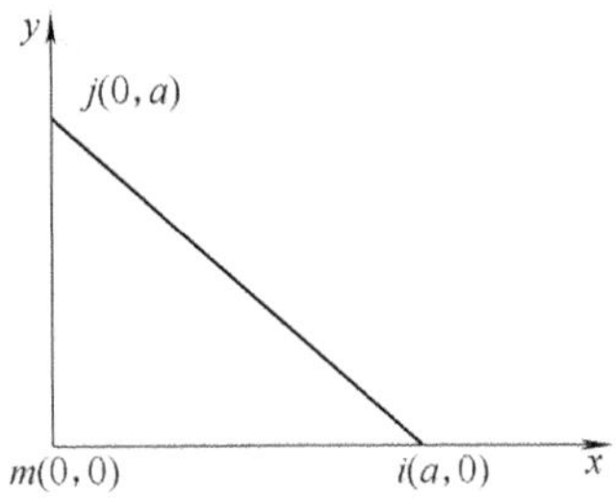

图 11-5　等腰三角形单元结构

解： 由式(11-12)、式（11-13）得

$a_i = x_j y_m - x_m y_j = 0 \times 0 - 0 \times a = 0$，$b_i = y_j - y_m = a - 0 = a$，

$c_i = x_m - x_j = 0 - 0$

$a_j = x_m y_i - x_i y_m = 0 \times 0 - a \times 0 = 0$，$b_j = y_m - y_i = 0 - 0 = 0$，

$c_j = x_i - x_m = a - 0 = a$

$a_m = x_i y_j - x_j y_i = a \times a - 0 \times 0 = a^2$，$b_m = y_i - y_j = 0 - a = -a$

$c_m = x_j - x_i = 0 - a = -a$

三角形积为 $A = \frac{a^2}{2}$

形态函数为

$$N_i = \frac{1}{2A}(a_i + b_i x + c_i y) = \frac{1}{a^2}(0 + ax + 0) = \frac{x}{a}$$

$$N_j = \frac{1}{2A}(a_j + b_j x + c_j y) = \frac{1}{a^2}(0 + 0 + ay) = \frac{y}{a}$$

$$N_m = \frac{1}{2A}(a_m + b_m x + c_m y) = \frac{1}{a^2}(a^2 - ax - ay) = 1 - \frac{x}{a} - \frac{y}{a}$$

形态矩阵为

$$\boldsymbol{N} = \begin{pmatrix} \frac{x}{a} & 0 & \frac{y}{a} & 0 & 1 - \frac{x}{a} - \frac{y}{a} & 0 \\ 0 & \frac{x}{a} & 0 & \frac{y}{a} & 0 & 1 - \frac{x}{a} - \frac{y}{a} \end{pmatrix}$$

由三角形面积的计算公式可得

$$A=\frac{1}{2}\begin{vmatrix}1 & x_i & y_i\\1 & x_j & y_j\\1 & x_m & y_m\end{vmatrix}=\frac{1}{2}\begin{vmatrix}1 & a & 0\\1 & 0 & a\\1 & 0 & 0\end{vmatrix}=\frac{1}{2}a^2$$

如果把三个节点按顺时针方向排列，即 $i(a, 0)$、$j(0, 0)$、$m(0, a)$，得

$$A=\frac{1}{2}\begin{vmatrix}1 & x_i & y_i\\1 & x_j & y_j\\1 & x_m & y_m\end{vmatrix}=\frac{1}{2}\begin{vmatrix}1 & a & 0\\1 & 0 & 0\\1 & 0 & a\end{vmatrix}=-\frac{1}{2}a^2$$

11.2.2　单元载荷移置

有限元法的求解对象是单元的组合体，因此作用在弹性体上的外力，需要移置到相应的节点上成为节点载荷。载荷移置要满足静力等效原则。静力等效是指原载荷与节点载荷在任意虚位移上做的虚功相等。

单元的虚位移可以用节点的虚位移 $(\boldsymbol{\delta}^*)^e$ 表示为

$$\boldsymbol{f}^*=\boldsymbol{N}(\boldsymbol{\delta}^*)^e \tag{11-18}$$

令节点载荷为 $\boldsymbol{R}^e=\begin{pmatrix}X_i\\Y_i\\X_j\\Y_j\\X_m\\Y_m\end{pmatrix}$

1. 集中力的移置

如图 11-6 所示，在单元内任意一点作用集中力 $\boldsymbol{P}=\begin{Bmatrix}P_x\\P_y\end{Bmatrix}$

由虚功相等可得

$$[(\boldsymbol{\delta}^*)^e]^T\boldsymbol{R}^e=[(\boldsymbol{\delta}^*)^e]^T\boldsymbol{N}^T\boldsymbol{P}$$

由于虚位移是任意的，则　$\boldsymbol{R}^e=\boldsymbol{N}^T\boldsymbol{P}$　(11-19)

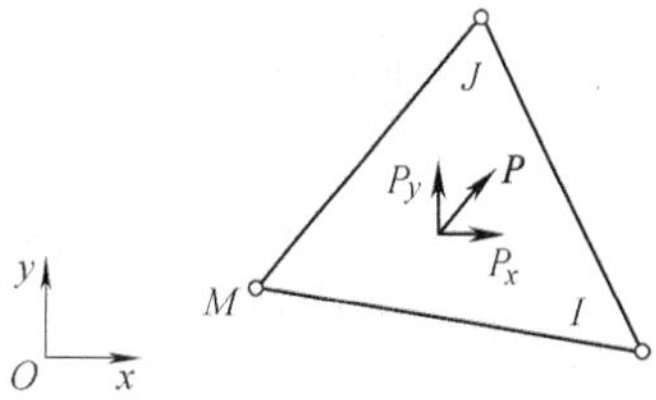

图 11-6　集中力的移置

例如，在均质、等厚的三角形单元 ijm 的任意一点 $p(x_p, y_p)$ 上作用有集中载荷。

$$\begin{pmatrix}X_i\\Y_i\\X_j\\Y_j\\X_m\\Y_m\end{pmatrix}=\begin{pmatrix}N_i & 0\\0 & N_i\\N_j & 0\\0 & N_j\\N_m & 0\\0 & N_m\end{pmatrix}_{(x_p,y_p)}\begin{pmatrix}P_x\\P_y\end{pmatrix}$$

2. 体力的移置

令单元所受的均匀分布体力为 $\boldsymbol{p}=\begin{pmatrix}x\\y\end{pmatrix}$

由虚功相等可得

$$[(\boldsymbol{\delta}^*)^e]^T\boldsymbol{R}^e=\iint[\boldsymbol{\delta}^*]^T\boldsymbol{N}^T\boldsymbol{p}t\mathrm{d}x\mathrm{d}y$$

$$\boldsymbol{R}^e=\iint\boldsymbol{N}^T\boldsymbol{p}t\mathrm{d}x\mathrm{d}y \tag{11-20}$$

3. 分布面力的移置

设在单元的边上分布有面力 $\overline{\boldsymbol{P}}=[\overline{X},\overline{Y}]^T$，同样可以得到节点载荷

$$\boldsymbol{R}^e=\int_s\boldsymbol{N}^T\overline{\boldsymbol{P}}t\mathrm{d}s \tag{11-21}$$

例如，设有均质、等厚的三角形单元 ijm，受到沿 y 方向的重力载荷 q_y 的作用。求均布体力移置到各节点的载荷。

$$\begin{pmatrix}X_i\\Y_i\\X_j\\Y_j\\X_m\\Y_m\end{pmatrix}=\iint\begin{pmatrix}N_i&0\\0&N_i\\N_j&0\\0&N_j\\N_m&0\\0&N_m\end{pmatrix}\begin{pmatrix}0\\q_y\end{pmatrix}t\mathrm{d}x\mathrm{d}y$$

$$X_i=0,\ X_j=0,\ X_m=0$$

$$Y_i=\iint N_iq_yt\mathrm{d}x\mathrm{d}y=q_yt\iint N_i\mathrm{d}x\mathrm{d}y$$

$$\begin{aligned}\iint N_i\mathrm{d}x\mathrm{d}y&=\iint\frac{1}{2A}(a_i+b_ix+c_iy)\mathrm{d}x\mathrm{d}y\\&=\frac{1}{2A}[a_iA+b_iAx_c+c_iAy_c]=A\frac{1}{2A}(a_i+b_ix_c+c_iy_c)=\frac{1}{3}A\end{aligned}$$

则 $Y_i=\frac{1}{3}q_yAt$。

同理，$Y_j=\frac{1}{3}q_yAt$，$Y_m=\frac{1}{3}q_yAt$。

例如，在均质、等厚的三角形单元 ijm 的 ij 边上作用有沿 x 方向按三角形分布的载荷，求移置后的节点载荷。

$$\begin{pmatrix}X_i\\Y_i\\X_j\\Y_j\\X_m\\Y_m\end{pmatrix}=\int_s\begin{pmatrix}N_i&0\\0&N_i\\N_j&0\\0&N_j\\N_m&0\\0&N_m\end{pmatrix}\begin{pmatrix}q_x\\0\end{pmatrix}t\mathrm{d}x\mathrm{d}y$$

取局部坐标 s，在 i 点 $s=0$，在 j 点 $s=l$，L 为 ij 边的长度。在 ij 边上，以局部坐标表示的插值函数为

$$N_i = 1-\frac{s}{L},\ N_j=\frac{s}{L},\ N_m=0$$

载荷为 $q_x = q\dfrac{s}{L}$　$X_i = \displaystyle\int_0^L\left(1-\frac{s}{L}\right)q\frac{s}{L}t\mathrm{d}s = qt\left(\frac{s^2}{2L}-\frac{s^3}{3L^2}\right)\Bigg|_0^L = \frac{1}{6}qtL$

$$X_j = \int_0^L \frac{s}{L}q\frac{s}{L}t\mathrm{d}s = qt\frac{s^3}{3L^2}\Bigg|_0^L = \frac{1}{3}qtL$$

11.2.3　单元刚度矩阵

根据单元的位移函数 $\begin{pmatrix}u\\v\end{pmatrix}=\begin{pmatrix}N_i & 0 & N_j & 0 & N_m & 0\\ 0 & N_i & 0 & N_j & 0 & N_m\end{pmatrix}\begin{pmatrix}u_i\\v_i\\u_j\\v_j\\u_m\\v_m\end{pmatrix}$

由几何方程可以得到单元的应变表达式

$$\boldsymbol{\varepsilon}=\begin{pmatrix}\dfrac{\partial u}{\partial x}\\ \dfrac{\partial v}{\partial y}\\ \dfrac{\partial u}{\partial y}+\dfrac{\partial v}{\partial x}\end{pmatrix}=\frac{1}{2A}\begin{pmatrix}b_i & 0 & b_j & 0 & b_m & 0\\ 0 & c_i & 0 & c_j & 0 & c_m\\ c_i & b_i & c_j & b_j & c_m & b_m\end{pmatrix}\begin{pmatrix}u_i\\v_i\\u_j\\v_j\\u_m\\v_m\end{pmatrix} \tag{11-22}$$

记为　$\boldsymbol{\varepsilon}=\boldsymbol{B}\boldsymbol{\delta}^{\mathrm{e}}$

$\boldsymbol{B}$ 矩阵称为几何矩阵。

$\boldsymbol{B}$ 矩阵可以表示为分块矩阵的形式

$$\boldsymbol{B}=(\boldsymbol{B}_i,\boldsymbol{B}_j,\boldsymbol{B}_m)$$

$$\boldsymbol{B}_i=\frac{1}{2A}\begin{pmatrix}b_i & 0\\ 0 & c_i\\ c_i & b_i\end{pmatrix}\quad \boldsymbol{B}_j=\frac{1}{2A}\begin{pmatrix}b_j & 0\\ 0 & c_j\\ c_j & b_j\end{pmatrix}\quad \boldsymbol{B}_m=\frac{1}{2A}\begin{pmatrix}b_m & 0\\ 0 & c_m\\ c_m & b_m\end{pmatrix} \tag{11-23}$$

由物理方程，可以得到单元的应力表达式

$$\boldsymbol{\sigma}=\boldsymbol{D}\boldsymbol{\varepsilon}=\boldsymbol{D}\boldsymbol{B}\boldsymbol{\delta}^{\mathrm{e}} \tag{11-24}$$

$\boldsymbol{D}$ 称为弹性矩阵，对于平面应力问题

$$\boldsymbol{D}=\frac{E}{(1-\mu^2)}\begin{pmatrix}1 & \mu & 0\\ \mu & 1 & 0\\ 0 & 0 & \dfrac{1-\mu}{2}\end{pmatrix}$$

定义 $\boldsymbol{S}=\boldsymbol{DB}$ 为应力矩阵。

将应力矩阵分块表示为

$$\boldsymbol{S}=(\boldsymbol{S}_i,\boldsymbol{S}_j,\boldsymbol{S}_m)$$

$$\boldsymbol{S}_i=\boldsymbol{DB}_i=\frac{E}{2A(1-\mu^2)}\begin{pmatrix} b_i & \mu c_i \\ \mu b_i & c_i \\ \frac{1-\mu}{2}c_i & \frac{1-\mu}{2}b_i \end{pmatrix}$$

$$\boldsymbol{S}_j=\boldsymbol{DB}_j=\frac{E}{2A(1-\mu^2)}\begin{pmatrix} b_j & \mu c_j \\ \mu b_j & c_j \\ \frac{1-\mu}{2}c_j & \frac{1-\mu}{2}b_j \end{pmatrix} \tag{11-25}$$

$$\boldsymbol{S}_m=\boldsymbol{DB}_m=\frac{E}{2A(1-\mu^2)}\begin{pmatrix} b_m & \mu c_m \\ \mu b_m & c_m \\ \frac{1-\mu}{2}c_m & \frac{1-\mu}{2}b_m \end{pmatrix}$$

应用虚功原理可以建立单元节点位移与节点力的关系矩阵，单元刚度矩阵。

虚功原理：在外力作用下处于平衡状态的弹性体，如果发生了虚位移，则所有外力在虚位移上做的虚功等于内应力在虚应变上做的虚功。

单元的节点力记为 $\boldsymbol{F}^{e}=(\boldsymbol{U}_i,\boldsymbol{V}_i,\boldsymbol{U}_j,\boldsymbol{V}_j,\boldsymbol{U}_m,\boldsymbol{V}_m)^{\mathrm{T}}$

单元的虚应变为 $\boldsymbol{\varepsilon}^*=(\boldsymbol{B\delta}^*)^{e}$

单元的外力虚功为

$$[(\boldsymbol{\delta}^*)^{e}]^{\mathrm{T}}\boldsymbol{F}^{e}$$

单元的内力虚功为

$$\iint(\boldsymbol{\varepsilon}^*)^{\mathrm{T}}\boldsymbol{\sigma}t\mathrm{d}x\mathrm{d}y$$

由虚功原理可得

$$[(\boldsymbol{\delta}^*)^{e}]^{\mathrm{T}}\boldsymbol{F}^{e}=\iint(\boldsymbol{\varepsilon}^*)^{\mathrm{T}}\boldsymbol{\sigma}t\mathrm{d}x\mathrm{d}y \tag{11-26}$$

因为

$$(\boldsymbol{\varepsilon}^*)^{\mathrm{T}}=[\boldsymbol{B}(\boldsymbol{\delta}^*)^{e}]^{\mathrm{T}}=[(\boldsymbol{\delta}^*)^{e}]^{\mathrm{T}}\boldsymbol{B}^{\mathrm{T}}$$

$$\boldsymbol{\sigma}=\boldsymbol{S\delta}^{e}=\boldsymbol{DB\delta}^{e}$$

则有

$$[(\boldsymbol{\delta}^*)^{e}]^{\mathrm{T}}\boldsymbol{F}^{e}=[(\boldsymbol{\delta}^*)^{e}]^{\mathrm{T}}\iint\boldsymbol{B}^{\mathrm{T}}\boldsymbol{DB}t\mathrm{d}x\mathrm{d}y\boldsymbol{\delta}^{e}$$

故

$$\boldsymbol{F}^{e}=\iint\boldsymbol{B}^{\mathrm{T}}\boldsymbol{DB}t\mathrm{d}x\mathrm{d}y\boldsymbol{\delta}^{e} \tag{11-27}$$

式中，$\boldsymbol{F}^{e}$ 表示单元节点力；$\boldsymbol{B}$ 为几何矩阵；$\boldsymbol{D}$ 为弹性矩阵；$\boldsymbol{\delta}^{e}$ 为单元节点位移矢量。

定义 $[\boldsymbol{K}]^{e}=\iint\boldsymbol{B}^{\mathrm{T}}\boldsymbol{DB}t\mathrm{d}x\mathrm{d}y$ 为单元刚度矩阵。在三节点等厚三角形单元中 $\boldsymbol{B}$ 和 $\boldsymbol{D}$ 的分量均为常量，t、A 分别为单元的厚度和面积，则单元刚度矩阵可以表示为

$$\boldsymbol{K}^{e}=\boldsymbol{B}^{\mathrm{T}}\boldsymbol{DB}tA \tag{11-28}$$

单元刚度矩阵表示为分块矩阵

$$\boldsymbol{K}^{e}=\begin{pmatrix}\boldsymbol{K}_{ii} & \boldsymbol{K}_{ij} & \boldsymbol{K}_{im}\\ \boldsymbol{K}_{ji} & \boldsymbol{K}_{jj} & \boldsymbol{K}_{jm}\\ \boldsymbol{K}_{mi} & \boldsymbol{K}_{mj} & \boldsymbol{K}_{mm}\end{pmatrix}$$

$$\boldsymbol{K}_{rs}=\boldsymbol{B}_{r}^{\mathrm{T}}\boldsymbol{D}\boldsymbol{B}_{s} \tag{11-29}$$

$$\boldsymbol{K}_{rs}=\begin{pmatrix}\boldsymbol{K}_{rx,sx} & \boldsymbol{K}_{rx,sy}\\ \boldsymbol{K}_{ry,sx} & \boldsymbol{K}_{ry,sy}\end{pmatrix} \tag{11-30}$$

式中，$K_{rx,sx}$表示 s 节点在水平方向产生单位位移时，在节点 r 的水平方向上需要施加的节点力；$K_{ry,sx}$表示 s 节点在水平方向产生单位位移时，在节点 r 的垂直方向上需要施加的节点力；$K_{rx,sy}$表示 s 节点在垂直方向产生单位位移时，在节点 r 的水平方向上需要施加的节点力；$K_{ry,sy}$表示 s 节点在垂直方向产生单位位移时，在节点 r 的垂直方向上需要施加的节点力。

11.2.4　单元刚度矩阵的性质与物理意义

1. 单元刚度矩阵的物理意义

假设单元的节点位移如下

$$\boldsymbol{\delta}^{e}=[1,0,0,0,0,0]^{\mathrm{T}}$$

由 $\boldsymbol{F}^{e}=\boldsymbol{K}^{e}\boldsymbol{\delta}^{e}$，得到节点力如下

$$\begin{pmatrix}U_i\\ V_i\\ U_j\\ V_j\\ U_m\\ V_m\end{pmatrix}=\begin{pmatrix}K_{ix,ix}\\ K_{iy,ix}\\ K_{jx,ix}\\ K_{jy,ix}\\ K_{mx,ix}\\ K_{my,ix}\end{pmatrix} \tag{11-31}$$

式中，$K_{ix,ix}$表示 i 节点在水平方向产生单位位移时，在节点 i 的水平方向上需要施加的节点力；$K_{iy,ix}$表示 i 节点在水平方向产生单位位移时，在节点 i 的垂直方向上需要施加的节点力。

依次类推，因此单元刚度矩阵中每个元素都可以理解为刚度系数，即在节点产生单位位移时需要施加的力。

2. 单元刚度矩阵的性质

（1）对称性　利用分块矩阵的性质证明如下

$$\boldsymbol{K}_{rs}=(\boldsymbol{B}_{r})^{\mathrm{T}}\boldsymbol{D}\boldsymbol{B}_{s}$$

$$\boldsymbol{K}_{sr}=(\boldsymbol{B}_{s})^{\mathrm{T}}\boldsymbol{D}\boldsymbol{B}_{r}$$

$$(\boldsymbol{K}_{sr})^{\mathrm{T}}=[(\boldsymbol{B}_{s})^{\mathrm{T}}\boldsymbol{D}\boldsymbol{B}_{r}]^{\mathrm{T}}=(\boldsymbol{B}_{r})^{\mathrm{T}}\boldsymbol{D}^{\mathrm{T}}\boldsymbol{B}_{s}=(\boldsymbol{B}_{r})^{\mathrm{T}}\boldsymbol{D}\boldsymbol{B}_{s}=\boldsymbol{K}_{rs}$$

即

$$\boldsymbol{K}^{e}=(\boldsymbol{K}^{e})^{\mathrm{T}}$$

（2）奇异性　即单元刚度矩阵的行列式为零，$|\boldsymbol{K}|^{e}=0$。

假定单元产生了 x 方向的刚体移动，$\boldsymbol{\delta}^{e}=[1,0,1,0,1,0]^{\mathrm{T}}$，此时对应的单元节点力为零。即

$$\begin{pmatrix}0\\0\\0\\0\\0\\0\end{pmatrix}=\boldsymbol{K}^{e}\begin{pmatrix}1\\0\\1\\0\\1\\0\end{pmatrix}$$

可以得到，在单元刚度矩阵中1、3、5列中对应行的系数相加为零，由行列式的性质可知，$|\boldsymbol{K}|^{e}=0$。

同样如果假定单元产生了y方向上的刚体位移$\boldsymbol{\delta}^{e}=[0,1,0,1,0,1]^{T}$，可以得到，在单元刚度矩阵中2、4、6列中对应行的系数相加为零。

11.2.5　整体分析

得到了单元刚度矩阵后，要将单元组成一个整体结构，根据节点载荷平衡的原则进行分析，即整体分析。

整体分析包括以下4个步骤：

1）建立整体刚度矩阵。

2）根据支承条件修改整体刚度矩阵。

3）解方程组，求出节点的位移。

4）根据节点位移，求出单元的应变和应力。

在这里把节点位移作为基本未知量求解。

如何得到整体刚度矩阵？基本方法是刚度集成法，即整体刚度矩阵是单元刚度矩阵的集成。

如图11-7所示，一个划分为6个节点、4个单元的结构。得到了每个单元的单元刚度矩阵后，要集成为整体刚度矩阵。

1. 刚度集成法的物理意义

由单元刚度矩阵的物理意义可知，单元刚度矩阵的系数是由单元节点产生单位位移时引起的单元节点力。

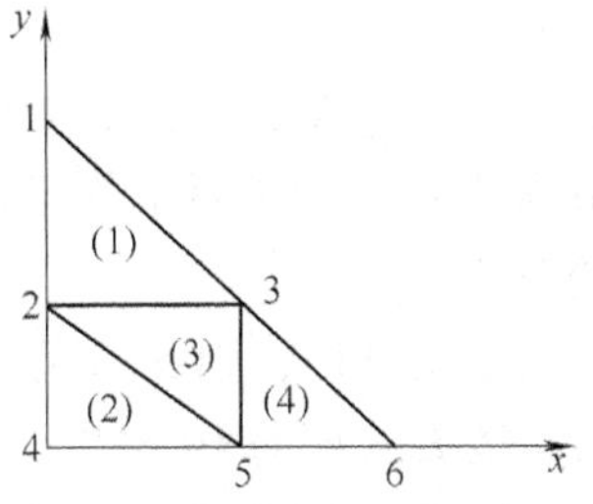

图11-7　网格划分

在如图11-7所示的结构中，使节点3产生单位位移时，在单元（1）中的节点2上引起节点力。由于节点2、3同时属于单元（1）、（3），在单元（2）中的节点2上同样也引起节点力，因此，在整体结构中当节点3产生位移时，节点2上的节点力应该是单元（1）、（2）在节点2上的节点力的叠加。

刚体集成法即结构中的节点力是相关单元节点力的叠加，整体刚度矩阵的系数是相关单元的单元刚度矩阵系数的集成。节点3在整体刚度矩阵的对应系数，应该是单元（1）、（3）、（4）中对应系数的集成。

2. 刚度矩阵集成的规则

1）将单元刚度矩阵中的每个分块放到整体刚度矩阵中的对应位置上，得到单元的扩大刚度矩阵。

单元刚度矩阵系数取决于单元节点的局部编号顺序，必须知道单元节点的局部编号与该节点在整体结构中的总体编号之间的关系，才能得到单元刚度矩阵中的每个分块在整体刚度矩阵中的位置。将单元刚度矩阵中的每个分块按总体编码顺序重新排列后，可以得到单元的扩大矩阵。

假定单元节点的局部编号与整体的对应关系如下：

单元编号	1	1	1	2	2	2	3	3	3	4	4	4
单元节点局部编号	i	j	m	i	j	m	i	j	m	i	j	m
单元节点整体编号	3	1	2	5	2	4	5	3	2	3	5	6

单元（2）的单元扩大矩阵 $\boldsymbol{K}^{(2)}$ 的分块矩阵形式如下（只列出非零的分块）

局部编号		j_1	m_1	i_1			
	整体编号	1	2	3	4	5	6
j_1	1						
m_1	2		$\boldsymbol{K}_{jj}^{(2)}$		$\boldsymbol{K}_{jm}^{(2)}$	$\boldsymbol{K}_{ji}^{(2)}$	
i_1	3						
	4		$\boldsymbol{K}_{mj}^{(2)}$		$\boldsymbol{K}_{mm}^{(2)}$	$\boldsymbol{K}_{mi}^{(2)}$	
	5		$\boldsymbol{K}_{ij}^{(2)}$		$\boldsymbol{K}_{im}^{(2)}$	$\boldsymbol{K}_{ii}^{(2)}$	
	6						

2）将全部单元的扩大矩阵相加得到整体刚度矩阵。

$$\boldsymbol{K}=\boldsymbol{K}^{(1)}+\boldsymbol{K}^{(2)}+\boldsymbol{K}^{(3)}+\boldsymbol{K}^{(4)}$$

整体刚度矩阵如下所示：

整体编号	1	2	3	4	5	6
1	$\boldsymbol{K}_{jj}^{(1)}$	$\boldsymbol{K}_{jm}^{(1)}$	$\boldsymbol{K}_{ji}^{(1)}$			
2	$\boldsymbol{K}_{mj}^{(1)}$	$\boldsymbol{K}_{mm}^{(1)}+\boldsymbol{K}_{jj}^{(2)}+\boldsymbol{K}_{mm}^{(3)}$	$\boldsymbol{K}_{mi}^{(1)}+\boldsymbol{K}_{mj}^{(3)}$	$\boldsymbol{K}_{jm}^{(2)}$	$\boldsymbol{K}_{ji}^{(2)}+\boldsymbol{K}_{mi}^{(3)}$	
3	$\boldsymbol{K}_{ij}^{(1)}$	$\boldsymbol{K}_{im}^{(1)}$ $\boldsymbol{K}_{jm}^{(3)}$	$\boldsymbol{K}_{ii}^{(1)}+\boldsymbol{K}_{jj}^{(3)}+\boldsymbol{K}_{ii}^{(4)}$		$\boldsymbol{K}_{ji}^{(3)}+\boldsymbol{K}_{ij}^{(4)}$	$\boldsymbol{K}_{im}^{(4)}$
4		$\boldsymbol{K}_{mj}^{(2)}$		$\boldsymbol{K}_{mm}^{(2)}$	$\boldsymbol{K}_{mi}^{(2)}$	
5		$\boldsymbol{K}_{ij}^{(2)}+\boldsymbol{K}_{im}^{(3)}$	$\boldsymbol{K}_{ij}^{(3)}+\boldsymbol{K}_{ji}^{(4)}$	$\boldsymbol{K}_{im}^{(2)}$	$\boldsymbol{K}_{ii}^{(2)}+\boldsymbol{K}_{ii}^{(3)}+\boldsymbol{K}_{jj}^{(4)}$	$\boldsymbol{K}_{jm}^{(4)}$
6			$\boldsymbol{K}_{mi}^{(4)}$		$\boldsymbol{K}_{mj}^{(4)}$	$\boldsymbol{K}_{mm}^{(4)}$

11.2.6　约束条件的处理

图 11-7 所示结构的约束和载荷情况如图 11-8 所示。节点 1、4 上有水平方向的位移约束，节点 4、6 上有垂直方向的约束，节点 3 上作用有集中力（P_x，P_y）。

整体刚度矩阵 $\boldsymbol{K}$ 求出后，结构上的节点力可以表示为

$$\boldsymbol{F}=\boldsymbol{K\delta}$$

根据力的平衡，节点上的节点力与节点载荷或约束反力平衡。用 $\boldsymbol{P}$ 表示节点载荷和支杆反力，则可以得到节点的平衡方程

$$\boldsymbol{K\delta}=\boldsymbol{P} \tag{11-32}$$

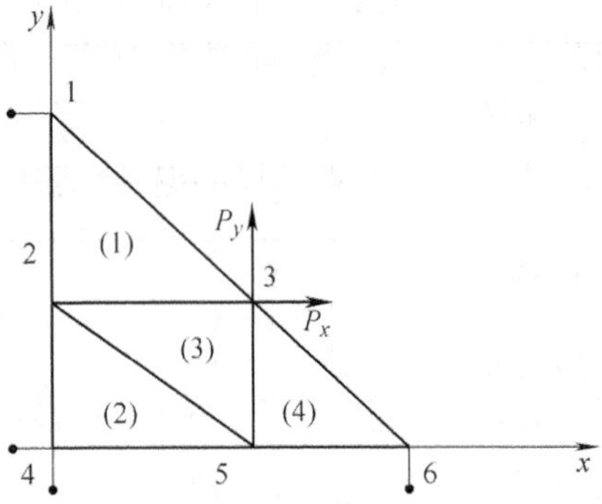

图 11-8　各节点的约束和载荷情况

这样构成的节点平衡方程组，在右边矢量 $\boldsymbol{P}$ 中存在未知量，因此在求解平衡方程之前，要根据节点的位移约束情况修改式（11-32）。先考虑节点 n 有水平方向位移约束，与节点 n 水平方向对应的平衡方程为

$$K_{2n-1,1}u_1+K_{2n-1,2}v_1+\cdots+K_{2n-1,2n-1}u_n+K_{2n-1,2n}v_n+\cdots=P_{2n-1} \tag{11-33}$$

根据支承情况，式（11-33）应该换成下面的方程

$$u_n=0 \tag{11-34}$$

对比式（3-33）和式（3-34），在式（3-32）中应该做如下修正：

在矩阵 $\boldsymbol{K}$ 中，第 $2n-1$ 行的对角线元素 $K_{2n-1,2n-1}$ 改为 1，该行中全部非对角线元素改为 0；在 $\boldsymbol{P}$ 中，第 $2n-1$ 个元素改为 0。为了保持矩阵 $\boldsymbol{K}$ 的对称性，将第 $2n-1$ 列的全部非对角元素也改为 0。

同理，如果节点 n 在垂直方向有位移约束，则式（3-32）中的第 $2n$ 个方程修改为

$$v_n=0$$

在矩阵 $\boldsymbol{K}$ 中，第 $2n$ 行的对角线元素改为 1，该行中全部非对角线元素改为 0；在 $\boldsymbol{P}$ 中，第 $2n$ 个元素改为 0。为了保持矩阵 $\boldsymbol{K}$ 的对称性，将第 $2n$ 列的全部非对角元素也改为 0。

$$\begin{pmatrix} & & & & & & 0 & 0 & & & & \\ & & & & & & 0 & 0 & & & & \\ & & & & & & 0 & 0 & & & & \\ & & & & & & 0 & 0 & & & & \\ & & & & & & 0 & 0 & & & & \\ & & & & & & 0 & 0 & & & & \\ 0 & 0 & 0 & 0 & 0 & 0 & 1 & 0 & 0 & 0 & 0 & 0 \\ 0 & 0 & 0 & 0 & 0 & 0 & 0 & 1 & 0 & 0 & 0 & 0 \\ & & & & & & 0 & 0 & & & & \\ & & & & & & 0 & 0 & & & & \\ & & & & & & 0 & 0 & & & & \\ & & & & & & 0 & 0 & & & & \end{pmatrix}\begin{pmatrix} u_1 \\ v_1 \\ u_2 \\ v_2 \\ \\ \\ u_n \\ v_n \\ \\ \\ \\ \\ \end{pmatrix}=\begin{pmatrix} P_1 \\ P_2 \\ P_3 \\ P_4 \\ \\ \\ P_{2n-1} \\ P_{2n} \\ \\ \\ \\ \\ \end{pmatrix} \tag{11-35}$$

对图 11-7 所示结构的整体刚度在修改后可以得到以下的形式

$$\begin{pmatrix} 1 & 0 & 0 & 0 & 0 & 0 & 0 & 0 & 0 & 0 & 0 & 0 \\ 0 & & & & & & 0 & 0 & & & & 0 \\ 0 & & & & & & 0 & 0 & & & & 0 \\ 0 & & & & & & 0 & 0 & & & & 0 \\ 0 & & & & & & 0 & 0 & & & & 0 \\ 0 & & & & & & 0 & 0 & & & & 0 \\ 0 & 0 & 0 & 0 & 0 & 0 & 1 & 0 & 0 & 0 & 0 & 0 \\ 0 & & & & 0 & 0 & 0 & 1 & 0 & 0 & 0 & 0 \\ 0 & & & & 0 & 0 & & & & & & 0 \\ 0 & & & & 0 & 0 & & & & & & 0 \\ 0 & & & & 0 & 0 & & & & & & 0 \\ 0 & 0 & 0 & 0 & 0 & 0 & 0 & 0 & 0 & 0 & 0 & 1 \end{pmatrix} \frac{Et}{2} \tag{11-36}$$

如果节点 n 处存在一个已知非零的水平方向位移 u_n^*，这时的约束条件为

$$u_n = u_n^* \tag{11-37}$$

在矩阵 $\boldsymbol{K}$ 中，第 $2n-1$ 行的对角线元素 $K_{2n-1,2n-1}$ 乘上一个大数 A，矢量 $\boldsymbol{P}$ 中的对应元素换成 $AK_{2n-1,2n-1}u_n^*$，其余的系数保持不变。

式（11-33）改为

$$K_{2n-1,1}u_1 + K_{2n-1,2}v_1 + \cdots + AK_{2n-1,2n-1}u_n + K_{2n-1,2n}v_n + \cdots = AK_{2n-1,2n-1}u_n^* \tag{11-38}$$

A 的取值要足够大，例如取 10^{10}。只有这样，式（11-36）才能与式（11-35）等价。

如果节点 n 处存在一个已知非零的垂直方向位移 v_n^*，这时的约束条件为

$$v_n = v_n^*$$

也可以采用同样的方法修改整体刚度矩阵。

11.2.7　线性方程组解法

由于有限元分析需要使用较多的单元，线性方程组的阶数很高，有限元求解的效率很大程度上取决于线性方程组的解法。利用矩阵的对称、稀疏、带状分布等特点提高方程求解效率是关键。

线性方程组的解法分为两大类：直接解法和迭代解法。

直接解法以高斯消去法为基础，包括高斯消去法、等带宽高斯消去法、三角分解法，以及适用于大型方程组求解的分块算法和波前法等。

迭代算法有高斯-赛德尔迭代、超松弛迭代和共轭梯度法等。

在方程组的阶数不是特别高时，通常采用直接解法。当方程组的阶数过高时，为避免舍入误差和消元时有效数据损失等对计算精度的影响，可以选择迭代解法。

本 章 习 题

11-1　有限元方法的实质和基本思想是什么？

11-2　请论述有限元法的分析过程。

11-3　请简述三节点三角形单元形函数的特点。

11-4　请推导平面桁架单元（拉压杆单元）的单元刚度矩阵（局部坐标系）。

第 12 章　实用有限元分析方法

【内容】

本章介绍有限元模型及其建模过程与步骤，并给出有限元建模的原则，最后以 ANSYS 有限元分析软件为例，介绍简化飞机机翼模型的振动模态分析过程。

【目的】

熟知有限元建模的一般过程和步骤，了解目前常用的有限元分析软件，能够基于 ANSYS 软件实现零件的有限元分析。

12.1　有限元模型

有限元法（Finite Element Analysis，FEA）的基本概念是用较简单的问题代替复杂问题后再求解。它将求解域看成是由许多称为有限元的小的互连子域组成，对每一单元假定一个合适的（较简单的）近似解，然后推导求解这个域总的满足条件（如结构的平衡条件），从而得到问题的解。这个解不是准确解，而是近似解，因为实际问题被较简单的问题所代替。由于大多数实际问题难以得到准确解，而有限元不仅计算精度高，而且能适应各种复杂形状，因而成为行之有效的工程分析手段。

12.2　有限元建模过程与步骤

有限元法的计算步骤归纳为以下三个基本步骤：网格划分、单元分析和整体分析。

从平面问题的有限元法可以知道，对于不同物理性质和数学模型的问题，有限元求解问题的基本步骤通常为：

1）问题及求解域定义。根据实际问题近似确定求解域的物理性质和几何区域。

2）求解域离散化。将求解域近似为具有不同有限大小和形状且彼此相连的有限个单元组成的离散域，习惯上称为有限元网络划分。显然单元越小（网络越细）则离散域的近似程度越好，计算结果也越精确，但计算量及误差都将增大，因此求解域的离散化是有限元法的核心技术之一。

3）确定状态变量及控制方法。一个具体的物理问题通常可以用一组包含问题状态变量边界条件的微分方程式表示，为适合有限元求解，通常将微分方程化为等价的泛函形式。

4）单元推导。对单元构造一个适合的近似解，即推导有限单元的列式，其中包括选择合理的单元坐标系，建立单元试函数，以某种方法给出单元各状态变量的离散关系，从而形成单元矩阵（结构力学中称刚度矩阵或柔度矩阵）。

为保证问题求解的收敛性，单元推导有许多原则要遵循。对工程应用而言，重要的是应注意每一种单元的解题性能与约束。例如，单元形状应以规则为好，畸形时不仅精度低，而且有缺秩的危险，将导致无法求解。

5）总装求解。将单元总装形成离散域的总矩阵方程（联合方程组），反映对近似求解域的离散域的要求，即单元函数要满足一定的连续条件。总装是在相邻单元节点进行的，状态变量及其导数（可能的话）连续性建立在节点处。

6）联立方程组求解和结果解释。有限元法最终导致联立方程组。联立方程组的求解有直接法、迭代法和随机法。求解结果是单元节点处状态变量的近似值。对于计算结果的质量，将通过与设计准则提供的允许值比较来评价并确定是否需要重复计算。

简言之，有限元分析可分成三个阶段，前处理、计算处理和后处理。前处理建立有限元模型，完成单元网格划分；后处理则采集处理分析结果，使用户能简便提取信息，了解计算结果。

1. 网格划分

有限元法的基本做法是用有限个单元体的集合来代替原有的连续体。因此首先要对弹性体进行必要的简化，再将弹性体划分为有限个单元组成的离散体。单元之间通过节点相连接。由单元、节点、节点连线构成的集合称为网格。通常把三维实体划分成四面体或六面体单元的实体网格，平面问题划分成三角形或四边形单元的面网格，如图 12-1 ~ 图 12-9 所示。

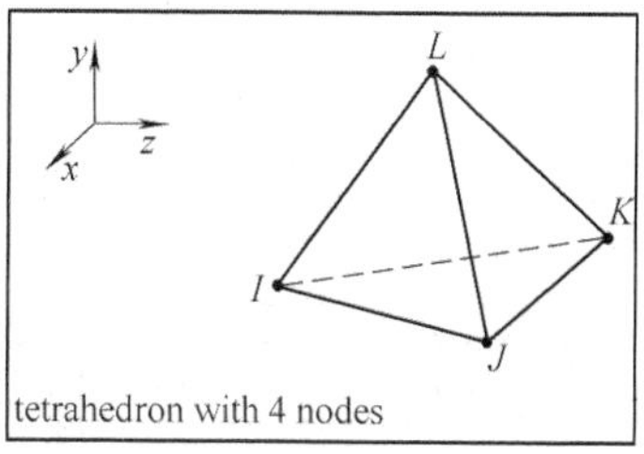

图 12-1　四面体四节点单元

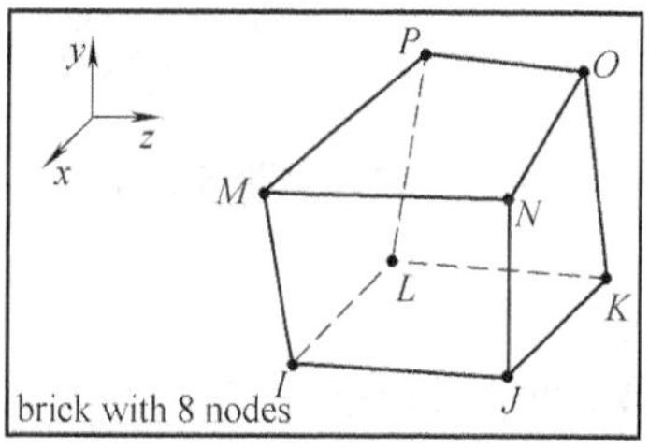

图 12-2　六面体八节点单元

图 12-3　三维实体的四面体单元划分

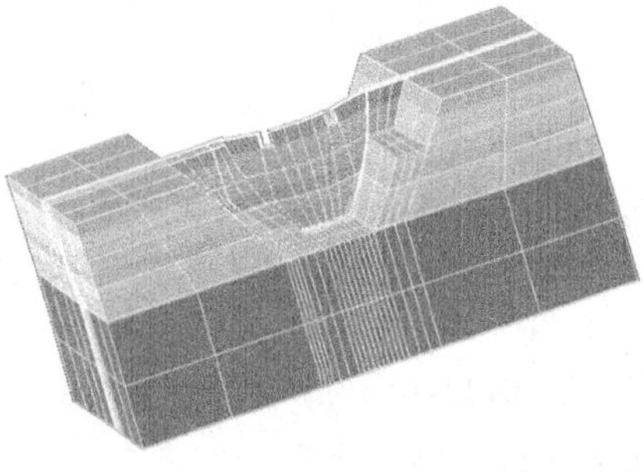

图 12-4　三维实体的六面体单元划分

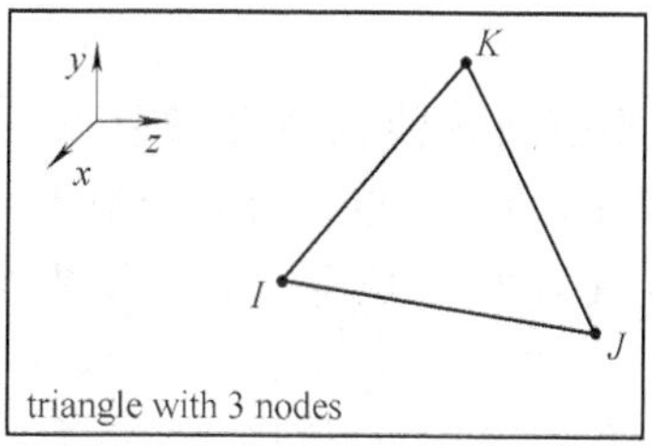

图 12-5　三角形三节点单元

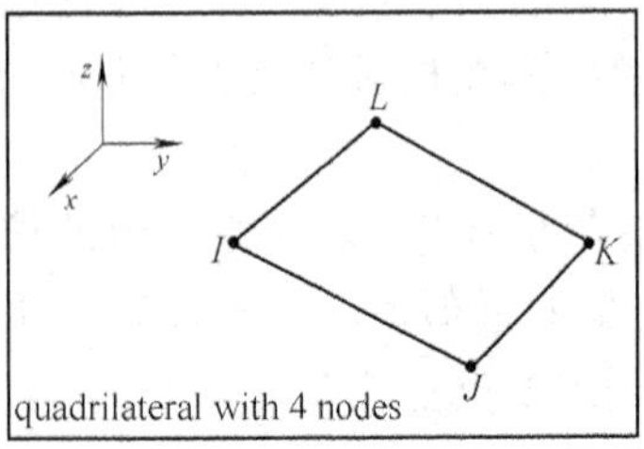

图 12-6　四边形四节点单元

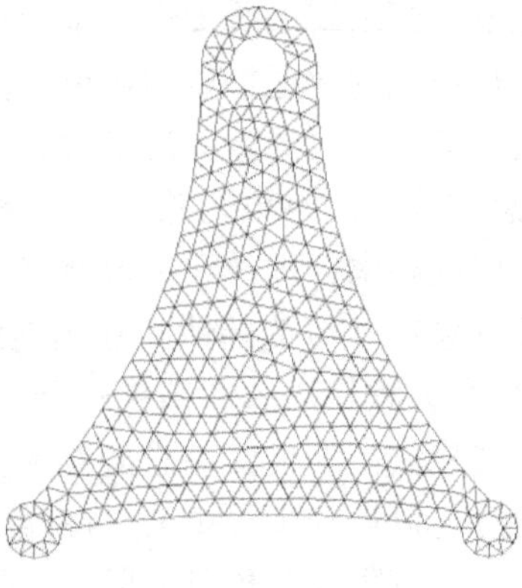

图 12-7　平面问题的三角形单元划分

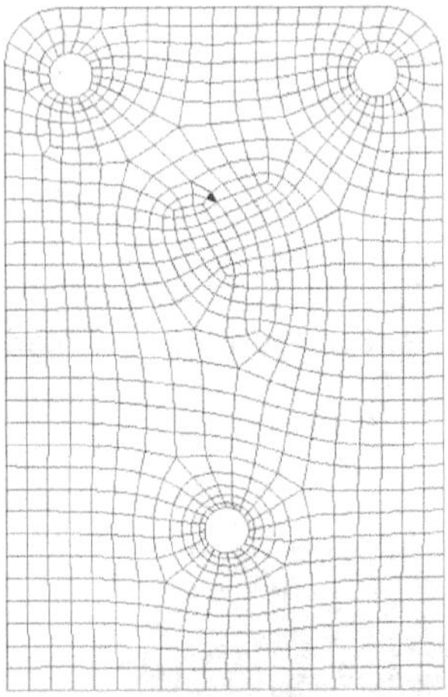

图 12-8　平面问题的四边形单元划分

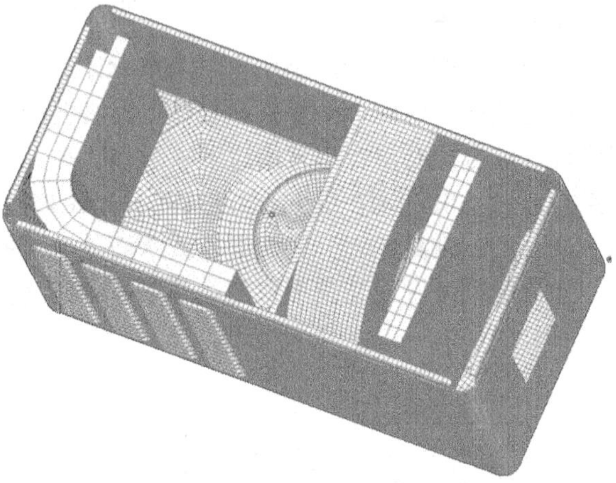

图 12-9　二维及三维混合网格划分

2. 单元分析

对于弹性力学问题，单元分析就是建立各个单元的节点位移和节点力之间的关系式。

由于将单元的节点位移作为基本变量，进行单元分析首先要为单元内部的位移确定一个近似表达式，然后计算单元的应变、应力，再建立单元中节点力与节点位移的关系式。

以平面问题的三角形三节点单元为例。如图 12-10 所示，单元有三个节点 I、J、M，每个节点有两个位移 u、v 和两个节点力 U、V。

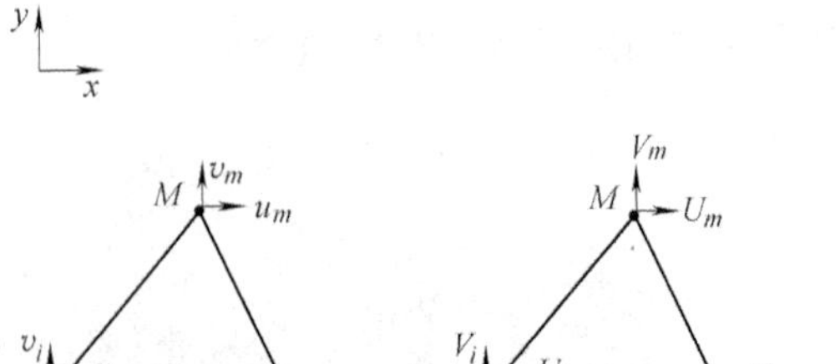

图 12-10　三角形三节点单元

单元的所有节点位移、节点力，可以表示为节点位移矢量

$$\text{节点位移}\ \boldsymbol{\delta}^{e}=\begin{pmatrix}u_i\\v_i\\u_j\\v_j\\u_m\\v_m\end{pmatrix}\qquad\text{节点力}\ \boldsymbol{F}^{e}=\begin{pmatrix}U_i\\V_i\\U_j\\V_j\\U_m\\V_m\end{pmatrix}$$

单元的节点位移和节点力之间的关系用张量来表示

$$\boldsymbol{F}^{e}=\boldsymbol{K}^{e}\boldsymbol{\delta}^{e} \tag{12-1}$$

3. 整体分析

对由各个单元组成的整体进行分析，建立节点外载荷与节点位移的关系，以解出节点位移，这个过程称为整体分析。同样以弹性力学的平面问题为例，如图 12-11 所示，在边界节点 i 上受到集中力 P_x^i、P_y^i 作用。节点 i 是三个单元的结合点，因此要把这三个单元在同一节点上的节点力汇集在一起建立平衡方程。

节点 i 的节点力

$$U_i^{(1)}+U_i^{(2)}+U_i^{(3)}=\sum_e U_i^{(e)}$$

$$V_i^{(1)}+V_i^{(2)}+V_i^{(3)}=\sum_e V_i^{(e)}$$

节点 i 的平衡方程

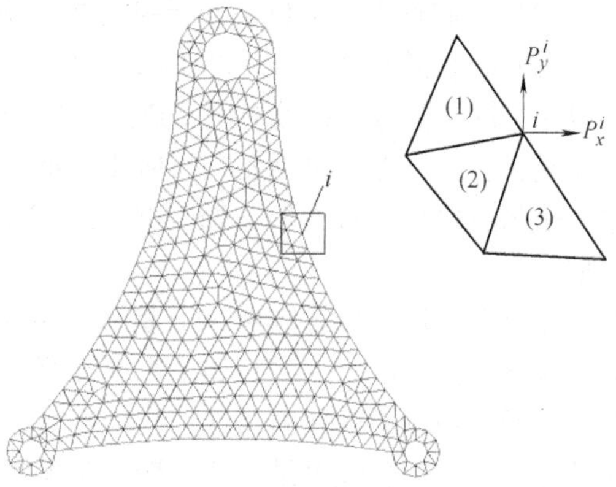

图 12-11　整体分析

$$\left.\begin{aligned}\sum_e U_i^{(e)}&=P_x^i\\\sum_e V_i^{(e)}&=P_y^i\end{aligned}\right\} \tag{12-2}$$

12.3　有限元建模原则

ANSYS 有限元网格划分是进行数值模拟分析至关重要的一步，它直接影响着后续数值计算分析结果的精确性。网格划分涉及单元的形状及其拓扑类型、单元类型、网格生成器的选择、网格的密度、单元的编号以及几何体素。从几何表达上讲，梁和杆是相同的，从物理和数值求解上讲则是有区别的。同理，平面应力和平面应变情况设计的单元求解方程也不相同。在有限元数值求解中，单元的等效节点力、刚度矩阵、质量矩阵等均用数值积分生成，连续体单元以及壳、板、梁单元的面内均采用高斯（Gauss）积分，而壳、板、梁单元的厚度方向采用辛普生（Simpson）积分。辛普生积分点的间隔是一定的，沿厚度分成奇数积分点。由于不同单元的刚度矩阵不同，采用数值积分的求解方式不同，因此实际应用中，一定要采用合理的单元来模拟求解。

ANSYS 网格划分的指导思想是首先进行总体模型规划，包括物理模型的构造、单元类型的选择、网格密度的确定等多方面的内容。在网格划分和初步求解时，做到先简单后复杂，先粗后精，2D 单元和 3D 单元合理搭配使用。为提高求解的效率要充分利用重复与对称等特征，由于工程结构一般具有重复对称或轴对称、镜像对称等特点，采用子结构或对称模型可以提高求解的效率和精度。利用轴对称或子结构时要注意场合，如在进行模态分析、屈曲分析整体求解时，应采用整体模型，同时选择合理的起点并设置合理的坐标系，可以提高求解的精度和效率，例如，轴对称场合多采用柱坐标系。有限元分析的精度和效率与单元的密度和几何形状有着密切的关系，按照相应的误差准则和网格疏密程度，避免网格的畸形。在网格重划分过程中常采用曲率控制、单元尺寸与数量控制、穿透控制等控制准则。在选用单元时要注意剪力自锁、沙漏和网格扭曲、不可压缩材料的体积自锁等问题。

1. 网格数量

ANSYS 软件平台提供了网格映射划分和自由适应划分的策略。映射划分用于曲线、曲面、实体的网格划分方法，可使用三角形、四边形、四面体、五面体和六面体，通过指定单元边长、网格数量等参数对网格进行严格控制，映射划分只用于规则的几何图素，对于裁剪曲面或者空间自由曲面等复杂几何体则难以控制。自由网格划分用于空间自由曲面和复杂实体，采用三角形、四边形、四面体进行划分，通过网格数量、边长及曲率来控制网格的质量。

在决定网格数量时应考虑分析数据的类型。在静力分析时，如果仅仅是计算结构的变形，网格数量可以少一些。如果需要计算应力，则在精度要求相同的情况下应取相对较多的网格。同样在响应计算中，计算应力响应所取的网格数应比计算位移响应多。在计算结构固有动力特性时，若仅仅是计算少数低阶模态，可以选择较少的网格，如果计算的模态阶次较高，则应选择较多的网格。在热分析中，结构内部的温度梯度不大，不需要大量的内部单元，这时可划分较少的网格。

2. 网格疏密

网格疏密是指在结构不同部位采用大小不同的网格，这是为了适应计算数据的分布特点。在计算数据变化梯度较大的部位（如应力集中处），为了较好地反映数据变化规律，需要采用比较密集的网格。而在计算数据变化梯度较小的部位，为减小模型规模，则应划分相对稀疏的网格。这样，整个结构便表现出疏密不同的网格划分形式。划分疏密不同的网格主要用于应力分析（包括静应力和动应力），而计算固有特性时则趋于采用较均匀的网格形式。这是因为固有频率和振型主要取决于结构质量分布和刚度分布，不存在类似应力集中的现象，采用均匀网格可使结构刚度矩阵和质量矩阵的元素不致相差太大，可减小数值计算误差。同样，在结构温度场计算中也趋于采用均匀网格。

3. 单元阶次

许多单元都具有线性、二次和三次等形式，其中二次和三次形式的单元称为高阶单元。选用高阶单元可提高计算精度，因为高阶单元的曲线或曲面边界能够更好地逼近结构的曲线和曲面边界，且高次插值函数可更高精度地逼近复杂场函数，所以当结构形状不规则、应力分布或变形很复杂时可以选用高阶单元。但高阶单元的节点数较多，在网格数量相同的情况下由高阶单元组成的模型规模要大得多，因此在使用时应权衡考虑计算精度和时间。

4. 网格质量

网格质量是指网格几何形状的合理性。质量好坏将影响计算精度。质量太差的网格甚至会使计算停止。直观上看，网格各边或各个内角相差不大、网格面不过分扭曲、边节点位于边界等分点附近的网格质量较好。网格质量可用细长比、锥度比、内角、翘曲量、拉伸值、边节点位置偏差等指标度量。划分网格时一般要求网格质量能达到某些指标要求。在重点研究的结构关键部位，应保证划分高质量网格，即使是个别质量很差的网格也会引起很大的局部误差。而在结构次要部位，网格质量可适当降低。当模型中存在质量很差的网格（称为畸形网格）时，计算过程将无法进行。结构中的一些特殊界面和特殊点应分为网格边界或节点以便定义材料特性、物理特性、载荷和位移约束条件，称为网格分界面和分界点。即应使网格形式满足边界条件特点，而不应让边界条件来适应网格。常见的特殊界面和特殊点有材料分界面、几何尺寸突变面、分布载荷分界线（点）、集中载荷作用点和位移约束作用点等。

12.4 有限元法应用

有限元分析是在结构力学分析中迅速发展起来的一种现代计算方法。它是20世纪50年代首先在连续体力学领域、飞机结构静、动态特性分析中应用的一种有效的数值分析方法，随后很快广泛地应用于求解热传导、电磁场、流体力学等连续性问题。有限元分析软件目前最流行的有：ANSYS、ADINA、ABAQUS、MSC四个比较知名的大公司的产品。其中ADINA、ABAQUS在非线性分析方面有较强的能力，目前是业内最认可的两款有限元分析软件；ANSYS、MSC进入中国比较早，所以在国内知名度高，应用广泛。目前在多物理场耦合方面几大公司都可以做到结构、流体、热的耦合分析，但是除ADINA以外其他三个必须与别的软件搭配进行迭代分析，唯一能做到真正流固耦合的软件只有ADINA。

ANSYS是商业化比较早的一个软件，目前公司收购了很多其他软件在旗下。ABAQUS专注结构分析目前没有流体模块。MSC是比较老的一款软件目前更新速度比较慢。ADINA是在同一体系下包含有结构、流体、热分析的一款软件，功能强大但进入中国时间比较晚，市场还没有完全开发。

1. 在世界范围内的知名度

ANSYS、ABAQUS和ADINA三种软件同为国际知名的有限元分析软件，在世界范围内具有各自广泛的用户群。

由于ANSYS产品进入中国市场早于ABAQUS，并且在五年前ANSYS的界面是当时最好的界面之一，所以在中国，ANSYS软件在用户数量和市场推广度方面要高于ABAQUS。但随着ABAQUS北京办事处的成立，ABAQUS软件的用户数量和市场占有率正在大幅度提高，并可望在今后的几年内赶上和超过ANSYS。

2. 应用领域

ANSYS软件注重应用领域的拓展，目前已覆盖结构、温度、流体、电磁场和多物理场耦合等十分广泛的研究领域。ABAQUS则具备结构分析功能，集中于结构力学和相关领域研究，致力于解决该领域的深层次实际问题。而ADINA软件和ANSYS软件一样都包括结构、温度、流体及流固耦合的功能，因此其应用领域也相当广泛。

3. 性价比

ANSYS 软件由于价格政策灵活，具有多种销售方案，在解决常规的线性及耦合问题时，具有较好的性价比。但在实际工程中，非线性是比线性远为普遍的自然现象，线性通常只是非线性的理想化假设。随着研究水平的提高和研究问题的深入，非线性问题必然成为工程师和研究人员面临的课题，并成为制约深入研究和精确设计的瓶颈。购买 ABAQUS 软件可以很好地解决这些问题，缩短研制周期，减少试验投人，避免重新设计。工欲善其事，必先利其器，使用不恰当或低档的分析工具进行工作的成本要远超过使用合适工具的成本。因此，从综合效益和长远效益而言，ABAQUS 软件的经济性也是非常突出的。不过如果需要进行流体计算或者多物理场耦合求解功能的话，则相信 ANSYS 软件和 ADINA 软件都会是更好的选择。

4. 求解器功能

对于常规的线性问题，三种软件都可以较好的解决，在模型规模限制、计算流程、计算时间等方面都较为接近。

ABAQUS 软件在求解非线性问题时具有非常明显的优势。其非线性涵盖材料非线性、几何非线性和状态非线性等多个方面。

另外，由于 ABAQUS/Standard（通用程序）和 ABAQUS/Explicit（显式积分）同为 ABAQUS 公司的产品，它们之间的数据传递非常方便，可以很容易地考虑预紧力等静力和动力相结合的计算情况。

ABAQUS 软件的求解器是智能化的求解器，可以解决其他软件不收敛的非线性问题，其他软件也收敛的非线性问题，ABAQUS 软件的计算收敛速度较快，并更加容易操作和使用。

而 ANSYS 软件和 ADINA 软件则在流体和多物理场耦合功能方面具有无可比拟的优势。

5. 人机交互界面

ABAQUS/CAE 是 ABAQUS 公司新近开发的软件运行平台，它汲取了同类软件和 CAD 软件的优点，同时与 ABAQUS 求解器软件紧密结合。

与其他有限元软件的界面程序比，ABAQUS/CAE 具有以下的特点：

1）采用 CAD 方式建模和可视化视窗系统，具有良好的人机交互特性。

2）强大的模型管理和载荷管理手段，为多任务、多工况实际工程问题的建模和仿真提供了方便。

3）鉴于接触问题在实际工程中的普遍性，单独设置了连接（interaction）模块，可以精确地模拟实际工程中存在的多种接触问题。

4）采用了参数化建模方法，为实际工程结构的参数设计与优化，结构修改提供了有力工具。

ANSYS/Workbench、ABAQUS/CAE、ADINA/AUI 都是采用 CAD 方式建模和可视化视窗系统，都具有良好的人机交互特性。三种软件除了提供窗口操作外都还提供命令流输入，但是 ABAQUS/CAE 并不对所有的命令流支持 CAE 界面操作。

6. 建模方式

ANSYS 软件和 ADINA 软件都采用 Parasolid 为核心的实体建模技术，因此可以和其他以 Parasolid 为核心的 CAD 软件实行真正无缝的双向数据交换，且该两种软件自身的建模功能很强大。而 ABAQUS 软件的 CAE 模块和输入文件两种建模方式是由两家不同的公司研制的，CAE 模块功能还不是很完全，一些功能只能通过编辑 INP 输入文件来实现。

7. 网格划分

这几种软件都提供多种网格划分器，可以进行复杂模型的自由网格划分。

除常见网格划分外，ANSYS 软件和 ADINA 软件还可以对复杂模型进行自动六面体网格划分，从而在节省技术人员工作时间的情况下又保证了网格的精度。

8. 综合性能对比

ANSYS 软件的命令流操作非常方便，对于结构循环优化方面比较有优势，但目前还只是局限于线性方面，非线性方面功能很差而且基本没有。

ABAQUS 软件则在显式非线性方面有些特色，但隐式非线性方面比不上 ADINA，且不具备流体的功能；ABAQUS 软件具有：

1）更多的单元种类，单元种类达 433 种，提供了更多的选择余地，并更能深入反映细微的结构现象和现象间的差别。除常规结构外，可以方便地模拟管道、接头以及纤维加强结构等实际结构的力学行为。

2）更多的材料模型，包括材料的本构关系和失效准则等，仅橡胶材料模型就达 16 种。除常规的金属材料外，还可以有效地模拟复合材料、土壤、塑性材料和高温蠕变材料等特殊材料。

ADINA 软件则在结构非线性及多物理场耦合方面非常出色，是全球非线性功能最强大的有限元软件之一，而且具有全球最好的流固耦合分析功能。

对有限元的研究及应用是一个不断进步的过程，有限元软件在不断地更新当中，新的有限元软件也层出不穷，运用好有限元分析软件，将分析工作真正应用到我们的生活当中，是每个分析工作者的最终目标。

下面以 ANSYS 有限元分析软件为例，对机翼模型进行模态分析，使读者更加深入地理解有限元的作用及实用性。此分析中，给出了 ANSYS 有限元软件的界面操作过程和命令流形式。

问题描述：一个简化的飞机机翼模型如图 12-12a 所示，该机翼沿展翼方向为等厚度。机翼的几何尺寸如图 12-12b 所示，机翼材料的弹性模量取 0.26GPa，泊松比取 0.3，密度取 886kg/m^3。要求：对该结构进行振动模态分析，得到机翼一端固定时的结构频率和振型。

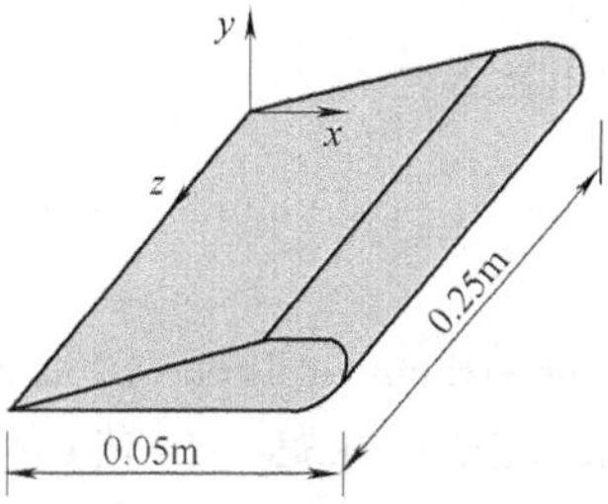

a)

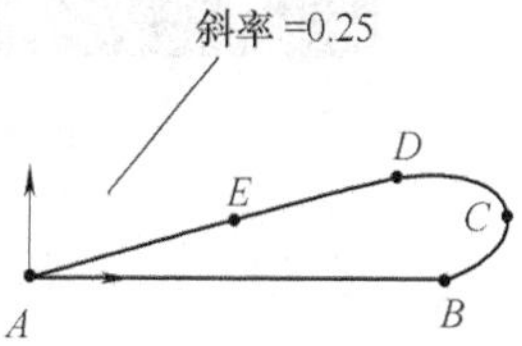

b)

图 12-12　飞机机翼模型

9. 机翼模型的振动模态分析（GUI）

在有限元的求解过程中，采用体单元 SOLID45 进行建模，并计算机翼模型的振动模态。

（1）建模的要点

1）首先根据机翼横截面的关键点，采用直线以及样条函数 <BSPLIN> 进行连接以形成一个由封闭线围成的面。

2）在生成的面上采用自由网格划分生成面单元（PLANE42）。

3）设置体单元 SOLID45，采用 <EXTOPT> <VEXT> 进行 z 方向的多段扩展。

4）设置模态分析 <ANTYPE，2>，采用 Lanczos 方法进行求解 <MODOPT，LANB>。

5）在后处理中，通过 <SET> 调出相关阶次的模态。

6）显示变形后的结构图并进行动态演示 <PLDI> <ANMODE>。

（2）基于图形界面的交互式操作（step by step）过程

1）进入 ANSYS（设置工作目录和工作文件）。程序→ANSYS→ANSYS Interactive→Working directory（设置工作目录）→Initial jobname（设置工作文件名）：Modal→Run，如图 12-13 所示。

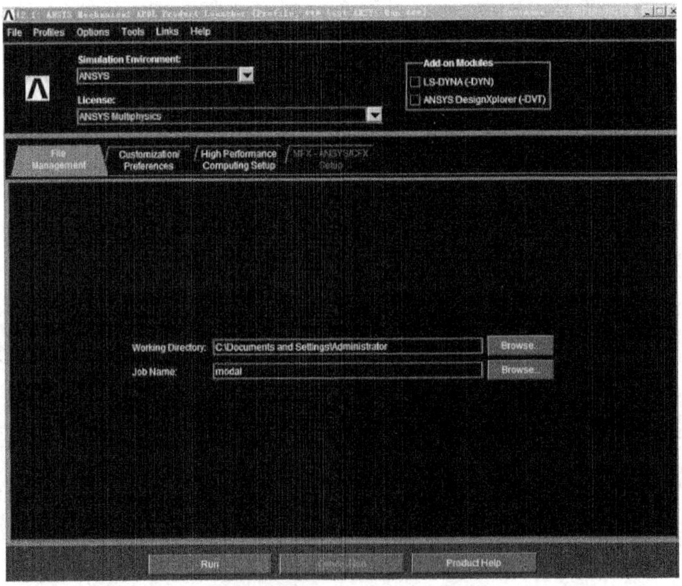

图 12-13　设置工作目录和工作文件名

2）设置计算类型。ANSYS Main Menu：Preferences…→Structural→OK，如图 12-14 所示。

3）选择单元类型。ANSYS Main Menu：Preprocessor→Element Type→Add/Edit/Delete→Add…→Structural solid：Quad 4node 42→Apply→solid→Brick 8node 45→OK→Close，如图 12-15 所示。

4）定义材料参数。ANSYS Main Menu：Preprocessor→Material Props→Material Models→Structural→Linear→Elastic→Isotropic：EX：0.26e9（弹性模量），PRXY：0.3（泊松比）→OK→Density：886→OK→Material→Exit，如图 12-16 和图 12-17 所示。

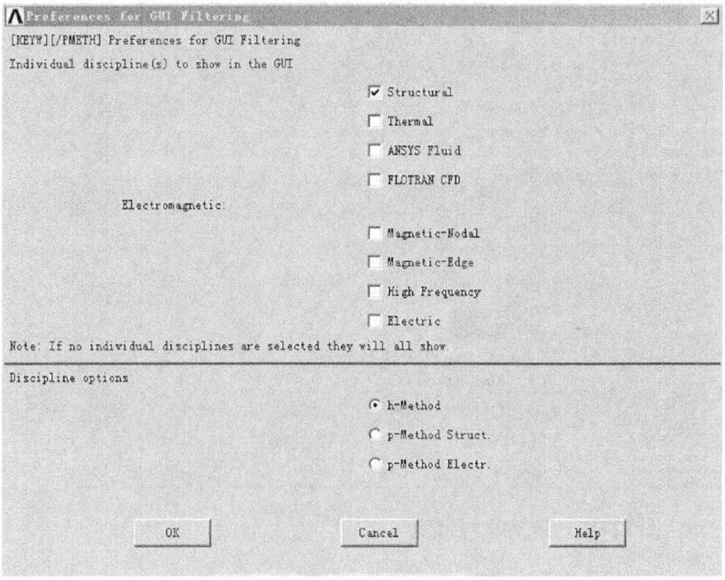

图 12-14　设置计算类型

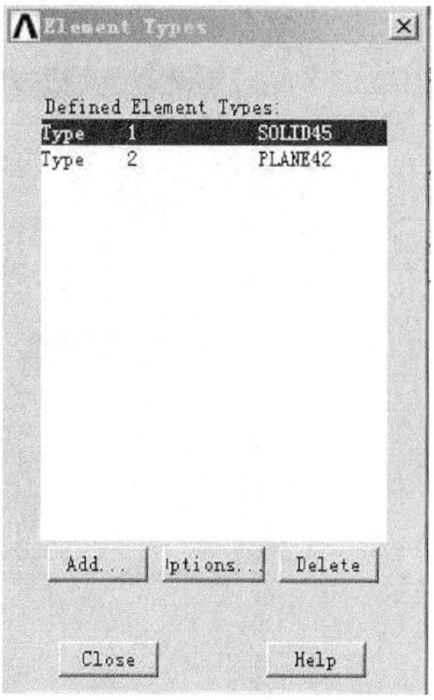

图 12-15　选择单元类型

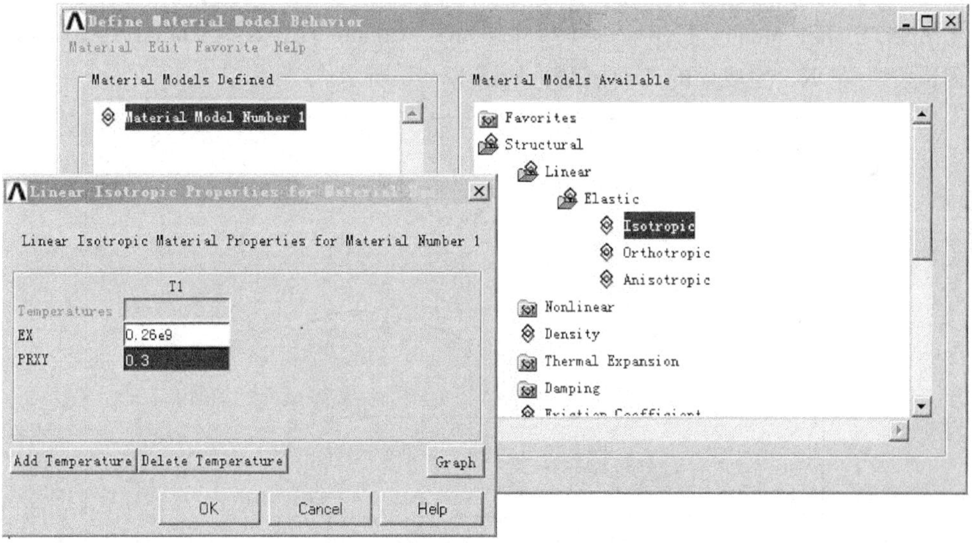

图 12-16　定义弹性模量和泊松比

5）生成几何模型。

① ANSYS Main Menu：Preprocessor→Modeling→Create→Keypoints→In Active CS→X，Y，Z location：0，0，0（A）→Apply→X，Y，Z location：0.05，0，0（B）→Apply→X，Y，Z location：0.0575，0.005，0（C）→Apply→X，Y，Z location：0.0475，0.0125，0（D）→Apply→X，Y，Z location：0.025，0.00625，0（E）→OK。

② ANSYS Main Menu：Preprocessor→Modeling→Create→Lines→Lines→Straight Line→依次选择关键点 A，B，E，A→OK。

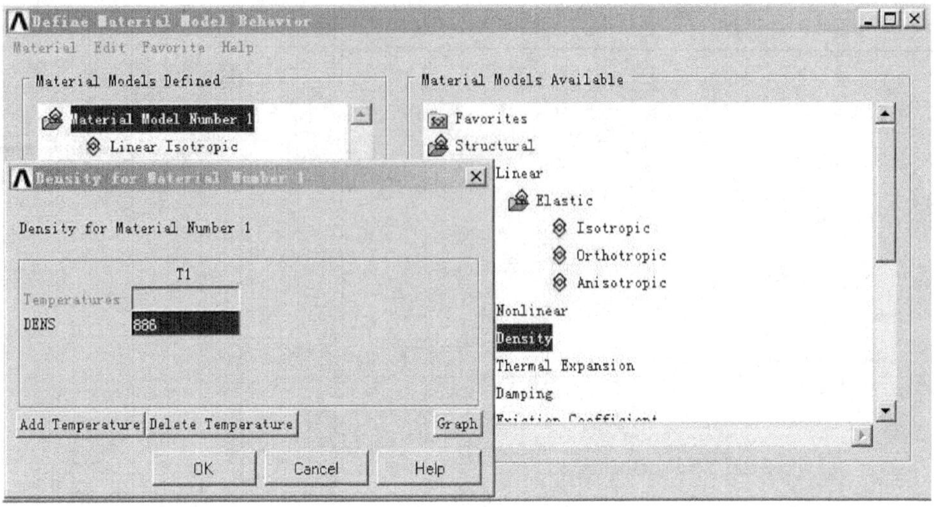

图 12-17　定义材料密度

③ ANSYS Main Menu：Preprocessor→Modeling→Create→Lines→Splines→With Options→Spline thru KPs→依次选择关键点 *B*，*C*，*D*，*E*→OK→输入以下数据：XV1：－0.025，YV1：0，ZV1：0→输入以下数据：XV6：－0.025，YV6：－0.00625，ZV6：0→OK。

④ ANSYS Main Menu：Preprocessor→Modeling→Create→Areas→Arbitrary→By Lines→选择所有 3 条线→OK，生成面的几何模型，如图 12-18 所示。

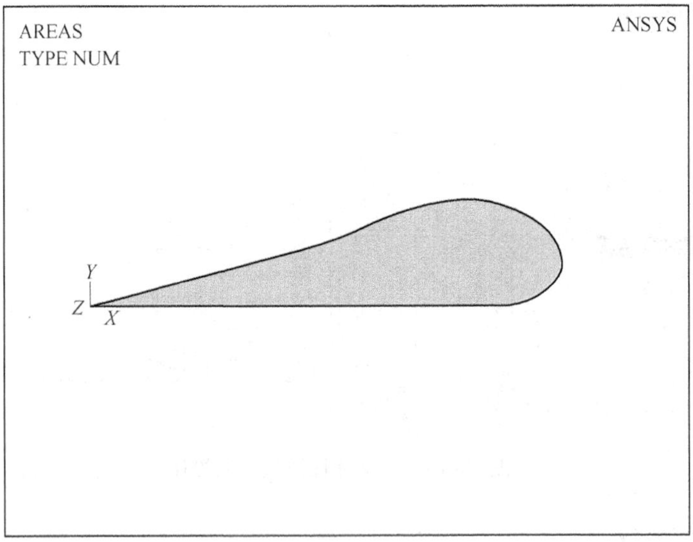

图 12-18　面几何模型

6）网格划分。

① ANSYS Main Menu：Preprocessor→Meshing→Mesh Tool→global→Set→Element edge length：0.00625→OK→Mesh→Pick All→Close→Close（单击关闭 Mesh Tool 工具栏）。

② ANSYS Main Menu：Preprocessor→Modeling→Operate→Extrude→Elem Ext Opts→Element type number：2 SOLID45→The No. of element divisions：10→OK。

③ ANSYS Main Menu：Preprocessor→Modeling→Operate→Extrude→Areas→By XYZ Offset→Pick All→Offsets for extrusion in the Z direction：0，0，0. 25→OK→Close，生成机翼有限元模型，如图 12-19 所示。

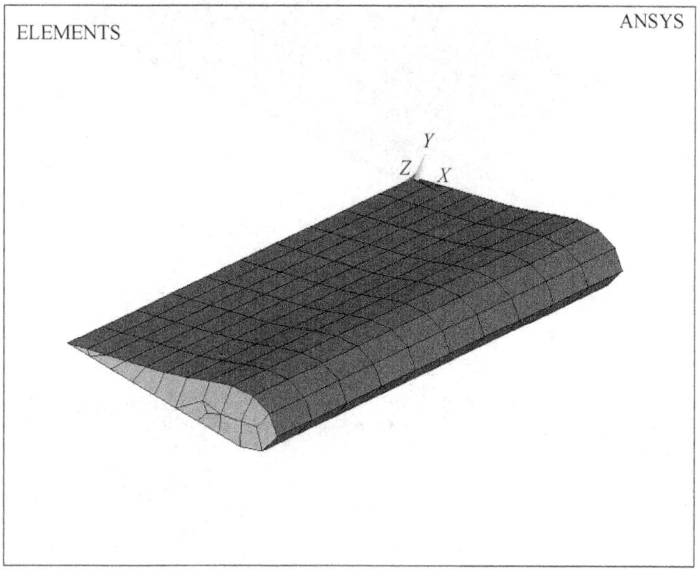

图 12-19　机翼有限元模型

7）模型施加载荷。

ANSYS Utility Menu：Select→Entities→Elements→By Attributes→Elem type num→The element type number：1→Unselect→Apply。

8）模型施加约束。

① ANSYS Utility Menu：Select→Entities→Nodes→By Location→Z coordinates→The Z coordinate location：0→From Full→Apply

② ANSYS Main Menu→Preprocessor→Loads→Define Loads→Apply→Structural→Displacement→On Nodes→Pick All→All DOF→OK→By Num/Pick→Select All→单击 Cancel（关闭窗口），如图 12-20 所示。

9）分析计算。

① ANSYS Main Menu：Solution→Analysis Type→New Analysis→Modal→OK，设定分析类型，如图 12-21 所示。

② ANSYS Main Menu：Solution→Analysis Type→Analysis Options→点击 Block Lanczos→No. of modes to extract：5→No. of modes to expand：5→OK→OK，设定模态求解方法，如图 12-22 所示。

③ ANSYS Main Menu：Solution→Solve→Current LS→File→Close→OK→Yes→Yes→Close（Solution is done!），求解完成，如图 12-23 所示。

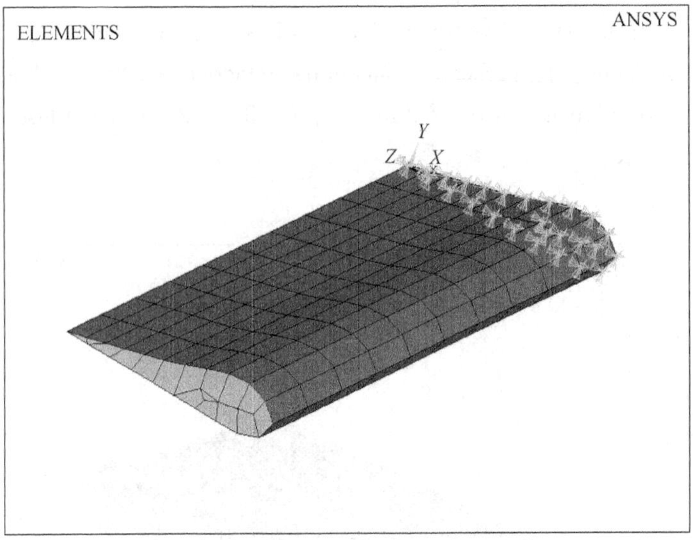

图 12-20　机翼施加边界条件

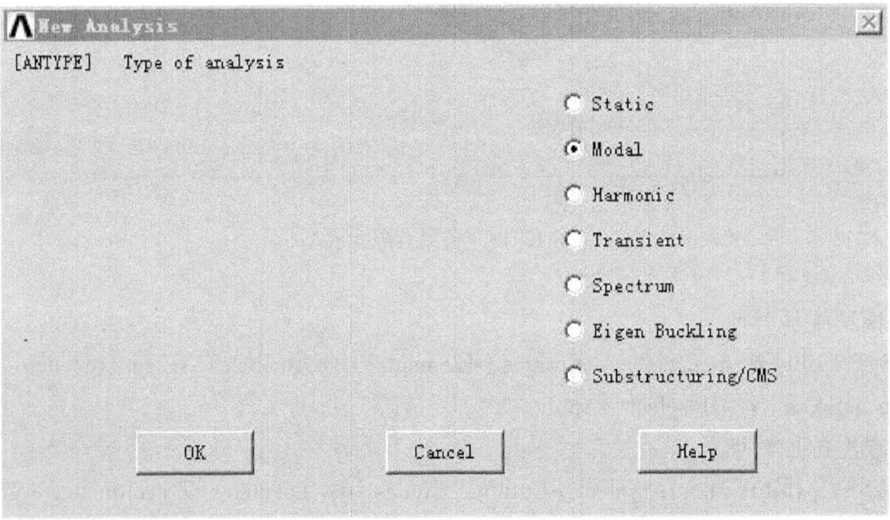

图 12-21　设定分析类型

10）结果显示。

① ANSYS Main Menu：General Postproc→Results Summary→Close，列表结果，如图 12-24 所示。

将机翼模型的各阶模态频率整理出来，见表 12-1。

表 12-1　机翼模型的各阶模态频率

阶次（SET）	1	2	3	4	5
频率/Hz	14.283	61.447	90.085	138.83	257.59

② ANSYS Main Menu：General Postproc→Read Results→First Set。

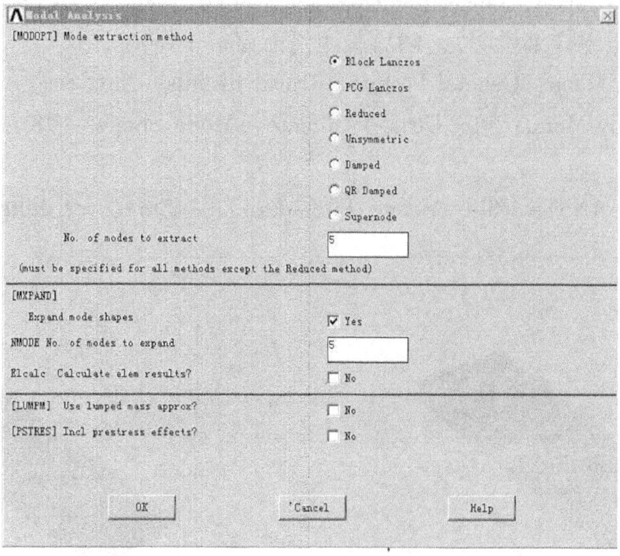

图 12-22　设定模态求解方法

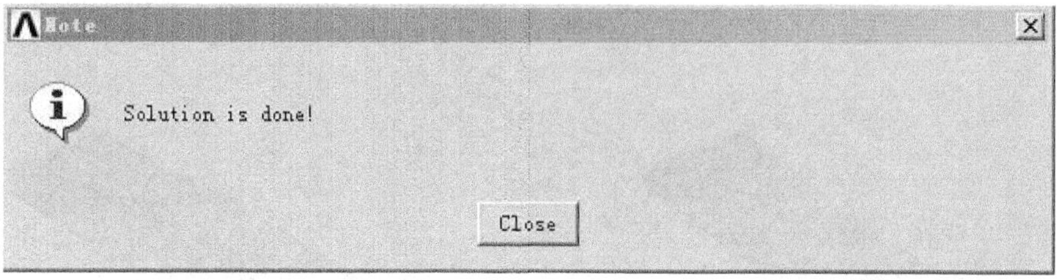

图 12-23　求解完成

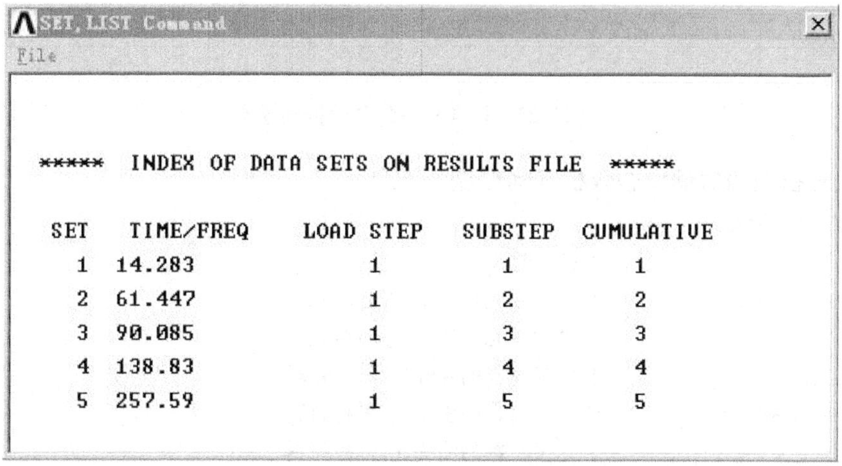

图 12-24　列表结果

③ ANSYS Utility Menu：Plot Ctrls→Animate→Mode Shape→OK→在 Animation Controller 中作相应设置（这里不详细说明），然后关闭当前窗口→Close。

④ ANSYS Main Menu：General Postproc→Read Results→Next Set。

⑤ ANSYS Utility Menu：Plot Ctrls→Animate→Mode Shape→OK，各阶振动模态如图 12-25 所示。

11）退出系统。ANSYS Utility Menu：File→Exit...→Save Everything→OK。

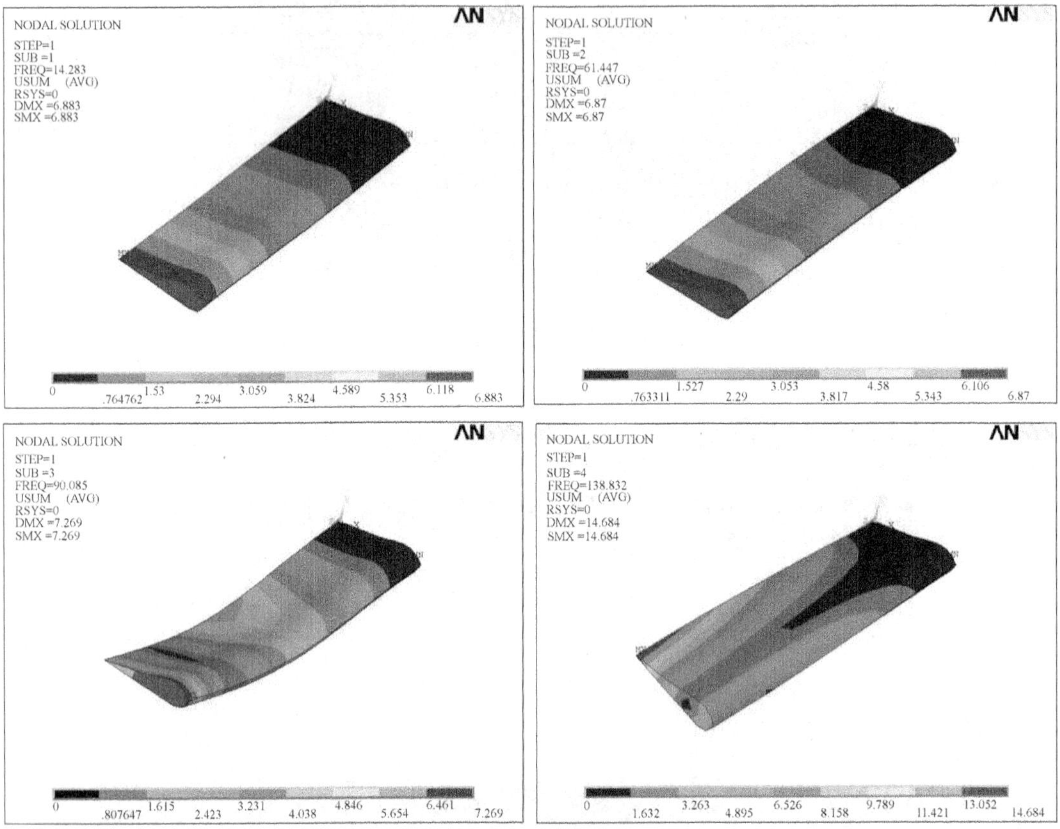

图 12-25　机翼模型的各阶振动模态

10. 机翼模型的振动模态分析（命令流）

完整的命令流如下：

```
/PREP7                  ! 进入前处理
ET,1,PLANE42            ! 选取单元类型 1(平面单元)
ET,2,SOLID45            ! 选取单元类型 2(空间单元)
MP,EX,1,0.26e9          ! 定义材料的弹性模量(1 号材料)
MP,DENS,1,886           ! 定义材料的密度(1 号材料)
MP,PRXY,1,0.3           ! 定义材料的泊松比(1 号材料)
K,,,,,                  ! 生成几何点 1,坐标(0,0,0),图 12-12b 中 A
K,,0.05,,,              ! 生成几何点 2,坐标(0.05,0,0),图 12-12b 中 B
K,,0.0575,0.005,,       ! 生成几何点 3,坐标(0.0575,0.005,0),图 12-12b 中 C
```

```
K,,0.0475,0.0125,,          ! 生成几何点 4,坐标(0.0475,0.0125,0),图 12-12b 中 D
K,,0.025,0.00625,,          ! 生成几何点 5,坐标(0.025,0.00625,0),图 12-12b 中 E
LSTR,1,2                    ! 连接点 1 和 2 生成直线 1
LSTR,5,1                    ! 连接点 5 和 1 生成直线 2
BSPLIN,2,3,4,5,,,-0.025,0,0,-0.025,-0.00625,0,    ! 采用 B 样条,连接点 2,3,4,5 生
                                                    成曲线 3
AL,1,2,3                    ! 由曲线 1,2,3 围成一个面
ESIZE,0.00625               ! 在单元划分前,定义单元的边的尺度为 0.00625
MSHAPE,0,2D                 ! 设置单元划分的类型为 2D 四边形(key=0)
MSHKEY,0                    ! 设置网格的自由划分(0)
AMESH,all                   ! 对所有的面进行网格划分(无设置时,则默认为采用第 1 号类型单元)
TYPE,2                      ! 设置单元类型 2(空间单元)
EXTOPT,ESIZE,10,0,          ! 设置体单元扩展为 10 段
VEXT,all,,,0,0,0.25,,,,     ! 对所有的面进行 z 方向的体(包括单元)扩展,每次扩展的 z 方向增量
                            为 0.25
ESEL,U,TYPE,,1              ! 除单元类型 1 外,选择所有的单元(实际上就是体单元)
NSEL,S,LOC,Z,0              ! 选择 z=0 的节点
D,all,,,,,,ALL,,,,,         ! 对所选择的节点施加全部的固定约束
NSEL,ALL                    ! 选择所有的节点
FINISH                      ! 前处理结束
/SOLU                       ! 进入求解模块
ANTYPE,2                    ! 设置模态分析(2)
MODOPT,LANB,5               ! 设定 LANB 方法,提取 5 阶模态
MXPAND,5,,,0                ! 设定模态扩展数为 5
MODOPT,LANB,5,0,0,,OFF      ! 设定 LANB 方法,计算 5 阶模态
SOLVE                       ! 求解
FINISH                      ! 退出求解模块
/POST1                      ! 进入一般的后处理
/VIEW,1,1,1,1               ! 设置视角
/ANG,1
/REP,FAST
SET,FIRST                   ! 调出第 1 阶的模态结果
SET,NEXT                    ! 调出下一阶的模态结果
SET,NEXT                    ! 调出下一阶的模态结果(实际上,这时为第 3 阶模态)
PLDI,,                      ! 显示变形后的结构图
ANMODE,10,0.5,,0            ! 进行动画显示,设置 10 帧,每帧显示 0.5s
```

本 章 习 题

12-1　试说明有限元建模的过程和步骤。

12-2　有限元建模的指导思想是什么？建模过程中一般从哪几个方面进行考虑？

12-3　某悬臂梁，一端固定，另一端受到集中载荷 F 的作用，试用 ANSYS 计算最大应力和位移。材料

为 A3 钢。截面的几何尺寸如图 12-26 所示。相关的材料常数和其他输入数据如下：材料弹性模量 $E = 2 \times 10^{11}$ Pa；几何尺寸 $l = 100$m，$b = 1$m，$h = 2$m；载荷 $F = 100$N。

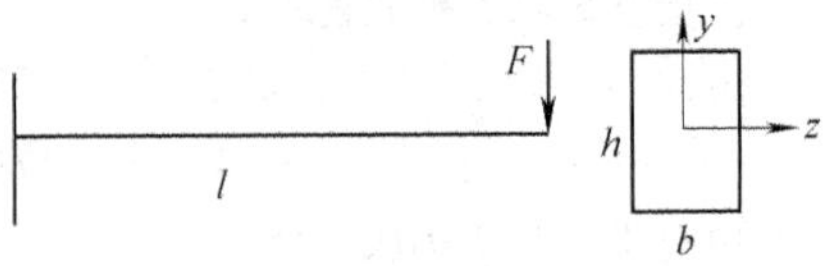

图 12-26　悬臂梁的几何尺寸

第4篇　可靠性设计方法

第13章　可靠性基本概念和理论

【内容】

本章介绍可靠性的定义、可靠性学科的内容、可靠性设计的特点和产品可靠性的指标等内容，并对产品的失效率曲线和可靠性常见分布函数等数学基础知识进行阐述。

【目的】

通过本章的学习，了解产品可靠性的意义，掌握可靠性设计的定义和产品可靠性的指标和数学基础。

13.1　可靠性基本知识

可靠性是一门新兴的工程学科，是研究产品全寿命过程中故障的发生原因、发生规律，达到预防故障、降低故障率、提高产品质量的目的的工程技术。随着科学技术的发展，产品质量的含义也在不断地扩充。以前产品的质量主要指产品的性能，即产品出厂时的质量，而现在产品的质量已不仅仅局限于产品的性能这一指标。目前，产品质量的定义是：满足使用要求所具备的特性，即适用性，这表明产品的质量首先是指产品的某种特性，这种特性反映着用户的需求。概括起来产品质量特性包括：性能、可靠性、经济性和安全性四个方面。性能是产品的技术指标，是出厂时（$t=0$）产品应具有的质量特性，显然，能出厂的产品就应满足性能指标；可靠性是产品出厂后（$t>0$）所表现出来的一种质量特性，是产品性能的延伸和扩展；经济性是在确定的性能和可靠性水平下的总成本，包括购置成本和使用成本两部分；安全性则是产品在流通和使用过程中保证安全的程度。

在上述产品质量特性所包含的四个方面中，可靠性占主导地位。性能差，产品实际上是废品；性能好，也并不能保证产品的可靠性水平高；反之，可靠性水平高的产品在使用中不但能保证其性能的实现，而且故障发生的次数少，维修费用及因故障造成的损失也少，安全性也随之提高。由此可见，产品的可靠性是产品质量的核心，是生产厂家和用户努力追求的目标。

在我国加入 WTO 之后，我国的制造业要与国际接轨，我国的企业要参与国际市场的竞争，进入国际经济的大循环中，这是经济发展的必然趋势。用户不仅要求产品性能好，更重要的是要求产品的可靠性水平高，这是产品占领市场的关键。美国人曾预言：今后只有那些具有高可靠性指标的产品及其企业，才能在日益激烈的国际贸易竞争中幸存下来。而日本人则断言：今后产品竞争的焦点是可靠性。因此，产品的质量尤其是产品的动态质量（可靠性）就显得尤为重要。

另外，研究产品可靠性的意义还在于产品责任法的建立。在美国等技术发达国家的产品责任法中规定：只要是因产品缺陷、故障对用户造成的损失，制造者要承担法律和经济责任。据美国《质量进展》杂志调查，1975 年由于产品责任原因，用户请求赔偿金额达 50 亿美元。在产品责任法中同时还规定：如果制造者能出示进行了可靠性设计和可靠性保证等活动的资料证明，可以排除责任。从这点也可看出研究产品可靠性的重要意义。

从可靠性学科的发展历史来说，可靠性工程的诞生、发展是社会的需要，与科学技术的发展，尤其与电子技术的发展是分不开的。虽然工程可靠性起源于军事领域，但从它的推广应用和给企业与社会带来的巨大经济效益的事实中，人们更加认识到提高产品可靠性的重要性。世界各国纷纷投入大量人力、物力进行研究，并在更广泛的领域里推广应用。

1. 可靠性学科包含的内容

可靠性学科就是定量地研究产品动态质量问题的一个学科，它为推动产品的设计、分析的现代化提供了必要的理论基础和分析方法。可靠性学科所包含的内容相当广泛，大致包含可靠性数学、可靠性物理（失效分析）、可靠性工程三个方面。

（1）可靠性数学　主要是研究解决各种可靠性问题的数学模型和数学方法，它属于应用数学的研究范畴。它的涉及面非常广，主要内容是概率论和数理统计、随机过程、运筹学、模糊数学等。随着可靠性学科的发展，可靠性数学已不是简单地应用现有的数学知识，而是在此基础上有了更广泛、更深入的研究，已经成为一门相对独立的数学。

（2）可靠性物理（失效分析）　是研究失效现象及其机制和检测方法的学科。它是新发展起来的元器件失效分析技术，着重于从微观角度出发，研究元器件的失效发展过程和失效机理，以采取纠正措施，提高可靠性。美国 Rome 航空发展中心于 20 世纪 60 年代初首先进行失效物理的研究，发展失效分析方法和技术，研究各种元器件的失效机制及失效模式，建立各种器件及材料失效的数学及物理模型。

（3）可靠性工程　包括系统可靠性分析、设计、评价和使用，贯穿从产品设计直到产品退役的整个寿命周期。其主要内容是：运用系统工程的观点和方法从设计、生产和使用等角度来研究产品的可靠性，并对产品可靠性进行控制，是一门综合性的工程学科。

可靠性工程是对产品（零件、部件、设备或系统）的失效现象及发生概率进行分析、预测、试验、评定和控制的边缘性工程学科。它的发展与概率论和数理统计、运筹学、系统工程、环境工程、价值工程、人机工程、计算机技术、失效物理学、机械学、电子学等学科有着密切的联系。需强调指出的是，可靠性工程不仅重视技术，也非常重视管理。可靠性管理包括设计、生产和使用过程的管理，即全过程、全生命周期的管理。具体的可靠性管理包括制订可靠性计划、组织可靠件设计评审、进行可靠性认证、制定可靠性标准、确定可靠性指标等。

可靠性工程研究的对象包括电子和电气的、机械和结构的、零件和系统的、硬件和软件的可靠性设计、试验和验证。广义的可靠性包括维修性和有效性（可用性）。

2. 可靠性活动的阶段

可靠性活动存在于产品的整个生命周期内，大体分为以下几个阶段：

（1）设计阶段　此阶段的主要工作是根据用户需要，确定产品对可靠性的要求。制订可靠性要求时要考虑到现有产品的可靠性状态、现有技术水平、产品费用、功能、使用环境等各种因素。

可靠性设计的主要内容应包括：实现可靠性指标的方法、途径与组织措施。要制订出实施计划、质量控制计划、可靠性验证试验规划、人员培训计划及可靠性数据管理计划等，并要有检查计划实施情况的手段。

（2）工程开发阶段　此阶段的主要任务是在基础研究和探索新技术应用的基础上形成各种可供选择的方案；提出有效措施，设计和建造样机并对样机进行严格的试验与鉴定；估计出生产和使用的费用，为生产和使用提供所需的全部资料。

（3）批量生产阶段　在生产过程中进行可靠性控制，以保证产品的可靠性和维修性达到设计要求。

（4）使用阶段　产品的使用阶段应包括产品的贮存、运输、定期检查、使用前的准备工作、按规定用途使用和维修等所有活动。此阶段的基本任务就是保持产品的可靠性，提高产品的维修性和有效性。

应该指出的是，产品的可靠性是设计出来、生产出来、管理出来的。在产品整个寿命期内可靠性工程的活动有两个并行的过程：一是工程技术过程，主要是在设计、制造时使产品具有规定的固有可靠性；二是可靠性管理，在产品的使用周期内，设法维持产品的固有可靠性，提高产品的维修性和有效性。

3. 可靠性的定义

通常采用的可靠性定义是：产品在规定条件下和规定时间内完成规定功能的能力。如果用“概率”来量度这一“能力”，就是可靠度，用 $R(t)$ 表示。定义的要点如下：

（1）产品　首先要弄清可靠性问题的产品对象是什么？产品包括零件（元件）、设备和系统，既可以是很小的零件，也可以是很大的机电一体化系统。而且包含操作人员在内的人机系统也可看做是产品，这时系统也包括了人的因素。实际上，系统的失效常常是由于人的不可靠而引起的。还应注意，产品这一概念还在不断扩大，计算机软件也可看做是产品。

（2）规定条件　主要指工作环境条件，如压力、温度、湿度、腐蚀、辐射、冲击、振动、噪声等。还包括使用和维修条件、动力和载荷条件、操作工人的技术水平等。任何产品如果误用或滥用，都可能引起损坏，因此在使用说明书中应对使用条件加以规定，这是判断发生失效（故障）时责任在于用户还是制造厂的关键。

（3）规定时间　可靠度是时间性的质量指标，产品只能在一定的时间范围内达到目标可靠度，不可能永远保持目标可靠度而不降低。因此，对时间的规定一定要明确。时间可能是指定区间（0，t），也可能是指定区间（t_1，t_2）。时间一般以小时、年为单位，但根据产品的不同，广义的时间包括车辆行驶的里程数、回转零件的转数、工作循环次数、机械装置（起重机、机械手、柱塞泵等）的动作次数等。

（4）规定功能　功能通常是指产品的工作性能，但是可靠性工程师的工作重点不是产品的功能，而是产品的失效或故障。可靠性标准（GB/T 2900.13—2008）规定：“失效即产品完成要求的功能的能力的中断，失效后产品处于故障状态。”因此，要求的功能与失效密切相关，如何正确判断产品是否失效，合理地确定失效判据非常重要。功能有主次之分，故障也有主次之分。次要的故障不影响主要功能，因而也不影响可靠性。但有时动作不稳、性能下降或响应缓慢也构成故障，例如大型设备的保护装置，如果响应缓慢就会引起主体设备的损坏，所以是不允许的。顺便指出，通常对失效和故障不加严格区分。但新标准中规定，“失效”和“故障”的区别在于失效是一次事件，而故障是一种状态。

（5）概率　概率是可以度量的，其值在 0 ~1，即 $0 \leqslant R(t) \leqslant 1$。由于可靠度是时间的函数，所以产品从零时刻工作到 t_1 时刻后的可靠度为 $R(t=t_1)$；产品从 t_1 时刻工作到 t_2 时刻后的可靠度为 $R(t_1, t_2)$，显然，$R(t_1, t_2)$ 为条件可靠度。还应注意，可靠度是在一定置信度（Confidence Level）下的条件概率。所谓置信度，是指所求得的可靠度在多大程度上是可信的。

13.2　可靠性设计的特点

可靠性设计要求设计人员摆脱以往孤立、绝对地考虑问题的思想方法，代之以全面、系统的分析问题的思想方法。它考虑的是产品在规定条件下和规定的时间内完成规定功能的能力，涉及设计、生产、使用、管理、储存、运输等各个环节，是一门综合性很强的科学。它对于相当复杂的产品和在恶劣环境下工作的产品尤为重要，同时也是市场竞争的产物和要求。

1）以概率论和数理统计为理论基础的可靠性设计方法比传统的安全系数法要合理得多。

2）可靠性设计强调在设计阶段要把可靠度直接设计到零件中去，得到恰如其分的设计。即由设计决定固有可靠度，由制造保证固有可靠度。而安全系数法则往往为了保险而导致过分保守的设计。可靠性设计能得到较小的零件尺寸、体积和质量，从而节约了原材料、加工时间和人力，带来了较大的经济效益。

3）可靠性设计可使零件具有可以预测的寿命及失效概率，而安全系数法则不能。当产品要求有限寿命时，可靠性设计的优点更为突出。

4）对维修性的考虑，在浴盆曲线的耗损失效期及当有效度是主要可靠性指标时，都必须考虑维修性。设计决定了机械产品的固有可靠性，而环境、使用、维修等则影响了使用可靠性。

5）在设计阶段及其以后的阶段，可靠性不断地增长。即随着产品设计、研制、生产各阶段工作的逐步进行，产品的可靠性特征量值也逐步提高。

13.3　可靠性设计的应用

长期以来，人们就广泛采用“可靠性”这一概念来定性评价产品的质量。但是人们经验评定一件产品可靠、比较可靠、不可靠，没有一个量的标准来衡量。可靠性问题的提出，首先是从军用航空电子设备开始的。第二次世界大战期间，军用电子设备的大量失效使美国付出了相当惨重的代价。于是引起了美国军方对可靠性问题的高度重视，于 1952 年成立了"电子设备可靠性咨询组"，简称 AGREE（Advisory Group on Reliability of Electronic Equipment）。并于 1957 年 6 月 4 日发表了第一个报告。这个报告的内容为可靠性工程学科奠定了理论基础。

1965 年，国际电子技术委员会（IEC）设立了可靠性技术委员会，协调了各国间可靠性术语和定义可靠性的数据测定方法、数据表示方法等。20 世纪 60 年代以来，空间科学和宇航技术的发展提高了可靠性的研究水平，扩展了其研究范围，对可靠性的研究已经从电子、航空、宇航、核能等尖端工业部门扩展到电机与电力系统、机械设备、动力、土木建筑、冶金、化工等部门。可靠性的应用也从复杂航天器的设计推广普及到日常生活中的机电产品设计之中，并贯穿于产品的开发研制、设计、制造、试验、使用运输、保管及维修保养等环节。在产品设计中由于可靠性设计的引入保证和提高了产品的可靠性水平，使得产品的综合性能得以提高，从而增强了产品的市场竞争力。

13.4　可靠性设计中常用的特征量（指标）

机械可靠性有许多个特征量，在不同的场合，应当根据不同的目的和需要，采用不同的可靠性特征量来度量产品的可靠性。

（1）可靠度 $R(t)$　可靠度的定义是：在给定的条件下和给定的时间区域（t_1，t_2）内能完成要求的功能的概率。

对于不可修复的产品，可靠度的观察值是指到规定的时间终了为止，能完成规定功能的产品数与在该时间区间开始时投入工作的产品数之比。表示为

$$\hat{R}(t) = 1 - \frac{N_f(t)}{N_T} = \frac{N_s(t)}{N_T} \tag{13-1}$$

式中，$\hat{R}(t)$为与时间 t 相应的平均可靠度估计值；$N_f(t)$ 为产品工作到 t 时刻的失效数；N_T 为产品数，通常取 N_T 等于样本量 n；$N_s(t)$ 为产品工作到 t 时刻的存活数。

$\hat{R}(t)$ 是根据样本得出的平均可靠度估计值，其置信度等于 50%。当 $N_T=\infty$，则 $\hat{R}(t) \to R(t)$，$R(t)$ 是根据总体得出的可靠度真值，也称理论值，其置信度为 100%。通常研究的对象都是样本，为了方便，省略了样本均值的估计值的符号"^"。

可靠度是产品不失效的概率，不可靠度是产品的失效概率，产品失效和不失效是互逆事件，因此

$$R(t) = 1 - Q(f) = 1 - P_f \tag{13-2}$$

式中，$Q(f)$ 为不可靠度，有时也用 $R(f)$ 表示不可靠度；P_f为失效概率，通常所研究的是可靠度 $R(t) \geqslant 0.90$ 的领域。

（2）平均寿命　对于可修复的产品，采用平均无故障工作时间（MTBF），指的是一个或多个产品在规定的时间内，无故障工作时间的总和与故障总次数之比。对于不可修复的产品，采用平均失效时间（MTBF）。有许多产品，例如交通工具、家用电器等，用户更加关心的是平均首次故障的时间。关于 MTBF，还可以分为两种情况：考虑所有故障时的 MTBF

和只考虑重大故障时的 MTBF。显然，后一种情况的 MTBF 比第一种情况下的 MTBF 要大得多。

(3) 维修度 $M(t)$ 维修度是指在维修条件下使用的产品，在规定时间内按照规定的程序和方法进行维修时，保持或恢复到能完成规定功能状态的概率。可表示为

$$M(t)=P(T\leqslant t) \tag{13-3}$$

式中，T 为维修时间，是随机变量。

维修度的观测值为

$$\hat{M}(t)=\frac{n_s(t)}{n} \tag{13-4}$$

式中，n 为投入维修的产品数；$n_s(t)$ 为 t 时刻已维修的产品数。

维修与未维修是对立事件，因此未维修度为 $1-M(t)$。

(4) 平均修理时间（MRT） 指修理时间的平均值。平均修理时间的观测值，按修理时间的总和和修理次数之比确定。

(5) 有效度（可用率）$A(t)$ 有效度可以分为：瞬时有效度、平均有效度和稳态有效度。瞬时有效度 $A(t)$ 是指产品在某时刻具有或保持其规定功能的概率。平均有效度是指在某个规定时间区间内有效度的平均值。当时间趋于无限时，瞬时有效度的极值称为稳态有效度，表示为 $\underset{t\to\infty}{A(t)}=A$。

有效度的观测值为某个时期内，产品能工作的时间 t_U 对能工作时间 t_U 和不能工作时间 t_D 之和的比，表示为

$$A(t)=\frac{t_U}{t_U+t_D} \tag{13-5}$$

产品不能工作时间包含了许多内容，如果只考虑修复时间，则有效度可表示为

$$A(t)=\text{MTBF}/(\text{MTBF}+\text{MRT}) \tag{13-6}$$

由式（13-6）可知，为了提高有效度，应尽可能使 MTBF 增大，使 MRT 减小。许多机械设备，如载重汽车、工程机械、发电设备等，习惯上把有效度称为可用率，即设备或系统在给定的条件下和给定的时刻处于能完成功能状态的概率。

(6) 可靠寿命 t_R 可靠寿命是指与规定的可靠度相对应的时间。

(7) 平均大修间隔 MTBO（Mean Time Between Overhauls）或平均维修间隔 MTBM（Mean Time Between Maintenances） 对于有些产品，如机电设备，一般采用有计划的定期预防维修，规定几年一次大修期，进行备件更换和设备调整等维修措施，这个指标就是 MTBO（MTBM），也称平均大修寿命。大修周期的确定是个统筹学的问题，要根据大修的成本及设备故障频发的程度和损失而定。

(8) 强迫停机率 FOR（Forced Outage Rate）

$$\text{FOR}=\frac{\text{停机时间}}{\text{运行时间}+\text{停机时间}} \tag{13-7}$$

(9) 重要度 I

$$I=\frac{\text{某一设备故障引起的系统故障次数}}{\text{系统中所有设备发生故障的次数}} \tag{13-8}$$

(10) 经济尺度 经济尺度有许多种，可以根据需要采用比较适合的一种或几种，常用

的经济尺度有：

1）费用比 CR =（年）维修费/购置费。

2）（维修费 + 操作费）/动作时间。

3）MTBF/成本。

4）寿命期总费用（Life Cycle Cost）。

13.5　产品的失效率曲线

失效率是“工作到某时刻 t 尚未失效的产品，在该时刻 t 以后的下一个单位时间内发生失效（或故障）的概率”，其观察值为“在某时刻后单位时间内失效的产品数与工作到该时刻尚未失效的产品数之比”，表示为

$$\hat{\lambda}(t_i) = \frac{n(t+\Delta t) - n(t)}{[N - n(t)]\Delta t} = \frac{N_f(\Delta t)}{N_s(t_i)\Delta t} \tag{13-9}$$

式中，N 为产品数；$n(t)$ 为时刻 t 时的失效数；$N_f(\Delta t)$ 为在时间增量 Δt 内的失效数；$N_s(t_i)$ 为在时间增量 Δt 开始时（即 t_i 时刻）的工作产品数；Δt 为 t_i 之后的时间增量；$\hat{\lambda}(t_i)$ 为平均失效率的估计值。

式（13-9）也适用于时间区间（t_i，$t_i+\Delta t$）内失效率不等于常数的情况，得到的是在该时间区间的平均失效率。

当产品数 $N\to\infty$，$\Delta t\to 0$，则得到瞬时失效率或简称失效率（故障率）的表达式为

$$\lambda(t) = \lim_{\substack{N\to\infty \\ \Delta t\to 0}} \frac{n(t+\Delta t) - n(t)}{[N - n(t)]\Delta t} \tag{13-10}$$

因 $\lambda(t)$ 是时间 t 的函数，故又称为失效率函数。

平均失效率也可用积分式表达

$$m(t) = \frac{1}{t}\int_{-\infty}^{t} \lambda(t)\,dt,\ t > 0 \text{ 或 } m(t) = \frac{1}{t}\int_0^t \lambda(t)\,dt$$

失效率是产品常用的数量特征之一，失效率越高，则可靠性越低。将失效率函数画在坐标系中得到的曲线，就称为该产品的失效率曲线。

联系到可靠度函数，失效率表示在某段时间 t 内圆满工作的百分率 $R(t)$ 中，在下一个瞬间发生失效的概率，这样，其表达式为

$$\lambda(t) = \frac{dF(t)/dt}{R(t)} = \frac{-dR(t)/dt}{R(t)} = \frac{f(t)}{R(t)} \quad \text{或} \quad \lambda(t) = \frac{-d\ln R(t)}{dt} \tag{13-11}$$

从而也可得到

$$R(t) = \exp\left[-\int_0^t \lambda(t)\,dt\right] \tag{13-12}$$

这两个表达式体现了可靠度和失效率之间的关系。

失效率的单位多用每千小时百分之几，即用$\%/10^3$h 表示；有时不用时间的倒数而用与其相当的“动作次数”、“转数”、“距离”等的倒数更适宜些。

失效率函数有三种类型，如图 13-1 所示，失效率随时间的增长而增长；失效率随时间增长而下降；失效率与时间无关而保持一定值。当失效率和时间无关时，即 $\lambda(t)=\lambda=$ 常

数，则式（13-12）变为

$$R(t)=e^{-\lambda t} \tag{13-13}$$

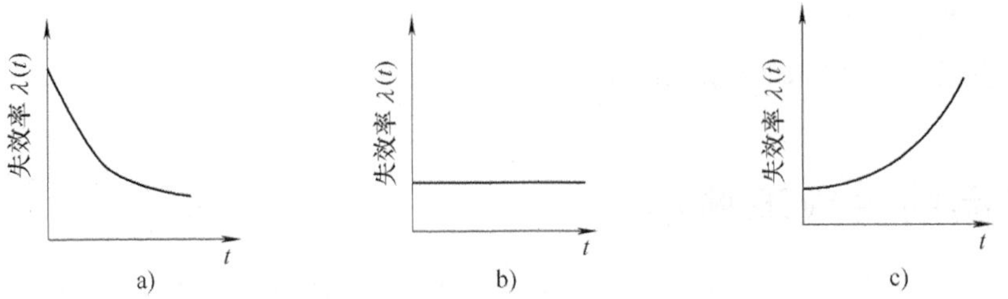

图 13-1　失效率的三种类型曲线

在图 13-1a 中，失效率 $\lambda(t)$ 随时间的延长而下降，由于这种失效率函数形态的特点，产品在开始使用时失效率高，容易发生故障，但越往后则剩下的产品越可靠，而且不易发生故障了。具有这种失效率函数形态的产品可借助于长期的使用试验，选取优质产品。在图 13-1b 中，故障发生的形式是随机的，失效率为常数，可靠度如式（13-13）所示，呈最简单的指数分布，这是可靠性最基本的形式。这时，因为在任何时间故障发生的概率都是相同的，所以故障无法预测。因此，即使更换零件，故障仍会按概率发生，事先更换零件是无效的。在图 13-1c 中，失效率 $\lambda(t)$ 随时间的延长而上升，常见于像滚珠轴承等机械零件的磨损，这种情况失效密度函数的形态接近正态分布，故障集中在平均寿命值左右 $\pm 3\sigma$ 的时间内发生，在这种情况下，若能在故障即将发生以前将这些零件更换下来，则可避免故障的发生。

由许多零件构成的机器、设备或系统，在不进行预防性维修时，或者对于不可修复的产品，其典型的失效率曲线如图 13-2 所示，由于它的形状与浴盆的剖面相似，所以又称浴盆曲线（Bath-Tub Curve）。它由上述三种形态的失效率曲线组成，反映了产品在全部工作过程中的三种不同阶段或时期：早期失效期、偶然失效期（有用寿命期）和耗损失效期。

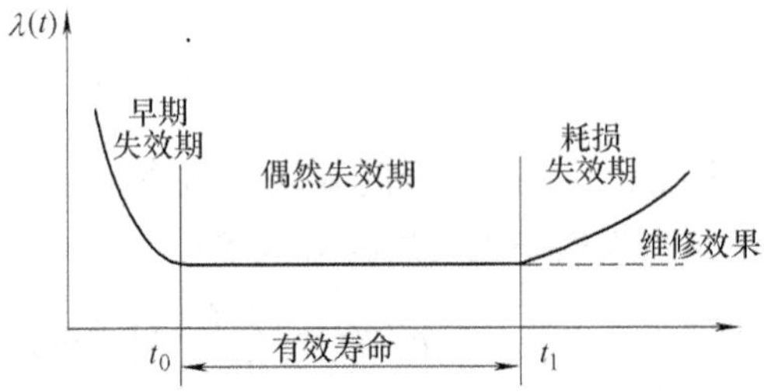

图 13-2　典型的失效率曲线

在产品投入使用的初期，其特点是开始失效率高，但随使用时间的增加，失效率将较快地下降，呈递减性。失效或故障的原因是由于设备中混进了不合格的产品，如由于设计上的疏忽、材质不良，或由于加工、装配工艺不好，或者检验差错等。之后，早期失效暴露后，失效率就会大体趋于稳定状态并降至最低，且有一段时间内大致维持不变，呈恒定性；这时故障的发生是随机的或偶然的。偶然失效期是设备或系统的最佳状态时期，在规定失效率下其持续时间称为使用寿命或有效寿命。产品的台架寿命试验、可靠性试验一般都是在消除了早期故障之后针对偶然失效期而进行的。耗损失效期出现在产品使用的后期，构成设备或系统的某些零件已经过度磨损、疲劳、老化、寿命衰竭，所以失效率随工作时间的增加而上升，呈递增型。

浴盆曲线对人们的启发是，在产品装配之前，应进行筛选，以剔除不合格的零（元）件；在使用之前，应先进行磨合运转，以度过早期失效期。在有用寿命期内，失效率最低，而且几乎为常数，这时，产品何时发生失效是无法预测的，在这一时期内，更换零部件（元件）并不能提高产品的可靠度。在进入耗损期之前，如能更换已经磨损、老化的零件，则可使失效率大大降低，这是进行预防维修的依据。

可靠性研究虽然涉及上述三种失效类型或失效期，但着重研究的是随机失效，因为它发生在设备的正常使用期间。应当注意，只有在产品寿命服从指数分布时，才有 $\lambda(t_i)$ = 常数 = λ = 1/平均寿命，这时使用失效率这一指标才有意义。大多数电子、电气产品的寿命可以认为服从指数分布。然而，大多数机械产品的寿命并不服从指数分布，其失效率并不呈现为典型的浴盆曲线，而是随着时间的增加而增大。在这种情况下，$\lambda(t_i)$ 是时间的函数，难以用失效率来预测产品的可靠度。

失效率的单位是失效次数/h，常用的量级有 10^{-2}、10^{-6} 等。高可靠的电子元件甚至达到 10^{-9} 级。

13.6　可靠性常用分布函数

1. 随机事件与概率的基本概念

在科学研究和工程实践中，在相同的条件下，重复地对某一现象进行多次试验和观测，其各次的结果却不尽相同。这种试验和观测通常称为随机试验。如果在每次试验的结果中，某事件一定发生，则称该事件为必然事件。例如，在正压力作用下，两相互接触的物体发生相对滑动时，必然产生摩擦磨损现象。如果在一定的试验条件下，某事件一定不发生，则称为不可能事件。例如，当零件的强度大于应力时，该零件不可能失效。若在试验的结果中，某事件可能发生，也可能不发生，或可能发生种种不同的结果，则称该事件为随机事件。例如汽车发动机在一定的运行条件下，在某日可能发生故障，也可能不发生故障，某台机器所承受的载荷，零件的材料性能和结构尺寸的取值等，都是随机事件，它们在大量重复试验中具有某种规律性。概率是度量随机事件发生可能性大小的量，是随机事件的函数。必然事件的概率为 1，随机事件的概率在 0 ~ 1 范围内。

2. 古典概率与统计概率

（1）概率的古典定义　概率的古典定义是在概率论发展初期讨论最简单的随机试验时给出的。这类随机试验具有以下两个特征：

1）只有有限个互不相容（不可能同时发生）的基本事件。

2）所有基本事件的发生是等可能的。

设某一试验有 n 个互不相容的等可能的基本事件发生，而事件 A 所包含的基本事件数为 m 个，则事件 A 发生的概率为

$$P(A) = \frac{\text{事件 } A \text{ 所包含的基本事件数}}{\text{基本事件的总数}}$$

由于古典概率的两条要求有很大的局限性，在实际应用中，很多随机试验是不能满足的。通常它主要用于抽样检查。

（2）概率的统计定义　设随机事件 A 在相同的条件下，重复 n 次试验中出现了 m 次，则事件 A 在 n 次试验中出现的频率为

$$f(A) = \frac{m}{n}$$

（3）概率的基本定理与运算

1）加法定理。随机事件 A_1、A_2、…、A_n 的和是一事件，它表示其中至少有一件发生。记为 $A_1 + A_2 + \cdots + A_n$ 或 $A_1 \cup A_2 \cup \cdots \cup A_n$。

定理 1　两互不相容事件的和的概率等于这两个事件概率的和，即

$$P(A \cup B) = P(A) + P(B)$$

推论 1　有限个互不相容事件的和的概率等于这些事件的概率的和，即

$$P(A_1 \cup A_2 \cup \cdots \cup A_n) = P(A_1) + P(A_2) + \cdots + P(A_n)$$

推论 2　如试验时样本空间（试验全部结果所组成的“集合”）中事件是互斥的，至少有一个事件发生，则这些事件的概率的和等于 1，即

$$P(A_1) + P(A_2) + \cdots + P(A_n) = 1$$

当某个样本空间仅由两个互不相容事件所组成，这时即称这两个事件是对立的，两个事件是互斥事件。事件的对立事件记为 $\bar{A}$。于是得到：

推论 3　对立事件的概率和等于 1。

$$P(A) + P(\bar{A}) = 1$$

产品的失效与正常运行是互逆事件。比如某设备失效概率 P_f（不可靠度）为 0.01，则该设备正常运行的概率（可靠度）$R(t) = 1 - 0.01 = 0.99$。

应强调指出，上述概率加法定理仅适用于互不相容的事件。而对于一般情况下的任意两个事件则有：

定理 2　任意两相容事件 A 和 B 的和的概率为

$$P(A \cup B) = P(A) + P(B) - P(A \cap B)$$

式中，$P(A \cap B)$ 表示 A、B 两事件同时发生的概率，或记为 $P(AB)$。对于两互不相容事件，$P(A \cap B) = 0$。

2）条件概率。在工程中经常会遇到某一事件 A 的概率与另一事件 B 的出现与否有关。在事件 B 已经发生的条件下，事件 A 发生的概率称为条件概率，并用 $P(A \mid B)$ 表示。

3）乘法定理。任意两个事件同时发生的概率等于其中一事件的概率与另一事件在前一事件已发生的条件下的条件概率之积，即

$$P(A \cap B) = P(A)P(B \mid A) = P(B)P(A \mid B)$$

上式可以推广到有限个事件同时发生的概率，即

$$P(A_1 \cap A_2 \cap \cdots A_n) = P(A_1)P(A_2 \mid A_1)P(A_3 \mid A_1 A_2) \cdots P(A_n \mid A_1 A_2 \cdots A_{n-1})$$

4）全概率公式。在计算比较复杂的问题时，往往要把概率的加法定理和乘法定理结合起来用，全概率公式就是这两个定理的综合应用。设事件 A 仅当互不相容的事件 B_1，B_2，…，B_n 中的任一事件发生时才可能发生，已知事件 B_i 的概率 $P(B_i)$ 及事件 A 在 B_i 发生的条件下的条件概率 $P(A \mid B_i)$ $(i = 1, 2, \cdots, n)$，则事件 A 发生的概率为 $P(A) = \sum_{i=1}^{n} P(B_i)P(A \mid B_i)$，称为全概率公式。全概率公式很有用，因为计算条件概率有时要比直

接计算 $P(A)$ 容易。

3. 随机变量

表示随机试验的各种结果的变量称为随机变量。工程中大量的随机事件都可用随机变量来处理，随机变量可以分为离散型随机变量和连续型随机变量。随机变量 X 的统计规律可用概率密度和累积分布函数来描述。但工程实际中，随机变量的概率分布往往难于确定，因此常常需要找出随机变量的一些数字特征，来近似地描述随机变量的性质。

数学期望 $E(X)$ 又称为均值 μ，它是随机变量取值集中趋势的尺度，对于离散型随机变量

$$E(X) = \mu = \sum_{i=1}^{\infty} x_i p(x_i) \tag{13-14}$$

对于连续型随机变量

$$E(X) = \mu = \int_{-\infty}^{\infty} x f(x)\,\mathrm{d}x \tag{13-15}$$

如果随机变量 X 仅取有限个值，则式（13-14）可看做是 x_1，x_2，…，x_n 的"加权平均值"，即算术平均值为

$$\bar{x} = \frac{1}{n}(x_1 + x_2 + \cdots + x_n) = \frac{1}{n}\sum_{i=1}^{n} x_i \tag{13-16}$$

方差 $V(X)$ 与标准差 σ 是表示随机变量的取值相对于平均值分散程度的尺度。

对于离散型随机变量

$$V(X) = \sigma^2 = E[(x-\mu)^2] = \sum_{i=1}^{\infty}(x_i - \mu)^2 p_i$$

对于连续型随机变量

$$V(X) = \sigma^2 = E[(x-\mu)^2] = \int_{-\infty}^{\infty}[x-\mu]^2 f(x)\,\mathrm{d}x = E(x^2) - \mu^2$$

标准差：$\sigma = \sqrt{V(x)}$；统计方差：$s^2 = \frac{1}{n-1}\sum_{i=1}^{n}(x_i - \bar{x})^2$；统计标准差：$s_\sigma = \sqrt{s^2}$。

4. 常见的概率分布

下面介绍几种常用的概率分布，包括离散型随机变量的分布和连续型随机变量的分布，它们在可靠性工程中有着广泛的应用。

（1）伯努利试验和二项分布　在相同的条件下，某一随机事件独立地重复 n 次试验，而每次试验只有两种不同的结果，且试验中事件发生的概率不变，这种重复的系列试验称为伯努利试验。在 n 次伯努利试验中，随机事件出现的次数是一随机变量 X，它每次发生的概率为 p，而不出现的概率为 $q=1-p$。设在 n 次试验中出现的次数为 r，则这样的组合数将有 C_n^r，而每个组合的概率是 $p^r q^{n-r}$，所以事件发生 r 次的概率为

$$P(r \leqslant k) = \sum_{r=0}^{k} C_n^r p^r q^{n-r} = 1$$

二项分布是离散型随机变量的一种分布，根据上式可推导出其均值和标准差分别为：$\mu = np$，$\sigma = \sqrt{npq}$。由于工程问题中随机事件包含两种可能性情况（合格和不合格、成功和

失败、可靠与不可靠）者甚多，因此二项分布不仅用于产品的可靠性抽样检验，还用于可靠性试验和可靠性设计等各个方面。

（2）泊松分布　泊松分布也是离散型随机变量的一种分布。它描述在给定时间内发生的平均次数为常数时的概率分布。例如一部仪器上各种类型的缺陷，铸件上的砂眼数，一段时间内设备发生的故障次数等。这些事件的共同特点是知道发生的次数和个数，但是不知道它不发生的次数和个数，而对于二项分布，不但知道时间发生的次数，也知道不发生的次数。

泊松分布的表达式为

$$P(X=r)=\frac{\mu^{r}\mathrm{e}^{-\mu}}{r!}$$

表示事件发生 r 次的概率，其中 μ 为事件发生次数的均值，它不随时间的变化而改变。当试验次数 n 很大而每次试验事件发生的概率 p 很小时，泊松分布是二项分布很好的近似，一般当 $n\geqslant 20$，$p\leqslant 0.05$，两者的近似性就已很好。

（3）正态分布　正态分布是一个基本的概率分布，也是最常用的一种概率分布。

正态分布的概率密度函数和累积分布函数分别为

$$f(x)=\frac{1}{\sigma\sqrt{2\pi}}\mathrm{e}^{-\frac{(x-\mu)^{2}}{2\sigma^{2}}}\qquad -\infty<x<\infty \tag{13-17}$$

$$F(x)=\frac{1}{\sigma\sqrt{2\pi}}-\int_{-\infty}^{x}\mathrm{e}^{-\frac{(x-\mu)^{2}}{2\sigma^{2}}}\mathrm{d}x \tag{13-18}$$

正态分布可记为 $N(\mu,\ \sigma)$，它是一种对称的分布，其参数均值 μ 决定正态分布曲线的位置，表征随机变量分布的集中趋势，而标准差 σ 决定正态分布的形状，表征随机变量分布的离散程度。

当 $\mu=0$，$\sigma=1$ 时，称随机变量 x 服从标准正态分布，记为 $N(0,\ 1)$，其概率密度函数和累积分布函数为

$$f(z)=\frac{1}{\sqrt{2\pi}}\mathrm{e}^{\frac{z^{2}}{2}}\qquad -\infty<x<\infty \tag{13-19}$$

$$F(z)=\frac{1}{\sqrt{2\pi}}-\int_{-\infty}^{z}\mathrm{e}^{\frac{z^{2}}{2}}\mathrm{d}z \tag{13-20}$$

式（13-20）中，$F(z)$ 值可查标准正态分布表。为了便于计算，经过变量置换，令 $z=\frac{x-\mu}{\sigma}$，可将非标准正态分布化为标准正态。可见，经变量置换后，非标准正态分布的累积概率值都可以看成是标准正态分布的累积概率值。

在可靠性分析中，材料的强度，零件的寿命和尺寸等都可以用正态分布来拟合。由概率论的中心极限定理可知，当研究对象的随机性由许多互相独立的随机因素之和所引起，而其中每一个随机因素对于总和影响极小时，这类问题都可认为服从正态分布，因此，正态分布应用较广。但是，正态分布是对称的，并且随机变量的取值是从 $-\infty$ 到 $+\infty$，然而，有许多试验数据并不是对称的，而是倾斜的，或观察数据只能取正值而不能取负值，因此，正态分布和其他分布一样，也有局限性，在使用中应根据具体情况选择合适的分布。

（4）对数正态分布　如果随机变量 x 的自然对数 $y=\ln x$ 服从正态分布，则称 x 服从对数正态分布。由于随机变量的取值 x 总是大于零，以及概率密度函数 $f(x)$ 的向右倾斜不对称，因此对数正态分布是描述不对称随机变量的一种常用的分布。材料的疲劳强度和寿命、系统的修复时间等都可用对数正态分布拟合，其概率密度函数和累积分布函数分别为

$$f(x)=\frac{1}{x\sigma_{y}\sqrt{2\pi}}\mathrm{e}^{-\frac{1}{2}\left(\frac{y-\mu_{y}}{\sigma_{y}}\right)}$$

$$F(x)=\int_{0}^{x}\frac{1}{x\sigma_{y}\sqrt{2\pi}}\mathrm{e}^{-\frac{1}{2}\left(\frac{y-\mu_{y}}{\sigma_{y}}\right)}\mathrm{d}x$$

式中，μ_y 和 σ_y 为 $y=\ln x$ 的均值和标准差。实际中常用到随机变量的中位值 x_{m}，它表示随机变量的中心值，其定义为

$$P(X\leqslant x_{\mathrm{m}})=P(X>x_{\mathrm{m}})=0.50$$

对数正态分布的均值、标准差和中位值分别为

$$\mu_{x}=E(X)=\mathrm{e}^{\left(\mu_{y}+\frac{\sigma_{y}^{2}}{2}\right)}$$

$$\sigma_{x}=\sqrt{D(x)}=\mu_{x}(\mathrm{e}^{\sigma_{y}^{2}}-1)^{\frac{1}{2}}$$

$$x_{\mathrm{m}}=\mathrm{e}^{\mu_{y}}$$

由于 $y=\ln x$ 呈正态分布，所以有关正态分布的一切性质和计算方法都在此应用，只要令

$$z=\frac{\ln x-\mu_{y}}{\sigma_{y}}$$

（5）威布尔分布　威布尔分布是瑞典人 W. Weibull 构造的一种分布函数。凡属于局部失效（如某一最薄弱环节失效）而导致整体机能失效的模型（串联模型），一般都能采用这种分布函数来描述，因此在可靠性工程中应用十分广泛。

威布尔分布的分布函数 $F(t)$ 和概率密度函数 $f(t)=F'(t)$ 分别为

$$F(t)=1-\mathrm{e}^{\frac{(t-r)^{m}}{\alpha}}\qquad t\geqslant r$$

$$f(t)=\frac{m}{\alpha}(t-r)^{m-1}\mathrm{e}^{-\frac{(t-r)^{m}}{\alpha}}\qquad t\geqslant r$$

当 $t<r$，$f(t)=F(t)=0$。可见威布尔分布是具有三个参数的连续分布。其中，m 称为形状参数，f 称为位置参数，α 称为尺度参数。下面分别讨论这三个参数的影响。

1）形状参数 m。形状参数 m 决定了分布密度曲线 $f(t)$ 的形状。例如 m 取不同的值，曲线呈现不同的形状（为明显起见，取 $\alpha=1$，$r=0$），如图 13-3 所示。此时的失效率曲线如图 13-4 所示，当 $m<1$ 时，曲线呈下降型，反映了失效率随时间递减的情况，类似于早期失效期，故可用于描述早期失效过程；当 $m=1$ 时，$A(t)$ 曲线呈常数型，此时威布尔分布变为指数分布，可用于描述偶然失效过程；当 $m>1$ 时，$A(t)$ 曲线呈上升型，与耗损失效相符。由图 13-3 还可看出，随着 m 的增大，$f(t)$ 曲线逐渐趋于对称，当 $m=3.5$ 时，已极为接近正态分布密度曲线。由此可见，当根据试验数据求得 m 值后，就可大致判断该产品的失效类型。

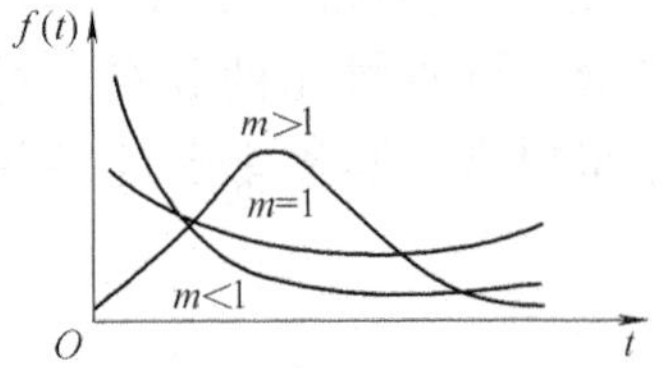

图 13-3　m 参数的几何形状

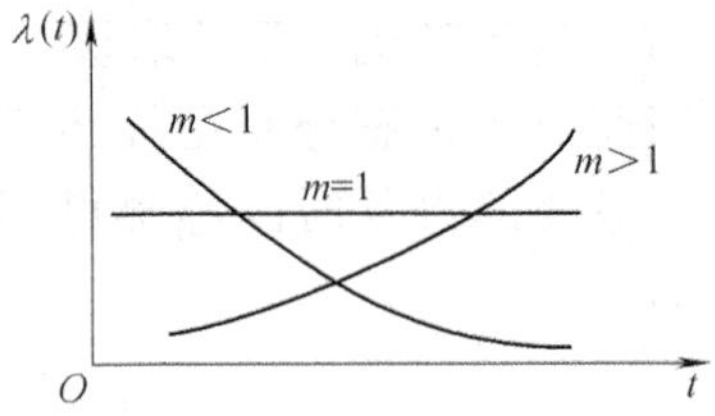

图 13-4　m 取不同值时的失效率曲线

2）位置参数 r。位置参数 r 决定分布密度曲线 $f(t)$ 的位置，而不影响 $f(t)$ 的形状。在 m 和 α 不变的情况下，不同的 r 相当于把曲线沿横坐标作整体移动：当 $r>0$ 时，曲线由 $r=0$ 时的位置向右平移，移动距离为 r；当 $r<0$ 时，曲线则向左平移，移动距离为 $|r|$。图 13-5 给出了取定 $\alpha=1$，$m=2$，而 r 取不同值时，曲线 $f(t)$ 的变化情况。r 为负值时，表示某些产品在开始工作（$t=0$ 时）前就已失效，即在存储期间失效。r 为正时，表示存在一段不失效的时间；$r=0$ 表示使用前是好的，失效的可能性随开始使用而产生。显然，大部分量具有这种属性。

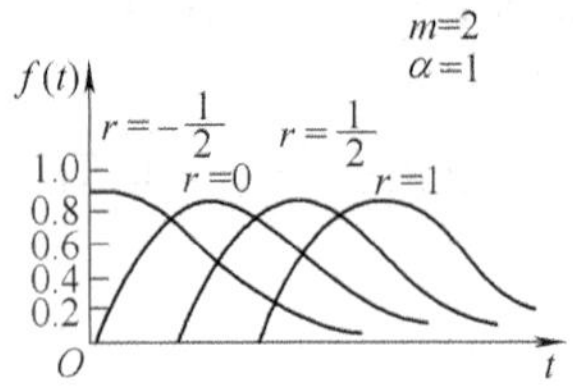

图 13-5　位置参数变化

当 $r=0$ 时，三参数威布尔分布退化为两参数的分布，这时，其失效密度函数为 $f(t)$，失效概率函数 $F(t)$ 和失效率函数 $\lambda(t)$ 分别为

$$F(t)=1-e^{\frac{t^m}{\alpha}}\qquad t\geqslant r$$

$$f(t)=\frac{m}{\alpha}(t-r)^{m-1}e^{-\frac{(t-r)^m}{\alpha}}\qquad t\geqslant r$$

$$\lambda(t)=\frac{m}{\alpha}(t)^{m-1}$$

3）尺度参数 α。尺度参数 α 的变化会放大或缩小概率密度函数 $f(t)$ 的横坐标 t 的标尺，即会引起 $f(t)$ 曲线在横轴方向伸长或压缩，而分布的形状仍是类似的。

如令 $\eta=\alpha^{\frac{1}{m}}$，则称为尺度参数，或称特征寿命。威布尔分布的平均寿命为

$$\text{MTBF(MTTF)}=\int_0^{\infty}tf(t)\,dt=\alpha^{\frac{1}{m}}\Gamma\left(1+\frac{1}{m}\right)=\eta\Gamma\left(1+\frac{1}{m}\right)$$

式中，$\Gamma(x)=\int_0^{\infty}t^{x-1}e^{-1}dx$。

由于威布尔分布具有前述这样一些特点，调整其各参数的值，可方便地改变分布的形状，从而适用于不同的分布状态，因此它是应用最为灵活的一种经验分布函数，具有普遍意义并得到广泛应用。对于滚珠轴承、电子管、超高频器件、机械零件、结构部件等许多产品的寿命分布规律以及金属材料的疲劳寿命，都可用威布尔分布函数进行描述。

5. 概率分布的应用

上面介绍了常用理论分布的特点和适用性。为了对产品进行可靠性分析与设计，需要通过使用数据的统计推断，明确其分布和数字特征，但选择哪一种概率分布来拟合，则往往是比较困难的，其一是实验数据有限；其二是分布类型往往与产品类型无关，而与作用的应用

类型及失效机理和失效形式有关；有些分布，如威布尔分布、对数正态分布，中间部分不容易分辨，只有在尾部才有所不同。因此某种分布能否较准确地描述某一失效事件，也还有争议。当没有足够证据选择何种分布时，作为第一次尝试可假设某随机变量服从正态分布，对产品的寿命则假设服从威布尔分布，这已被许多领域的大量应用证明是有效的。

本章习题

13-1　可靠性的定义和要点是什么？

13-2　试判断下列叙述的对与错。

1）大多数可靠性特征量都与时间有关。

2）产品的可靠性工作应从设计阶段开始。

3）产品的固有可靠性是制造决定的。

4）失效率的单位是失效次数/h。

5）产品的可靠度与环境条件有关。

6）一个机械零件的安全系数越大，其可靠性必然也越大。

7）零件可靠度的大小不仅取决于应力分布和强度分布的均值，同时也取决于其标准差的大小。

第 14 章　可靠性设计原理

【内容】

本章主要介绍机械可靠性设计的常用方法及主要步骤，对应力-强度干涉模型、可靠度的计算和函数均值及方差的近似计算进行阐述。

【目的】

通过本章的学习，掌握可靠性设计的基本原理和处理方法，能够进行可靠度、函数均值与方差的计算。

14.1　机械可靠性设计的方法和步骤

机械可靠性设计的方法主要有概率设计法，失效树分析法（FTA）及失效模式、影响及致命度分析法（FMECA）。概率设计法主要用于零件的可靠性设计分析，后两种方法主要用于系统的可靠性设计分析。通过可靠性设计方法可以保证把规定的可靠性指标值直接设计到零件中去，从而设计到产品中去。

对于现代的复杂而昂贵的零件和系统，常常要求高的可靠度，机械可靠性设计方法包括下述步骤：

1）确定设计的问题及任务轮廓。对于复杂系统，必须确定完整的任务轮廓，以及相应的环境轮廓。环境因素包括载荷、温度、噪声、速度等。在此基础上，确定各子系统的目标可靠度。

2）确定有关的设计变量和参数。它们应当是对设计任务有意义的、唯一的和不重复的，在试验前后和进行期间都能量度的。

3）进行失效模式、影响及致命度分析（FMECA）。

4）确定零件的失效模式是独立的还是相关的。如一种失效模式的性质受到另一种可能发生的失效模式的影响，则受到影响的模型应加以修正。

5）确定涉及的每种失效模式的判据。

6）确定应力函数及每个失效模式下的应力分布。

7）确定强度函数及每个失效模式下的强度分布。

8）对于每一种致命的失效模式，确定与应力分布和强度分布相关的可靠度。

9）确定同时考虑到所有致命失效模式的零件的整个可靠度。

10）确定零件可靠度的置信度。置信度的概念是对于试验本身而言的。

11）对于系统中所有的关键零部件重复上述步骤，求出各自的可靠度。

12）对系统进行失效树分析（FTA）。

13）在已知每个零部件可靠度的基础上，计算子系统的以及整个系统的可靠度，然后对设计进行迭代。直到系统的可靠度等于或大于事先规定的系统可靠度目标值为止。

14）必要时对整个设计的诸方面内容进行优化。

14.2　应力-强度干涉模型

通过可靠性设计要在产品设计阶段就能规定其可靠性指标，或估计、预测机器及机器主要零、部件在规定的工作条件下的工作能力状态或寿命，保证所设计的产品具有所需要的可靠度。当确定了零件的失效模式后，零件的强度和工作应力均为随机变量，呈随机分布状态，若能将这两种统计分析连接起来，则不难算得与分布相关的可靠度。采用的基本理论就是应力-强度干涉理论。

机械零部件设计的基本目标是在一定的可靠度下保证其危险断面上的最小强度（抗力）不低于最大的应力，否则，零件将由于未满足可靠性要求而导致失效。实际中，这里的应力和强度都不是一个确定的值，而是由若干随机变量组成的多元随机函数（随机变量），它们都具有一定的分布规律，如图 14-1 所示。

这种应力与强度的分布情况，严格地说都或多或少地与时间因素有关，图 14-2 表示了应力 s、强度 S 的分布与时间的关系。当时间 $t=0$ 时，两个分布有一定的距离，不会产生失效，但随着时间的推移，由于环境、使用条件等因素的影响，材料强度退化，导致 $t=t_2$ 时应力分布与强度分布发生干涉（图中阴影部分），这时将可能产生失效。通常把这种干涉称为应力-强度干涉模型。此时零件的不可靠度（失效概率）与可靠度（安全概率）可分别表示为

$$\left.\begin{aligned} p_f &= p(S \leqslant s) \\ R &= p(S > s) \end{aligned}\right\} \tag{14-1}$$

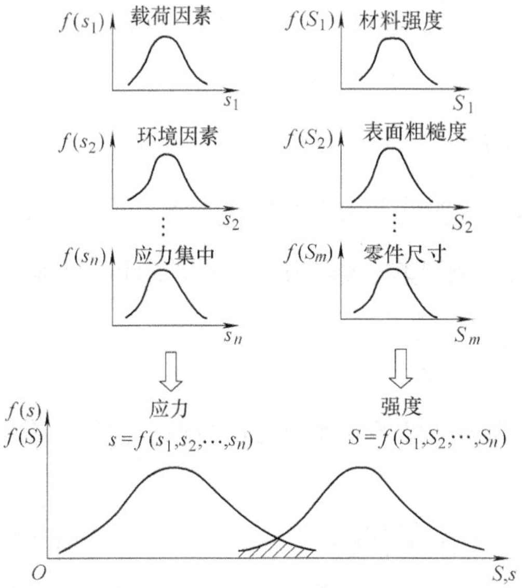

图 14-1　应力-强度综合干涉模型

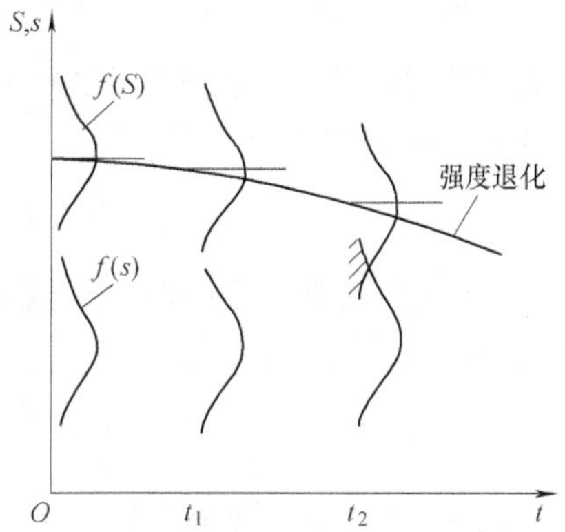

图 14-2　应力-强度分布与时间的关系

且有

$$p_f + R = 1$$

应当指出，这里定义的可靠度与前面产品可取度的定义是一致的，即零件的可靠度是指在给定的时间内和规定的条件下零件完成规定功能的概率。可靠性的核心是完成规定的功能，它取决于应力和强度相互干涉的结果。强度 S、应力 s 都是随机变量，都可用多元函数表示，而强度与应力差 $z = S - s$，也是随机变量，也可用一个多元函数来描述，即

$$z = f(x_1, x_2, \cdots, x_n) \tag{14-2}$$

式中，随机变量表示影响零件功能的各种因素，如载荷、材料强度、零件尺寸、表面粗糙度、应力集中等。这种多元函数称为功能函数或状态函数。它表示了零件所处的状态，即

$z > 0$，零件处于安全状态；

$z < 0$，零件处于失效状态；

$z = 0$，零件处于极限状态。

而 $z = f(x_1, x_2, \cdots, x_n)$ 称之为极限状态方程。

14.3　可靠度的计算

清楚了机械零部件的可靠度为某时刻应力大于强度的概率以后，就可以根据应力和强度的概率分布情况，采用解析法或数值积分法求解。

1. 概率密度函数联合积分法求解可靠度

图 14-3 表示了强度 S（概率密度函数 $f(S)$）和应力 s（概率密度函数 $f(s)$）发生干涉时，求解可靠度的原理图。

由图 14-3 可见，强度 S 大于应力 s 的概率为

$$p(S > s_0) = \int_{s_0}^{\infty} f(S)\,\mathrm{d}S$$

应力 s_0 处于 $\mathrm{d}s$ 区间内的概率为

$$p\left(s_0 - \frac{\mathrm{d}s}{2} \leqslant s \leqslant s_0 + \frac{\mathrm{d}s}{2}\right) = f(s)\,\mathrm{d}s$$

假定（$S > s_0$）与 $s_0 - \frac{\mathrm{d}s}{2} \leqslant s \leqslant s_0 + \frac{\mathrm{d}s}{2}$ 为两个独立的随机事件，根据概率乘法定理，两个独立事件同时发生的概率等于这两个事件单独发生的概率的乘积。这个概率的乘积就是应力在 $\mathrm{d}s$ 区间内零件的可靠度，即

$$\mathrm{d}R = f(s_0)\,\mathrm{d}s \cdot \int_{s_0}^{\infty} f(S)\,\mathrm{d}S$$

式中，s_0 任意取值，将 s 在一切可能范围内积分，则为强度 S 大于所有的可能应力值 s 的概率，也即零件的可靠度为

$$R = \int \mathrm{d}R = \int_{-\infty}^{\infty} f(s)\left[\int_{s}^{\infty} f(S)\,\mathrm{d}S\right]\mathrm{d}s \tag{14-3}$$

同理，对于给定的强度值 S_0，如图 14-4 所示，模仿上述步骤，可得出零件可靠度的另一表达式。

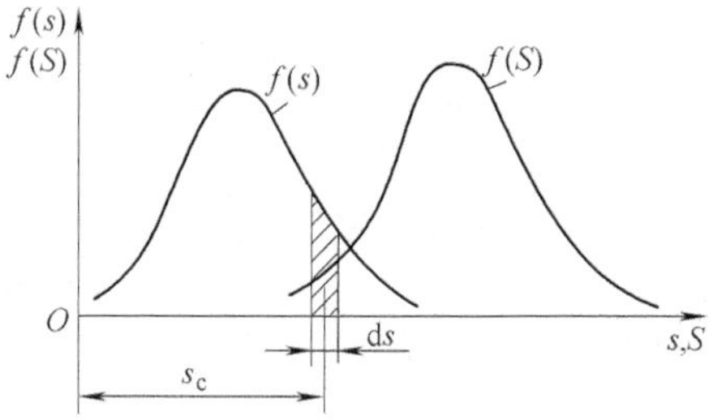

图 14-3　概率密度函数联合积分法原理图

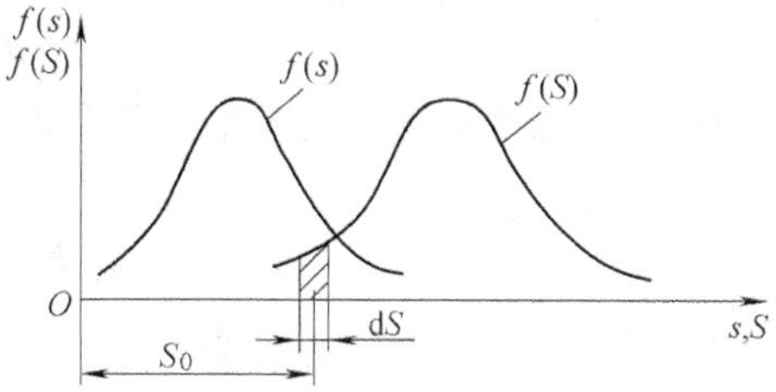

图 14-4　概率密度函数联合积分法原理图

应力 s 小于强度 S_0 的概率为

$$p(s > S_0) = \int_{-\infty}^{S_0} f(s)\,\mathrm{d}s$$

强度 S_0 落在 dS 区间内的概率为

$$p\left(S_0 - \frac{\mathrm{d}S}{2} \leqslant S \leqslant S_0 + \frac{\mathrm{d}S}{2}\right) = f(S)\,\mathrm{d}S$$

强度 S_0 落在 dS 区间内零件的可靠度为

$$\mathrm{d}R = f(S)\,\mathrm{d}S \cdot \int_{-\infty}^{S_0} f(s)\,\mathrm{d}s$$

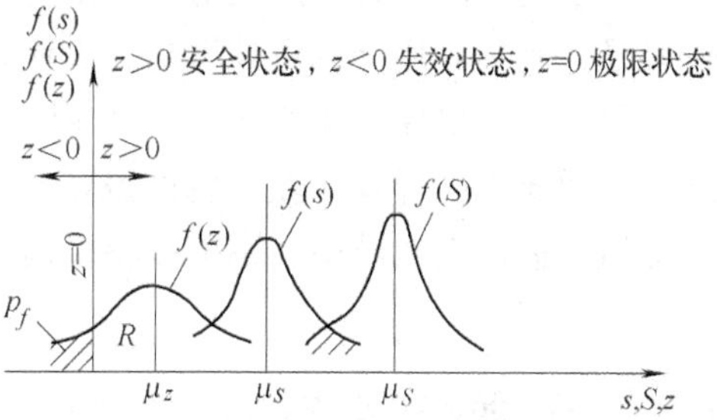

图 14-5　应力、强度和干涉变量之间的关系

零件的可靠度为所有可能强度值的安全概率，即

$$R = \int \mathrm{d}R = \int_{-\infty}^{\infty} f(S)\left[\int_{-\infty}^{S} f(s)\,\mathrm{d}s\right]\mathrm{d}S \tag{14-4}$$

当已知应力 s 和强度 S 的概率分布，便可通过式（14-3）或式（14-4）求得零件在运行状态下的可靠度值 R。

2. 功能密度函数的积分法求解可靠度

前面已经提到，强度 S 与应力 s 的差可用一个多元随机函数表示 $z = S - s = f(x_1, x_2, \cdots, x_n)$，这又称为功能函数。

设随机变量 z 的概率密度函数为 $f(z)$（图 14-5），根据二维独立随机变量知识，可以通过强度 S 和应力 s 的概率密度函数 $f(S)$ 和 $f(s)$ 计算出干涉变量 $z = S - s$ 的概率密度函数 $f(z)$。因此，零件的可靠度为

$$R = p(z > 0) = \int_0^{\infty} f(z)\,\mathrm{d}z \tag{14-5}$$

式（14-3）~式（14-5）称为可靠度计算的一般公式。当应力和强度为更一般的分布时，可以用辛普森（Sinpuson）和高斯（Gauss）等数值积分方法，应用计算机求得。当精度要求不高时，也可用图解法求可靠度。当然，以上所述都是指应力和强度各是一个变量的情况。

3. 各种常见的应力-强度分布模型的可靠性计算

当应力、强度均为正态分布，即应力 $s \sim N(\bar{s}, \sigma_s)$、强度 $S \sim N(\bar{S}, \sigma_S)$ 时，应用式（14-5）可得可靠度为

$$R = \Phi\left(\frac{\mu_S - \mu_s}{\sqrt{\sigma_S^2 + \sigma_s^2}}\right) \tag{14-6}$$

令 $z_R = \dfrac{\mu_S - \mu_s}{\sqrt{\sigma_S^2 + \sigma_s^2}}$，称为联接方程。则可靠度即为

$$R = \Phi(z_R)$$

当应力、强度均为对数正态分布，联接方程为

$$z_R = \frac{\mu_{\ln S} - \mu_{\ln s}}{\sqrt{\sigma_{\ln S}^2 + \sigma_{\ln s}^2}} \tag{14-7}$$

应用式（14-5）得可靠度为

$$R = \Phi(z_R) \tag{14-8}$$

利用上述解析法求可靠度有时可能很困难，这时可应用数值解法、蒙特卡罗法等，借助于计算机来完成。尽管利用数值积分求可靠度只是近似解，但却能满足一般工程要求，而且比较容易，尤其利用计算机计算更为方便。蒙特卡罗法则是通过计算机进行随机模拟试验的方法，每一次随机模拟相当于对一个随机抽取的零件进行基于应力-强度干涉模型的试验，通过大量的随机抽样及比较，就可得到零件的总失效数，从而求得零件的失效概率或可靠度的近似值，抽样次数越多，则模拟精度越高。

14.4 函数均值与方差的近似计算

在机械设计中，许多计算公式常常包含多个随机变量，例如应力和强度的函数关系，由于它们都是多个随机变量的函数，必须通过各随机变量的概率分布类型和特征值，获得函数的分布和特征值，才能应用应力-强度干涉理论进行可靠性设计和分析。对于这样一些较复杂的多元函数的统计特征，特别是均值和标准差的确定就显得尤为重要。由于函数复杂时理论计算很麻烦，故通常采用如下的几种近似计算方法。

1. 正态分布函数均值与标准差的近似计算

可靠性设计中所涉及的变量多呈正态分布。设随机变量 x、y 为正态分布，当 x 与 y 相关时，相关系数 $\rho \neq 0$，但当 x 与 y 相互独立时，$\rho = 0$。随机变量 z 为 x、y 的函数；a 为任意常数，则函数 z 的均值与标准差见表 14-1。表中随机变量 x、y 如果服从正态分布，则 $z = x \pm y$、$z = a \pm y$、$z = ax$ 等都严格地服从正态分布；$z = xy$、$z = x/y$、$z = x^n$ 则不服从正态分布；当变差系数 $C_x \leqslant 0.10$、$C_y \leqslant 0.10$ 时，z 近似地服从正态分布。

当函数复杂，含有多个随机参数时，$z = f(x_1, x_2, \cdots, x_n)$，就先综合两个随机变量如 x_1 和 x_2，确定已合成变量的均值和标准差，再把已得到的合成变量与下一个变量 x_3 相综合，求出第二次合成后的均值和标准差；并以此类推，直至完成所有变量的综合。

2. *n* 维随机变量函数的数学期望和方差的近似值

当函数比较复杂时，计算数学期望和均值可能会很困难，这时可用泰勒展开。求展开式的数学期望和方差。

（1）一维随机变量　设 $z = f(X)$ 是一维随机变量 X 的函数，该随机变量的均值 μ 和方差 σ^2 已知。进行泰勒展开为：$z = f(X) = f(\mu) + (X - \mu)f'(\mu) + \dfrac{(X-\mu)^2}{2!}f''(\mu) + \cdots$。忽略余

表 14-1　正态分布函数的特征值

序号	$z=f(x,y)$	均值 $\bar{z}$	标准差 S_z
1	$z=a$	a	0
2	$z=ax$	$a\bar{x}$	aS_x
3	$z=a+x$	$a+\bar{x}$	S_x
4	$z=x\pm y$	$\bar{x}+\bar{y}$	$(S_x^2+S_y^2\pm 2\rho S_xS_y)^{1/2}$
5	$z=xy$	$\bar{x}\bar{y}+\rho S_xS_y$	$(\bar{x}^2S_y^2+\bar{y}^2S_x^2+2\rho\,\bar{x}\bar{y}S_xS_y)^{1/2}$
6	$z=\dfrac{x}{y}$	$\dfrac{\bar{x}}{\bar{y}}$或$\dfrac{\bar{x}}{\bar{y}}+\dfrac{\bar{x}S_y}{\bar{y}^2}\left(\dfrac{S_y}{\bar{y}}-\rho\dfrac{S_x}{\bar{x}}\right)$	$\dfrac{\bar{x}}{\bar{y}}\left(\dfrac{S_y^2}{\bar{y}^2}+\dfrac{S_x^2}{\bar{x}^2}-2\rho\dfrac{S_xS_y}{\bar{x}\bar{y}}\right)^{1/2}$
7	$z=1/x$	$\approx 1/\bar{x}$	$\approx S_x/\bar{x}^2$
8	$z=x^{1/2}$	$\left[\dfrac{1}{2}(\bar{x}+\sqrt{\bar{x}^2S_x^2})\right]^{\frac{1}{2}}$	$\approx\dfrac{1}{2}\times\dfrac{S_x}{\bar{x}}$
9	$z=x^2$	$\bar{x}^2+S_x^2\approx\bar{x}^2$	$(4\bar{x}^2S_x^2+2S_x^4)^{\frac{1}{2}}\approx 2\bar{x}S_x$
10	$z=x^3$	$\bar{x}^3+3S_x^2\bar{x}\approx\bar{x}^3$	$(3S_x^6+8\bar{x}^2S_x^4+5S_x^2\bar{x}^4)^{\frac{1}{2}}\approx 3\bar{x}^2S_x$
11	$z=x^n$	$\approx\bar{x}^n$	$\lvert n\rvert\bar{x}^{n-1}S_x$
12	$z=(x^2+y^2)^{\frac{1}{2}}$	$(\bar{x}^2+\bar{y}^2)^{\frac{1}{2}}+\dfrac{\bar{y}S_x^2+\bar{x}S_y^2}{2\sqrt{(\bar{x}^2+\bar{y}^2)^3}}$	$\left(\dfrac{\bar{y}^2S_x^2+\bar{x}^2S_y^2}{\bar{x}^2+\bar{y}^2}\right)^{\frac{1}{2}}$
13	$z=\lg x$	$\approx\lg\bar{x}$	$\approx 0.434S_x/\bar{x}=0.434C_x$

注：其中，a 为常数，$\rho=\dfrac{\sum[(x_i-\bar{x})(y_i-\bar{y})]}{[\sum(x_i-\bar{x})^2\sum(y_i-\bar{y})^2]^{1/2}}=\dfrac{\frac{1}{n}\sum[(x_i-\bar{x})(y_i-\bar{y})]}{S_xS_y}$。

项，可得到 z 的数学期望为

$$E(z)=E[f(X)]\approx E\left[f(\mu)+(X-\mu)f'(\mu)+\frac{(X-\mu)^2}{2!}f''(\mu)\right]=\mu+\frac{1}{2}f''(\mu)\sigma^2$$

也可得到方差的近似值为

$$S_z^2=[y-f(\mu)]^2\approx\left[(X-\mu)f'(\mu)+\frac{(X-\mu)^2}{2!}f''(\mu)\right]^2=\mu^2S_X^2$$

（2）n 维随机变量　设 n 维随机变量函数 $z=f(X)=f(x_1,x_2,\cdots,x_n)$，这些随机变量 $x_1,x_2,\cdots,x_n$ 相互独立，均值分别为 $\mu_1,\mu_2,\cdots,\mu_n$，标准差为 $S_1,S_2,\cdots,S_n$，将函数在点 $\mu=[\mu_1,\mu_2,\cdots,\mu_n]^{\mathrm{T}}$ 处泰勒展开，同理可得到函数的均值和方差的近似值为

$$E(z)=E[f(X)]\approx f(\mu_1,\mu_2,\cdots,\mu_n)+\frac{1}{2}\sum_{i=1}^{n}\left[\frac{\partial^2 z}{\partial x_i^2}\right]_{\mu}S_i^2 \tag{14-9}$$

$$S_z^2=[y-f(\mu)]^2\approx\sum_{i=1}^{n}\left[\frac{\partial z}{\partial x_i}\right]_{\mu}^2S_i^2 \tag{14-10}$$

（3）随机变量函数的变差系数　在机械设计中有大量函数形式的计算公式常包含多个随机变量之间的乘除关系，而且有些还是非线性的，对于这些函数的统计特征值，特别是标准差，即

使利用求偏导数的近似求解法，也相当烦琐，且易出错。利用变差系数的概念，可使这些函数从变量之间的乘除关系转化成变差系数之间的简单关系，这样既便于运算，也能简化运算过程。

变差系数的定义：对具有平均值$\bar{x}$和标准差 S_x 的随机变量 x,，变差系数 C_x 可定义为

$$C_x = \frac{S_x}{\bar{x}} \tag{14-11}$$

1）变量为乘除关系函数的变差系数。设两个变量 x，y 的函数为 $z = xy$，当 x、y 为互相独立的随机变量时，由概率统计可知，其标准差为

$$S_z = \sqrt{\bar{x}^2 S_y^2 + \bar{y}^2 S_x^2} = \bar{x}\bar{y}\sqrt{\left(\frac{S_x}{\bar{x}}\right)^2 + \left(\frac{S_y}{\bar{y}}\right)^2} = \bar{x}\bar{y}\sqrt{C_x^2 + C_y^2}$$

故 z 的变差系数为

$$C_z = \frac{S_z}{\bar{z}} = \frac{S_z}{\bar{x}\bar{y}} = \sqrt{C_x^2 + C_y^2}, \text{即} \quad C_z^2 = C_x^2 + C_y^2$$

同理，对于多变量函数 $z = x_1 x_2 \cdots x_n$，函数的变差系数为

$$C_z = \sqrt{C_{x_1}^2 + C_{x_2}^2 + \cdots C_{x_n}^2} \tag{14-12}$$

值得注意的是，不论两个变量 x、y 之间是乘还是除，其函数变差系数的近似计算都是相同的。因此，对于乘除关系的任何形式组成的多变量函数，其变差系数的计算都比其标准差的计算要简便得多。

如多变量函数 $z = \dfrac{x_1 x_2}{x_3 \cdots x_n}$和 $z = \dfrac{x_1}{x_2 x_3 \cdots x_n}$，其函数的变差系数均为

$$C_z = \sqrt{C_{x_1}^2 + C_{x_2}^2 + \cdots C_{x_n}^2}$$

或

$$C_z^2 = C_{x_1}^2 + C_{x_2}^2 + \cdots C_{x_n}^2$$

2）幂函数的变差系数。设幂函数 $z = x^a$，由表 14-1 可求得

$$S_z^2 = [a\,\bar{x}^{a-1}]^2 S_x^2 = \left(a\,\bar{x}^a \frac{S_x}{\bar{x}}\right) = a^2\,\bar{x}^{2a} C_x^2$$

因此 $C_z^2 = a^2 C_x^2$，即 $C_z = |a| C_x$

式中，a 为任意实数。

特殊地，当 $a = \dfrac{1}{n}$，这时 $z = x^{\frac{1}{n}}$

代入上式则有

$$C_z = \frac{1}{n} C_x$$

当 $a = -1$，这时 $z = x^{-1} = \dfrac{1}{x}$，

则有

$$C_z = C_x$$

同理，对多变量幂函数有 $z = a_0 x_1^{a_1} x_2^{a_2} \cdots x_n^{a_n}$，则有

$$C_z^2 = a_1^2 C_{x_1}^2 + a_2^2 C_{x_2}^2 + \cdots + a_n^2 C_{x_n}^2 = \sum_{i=1}^{n} a_i^2 C_{x_i}^2 \tag{14-13}$$

在可靠性设计中应用变差系数作近似计算，有助于简化计算方法，减少计算程序，且与设计变量间函数关系所计算出的结果很接近，所以它不但可用于在给定可靠度条件下，对零件进行可靠性综合设计，以确定零件必要的强度及基本结构尺寸；同时还可用于对现有产品

或设计方案，根据已知的设计变量进行可靠性设计，以评价及预测零件在强度上具有的可靠程度。

在可靠性设计中应用变差系数又可以部分地减少有关对材料强度、作用载荷等统计特征数据的要求。由于材料的力学性能的均值和方差存在有较大的差异。但其变差系数，一般变动较小，故有时也可近似地视为常数。

本 章 习 题

14-1　试述机械可靠性设计的内容与步骤。

14-2　试判断下列叙述的对与错：

1）两个设计可以在规定的时间提供相同的可靠度，但在那之前的失效率却可能不同。

2）应力分布和强度分布干涉区的面积大小只能定性地表示失效概率的大小。

3）应力-强度分布干涉理论只能用于机械产品，不能用于电气产品。

4）在联接方程中，联接系数的大小象征了可靠度的大小。

14-3　已知在一种发动机零件中的应力是正态分布，其均值为 350MPa，标准差为 40MPa，材料强度的分布也是正态分布，其均值为 820MPa，标准差为 80MPa。试计算此零件的可靠度。又假设材料的热处理不好，且环境温度有较大的变化，使零件强度的标准差增大到 140MPa，试求零件的可靠度。

14-4　已知强度 S 和应力 s 服从对数正态分布，具有以下参数：$\bar{S}=150\text{MPa}$，$\bar{s}=100\text{MPa}$，$\sigma_s=15\text{MPa}$。试问强度的最大容许标准差为多大方能使可靠度不低于 0.999?

14-5　某批电子器件有 1000 个，开始工作至 500h 内有 100 个损坏，工作至 1000h 共有 500 个损坏，求该批电子器件工作到 500h 和 1000h 的可靠度。

14-6　某零件的失效率 λ 为常数，其平均值为 0.01/1000h，现仅有两个备件，且半年内不再进备件，实际工作需保证设备运转 50 000h，问这种情况设备不能正常工作的概率有多大?

14-7　某机器生产的螺栓长度服从正态分布 $N(10.05,\ 0.06)$，规定长度在 $10.05^{-0.06}_{+0.12}$mm，求一个螺栓为合格品的可靠度。

第 15 章　机械静强度可靠性设计

【内容】

本章主要介绍机械零件的静强度可靠性设计和预测方法，重点讨论安全系数与可靠度、设计变量的随机性以及机械静强度可靠性设计。

【目的】

通过本章的学习，掌握可靠性设计的机械静强度可靠性设计的概念和方法，能够了解设计变量的随机性，并熟悉机械静强度可靠性设计方法。

在机械零件设计中，需处理和确定很多与几何尺寸、材料、功能、工艺、使用环境、费用等有关的参数和变量，这些变量都是随机的。任何随机变量都具有一定的离散性，以可靠性作为判据，用概率论的方法进行分析，才有可能保证设计零件的可靠度。本章将分别阐述零件静强度的可靠性安全系数设计法和概率设计法。

15.1　安全系数与可靠度

在机械零件的常规设计中，强度和应力之比称为零件的安全系数。其是常数，来源于人们的直观认识和具体经验地总结，直观、易懂、使用方便并有一定的实践依据，所以一直在机械设计的常规方法中广泛使用。考虑到应力和强度的离散性，进而又有了平均安全系数和极限安全系数等。

平均安全系数是强度的均值$\bar{S}$和应力的均值$\bar{s}$之比，即

$$n=\frac{\bar{S}}{\bar{s}} \tag{15-1}$$

极限安全系数可定义为强度的最小值 $S_{\min}$和应力的最大值 $s_{\max}$之比，即

$$n=\frac{S_{\min}}{s_{\max}} \tag{15-2}$$

常用的安全系数也可定义为强度的均值$\bar{S}$和应力的最大值 $s_{\max}$之比，即

$$n=\frac{\bar{S}}{s_{\max}} \tag{15-3}$$

为了在安全系数中加入可靠性指标，现将设计变量应力和强度的随机性引入传统的安全系数中，就可得出可靠性意义下的安全系数。当零件的应力 s 和强度 S 都是随机变量，则其安全系数 $n=\dfrac{S}{s}$也是随机变量。因此可靠度 $R=P(S>s)=P\left(\dfrac{S}{s}>1\right)=P(n>1)$，即安全系数大于 1 的概率就是产品的可靠度。

现以应力和强度均服从正态分布时为例，由式（14-6）可知

$$R=\Phi\left(\frac{\mu_S-\mu_s}{\sqrt{\sigma_S^2+\sigma_s^2}}\right)=\Phi\left(\frac{\mu_S/\mu_s-1}{\sqrt{\sigma_S^2+\sigma_s^2/\overline{S}}}\right)=\Phi\left(\frac{n-1}{\sqrt{\sigma_S^2+\sigma_s^2/\overline{S}}}\right),\ n\geqslant 1 \tag{15-4}$$

式（15-4）反映了平均安全系数和可靠度之间的关系。可见即使平均安全系数 n 不变，强度和应力的方差不同时，其可靠度也不一样。因此只考虑平均安全系数一个指标还不能全面评价产品的可靠性。下面将可靠度加入到安全系数中，重新建立安全系数的度量指标。

因为强度和应力都是随机变量，这里将强度的最小值 $S_{\min}$ 规定为可靠度 $R=R_S$ 时的下限值；将工作应力的最大值 $s_{\max}$ 规定为可靠度 $R=R_s$ 时的上限值，即 $P(S>S_{\min})=R_S$，$P(s<s_{\max})=R_s$，记作 $S_{\min}=S_{\min(R_S)}$，$s_{\max}=s_{\max(R_s)}$，则可靠度意义下的安全系数可定义为

$$n_R=\frac{S_{\min(R_S)}}{s_{\max(R_s)}} \tag{15-5}$$

根据该定义可得出，当应力和强度服从正态分布时，任意可靠度下的安全系数表达式为

$$n_R=\frac{S_{\min}}{s_{\max}}=\frac{(1-z_SC_S)\overline{S}}{(1+z_sC_s)\overline{s}} \tag{15-6}$$

式中，z_S、z_s 分别为强度和应力的标准正态偏量

$$\left.\begin{aligned}z_S&=-\frac{S_{\min}-\overline{S}}{S_S}\\ z_s&=\frac{s_{\max}-\overline{s}}{S_s}\end{aligned}\right\} \tag{15-7}$$

C_S、C_s 分别为强度和应力的变差系数。

例如，当 $R_S=0.95$，$R_s=0.99$ 时，若应力和强度均服从正态分布，在可靠度意义下的安全系数为

$$n_R=n_{\binom{0.95}{0.99}}=\frac{S_{\min}}{s_{\max}}=\frac{S_{\min(0.95)}}{s_{\max(0.99)}}=\frac{(1-1.65C_S)\overline{S}}{(1+2.33C_s)\overline{s}}$$

当 $R_S=0.50$，$R_s=0.50$ 时，$z_S=z_s=0$，有

$$n_R=n_{\binom{0.5}{0.5}}=\frac{S_{\min}}{s_{\max}}=\frac{S_{\min(0.5)}}{s_{\max(0.5)}}=\frac{\overline{S}}{\overline{s}}$$

有了可靠度意义下的安全系数的定义，就可进一步讨论它和零件的可靠度之间的关系。当应力和强度均服从正态分布时，有

$$n=\frac{\overline{S}}{\overline{s}}=\frac{1+z_R\sqrt{C_S^2+C_s^2-z_R^2C_S^2C_s^2}}{1-z_R^2C_S^2} \tag{15-8}$$

或者

$$z_R=\frac{\overline{S}-\overline{s}}{\sqrt{S_S^2+S_s^2}}=\frac{\overline{S}/\overline{s}-1}{\sqrt{\frac{S_S^2\overline{S}^2}{\overline{S}^2\overline{s}^2}+\frac{S_s^2}{\overline{s}^2}}}=\frac{n-1}{\sqrt{C_S^2n^2+C_s^2}}$$

式中，n 为可靠性意义下的平均安全系数，和常规的安全系数不同，它和零件的可靠性指数 z_R 以及应力和强度的变差系数都有关系。

代入式（15-6）中，可得到当应力和强度服从正态分布时，任意可靠度意义下的安全系数和零件可靠性指数之间的关系为

$$n_R=\frac{S_{\min}}{s_{\max}}=\frac{(1-z_SC_S)}{(1+z_sC_s)}\times\frac{1+z_R\sqrt{C_S^2+C_s^2-z_R^2C_S^2C_s^2}}{1-z_R^2C_S^2} \tag{15-9}$$

15.2 设计变量的随机性

1. 随机性包括的内容

机械可靠性设计认为所有的设计变量都是随机变量，其设计的基础是所用的设计变量都是经过多次试验测定的实际数据并经过统计检验后得到的统计量。最理想的情况是掌握它们的分布形式与参数。然而，目前这方面可用的资料很缺乏，尚有大量的实验与积累工作待做。为了尽快推广可靠性设计这一新的先进设计方法，必须作适当的假设、简化与处理。设计变量的随机性主要反映在以下几个方面：

（1）载荷　几乎所有的机械及零部件由于受各种因素的影响，所承受的载荷都不是确定值，而是依据某种规律变化的随机变量。如飞机、汽车、船舶、拖拉机、起重机、轧机、机床等所承受的载荷都是随机变量，分布形式也是多种多样的。

（2）材料的力学性能　材料的力学性能如抗拉强度、屈服强度、疲劳强度、硬度、弹性模量、伸长率、断裂韧性等，由于冶炼、加工、热处理、试验等各种因素的影响，都是一些随机变量，其中多数呈正态分布，有的则呈对数正态分布及威布尔分布。

（3）几何尺寸　由于加工制造的设备、人员操作、工况、环境等影响，同一种材料、同一批零件、同一个人在同一台机床上加工的零件实际尺寸也各有差异。这就充分地反映了尺寸也是随机变量。经实践检验证明其主要呈正态分布。

（4）工况变化　机械或零部件工作时，其工作条件、环境等的变化也影响机械的强度与寿命的变化。

（5）不确定因素的存在　除上述因素外，还有一些其他因素，如载荷的简化、力学模型的简化、计算公式的假设等也有影响。

2. 统计数据的来源

由于这些参数都是随机变量，其准确的数据很难获得，比较精确的数据也只能通过大量实测得到，这对普通设计往往很难办到，因此只能应用近似处理方法解决。这些统计数据的来源主要有：

（1）真实情况的实测、观察　这样获得的数据样本容量越大，统计得到的数据置信度就越高。从数据的真实性看，这是一种比较理想的来源，但耗费的人力、财力、物力也越大。

（2）模拟真实情况的测试　本法统计获得的数据真实性稍差，而经济性则大有改进，但耗费仍然较大。

（3）对标准试件的专门试验　本法统计的数据并不能完全反映所设计产品的真实情况，但其主要性能与真实情况基本一致。对其进行必要的修正，就可以近似看成真实情况。

（4）利用手册、产品目录或其他文献中的数据　本法取得的数据通常比较粗略。

对上述各随机变量，通过试验、统计分析，找出分布规律及参数，为可靠性设计提供必要的基础资料。在引用资料时应注意：引用的数据与本设计情况是否一致，统计方法是否合理、准确等。

3. 材料力学性能的统计处理

材料力学性能项目比较多，此处仅介绍几个设计中最常用的指标，如抗拉强度、屈服强度、疲劳强度、硬度、伸长率、断裂韧性及弹性模量等。大量试验数据证明，金属材料的抗拉强度 σ_b、屈服强度 σ_s、伸长率 δ 比较好地符合正态分布或近似于正态分布。实验与统计资料表明，剪切强度极限 τ_b 与 σ_b 有近似线性关系，即 τ_b 分布近似于 σ_b 的分布。剪切屈服极限 τ_s 与屈服强度 σ_s 成比例关系：$\tau_s=(0.5\sim0.6)\sigma_s$，且可假设 τ_s 与 σ_s 具有相同的分布。

实验表明，碳素钢与低合金钢的抗扭强度有：$\tau_{nb}=0.28\sigma_b$。抗扭强度 τ_{nb} 与屈服强度及抗拉强度有下列关系：对于碳素钢，$\tau_{nb}\approx(0.5\sim0.6)\sigma_s\approx(0.34\sim0.36)\sigma_b$；对于合金钢，$\tau_{ns}\approx0.6\sigma_s\approx(0.45\sim0.48)\sigma_b$。

对于弯曲强度，由于试验数据少，可用下列经验式估算。

碳素钢：$\sigma_{us}\approx1.20\sigma_s\approx(0.67\sim0.72)\sigma_b$

合金钢：$\sigma_{us}\approx1.11\sigma_s\approx(0.83\sim0.89)\sigma_b$

疲劳强度指标常用的有抗弯、抗拉、抗扭等疲劳强度极限，试验统计检验表明，大部分材料服从正态分布或对数正态分布，也有的符合威布尔分布。如果无实验资料时，可利用已有资料经统计检验后得出的经验公式估算。不同寿命时的疲劳参数可参考相关文献。

试验统计表明，多数材料的硬度比较接近于正态分布，但常能较好地符合威布尔分布。硬度通常是比较好测的，有了硬度值，也可由硬度求得疲劳极限的估计值。经验公式如下：

对碳素钢（225 < HBW），$\sigma_{-1}=[(0.128\sim0.156)\mathrm{HBW}]\mathrm{MPa}$。

对正火处理的合金钢，$\sigma_{-1}=(0.14\mathrm{HBW}+67.19)\mathrm{MPa}$

对淬火回火的合金钢，$\sigma_{-1}=(0.076\mathrm{HBW}+284.49)\mathrm{MPa}$

常规设计中，一般假定材料的弹性模量 E、G 及泊松比 μ 为常数，实际上这些参数也都是随机变量。假设它们近似符合正态分布，其参数可查取。其他一些参数如冲击韧性、密度、摩擦因数等，均可类似处理。如果查得相关统计数据的一些表格，可利用表格中的数据。

1）如果表格中给出某一波动范围 σ_{max}、σ_{min} 则可按下列公式进行计算

$$\bar{\sigma}=\frac{1}{2}(\sigma_{max}+\sigma_{min}),\ S_\sigma=\frac{1}{6}(\sigma_{max}-\sigma_{min})$$

2）如果给出的极限应力注明不小于或大于等于，则应按 3σ 原则处理。

3）如果表中给出均值，而未给出标准差，可根据已有的变差系数，求得标准差 S。

前面对材料力学性能的分布参数及确定方法都作了说明。但是，对于重要零件材料的力学性能参数，应该进行试验与统计分析，给出具体的分布类型与参数，为其可靠性设计提供必要的数据，以充分保证零件的可靠度。具体抽样、试验、统计处理等原则与方法查有关资料。

4. 工作载荷的统计分析

作用在机械或构件上的外载（广义力）称为载荷很多，分类如下：

1）按作用方式可分为：拉压、弯曲、扭转、剪切、温度、磨损腐蚀等。

2）按应变速度可分为：蠕变、静载、动载、冲击等。

3）按载荷幅值可分为：等幅（对称、脉动、波动等）的，随机的，幅值、频率均随时间作随机变化的。

4）按稳定程度可分为：稳定载荷、不稳定载荷和随机载荷。

有些载荷可用各种方法直接或间接地测得或计算求得。这些载荷可以是力、力矩、应力、功率、温度等。通过实测，对工作载荷-时间历程进行记录、计数，得到一系列数据，根据数理统计原理进行统计分析，确定分布类型与参数，给出数学模型，为可靠性设计提供载荷参数。目前常用的记数方法有两种：一种是功率谱法。许多载荷是无周期连续变化的，这种载荷可借助于富氏变换，将一复杂的随机载荷分解为有限个具有各种频率的简谐变化之和，获得功率谱密度函数。此方法是比较严密的统计方法，它保留了载荷历程的全部信息，特别对于平稳随机过程，用此方法更为简便，但设备费用昂贵，限制了广泛使用，现正在逐渐推广。另一种是循环记数法。此方法是把载荷-时间历程离散成一系列峰谷值，然后计算其峰谷值或幅值与均值等发生的频次，从而找出概率密度函数及参数。由于这种方法不能给出变量随时间变化的资料，也不能得到载荷级或振程发生的先后次序，但其技术方法简便，一般能满足工程要求。目前循环计数法已有十几种，如穿级计数法、峰谷值计数法、振程计数法、雨流计数法等。

5. 几何尺寸的统计分析

机械零件的几何尺寸是一个随机变量。实践证明，零件尺寸偏差多数都呈正态分布。公称尺寸为均值，而标准差即为1/3允许偏差。如果零件加工时已经给出公差，可按给定公差计算标准差。如未给出公差，只给出公称尺寸，此时要以加工方法来估计偏差与标准差。

15.3 机械静强度可靠性设计

机械零件的静强度以应力-强度干涉模型为基础。首先通过对零件的失效模式进行分析，得到失效模式下的应力与尺寸、材料等参数的关系式。对静强度设计，得到零件强度的关系式，明确应力和强度关系式中各参数的统计分布类型和数据；确定应力和强度分布，若是正态分布和对数正态分布，通过式（14-6）和式（14-7）这样的联接方程，对一般情况采用近似计算方法，将可靠度和强度分布、应力分布联系起来，建立要求的可靠度和尺寸等未知参数之间的关系，求解即可。下面以机械设计中受拉零件的静强度可靠性设计为例，说明计算步骤和过程。

当零件受到拉伸载荷 $p(\bar{p},S_p)$ 作用，零件的计算截面积 $A(\bar{A},S_A)$，零件材料的抗拉强度 $S(\bar{S},S_S)$，它们均为随机变量，且服从正态分布。若载荷的波动范围很小，则可按静强度问题处理。这时的失效模式为拉断，应力为零件最薄弱部位的拉应力，强度为零件上该部位的强度。其静强度可靠性设计步骤如下：

1）选定可靠度 R。

2）计算零件发生拉断破坏实效的概率 F：$F=1-R$。

3）由 F 查标准正态分布表，得到 z，而 $z_R=-z$。

4）确定零件强度分布参数 $\bar{S}$、S_S。

5）列出拉伸应力 s 的表达式。

6）计算工作应力，由于截面尺寸是要求的量，因此工作应力是截面积 A 的函数。

7）将应力、强度和 z_R 均代入联接方程，$z_R=\dfrac{\overline{S}-\overline{s}}{\sqrt{S_S^2+S_s^2}}$，求得截面积的均值。

例 15-1　设计一圆拉杆，所受拉力 $p\sim(\overline{p},S_p^2)$，其中 $\overline{p}=40000\text{N}$，$S_p=1200\text{N}$，取材料为 45 钢，要求 $R=0.995$，求拉杆的截面积。

解：设圆拉杆的截面半径为 r，确定出均值 $\overline{r}$ 和标准差 S_r。查材料的强度极限表，得到 45 钢的抗拉强度数据为 $\overline{S}=667\text{MPa}$，$S_S=25.3\text{MPa}$，服从正态分布。

要求的可靠度为 $R=0.995$，计算出零件发生强度实效的概率 $F=1-R=0.005$。

查标准正态分布表，得到 $z=-2.57$，而 $z_R=-z=2.57$。

列出应力表达式：$s=\dfrac{p}{A}=\dfrac{p}{\pi r^2}$，由表 14-1 可知

$$\overline{A}=\pi\,\overline{r}^2,\ S_A=\pi 2\,\overline{r}S_r$$

取圆杆的截面半径公差为 $\pm\Delta_r=\pm0.015\,\overline{r}$，依上述几何尺寸统计分析，标准差为 1/3 允许公差，即

$$S_r=\frac{\Delta_r}{3}=\frac{0.015}{3}\overline{r}=0.005\,\overline{r}$$

$$S_A=2\pi\,\overline{r}S_r=0.01\pi\,\overline{r}^2$$

计算工作应力

$$\overline{s}=\frac{\overline{p}}{\overline{A}}=\frac{\overline{p}}{\pi\,\overline{r}^2}=\frac{40000}{\pi\,\overline{r}^2}=12732.406\,\frac{1}{\overline{r}^2}$$

$$\begin{aligned}S_s&=\frac{1}{\overline{A}^2}\sqrt{\overline{p}^2S_A^2+\overline{A}^2S_p^2}=\frac{1}{(\pi\,\overline{r}^2)^2}\sqrt{\overline{p}^2(0.01\pi\,\overline{r}^2)^2+(\pi\,\overline{r}^2)^2S_p^2}\\&=\frac{1}{\pi\,\overline{r}^2}\sqrt{10^{-4}\times\overline{p}^2+S_p^2}=\frac{1}{\pi\,\overline{r}^2}\sqrt{10^{-4}\times(40000)^2+(1200)^2}\\&=402.634/\overline{r}^2\end{aligned}$$

将应力、强度和 z_R 均代入联接方程，得

$$z_R=\frac{\overline{S}-\overline{s}}{\sqrt{S_S^2+S_s^2}}=\frac{667-12372.406/\overline{r}^2}{\sqrt{(25.3)^2+(402.634)^2/\overline{r}^4}}=2.57$$

解方程，可得　$\overline{r}=4.597\text{mm}$

$$S_r=0.005\,\overline{r}=0.0223\text{mm}$$

$$r=\overline{r}\pm\Delta r=4.597\text{mm}\pm3S_r=(4.597\pm0.0669)\text{mm}$$

因此为保证拉杆的可靠度达到 0.995，其半径最少应保证为（4.597 ± 0.0667）mm。求解结束。

可以将可靠性设计的结果和用常规安全系数法设计做一比较：取安全系数 $n=3$，拉杆形状和材料不变，则有

$$\sigma=\frac{p}{\pi r^2}\leqslant[\sigma]=\frac{\overline{S}}{n}=\frac{667}{3}\text{MPa}=222.333\text{MPa}$$

代入拉力载荷，即 $\dfrac{40000}{\pi r^2}\leqslant222.333\text{MPa}$

得拉杆的直径 $r\geqslant7.568\text{mm}$

将可靠性设计结果和常规设计结果比较，显然小了许多，当采用可靠性设计的结果时，其安全系数只有

$$n = \frac{\bar{S}\pi r^2}{p} = \frac{667 \times \pi \times (4.597)^2}{40000} = 1.107$$

这在常规设计中是不敢采用的，而可靠性设计采用这一结果，其可靠度竟达到 0.995，但从联接方程可以看出，要保证这么高的可靠度，必须以应力和强度的均值和标准差值保持稳定不变为条件，当载荷及材料强度的均值不变时，要严格控制载荷和强度的分散性。

本章习题

15-1　机械可靠性设计中设计变量的随机性主要体现在哪几个方面？

15-2　设计一个一端固定而另一端承受转矩的实心轴。已知施加的转矩 $\bar{T} = 11300\text{N} \cdot \text{m}$，$\sigma_T = 1130\ \text{N} \cdot \text{m}$，许用切应力 $\bar{\tau} = 344.6\text{MPa}$，$\sigma_\tau = 34.5\text{MPa}$。轴径尺寸的变差系数为 0.01，规定的可靠度目标值为 0.999，试求轴的直径。

15-3　已知一受拉圆杆，材料的抗拉强度 $\sigma_b \sim (1076, 42.2)\text{MPa}$，承受载荷 $p \sim N(\mu_p, \sigma_p) = (60000, 2000)\text{N}$。

1）按常规方法设计此杆。

2）按照可靠度 $R = 0.999$ 设计此杆。

3）按照 2）所得的设计结果，校核当 σ_b 由 42.2MPa 增至 84.4MPa 和 σ_p 由 2000MPa 增至 4000MPa 时的可靠度。

第 16 章　机械系统可靠性设计

【内容】

本章主要介绍机械系统逻辑框图，并探讨系统可靠性设计的预测与分配方法，最后对机械系统的故障树分析进行讨论。

【目的】

通过本章的学习，掌握机械系统的可靠性设计和预测方法，并熟悉机械系统的故障树分析方法。

随着科学技术的发展，技术装备越来越复杂化、小型化、多功能化，使用环境更加多变，这些因素使得系统的可靠性问题更加受到重视。系统的可靠性研究贯穿在系统的设计、生产制造和使用维护各个阶段。系统是由若干单元（元件、零部件、设备、子系统）为了完成规定功能而互相结合起来所构成的综合体。因此系统的可靠性与零部件的可靠性密切相关。零部件的可靠性特征可以通过实验室试验或现场使用数据进行评估，而对于系统进行大量试验是不现实的。常用的系统可靠性分析方法易建立系统的可靠性模型，把系统的可靠性特征量（例如可靠度、失效率、MTBF 等）表示为单元可靠性特征量的函数，然后通过已知的单元可靠性特征量，计算出系统的可靠性特征量。系统可靠性的分析方法有许多种，例如布尔真值表法（穷举法）、贝叶斯法、故障树分析法等，在使用时应注意其适用的场合。这里主要介绍不可维修系统的可靠性模型及可靠度计算。

16.1　系统逻辑框图

系统是由相互作用和相互依赖的若干单元结合成的具有特定功能的有机整体。这里使用的“系统”、“单元”是一种相对概念，它们可以按产品层次划分为：零部件、组件、设备、分系统、系统、装备中任何相对的两层。“系统”包含“单元”，但其层次高于“单元”。产品可以是任何层次的，也可以视为“系统”或“单元”。系统的各种特性可以采用多种模型来加以描述。例如，原理图反映了系统及其组成单元之间的物理上的连接与组合关系，功能框图及功能流程图反映了系统及其组成单元之间的功能关系，可靠性模型则需要描述系统及其组成单元之间的故障逻辑关系。

典型的可靠性模型分为有贮备与无贮备两种，有贮备可靠性模型按贮备单元是否与工作单元同时工作而分为工作贮备模型与非工作贮备模型。典型的可靠性模型分类如图 16-1 所示。为便于系统的可靠性研究通常用逻辑框图来表示系统。所谓可靠性逻辑框图，是由一些方框组成，每一个方框表示一个单元。逻辑框图只表明各单元在可靠性功能上的关系，而不考虑各单元间物理作用和时间上的关系。在画逻辑框图时，通常将输入、输出单元排在框图的首尾，而中间其他各单元的次序可以任意安排。可靠性逻辑框图的作用：一是反映元件之间的功能关系；二是为计算系统的可靠度提供数学模型。在建立系统可靠性逻辑框图时，采用的假设主要有：

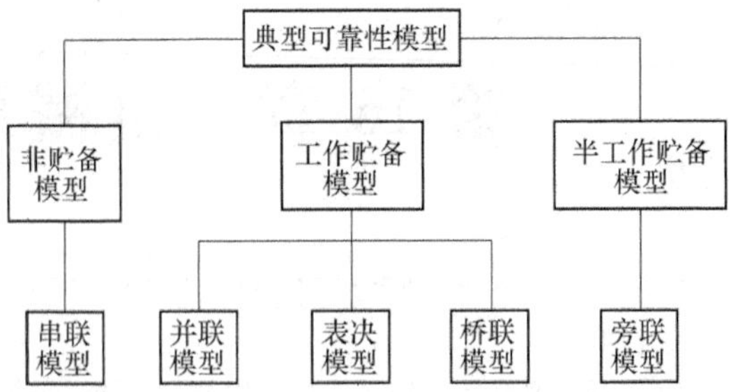

图 16-1　典型可靠性模型分类

1）系统及其组成单元只有故障与正常两种状态，不存在第二种状态。

2）框图中一个方框表示的单元或功能所产生的故障就会造成整个系统的故障（有替代工作方式的除外）。

3）就故障概率来说，不同方框表示的不同功能或单元的故障概率是相互独立的。

4）系统的所有输入在规定极限之内，即不考虑由于输入错误而引起系统故障的情况。

5）当软件可靠性没有纳入系统可靠性模型时，应假设整个软件是完全可靠的。

6）当人员可靠性没有纳入系统可靠性模型时，应假设人员是完全可靠的，而且人员与系统之间没有相互作用的问题。

在画可靠性框图时，要注意区分物理关系与功能关系。可靠性关心的是功能关系，故不要错把物理关系当成功能关系。例如，图 16-2 所示是一个电容器 C 和一个电感线圈 L 并联的振荡回路系统，但从可靠性功能关系来看，元件 L 和 C 是一个串联系统，因为它们中只要有一个失效，这个振荡回路就会失效。其逻辑框图如图 16-3 所示。

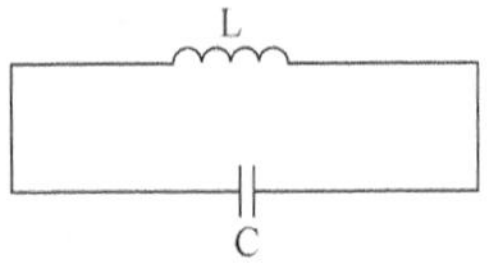

图 16-2　LC 振荡回路

图 16-3　LC 振荡回路逻辑框图

1. 串联系统的可靠度

如果组成系统的所有单元中任何一个失效就会导致系统失效，则称为串联系统，其逻辑框图如图 16-4 所示。串联系统要能正常工作，必须是组成它的所有单元都能正常工作，因此串联系统的可靠度为

$$R_s(t) = R_1(t)R_2(t)\cdots R_n(t) = \prod_{i=1}^{n} R_i(t) \tag{16-1}$$

式中，$R_i(t)$为单元 i 的可靠度，$i=1, 2, \cdots, n$。

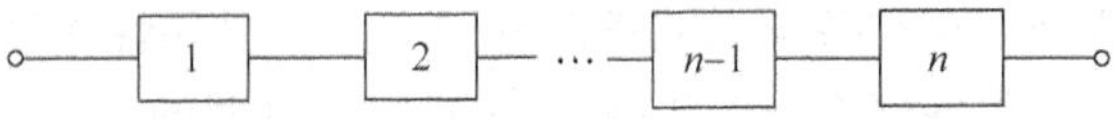

图 16-4　串联系统可靠性逻辑框图

设各元件的失效率分别为 $\lambda_1(t)$、$\lambda_2(t)$、…、$\lambda_n(t)$，则可靠度为

$$\left.\begin{aligned} R_1(t) &= \exp\left[-\int_0^t \lambda_1(t)\mathrm{d}t\right] \\ R_2(t) &= \exp\left[-\int_0^t \lambda_2(t)\mathrm{d}t\right] \\ &\vdots \\ R_n(t) &= \exp\left[-\int_0^t \lambda_n(t)\mathrm{d}t\right] \end{aligned}\right\}$$

代入式（16-1）中，得

$$R_s(t) = \exp\left\{-\int_0^t [\lambda_1(t) + \lambda_2(t) + \cdots + \lambda_n(t)]\mathrm{d}t\right\} = \exp\left[-\int_0^t \lambda_s(t)\mathrm{d}t\right]$$

于是

$$\lambda_s(t) = \lambda_1(t) + \lambda_2(t) + \cdots + \lambda_n(t) = \sum_{i=1}^{n} \lambda_i(t) \tag{16-2}$$

式（16-2）说明，对串联系统来说，系统失效率 λ_s 是各元件失效率之和。由于可靠性预测主要是针对系统的正常工作期，一般可认为各元件的失效率基本上为常数 $\lambda_i(t) = \lambda_i$，这时元件平均寿命为 $T_i = 1/\lambda_i$，则系统失效率也为常数，$\lambda_s(t) = \lambda_s$，所以系统工作的平均寿命为

$$T_s = \frac{1}{\lambda_s} = \frac{1}{\lambda_2 + \lambda_2 + \cdots + \lambda_n} = \frac{1}{\sum\limits_{i=1}^{n} \lambda_i(t)} \tag{16-3}$$

串联系统由各单元之间串联组成，串联单元越多则系统可靠度越低，系统可靠度低于系统中最薄弱单元的可靠度。因此、如果最薄弱单元环节能承受最大载荷或最危险环境时，就认为系统是成功的。

2. 并联系统的可靠度

如果组成系统的所有单元都失效时系统才会失效，也就是说只要有一个单元不失效，整个系统就不会失效，则称这种系统为并联系统。其逻辑框图如图 16-5 所示。因为并联系统只有在其所有单元全部失效时才失效，所以其系统可靠度为

$$R_s(t) = 1 - F_s(t) = 1 - \prod_{i=1}^{n} F_i(t) = 1 - \prod_{i=1}^{n} [1 - R_i(t)] \tag{16-4}$$

式中，$F_s(t)$ 为系统的不可靠度；$F_i(t)$ 为单元 i 的不可靠度，$i = 1, 2, \cdots, n$。

由式（16-4）可知，由于 $[1 - R_i(t)]$ 是小于 1 的数值，所以并联系统的可靠度总是大于系统中任一单元的可靠度，并联的单元越多，系统的可靠度越大。

当单元的失效寿命为指数分布，并假设每个单元的失效率都相同时，并联系统的可靠度为

$$R_s(t) = 1 - (1 - \mathrm{e}^{-\lambda t})^n \tag{16-5}$$

式中，λ 为单元的失效率；n 为单元数。

这时，并联系统的平均无故障工作时间为

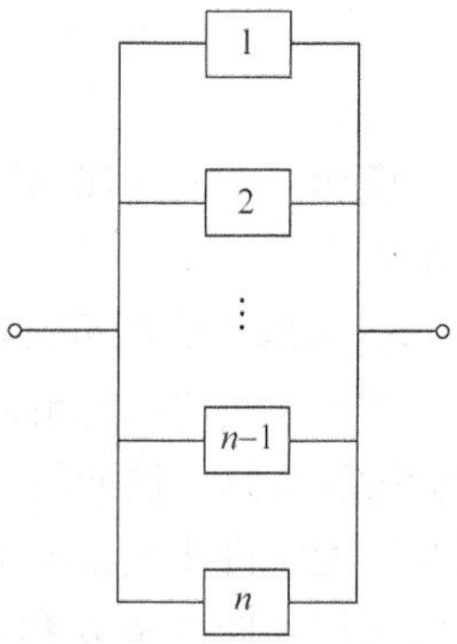

图 16-5　并联系统可靠性逻辑框图

$$\mathrm{MTBF} = \int_0^{\infty} R_s(t)\,\mathrm{d}t = \frac{1}{\lambda} + \frac{1}{2\lambda} + \cdots + \frac{1}{n\lambda} \tag{16-6}$$

并联系统在电子和电气系统中得到了广泛的应用。机械系统中的应用近 5 年来也在增加，如动力装置、安全装置和液压系统等。

3. 混联系统的可靠度

混联系统是由串联部分子系统和并联部分子系统组合而成的。它又可以分为串并联系统（将单元并联成的子系统加以串联）和并串联系统（将单元串联成的子系统加以并联）。比较典型的串并联系统如图 16-6 所示。若每一单元的可靠度都为 $R(t)$，则系统的可靠度为

$$R_s(t) = \{1 - [1 - R(t)]^n\}^m$$

并串联系统如图 16-7 所示。若每一单元的可靠度为 $R(t)$，则系统的可靠度为

$$R_s(t) = 1 - \{1 - [R(t)]^m\}^n$$

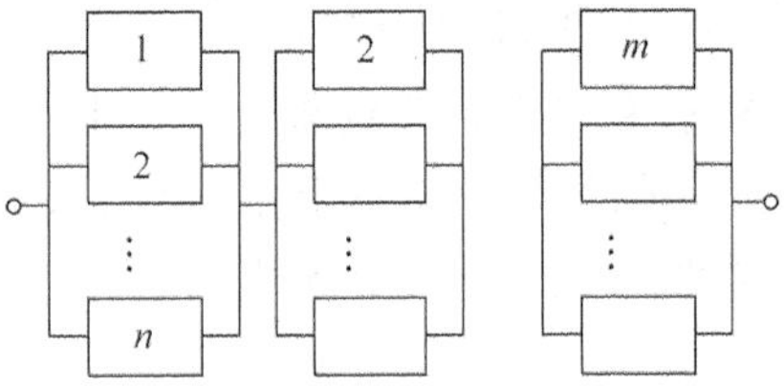

图 16-6　串并联系统（$n \times m$ 单元）

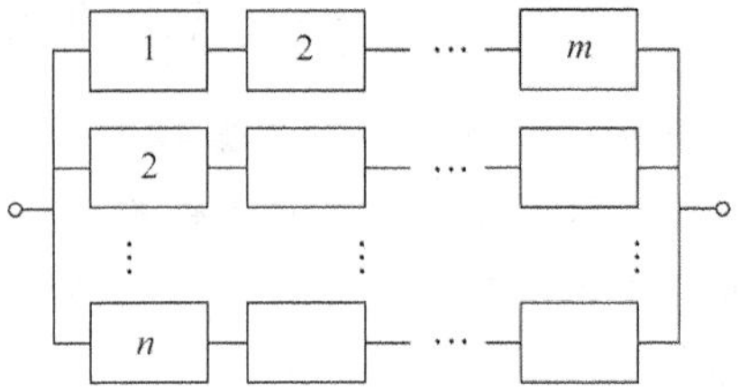

图 16-7　并串联系统（$n \times m$ 单元）

4. 表决系统的可靠度

如果组成系统的 n 个单元中，只要有 k 个（k 介于 1 和 n 之间）单元不失效，系统就不会失效，这样的系统称为表决系统或 k/M 系统。例如，有 4 台发动机的飞机，必须至少有 2 台发动机能正常工作，飞机才能安全飞行，这种发动机系统就称为表决系统或 2/4 系统。

设表决系统中每个单元的可靠度为 $R(t)$，则系统的可靠度为

$$R_s(t) = R^n(t) + nR^{n-1}(t)[1 - R(t)] + \cdots + \frac{n!}{k!(n-k)!}R(t)[1 - R(t)]^{n-k}$$

$$= \sum_{i=k}^{n} c_n^i [R(t)]^i [1 - R(t)]^{n-1} \tag{16-7}$$

若各单元的失效寿命服从指数分布，而且失效率相同，则

$$\mathrm{MTBF} = \frac{1}{n\lambda} + \frac{1}{(n-1)\lambda} + \cdots + \frac{1}{k\lambda}$$

显然，由式（16-4）和式（16-7）相比较可知，表决系统的可靠度及 MTBF 要比并联系统的小。

5. 桥联系统的可靠度

系统某些功能冗余形式或替代工作方式的实现是一种非并联、表决或旁联的桥联形式，称为桥联系统。例如图 16-8a 所示的系统，由 A、B、C、D、E 五个部分组成，当开关 E 打开时，发电机 A 向设备 B 供电，发电机 C 向设备 D 供电。如果发电机 C 故障，合上开关 E，由发电机 A 向设备 B 和 D 供电。其可靠性逻辑框图如图 16-8b 所示。可见，在桥联系统中可靠性框图的单元带有流向，它反映了系统功能间的流程关系。分析其可靠性逻辑框图可知，当单元 A 和 B，或单元 A、D 和 E，或单元 C 和 D 都正常时，系统的功能正常。系统可

靠度为

$$R_s(t)=P(AB\cup ADE\cup CD)$$
$$=P(AB)+P(ADE)+P(CD)-P(ABDE)-P(ABCD)-P(ACDE)+P(ABCDE)$$
$$=R_AR_B+R_AR_DR_E+R_CR_D-R_AR_BR_DR_E-R_AR_BR_CR_D-R_AR_CR_DR_E+R_AR_BR_CR_DR_E$$

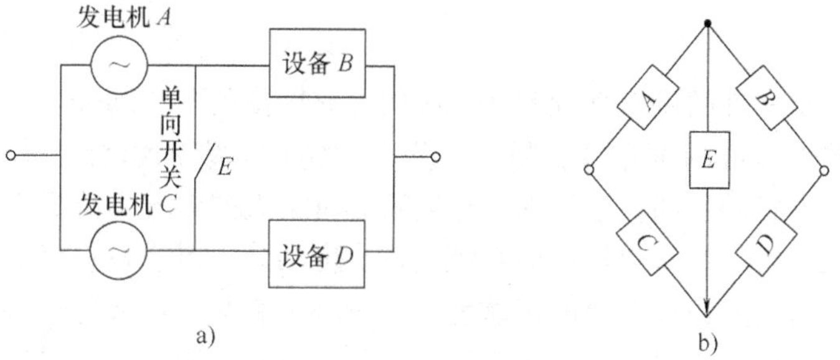

图 16-8　桥联系统示例

a）原理图　b）可靠性逻辑框图

6. 旁联系统的可靠度

旁联系统也称待机系统，组成系统的 n 个单元中只有一个单元在工作，其余 $n-1$ 个备用，当工作单元失效时，通过失效检测装置及转换装置，另一个单元立即开始工作。如飞机起落架的收放系统，一般是用液压或气压系统并装有机械的应急释放系统。旁联系统的可靠性框图如图 16-9 所示。

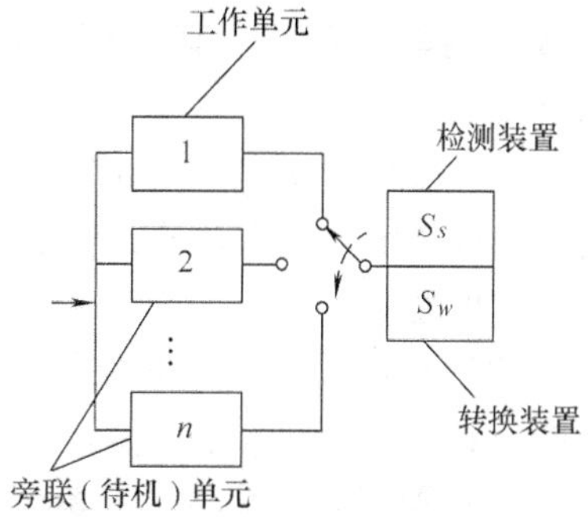

图 16-9　旁联系统可靠性框图

由 n 个元件组成的旁联系统，如果故障检查器与转换开关可靠度很高（即接近 100%，它不影响系统可靠度），在给定的时间内，只要失效元件数不多于（$n-1$）个，系统均不会失效。设元件的失效率都相等，即 $\lambda_1(t)=\lambda_2(t)=\cdots=\lambda_n(t)=\lambda$，则系统的可靠度为

$$R_s(t)=e^{-\lambda t}\left[1+\lambda t+\frac{(\lambda t)^2}{2!}+\cdots+\frac{(\lambda t)^{n-1}}{(n-1)!}\right] \tag{16-8}$$

平均无故障工作时间为

$$\text{MTBF}=\frac{n}{\lambda}$$

式中，λ 为单元的失效率；n 为单元数。

可见，一个单元的 MTBF $=1/n$，两个单元组成的并联系统的 MTBF $=3/(2\lambda)$，而两单元旁联系统的 MTBF $=2/\lambda$，为一个单元的两倍。如果旁联系统分别由失效率 λ_1 和 λ_2 的两单元组成，其失效检测和转换装置的可靠度为 $R_{s\infty}$，则该系统的可靠度为

$$R_s(t)=e^{-\lambda_1 t}+R_{s\infty}\frac{\lambda_1}{\lambda_2-\lambda_1}(e^{-\lambda_1 t}-e^{-\lambda_2 t}) \tag{16-9}$$

实际分析中，结构系统可能比较复杂，有些不能用简单的串、并联等可靠性框图来描述。这样的系统被称为一般系统，如航天、航空、通信、电力系统与计算机系统等。对一般

系统，可以应用状态枚举法、全概率分析法、布尔定律展开法、最小路集分析法、最小割集分析法、图解法与蒙特卡洛法（Monte-Carlo 法）等分析法。

16.2　系统的可靠性预测

可靠性预测包括零件的可靠性预测和系统的可靠性预测两个部分。系统的可靠度取决于两个因素：一是零件本身的可靠度，另一个是零件组成系统的组合方式。相同可靠度的零件，出于它们组合方式的不同，系统的可靠度就会有很大的差异。故零件的可靠性预测还为系统的可靠性预测提供了基本数据，使系统的可靠度估计得以进行。可靠性预测的目的就是使设计者能把握住自己所设计对象的可靠度，做到心中有数。如果通过可靠性预测发现设计没有达到要求的可靠度水平时，要找出不可靠原因，及时采取措施加以改进；如果可靠度超出要求过高时，考虑到成本、重量、材料消耗等原因，可及时地将过高的可靠度降下来，从而使设计的对象经济、可靠、合理。

随着系统设计从方案论证，经技术设计、试验定型到生产阶段，以及描述系统设计的数据从对系统功能的定性描述发展成为可供硬件生产的详细图样和规范，可供利用的数据逐渐增多，一套适用于不同层次的可靠性预计方法已经建立，这些方法可分为以下 7 种。

（1）数学模型法　对于能够直接给出可靠性数学模型的串联系统、并联系统、混联系统、表决系统、旁联系统，可以采用本章 16.1 节的有关公式进行系统可靠性预计，通常称为数学模型法。

（2）相似设备法　将新设计的设备和已知可靠性的相似设备进行比较，从而简单估计可能达到的可靠性水平。估计值的精确度取决于历史数据的质量及设备的相似程度。

（3）相似复杂性法　将新设计产品的可靠性作为相似产品相对复杂性的函数加以估计，这种方法考虑了工作因素和质量等级的修正。

（4）功能预计法　这种方法是将以前经过验证的工作功能和可靠性之间的关系联系起来，以设备的功能特性和观测的工作可靠性之间的统计相关关系为基础，根据对不同对象建立的一系列回归方程，从而来估计新设计的可靠性。

（5）边值法　边值法又称为上、下限法。其基本思想是将一个不能用前述数学模型法求解的复杂系统，先简单地看成是某些单元的串联系统，求该串联系统的可靠度预计值的上限值和下限值，然后再逐步考虑系统的复杂情况，并逐次求出可靠度越来越精确的上限值和下限值；在达到一定的精度要求后，再将上限值和下限值作数学处理，合成一个单一的可靠度预计值，它应是满足实际精度要求的可靠度值。

（6）元器件计数法　这种方法把设备的可靠度作为设备内所包含的各类元器件数目的函数来估算。其优点是可以快速进行预计，以便从可靠度观点来判断设计方案是否可行，它不要求了解每个元器件的详细应力和设计数据。因此它适用于方案论证和早期设计阶段。

（7）应力分析法　应力分析法是在考虑了元器件类型、工作应力等级以及每个元器件的特性后，把故障率作为所有单个元器件的可加函数来确定的。

16.3　系统的可靠度分配

系统的可靠度分配是将工程设计规定的系统可靠度合理地分配给组成该系统的各个单元，确定系统各组成单元可靠度的定量要求，从而使整个系统的可靠度得到保证。

可靠度分配的本质是一个工程决策问题，是人力、物力的统一调度和合理运用问题，需要考虑的因素很多，如技术水平、复杂程度、重要程度、工作环境、费用、重量等。其分配过程是逐步逼近的，分配给各单元的可靠度是各单元设计的依据。

1. 可靠度分配的原则

可靠度分配是一个细致的灵活性较强的工作，必须在技术、安全、经济性、可行性、维护使用等诸多方面进行权衡。可靠度分配主要遵循以下原则：

（1）技术水平　对技术成熟的单元，能够保证实现较高的可靠度，或预期投入使用时可靠度可有把握地增到较高水平，则可分配给较高的可靠度指标。

（2）复杂程度　对较简单的单元，组成该单元的零部件数量少，组装容易保证质量或发生故障后易于维修，则分配给较高的可靠度指标。

（3）重要程度　对重要的单元，该单元失效将产生严重的后果，或该单元失效常会导致系统失效，则分配给较高的可靠度指标。

（4）任务情况　对整个任务时间内均须连续工作或工作环境恶劣，难以保证较高可靠度的单元，则应分配给较低的可靠度指标。

2. 可靠度分配的目的

1）通过可靠度的分配，落实系统的可靠度指标，帮助设计者了解零件、子系统的可靠度与系统可靠度之间的关系，做到心里有数。

2）暴露系统的薄弱环节，促进设计、制造、试验方法的改进与提高。

3）促使设计者全面权衡系统的重量、费用和性能等因素，使系统设计更加合理。

4）按最优化方法作可靠度的分配，全面合理地根据各单元的重要度、工作周期、现有的技术水平、成本等来规定可靠度指标，以节约制造时间和费用。

3. 可靠度分配的方法

可靠度分配时计算系统可靠度的方法与可靠度预测时所用的方法相同。可靠度预测通常是已知零部件或子系统的可靠度来计算系统的可靠度，而可靠度分配则是在系统可靠度指标给定后求各零部件或子系统应有的可靠度。故可靠度分配比可靠度预测更复杂，不同的分配方法将得出不同的分配方案。常用的可靠度分配方法如图 16-10 所示。

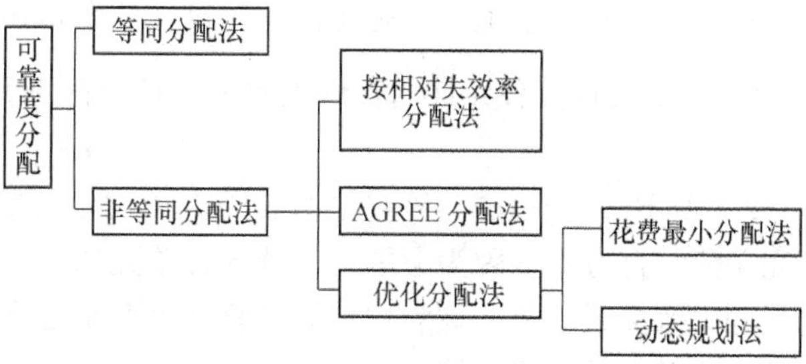

图 16-10　可靠度分配方法

（1）等同分配法　等同分配法就是对全部的子系统或单元分配相等的可靠度，这种分配方法简单，但往往并不合理。

对串联系统，如果系统中 n 个元件的复杂程度与重要度以及制造

成本都比较接近，当把它们串联起来工作时，系统的可靠度 R_{sd} 为

$$R_{sd} = \prod_{i=1}^{n} R_{ia} = R_{ia}^{n}$$

则各元件分配的可靠度 R_{ia} 为

$$R_{ia} = (R_{sd})^{\frac{1}{n}} \qquad (i=1,2,\cdots,n)$$

对并联系统，当系统可靠度要求很高（如 $R_{sd}>0.99$），而选用现有的元件又不能满足要求时，往往选用 n 个相同元件并联的系统。这时元件的可靠度可大大低于系统的可靠度 R_{sd}，系统的可靠度 R_{sd} 为

$$R_{sd} = 1-(1-R_{ia})^{n}$$

则元件分配的可靠度 R_{ia} 为

$$R_{ia} = 1-(1-R_{sd})^{\frac{1}{n}} \qquad (i=1,2,\cdots,n)$$

利用等同分配法对串并联系统进行可靠度指标分配时，可先将串并联系统化简为“等效串联系统”和“等效单元”，再给同级等效单元分配相同的可靠度指标。

（2）非等同分配法　非等同分配法根据各子系统或单元的现有可靠度水平、重要度以及复杂程度，或以优化为目的，使系统的成本、重量、体积最小为目标，以系统可靠度不小于某一最低值为约束条件（或以系统可靠度最大为目标，成本等的界限值为约束条件）来合理分配系统的可靠度。非等同分配法包括以下几种：

1）按相对失效率分配法。相对失效率分配法是使每个元件的容许失效率正比于预计的失效率。这种方法适用于失效率为常数的串联系统，任一元件失效都会引起系统失效。同时，假定元件的工作时间等于系统的工作时间，这时元件与系统的失效率之间的关系式为

$$\sum_{i=1}^{n} \lambda_{ia} = \lambda_{sa}$$

式中，λ_{ia} 为分配给元件 i 的失效率；λ_{sa} 为系统失效率指标（即容许的失效率）。

这种方法的分配步骤如下：

① 根据统计数据或现场使用经验得到各元件的预计失效率 λ_i。

② 由元件的预计失效率 λ_i 计算出各元件分配时的权系数——相对失效率 ω_i：

$$\omega_i = \frac{\lambda_i}{\lambda_{sp}} = \frac{\lambda_i}{\sum_{i=1}^{n} \lambda_i} \qquad (i=1,2,\cdots,n)$$

式中，λ_i 为元件预计失效率；λ_{sp} 为系统的预计失效率，$\lambda_{sp} = \sum_{i=1}^{n} \lambda_i$。

由上式可知，系统中所有元件的相对失效率 ω_i 的总和等于 1，即 $\sum_{i=1}^{n} \omega_i = 1$。

③ 用下式计算各元件的容许失效率（即分配到元件的失效率），即

$$\lambda_{ia} = \omega_i \lambda_{sa}$$

2）AGREE 分配法。该方法由美国电子设备可靠性咨询组（AGREE）提出，是一种比较完善的综合方法。因为考虑了系统的各单元的复杂度、重要度、工作时间以及它们与系统之间的失效关系，故又称为按单元的复杂度及重要度的分配法。它适用于各单元工作期间的失效率为常数的串联系统。

单元的复杂度是指单元中所含的重要零件、组件（其失效会引起单元失效）的数目 N_i（$i=1,2,\cdots,n$）与系统中重要零件、组件的总数 N 之比，即第 i 个单元的复杂度 C_i 为

$$C_i = \frac{N_i}{N} = \frac{N_i}{\sum_{i=1}^{n} N_i} \qquad (i = 1,2,\cdots,n)$$

单元的重要是指因该单元的失效而引起系统失效的概率。

按照 AGREE 分配法，系统中第 i 个单元分配的失效率 λ_{ia} 和分配的可靠度指标 $R_{ia}(t)$ 分别为

$$\lambda_i = \frac{N_i[-\ln R_s(T)]}{NE_i t_i} \quad (i=1,2,\cdots,n)$$

$$R_i(t_i) = 1 - \frac{1-[R_s(T)]^{N_i/N}}{E_i} \qquad (i=1,2,\cdots,n)$$

式中，N_i 为单元 i 的重要零件、组件数；$R_s(T)$ 为系统工作时间 T 时的可靠度；N 为系统的重要零件、组件总数，$N = \sum_{i=1}^{n} N_i$；E_i 为单元 i 的重要度；t_i 为 T 时间内单元 i 的工作时间，$0<t_i<T$。

3）花费最小分配法。对于由 n 个元件组成的串联系统，若元件的预计可靠度为 R_1，R_2，…，R_n，则系统的预计可靠度为 $R_{sp} = \prod_{i=1}^{n} R_i$。假如要求的可靠度指标 $R_{sa}>R_{sp}$，则系统中至少有一个以上元件的可靠度要提高，即元件分配可靠度 R_{ia} 要大于元件的预计可靠度 R_i，这要花去一定的费用，称之为“花费”。它包括元件进一步研制、试验、采用新工艺等费用。

取费用函数 $G(R_i, R_{ia})$，也即使第 i 个元件的可靠度由 R_i 提高到 R_{ia} 需要的“花费”。显然（$R_{ia}-R_i$）的值越大，表明可靠度提高幅度越大，费用函数 $G(R_i, R_{ia})$ 值越大；R 的值越大，（$R_{ia}-R_i$）所需费用也越高。

要使系统可靠度由 R_{sp} 提高到 R_{sa} 的总花费为 $\sum_{i=1}^{n} G(R_i,R_{ia})$，生产中总是希望花费为最小。因此，花费最小的最优化数学模型为：

目标函数：
$$\min \sum_{i=1}^{n} G(R_i,R_{ia})$$

约束条件：
$$\prod_{i=1}^{n} R_{ia} \geqslant R_{sa}$$

设 j 表示系统中应提高可靠度的元件序号，j 从 1 开始依次增大，则

$$R_{oj} = \left[\frac{R_{sa}}{\prod_{i=j+1}^{n+1} R_i}\right]^{1/j} > R_j$$

可见，欲使系统获得所要求的可靠度指标 R_{sa}，从 1 ~j 各元件的可靠度均应提高到 R_{oj}。如果 j 继续增大，达到某一值后使得

$$R_{oj+1} = \left[\frac{R_{sa}}{\prod_{i=j+1}^{n+1} R_i}\right]^{1/j+1} < R_{j+1}$$

说明，元件 $j+1$ 预计可靠度 R_{j+1} 已比提高到 R_{oj+1} 值大，因此，j 代表需要提高可靠度的元件序号的最大值。

为使系统达到可靠度指标 R_{sa}，令 $j=k_0$，$j=1$，2，…，k_0 的各元件的分配可靠度 R_a 均应提高到

$$R_{k_0} = \left[\frac{R_{sa}}{\prod\limits_{i=k_0+1}^{n+1} R_i} \right]^{1/k_0} = R_a$$

即从元件 $i=1$，2，…，k_0 的各元件分配可靠度皆为 R_a，对于 $i=k_0+1$，…的各元件可靠度均保持原预计可靠度 R_i 不变，即最优化问题具有唯一解为

$$R_i = \begin{cases} R_a & i \leqslant k_0 \\ R_i & i > k_0 \end{cases}$$

提高后系统可靠度指标 R_{sa} 为

$$R_{sa} = R_a^{k_0} \prod_{i=k_0-1}^{n+1} R_i$$

16.4 机械系统的故障树分析

故障树分析法（Fault Tree Analysis，FTA）是与可靠性框图法等价的系统可靠性分析方法。框图法分析的着眼点是系统的可靠性，而故障树分析法考察系统可靠性时，则是从系统的不可靠性（即故障）入手的。20 世纪 60 年代，人们主要采用框图分析法对系统进行可靠性分析。但是随着大型复杂系统的建立（如洲际导弹、宇航、核电站等），对系统的可靠性要求越来越高。要对大型复杂系统作出可靠性分析，建立逻辑框图就成了十分困难的事。因此，框图分析法只能求一些简单系统的某特定时刻的工作概率，同时框图分析法很难清楚地把人的影响和环境的影响表示出来。于是人们去寻找新的途径，努力研究简便易行的新的分析方法。

1962 年，在美国贝尔电话研究所首先使用故障分析法，取得了较好效果，目前被认为是对复杂系统进行故障分析获取有关系统信息的一种最常用而有效的分析方法，因而被广泛采用。它的主要特点是：把系统故障与可能导致系统故障的诸因素之间的因果关系，用一种相应的逻辑树来表示，从而了解各初始故障事件对系统的影响途径及程度，揭露关键因素及薄弱环节以及发生概率，这样就可以对系统或研究对象的故障概率做出定性或定量评价，并采取相应对策。故障树分析法是一种图形演绎方法，是在一定条件下分析故障事件的逻辑方法，它用一种特殊的倒立树状逻辑因果关系图，清晰地说明系统是怎样失效的。

在故障树中，最上面的一个为顶事件，通常是所研究的最不希望发生的事件，最下面是一批底事件，中间是各种各样的中间事件，显然，中间事件和底事件是导致顶事件发生的因素，众多的事件以其功能逻辑关系组合起来就成为一棵以顶事件为树根，中间事件和底事件为枝干、树叶的倒置的树。

故障树应用于质量和安全管理方面时，称为事故树分析或事件树分析（Event Tree Analysis，ETA）。在分析事故的原因、评价事故的风险方面有广泛的应用。

图 16-11 所示是金属屑伤眼的故障树。它以切削加工中金属屑伤眼事故为顶事件，导致该事故有诸多因素，中间事件有非操作人员伤眼和非操作人员进入飞屑区，底事件则有送工件、收工件等。

1. 故障树常用术语和符号

由图 16-11 可见，故障树事件等各种符号来描述系统中各种事件之间的因果关系。根据国标 GB/T 4888—2009《故障树名词术语和符号》，故障树所用的符号应统一规定并有确切的含义。

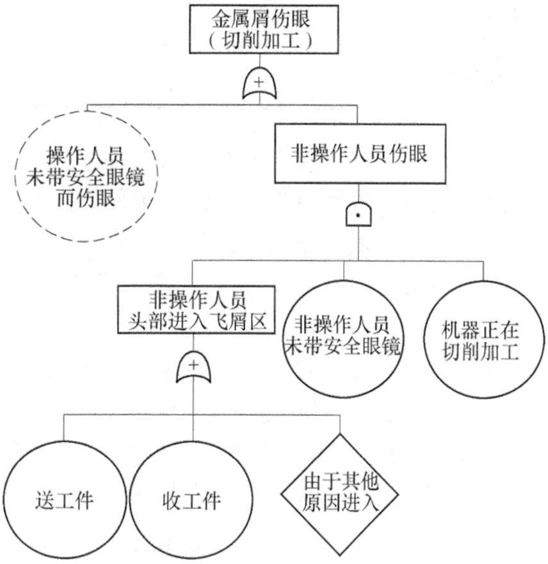

图 16-11　金属屑伤眼的故障树

（1）事件　条件或动作的发生称之为事件。

（2）底事件　底事件是指仅导致其他事件发生的原因事件。底事件位于所讨论的故障树的底端，总是某个逻辑门的输入事件而不是输出事件。底事件分为基本事件和为探明事件。

1）基本事件是指无需探明原因的底事件，用圆形符号表示。

2）未探明事件是指原则上应进一步探明其原因但暂时不必或者暂时不能探明原因的底事件，用菱形符号表示。

（3）结果事件　结果事件是指由其他事件或事件组合所导致的事件，总位于某个逻辑门的输出端，用长方形符号表示结果事件分为顶事件与中间事件。

1）顶事件是所有事件联合发生作用的结果事件。顶事件位于故障树的顶端，总是所讨论故障树中逻辑门的输出事件而不是输入事件。

2）中间事件是指位于顶事件和底事件之间的结果事件。中间事件既是某个逻辑门的输出事件，同时又是别的逻辑门的输入事件。

（4）特殊事件　特殊事件是指需用特殊符号表明其特殊性或引起注意的事件。它包括开关事件和条件事件。

1）开关事件是指在正常工作条件下必然发生或必然不会发生的特殊事件，用房形形符号表示。

2）条件事件是指描述逻辑门起作用的具体限制事件，用椭圆形符号表示。在需要区分工作人员的差错或疏忽以提醒有关人员注意的特殊场合，可采用虚线表示人为事件。

各种事件名称及符号见表 16-1。

表 16-1　各种事件名称及符号

名称	使用符号
结果事件	

（续）

名称	使用符号
基本事件	
未探明事件	
条件事件	
开关事件	

（5）与门　表示仅当所有输入事件发生时，输出事件才发生。

（6）或门　表示至少一个输入事件发生时，输出事件才发生。

（7）非门　表示输出事件是输入事件的对立事件。

（8）表决门　表示仅当 n 个输入事件中有 r 个或 r 个以上的事件发生时，输出事件才发生。

（9）顺序与门　表示仅当输入事件按规定的顺序发生时，输出事件才发生。

（10）异或门　表示仅当单个输入事件发生时，输出事件才发生。

（11）禁门　表示仅当条件事件发生时，输入事件的发生方导致输出事件的发生。

各种逻辑门的名称及符号见表 16-2。

表 16-2　各种逻辑门的名称及符号

名称	使用符号
与门	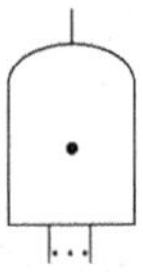
或门	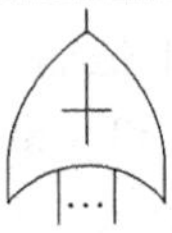
非门	
禁门	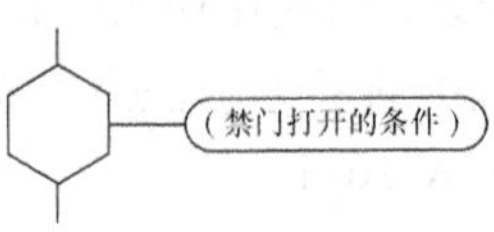
顺序与门	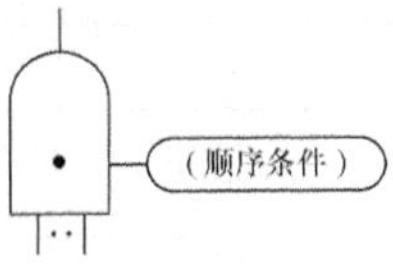

（续）

名称	使用符号
异或门	
表决门	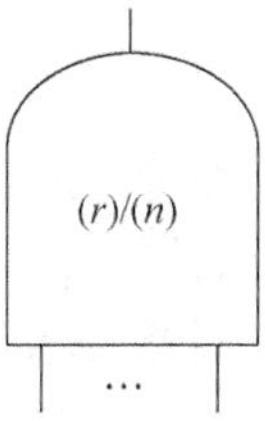

（12）转移符号　为了避免画图时重复和使图形简明而设置的符号。转移符号分为相同转移符号和相似转移符号两种。

1）相同转移符号：是由相同转向符号及相同转此符号组成的一对符号。相同转向符号表示下面转到以字母数字为代号所指的子树去；相同转此符号表示由具有相同字母数字的转向符号处转到这里来。

2）相似转移符号：是由相似转向符号及相似转此符号组成的一对符号。相似转向符号表示下面转到以字母数字为代号所指结构相似而事件标号不同的子树去，不同的事件标号在三角形符号旁注明；相似转此符号表示相似转向符号所指子树与此处子树相似，但事件符号不同。

各种转移符号名称及使用符号见表 16-3。

表 16-3　各种转移符号名称及使用符号

名称		使用符号
相同转移符号	转向符号	
	转此符号	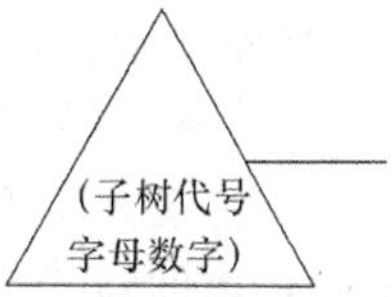
相似转移符号	相似转向	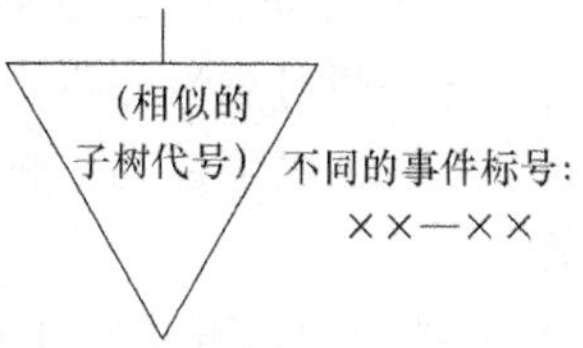

（续）

名称		使用符号
相似转移符号	相似转此	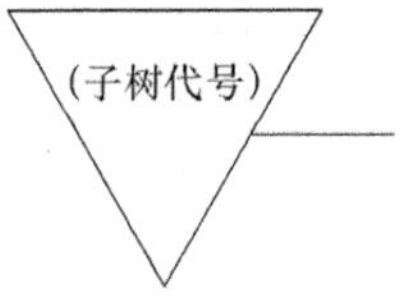

2. 故障树的建立

故障树是实际系统故障组合和传递的逻辑关系的正确而抽象的表达。故障树建立得是否完善会直接影响定性、定量分析的结果，是关键的一步。因此，建立故障树时首先应对系统及其组成部分产生故障的原因、后果以及各种影响因素和它们之间的因果关系有透彻的了解。建立故障树的方法分为人工建立故障树和用计算机辅助建立故障树。建立故障树就是按照严格的演绎逻辑，从顶事件开始，向下逐级追溯事件的直接原因，直至找出全部的底事件为止。

建立故障树需要广泛收集有关系统的设计、制造工艺、安装调试、使用运行、维修保养以及其他有关方面的数据、资料、技术文件、技术规范等，并进行深入、细致地分析研究。在分析故障事件的原因时，不仅要考虑机械系统本身，而且应考虑人的因素及环境的影响。在完成准备工作后，即可开始建立故障树。

（1）顶事件的确定　任何系统故障，只要它是可以分解且有明确定义的，则在该系统的故障树分析中都可作为顶事件。因此，对一个系统来说，顶事件不是唯一的。但通常把该系统最不希望发生的故障作为该系统故障树分析的顶事件。

（2）故障树的建立　在顶事件确定之后，则将它作为故障树分析的起始端，找到导致顶事件所有可能的直接原因，作为第一级中间事件。将这些事件用相应的事件符号表示并用适合于它们之间逻辑关系的逻辑门符号与上一级事件相连接。依次类推，逐级向下发展，直至找到引起系统故障的全部无需再追究下去的原因，作为底事件。这样，就完成了故障树的建立。

1）建立故障树之前应注意以下几点：

① 选择建立故障树流程时，通常是以系统的功能为主线来分析所有故障事件并按演绎逻辑贯穿始终。

② 合理地选择和确定系统及单元的边界条件，在建立故障树前对系统和单元（部件）的某些变动参数做出的合理假设，即为边界条件。这些假设可使故障树分析抓住重点；同时也明确了建立故障树范围，即故障树建立到何时为止。

③ 故障事件定义要明确，描述要具体，尽量做到唯一解释；

④ 系统中各事件间的逻辑关系和条件必须十分清晰，不允许逻辑混乱和条件矛盾。

⑤ 故障树应尽量简化，去掉逻辑多余事件，以方便定性、定量分析。

可见，与一般可靠性分析方法不同，故障树分析方法是从系统到部件再到零件或从顶事件到中间事件再到底事件的一种下行式演绎法，所建造的故障树正确与否，直接影响分析结果的准确性。

2）建立故障树过程中应注意以下几点：

① 对所研究的对象作全面周密的调查研究分析，确定最不希望发生的故障事件为顶事件，根据分析对象的不同，顶事件也不同，为此必须正确合理地选择顶事件。

② 故障树以故障为研究对象，为此，必须对系统的正常事件和故障事件有确切的定义，即有明确的故障（失效）判据。

③ 合理确定故障树的范围、边界以及故障事件分解的原则，做到范围明确，层次分明，逻辑清楚。

顶事件与中间事件只是在相对意义下区分，较大的故障树，中间事件本身就可以是一个顶事件。要建好故障树，对研究对象做好失效模式、后果和严重度分析是很必要的；同时，还应尽量避免建立故障树中发生遗漏和逻辑推理不足的弊病，用计算机辅助建立故障树有助于弥补这方面的缺陷。

3. 故障树的定性分析

（1）结构函数理论　结构函数理论是 Barlow 及 Proschan 最早加以系统化的故障树的基本理论。

设 T 为故障树的顶事件，X_1，X_2，…，X_n是故障树的 n 个相互独立的底事件。现考虑状态故障树，令

$$X_i=\begin{cases}1 & \text{底事件 } X_i \text{出现}\\0 & \text{底事件 } X_i \text{不出现}\end{cases}$$

$$\phi=\begin{cases}1 & \text{顶事件 } T \text{ 出现}\\0 & \text{顶事件 } T \text{ 不出现}\end{cases}$$

顶事件出现与否取决于诸底事件的状态，因此 T 的取值决定于诸 X 的取值，故必须有

$$\phi(X)=\phi(X_1,X_2,\cdots,X_n)$$

这里的诸 X_i及 ϕ 的取值都只能是 0，1 两值。$\phi(X)$ 称为此故障树的结构函数。

设 X_1，X_2，…，X_n是一个逻辑与门的输入，T 是逻辑与门的输出，当所有的输入事件都出现（即所有的 X_i值皆为 1）时，事件 T 才出现；也即当所有 X_i中，只要有一个值为 0 时，顶事件即不出现（ϕ 值为 0），因此，结构函数为

$$\phi(X)=\prod_{i=1}^{n}X_i=\min(X_1,X_2,\cdots,X_n)$$

设 X_1，X_2，…，X_n是一个逻辑或门的输入，T 是逻辑与门的输出，只要有一个输入事件出现（即有一个 X_i值为 1），顶事件就出现，即当所有的中只要有一个值为 1 时，顶事件就出现（ϕ 值为 1），因此，结构函数为

$$\phi(X)=1-\prod_{i=1}^{n}(1-X_i)=\max(X_1,X_2,\cdots,X_n)$$

设 X 中的某一个 X_i不论取值是 0 还是 1，其所对应的结构函数值不变，即有

$$\phi(X_1,X_2,\cdots,X_{i-1},0,X_{i+1},\cdots,X_n)=\phi(X_1,X_2,\cdots,X_{i-1},1,X_{i+1},\cdots,X_n)$$

则称 X_i与结构函数是无关联的。如果 X_i与 $\phi(X)$ 是无关联的，则从工程上来看，不论 X_i事件出现与否，顶事件的出现均不受其影响，从而在分析所究中可以不考虑 X_i。在本书的讨论中，所有的 X_i与结构函数都看做是关联的。

设对于任何一组 X 的取值，其中任意一个 X_i的值从 0 变成 1 都不会使 $\phi(X)$ 的取值减小，则称结构函数 $\phi(X)$ 是单调关联的。由于 X_i是一种故障事件，取值 0 表示此故障事件

不出现，取值1表示此故障事件出现，因此，某一个 X_i 的值从0变成1表示某一故障事件从不出现变成出现。如果相应的结构函数值减少，即从1变成0，也就是顶事件这一故障事件反而从出现变成不出现，则在工程上看，因某一组成部分出故障反使某一故障事件不出现。这是特殊情况，不予研究。

本小节研究的故障树的结构函数都是单调关联的。

在给定故障树后，求出它的结构函数是故障树分析的第一步。

设 X 只有一个底事件 X_1，即 $\phi(X)=\phi(X_1)$。如果已知 $\phi(0)$ 及 $\phi(1)$ 的值，则有

$$\phi(X)=\phi(1)X_1+\phi(0)(1-X_1)$$

设 X 只有两个底事件 X_1、X_2，即 $\phi(X)=\phi(X_1,X_2)$，如果已知 $\phi(0,\ 0)$、$\phi(1,\ 0)$、$\phi(1,\ 0)$、$\phi\ (1,\ 1)$ 的值，则有

$$\phi(X)=\phi(1,1)X_1\cdot X_2+\phi(1,0)X_1\cdot(1-X_2)+\phi(0,1)(1-X_1)\cdot X_2+\phi(0,0)(1-X_1)\cdot(1-X_2)$$

以此类推，如果 X 有 n 个底事件 X_1，X_2，…，X_n，则

$$\phi(X)=\phi(1,1,\cdots,1)X_1\cdot X_2\cdot\cdots\cdot X_n+\phi(1,0,\cdots,1)X_1\cdot(1-X_2)\cdot\cdots\cdot X_n+\cdots+\phi(0,0,\cdots,0)(1-X_1)\cdot(1-X_2)\cdot\cdots\cdot(1-X_n)$$

这叫结构函数的“穷举表达式”。只要求得诸 $\phi(X_1,\ X_2,\ \cdots,\ X_n)$ 的值，就可以得出结构函数的穷举表达式。

(2) 割集与路集　根据 X 的一组取值将底事件 X_1，X_2，…，X_n 分为两个集合，即 $C_0(X)$ 为取值0的底事件的集合；$C_1(X)$ 为取值1的底事件的集合。

割集是指故障树中一些底事件的集合，当这些底事件同时发生时，顶事件必然发生。割集用 C 表示。即如果某一组 X 能使 $\phi(X)=1$，则这组 X 中的 $C_1(X)$ 就是一个割集。

最小割集是指导致故障树事件发生的不能再缩减的底事件的集合。如果一个割集中任一底事件除去后就不成为一个割集，则这个割集称为最小割集。

与割集相对应的是路集。路集也是指故障树中一些底事件的集合，当这些底事件不同时发生时，顶事件就必然不发生。即如果某一组 X 能使 $\phi(X)=0$，则这组 X 中的 $C_0(X)$ 就称为路集。

最小路集是指该路集中任一底事件除去后，就不成为一个路集。

显然，故障树的全部最小割集反映了全部的故障模式，即顶事件发生的所有可能性；而全部最小路集反映了全部的正常工作模式。通过分析故障树的割集和路集，不仅可以找出系统各种潜在故障模式和薄弱环节，还可以进一步计算其各层次事件的发生概率。

也可以应用最小割集和最小路集书写故障树的结构函数。

设一个最小割集包括底事件 X_1，X_2，…，X_m，则以 $K=\{1,\ 2,\ \cdots,\ m\}$ 表示这个最小割集。例如 $\{X_2,\ X_3\}$ 是一个最小割集，则以 $K=\{2,\ 3\}$ 表示这个最小割集。

只要有一个最小割集出现，顶事件就出现，因此故障树的结构函数是一个逻辑或门的输出，其输入是各个最小割集。于是令故障树有 m 个最小割集，则有

$$\phi(X)=\bigcup_{i=1}^{m}K_i=1-\bigcup_{i=1}^{m}\left(1-\prod_{j\in K_i}X_j\right)$$

类似地，设一个最小路集包括底事件 X_1，X_2，…，X_m，则以 $P=\{1,\ 2,\ \cdots,\ m\}$ 表示这个最小路集。例如 $\{X_2,\ X_5\}$ 是一个最小路集，则以 $P=\{2,\ 5\}$ 表示这个最小路集。

故障树的最小割集结构函数表达式和最小路集的形式不同，实质是一致的。

4. 故障树定性分析方法及应用实例

故障树定性分析的主要任务就是找出导致顶事件发生的所有可能的故障模式，其方法是通过求故障树的最小割集。由于故障树常用于分析大型而复杂的系统，故障数据不容易得到，定量分析要困难一些，但是，故障树从 1961 年提出以来，在可靠性、安全性甚至质量管理（事故树）等方面都得到很大发展，其原因就是通过建立故障树和定性分析过程，大大加深对系统的认识和评价，从而找出薄弱环节，采取有利决策。

求出故障树的所有最小割集的方法有多种，其中最基本的是上行法及下行法。

（1）下行法　下行法的基本方法是：对每一个输出事件而言，如果它是或门的输出，则将该或门的输入事件各排成一行；如果它是与门的输出，则将该与门的所有输入事件排在同一行。

下行法的工作步骤是：从顶事件开始，由上而下逐个进行处理，处理的基本方法如前所述，直到所有的结构事件已被处理为止。这样得到的结果就是全部割集，再根据集合运算规则简化或吸收，就可得到全部最小割集。

（2）上行法　上行法的基本方法是：对每一个输出事件而言，如果它是或门的输出，则将该或门各输入事件的布尔和表示此输出事件；如果它是与门的输出，则将该与门的各输入事件的布尔积表示此输出事件。

上行法的工作步骤是：从底事件开始，由下而上逐级进行处理，直到所有的结果事件都已被处理为止，这样得到一个顶事件的布尔表达式。根据布尔代数运算法则，将顶事件化成诸底事件的积的和的最简式，此最简式的每一项所包括的底事件集即一个最小割集，从而得出故障树的所有最小割集。

（3）对偶树　设 E_1、E_2 表示两个故障事件，它们是一个或门的输入，E_3 是该或门的输出，这意味着只要 E_1、E_2 中有一个故障事件发生，故障事件 E_3 就发生。也就是说，只有两者都不发生，E_3 才不发生。现以 $\overline{E}_1$、$\overline{E}_2$、$\overline{E}_3$ 表示 E_1、E_2、E_3 的余事件，即 $\overline{E}_1$ 表示 E_1 的故障事件不发生，等等，只有当 $\overline{E}_1$、$\overline{E}_2$ 都发生时，$\overline{E}_3$ 才发生，即 $\overline{E}_1$、$\overline{E}_2$ 是一个与门的输入，$\overline{E}_3$ 是该与门的输出。

从而，如把故障树中或门的输入输出事件都换成它们的余事件，则或门须改成与门。仿此，如把故障树中与门的输入输出事件都换成它们的余事件，则与门须改或门。经过这样变换后的故障树称为成功树，顶事件变成希望不发生的事件。成功树也称对偶故障树，简称对偶树。

最小割集是导致顶事件发生不能再缩减的底事件的集合。对成功树而言，其顶事件发生也即故障树的顶事件不发生，因此成功树按最小割集法求得的最小割集实际就是故障树的最小路集。

由于对偶树的最小割集就是原故障树的最小路集，所以求故障树的最小路集也可以用上行法和下行法在对偶树中来求。但要注意，求路集是为了计算成功即无故障概率，所以求最小路集应从原故障树的成功树中去求，这时不仅门已改变，各层事件也已以其余事件出现，当然，计算得到的也是成功树的顶事件出现概率即无故障概率。

在很多情况下，利用对偶树求故障树的最小路集比较方便。

例 16-1　已知造船厂个人从站台上坠落的故障树如图 6-12 所示，分别用上行法和下行法求最小割集。各事件的含义为：

X_1：安全带支撑物损坏；X_2：安全带损坏；X_3：为转移工作地点卸除安全带；X_4：工人疏忽未用安全带；X_5：工作台打滑；X_6：工人身体失去平衡；X_7：身体重心在站台外；X_8：站台高度超过若干米，下方无阻拦物；E_1：安全带有缺陷；E_2：未用安全带；E_3：安全带不起作用；E_4：工人从站台上失足坠下；E_5：工人坠下；T：工人从站台上坠落死亡。

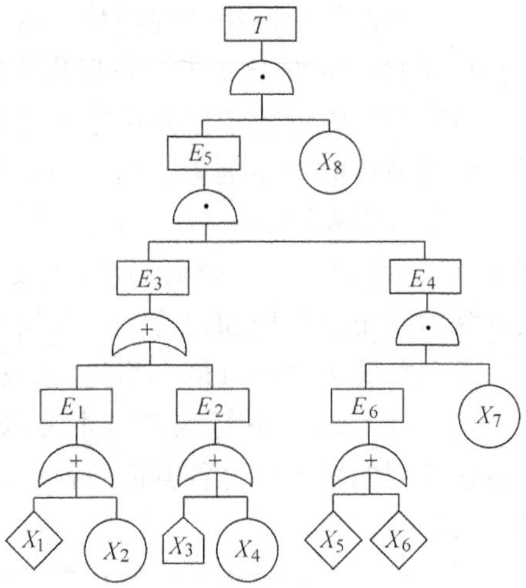

图 6-12　站台坠落死亡故障树

解：（1）下行法　如果是或门的输出，则将该或门的输入事件各排成一行；如果是与门的输出，则将该与门的所有输入事件排在同一行。

从顶事件 T 开始，与门的输出，所以把 E_5 和 X_8 排在同一行；同样 E_5 也是与门的输出，所以把该与门的两个输入事件 E_3、E_4 也排在同一行，即

$$T \to E_5 \cdot X_8 \to E_3 \cdot E_4 \cdot X_8$$

E_3 是或门的输出，所以把两个输入事件 E_1、E_2 个排成一行，E_4、X_8 保留，得到

$$T \to E_5 \cdot X_8 \to E_3 \cdot E_4 \cdot X_8 \to \frac{E_1 \cdot E_4 \cdot X_8}{E_2 \cdot E_4 \cdot X_8}$$

处理 E_1、E_2，得到

$$\begin{cases} X_1 \cdot E_4 \cdot X_8 \\ X_2 \cdot E_4 \cdot X_8 \\ X_3 \cdot E_4 \cdot X_8 \\ X_4 \cdot E_4 \cdot X_8 \end{cases}$$

处理 E_4，得到

$$\begin{cases} X_1 \cdot E_6 \cdot X_7 \cdot X_8 \\ X_2 \cdot E_6 \cdot X_7 \cdot X_8 \\ X_3 \cdot E_6 \cdot X_7 \cdot X_8 \\ X_4 \cdot E_6 \cdot X_7 \cdot X_8 \end{cases}$$

处理 E_6，得到

$$\begin{cases} X_1 \cdot X_5 \cdot X_7 \cdot X_8 \\ X_1 \cdot X_6 \cdot X_7 \cdot X_8 \\ X_2 \cdot X_5 \cdot X_7 \cdot X_8 \\ X_2 \cdot X_6 \cdot X_7 \cdot X_8 \\ X_3 \cdot X_5 \cdot X_7 \cdot X_8 \\ X_3 \cdot X_6 \cdot X_7 \cdot X_8 \\ X_4 \cdot X_5 \cdot X_7 \cdot X_8 \\ X_4 \cdot X_6 \cdot X_7 \cdot X_8 \end{cases}$$

至此，所有结构事件已处理完毕，这就是此故障树的 8 个最小割集。

（2）上行法　上行法从下开始，先处理 E_1，它是一个或门输出，其输入为 X_1、X_2，故 $E_1=X_1+X_2$，同样道理，$E_2=X_3+X_4$，$E_6=X_5+X_6$。

处理 E_3 得

$$E_3=E_1+E_2=(X_1+X_2)+(X_3+X_4)$$

处理 E_4 得

$$E_4=E_6\cdot X_7=(X_5+X_6)\cdot X_7$$

处理 E_5 得

$$\begin{aligned}E_5=E_3\cdot E_4&=(X_1+X_2+X_3+X_4)(X_5\cdot X_7+X_6\cdot X_7)=\\ &X_1\cdot X_5\cdot X_7+X_2\cdot X_5\cdot X_7+X_3\cdot X_5\cdot X_7+X_4\cdot X_5\cdot X_7+\\ &X_1\cdot X_6\cdot X_7+X_2\cdot X_6\cdot X_7+X_3\cdot X_6\cdot X_7+X_4\cdot X_6\cdot X_7\end{aligned}$$

处理 T 得

$$\begin{aligned}T=E_5\cdot X_8&=(X_1\cdot X_5\cdot X_7+X_2\cdot X_5\cdot X_7+X_3\cdot X_5\cdot X_7+X_4\cdot X_5\cdot X_7+\\ &\quad X_1\cdot X_6\cdot X_7+X_2\cdot X_6\cdot X_7+X_3\cdot X_6\cdot X_7+X_4\cdot X_6\cdot X_7)\cdot X_8\\ &=X_1\cdot X_5\cdot X_7\cdot X_8+X_2\cdot X_5\cdot X_7\cdot X_8+X_3\cdot X_5\cdot X_7\cdot X_8+X_4\cdot X_5\cdot X_7\cdot X_8+\\ &\quad X_1\cdot X_6\cdot X_7\cdot X_8+X_2\cdot X_6\cdot X_7\cdot X_8+X_3\cdot X_6\cdot X_7\cdot X_8+X_4\cdot X_6\cdot X_7\cdot X_8\end{aligned}$$

至此已不能再化简，顶事件已化为底事件的积和最简式。此式中共有 8 项，每一项包括的底事件组成一个最小割集，可见与下行法结果完全一致。

（3）对偶树　图 6-13 所示是站台坠落死亡故障树的对偶树，若按下行法求最小割集，过程为

$$\bar{T}=\left[\begin{array}{c}\bar{E}_5\\ \bar{X}_8\end{array}\right.\rightarrow\left[\begin{array}{c}\bar{E}_3\\ \bar{E}_4\\ \bar{X}_8\end{array}\right.\rightarrow\left[\begin{array}{c}\bar{E}_1\cdot\bar{E}_2\\ \bar{E}_4\\ \bar{X}_8\end{array}\right.\rightarrow\left[\begin{array}{c}\bar{X}_1\cdot\bar{X}_2\cdot\bar{X}_3\cdot\bar{X}_4\\ \bar{E}_6\\ \bar{X}_7\\ \bar{X}_8\end{array}\right.\rightarrow\left[\begin{array}{c}\bar{X}_1\cdot\bar{X}_2\cdot\bar{X}_3\cdot\bar{X}_4\\ \bar{X}_5\cdot\bar{X}_6\\ \bar{X}_7\\ \bar{X}_8\end{array}\right.$$

可见，该故障树的 4 个最小路集为 $\{X_1, X_2, X_3, X_4\}$，$\{X_5, X_6\}$，$\{X_7\}$，$\{X_8\}$，这里利用对偶树求故障树的最小路集比较方便。

5. 故障树的定量分析

故障树定量分析的主要任务是求顶事件发生的概率以及系统的有关可靠性特征量，如系统的首次故障时间、各组成单元的重要度等。下面简要介绍顶事件概率的计算方法。对于不可修复系统来说，系统的不可靠度就是不可修复系统故障树顶事件发生的概率。求顶事件发生的概率可以精确计算，也可以近似求解。当求出故障树的全部最小割集以后，只要系统不是太复杂，就可计算顶事件的发生概率。

（1）顶事件发生概率的精确计算　在故障树中，底事件、结果事件、顶事件等都是事件。取值 1 表示事件出现；取值 0 表示事件不出现。

设底事件 X_i 出现的概率为 p_i，不出现的概率为 $q_i=1-p_i$，则

$$p_i = P(X_i = 1), q_i = P(X_i = 0)$$

同样，设顶事件 T 出现的概率为 p，不出现的概率为 $q = 1 - p$，则

$$p = P(\phi = 1), q = P(\phi = 0)$$

显然，设诸底事件是相互独立的，则有 $p = \psi(p) = \psi(p_1, p_2, \cdots, p_n)$，$\psi(p)$ 称为故障树的概率组成函数。

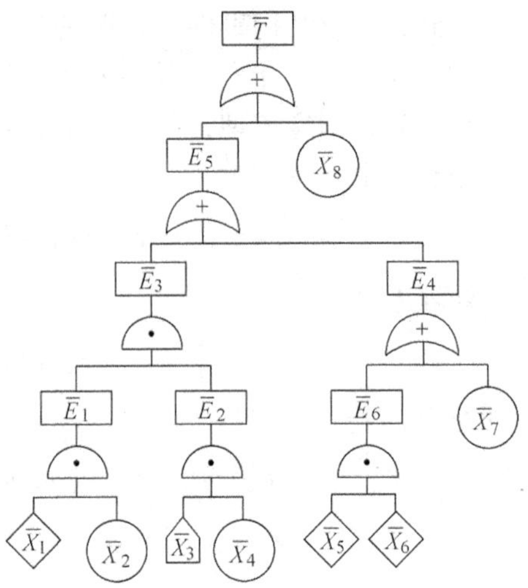

图 16-13　站台坠落死亡故障树的对偶树

设 X_1，X_2，…，X_n 是一个与门的输入，T 是该与门的输出。只有当所有输入事件都出现，事件 T 才出现，这是一个可靠性串联系统，因此，概率组成函数为

$$\psi(p) = \psi(p_1, p_2, \cdots, p_n) = \prod_{i=1}^{n} p_i = p_1 p_2 \cdots p_n$$

设 X_1，X_2，…，X_n 是一个或门的输入，T 是该或门的输出，只要有一个输入事件出现，事件 T 就出现，这是一个可靠性并联系统，因此概率组成函数为

$$\psi(p) = \psi(p_1, p_2, \cdots, p_n) = \bigcup_{i=1}^{n} p_i = 1 - \prod_{i=1}^{n} (1 - p_i) = 1 - \prod_{i=1}^{n} q_i$$

由此可见故障树的结构函数与概率组成函数之间有如下对应关系：

$$\prod_{i=1}^{n} X_i \Leftrightarrow \prod_{i=1}^{n} p_i$$

$$\bigcup_{i=1}^{n} X_i = 1 - \prod_{i=1}^{n} (1 - X_i) \Leftrightarrow \bigcup_{i=1}^{n} p_i = 1 - \prod_{i=1}^{n} (1 - p_i) = 1 - \prod_{i=1}^{n} q_i$$

由于已得到了故障树的最小割集及最小路集，因此可以利用最小割集或最小路集来求概率组成函数。对于不可修复系统，如果求得系统的最小割集后，将全体最小割集进行不交化处理，即可精确计算顶事件的概率。

其中，任意一个最小割集出现都会使顶事件出现，最小割集出现的概率是容易计算的。每一个最小割集出现的概率即此割集内各底事件都出现的概率。由于假设各底事件是相互独立的，因此每一个最小割集出现的概率即此割集内各事件出现概率的积。

但顶事件出现的概率不等于所有最小割集出现概率的和，其原因是这些最小割集之间不是相互独立的，不同最小割集中可能出现同一个底事件。

按照概率法则，设 A、B 为任意两事件，$A \cdot B$ 为两事件的积事件，即两事件同时出现；$A + B$ 是两事件的和事件，即两事件至少有一个出现。有概率法则为

$$P(A+B) = P(A) + P(B) + P(A \cdot B)$$

对任意三事件 A、B、C 而言，有

$$P(A+B+C) = P(A) + P(B) + P(C) - P(A \cdot B) + P(A \cdot C) + P(B \cdot C) + P(A \cdot B \cdot C)$$

因此，设故障树一共有 m 个最小割集 K_1，K_2，…，K_m，以 F_1 表示这些最小割集出现的概率之和，以 F_2 表示这些最小割集两两同时出现（即交集）的概率之和，以 F_3 表示这些最

小割集三三交集出现的概率之和，……，则根据概率法则，顶事件出现的概率 p 为

$$p = F_1 - F_2 + F_3 - F_4 + \cdots + (-1)^{m-1} F_m$$

用最小割集法及用最小路集法计算的结果是完全一致的。

在很多实际情况中，故障树的最小割集很多，而最小路集则往往不多，因此用最小路集来计算概率组成函数常常是比较容易的。

(2) 顶事件发生概率的近似计算　在精确计算顶事件发生概率过程中，计算量往往很大。但在实际工程问题中，往往不需要十分精确的结果，这时可采用近似计算，用较少的计算量得到符合要求的结果。有两种近似法：一种是首项近似，即

$$p(T) \approx \sum_{i=1}^{n} p(C_i)$$

另一种是首项和其他项和的一半的差，即

$$p(T) \approx \sum_{i=1}^{n} p(C_i) - \frac{1}{2} \sum_{i<j}^{n} p(C_i C_j)$$

在工程上采用上述近似公式计算，基本上可满足精度要求。

例 16-2　以 CA6140 卧式车床“工作台快进速度不够”为分析对象，介绍故障树分析法在机床液压系统故障诊断中的应用。分析过程中假设：各底事件相互独立；各事件都为二值性；不存在外界干扰因素。以“工作台快进速度不够”为顶事件建故障树如图 16-14 所示。故障树中各符号的意义为：

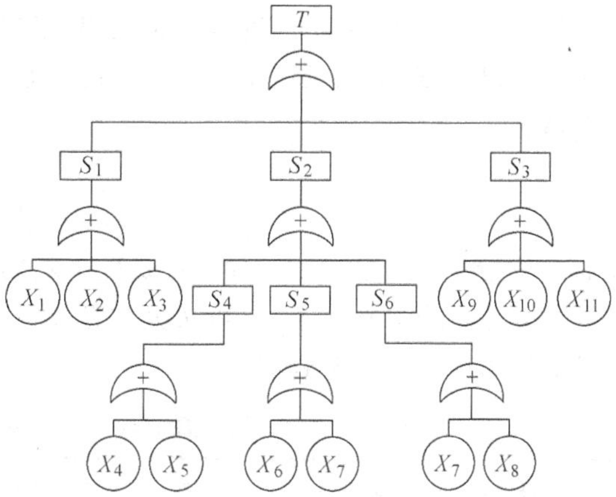

图 16-14　机床工作台快进速度不够故障树

1）顶事件 T：机床工作台快进速度不够。

2）中间事件 S：S_1——液压系统漏油；S_2——液压回路故障；S_3——液压执行机构故障；S_4——溢流阀失灵；S_5——供油量不足；S_6——供油压力不足。

3）底事件 X：X_1——管接头松动；X_2——阀内串腔；X_3——端盖泄漏；X_4——弹簧调整太松；X_5——弹簧太软无效；X_6——液压泵吸空；X_7——电动机功率不足；X_8——液压泵磨损；X_9——活塞间隙太大；X_{10}——活塞密封性差；X_{11}——互通阀失灵。

解：建立了故障树后，就可以进行故障树分析。

(1) FTA 定性分析　对故障树进行定性分析的主要目的是为了弄清系统出现故障（顶事件）有多少种可能性。也就是求出故障树的全部最小割集，最小割集是导致顶事件发生的最小底事件集合。一个最小割集代表了系统的一种故障模式，全部最小割集代表系统全部故障模式，求出最小割集是十分必要的。

求最小割集的方法有上行法和下行法等。现利用上行法可以求出工作台快进速度不够故障树的结构函数 T 和全部最小割集。

$$T = \sum_{i=1}^{3} X_i + (\sum_{i=4}^{5} X_i + \sum_{i=6}^{7} X_i + \sum_{i=7}^{8} X_i) + \sum_{i=9}^{11} X_i$$

故障树中有一重复的底事件 X_7。该故障树的逻辑门全为或门，故其全部最小割集就是全部底事件。即全部最小割集为 $\{X_1\}$，$\{X_2\}$，$\{X_3\}$，$\{X_4\}$，$\{X_5\}$，$\{X_6\}$，$\{X_7\}$，$\{X_8\}$，$\{X_9\}$，$\{X_{10}\}$，$\{X_{11}\}$。

由故障树最小割集可知任一底事件的发生均会导致工作台快进速度不够的系统故障。一般来说，最小割集越多，引起顶事件发生的故障模式就多，相对来说系统越危险。该故障树中引发顶事件发生的故障模式共有 11 种。

同时求出最小割集可以全面掌握顶事件不发生的各种可能性，为事故的调查分析、预测和预防提供可靠的依据。这里导致工作台快进速度不够的故障模式有 11 种，如果发生这 11 种以外的情况，则相应的系统故障不会发生。最小割集定性地给出了底事件的重要程度，底事件在最小割集中出现的次数越多，就越重要。根据 Bariow 定律：一阶最小割集中底事件结构重要度大于多阶最小割集中底事件结构重要度。本例中各底事件均只出现了一次，且每一割集均为一阶，所以每一底事件均应引起相当的注意。

（2）FTA 定量分析　顶事件的发生概率是评价系统可靠性的重要指标，通常底事件 X_i的发生概率 $p(i) < 0.1$，因此，可将最小割集看做独立事件，可按下式计算顶事件发生概率

$$g = 1 - \prod_{i=1}^{k} [1 - p(i)]$$

式中，k 是最小割集的个数，$p(i)$ 是最小割集的发生概率。

底事件的发生概率 $p(i)$ 可按其失效率 λ_i（次/h）计算，即 $p(i) = 1 - e^{\lambda_i t}$。各底事件的发生概率建议值见表 16-4。

表 16-4　底事件发生概率建议值

底事件代号	X_1	X_2	X_3	X_4	X_5	X_6	X_7	X_8	X_9	X_{10}	X_{11}
故障概率建议值	10^{-5}	10^{-4}	10^{-3}	10^{-4}	10^{-6}	10^{-5}	10^{-6}	10^{-3}	10^{-3}	10^{-3}	10^{-5}

计算顶事件的发生概率

$$g = 1 - (1 - 10^{-3})^4 (1 - 10^{-4})^2 (1 - 10^{-5})^3 (1 - 10^{-6})^2 = 0.00435$$

即工作台快进速度不够这个系统故障产生的概率为 0.00435，近似推算平均故障周期为 230h。

本章习题

16-1　某系统由 4 个并联元件组成。系统成功要求其中至少 3 个元件处于工作状态。已知每个元件的可靠度是 0.9，系统可靠度是多少？如果用 5 个元件并联代替其功能，系统的可靠度又是多少？

16-2　有 10 个相同元件的串联系统，如果系统整体可靠度至少要达到 0.99，问每个元件的可靠度最小值是多少？

16-3　有 10 个相同元件的并联系统，如果系统整体可靠度至少要达到 0.99，问每个元件的可靠度最小值是多少？

16-4　一液压系统由 3 个串联的子系统组成，已知其寿命分布服从指数分布，子系统的平均寿命分别为 MTBF = 400h、480h 和 600h，求整个系统的 MTBF 为多少？

16-5　现有一故障树如图 16-15 所示，试分别用上行法和下行法求解最小割集。

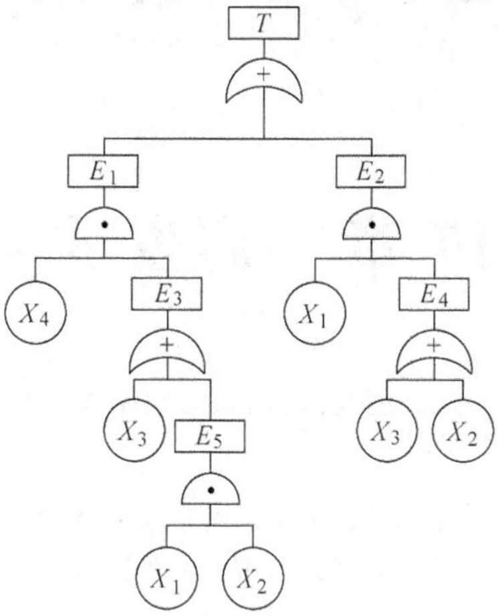

图 16-15　题 16-5 图

第5篇　其他常用现代设计方法简介

第17章　启发式算法

【内容】

本章涉及现代设计方法中的启发式算法部分，包括蚁群算法、遗传算法、模拟退火算法、粒子群算法以及神经网络等优化算法，主要论述其原理、求解步骤和工程应用等内容。

【目的】

学会采用适当的启发式算法求解特定的工程实际问题，掌握启发式算法的原理和求解步骤。

17.1　蚁群算法

17.1.1　蚁群算法简述

蚁群算法（Ant Colony Optimization，ACO），又称蚂蚁算法，是一种用来在图中寻找优化路径的概率型算法。它由 Marco Dorigo 于 1992 年在他的博士论文中提出，其灵感来源于蚂蚁在寻找食物过程中发现路径的行为。蚁群算法是一种求解组合最优化问题的通用启发式方法，是受到人们对自然界中真实蚁群集体行为研究成果的启发，考虑到蚁群搜索食物的过程与旅行商问题的相似性，利用蚁群算法求解旅行商问题、指派问题和调度问题，取得了一些比较满意的实验结果。该方法具有适应性好、鲁棒性强，具有正反馈、分布式计算和富于建设性的贪婪启发式搜索的特点。通过建立适当的数学模型，可以解决非线性全局寻优问题。

1. 蚁群算法的基本原理

各个蚂蚁在没有事先告诉它们食物在什么地方的前提下开始寻找食物，当一只蚂蚁找到食物以后，它会向环境释放一种信息素，吸引其他的蚂蚁过来，这样越来越多的蚂蚁会找到食物。有些蚂蚁并没有像其他蚂蚁一样总重复同样的路，它们会另辟蹊径，如果另开辟的道路比原来的其他道路更短，则更多的蚂蚁被吸引到这条较短的路上来。经过一段时间运行，可能会出现一条最短的路径被大多数蚂蚁重复着。

（1）范围　蚂蚁观察到的范围是一个方格世界，蚂蚁有一个参数为速度半径（一般是 3），它能观察到的范围就是 3×3 个方格世界，并且能移动的距离也在这个范围之内。

（2）环境　蚂蚁所在的环境是一个虚拟的世界，其中有障碍物、其他蚂蚁和信息素。信息素分为两种，一种是找到食物的蚂蚁洒下的食物信息素，一种是找到窝的蚂蚁洒下的窝的信息素。每个蚂蚁都仅仅能感知它范围内的环境信息。环境以一定的速率让信息素消失。

（3）觅食规则　在每只蚂蚁能感知的范围内寻找是否有食物，如果有就直接过去；否则看是否有信息素，并且比较在能感知的范围内哪一点的信息素最多，这样，它就朝信息素多的地方走，并且每只蚂蚁都会以小概率犯错误，从而并不是总往信息素最多的点移动。蚂蚁找窝的规则和上面一样，只不过它对窝的信息素做出反应，而对食物信息素没反应。

（4）移动规则　每只蚂蚁都朝向信息素最多的方向移，当周围没有信息素指引的时候，蚂蚁会按照自己原来运动的方向惯性地运动下去。在运动的方向有一个随机的小的扰动，为了防止蚂蚁原地转圈，它会记住最近刚走过了哪些点，如果发现要走的下一点已经在最近走过了，它就会尽量避开。

（5）避障规则　如果蚂蚁要移动的方向有障碍物挡住，它会随机的选择另一个方向，并且有信息素指引的话，它会按照觅食的规则行动。

（6）播撒信息素规则　每只蚂蚁在刚找到食物或者窝的时候散发的信息素最多，并随着它走远的距离，播撒的信息素越来越少。

根据这几条规则，蚂蚁之间并没有直接的关系，但是每只蚂蚁都和环境发生交互，而通过信息素这个纽带，实际上把各个蚂蚁之间关联起来了。比如，当一只蚂蚁找到了食物，它并没有直接告诉其他蚂蚁这儿有食物，而是向环境播撒信息素，当其他的蚂蚁经过它附近的时候，就会感觉到信息素的存在，进而根据信息素的指引找到了食物。

2. 人工蚂蚁与真实蚂蚁的异同

根据真实蚂蚁觅食所得灵感，提出的蚁群算法能解决一系列的组合优化问题，而这里的蚁群算法准确地说是“人工蚁群算法”，利用的是人工蚂蚁。这里所引入的人工蚂蚁与真实蚂蚁有着很大的相似性，毕竟人工蚂蚁是从真实蚂蚁中所抽象出来的，是人们通过对真实蚂蚁行为的观察，才提出了人工蚂蚁。

1）人工蚂蚁和真实蚂蚁一样，是一个相互合作的群体。它们都能够通过相互之间的协作在全局范围内找到问题比较好的解决方案。每只人工蚂蚁都能建立一个可行解，但是高质量的解决方案必须由整个蚁群合作才能取得。

2）人工蚂蚁和真实蚂蚁一样，也是通过信息素进行间接的通信。

3）人工蚂蚁和真实蚂蚁一样，有着具体的共同目标。真实蚂蚁是要找到连接食物源与巢穴之间的最短路径，人工蚂蚁是要找到图上的最小的哈密顿回路（以 TSP 为例），它们只能沿着邻近区域的状态进行移动。

4）人工蚂蚁利用了真实蚂蚁觅食行为中的正反馈机制，以信息素作为反馈，通过对系统中找到的较优解的自增强的作用，使得问题的解朝着全局最优解的方向不断前进，最终才能够有效地获得相对满意的解。

5）人工蚂蚁和真实蚂蚁一样，都有着信息素的挥发机制。在人工蚂蚁中，也存在一种挥发机制，因为真实的蚂蚁所释放的信息素会随着时间的推移而减弱甚至消失，正是因为人工蚂蚁利用了这种机制，才可以不过分受历史因素的影响，有利于人工蚂蚁向着新的方向进行搜索，避免早熟收敛。

6）人工蚂蚁和真实蚂蚁一样，在状态转移的策略上都是采用概率机制。它们都是应用概率的决策机制向着邻近状态转移，从而建立问题的解决方案，而且这种策略只是利用了局部的信息，而没有任何前瞻性来预测未来的状态。

当然人工蚂蚁是为了解决实际中的一些优化问题，被赋予了特定的职能，所以，它们之间还是有一定的区别的，主要体现在以下几个方面：

1）人工蚂蚁具有记忆能力，而真实蚂蚁没有记忆能力。人工蚂蚁可以记住曾经走过的路径或访问过的节点，这样对提高算法效率是有益的。在算法中引入一个数据结构来表示禁忌表，存放已经走过的路径。

2）人工蚂蚁不像真实蚂蚁那样是完全盲目的。人工蚂蚁可以根据一些启发信息来指导自己的选择。一般是用一个启发因子表示最初的启发式信息，并且是固定不变的，还可以用不同的参数来确定启发式信息与信息素之间的重要性。

3）人工蚂蚁“生活”在一个离散时间的环境中，而真实蚂蚁生活在连续时间的环境中。这一点对于解决分步骤的优化问题是十分重要的。

4）人工蚂蚁释放信息素的时间可以视情况而定，而真实蚂蚁是在移动的同时释放信息素。人工蚂蚁可以建立在一个可行的方案之后再进行信息素的更新。

5）为了提高系统的总体性能，人工蚂蚁被赋予了很多其他的本领，如局部优化等，这些本领在真实蚂蚁中是找不到的。

人工蚂蚁寻找最优路径的方法就是根据上面的真实蚂蚁寻找最优路径的方法提出的，即让人工蚂蚁根据路径上的相当于信息素的数字信息量的强度选择路径，并在所经过的路径上留下相当于信息素的数字信息量，然后随着时间的推移，最优路径上的数字信息量将积累得越来越大，从而被选择的概率也越来越大，最终所有人工蚂蚁将趋向于选择该路径。这种模拟蚁群搜索食物的过程与著名的旅行商问题非常相似，因而最初人工蚁群算法被提出用于求解旅行商问题。

17.1.2　人工蚁群系统数学模型

蚁群寻找食物的过程与旅行商问题具有相似性。利用蚁群系统原理求解几个城市的旅行商问题，首先应建立人工蚁群系统的数学模型。在人工蚁群系统中，蚂蚁具有下面几个特征：以概率大小选择转移路线，概率则是城市之间距离和路径上残留信息量的函数；有记忆功能，在每一次循环中，每只蚂蚁的转移路径只能是它没有走过的；完成一次循环后，在其走过的路径上留下一定量的信息物质；蚂蚁留在路径上的信息量随时间逐渐衰减。

设 m 为全部的蚂蚁数，每只人工蚂蚁有以下的特征：

1）蚂蚁根据某一概率函数选择下一个城市，其中概率函数与城市间距离及存放在该边上的信息素量有关。假设用 $\tau_{ij}(t)$ 来表示 t 时刻在边 l_{ij}上的信息素量。

2）每只人工蚂蚁只能走合法路线，除非是一次周游（蚂蚁走完所有的城市称为一次周游）结束，不允许转到已访问的城市，该过程由蚂蚁的禁忌表来控制。设 $tabu_k$为蚂蚁 k 的禁忌表，则蚂蚁 k 在经过城市 i 以后，就将 i 加入到自己的禁忌表 $tabu_k$中表示下一次不能再选择城市 i。用 $tabu_k$（s）表示禁忌表中第 s 个元素，也就是蚂蚁所走过的第 s 个城市。

3）完成一次周游后，蚂蚁在其访问过的每一条边上留下相应的信息素。

蚁群算法可以表述如下：在算法的初始时刻，将 m 只蚂蚁随机地放到 n 个城市，同时，将每只蚂蚁的禁忌表的第一个元素设置为它当前所在的城市。此时，各边上的信息素量是相等的，设 $\tau_{ij}(t)=C$（C 为一常数）。接下来，每只蚂蚁根据路径上残留的信息素量和启发式信息（两城市之间的距离）独立地选择下一个城市。在 t 时刻，蚂蚁 k 从城市 i 转移到城市 j 的概率 $P_{ij}^{k}(t)$ 为

$$P_{ij}^{k}(t)=\begin{cases}\dfrac{[\tau_{ij}(t)]^{\alpha}[\eta_{ij}(t)]^{\beta}}{\sum\limits_{s\in J_k(i)}[\tau_{is}(t)]^{\alpha}[\eta_{is}(t)]^{\beta}} & j\in J_k(i)\\ 0 & j\notin J_k(i)\end{cases}\tag{17-1}$$

式中，$J_k(i)=\{1,2,\cdots,n\}-tabu_k$ 代表蚂蚁 k 下一步允许选择的城市的集合，禁忌表 $tabu_k$ 记录了蚂蚁 k 当前走过的城市，当所有 n 个城市都加入到 $tabu_k$ 中时，蚂蚁 k 便完成了一次周游，此时蚂蚁 k 所走过的路径便是 TSP 问题的一个可行解；η_{ij} 是一个启发式因子，表示蚂蚁从城市 i 转移到城市 j 的期望程度，在蚁群算法中，η_{ij} 通常取城市 i 和城市 j 之间距离的倒数，也就是 $\eta_{ij}=1/d_{ij}$；α 和 β 分别表示信息素和启发式因子的相对重要程度，是用来平衡它们之间的权重关系的。

当所有蚂蚁完成一次周游后，各路径上的信息素可根据式（17-2）更新。

$$\tau_{ij}(t+1)=(1-\rho)^{*}\tau_{ij}(t)+\Delta\tau_{ij}$$

$$\Delta\tau_{ij}=\sum_{k=1}^{m}\Delta\tau_{ij}^{k}\tag{17-2}$$

式中，$\rho(0<\rho<1)$ 表示边上信息素的蒸发系数，$1-\rho$ 表示信息素的持久性系数，$\Delta\tau_{ij}$ 表示本次迭代中，边 l_{ij} 上信息素的增量，$\Delta\tau_{ij}^{k}$ 表示第 k 只蚂蚁在本次迭代中留在边 l_{ij} 上的信息素。如果蚂蚁 k 没有经过 l_{ij}，则 $\Delta\tau_{ij}^{k}$ 的值为 0。$\Delta\tau_{ij}^{k}$ 表示为

$$\Delta\tau_{ij}^{k}=\begin{cases}\dfrac{Q}{L_k} & l_{ij}\in l\\ 0 & l_{ij}\notin l\end{cases}$$

式中，Q 为正常数；L_k 表示第 k 只蚂蚁在本次周游中所走过的路径的长度和；l 为蚂蚁 k 在本次周游中经过边的集合。

蚁群算法如下：

Step 1　初始化

置 $t=0$；{t 表示时间}

置 $NC=0$；{NC 为迭代次数}

对每条边 l_{ij} 设置 $\tau_{ij}(t)=C$，$\Delta\tau_{ij}(t)=0$；将 m 只蚂蚁随机放到 n 个城市上；

Step 2　置 $s=1$；{s 为禁忌表中的索引}

for $k=1$ to m do

　　将蚂蚁 k 的起点城市加入到禁忌表 $tabu_k$；

end for

Step 3　while（禁忌表 $tabu_k$ 不满）

置 $s=s+1$；

for $k=1$ to m do

按式（17-1）计算转移概率 $P_{ij}^{k}(t)$，根据赌轮选择法选择下一个要到的城市 j；{在时刻 t 时，蚂蚁 k 在城市 $i=tabu_k(s-1)$}

```
        蚂蚁 k 移到城市 j;
        将城市 j 加入到 tabu_k
      end for
    end while
    Step 4   for k = 1 to m do
               计算蚂蚁 k 走过的周游长度 L_k;
               更新当前的最优路径
             end for
      for 每条边 l_ij
        for k = 1 to m do
```

$$\Delta\tau_{ij}^{k}=\begin{cases}\dfrac{Q}{L_k} & k\in l_{ij}\\ 0 & k\notin l_{ij}\end{cases}$$

$$\Delta\tau_{ij}=\Delta\tau_{ij}+\Delta\tau_{ij}^{k}$$

```
        end for
      end for
    Step 5   for  每条边 l_ij 按式（17-2）计算 τ_ij(t+1);
        置 t = t + 1;
        置 NC = NC + 1;
        for 每条边 l_ij，置 Δτ_ij(t) = 0
    Step 6   if（NC < NC_max）and（没有出现停滞情况）then
               清空所有的禁忌表;
               goto step 2
        else
               打印最优路径;
               算法停止;
    end
```

17.1.3　蚁群算法应用

1. 行星齿轮减速器的可靠性优化设计

行星齿轮传动设计中，其体积、质量和承载能力，主要取决于参数的选择。按常规设计方法，当给定传动比、输出轴转速和转矩后，为了求得各齿轮齿数、模数、齿宽、行星轮数及变位系数，常常需要首先选定其中几个参数，才能对其他参数进行设计。在同一种行星轮系中，往往有许多配齿方案。选择哪一种作为设计方案，过去只能根据结构布置和经验，从少数几个方案中进行比较决定。因此，对行星齿轮传动自动寻优设计，一直是生产厂家探索的难题之一。为此，本节利用蚁群算法的搜索机制，在行星齿轮减速器的一系列设计参数方案中，进行自动组合寻优设计。

在设计之初，首先应当建立行星齿轮减速器的数学模型。在一般情况下，行星轮系优化设计目标函数是在保证相同承载能力条件下质量最小，则可在已知载荷、工作条件和选定材料的情况下，取太阳轮和各行星轮体积之和作为行星轮系质量的指标。图 17-1 所示为 2K－H 行星轮系机构简图，则行星轮系的目标函数可简化为

$$\min f(x)=\frac{\pi}{4}m^2b(z_1^2+cz_2^2) \tag{17-3}$$

式中，z_1 为太阳轮齿数；z_2 为行星轮齿数；m 为模数；b 为齿宽；c 为行星轮个数。

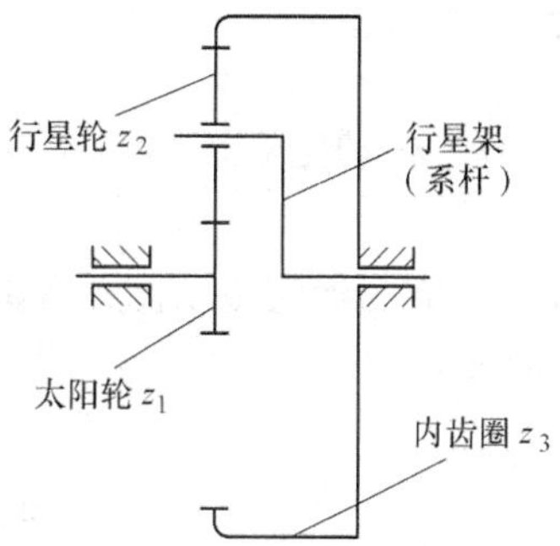

图 17-1　2K－H 行星轮系机构简图

影响目标函数的独立参数 z_1、z_2、m、b、c 均可作为变量，但在一般情况下，行星轮的个数可以根据机构类型和需要事先选定。这样只取 z_1、z_2、m、b 为设计变量，得

$$x=(x_1,x_2,x_3,x_4)^{\mathrm{T}}=(z_1,z_2,b,m)^{\mathrm{T}}$$

因此目标函数可改写为

$$\min f(x)=0.7854x_4^2x_3(x_1^2+cx_2^2)$$

约束条件考虑以下 7 种情况：

1）保证小齿轮不根切（太阳轮为小齿轮，齿数为 z_1）

$$g_1(x)=17-x_1\leqslant 0$$

2）齿宽最小允许值

$$g_2(x)=10-x_3\leqslant 0$$

3）模数最小允许值

$$g_3(x)=2-x_4\leqslant 0$$

4）模数和齿宽之间要求 $5m\leqslant b\leqslant 17m$，得

$$g_4(x)=5x_4-x_3\leqslant 0$$

$$g_5(x)=x_3-17x_4\leqslant 0$$

5）保证相邻的 2 个行星齿轮的齿顶圆不发生干涉，并至少应有一个模数的间隙，应满足

$$m(z_1-z_2)\sin\frac{\pi}{c}-m(z_2+2)\geqslant 0$$

整理得

$$g_6(x)-x_2(x_1+x_2)\sin\frac{\pi}{c}\leqslant 0$$

6）实际工作中，行星轮的损坏通常不是由于接触强度不够引起的，而是由疲劳强度不够引起的，所以按齿轮弯曲强度校核其轮齿强度，即

$$m\geqslant\sqrt[3]{\frac{2T_1K_{\mathrm{A}}K_{\mathrm{B}}Y_{\mathrm{Fa}}Y_{\mathrm{Sa}}Y_{\varepsilon}}{\Psi_{\mathrm{d}}z_2^2\quad\sigma_{\mathrm{Flimb}}}}$$

式中，Ψ_{d} 为齿宽系数；Y_{Fa} 为齿型系数；Y_{Sa} 为应力修正系数；Y_{ε} 为重合度系数；z_2 为行星轮齿数；K_{A} 为使用系数；K_{B} 为齿向载荷分布系数；T_1 为行星齿轮所受转矩（N · m）；σ_{Flimb} 为齿轮弯曲疲劳极限应力（MPa）。

令

$$A_{\mathrm{F}}=\frac{2}{\sigma_{\mathrm{Flimb}}}K_{\mathrm{A}}K_{\mathrm{B}}$$

得

$$g_7(x)=A_F T_1 Y_{Fa} Y_\varepsilon/\Psi_d - x_1^2 x_4^3 \leqslant 0$$

7）传动比限制

$$|G_i - i|/G_i \leqslant \varepsilon$$

式中，G_i 为给定传动比，行星轮系传动比 $G_i \geqslant 4$；i 为传动比，满足 $z_1/z_2 = 2/(i-2)$；ε 为传动比误差。

即

$$g_8(x)=x_2 - x_1[0.5G_i(1+\varepsilon)-1] \leqslant 0$$

$$g_9(x)=x_1[0.5G_i(1-\varepsilon)-1] - x_2 \leqslant 0$$

综上所述，大功率行星齿轮减速器数学模型是一个以行星轮系体积最小为优化目标，具有 9 个不等式约束的 4 维优化问题。

设计要求：给定传动比 $G_i=4.64$，作用于太阳轮轴上转矩 $M_1=1117.2\text{N}\cdot\text{m}$。原设计太阳轮及行星轮材料均用 38SiMnMo 钢，表面淬火硬度 45～55HRC。各齿轮齿数 $z_1=25$，$z_2=32$，齿宽 $b=62\text{mm}$，模数 $m=8\text{mm}$，行星轮数 $c=2$，给定传动比误差限制 $\varepsilon=0.01$。采用 MATLAB 语言编制蚁群算法优化设计仿真程序，仿真优化结果见表 17-1。

表 17-1　行星齿轮减速器蚁群优化与传统优化设计结果比较

设计变量	$x_1=z_1$	$x_2=z_2$	$x_3=b$	$x_4=m$
传统优化	24	32	62	8
蚁群算法	22.1349	30.6946	57.7193	7.5274
圆整值	22	31	58	7.5

优化结果表明，目标函数值 $\min f(x)=6.165056\times10^6\text{mm}^3$，是原设计目标函数值的 75.39%。

2. 基于 MATLAB 的改进型蚁群算法求解 TSP 问题

MATLAB 以矢量和矩阵为基本运算单元，基于 MATLAB 的改进型蚁群算法具有编程简单、容易实现等特点。利用改进型蚁群算法求解 n 个城市的旅行商问题，在 MATLAB 的图形窗口下，可以方便地给出任意数目、任意组合的点阵，其分析结果更具一般性。经过计算找到最短路径后，利用 MATLAB 强大的绘图功能，可以将所得路径标注出来，非常直观。基于 MATLAB 的改进型蚁群算法程序流程如下：

初始化：输入参数 n，B，Q，α，β，ρ 及随机数的种子数，在给定坐标系中输入 n 个城市的 TSP 模型 $[x, y]$

```
x=[];y=[];
for z=1:n
    [x1,y1,button]=ginput(1);
    if(button~=1)break;end
    plot(x1,y1,'*','black')
    x=[x,x1];
    y=[y,y1];
    text(x(z)+0.5,y(z)+0.5,num2str(z))
```

```
end
```

主程序：按输入顺序编号生成城市序列号矢量 ***C***、计算距离矩阵 ***d***。随机产生初始信息量矩阵。

循环计数：for $b=1$：B

随机选择起点位置即 c(1) = i

c(v)(v = 2，3，…n) 为允许选择的目标城市

由起点开始计算转移路径：for k = 1：n

根据各条路径上的现有信息量计算最大转移概率 j 为目标城市序列号：c(i + 1) = j

end

CB(b, :) = C，L 分别为本次循环路径顺序及路径长度矢量，$\Delta\tau, \tau(b+1)=\tau(b)+\Delta\tau$ 分别为本次循环的信息量增量及新的信息量矩阵

end

计算最佳路径 Lm = Min[L(b):B B]，获得最短路径的循环次数及对应的路径顺序矢量 cs 在原图形上绘制最佳路径：

```
hold on
for k =1:n
line([x(cs(k)),x(cs(k+1))],[y(cs(k)),y(cs(k+1))]);
end
line([x(cs(n)),x(cs(1))],[y(cs(n)),y(cs(1))]);
hold off;
clear
```

例如：城市的坐标矩阵为 ***C*** = [1304 2312；3639 1315；4177 2244；3712 1399；3488 1535；3326 1556；3238 1229；4196 1004；4312 790；4386 570；3007 1970；2562 1756；2788 1491；2381 1676；1332 695；3715 1678；3918 2179；3780 2212；3676 2578；4029 2838；4263 2931；3429 1908；3507 2367；3394 2643；3439 3201；2935 3240；3140 3550；2545 2357；2778 2826；2370 2975]；求解此 30 个城市的 TSP 问题。

算法迭代 200 次时，计算出最短路径为 15686，迭代过程与误差曲线如图 17-2 所示，最

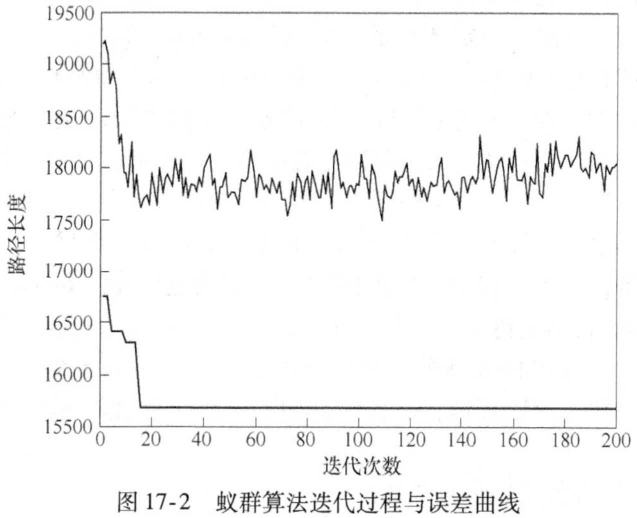

图 17-2　蚁群算法迭代过程与误差曲线

短路径周游图如图 17-3 所示。

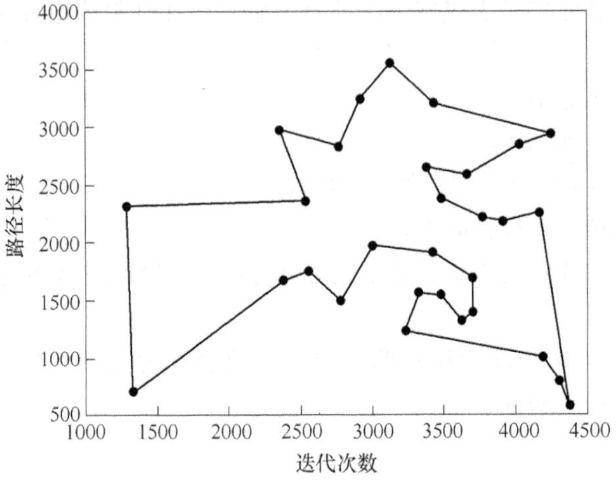

图 17-3　蚁群算法计算的最短路径周游图

17.2　遗传算法

17.2.1　遗传算法简述

遗传算法（Genetic Algorithm，GA）是模拟达尔文生物进化论的自然选择和遗传学机理的生物进化过程的计算模型，是一种通过模拟自然进化过程搜索最优解的方法，它最初由美国密西根大学 J. Holland 教授于 1975 年首先提出来的，并出版了颇有影响的专著《Adaptation in Natural and Artificial Systems》，GA 这个名称才逐渐为人所知，J. Holland 教授所提出的 GA 通常称为简单遗传算法（SGA）。

1. 遗传算法定义

遗传算法是从代表问题可能潜在的解集的一个种群（population）开始的，而一个种群则由经过基因（gene）编码的一定数目的个体（individual）组成。每个个体实际上是染色体（chromosome）带有特征的实体。染色体作为遗传物质的主要载体，即多个基因的集合，其内部表现（即基因型）是某种基因组合，它决定了个体的形状的外部表现，如黑头发的特征是由染色体中控制这一特征的某种基因组合决定的。因此，在一开始需要实现从表现型到基因型的映射，即编码工作。由于仿照基因编码的工作很复杂，一般进行简化，如二进制编码，初代种群产生之后，按照适者生存和优胜劣汰的原理，逐代（generation）演化产生出越来越好的近似解，在每一代中，根据问题域个体的适应度（fitness）大小选择（selection）个体，并借助于自然遗传学的遗传算子（genetic operators）进行组合交叉（crossover）和变异（mutation），产生出代表新的解集的种群。这个过程将导致种群像自然进化一样，后生代种群比前代更加适应于环境，末代种群中的最优个体经过解码（decoding），可以作为问题近似最优解。

GA 可用如下的五维矢量组形式描述：

$$GA = (N_{pop}, N_{gen}, \Omega, f_{eval}, f_{sel})$$

式中，N_{pop}为群体规模；N_{gen}为迭代代数；Ω为遗传算子（重组和变异）及它们的概率集合；f_{eval}为评价函数，或称为适应值；f_{sel}表示再生选择规则。这里并不关心染色体的具体编码形式。

2. 遗传算法特点

遗传算法是解决搜索问题的一种通用算法，对于各种通用问题都可以使用。

（1）搜索算法的共同特征

1）首先组成一组候选解。

2）依据某些适应性条件测算这些候选解的适应度。

3）根据适应度保留某些候选解，放弃其他候选解。

4）对保留的候选解进行某些操作，生成新的候选解。

在遗传算法中，上述几个特征以一种特殊的方式组合在一起：基于染色体群的并行搜索，带有猜测性质的选择操作、交换操作和突变操作。这种特殊的组合方式将遗传算法与其他搜索算法区别开来。

（2）遗传算法的其他特点

1）遗传算法从问题解的串集开始搜索，而不是从单个解开始。这是遗传算法与传统优化算法的极大区别。传统优化算法是从单个初始值迭代求最优解的；容易误入局部最优解。遗传算法从串集开始搜索，覆盖面大，利于全局优化。

2）许多传统搜索算法都是单点搜索算法，容易陷入局部的最优解。遗传算法同时处理群体中的多个个体，即对搜索空间中的多个解进行评估，减少了陷入局部最优解的风险，同时算法本身易于实现并行化。

3）遗传算法基本上不用搜索空间的知识或其他辅助信息，而仅用适应度函数值来评估个体，在此基础上进行遗传操作。适应度函数不仅不受连续可微的约束，而且其定义域可以任意设定。这一特点使得遗传算法的应用范围大大扩展。

4）遗传算法不是采用确定性规则，而是采用概率的变迁规则来指导其搜索方向。

5）具有自组织、自适应和自学习性。遗传算法利用进化过程获得的信息自行组织搜索时，硬度大的个体具有较高的生存概率，并获得更适应环境的基因结构。

17.2.2　遗传算法的基本原理

对于一般的参数优化问题，通常均可以表示为：

目标函数：$\min F = f(x, y, z) \qquad F \in R$

约束条件：$G(x, y, z) \geqslant 0 \qquad (x, y, z) \in \Omega$

遗传算法是先将问题的一组基本可行解（x_i，y_i，z_i）编码表示为一组二进制的字符串，每个字符串包含多个子字符串，每个子字符串的某一位或几位的组合称为一个基因，又称为染色体；然后再对这些基因（染色体）进行某些操作，逐步实现参数寻优。

遗传算法开始时，一般总是随机地产生一些个体（即初始解），根据预定的目标函数对每个个体进行评价，给出个体的适应度值。并基于适应度值，选择个体用来复制下一代。选择操作体现“适者生存”原理，即适应度“好”的个体被选择用来复制，而适应度“坏”的个体则被淘汰。然后选择出来的个体经过交换和变异算子进行再组合，生成新的一代。这一群新个体由于继承了上一代的一些优良性状，因而在性能上要优于上一代。遗传算法就是通过对生物基因的复制、交换和变异这三种方式的模拟来实现其优化过程的。

（1）复制　又称为选择，指按一定概率从群体中选择若干染色体，作为双亲用于繁殖后代，产生新的染色体加入下一群体中。适合于生存环境的优良染色体将得到更多的繁殖后代的机会，从而使优良特性得以遗传。复制是遗传算法的关键，它来源于自然界中适者生存的思想。

（2）交换　又称为交叉，它是指对于选中的用于繁殖的每一对染色体，随机地选择同一整数 N，将双亲的基因码链在此位置相互交换。交叉体现了自然界中信息交换的思想。

（3）变异　以一定概率从群体中随机选取若干染色体，对于选中的染色体，随机选取某一位进行取反运算，即由 1→0 或由 0→1。自然界中生物会偶然发生基因突变，因此，遗传算法中变异的概率是很小的。

对某一代种群执行上述操作后，将产生新一代种群，然后对新一代种群重复进行操作，直至群体或最优点的性能达到满意程度为止。在这一过程中，遗传算法的搜索能力主要由复制和交换决定，变异算子则保证了算法能搜索到问题解空间的每一点，从而使算法具有全局最优性。

17.2.3　遗传算法的要素

1. 创建一个随机的初始状态

初始种群是从解中随机选择出来的一些待优化问题的可能解，将这些解比喻为染色体或基因，称为第一代种群，其中每个解称为个体。初始解群体可用随机方式产生，也可用其他优化方法或启发式方法给出。

2. 评估适应度

对每一个解（染色体）指定一个适应度的值，根据问题求解的实际接近程度来指定（以便逼近求解问题的答案）。不要把这些“解”与问题的“答案”混为一谈，可以把它理解成为要得到答案，系统可能需要利用的那些特性。定义一个适应度函数 F，计算群体中每个个体相应的适应度 f_i，f_i 越大表示该个体适应度越高，更适应于 F 所定义的生存环境。适应度是对该问题的一个解的评价值或目标值，按一定的数学变换规则生成，因问题的特点而异，其确定一般有以下方法：

1）当追求评价值或目标值 E 最小化时，可取 $f_i = 1/E$。

2）取评价值或目标值的最大期望值、或求解过程已获得的最大评价值、或目标值与该个体评价值之差，即 $f_i = E - E_{\max}$。

3. 选择

从群体中选择优胜的个体、淘汰劣质个体的操作称为选择。选择算子有时又称为再生算子（reproduction operator）。选择的目的是把优化的个体（或解）直接遗传到下一代，或通过配对交叉产生新的个体再遗传到下一代。选择操作是建立在群体中个体的适应度评估基础上的，目前常用的选择算子有以下几种：适应度比例方法、随机遍历抽样法、局部选择法。其中轮盘赌选择法（roulette wheel selection）是最简单也是最常用的选择方法。在该方法中，各个体的选择概率和其适应度值成比例。先计算各个体的相对适应度 P_i。

$$P_i = f_i \Big/ \sum_{j=1}^{n} f_i$$

以 P_i 为选择概率将一个圆盘按群体规模分成 N 份，则第 i 个扇形的中心角为 $2\pi P_i$；进行选择时，类似于转动圆盘，若某个参照点落在第 i 个扇形内，则选择个体 i。因此，相对适应度高的个体被选中的机会大，其基因结构被遗传到下一代的可能性也大。显然，概率反映了个体 i 的适应度在整个群体的个体适应度总和中所占的比例，个体适应度越大。其被选择的概率就越高，反之亦然。计算出群体中各个个体的选择概率后，为了选择交配个体，需要进行多轮选择。每一轮产生一个［0，1］之间均匀随机数，将该随机数作为选择指针来确定被选个体。个体被选后，可随机地组成交配对，以供后面的交叉操作。

4. 交叉

在自然界生物进化过程中起核心作用的是生物遗传基因的重组（加上变异）。同样，遗传算法中起核心作用的是遗传操作的交叉算子。所谓交叉是指把两个父代个体的部分结构加以替换重组而生成新个体的操作。通过交叉，遗传算法的搜索能力得以飞跃提高。

交叉算子根据交叉率将种群中的两个个体随机地交换某些基因，能够产生新的基因组合，期望将有益基因组合在一起。交叉算子的设计和实现与具体问题密切相关，并要和编码设计一同考虑，主要应包括交叉点的位置和如何交换部分基因。下面介绍几种适合于二进制编码个体或浮点数编码个体的交叉算子。

（1）单点交叉　单点交叉（One-point Crossover）又称为简单交叉，它是指在个体编码串中只随机设置一个交叉点，然后在该点相互交换两个配对个体的部分染色体。单点交叉的具体执行过程如下：

1）对个体进行两两随机配对，若群体大小为 M，则共有 $M/2$ 对相互配对的个体组。

2）对每一对相互配对的个体，随机设置某一基因座之后的位置为交叉点，若染色体的长度为 N，则共有 $N-1$ 个可能的交叉点位置。

3）对每一对相互配对的个体，依设定的交叉概率在其交叉点处相互交换两个个体的部分染色体，从而产生出两个新的个体。

图 17-4 所示为单点交叉运算的示意图。

图 17-4　单点交叉运算的示意图

（2）两点交叉与多点交叉

1）两点交叉（Two-point Crossover）是指在个体编码串中随机设置了两个交叉点，然后再进行部分基因交换。两点交叉的具体操作过程是：

① 在相互配对的两个个体编码串中随机设置两个交叉点。

② 交换两个个体在所设定的两个交叉点之间的部分染色体。

图 17-5 所示为两点交叉运算的示意图。

2）将单点交叉与两点交叉的概念加以推广，可得到多点交叉（Multi-point Crossover）

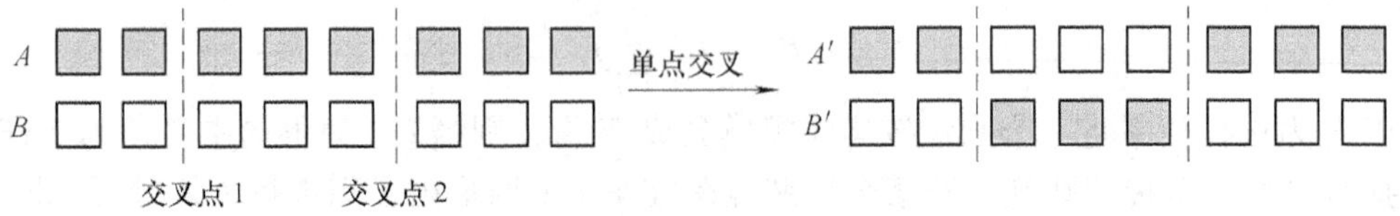

图 17-5　两点交叉运算的示意图

的概念。多点交叉是指在个体编码串中随机设置多个交叉点，然后进行基因交换。多点交叉又称为广义交叉，其操作过程与单点交叉和两点交叉相类似。图 17-6 所示为有三个交叉点时的交叉操作示意图。

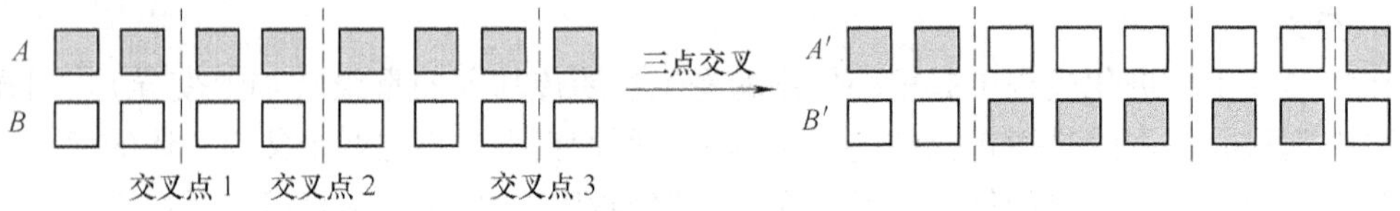

图 17-6　三点交叉运算的示意图

需要说明的是，一般情况下不使用多点交叉算子，因为它有可能破坏一些好的模式。事实上，随着交叉点数的增多，个体的结构被破坏的可能性也逐渐增大，这样就很难有效地保存较好的模式，从而影响遗传算法的性能。

（3）均匀交叉　均匀交叉（也称为一致交叉，Uniform Crossover）是指两个配对个体的每个基因座上的基因都以相同的交叉概率进行交换，从而形成两个新的个体。均匀交叉实际上可归属于多点交叉的范围，其具体运算可通过设置一屏蔽字来确定新个体的各个基因如何由哪一个父代个体来提供。均匀交叉的主要操作过程如下：

1）随机产生一个与个体编码串长度等长的屏蔽字 $W=\omega_1\omega_2\cdots\omega_i\cdots\omega_L$，其中 L 为个体编码串长度。

2）由下述规则从 A、B 两个父代个体中产生出两个新的子代个体 A'、B'。

若 $\omega_i=0$，则 A'在第 i 个基因座上的基因值继承 A 的对应基因值，B'在第 i 个基因座上的基因值继承 B 的对应基因值。

若 $\omega_i=1$，则 A'在第 i 个基因座上的基因值继承 B 的对应基因值，B'在第 i 个基因座上的基因值继承 A 的对应基因值。

均匀交叉操作的示例如图 17-7 所示。

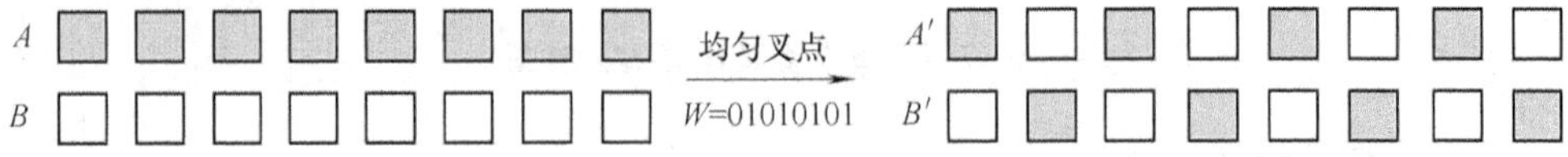

图 17-7　均匀交叉运算的示意图

（4）算术交叉　算术交叉（Arithmetic Crossover）是指由两个个体的线性组合而产生出两个新的个体。为了能够进行线性组合运算，算术交叉的操作对象一般是由浮点数编码所表示的个体。

假设在两个个体之间进行算术交叉，则交叉运算后所产生的两个新个体为

$$\begin{cases} X_A^{t+1} = aX_B^t + (1-a)X_A^t \\ X_B^{t+1} = aX_A^t + (1-a)X_B^t \end{cases}$$

式中，a 为一个参数，a 可以是一个常数（此时所进行的交叉运算称为均匀算术交叉），也可以是一个由进化代数所决定的变量（此时所进行的交叉运算称为非均匀算术交叉）。

算术交叉的主要操作过程为：

1）确定两个个体进行线性组合时的系数 a。

2）根据上述公式生成两个新个体。

遗传算法的收敛性主要取决于其核心操作交叉算子的收敛性。由交叉算子的搜索能力，可以得出结论：只在交叉算子的作用下，随着演化代数的增加，模式内部的各基因将趋于独立，并且只要组成模式的各基因都存在，则该模式一定能被搜索到，此时模式的极限概率等于组成该模式各基因的初始概率（也就是基因的极限概率）的乘积，并且与模式的定义距无关，从而说明了交叉算子能使群体分布扩充的特性。

5. 变异

变异是基因的一个很重要操作。它能使个体发生突然变异，导入新的遗传信息，使寻优有可能指向未探知区域，是提高全局最优搜索能力的有效步骤，也是保持群体差异、防止过早出现收敛现象的重要手段。常见的变异算子一般有逆转变异、对换变异和插入变异。

（1）逆转变异　是在个体编码中随机选择两点（称为逆转点），再将这两点内的字串按反序插入原位置中，如个体 C(0) = 9821745063，随机选择的逆转点为第 3 和第 7 位，则经逆转变换后，个体变异为 C(1) = 9805471263。

（2）插入变异　是从字串中随机选择一个码，将此码插入随机选择的插入点。如对个体 C(0) = 9821745063，取插入码为第 6 位，插入点为第 2 位，则个体变异为 C(1) = 9842175063。

（3）对换变异　是随机选择字串中的两点并交换其数码。如对个体 C(0) = 9821745063，随机产生的对换点为第 3 和第 7 位，则个体变异为 C(1) = 9851742063。此外，还有连续逆转变异、进化变异和混合变异等。

17.2.4 遗传算法的应用

遗传算法提供了一种求解非线性、多模型、多目标等复杂系统优化问题的通用框架，它不依赖于问题所属的具体领域。随着对遗传算法技术的不断研究，人们对遗传算法的实际应用也越来越重视，它已经广泛地应用于函数优化、组合优化、自动控制、机器人学、图像处理、人工智能、遗传编码、机器学习等科技领域。遗传算法已经在求解旅行商问题、背包问题、装箱问题、图形划分问题等方面取得了成功。本节通过一些具体例子，介绍如何利用遗传算法通用函数编写 MATLAB 程序，解决实际问题。

1. 遗传算法工具箱函数

英国谢菲尔德大学开发出了遗传算法工具箱函数，遗传算法工具箱使用 MATLAB 矩阵函数为实现广泛领域的遗传算法建立了一套通用工具，这个遗传算法工具是用 M 文件写成的命令行形式的函数，是完成遗传算法大部分重要功能的程序的集合。用户可通过这些命令行函数，根据实际分析的需要，编写出功能强大的 MATLAB 程序。遗传算法工具箱中的函数分类见表 17-2。

表 17-2　遗传算法工具箱中的函数分类

	函数	功能
创建种群	crtbase	创建基矢量
	crtbp	创建任意离散随机种群
	crtrp	创建实值初始种群
适应度计算	ranking	常用的基于秩的适应度计算
	scaling	比例适应度计算
选择函数	reins	一致随机和基于适应度的重插入
	rws	轮盘选择
	select	高级选择例程
	sus	随机遍历采样
变异算子	mut	离散变异
	mutate	高级变异函数
	mutbga	实值变异
交叉算子	recdis	离散重组
	recint	中间重组
	reclin	线性重组
	recmut	具有变异特征的线性重组
	recombin	高级重组算子
	xovdp	两点交叉算子
	xovdprs	减少代理的两点交叉
	xovmp	通常多点交叉
	xovsh	洗牌交叉
	xovshrs	减少代理的洗牌交叉
	xovsp	单点交叉
	xovsprs	减少代理的单点交叉
子种群的支持	migrate	在子种群间交换个体
实用函数	bs2rv	二进制串到实值的转换
	rep	矩阵的复制

2. 简单一元函数优化实例

例 17-1　利用遗传算法计算下面函数的最大值

$$f(x) = x\sin(10\pi x) + 2 \qquad x \in [-1,2]$$

选择二进制编码，种群中个体数目为 40，每个种群的长度为 20，使用代沟为 0.9（表示上一代中有 90% 的个体被复制到下一代），最大遗传代数为 25。MATLAB 代码如下。

```
figure(1);
fplot('variable.*sin(10*pi*variable)+2',[-1,2]);% 画出函数曲线
% 定义遗传算法参数
NIND = 40;     % 个体数目
MAXGEN = 25;   % 最大遗传代数
```

```
PRECI = 20;      % 变量的二进制位数
GGAP = 0.9;      % 代沟
trace = zeros(2,MAXGEN);           % 寻优结果的初始值
FieldD = [20;-1;2;1;0;1;1];        % 区域描述器
Chrom = crtbp(NIND,PRECI);         % 初始种群
gen = 0;                           % 代计数器
variable = bs2rv(Chrom,FieldD);        % 计算初始种群的十进制转换
ObjV = variable.*sin(10*pi*variable) +2;  % 计算目标函数值
while gen < MAXGEN,
      FitnV = ranking(-ObjV);                  % 分配适应度值
      SelCh = select('sus',Chrom,FitnV,GGAP);  % 选择
      SelCh = recombin('xovsp',SelCh,0.7);     % 重组
      SelCh = mut(SelCh);                  % 变异
      variable = bs2rv(SelCh,FieldD);            % 子代个体的十进制转换
      ObjVSel = variable.* sin(10*pi*variable) +2;  % 计算子代的目标函数值
      [Chrom ObjV] = reins(Chrom,SelCh,1,1,ObjV,ObjVSel);  % 重插入子代的新种群
      gen = gen +1;                       % 代计数器增加
      % 输出最优解及其序号,并在目标函数图像中标出,Y 为最优解,I 为种群序号
      [Y,I] = max(ObjV),hold on;
      plot(variable(I),Y,'bo');
      trace(1,gen) = max(ObjV);                 % 遗传算法性能跟踪
      trace(2,gen) = sum(ObjV)/length(ObjV);
end
variable = bs2rv(Chrom,FieldD);              % 最优个体的十进制转换
hold on,grid;
plot(variable,'ObjV','b*');
figure(2);
plot(trace(1,:)');
hold on;
plot(trace(2,:)','-.');grid;
legend('解的变化','种群均值的变化')
```

使用基于适应度的重插入确保四个最适应的个体总是被连续传播到下一代。这样，在每一代中有 36（NIND * GGAP）个新个体产生。

区域描述器 FieldD 描述染色体的表示和解释，每个格雷码（又称循环二进制码，是一种具有反射特性的单步自给码，它的循环、单步特性消除了随机取数时出现重大误差的可能，它的反射、自补特性使得求反非常方便）采用 20 位二进制，变量区间 [-1，2]。

程序段 Chrom—crtbp（NIND，PRECD）表示一个初始种群 Chrom 被函数 crtbp 创建，它是由 NIND 个均匀分布、长度为 PRECI 的二进制字串构成的。

基于排序的适应度分配计算由程序段 FitnV = ranking（- ObjV）实现。

对这个等级评定算法的默认设置是选择等差为 2 和使用线性评估，给最适应个体的适应度值为 2，最差个体的适应度值为 0，这里的评定算法假设目标函数是最小化的，所以 ObjV 前加了一个负号，使目标函数最大化。适应度值结果由矢量 FitnV 返回。

选择层使用高级函数选择调用低级函数随机遍历抽样例程 sus，SelCh 包含来自原始染色体的 GGAP* NIND 个个体，这些个体将使用高级函数 recombin 进行重组，recombin 使个体通过 SelCh 被选择再生产，并使用单点交叉例程 xovsp，交叉概率 Px =0.7。交叉后产生的子代被同一个矩阵 SelCh 返回，实际使用的交叉例程通过支持使用不同函数把字串传递给 recombin 而改变。

为了产生一组子代，变异使用变异函数 mut。子代再次由矩阵 SelCh 返回，变异概率默认值 PM =0.7/Lind =0.0017，这里 Lind 是假定的个体长度。再次使用 bs2rv，将个体的二进制编码转化为十进制编码，计算子代的目标函数值 ObjVSel。

由于使用了代沟，子代的数量比当前种群数量要小，因此使用恢复函数 reins。这里 Chrom 和 SelCh 是矩阵，包含原始种群和子代结果。这两个事件的第一个被用于单个种群和采用基于适应度的恢复，基于适应度的恢复用 SelCh 中的个体代替 Chrom 中最不适应的个体。原始种群中个体的目标函数值 ObjV 随后又作为函数 reins 的输入参数，子代中个体的目标函数值由 ObjVSel 提供。reins 返回插入子代的新种群 Chrom 和该种群中个体的目标函数值 ObjV。

每次迭代后的最优解和解的均值存放在 trace 中。这个遗传优化的结果包含在矩阵 ObjV 中。决策变量的值为 variable (I)。

下面画出迭代后个体的目标函数值分布图和遗传算法性能跟踪图。遗传算法的运行结果如下：

1）图 17-8 所示为目标函数 $f(x) = x\sin(10\pi x) + 2$，$x \in [-1,2]$ 的函数坐标曲线。

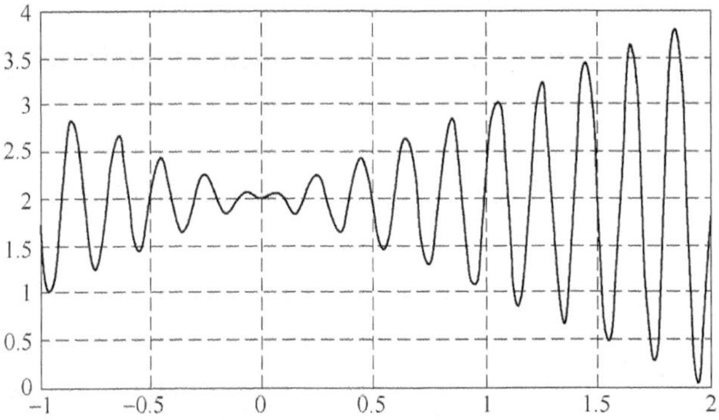

图 17-8　目标函数坐标曲线

2）图 17-9 所示为目标函数的坐标曲线和初始随机种群个体分布图。

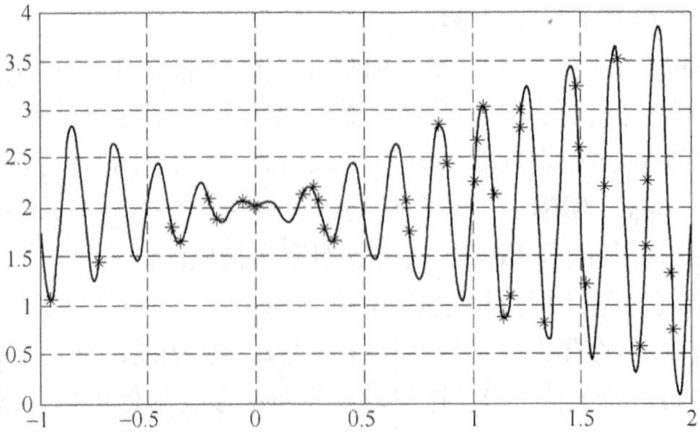

图 17-9　目标函数的坐标曲线和初始随机种群个体分布图

3）经过 1 次遗传迭代后，寻优结果如图 17-10 所示。此时，$X=1.6357$，$f(x)=3.4729$。

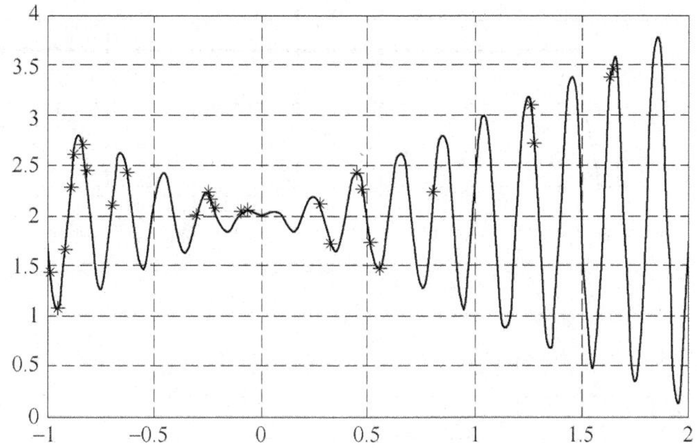

图 17-10　1 次遗传迭代后的结果

4）经过 10 次遗传迭代后，寻优结果如图 17-11 所示。此时，$X=1.8518$，$f(x)=3.8489$。

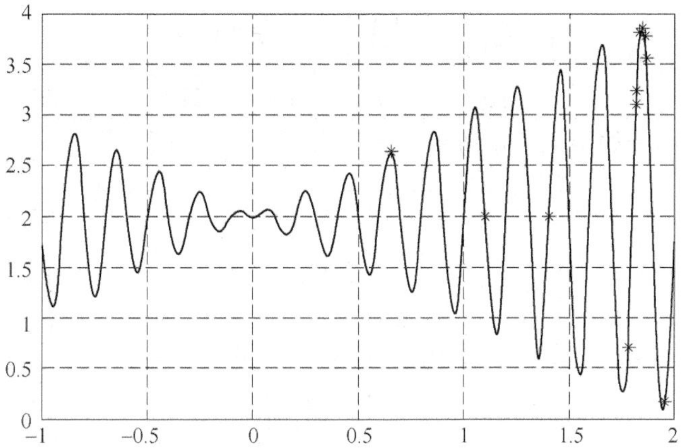

图 17-11　经过 10 次遗传迭代后的结果

5）经过 25 次遗传迭代后，寻优结果如图 17-12 所示。此时，$X=1.8505$，$f(x)=3.8503$。

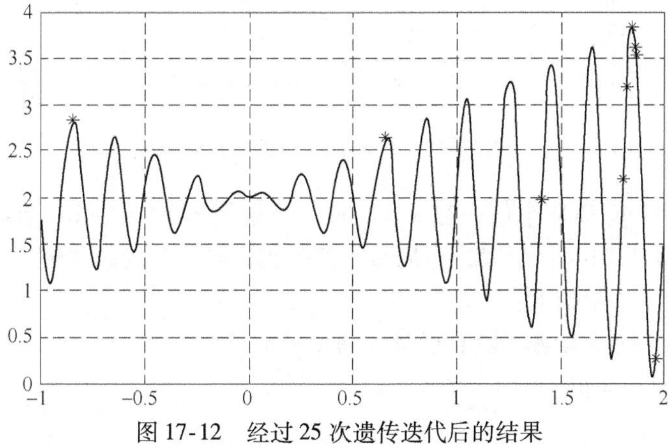

图 17-12　经过 25 次遗传迭代后的结果

6）经过 25 次遗传迭代后最优解的变化和种群均值的变化如图 17-13 所示。

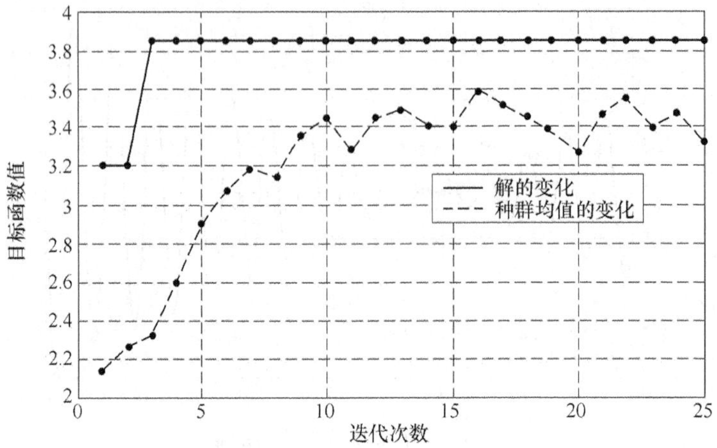

图 17-13　经过 25 次遗传迭代后最优解的变化和种群均值的变化

例 17-2　利用 MATLAB 遗传算法工具箱计算下面函数的极小值。

$$f(x)=\begin{cases}-\exp\left[-\left(\dfrac{x}{20}\right)^2\right] & x\leqslant 20\\ -\exp(-1)+(x-20)(x-22) & x>20\end{cases}$$

该函数的坐标曲线如图 17-14 所示。

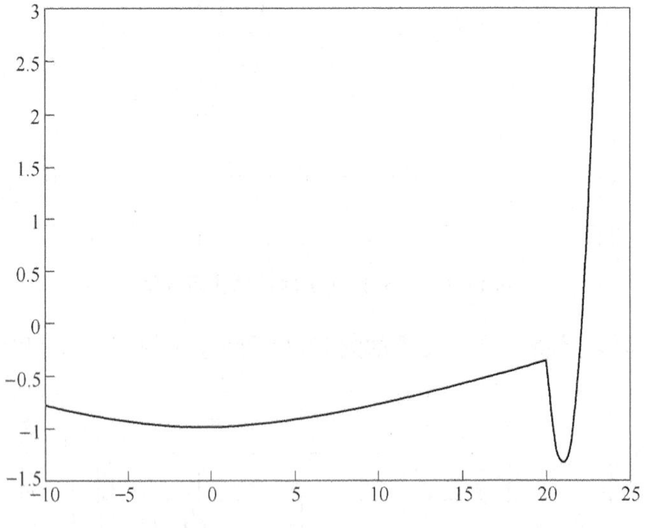

图 17-14　函数 $f(x)$ 的坐标曲线

这个函数有两个局部最小值，当 $x=0$ 时，函数值 $f(x)=-1$；当 $x=21$ 时，函数值 $f(x)\approx-1.367897441171 44$；所以，全局最小值是当 $x=21$ 时的函数值。

遗传算法的运行步骤如下：

1）用 MATLAB 编辑器编写如下新 M 文件。

```
function y = two_min(x)
if x < 20
```

```
    y = -exp(-(x/20).^2);
else
    y = -exp(-1) + (x-20)*(x-22);
end
```

2）用 MATLAB 将这个文件保存为 two_ min. m。

3）在遗传算法工具中，设置 Fitness function 为@ two_ min，设置 Number of variable 为 1。

4）单击“Start”按钮。

遗传算法返回的值接近局部最小值 $x=0$，如图 17-15 所示。

图 17-16 说明了为什么算法得到的是局部最小值，而不是全局最小值，该图画出了每代个体的范围以及最优个体。注意：由于变异，所有个体范围比默认值 Initial range[0; 1]大，但是没有大到搜索全局最小值点 $x=21$ 的附近。

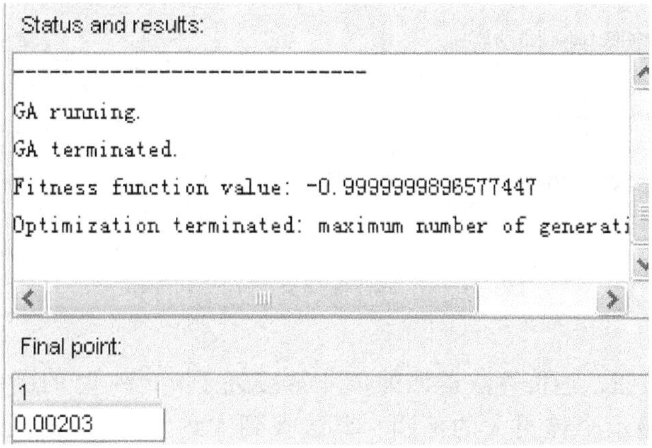

图 17-15　函数 $f(x)$ 的局部最优解

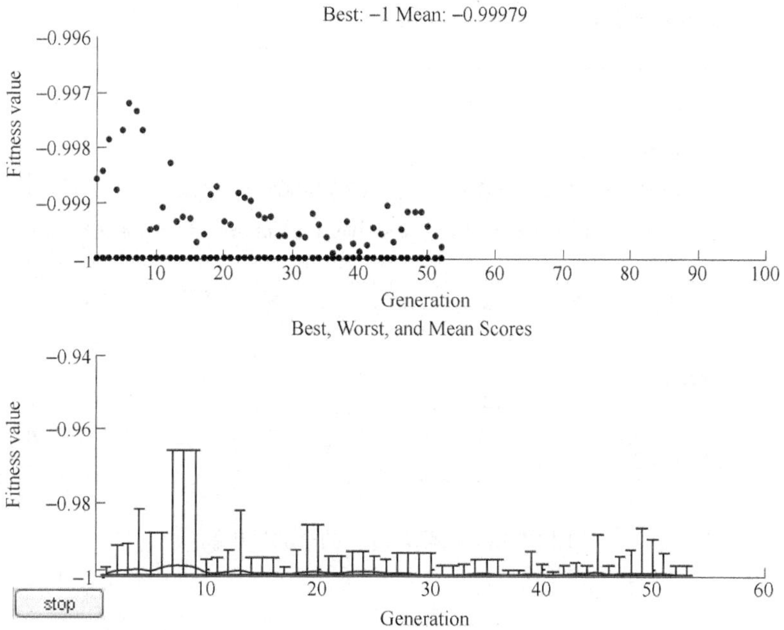

图 17-16　初始范围为［0，1］的迭代过程

使遗传算法搜索更大范围的点的一个方法是增加种群的多样性，即增大 Initial range。初始范围不一定包含点 $x=21$，但是它必须足够大，以便算法能产生 $x=21$ 附近的个体。设置 Initial range 为［0，15］，如图 17-17 所示。

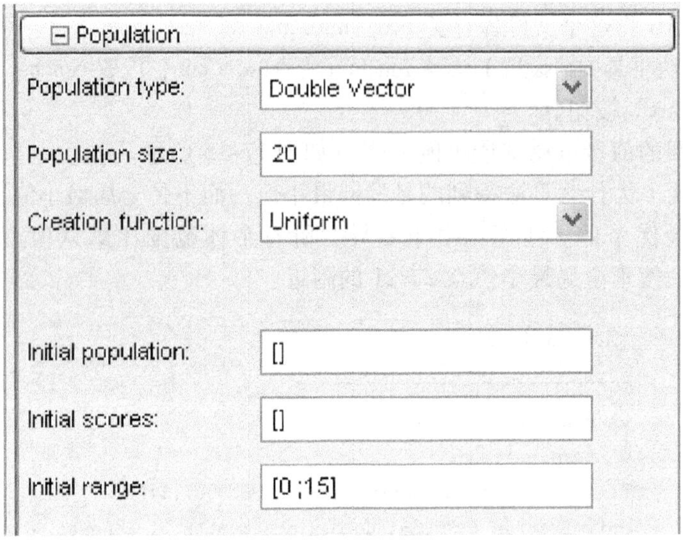

图 17-17　设置初始范围为［0，15］

单击“Start”按钮，遗传算法返回的值非常接近于 $x=21$ 时的函数值，如图 17-18 所示。这一次，图形显示个体更大的范围。算法找到大约等于 21 的最优个体，如图 17-19 所示。

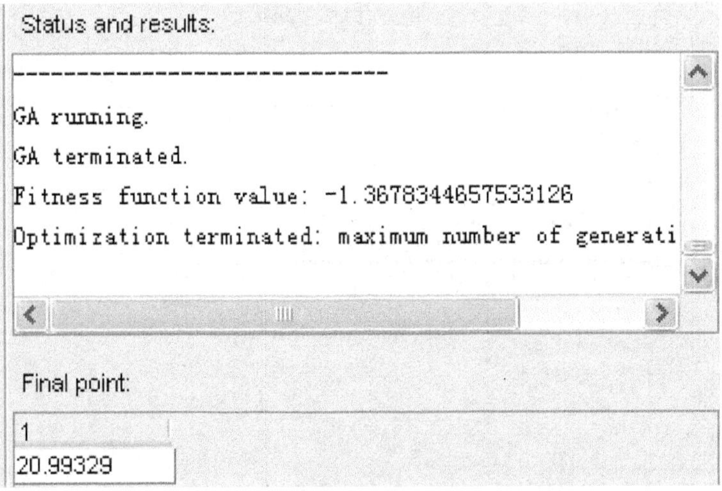

图 17-18　函数 $f(x)$ 的全部最优解

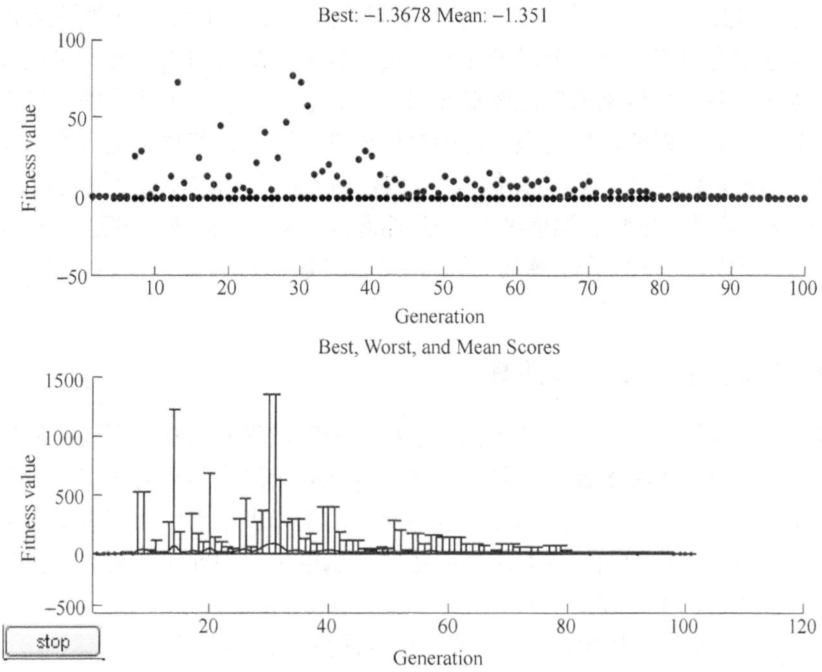

图 17-19　初始范围为［0，15］的迭代过程

17.3　模拟退火算法

17.3.1　模拟退火算法简述

模拟退火算法（Simulated Annealing，SA），属于一种通用的随机搜索算法。模拟退火方法的基本思想来源于固体的退火过程。在加热固体时，固体中分子的热运动不断增强，随着温度的不断升高，固体的长短有序被彻底破坏，固体熔解为液体（或气体）。冷却时，液体中分子的热运动渐渐减弱，随着温度的徐徐降低，分子运动渐趋有序。当温度降至结晶温度后，分子运动变为围绕晶体格点的微小振动，液体凝固成固体，这种由高温向低温逐渐降温的过程称为退火。退火过程中系统的熵值不断减小，系统能量随温度降低趋于最小值。1982 年，KirkPatrick 等人首先意识到固体退火过程与优化问题之间存在着类似性，Metropolis 等对固体在恒定温度下达到热平衡过程的模拟也给他们以启迪：应该把 Metropolis 准则引入到优化过程中来，即如果 $\Delta f \leqslant 0$，则接受新状态，否则按概率 $p(\Delta f) = \exp(-\Delta f/T)$ 接受新状态。其中 $\Delta f = f\{[x(t+\Delta t)] - f[x(t)]\}$，$\Delta t > 0$；$T = T(t)$ 为一随时间 t 增加而下降的参变量，它相当于退火过程中的温度。最终他们得到一种对 Metropolis 算法进行迭代的优化算法，这种算法类似固体退火过程，称之为“模拟退火算法”。

模拟退火算法是种求解大规模组合优化问题的随机性方法，以优化问题的求解与物理系统退火过程的相似性为基础，利用 Metropolis 算法，并适当地控制温度的下降过程，实现模拟退火，从而达到求解全局优化问题的目的。模拟退火算法在求解 TSP、VLSI 电路设计等

NP 完全的组合优化问题上取得了令人满意的结果，并应用于求解连续变量函数的全局优化问题，它具有适用范围广、求得全局最优解的可靠性高、算法简单、便于实现等优点。模拟退火算法在搜索策略上与传统的随机搜索方法不同，它不仅引入了适当的随机因素，而且还引入了物理系统退火过程的自然机理。这种自然机理的引入，使模拟退火算法在迭代过程中不仅接受使目标函数值变“好”的试探点，而且还能够以一定的概率接受使目标函数值变“差”的试探点，接受概率随着温度的下降逐渐减小。模拟退火算法的这种搜索策略，有利于避免搜索过程因陷入局部最优解而无法自拔的弊端，有利于提高求得全局最优解的可靠性。

17.3.2 模拟退火算法的基本原理

模拟退火算法是模拟热力学中经典粒子系统的降温过程来求解规划问题的极值的。当孤立粒子系统的温度以足够慢的速度下降时，系统近似处于热力学平衡状态，最后系统将达到本身的最低能量状态，即基态，这相当于能量函数的全局极小点。由于模拟退火法能够有效地解决大规模的组合优化问题，且对规划问题的要求极少，因此引起研究人员的极大兴趣。

模拟退火算法的基本原理如下：

1）给定初始温度 T_0 及初始点 x，计算该点的函数值 $f(x)$。

2）随机产生扰动 Δx，得到新点 $x' = x + \Delta x$，计算新点函数值 $f(x')$ 及函数值差 $\Delta f = f(x') - f(x)$。

3）若 $\Delta f \leqslant 0$，则接受新点，作为下一次模拟的初始点。

4）若 $\Delta f > 0$，则计算新点接受概率，$p(\Delta f) = \exp[-\Delta f/(KT)]$，产生 [0, 1] 区间上均匀分布的伪随机数 r，$r \in [0, 1]$，如果 $p(\Delta f) \geqslant r$，则接受新点作为下一次模拟的初始点；否则放弃新点，仍取原来的点作为下一次模拟的初始点。

以上步骤称为 Metropolis 过程。按照一定的退火方案逐渐降低温度，重复 Metropolis 过程，就构成了模拟退火优化算法，简称模拟退火法。当系统温度足够低时，就认为达到了全局最优状态。按照热力学分子运动理论，粒子做无规则运动时，它具有的能量带有随机性，温度较高时，系统的内能较大，但是对某个粒子而言，它所具有的能量可能较小。因此算法要记录整个退火过程中出现的能量较小的点。

在模拟退火优化算法中，降温的方式对算法有很大影响。如果温度下降过快，可能会丢失极值点；如果温度下降过慢，算法的收敛速度又大大降低。为了提高模拟退火优化算法的有效性，许多学者提出了多种退火方案，有代表性的有：

(1) 经典退火方式　降温公式为 $T(t) = T_0/\ln(1+t)$，特点是温度下降很缓慢，因此，算法的收敛速度也是很慢的。

(2) 快速退火方式　降温公式为 $T(t) = T_0/(1+at)$，特点是在高温区温度下降比较快，而在低温区降温的速率较慢。这符合热力学分子运动的理论，即粒子在高温时，具有较低能量的概率要比在低温时小得多，因此寻优的重点应在低温区。式中参数 a 可以改善退火曲线的形态。

17.3.3 模拟退火算法的步骤

模拟退火算法用一组称为冷却进度表的参数控制算法的进程，使算法在控制参数 t 控制下徐徐“降温”并趋于零，最终求得组合优化问题的相对全局最优解。其中优化问题的一个解 i 及其目标函数 $f(i)$ 分别与固体的一个微观状态 i 及其能量对应。令随算法进程递减的控制参数 t 担当固体退火过程中温度 T 的角色，则对于 t 的每一取值，算法采用 Metropolis 接受准则，持续进行“产生新解-判断-接受/舍弃”的迭代过程而达到该“温度”下的“平衡点”，具体步骤如下：

1）给定冷却进度表参数及迭代初始解 $\boldsymbol{x}_0$ 以及 $f(x_0)$。其中冷却进度表参数包括：控制参数 t 的初值 t_0、衰减函数、终值（停止准则）及 Markov 链长度 L_k。

2）参数 $t=t_k$ 时，按照如下过程作 L_k 次试探搜索。

① 根据当前解 $\boldsymbol{x}_k$ 的性质产生一随机矢量 $\boldsymbol{z}_k$（对于连续变量）或随机偏移量 m'（对于离散变量），从而得到一个当前解邻域的新的试探点 $\boldsymbol{x}'_k$。

$$\boldsymbol{x}'_k=\begin{cases}\boldsymbol{x}_k+\boldsymbol{z}_k & \text{对于连续变量}\\ \boldsymbol{X}(m+m') & \text{对于离散变量}\end{cases}$$

式中，$\boldsymbol{X}$ 为离散变量的取值序列；m 为当前解的离散位置。

② 产生一个在（0，1）上均匀分布的随机数 η，计算出在当前给定迭代点 $\boldsymbol{x}_k$ 和温度 t_k 时与 Metropolis 接受准则相对应的转移概率 P，有

$$P=\begin{cases}1 & f(\boldsymbol{x}'_k)\leqslant f(\boldsymbol{x}_k)\\ \exp\left[\dfrac{f(\boldsymbol{x}_k)-f(\boldsymbol{x}'_k)}{t_k}\right] & f(\boldsymbol{x}'_k)>f(\boldsymbol{x}_k)\end{cases}\tag{17-4}$$

如果 $\eta\leqslant P$，则接受新解，$\boldsymbol{x}_k=\boldsymbol{x}'_k$，$f(\boldsymbol{x}_k)=f(\boldsymbol{x}'_k)$，否则当前解不变。

③ 试探搜索小于 L_k 次，返回步骤①，否则进入步骤 3）。

3）如果迭代终止条件满足，则算法结束，当前解作为近似全局最优解，否则继续步骤 4）。

4）根据给定的温度衰减函数，产生新的温度控制参数 t_{k+1} 及 Markov 链长度 L_{k+1}，转入步骤 2）进入下一温度点的平衡点寻优。

从上述步骤可以看出，模拟退火算法依据式（17-4）描述的 Metropolis 准则接受新解，因此除了接受优化解外，还在一定限度内接受劣化解，这正是模拟退火算法与局部搜索算法的本质区别所在。算法开始时 t 值较大，可能接受较差的劣化解；随着 t 的减小，则只能接受较好的劣化解；最后在 t 值趋于零值时，就不再接受劣化解了。这样可使模拟退火算法能从局部最优的“陷阱”中跳出，最后以较大的概率获得全局最优解。

值得注意的是，合理的停止准则既能保证算法收敛于某一近似解，又能使最终解具有一定的全局性。从考虑算法效率的角度宜选取双重标准，即迭代在若干个相继的 Markov 链中解无任何变化，或者达到控制参数 t 的终值 t_f，算法都将终止。此外，连续变量存在无数个状态，邻域的产生方法应该保证算法的迭代能达到变量的所有状态。可以采用产生随机矢量 $\boldsymbol{z}_k$ 的方法，即根据当前解的性质产生设计变量的增值矢量

$$\boldsymbol{x}'_{ki}=\boldsymbol{x}_{ki}+\boldsymbol{z}_{ki}$$

式中，$z_{ki}=2r\boldsymbol{q}-\boldsymbol{q}$，表示连续变量的邻域结构，$i$ 表示当前解的第 i 个设计变量，r 为 0～1 的随机值，q 定义为连续变量的自适应随机因子，它根据设计变量的取值范围而改变。

17.3.4 模拟退火算法的要素设计

1. 初始温度的设定

初始温度的设定是影响模拟退火算法全局搜索性能的重要因素之一。初始温度高，算法搜索到全局最优解的可能性大，但花费的计算时间长；反之，则可节省计算时间，但影响全局搜索性能。实际应用过程中，初始温度的选择一般要依据实验结果进行若干次调整。

从理论上说，初始温度 t_0 应保证平稳分布中每一状态的概率相等，即满足

$$\exp(-\Delta f_{ij}/t_0) \approx 1$$

据此，容易得到初始温度的一个估值：

$$t_0 = K\delta$$

式中，K 为足够大的正数，实际计算中可根据问题特点通过实验确定取值；δ 的取值可按 $\delta = \max\{f(j) \mid j \in D\} - \min\{f(j) \mid j \in D\}$ 简单估计。

2. 温度下降方法的确定

温度管理也是模拟退火算法中难以处理的问题之一。在邻域搜索过程中，当解的质量变差的概率呈 Boltzmann 分布时，理论证明经典退火方式可以使模拟退火算法收敛于全局最优解，即

$$t(k) = K/\ln(1+k)$$

式中，K 为正的常数；k 为降温次数。

在邻域搜索过程中，当解的质量变差的概率呈 Cahchy 分布时，理论证明快速退火方式可以使模拟退火算法收敛于全局最优解，即

$$t(k) = K/(1+k)$$

式中，K 为正的常数；k 为降温次数。

实际应用中，常采用以下方法：

1）每一步温度以相同比率下降，即

$$t_{k+1} = at_K$$

式中，a 为降温系数，$0 < a < 1$。

2）每一步温度以相同长度下降，即

$$t_k = t_0(T-k)/T$$

式中，t_0为初始温度；T 为温度下降的总次数。

3. 每一温度迭代长度的确定

模拟退火算法的全局搜索性能也与每一温度的迭代长度密切相关。一般来说，同一温度下的充分搜索是十分必要的，但需要付出计算时间增加的代价。实际应用中要根据问题的特点设置合理的迭代长度，主要方法有：

（1）固定迭代步数　在每一温度都设置相同的迭代步数，步数的选取通常采用与邻域大小直接相关的规则。

（2）根据接受和拒绝概率控制迭代步数。高温时，每一状态被接受的概率基本相同，且几乎所有状态都被接受，可使同一温度的迭代步数尽量少些；温度逐渐变低后，越来越多的状态被拒绝，则可相应增大迭代步数。因此，可以采用下述方法：给定一个上限迭代步数 S 和一个接受次数上限 R，当某一温度的实际接受次数等于 R 时，不再迭代而使温度下降，

否则继续迭代到上限步数 S。

也可设计其他处理方法。

4. 终止准则

多数情况下，主要采用以下比较直观的终止准则：

（1）零度法　给定一个比较小的正数 ε，当温度 $t_k < \varepsilon$ 时，算法终止，表示达到最低温度。

（2）循环总数控制法　设定温度下降的总次数为 T，当温度迭代次数达到 T 时，算法终止。

（3）接受概率控制法　模拟退火算法的基本思想是有效摆脱局部最优解。如果在温度较高时未能摆脱局部最优解，则在温度较低时摆脱局部最优解的可能性更低。因此可给定一个比较小的概率 P_X，在一个温度和给定的迭代步数内，除当前局部最优解外，如果其他状态的接受概率都小于 P_X时，算法终止。

17.3.5　模拟退火算法应用

例 17-3　使用模拟退火法求函数 $f(x,y)=5\sin(xy)+x^2+y^2$ 的最小值。

解：设冷却表进度为：初始温度为 100，衰减参数为 0.95，Markov 链长度为 10000，Metropolis 的步长为 0.02，结束条件为根据上一个最优解与最新的一个最优解之差小于某个容差。使用 Metropolis 接受准则进行模拟，程序如下：

```
/*
* 模拟退火法求函数 f(x,y) =5sin(xy) +x^2 +y^2 的最小值
* 结束条件为两次最优解之差小于某小量
*/
using System;
namespace SimulateAnnealing
{
class Class1
{
//要求最优值的目标函数
static double ObjectFunction(double x,double y)
{
double z =0.0;
z =5.0 *Math.Sin(x*y) +x*x +y*y;
return z;
}
[STAThread]
static void Main(string[] args)
{
//搜索的最大区间
const double XMAX =4;
const double YMAX =4;
//冷却表参数
```

```
int MarkovLength = 10000; //Markov 链长度
double DecayScale = 0.95; //衰减参数
double StepFactor = 0.02; //步长
double Temperature = 100; //初始温度
double Tolerance = 1e-8; //容差
double PreX,NextX; //prior and next value of x
double PreY,NextY; //prior and next value of y
double  PreBestX,PreBestY; //上一个最优解
double BestX,BestY; //最终解
double AcceptPoints = 0.0; //Metropolis 过程中总接受点
Random rnd = new Random();
//随机选点
PreX = -XMAX * rnd.NextDouble();
PreY = -YMAX * rnd.NextDouble();
PreBestX = BestX = PreX;
PreBestY = BestY = PreY;
//每迭代一次退火一次(降温),直到满足迭代条件为止
do
{
Temperature * = DecayScale;
AcceptPoints = 0.0;
//在当前温度 T 下迭代 loop(即 Markov 链长度)次
for(int i = 0;i < MarkovLength;i + + )
{
//1)在此点附近随机选下一点
do
{
NextX = PreX + StepFactor * XMAX * (rnd.NextDouble() -0.5);
NextY = PreY + StepFactor * YMAX * (rnd.NextDouble() -0.5);
}
while(! (NextX > = -XMAX & & NextX < = XMAX & & NextY > = -YMAX & & NextY < = YMAX));
//2)是否全局最优解
if(ObjectFunction(BestX,BestY) > ObjectFunction(NextX,NextY))
{
//保留上一个最优解
PreBestX = BestX;
PreBestY = BestY;
//此为新的最优解
BestX = NextX;
BestY = NextY;
}
//3)Metropolis 过程
if(ObjectFunction(PreX,PreY) -ObjectFunction(NextX,NextY) > 0)
```

```
{
//接受此处 lastPoint,即下一个迭代的点以新接受的点开始
PreX = NextX;
PreY = NextY;
AcceptPoints + + ;
}
else
{
double change = -1 * (ObjectFunction(NextX,NextY)-ObjectFunction(PreX,PreY)) /
Temperature;
if(Math.Exp(change) > rnd.NextDouble())
{
PreX = NextX;
PreY = NextY;
AcceptPoints + + ;
}
//不接受,保存原解
}
}
Console.WriteLine("{0},{1},{2},{3}",PreX,PreY,ObjectFunction(PreX,PreY),Tem-
perature);
}while(Math.Abs(ObjectFunction(BestX,BestY) - ObjectFunction(PreBestX,PreBes-
tY)) >
Tolerance);
Console.WriteLine("最小值在点:{0},{1}",BestX,BestY);
Console.WriteLine("最小值为:{0}",ObjectFunction(BestX,BestY));
}
}
}
```

结果:

最小值在点: -1.07678129318956,1.07669421564618

最小值为: -2.26401670947686

例 17-4　三杆静定桁架，其几何尺寸如图 17-20 所示。材料参数抗压强度 $\sigma_a = -1500\text{MPa}$，抗拉强度 $\sigma_b = 2000\text{MPa}$，$\rho = 0.1$。结构受到两种工况载荷：工况 1，$P_1 = 2000$，$P_2 = 0$；工况 2，$P_1 = 0$，$P_2 = 2000$。试进行优化设计。

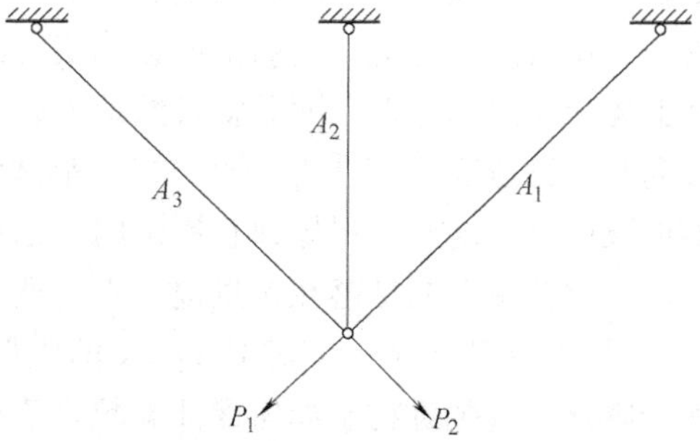

图 17-20　三杆静定桁架图

解：优化模型

$$\min f(X) = 2\sqrt{2}x_1 + x_2$$

约束条件

$$\frac{P_1(x_2+\sqrt{2}x_1)}{\sqrt{2}x_1^2+2x_1x_2}\leqslant 2000$$

$$\frac{\sqrt{2}P_1x_1}{\sqrt{2}x_1^2+2x_1x_2}\leqslant 2000$$

$$\frac{-P_1x_2}{\sqrt{2}x_1^2+2x_1x_2}\leqslant -1500$$

$$0.1\leqslant x_1\leqslant 1,0.1\leqslant x_2\leqslant 1$$

式中，$x_1=A_1$，$x_2=A_2$。

应用模拟退火算法进行计算，控制参数分别取为：初始温度 $t_0=10$℃，降温系数 $\alpha=0.95$，Markov 链长度 $L_k=200$，迭代步数 $S=5$，终止温度 $t_f=0.05$℃，随机因子 $q=0.1$，初值取为（0.2，0.2）。经过 5672 次迭代，计算结果见表 17-3。

表 17-3　三杆静定桁架优化设计结果

模拟退火算法求解		
x_1^*	x_2^*	$f(x^*)$
0.7895	0.4060	2.639045

17.4　粒子群优化算法

17.4.1　粒子群优化算法简述

粒子群优化算法（Particle Swarm Optimization，PSO），又称为粒子群算法、微粒群算法或微粒群优化算法，是通过模拟鸟群觅食行为而发展起来的一种基于群体协作的随机搜索算法。通常认为它是群集智能（Swarm Intelligence，SI）的一种。粒子群算法于 1995 年由美国社会心理学家 James Kennedy 和电气工程师 Russell Eberhart 共同提出的。其基本思想是受他们早期对许多鸟类的群体行为进行建模与仿真研究结果的启发。而他们的模型及仿真算法主要利用了生物学家 Frank Heppner 的模型。

Frank Hepner 的鸟类模型在反映群体行为方面与其他类模型有许多相同之处，所不同之处在于：鸟类被吸引飞向栖息地。在仿真中，一开始每一只鸟均无特定目标进行飞行，直到有一只鸟飞到栖息地，当期望栖息比期望留在鸟群中具有较大的适应值时，每一只鸟都将离开群体而飞向栖息地，随后就自然地形成了鸟群。由于鸟类使用简单的规则确定自己的飞行方向与飞行速度（实质上，每一只鸟都试图停在鸟群中而又不相互碰撞），当一只鸟飞离鸟群而飞向栖息地时，将导致它周围的其他鸟也飞向栖息地，这些鸟一旦发现栖息地，将降落在此，驱使更多的鸟落在栖息地，直到整个鸟群都落在栖息地。

Eberhart 和 Kennedy 对 Heppner 的模型进行了修正，以使微粒能够飞向解空间并在最好解处降落。其关键在于如何保证微粒降落在最好解处而不降落在其他解处。这就是信念的社会性及智能性所在。信念具有社会性的实质在于个体向它周围的成功者学习。个体与周围的其他同类比较，并模仿其优秀者的行为。将这种思想用算法实现将导致一种新的最优化算法。要解决上述问题，关键在于在探索（寻找一个好解）和开发（利用一个好解）之间寻找一个好的平衡。太小的探索导致算法收敛于早期所遇到的好解处。而太小的开发会使算法不收敛。另一方面，需要在个性与社会性之间寻求平衡，也就是说，既希望个体具有个性化，像鸟类模型中的鸟不相互碰撞，又希望其知道其他个体已经找到的好解并向它们学习，即社会性。Eberbart 和 Kennedy 较好地解决了上述问题，提出了粒子群优化算法。

17.4.2 基本粒子群算法

基本粒子群算法与其他进化类算法相类似，也采用“群体”与“进化”的概念，同样也是依据个体（粒子）的适应值大小进行操作。所不同的是，基本粒子群算法不像其他进化算法那样对于个体使用进化算子，而是将每个个体看做是在 n 维搜索空间中的一个没有质量和体积的粒子，并在搜索空间中以一定的速度飞行。该飞行速度由个体的飞行经验和群体的飞行经验进行动态调整。设：

$\boldsymbol{X}_i=(x_{i1}, x_{i2}, \cdots, x_{in})$ 为粒子 i 的当前位置。

$\boldsymbol{V}_i=(v_{i1}, v_{i2}, \cdots, v_{in})$ 为粒子 i 的当前飞行速度。

$\boldsymbol{P}_i=(p_{i1}, p_{i2}, \cdots, p_{in})$ 为粒子 i 所经历的最好位置，也就是粒子 i 所经历过的具有最好适应值的位置，称为个体量好位置。对于最小化问题，目标函数值越小，对应的适应值越好。

为了讨论方便，设 $f(x)$ 为最小化的目标函数，则粒子 i 的当前最好位置由下式确定

$$p_i(t+1)=\begin{cases}p_i(t) & f(x_i(t+1))\geqslant f(p_i(t))\\ x_i(t+1) & f(x_i(t+1))<f(p_i(t))\end{cases}$$

有了以上定义，基本粒子群算法的进化方程可描述为

$$v_{ij}(t+1)=v_{ij}(t)+c_1r_{1j}(t)[p_{ij}(t)-x_{ij}(t)]+c_2r_{2j}(t)[p_{ij}(t)-x_{ij}(t)] \tag{17-5}$$

$$x_{ij}(t+1)=x_{ij}(t)+v_{ij}(t+1) \tag{17-6}$$

式中，下标“j”表示粒子的第 j 维；“i”表示粒子 i；t 表示第 t 代；c_1、c_2 为加速常数，通常在 0 ~ 2 之间取值；$r_1 \sim U(0, 1)$，$r_2 \sim U(0, 1)$ 为两个相互独立的随机函数。

从上述粒子进化方程可以看出，c_1 调节粒子飞向自身最好位置方向的步长，c_2 调节粒子向全局最好位置飞行的步长。为了减少在进化过程中，粒子离开搜索空间的可能性，v_{ij} 通常限定于一定范围内，即 $v_{ij}\in[-v_{\max}, v_{\max}]$。如果问题的搜索空间限定在 $[-x_{\max}, x_{\max}]$ 内，则可设定 $v_{\max}=kx_{\max}$，$0.1\leqslant k\leqslant 1.0$。

（1）基本粒子群算法的初始化过程

1）设定群体规模 N。

2）对任意粒子 i 和 j，在 $[-x_{\max}, x_{\max}]$ 内服从均匀分布产生 x_{ij}。

3）对任意粒子 i 和 j，在 $[-v_{\max}, v_{\max}]$ 内服从均匀分布产生 v_{ij}。

4）对任意粒子 i，设 $y_i=x_i$。

（2）基本粒子群算法的流程

1）依照初始化过程，对粒子群的随机位置和速度进行初始设定。

2）计算每个粒子的适应值。

3）对于每个粒子，将其适应值与所经历过的最好位置 P_i 的适应值进行比较，若较好，

则将其作为当前的最好位置。

4）对每个粒子，将其适应值与全局所经历的最好位置 P_k 的适应值进行比较，若较好，则将其作为当前的全局最好位置。

5）根据式（17-5）、式（17-6）对粒子的速度和位置进行优化。

6）如未达到结束条件，通常结束条件为足够好的适应值或达到一个预设最大代数（G_{max}），则返回步骤2）。

17.4.3　改进的粒子群算法

1. 带有惯性因子的改进粒子群算法

（1）一般的惯性因子设计　对于不同的问题，如何确定局部搜索能力与全局搜索能力的比例关系，对于其求解过程非常重要。甚至对于同一个问题而言，进化过程中也要求不同的比例。为此，史玉回提出了带有惯性权重的改进粒子群算法。其进化方程为

$$v_i(t+1)=wv_i(t)+c_1r_1(p_i-x_i(t))+c_2r_2(p_g-x_i(t)) \tag{17-7}$$

$$x_i(t+1)=x_i(t)+v_i(t+1) \tag{17-8}$$

当惯性权重 $w=1$ 时，式（17-7）与基本粒子群算法相同，从而表明带惯性权重的改进粒子群算法是基本粒子群算法的扩展。实验结果表明 w 的取值范围为 0.8 ~ 1.2 时，算法收敛速度更快，而当 $w>1.2$ 时，算法则较多地陷入局部极值。

惯性权重 w 表明粒子原先的速度能在多大程度上得到保留。假设粒子 j 的初始速度非零，当 $c_1=c_2=0$ 时如果 $w>0$，粒子将会加速直至 v_{max}；如果 $w<0$，粒子将会减速直至 0。当 c_1、$c_2\neq0$ 时，情况比较复杂，实验结果表明 $w=1$ 要好一些。

惯性权重 w 类似模拟退火中的温度，较大的 w 有较好的全局收敛能力，而较小的 w 则有较强的局部收敛能力。因此，随着迭代次数的增加，惯性权重 w 应不断减少，从而使得粒子群算法在初期具有较强的全局收敛能力，而晚期具有较强的局部收敛能力。有些文献要求惯性权重 w 满足

$$w(t)=0.9-\frac{0.5t}{\text{MaxNumber}} \tag{17-9}$$

式中，MaxNumber 为最大截至迭代次数，这样，惯性权重 w 可看做迭代次数的函数，可从 0.9 到 0.4 线性减少。

（2）基于模糊系数的惯性因子的动态调整　对于惯性权重 w 来说，对于不同的问题，其每一代所需要的比例关系并不相同，这样，线性递减关系只对某些问题有效，对于其他问题而言显然不是最佳的。为此，提出了基于模糊系统的惯性权重的动态调整。该模糊系统需要两个输入参数：当前种群最优性能规范化指标 NCBPE 和当前的惯性权重 w，输出为惯性权重的调节量 w'。具体操作时，首先假设所优化的问题为求解最小值的问题，其次对性能指标规范化操作，将当前种群最优性能指标 CBPE 转换成规范化指标 NCBPE。即

$$\text{NCBPE}=\frac{\text{CBPE}-\text{CBPE}_{min}}{\text{CBPE}_{max}-\text{CBPE}_{min}}$$

其中，全局最小值（或估计值）为 CBPE_{min}，所得到的某个上界为 CBPE_{max}。3 个变量（两个输入变量和一个输出变量）分为低、中、高三种状态。对于每种状态，其隶属度函数分别称为 $f_{lert\_triangle}$、$f_{triangle}$、$f_{right\_triangle}$ 具体定义为

$$f_{\text{lert\_ triangle}} = \begin{cases} 1 & x < x_1 \\ \dfrac{x_2 - x}{x_2 - x_1} & x_1 \leqslant x \leqslant x_2 \\ 0 & x > x_2 \end{cases}$$

$$f_{\text{triangle}} = \begin{cases} 0 & x < x_1 \\ 2\dfrac{x - x_1}{x_2 - x_1} & x_1 \leqslant x \leqslant \dfrac{x_1 + x_2}{2} \\ 2\dfrac{x_2 - x}{x_2 - x_1} & \dfrac{x_1 + x_2}{2} \leqslant x \leqslant x_2 \\ 0 & x > x_2 \end{cases}$$

$$f_{\text{right\_ triangle}} = \begin{cases} 0 & x < x_1 \\ \dfrac{x - x_1}{x_2 - x_1} & x_1 \leqslant x \leqslant x_2 \\ 1 & x > x_2 \end{cases}$$

其中，x 表示与低、中、高三种状态有关的隶属度函数的自变量；x_1、x_2 为两个参数用以确定函数的形状和位置。整个模糊系统可以表示为：

```
9
2  1
NCBPE  3  0  1
    LeftTriangle  0  0.06
    Triangle  0.05  0.4
    RightTriangle  0.3  1
Weight  3  0.2  1.1
    LeftTriangle  0.2  0.6
    Triangle  0.4  0.9
    RightTriangle  0.6  1.1
W_change  3 -0.12  0.05
    LeftTriangle  -0.12  -0.02
    Triangle  -0.04  -0.04
    RightTriangle  0.0  0.05
1  1  2
1  2  1
1  3  1
2  1  3
2  2  2
2  3  1
3  1  3
3  2  2
3  3  1
```

程序中，第一行的“9”表示共有 9 条规则；第二行的“2　1”表示有两个输入变量和一个输出变量；第三行的“NCBPE　3　0　1”表示第一个输入变量是个 NCBPE 变量（规范化操作），有 3 个模糊集，取值范围为（0，1）。当使用隶属度函数 $f_{left\_triangle}$ 时，参数 x_1、x_2 取 0、0.06；使用隶属度函数 $f_{triangle}$ 时，参数 x_1、x_2 取 0.05、0.4；使用隶属度函数 $f_{right\_triangle}$ 时，参数 x_1、x_2 取 0.3、1.0。这 4 行完整地定义了第一个输入变量。第二个输入变量为 Weight，输出变量为 W_ change，分别进行了定义。定义完之后，又给出了具体的 9 条模糊规则。在规则中“1”代表低状态，“2”表示中状态，“3”表示高状态。因此，第一条规则“1　1　2”就表示输入变量 NCBPE 为低，Weight 为低，输出变量 W_ change 为中的情形。

2. 带有收缩因子的粒子群算法

在 Clerc 的研究中，提出了收缩因子的概念。该方法描述了一种选择 w、c_1 和 c_2 的值的方法，以确保算法收敛。通过正确地选择这些控制参数，就没有必要将 v_1 和 v_2 的值限制在 $[v_{min}, v_{max}]$ 之中。接下来首先讨论一个与带有收缩因子的粒子群算法相关的收敛模式特例。

一个与某个收敛模式相符合的改进了的速率方程式由以下形式提出

$$v_{i,j}(t+1)=\chi(v_{i,j}(t)+c_1r_{1,j}(t)(p_{i,j}(t)-x_{i,j}(t))+c_2r_{2,j}(t)(p_{g,j}(t)-x_{i,j}(t))) \tag{17-10}$$

$$\chi=\frac{2}{\left|2-l-\sqrt{l^2-4l}\right|} \tag{17-11}$$

式中，$l=c_1+c_2$，$l>4$。

设 $c_1=c_2=2.05$，将 $l=c_1+c_2=4.1$ 代入式（17-11），得出 $\chi=0.7298$ 并代入式（17-10），同时省略参数 t，结果为

$$v_{i,j}(t+1)=0.7298(v_{i,j}+2.05r_{1,j}(p_{i,j}-x_{i,j})+2.05r_{2,j}(p_{i,j}-x_{i,j}))$$

因为 $20.5\times0.7298=1.4962$，所以这个方程式与改进粒子群算法使用 $c_1=c_2=1.4962$ 和 $w=0.7298$ 所得到的方程式是等价的。

Eberhart 和史玉回将分别利用 v_{max} 和收缩因子来控制粒子速度的两种算法性能做了比较，结果表明，后者比前者通常具有更好的收敛率。然而在有些测试函数的求解过程中，使用收敛因子的粒子群算法在给定的迭代次数内无法达到全局极值点。按照 Eberhart 和史玉回的观点，这是由于粒子偏离所期望的搜索空间太远而造成的，为了降低这种影响，他们建议在使用收缩因子时首先对算法进行限定，比如设参数 $v_{max}=x_{max}$，或者预先设置搜索空间的大小。这样可以改进算法对所有测试函数的求解性能——不管是在收敛率方面还是在搜索能力方面。

17.4.4　MATLAB 的粒子群算法工具箱

MATLAB 粒子群工具箱提供了非常先进的粒子群优化工具，可指定惯性因子的起始值和中止值、可约定各维变量的取值范围、粒子在遇到边界时是否反弹等各种参数，除此以外，粒子群工具箱既可以在用户约定的范围内自动随机生成指定群体规模的初始粒子群，也可人工输入小于群体规模的任意数目的初始粒子，具备非常强的灵活性。

pso_ Trelea_ vectorized. m 文件主要包括了 pso_ Trelea_ vectorized 函数，该函数实现了整个粒子群的初始化、个体最优值计算及更新、全局最有值计算及更新、个体速度更新、个体位置更新等。在实际的计算过程中，只需要编写好目标函数并调用 pso_ Trelea_ vectorized. m 函数，即可实现使用粒子群算法来寻优的过程。

该工具箱的使用方法主要分为以下几个步骤：

1）在 MATLAB 的命令窗口中单击“File”→“SetPath”，设置工具箱的路径。

2）编写待优化函数。

3）调用粒子群算法的核心模块：pso_ Trelea_ vectorized. m。

调用 pso_ Trelea_ vectorized. m 的方法如下：

pso_ Trelea_ vectorized. m（functname，D，mv，VarRange，minmax，PSOparams，plotfcn，PSOseedValue）。其中，functname 是目标函数的名称，D 为问题的维数，mv 为粒子飞行的最大速度，VarRange 是自变量的取值范围矩阵，minmax 是寻优类型（0 代表寻找函数的最小值，1 代表寻找函数的最大值），PSOparams 是一个包括最大迭代次数、群体规模、惯性因子、学习因子、中止迭代条件等参数的矩阵，plotfcn 指定了在粒子群寻优过程中用于展示寻优过程的画图函数，PSOseedValue 可允许用户输入任意多组初始粒子。

goplotpso. m 文件的主函数 goplotpso 提供了一个展示寻优过程的标准画图程序，通过调用该程序，可清晰地看到粒子群的整个迭代过程。通过参数指定该函数刷新画面的速度后，每隔指定的迭代步数，该函数都会将群体最优适应值所在位置、所有个体最优适应值所在位置、所有个体当前位置以不同的颜色显示出来，并且还可以显示群体最优适应值随迭代次数变化的实时曲线。

17.4.5　粒子群优化算法的应用

例 17-5　一压缩圆柱螺旋弹簧，材料为 65Mn，最大工作载荷 $P_{max}=40\text{N}$，最小工作载荷为 0，载荷变化频率 $f_r=25\text{Hz}$，弹簧寿命为 104h，弹簧钢丝直径 d 的取值范围为 1 ~ 4mm，中径 D_2的取值范围为 10 ~ 30mm，有效圈数 n 不应小于 4.5 圈，弹簧旋绕比 $C\geqslant 4$，弹簧一端固定，一端自由，工作温度为 50℃，弹簧变形量不小于 10mm。试设计该弹簧，要求其质量最小。

解：优化目标是使弹簧质量最小，根据压缩圆柱螺旋弹簧的质量

$$m=\rho(n+n_2)\pi D_2\frac{\pi}{4}d^2$$

式中，ρ 为弹簧密度，对于 65Mn，$\rho=7.8\times10^{-6}\ \text{kg/mm}^3$；$n$ 为弹簧有效圈数，n_2为支承圈数，取 $n_2=2$；D_2为弹簧中径（mm）；d 为弹簧钢丝直径（mm）。

（1）确定设计变量　根据弹簧性能和结构上的要求，取弹簧钢丝直径 d、有效圈数 n 及弹簧中径 D_2为设计变量，即

$$X=[d,n,D_2]^{\text{T}}=[x_1,x_2,x_3]^{\text{T}}$$

（2）目标函数　根据弹簧质量公式得其目标函数为

$$f(X)=m=1.925\times10^{-5}(x_2+2)x_1^2x_3$$

（3）确定约束条件

1）强度约束

$$g_1(X)=350-163x_1^{-2.86}x_3^{0.86}\geqslant 0$$

2）刚度约束

$$g_2(X)=x_1^{-4}x_2x_3^3-2.5\times10^3\geqslant 0$$

3）稳定性约束

$$g_3(\boldsymbol{X}) = 3.7x_3 - (x_2 + 1.5)x_1 - 4.4 \times 10^{-3} x_1^{-4} x_2 x_3^3 \geqslant 0$$

4）不发生共振约束

$$g_4(\boldsymbol{X}) = 3.56 \times 10^5 x_1 x_2^{-1} x_3^{-2} - 375 \geqslant 0$$

5）弹簧旋绕比约束

$$g_5(\boldsymbol{X}) = x_3 x_1^{-1} - 4.0 \geqslant 0$$

6）对 d、n、D_2的取值约束

$1.0 \leqslant d \leqslant 4.0$

$4.5 \leqslant n \leqslant 50$

$10 \leqslant D_2 \leqslant 30$

由以上分析知，该压缩圆柱螺旋弹簧的优化设计是一个三维非线性不等式约束优化问题，共有 5 个非线性不等式约束和 6 个线性不等式约束，其数学模型为

$$\min f(\boldsymbol{X}) = m = 1.925 \times 10^{-5}(x_2 + 2)x_1^2 x_3$$

$$\text{s.t. } g_i(\boldsymbol{X}) \geqslant 0 \quad i = 1, 2, \cdots, 11$$

采用 MATLAB 编制粒子群算法进行计算，得如下计算结果：

$$\boldsymbol{X} = [d, n, D_2]^{\mathrm{T}} = [x_1, x_2, x_3]^{\mathrm{T}} = [1.6542, 4.5011, 16.1132]^{\mathrm{T}}$$

$$f(\boldsymbol{X}) = 0.0055$$

所以，当弹簧钢丝直径 d、有效圈数 n 及弹簧中径 D_2分别取 1.6542、4.5011 和 16.1132 时，弹簧质量最小，为 5.5g。根据实际情况，各参数可分别取为 1.6、5.0 和 16.0，即有

$$\boldsymbol{X} = [d, n, D_2]^{\mathrm{T}} = [x_1, x_2, x_3]^{\mathrm{T}} = [1.6, 5.0, 16.0]^{\mathrm{T}}$$

则 $f(X) = m = 0.0055$

故此时弹簧质量仍为 5.5g。

根据计算可知，将粒子群算法运用于机械优化设计，可以获得很好的优化结果。

17.5 人工神经网络算法

17.5.1 人工神经网络简述

人工神经网络（Artificial Neural Networks，ANN）是由人工建造的、以有向图（图中的每条边都是有方向的）为拓扑结构的动态系统，它通过对连续或断续的输入作状态响应而进行信息处理。人工神经网络实质上是以大脑生理变化过程为基础，模仿大脑的结构和功能，借助计算机处理大规模信息的一种信息处理系统。

自 20 世纪 40 年代美国生理学家麦克劳（W. S. Mccullocn）和数学家匹茨（W. A. Pitts）总结生物神经元的基本特征，首次提出二值神经元模型（M-P 模型）以来，人工神经网络的发展走过了一条曲折的道路。尽管人工神经网络的研究曾经历了 60 ~ 70 年代的低潮期，但仍处于不断发展之中，尤其是 20 世纪 80 年代初期，美国物理学家霍普菲尔德（J. J. Hopfield）采用全互联神经网络模型，引入能量函数概念，成功地解决了 TSP 问题以来，人工神经网络的研究又进入了一个新的高潮期，越来越多的技术人员注意到了这一新的信息处理方法，并投入到神经网络的研究中，在人工神经网络理论、模型、算法、应用软件

开发等方面都取得了很大进展。目前人工神经网络的应用已渗透到了各个领域，尤其在信号处理、预测预报、模式识别、智能控制、专家系统、组合优化、网络管理等方面，取得了引人瞩目的成绩。

人工神经网络有单层和多层之分，每一层包含若干神经元，即信息处理元，各神经元之间用带可变权重的有向弧连接，人工神经网络通过对已知信息的反复学习训练，逐步调整改变神经元连接权重，达到处理信息、模拟输入输出关系的目的。它不需要知道输入输出之间的确切关系，不需要很多参数，只需要知道能引起输出变化的非恒定性因素，即非常量性参数。因此，与传统的数据处理方法相比，神经网络技术在处理模糊数据、随机性数据、非线性数据方面具有明显的优越性，对大规模、结构复杂、信息不明确的系统尤为适用。人工神经网络模拟过程框图如图 17-21 所示。

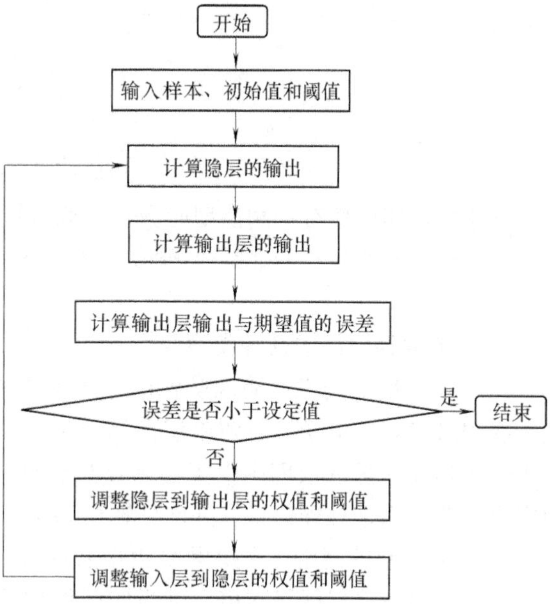

图 17-21　人工神经网络模拟过程框图

人工神经网络是由大量的、简单的处理单元（神经元）互联组成的大规模分布式并行信息处理系统，它通过模拟人脑的神经系统组织结构，能对复杂问题进行有效求解。与专家系统相比较，它有自己独特的特点：①在处理方法上，由于其广泛互联的非线性动力学特性，人工神经网络更适合于处理联想记忆，也更适合于做表象的、浅层的经验推理及模糊推理；②人工神经网络的特性决定于各网络节点的连接权值及互连模式上，其计算处理过程是输入到网络内传播、调整至平衡的过程，这表明其总特性是分布记忆和并行计算的，且有利于知识存储的简化和运行效率的提高；③神经网络具有自组织和自学习的能力，通过有导师和无导师学习，可以方便地记忆有关的知识，这有利于机械设计中的知识获取和表达；④人工神经网络表现出比较良好的容错性，即使问题描述有部分错误时，往往也能得到较好的结果。

1. 人工神经元

神经元是神经网络的最基本的元素，是对生物神经元的抽象和模拟。抽象是从数学的角度而言，模拟是对神经元的结构和功能而言。神经元的特性在某种程度上决定了神经网络的总体特性：大量简单神经元的相互组合连接即构成了神经网络。典型的人工神经元模型如图 17-22 所示。图中 x_i（$i=1, 2, \cdots, n$）为神经元 i 的输入信号，w_{ji}（$i=1, 2, \cdots, n$）表示神经元 i 与第 j 个神经元的突触连接强度或连接权重，θ_j称为阈值，一般连接至固定偏置 +1，s_j为

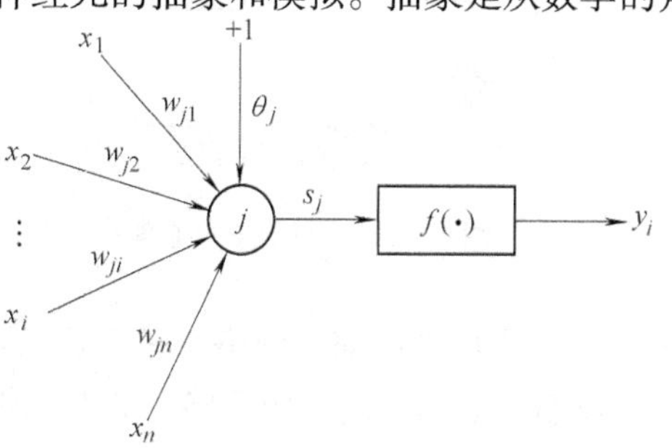

图 17-22　人工神经元结构

神经元j节点的净输入，$f(\cdot)$为转移函数，y_j是神经元j的输出。神经元结构考虑了对每个输入信号进行不同程度的加权，进而求和确定全部输入信号的组合效果，通过转移函数$f(\cdot)$确定其输出。

根据此神经元结构可得节点j的净输入s_j，其通过转移函数$f(\cdot)$后，可得神经元j的输出y_j

$$s_j = \sum_{i=1}^{n} \omega_{ji} x_i + \theta_j$$

$$y_j = f(s_j) = f\left(\sum_{i=1}^{n} \omega_{ji} x_i + \theta_j\right)$$

常用的转移函数有：阈值型函数、分段线性函数、非线性函数和概率型函数。其作用是模拟生物神经元所具有的非线性转移特性，不同的转移函数使神经元具有不同的信息处理特性。

2. 人工神经网络的几种类型

（1）单层前馈网络　输入模式由输入层进入网络，由输出层产生一个输出模式，便完成一次网络状态的更新。所谓单层前馈网络是指拥有的计算节点（神经元）是单层的，如图 17-23 所示。输入层即图中实心黑点只起到分配输入信号及传递信息的作用，输出层即图中空心圆圈用来处理信息，并向外输出结果。

（2）多层前馈网络　多层网络由单层网络连接而成，网络中下一层神经元接受前一层神经元的输出。多层网络与单层网络的区别在于：多层网络含有一个或更多的隐含层，如图 17-24 所示。网络输入层神经元接收来自外界的输入信息，传递给第一隐层神经元，第一隐层输出信号成为第二隐层的输入，依此类推。每一隐层是神经网络的内部信息处理层，负责信息变换，最后一个隐层将信息传入输出层，网络每一层的神经元只含有作为它们输入前一层的输出信号，网络输出层神经元的输出信号组成了对网络中输入层原节点产生的激励模式的全部响应。各层间的转移函数是非线性的。输出层将信息进一步处理后输出信息处理结果。通过加入一个或更多的隐层，使网络能提取出更高序的统计，尤其当输入层规模庞大时，隐神经元提取高序统计数据的能力便显得格外重要。

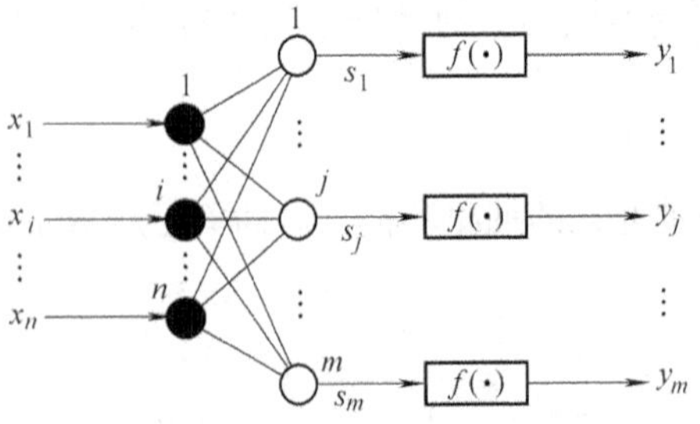

图 17-23　单层前馈网络

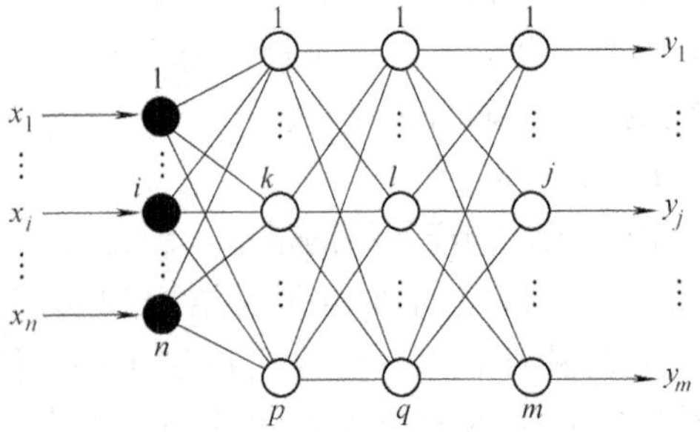

图 17-24　多层前馈网络

（3）有反馈的前向网络　具有反馈的前向网络是指在网络中有反馈回路的人工神经网络。反馈的结构形成封闭环路，具有反馈的单元也称为隐单元，其输出称为内部输出，而网络本身还是前馈型的。如图 17-25 所示，输出层的信息通过连接权反馈到输入层或前一层神经元，它的输出不仅与当前的输入有关，还与先前的输出有关，反馈网络可以包含一个单层神经元，其中每个神经元将自身的输出信号反馈给其他所有神经元的输入。

（4）层内互连前馈网络　通过同一层内神经元的相互连接使它们彼此之间相互制约，达到同一层神经元之间的横向抑制或兴奋的功能，从而就可以限制各层内能同时激活的神经元个数，如图 17-26 所示，或将各层的神经元分为若干组，让每组作为一个整体来运作。而从外部看来还是前向网络。一些自组织竞争网络就采用这种拓扑结构。

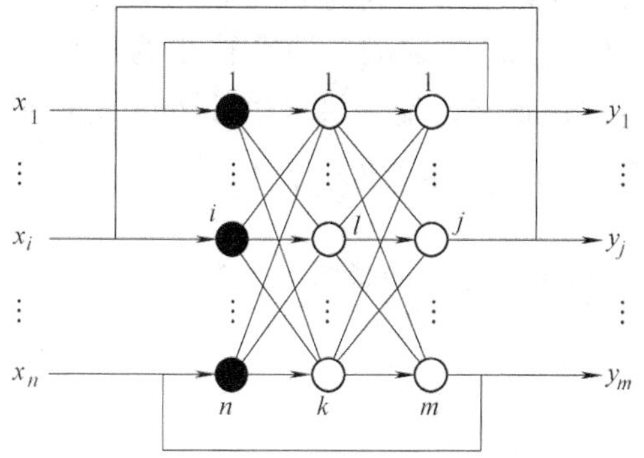

图 17-25　有反馈的前向网络

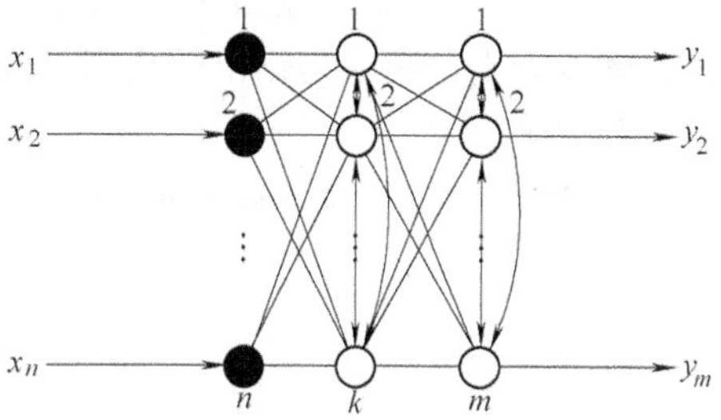

图 17-26　层内互连前馈网络

17.5.2　BP 神经网络算法

BP（Back Propagation）神经网络算法是 1986 年由以 Rumelhart 和 McCelland 为首的科学家小组提出的一种按误差逆传播算法训练的多层前馈网络，是目前应用最广泛的神经网络模型之一。BP 神经网络算法能学习和存贮大量的输入-输出模式映射关系，而无需事前揭示描述这种映射关系的数学方程。它的学习规则使用最速下降法，通过反向传播来不断调整网络的权值和阈值，使网络的误差平方和最小。BP 神经网络模型拓扑结构包括输入层（input layer）、隐层（hide layer）和输出层（output layer）。BP 神经网络算法可以逼近任意连续函数，具有很强的非线性映射能力，而且网络的中间层数、各层的处理单元数及网络的学习系数等参数可根据具体情况设定，灵活性很大，所以它在许多应用领域中起到重要作用。BP 神经网络如图 17-27 所示。

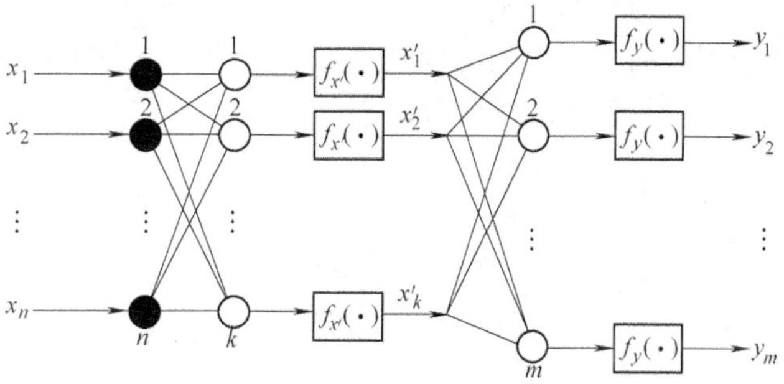

图 17-27　BP 神经网络

BP 网络学习方法的基本思想是将训练过程分为两个阶段，第一阶段正向传播，输入信息从输入层经隐层处理后传向输出层，每一层神经元的状态只影响下一层神经元状态。倘若在输出层得不到希望的输出，则转入第二阶段反向传播，将误差信号沿原来的神经元连接通路返回。通过修改各层神经元的权值，逐次地向输入层传播。这样，反复地运用这两个过程，使得误差信号最小，最后使得信号误差达到允许的范围之内，网络就结束学习训练过程。

动量 BP 神经网络算法（Momentum Backpropagation），是一种无模型的计算机学习方法，其理论严密、适用性强，在许多领域得到了广泛应用。若 BP 神经网络输入矢量为：$X=(x_1, x_2, \cdots, x_n)^{\mathrm{T}} \in R^n$，隐层为 $X'=(x'_1, x'_2, \cdots, x'_k)^{\mathrm{T}} \in R^k$，计算输出为：$Y=(y_1, y_2, \cdots, y_m)^{\mathrm{T}} \in R^k$，实际输出为 $T=(t_1, t_2, \cdots, t_m)^{\mathrm{T}} \in R^m$，输入层与隐层之间的连接权重为 ω_{ij}，阈值为 θ_j，隐层与输出层之间的连接权重为 ω_{jl}，阈值为 θ_l，$i=1, 2, \cdots, n$；$j=1, 2, \cdots, k$；$l=1, 2, \cdots, m$。

三层 BP 人工神经网络输入 n 维矢量到输出 m 维矢量之间的映照关系为

$$x'_j = f\left(\sum_{i=1}^{n} w_{ij}x_i - \theta_j\right)$$

$$y_l = f\left(\sum_{j=1}^{k} w_{jl}x'_j - \theta_l\right)$$

式中，$f(\cdot)$ 为传递函数，通常是 Sigmoid 型可微函数，Sigmoid 函数有单极性和双极性两种，例如单极性函数：$f(x)=\dfrac{1}{1+\mathrm{e}^{-\lambda x}}$；双极性函数：$f(x)=\dfrac{1-\mathrm{e}^{-\lambda x}}{1+\mathrm{e}^{-\lambda x}}$，$f(x)=\dfrac{\mathrm{e}^{\lambda x}-\mathrm{e}^{-\lambda x}}{\mathrm{e}^{\lambda x}+\mathrm{e}^{-\lambda x}}$。

对于 P 个样本来说，每一样本的误差设定为：$\varepsilon=\dfrac{1}{2}\sum_{i=1}^{m}(t_l^{P_1}-y_l^{P_1})^2$，若采用梯度算法，各层连接权重的改变量为

$$\Delta w_{sq} = -\sum_{P_1=1}^{P}\eta\frac{\partial \varepsilon}{\partial w_{sq}}$$

式中，η 为学习步长，$sq=ij$、jl，P 个样本的总误差为

$$E_{总} = \frac{1}{2}\sum_{P_1=1}^{P}\sum_{l}^{m-1}(t_l^{P_1}-y_l^{P_1})^2$$

总误差的改变量为

$$E_{总} = \sum_{P_1=1}^{P}\sum_{sq}\frac{\partial \varepsilon}{\partial w_{sq}}\Delta w_{sq} = -\eta\sum_{P_1=1}^{P}\sum_{sq}\left(\frac{\partial \varepsilon}{\partial w_{sq}}\right)^2 \leqslant 0$$

由上式可以看出总误差向着减少的方向变化，可到达一个局部极小值。对于第 n_0 次替代，输出层和隐层之间连接权值的改变量为

$$\begin{aligned} w_{jl}(n_0+1)-w_{jl}(n_0) &= -\eta\frac{\partial E_{总}}{\partial w_{jl}} \\ &= -\eta\sum_{P_1=1}^{P}\frac{\partial E_{P_1}}{\partial y_l^{P_1}}\frac{\partial y_1^{P_1}}{\partial u_l^{P_1}}\frac{\partial u_l^{P_1}}{\partial w_{jl}} \\ &= -\eta\sum_{P_1=1}^{P}(t_l^{P_1}-y_l^{P_1})y_l^{P_1}(1-y_l^{P_1})(-x'^{P_1}_j) \\ &= \eta\sum_{P_1=1}^{P}\delta_{jl}^{P_1}x'^{P_1}_j \end{aligned}$$

式中，$u_l^{P_1}=-\sum_{j=1}^{k}w_{jl}x'^{P_1}_j$，$\delta_{jl}^{P_1}=(t_l^{P_1}-y_l^{P_1})y_l^{P_1}(1-y_l^{P_1})$。

第 n_0 次替代时，隐层和输入层之间连接权重的改变量为

$$\begin{aligned} w_{ij}(n_0+1)-w_{ij}(n_0) &= -\eta\frac{\partial E_{总}}{\partial w_{ij}} = -\eta\sum_{P_1=1}^{P}\sum_{l=1}^{m}\frac{\partial E_{P_1}}{\partial y_l^{P_1}}\frac{\partial y_l^{P_1}}{\partial u_l^{P_1}}\frac{\partial u_l^{P_1}}{\partial x'^{P_1}_j}\frac{\partial x'^{P_1}_j}{\partial v_j^{P_1}}\frac{\partial v_j^{P_1}}{\partial w_{ij}} \\ &= -\eta\sum_{P_1=1}^{P}\sum_{l=1}^{m}(t_l^{P_1}-y_l^{P_1})y_l^{P_1}(1-y_l^{P_1})w_{jl}[1-(x'^{P_1}_j)^2](-x_i^{P_1}) \\ &= \eta\sum_{P_1=1}^{P}\sum_{l=1}^{m}(t_l^{P_1}-y_l^{P_1})y_l^{P_1}(1-y_l^{P_1})w_{jl}[1-(x'^{P_1}_j)^2]x_i^{P_1} \\ &= \eta\sum_{P_1=1}^{P}\sum_{l=1}^{m}\delta_{jl}^{P_1}w_{jl}[1-(x'^{P_1}_j)^2]x_i^{P_1} = \eta\sum_{P_1=1}^{P}\delta_{jl}^{P_1}x'^{P_1}_l \end{aligned}$$

式中，$v_j^{P_1}=-\sum_{i=1}^{n}w_{ij}x_i^{P_1}$，$\delta_{ij}^{P_1}=\sum_{l=1}^{m}\delta_{jl}^{P_1}w_{jl}[1-(x'^{P_1}_j)^2]$。为了加速收敛并防止振荡，在连接权重改变量中加入一个动量因子 α，$0<\alpha<1$，则

$$w_{sq}(n_0+1)=w_{sq}(n_0)+\eta\sum_{P_1=1}^{P}\delta_{sq}^{P_1}x_s^{P_1}+\alpha[w_{sq}(n_0+1)-w_{sq}(n_0)],sq=ij,jl$$

对于第 n_0 步迭代，如果各样本误差与总误差没有达到预定要求，则连接权调整为

$$w_{jl}(n_0+1)=w_{jl}(n_0)+\eta\sum_{P_1=1}^{P}\delta_{jl}^{P_1}x_j^{P_1}+\alpha\Delta w_{jl}(n_0)$$

$$w_{ij}(n_0+1)=w_{ij}(n_0)+\eta\sum_{P_1=1}^{P}\delta_{ij}^{P_1}x_i^{P_1}+\alpha\Delta w_{ij}(n_0)$$

不断重复上述步骤，可得到符合训练样本要求的权值与阈值，对于待求样本数，可以使用调整后的权值与阈值分析与预测。

17.5.3　BP 神经网络算法在机械工程中的应用

1. BP 神经网络算法在凸轮廓线拟合中的应用

（1）BP 神经网络的建立

指令格式：net = newff

Net = newff（PR，[S1 S2…SN]，{TF1 TF2…TFN}，BTF，BLF，PF)

参数意义：
- PR　输入矢量的取值范围。
- Si　第 i 层的神经元个数，总共 N 层。
- TFi　第 i 层的传递函数，默认值为“transig”。
- BTF　BP 神经网络训练函数，默认值为“trainlm”。
- BLF　BP 神经网络权值和阈值学习函数，默认值为“learngdm”。
- PF　性能函数，默认值为“mse”。

例 17-6　建立一个两层的 BP 神经网络。输入范围是 [0，10]，第一层采用正切 S 形神经元，第二层采用线性神经元，训练次数 50 次，样本输入 P 与目标输出 T 为：P = [0 1 2 3 4 5 6 7 8 9 10]；T = [0 1 2 3 4 3 2 1 2 3 4]。请拟合 P-T 的函数关系曲线。

解：利用 MATLAB 工具求解程序如下。

```
P=[0 1 2 3 4 5 6 7 8 9 10];
T=[0 1 2 3 4 3 2 1 2 3 4];
net=newff([0 10],[5 1],{'tansig''purelin'});
net.trainparam.epochs=50;
net=train(net,P,T);
Y=sim(net,P);
plot(P,T,P,Y,'O')
```

网络拟合图形如图 17-28 所示。

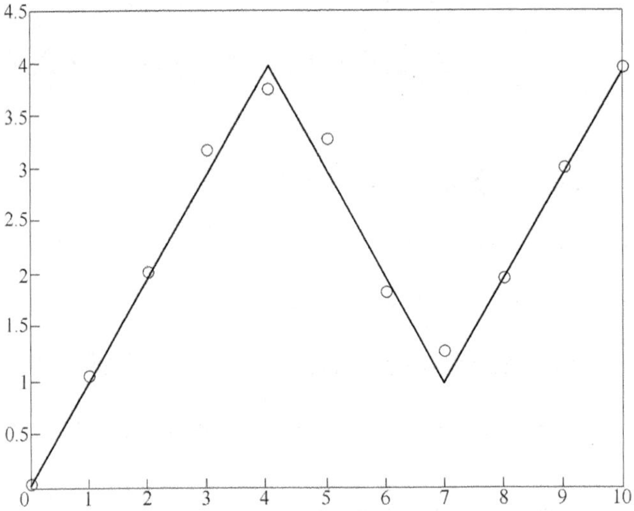

图 17-28　网络拟合图形

（2）BP 神经网络拟合凸轮廓线　在对凸轮轴桃形误差进行高精度检测时，需要知道凸轮任意角位置对应的理论升程值。实际情况是，凸轮设计者只给出了较大角间距的凸轮理论升程值，而未提供间距更小、便于实现凸轮高精度测量的理论值。用 BP 神经网络拟合凸轮廓线，能够实现任意角度下对应理论升程值的快捷计算。

例 17-7　采用具有两个隐层的 BP 神经网络，输入节点数为 1，对应凸轮转角；输出节点数为 1，对应凸轮升程；两个隐层节点数均为 5。

解：采用神经网络工具箱的工具函数求解。

训练次数 60，Y 表示拟合值，err 表示拟合误差，起始角为 123°时，程序如下：

```
P=[0 1 2 3 4 5 6 7 8 9];
T=[1.2999 1.4471 1.5985 1.7534 1.9111 2.0709 2.2321 2.394 2.559 2.7173];
net=newff([0 10],[5 5 1],{'tansig''purelin''purelin'});
net.trainparam.epochs=60;
net=train(net,P,T);
pause
Y=sim(net,P);
plot(P,T,P,Y,'O')
Y
err=T-Y
```

BP 神经网络训练误差曲线如图 17-29 所示。

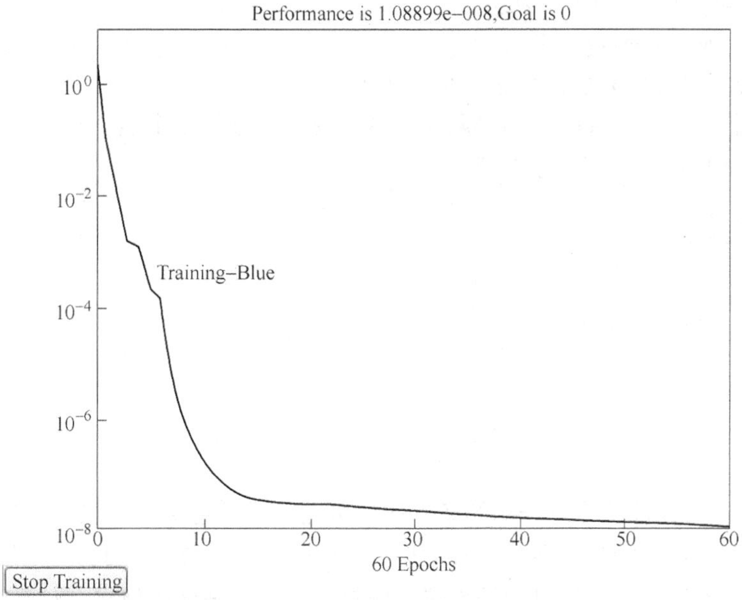

图 17-29　BP 神经网络训练误差曲线

表 17-4 给出了部分理论值与拟合值的对照表。从图 17-29 和表 17-4 中可以看出，BP 神经网络拟合凸轮廓线达到了很高的精度。

表 17-4　BP 神经网络拟合值

起始角	项目	0°	1°	2°	3°	4°	5°	6°	7°	8°	9°
123°	理论值	1.2999	1.4471	1.5985	1.7534	1.9111	2.0709	2.2321	2.3940	2.5590	2.7173
	拟合值	1.3001	1.4473	1.5986	1.7545	1.9093	2.0713	2.2333	2.3928	2.5591	2.7170
	误差值	-0.0002	-0.0002	-0.0001	-0.0011	0.0018	-0.0004	-0.0012	0.0012	-0.0001	0.0003
163°	理论值	5.9477	5.9779	6.0031	6.0233	6.0385	6.0406	6.0539	6.0541	6.0533	6.0475
	拟合值	5.9477	5.9775	6.0040	6.0237	6.0363	6.0439	6.0510	6.0545	6.0531	6.0475
	误差值	0	0.0004	-0.0009	-0.0004	0.0022	-0.0033	0.0029	-0.0004	0.0002	0
203°	理论值	4.7913	4.6794	4.5632	4.4420	4.3183	4.1898	4.0571	3.9212	3.7814	3.6382
	拟合值	4.7869	4.6819	4.5667	4.4428	4.3143	4.1904	4.0577	3.9200	3.7838	3.6387
	误差值	0.0044	0.0025	0.0035	0.0008	0.0040	0.0006	0.0006	0.0012	0.0024	0.0005

与传统的廓线拟合法相比，如插值法、多项式拟合、三次样条函数拟合、光顺法等，神经网络的优点是拟合速度快，拟合凸轮的光顺性好，插值计算快。当然，拟合精度与光顺性是个矛盾，过度拟合的曲线是否光顺尚需深入研究。

2. Hopfield 神经网络在优化设计中的应用

Hopfield 神经网络是互连型网络的一种，它引入类似于 Lyapunov 函数的能量函数概念，把神经网络的拓扑结构（用连接权矩阵表示）与所求问题（用目标函数描述）相对应，并将其转换为神经网络动力学系统的演化问题。

（1）Hopfield 神经网络的设计

指令格式：net = newhop（T）

参数意义：T　目标矢量（元素的值为 1 或 -1）。

例 17-8　设计一个 Hopfield 神经网络，具有两个三维的稳定点。

解： 利用 MATLAB 工具求解如下。

```
T=[-1 -1 1;1 -1 1]';
net=newhop(T);
Ai=T;
[Y,Pf,Af]=sim(net,2,[],Ai);
Y
Ai={[-0.9;-0.8;0.7]}
[Y,Pf,Af]=sim(net,{1 5},{},Ai);
Y{1}
```

可以看到 Ai 与设计的第一个初始条件比较接近，所以它使网络收敛到第一个稳定点上。在实际的应用中，对某些初始条件，Hopfield 神经网络还可能收敛到其他错误的稳定点上，这是不希望的，不过可以通过对训练算法的调整，将这些错误的稳定点排除掉。

（2）Hopfield 神经网络优化桁架设计　利用 Hopfield 网络求解优化问题时，如果能把待解决问题的目标函数转化为网络的能量函数，使问题的变量对应于网络单元的状态，这样当网络的能量函数收敛于极小值时，问题的最优解也就随之产生。

例 17-9　如图 17-30 所示四杆桁架在 A 点承受 1.96×10^5N 的垂直载荷。试确定各杆的横截面积，以使 A 点的垂直位移为 5mm，要求桁架质量最小。材料密度 $\rho=1.0\times10^4\mathrm{kg/m^3}$，弹性模量 $E=196\mathrm{GPa}$。

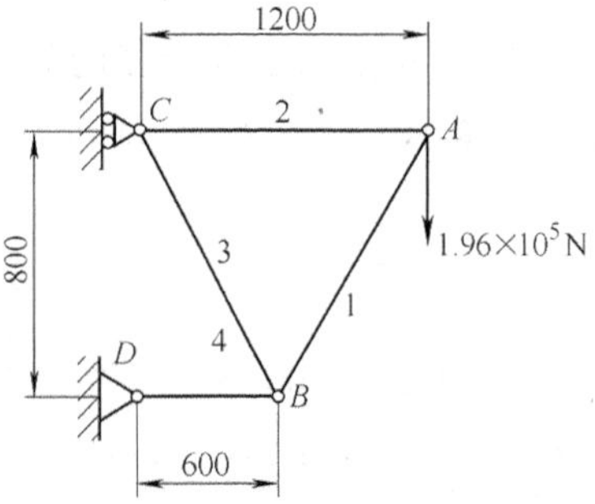

图 17-30　四杆桁架

解： 设 x_i（$i=1, 2, 3, 4$）为杆件 i 的横截面面积，则该最优化问题可描述为

求　$\overline{X}=[x_1,x_2,x_3,x_4]^{\mathrm{T}}$

使　$\min f(X)=x_1+1.2x_2+x_3+0.6x_4$

$$\text{s. t.}\quad \frac{1.5625}{x_1}+\frac{0.675}{x_2}+\frac{1.5625}{x_3}+\frac{1.35}{x_4}=0.5$$

$$x_1\geqslant0, x_2\geqslant0, x_3\geqslant0, x_4\geqslant0$$

令 $x_1=\dfrac{1}{V_i}$（$i=1, 2, 3, 4$），同时引入惩罚函数，可以将该约束优化问题变换成如下无约束优化问题：

求　$\overline{V}=[V_1,V_2,V_3,V_4]^{\mathrm{T}}$

使
$$\min\Phi(V,r_k)=\left(\frac{1}{V_1}+\frac{1.2}{V_2}+\frac{1}{V_3}+\frac{0.6}{V_4}\right)+(V_1+V_2+V_3+V_4)r_k+$$
$$(1.5625V_1+0.6751V_2+1.5625V_3+1.35V_4-0.5)^2/\sqrt{r_k}$$

当用逐次下降的惩罚因子 r_k 对 Φ 进行极小化时，上述无约束优化问题的极小点 X_k^* 收

敛于原问题的解 X^*。

利用神经网络求解时，首先要将目标函数转化为网络的能量函数。对于一个由 4 个神经元构成的 Hopfield 网络，其能量函数为

$$E = -\frac{1}{2}\sum_{i=1}^{4}\sum_{j=1}^{4} T_{ij}V_iV_j - \sum_{i=1}^{4} v_iI_i$$

$$T_{11} = T_{33} = -4.8828/\sqrt{r_k}$$

$$T_{12} = T_{23} = -2.1094/\sqrt{r_k}$$

$$T_{22} = -0.9112/\sqrt{r_k}$$

$$T_{44} = -3.645/\sqrt{r_k}$$

$$T_{13} = -4.8828/\sqrt{r_k}$$

$$T_{14} = T_{34} = -4.2188/\sqrt{r_k}$$

$$T_{24} = -1.8225/\sqrt{r_k}$$

$$I_1 = -\left[\frac{1}{V_1^2} + \frac{0.0625}{V_1\sqrt{r_k}} + r_k - \frac{1.5625}{\sqrt{r_k}}\right]$$

$$I_2 = -\left[\frac{1.2}{V_2^2} + \frac{0.0625}{V_2\sqrt{r_k}} + r_k - \frac{0.675}{\sqrt{r_k}}\right]$$

$$I_3 = -\left[\frac{1}{V_3^2} + \frac{0.0625}{V_3\sqrt{r_k}} + r_k - \frac{1.5625}{\sqrt{r_k}}\right]$$

$$I_4 = -\left[\frac{0.6}{V_4^2} + \frac{0.0625}{V_4\sqrt{r_k}} + r_k - \frac{1.35}{\sqrt{r_k}}\right]$$

神经元状态方程为

$$\begin{cases} C_1\dfrac{du_1}{dt} = -(4.8828V_1 + 2.1094V_2 + 4.8828V_3 + 4.2188V_4)/\sqrt{r_k} + I_1 - \dfrac{u_1}{R_1} \\ C_2\dfrac{du_2}{dt} = -(2.1094V_1 + 0.9112V_2 + 2.1094V_3 + 1.8225V_4)/\sqrt{r_k} + I_2 - \dfrac{u_2}{R_2} \\ C_3\dfrac{du_3}{dt} = -(4.8828V_1 + 2.1094V_2 + 4.8828V_3 + 4.2188V_4)/\sqrt{r_k} + I_3 - \dfrac{u_3}{R_3} \\ C_4\dfrac{du_4}{dt} = -(4.8828V_1 + 1.8225V_2 + 4.2188V_3 + 3.6450V_4)/\sqrt{r_k} + I_4 - \dfrac{u_4}{R_4} \end{cases}$$

式中，$C_1 = C_2 = C_3 = C_4 = 100$，$R_1 = u_1V_1^2$，$R_2 = u_2V_2^2/1.2$，$R_3 = u_3V_3^2$，$R_4 = u_4V_4^2/0.6$。

激活函数采用 S 型函数

$$V_i = f(u_1) = \frac{1}{1 + e^{-3.5u_i}} \qquad (i = 1,2,3,4)$$

神经元初始状态取为 $-0.5 \sim 0.7$ 间均匀分布的随机数。模拟计算表明，当 r_k 足够小时，利用神经网络优化方法能够获得该问题的一个近似优化解 $\overline{X}_n^*$，见表 17-5。为了说明神经网络优化方法的有效性，表 17-5 同时列出了用惩罚函数法、动态规划法求得的该问题的优化解 $\overline{X}_p^*$、$\overline{X}_d^*$。与惩罚函数法相比，神经网络优化方法的相对计算误差只有 0.08%。

表 17-5　桁架优化结果

i	1	2	3	4	$f(\overline{X})$
$\overline{X}_n^*$	10.73	6.76	10.62	12.58	37.01
$\overline{X}_p^*$	10.98	6.46	10.63	12.68	36.97
$\overline{X}_d^*$	10.76	6.47	10.73	12.88	36.98

本章习题

17-1　简述蚁群算法的基本原理。

17-2　简要阐述基本蚁群算法的实现步骤。

17-3　简述遗传算法的特点。

17-4　试用遗传算法求解下述约束优化问题：

$$\min f(x) = x_1 + x_2 + x_3$$

s. t.　$7 \leqslant x_1 \leqslant 15$

$3 \leqslant x_2 \leqslant 6$

$5 \leqslant x_3 \leqslant 10$

17-5　Shubert 函数为

$f(x_1, x_2) = \sum_{i=1}^{5} i\cos[(i+1)x_1 + i]\sum_{i=1}^{5} i\cos[(i+1)x_2 + i]$，$-10 \leqslant x_1 x_2 \leqslant 10$，利用遗传算法求 $\min f(x)$。

17-6　简述模拟退火算法的步骤。

17-7　在 10 城市 TSP 问题中，各城市坐标见下表。试利用模拟退火法计算最短旅行距离。①旅行封闭；②规定起点为城市 5 的不封闭旅行。

城市	1	2	3	4	5	6	7	8	9	10
x	0.1	0.05	0.7	0.81	0.23	0.1	0.1	0.44	0.36	0.61
y	0.1	0.15	0.065	0.15	0.6	0.57	0.3	0.73	0.77	0.23

17-8　简述基本粒子群算法原理及算法流程。

17-9　利用粒子群算法计算函数 $f(x) = \exp[-(x-4)^2]\cos(3x)$ 的最大值，函数的定义域为 [0, 9]。

17-10　已知某系统输出 y 与输入 x 的部分的对应关系见下表，设计一 BP 神经网络完成 $y=f(x)$ 的曲线拟合。

x	-1	-0.9	-0.8	-0.7	-0.6	-0.5	-0.4	-0.3	-0.2	-0.1	0	0.1	0.2	0.3	0.4	0.5	0.6	0.7	0.8	0.9
y	-0.83	-0.42	-0.02	0.34	1.28	3.45	4.02	3.23	2.1	1.5	0.25	1.24	2.34	3.26	2.05	1.68	1.02	2.22	3.02	1.98

第 18 章　创新设计方法

【内容】

本章首先介绍创新设计的概念、特征和基本模型，然后对思维与创新的基本形式和常用创新思维方法展开讨论，同时探索思维惯性问题和创新设计技法。最后讨论创新设计的常用方法。

【目的】

掌握创新设计方法的原理和特征，了解创新的制约因素和常用的创新设计方法。

18.1　创新与设计

18.1.1　创新的概念与特点

近年来，随着创新型国家战略的深入推进，“创新”一词成为各行各业争相讨论的“热词”，然而对其含义的阐释也是仁者见仁，智者见智，至今尚未有定论。

关于“创新”一词，《现代汉语词典》解释为“抛开旧的，创造新的”，即“首创新事物”之意。英文中与“创新”相对应的有两个单词，即“Innovation”和“Creation”，前者意为“To begin or introduce（something new）for or as if for the first time”；后者意为“cause（sth）to exist；make（sth new or original）”（引自美国词典）。不难看出，前者更强调“首创性理念的引入”，而后者则突出了“新结果的产生”。目前较为一致的是，“创新”一词源于 1912 年美籍奥地利经济学家约瑟夫·熊彼特（Joseph Schumpeter）撰写的《经济发展理论》一书，他认为创新就是建立一种新的生产函数，在经济活动中引入新的思想、方法以实现生产要素的组合，包括：产品创新、工艺创新、市场创新、原料创新、管理创新。可见，熊彼特的创新概念包含的范围很广，既涉及技术性创新又涉及非技术性创新。

20 世纪 60 年代，随着新技术革命的迅猛发展，关于创新的研究获得大量关注。美国经济学家华尔特·罗斯托把“技术创新”提高到“创新”的主导地位。1962 年，伊诺思在《石油加工业中的发明与创新》中，首次从行为的集合的角度将技术创新定义为：“技术创新是几种行为综合的结果，这些行为包括发明的选择、资本投入保证、组织建立、制订计划、招用工人和开辟市场等”。林恩首次从时序过程角度将技术创新定义为“始于对技术的商业潜力的认识而终于将其完全转化为商业化产品的整个行为过程”。1969 年，迈尔斯和马奎斯在其研究报告《成功的工业创新》中将创新定义为技术变革的集合。认为技术创新是一个复杂的活动过程，从新思想、新概念开始，通过不断地解决各种问题，最终使一个有经济价值和社会价值的新项目得到实际的成功应用。

20 世纪 70～80 年代开始，有关创新的研究进一步深入，开始形成系统的理论。厄特巴克在 1974 年发表的《产业创新与技术扩散》中认为："与发明或技术样品相区别，创新就是技术的实际采用或首次应用"。著名学者弗里曼从经济学的角度考虑创新，他在 1973 年发表的《工业创新中的成功与失败研究》中认为，"技术创新是一技术的、工艺的和商业化的全过程，其导致新产品的市场实现和新技术工艺与装备的商业化应用"。其后，在 1982 年的《工业创新经济学》修订本中明确指出，技术创新就是指新产品、新过程、新系统和新服务的首次商业性转化。缪尔赛在 20 世纪 80 年代中期对技术创新概念作了系统的整理分析，他认为："技术创新是以其构思新颖性和成功实现为特征的有意义的非连续性事件"。

我国自 20 世纪 80 年代以来也开展了技术创新方面的研究。傅家骥先生从企业的角度对技术创新进行定义：企业家抓住市场的潜在盈利机会，以获取商业利益为目标，重新组织生产条件和要素，建立起效能更强、效率更高和费用更低的生产经营方法，从而推出新的产品、新的生产（工艺）方法，开辟新的市场，获得新的原材料或半成品供给来源或建立企业新的组织，它包括科技、组织、商业和金融等一系列活动的综合过程。彭玉冰、白国红也从企业的角度为技术创新下了定义："企业技术创新是企业家对生产要素、生产条件、生产组织进行重新组合，以建立效能更好、效率更高的新生产体系，获得更大利润的过程。"

近年来，知识社会所引发的诸多变化促使科学界进一步反思对创新的认识。宋刚等在《复杂性科学视野下的科技创新》一文中通过对科技创新复杂性分析，指出了技术创新是各创新主体、创新要素交互复杂作用下的一种复杂涌现现象，是技术进步与应用创新的"双螺旋结构"共同演进的产物。信息通信技术的融合与发展推动了社会形态的变革，催生了知识社会，在知识社会条件下以需求为导向、以人为本的创新模式进一步得到关注，进一步推动了科技创新模式的嬗变。

综上所述，在不同的历史阶段，不同的人站在不同的角度对于创新含义理解存在着一定的差异性，但是，总体而言，创新的基本内涵是共通的。可以认为：创新就是为了获得某些确定的成果，通过运用独到的思维和方法，进而构建特定的组织和流程的复杂过程。创新的基本特性可以归结为：目标的确定性、过程的复杂性和方法的独到性。

（1）目标的确定性　所有创新活动都围绕着确定的目标展开。与发明创造不同，创新更强调新成果的诞生，如果不能带来预期的成果和效应，任何创新过程都不会有长久的生命力，也不会获得真正的认可。当然，在不同领域、不同时代，人们所追求的创新目标往往存在差异，例如可以是经济目标（利润、市场份额），也可以追求技术目标（新产品、新技术）。

（2）过程的复杂性　本质上看，创新的过程就是不断破解难题的过程，因而注定是艰辛而复杂的。一是创新过程涉及的要素繁多，二是创新过程涵盖环节众多，更重要的是创新过程并不是像流水生产线一样以固定的模式，周而复始；恰恰相反，创新过程是时刻面对新境遇，不断解决新问题的动态过程，具有明显的非线性特点。

（3）方法的独到性　创新过程的实现，创新成果的获得所依赖的基础是运用与众不同的思维模式，引入独到实用的方法和手段。创新过程所解决的都是新领域、新需要、新环境所带来的新问题。一般而言，要想解决这些新问题，套用现有方法、旧有的思维收效甚微，或者事倍功半，因此运用独到的思维和方法是实现创新不可或缺的基础。

18.1.2　设计与创新设计

1. 设计

自从 16 世纪工业革命以后，产品设计从人类制造活动中逐渐分化出来，而且其内涵和外延都不断地发生着变化，不同时代对产品设计有着不同的理解。现代汉语中“设计”的含义为：“按照任务的目的和要求，预先定出工作方案和计划，绘出图样（高级汉语词典)”；英文的解释为：为了完成某项工作而制订的一种计划和意向，或者指将计划表现为符号，在一定的意图前提下进行归纳（牛津词典)；日语中汉字“设计”的更为明确：进行某项制造工程时，根据其目的，指定出有关的费用、占地面积、材料以及构造等方面的计划，并用图样或其他方式明确表达出来。这些对产品设计的经典诠释虽然角度不同，表述各异，但都揭示了产品设计的本质特性，即前瞻性和创新性。

（1）前瞻性　反映了产品设计的时序特征，是针对设计在产品全寿命周期中的地位和作用而言的。设计位于制造过程开始前的筹划和准备阶段，主要承担在实际生产前对产品的酝酿和规划等任务，是为核心工作提供前期准备的辅助性环节。这也是传统的大制造观念的集中反映。

（2）创新性　代表了产品设计存在的依据。创新性是指在设计过程中以用户需求为基础构建具体的产品模型和制造方案的过程，是赋予产品独特属性，实现产品从无到有、从模糊到清晰、从无序到有序的创造性过程，它是设计的核心要旨之所在，也表明了设计存在的意义。

然而，由于诸多因素的制约，人们起初对产品设计的创新性并未形成清醒的认识，而是在数字化技术革命的冲击下，特别是通过近十几年来市场全球化和技术信息化的双重作用，才逐渐予以关注和重视。纵观人类历史，人类社会之所以能不断进步发展，归根结底就在于人类可有目的地在自己所设定目标的指引下来开展各项活动，不断地对外部世界进行创造和更新。随着知识经济时代的到来，社会的进步与经济的发展更加依赖于人类的创新实践活动。因此，开展创新设计的学习和研究对于建设创新型国家有重要意义。

2. 创新设计

顾名思义，创新设计就是以产品创新为目标而开展的设计活动。

创新设计是现代产品设计理论的重要内容之一，它是相对传统产品设计而言的。围绕产品创新这一核心目标，创新设计的内涵主要体现在以下两个层面。

（1）现有产品的更新、改良　即针对已有产品及其设计方案中所隐含和存在的功能、结构、原理、工作方式等方面的不足和拓展空间，通过对新原理、新技术、新方法、新材料等的引入、组合和应用而使该产品的技术性能、可靠性、经济性、适用性、稳定性、安全性等得到显著的改善和提高。

（2）新产品的创造　即设计创造出与以往不同的可更优质、全面满足人类生产、生活需求的全新产品。

创新设计属于技术创新的范畴，它既符合技术创新的概念和特点，同时又适应产品设计过程的要求和目标。创新设计不仅是一个技术创新过程，也是以获得新产品、或产品的新功能、新结构为目标的。创新设计的过程是以产品设计通常流程为基础，同时引入新技术、运用新方法的一个复杂的动态过程，通常还受到经济性、时效性及社会性因素的制约。归纳起来，创新设计的特点如下：

1）知识的综合性。创新设计通常涉及设计学、创造学、社会学、心理学等众多学科，同时对设计结果的评判也是多角度、多指标的。

2）过程的复杂性。与传统工程设计不同，创新设计通常依赖于对各学科知识的综合理解、归纳和分析。有些环节是无法量化表示的，只能凭借感性评判。

3）目标的明确性。创新设计关注的核心是产品的新颖性、独创性，所有设计活动的最终目的是应用。

如前所述，设计的本质特性是创新性。强调创新设计要在设计过程中充分发挥设计人员的创造力，利用新思维、新方法和新成果，设计出更具竞争力的新颖产品。

18.1.3　创新设计的基本模型

澳大利亚设计学家 J. Gero 等人根据设计状态空间改变的方式与程度的差异，将设计创新过程分成常规设计、革新设计、创新设计三类，并且，创新设计就是获得“意料之外，情理之中”产品的过程。J. Gero 从认知心理学的角度，获得创新设计成果的基本流程，如图 18-1 所示。

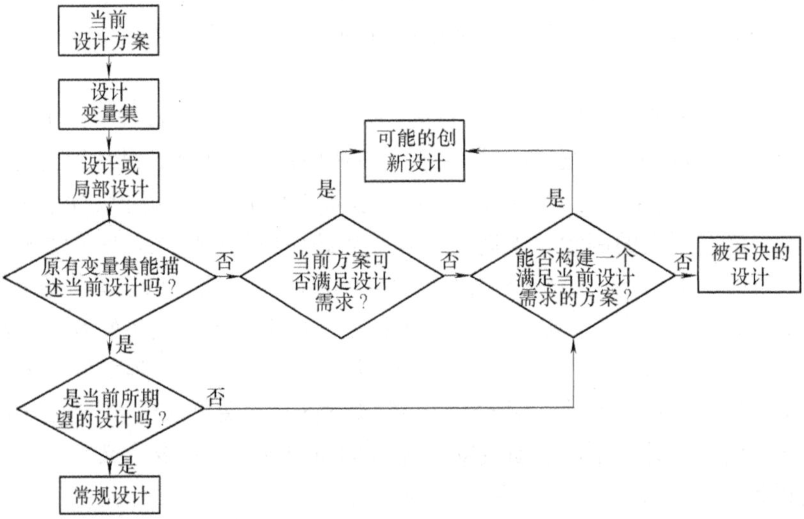

图 18-1　创新设计的基本模型

以当前产品方案为基础，通过全新设计或者局部设计，获得新产品方案；然后通过比较新产品方案与原有产品方案，评价其与原有产品重合度。如果完全重合且满足当前功能需要，则该设计归为常规设计，创新性不大；如果新产品方案与原有产品方案重合度较小，说明其创新意义较大，但还要评判其是否满足当前设计需求，是否可以为用户所接受，如果满足要求，则为创新设计，否则则为被否决的设计。

18.2　创新思维

18.2.1　思维与创新

1. 思维

思维是人类智慧的标志性特征之一。普通心理学认为思维是探索和发现崭新事物的心理过程，是在对现实进行分析和综合中间接概括反映现实的过程。从信息处理的角度看，思维是人脑对刺激信息的加工活动，即通过对信息的分析与综合、比较与归类、抽象与概括、泛化与特化等复杂的处理过程，实现信息的加工与转换，从而产生新的心理表征。现代认知心理学对思维的定义为：思维是个体致力于产生新颖、有效的主意或结论的一系列内部符号的活动，其中符号是指外部事件的表征，一系列内部活动则表明它不只是在经验或长时记忆驱动下对外部世界的直接反映，而是包含着主动的信息处理过程。不难看出，思维就是要通过人脑对信息能动性处理，来“发现新事物”或“产生新颖的结论”，进而达到问题解决的目的。可见，创新性是思维的本质特征之一，关于思维的创新性的研究又称为创新思维或创造性思维。

2. 创新思维

创新思维是指对于思维的创新性本质特性及相关心理操作、行为特征等过程的认知学研究。创新思维研究主要是对其心理过程的分析与描述，相关的理论学说有：

（1）沃拉斯的“四阶段模型”　心理学家约瑟夫·沃拉斯（J. Wallas）的《思考的艺术》一书，被看做创新思维领域开创性研究的标志。该书较深入地阐述了创新思维所涉及的心理活动，首创性地提出了以准备、孕育、明朗和验证为核心的创新思维的四阶段模型，至今在国际上仍有较大的影响。

（2）韦索默的“结构说”　德国心理学家韦索默（Werthermer）在其 1945 年出版的专著《创新思维》中，首次明确地提出了“创新思维”的概念。他从格式塔心理学理论出发提出“结构说”观点，即创新思维过程既不是形式逻辑的逐步操作，也非联想主义的盲目连接，而是格式塔的；并且创新思维中的格式塔结构既不是来自机械的练习，也不是已往经验的重复，而是由顿悟而获得的。

（3）斯滕伯格的“智力观”　1988 年，耶鲁大学的斯滕伯格通过创造力内隐理论分析法进行深入研究后，提出了包含智力维、方式维、人格维的“创造力三维模型理论”。其中智力维是指与创造力有关的“智力因素”，它不仅涵盖了创新思维的核心——“顿悟”的组成要素和创新思维的心理过程，还涉及创造性问题解决中的计划、监控与评价，因而是一种较为完备的创新思维模型。

（4）刘奎林的“潜意识推论”　1986 年，我国思维科学研究学者刘奎林以脑科学、心理学与现代物理学等方面所取得的新成就为基础，对灵感的本质、特征及其诱发机制等问题进行了比较科学的论证与探索，并形成了“潜意识推论”理论，构建了“灵感发生模型”。由于该模型突破了仅从心理学层次进行创新思维研究的传统做法，力图在脑科学和现代物理学基础上阐明创新思维过程，因而是关于创新思维的比较完整和有说服力的模型。

（5）若宾的最高级思维模型　1995 年，加州大学的若宾（Nina Robin）等人在题为“前额叶皮层的功能和关系复杂性”的论文中指出，人类思维对于事物本质及其相互间联系的规律性的反映，可看成是对事物之间存在的各种关系的反映，进而建立了用于确定关系复杂性的理论框架。随后，结合脑神经科学对大脑前额叶皮层结构与机能的新认识，把对不同水平关系复杂性的处理同前额叶皮层中相应部位的控制机能相关联，从而使人们对思维过程的认识深入到大脑的神经生理机制层次，因而更为科学，也更具可操作性。

综上所述，目前关于创新思维的理论，可谓角度各异，莫衷一是。有些以传统的心理学为基础，仅对创新思维过程进行思辨式的心理学解释，如“四阶段模型”、“结构说”及

“智力观”等理论；另一些则建立在脑神经科学和现代信息科学的基础上，如刘奎林及若宾等人的模型。尽管现有的创新思维理论及模型尚不尽完美，但都是对于创新思维进行深入研究的重要基础和良好启迪。

18.2.2　创新思维的基本形式

1. 抽象思维

抽象思维，即逻辑思维，是以反映事物共同属性的抽象化概念为基本元素的思维方式，其思维操作都是以语义概念为基础的，包括归纳与演绎、分析与综合、判断与推理等。语义概念的抽象性决定了逻辑思维是一种相对稳定的思维模式，且具有特有的规律性和可靠性。在创新思维过程中抽象思维可以对已有的知识、经验进行有效的整合与升华，并展开具有一定前瞻性和目的性的选择和预测，通常表现出目的性、收敛性和程序性等特点。抽象思维是目前研究得最为成熟的思维形式，也是符号主义人工智能的理论核心和基础。

2. 形象思维

形象思维是以客观形象为对象、以形象为主要思维工具、以指导创造物化形象的实践为主要目的的思维形式。尽管形象是人脑存储信息的主要形式，形象思维几乎是人们无时无刻不在使用的思维方式，但相关的科学研究却是认知科学的薄弱环节。学者危辉从视表象的神经机制出发给出了形象思维发生过程的模型，如图 18-2 所示，并总结了关于形象思维的几个基本结论：

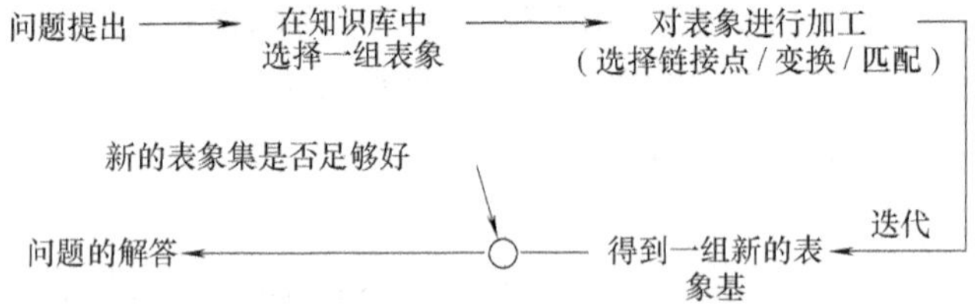

图 18-2　形象思维的发生的过程

1）用形象是可以思维的，形象思维是早就存在的，它完全有可能认识客观事物的本质。

2）形象思维是一切高等生物所共有的，人类祖先和语龄前的幼儿都是仅仅使用形象来思维的。

3）人类祖先的神经机制是与形象思维相适应的，人类在后来的发展中不可能抛弃掉这种能力与机制，而只可能把它们发展到更高的水平。

3. 灵感思维

除了抽象思维和形象思维以外，随着脑科学及智能、认知科学研究的进展，“灵感”、“顿悟”等颇具神奇色彩的思维认知现象及其在创新思维过程中所起作用引起了人们的重视。钱学森认为，灵感思维是科技领域发明创造的源泉之一，并从唯物论的观点出发，提出了人脑神经活动的层次性和意识的多态性设想，进而得出了灵感思维“多路理论”。灵感思维是潜藏于人们思维深处的活动形式，它的出现有许多偶然因素，并不以人的意志为转移，但通过努力可以为灵感的闪现创造条件。灵感思维具有跳跃性、不确定性、新颖性和突发性。例如，肖邦的“猫的圆舞曲”就是由于小猫在钢琴上跳动所激发出的灵感闪现而创作出来的。

4. 发散思维

发散思维又称多向思维、扩散思维、开放思维等，是指在思维过程中不拘泥于一点或沿一个方向思维，而是从现有信息资源中尽可能多地向多个方向扩展，而不受已经确定的方式、方法、规则和范围的约束，并且尽可能从这种扩散思考中求得多种不同的设想。它是以少求多的思维方式，即从给定的信息中产生出众多的信息输出。例如，根据大蓟花籽上很多小钩可以使其粘在衣服上的现象，人们发明了尼龙拉链，这是发散思维的典型实例。

18.2.3　常用创新思维方法

前苏联发明大师根里奇·阿奇舒勒在通过对超过 200 万份发明专利的分析提炼之后，归纳出了可以有效进行创新活动的常用思维方法，包括九屏幕法、小人法、金鱼法、STC 算子等。这些思维方法最突出的特点是具有可操作性、实用性强，可以更好地帮助使用者超越常规，克服思维定势，为解决创新过程的疑难问题提供清晰的思维路径。

1. 九屏幕法

九屏幕法又称多屏幕法。根据系统论的观点，由多个具有相互作用的单元构成，可以实现一定功能的体系称为系统。系统具有层次性，构成当前系统的单元结构也可以自成一个系统，称为当前系统的子系统；当前系统之外更高层次的系统称为超系统。以汽车为例，若将汽车作为当前系统，则发动机、轮胎等均可看做其子系统；在汽车之外，它又是整个交通运输系统的子系统，因而交通系统就可以看做当前“汽车”系统的超系统。当前系统是一个相对的概念，通常是根据问题的关注点而选取的。若以轮胎为当前系统，则轮胎中的橡胶、子午线、充气嘴等结构就是子系统，而汽车则成为超系统。如图 18-3 所示。

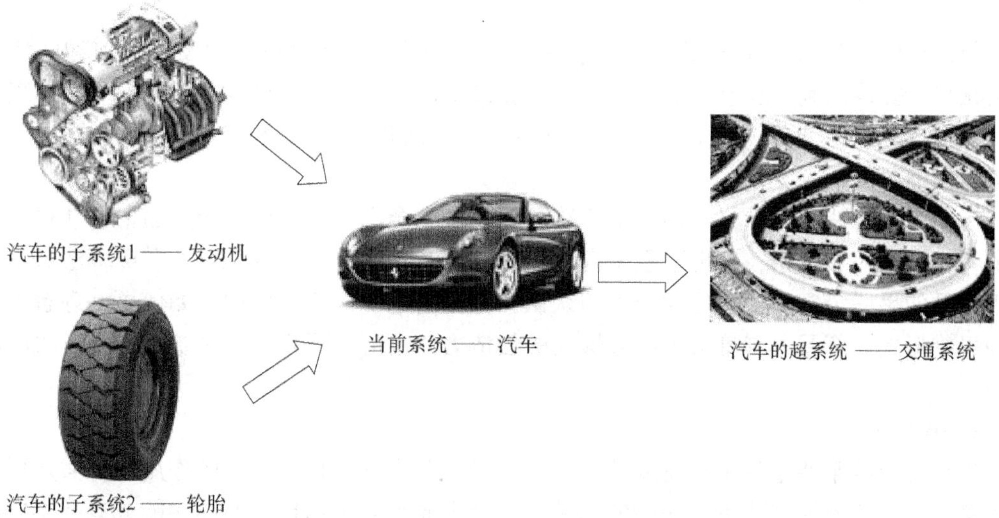

图 18-3　当前系统、子系统和超系统

明确了系统、子系统和超系统的含义，再来看九屏幕法的内涵。九屏幕法是一种思考问题的方法，是指在分析和解决问题的时候，不仅要考虑当前系统，还要考虑它的超系统和子系统；不仅要考虑当前系统的过去和将来，还要考虑其超系统和子系统的过去和将来，可以图形化地表示为图 18-4。以汽车为例所得到的九屏幕描述如图 18-5 所示。

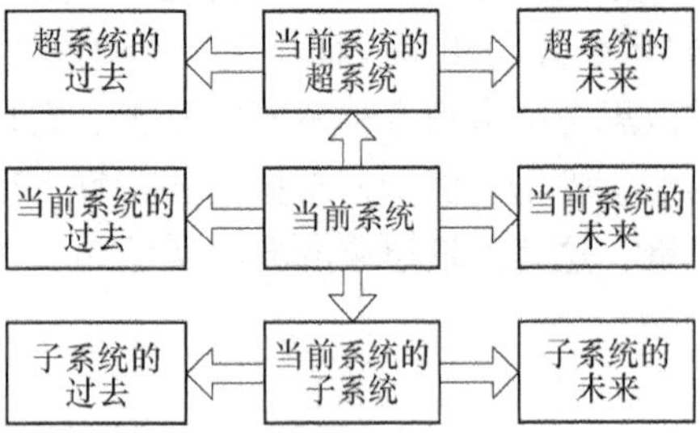

图 18-4　九屏幕法基本模型

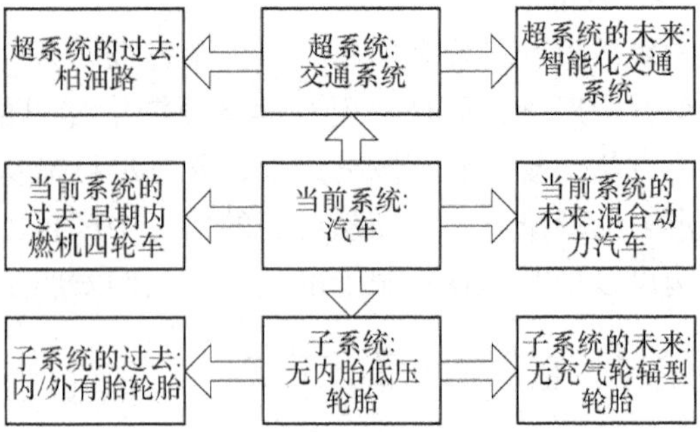

图 18-5　九屏幕法应用实例——汽车

九屏幕法围绕问题所在的当前系统，以时间和空间（系统构造层次）两个维度为基础，从多个层次、多个方位的相关因素中分析问题的症结，寻找解决问题的方案。它可以促使人们更全面、更有效地描述问题、查找原因、找出解决问题的新途径。

从系统层次化的空间结构的维度上进行分析。当前系统的“子系统”和“超系统”中的各种元素，包括物质、技术系统、自然因素及能量等，均可以考虑用以解决当前系统存在的问题。

以“当前系统”为核心，“当前系统的过去”和“当前系统的未来”是分别从问题发生之前和之后该系统的状态变化来分析的，考虑如何利用过去的各种资源来防止问题的发生，如何改变过去的状况防止问题的发生或减少当前问题的有害作用；同时考虑当前问题发生后系统可能的状态变化，可能产生的新资源，以及如何改变以后的状况防止问题的发生或减少其有害作用。

与此类似，“超系统的过去”和“超系统的未来”，是指分析问题发生之前和之后超系统的状况，并设法利用和改变这些状况以防止或减弱问题的有害作用。同样，“子系统的过去”和“子系统的未来”则是着眼问题发生之前和之后的子系统状况，并从中找出解决问题的可用资源。

运用九屏幕法分析后，人们对于原有问题的认识会产生很大地改变，通常会获得一个或多个考虑问题的新视角，发现了系统内外没有被注意到的资源。本质上，九屏幕法只是一种分析问题的手段，它提供了更为全面的认识和分析问题的框架，体现了如何更好理解问题的一种思维形式。练习九屏幕法可以锻炼人的创造力，也可以提高人在系统水平上解决问题的能力。

2. 小人法

当系统内的某些组件不能完成其必要的功能，并表现出相互矛盾的作用时，假定用一组小人来代表这些不能完成特定功能的部件，并令不同小人表示执行不同功能或具有不同的矛盾，通过能动的小人，实现预期的功能。然后，根据小人模型对结构进行重新设计。

如图 18-6 所示，当在行驶的汽车中喝热饮料（茶、咖啡）时，饮料洒出可能会烫伤乘客，为此需要设计一种倾倒后也不会使饮料洒出来的杯子。针对这种功能需求，该设计包含三个功能独立的设计要素，即热饮料、纸杯和杯子上面的空气。

根据小人法的思想，将液体饮料想象成一群红色的小人，把杯子壁想象成白色的小人，把杯子上方的空气想象成蓝色的小人。当杯子翻倒时，红色小人可移动、比蓝色小人强壮、不受白色小人约束——可同时离开“杯子”。按照小人法思想，可将问题归结为如何使红色小人不能挣脱白色小人的束缚而不外泄并与蓝色小人相遇。据此自然想到设计方案为增加白色小人的数量，并使其相互连接将红色小人与蓝色小人隔离开来，于是可以得到如图 18-7 所示的双层隔层的防洒漏饮料杯。

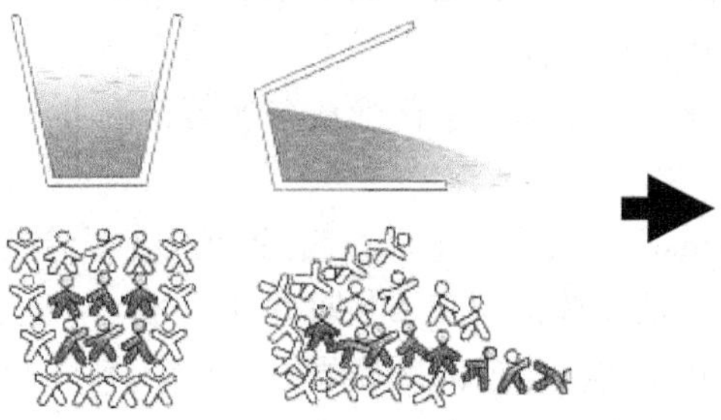

图 18-6　小人法示例之问题描述

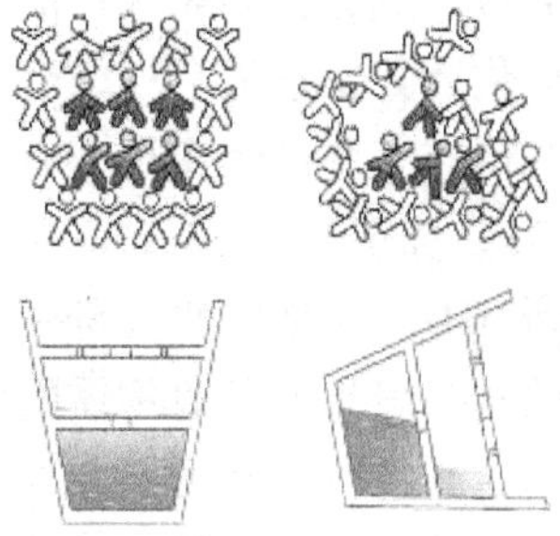

图 18-7　小人法示例之设计方案

小人法借鉴了微观世界的分析方法，以形态各异的动态小人代表不同的功能角色，形象生动地描述技术系统中出现的问题。通过用小人表示系统，打破原有对技术系统的思维定式，更容易地获得解决问题的方案。

3. 金鱼法

金鱼法是借鉴普希金著名作品《渔夫和金鱼的故事》而命名的。这个故事告诉我们，人的幻想是可以不受任何约束、任意驰骋的，但现实中的许多条件总会制约幻想实现。因此，任何看似不着边际的幻想，既有其超越现实的理想化因素，又包含着合理的成分。金鱼法就是从当前问题的某个幻想式解决构想出发，从中分离出可行部分和不可行部分；然后再对其不可行部分进行进一步分离，找出可行部分与不可行部分；此后再次对不可行部分进行分离，依次迭代，直到将所有不可行部分均变成可行的解决方案。金鱼法基本流程如图 18-8 所示。

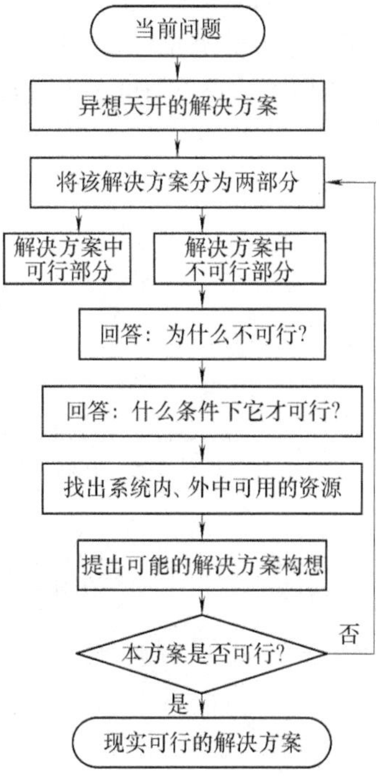

图 18-8　金鱼法基本流程

事例分析：设想“用空气赚钱”这是一个看似荒谬而不现实的想法，因为地球上处处都有空气，而且取之不尽。此处用金鱼法对其进行分析。

1）首先将该构想分为可行和不可行两部分。可行部分：空气、钱、赚钱的目标；不可行部分：买卖空气。

2）回答为什么买卖空气是不可行的？因为空气普遍存在于地球上，无所不在，用之不尽，人们好像从来不需要花钱买空气。

3）回答在什么条件下人们才需要买卖空气？当空气数量不够时，如飞机上、潜艇中、矿井里、高山上等，空气成为稀缺资源，无法充分满足人的需求时。当空气中含有某些特殊成分、可以特别收集使人获得特定受益时，如富含负离子的空气、香味空气、氧气助燃等。

4）确定系统、超系统和子系统中的可用资源。超系统：地球表面、太空、地球磁场、太阳辐射；当前系统：空气；子系统：空气的各种成分（氮、氧、氩等）和空气中的杂质（如微小灰尘及生物颗粒等）。

5）可能的解决方案构想。向空气稀少的地区出售空气，如水下、矿井等；收集并出售空气中的特定成分，如氧气帮助病人、登山运动员呼吸，氮气满足工业上的特定需求等；出售空气净化装置，它将空气的有害成分和有用成分分离。

这些构想有些已经实现，有些还需要细化，再分解，进而形成确实可行的方案。

4. STC 算子

所谓 STC，即是尺度（Size）、时间（Time）、成本（Cost）三个英文单词首字母的缩写，它的核心思想就是对物体的固有的认识，从物体的尺度 S、时间 T 和成本 C 三个维度、六个方向对其进行重新思考和再认识，从而找出解决当前问题新思路。STC 算子是促使人们进行有规律的、全方位发散思维方法，与普通发散思维相比较，其指向性更强，效率更高。STC 算子的一般分析过程为：

1）明确研究对象现有的尺寸、时间和成本，然后分别从这三个维度进行双向假设性思考。

2）在空间尺度维，分别想象对象向尺度无穷大（$S\to\infty$）和尺度趋近于 0（$S\to 0$）两个方向变化，产生什么后果。

3）在时间维度上，分别想象问题发生过程所需时间无限长（$T\to\infty$）和所需时间无限短（$T\to 0$）或对象运动的速度无穷大，会带来什么变化。

4）从成本维度上，分别想象完成系统功能所需成本（允许的支出）无穷大（$C\to\infty$）和所需成本无穷小（$C\to 0$）时，会形成什么影响。

图 18-9 所示为房子的 RTC 算子分析实例。

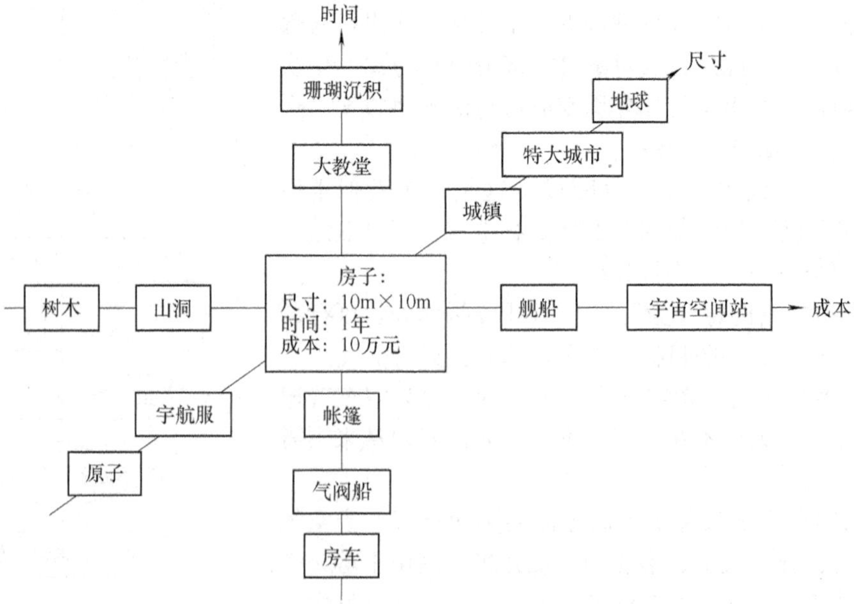

图 18-9　RTC 算子分析实例——房子

18.3　创新设计技法

18.3.1　思维惯性是创新的制约因素

思维惯性又称思维定势，决策学中称之为基本假设思维。它是指行为主体在处理一个问题、看待一件事情、评价一个人的时候，常常根据以往的知识、经验和直觉，不由自主地对问题的原因或结果直接做出条件性的判断，这样的判断通常是受到虚假事实的障碍而形成的。思维惯性是人与生俱来的自然能力之一，它促使大脑机械地重复旧的行为。它通常可以让人在面对旧有问题时获得快速而准确的解决方案，从一定意义上，人的学习行为就是不断形成和强化思维惯性的过程。

然而，从另一方面看，思维惯性将人的思维方式局限在已知的、常规的解决方案之上，迫使人们在平常情境下沿用保守观念，得出平常的解决方案，阻碍了新方案的产生。因而从创新的角度上看，思维惯性是有害的，是制约创新能力的关键因素。《三国演义》中司马懿父子之所以被诸葛亮的“空城计”所蒙蔽，正是由于他们受惯性思维影响，在面对“平生谨慎，不曾弄险”的诸葛亮时，作出了“今大开城门，必有埋伏。我兵若进，中其计也。”的错误判断，结果丧失了取胜的良机。而诸葛亮恰恰反用了司马懿父子的惯性思维，在战争史上演出了以弱胜强、以少胜多的生动话剧。

从前，一场大水将沧州城南一座寺庙门前的石头狮子冲走了，十几年后和尚想重修山门，要把那一对石狮子打捞上来。有的人在水底下找，有的人在河的下游找，结果都一无所获。一位看守河堤的老河工走过来，说：“在原地方是挖不到的，应该往上游去找。”大家对老河工的话都觉得荒唐、好笑，没有人理睬他。结果倔强的老河工只身一人，只用了一顿饭的工夫，在沉没位置的上游找到了石狮。这个故事里，人们被惯性思维束缚了头脑，因为在一般情况下，掉入河流中的东西，或沉入水底，或冲往下游。但是与众不同的是“石狮结实沉重，河沙松散轻浮”，这使得上游来水冲不动石狮，而石狮下面的沙子却不断被涡流卷走，形成凹坑致使其向上游方向翻倒，如此反复，天长日久，石狮子就“翻着跟头”到上游去了。这个故事说明，如果不能顺应环境条件的改变，一味地遵循思维惯性用已有的经验知识对待新的问题，必然会作出违背事实的判断。

如前所述，创新的过程就是不断破解难题的过程，需要不断认识和解决新问题，创新的方法绝不能因循守旧，一成不变，恰恰相反，创新成果的获得所依赖的基础是运用与众不同的思维模式，引入独到实用的方法和手段。然而，思维惯性的作用，使人们不自觉地陷入习惯性、单向性的境地，因而制约了设计人员设计思维活动的创造性。通常思维惯性的影响表现为以下三种形式：

（1）迷信权威　就是盲从于自己认为是一贯正确或者比自己优越的人。这是历经长期生物进化和群居生活所形成的人的天生特质之一，然而，如果沉陷其中，则可能成为实现创新的绊脚石。据说，曾有一个传教士借助望远镜看到了太阳上的“黑子”，而按照宗教界具有至高无上绝对权威的《圣经》上的说法，太阳是圣洁无瑕的天球，绝不会产生“黑子”。最后，那位传教士自言自语地说：“幸好《圣经》上早有说法，不然的话，我几乎要相信自己亲眼看见的东西了。”英国数学家、哲学家罗素来我国讲学时，首先在黑板上，写了一个题目：2+2=?。然后，罗素诚恳地征求听讲者的答案，出人意料的是，台下一片寂静。每一位听众都在心里暗暗琢磨：黑板上的题目肯定不是简单的数学题，大哲学家是不是借此说明他发现的哲学观点？尽管罗素诚恳地请求台下的听众将答案告诉他，但是，没有一个愿意“贸然”地回答，不得已，罗素只好请一位先生来回答。谁知，这位先生竟然面红耳赤地说自己还没考虑成熟。最后，罗素坦然地对台下的听众笑道：二加二就等于四嘛，这是一道很简单的计算题呀！罗素幽默地告诉了人们：过于崇拜权威，会使人迷信，来束缚自己独立思考的能力，扼杀自我的思想。在权威面前连简单的事实也不敢承认，难道还敢质疑权威，开拓创新？

（2）盲目从众　就是指一个人在群体压力下，放弃自己的意见，转变原有的态度，采取与大多数人一致的行为。服从众人、“随大流”的从众心理是思维惯性的又一种表现。陷入从众心理的人盲目地跟在别人身后，似乎觉得别人做的事情都是正确的，他们没有自己的观点，“随波逐流”、“人云亦云”。从众附和会使人陷入盲从和随波逐流的境地，使人的思想简单、僵化、不愿意独立思考，极易受他人或周围环境的暗示作用的影响，从而导致人们思维的局限性和偏差性。

（3）先验性认知　人的知识体系总是建立在一定的思维认知结构之上的，已有知识和经验通常作为新认知的基础和前提，也是人们认识新事物、解决新问题的参照系。所谓“温故而知新”就是这一过程的生动描述，因此先验性知识是非常有用的。然而，受先验性认知的影响，人们又可能在环境条件发生改变时，缺少应变力和灵活性，从而陷入想当然的错误之中。天津“狗不理”包子久负盛名，在北方几乎是家喻户晓。但是，当它的分店开到深圳时，却受到了冷遇。经营者面对尴尬的局面，做了一次深入的市场调查，发现不是包子质量不好，也不是口味不好，而是深圳人对“狗不理”的名称太敏感了，心理上接受不了。于是，经营者思之再三，忍痛摘下“狗不理”的牌子，换上“喜相逢”的匾额。此后，店里一改往日的冷清，门庭若市，效益也节节攀高。

18.3.2　常用创新设计技法

为了克服思维惯性，人们通过对设计创新活动的长期研究和实践，总结出了一系列能有效促进设计人员创造性设计思维的理论和方法，提炼出了行之有效的创新技法。

1. 组合创新法

组合创新法是指将两种或两种以上的技术、事物、产品、材料等进行有机地组合，以产生新的事物或成果的创造技法。例如，坦克就是由碉堡、火炮、汽车组合设计而成的。在自然界和人类社会中，组合现象是非常普遍的。爱因斯坦就曾说过：“组合作用似乎是创新思维的本质特征”。磁半导体发明者、日本科学家菊池诚认为：发明有两条路，第一条是全新的发明，第二条是把已知其原理的事实进行组合。统计显示，组合型的发明成果已占到现代技术发明总量的60%～70%。可见，组合创新已成为设计创新的主要方式之一。根据相互组合的要素不同，常用的组合创新法包括功能组合、技术组合、材料组合、数量组合、异类组合等。

1）功能组合是最为常见的组合形式，是指将多种功能组合为一体形成新的产品。例如数控加工中心、混凝土搅拌运输车、扫描-复印-打印一体机、拍照手机、家庭影院等无一不是功能组合所开发的新产品。功能组合的特点是，各个分功能之间具有互通性，或者原理相同、或者相互关联的，具有互相利用的价值，并产生明显的经济效益。多功能产品能使消费者以最少的支出获得最大的效益，以最高性价比满足人们日益增长的多样化需要，它已成为新产品设计开发的重要发展趋势。

2）技术组合是指将不同技术成分相互组合成为一种新技术，进而设计出新产品的方法。例如，目前广泛使用的电子计算机 X 射线断层扫描技术（简称 CT 扫描技术），就是将 X 射线透视技术同计算机图像识别技术有机结合而形成的，它虽然没有任何新的原理突破，但通过两已有技术的有机组合，实现了医学及至工业领域检测技术从二维向三维的飞跃，被誉为 20 世纪医学界最重大的发明成果之一。技术组合的关键是掌握各种技术的相容性、互补性，实现技术成果的突破性、创新性。

3）材料组合是指不同材料在特定的条件下进行组合，有效地利用各种材料的特性，使组合后的组合材料具有理想的性能。例如各种合金、合成纤维、导电塑料（在聚乙炔的材料中加碘）、塑钢型材等。

4）数量组合将两个或两个以上同类事物进行组合，通过数量的变化来弥补功能上的不足，或得到新功能的创新方法。例如，单万向联轴器虽然连接了两轴，并允许它们之间产生各个方向的角位移，但从动轴的角速度却发生了变化。将两个单万向联轴器进行同类组合，变成双万向联轴器，就可以既实现两轴之间的等角速度传动，又允许两轴之间产生各个方向的角位移。在日常生活中，汽车转轴与齿轮之间的花键连接是单键连接的组合和优化，单碟 CD 机演变成六碟 CD 机极大地方便了播放机的使用。

5）异类组合将两个或两个以上异类事物进行组合，使参与组合的各类事物能从意义、原理、结构、成分、功能等任何一个方面或多个方面进行互相渗透，从而使事物的整体发生变化，产生出新的事物，获得创新。例如，带有橡皮的铅笔、带有牙膏的牙刷、带有可移动磁盘的瑞士军刀、带有墨镜的遮阳帽等均为异类组合的创新产物。

2. 移植创新法

移植创新法就是借用不同领域间的已有成果进行设计目标的再创造，即将某一领域的成果，引用、渗透到其他领域实现变革与创新。通常表现为通过把一个对象的概念、原理和方法运用于另一个对象而取得创新成果。例如，数控机床就是计算机技术向机械加工设备移植形成的创新。所谓“他山之石，可以攻玉”就是该方法的形象表述。常用的移植方法有如下几种。

（1）原理的移植　指将某种科学技术原理向新的领域类推或外延。例如，二进制原理用于电子学（计算机），还用于机械学（二进制液压缸、二进制二位识别器等）；超声波原理用于探测器、洗衣机、盲人拐杖等；激光技术用于医学的外科手术（激光手术刀），用于加工技术上产生了激光切割机，用于测量技术上产生了激光测距仪等。

（2）方法的移植　指操作手段与技术方案的移植。例如，密码锁或密码箱可以阻止其他人进入房间或打开箱子，将这种方法移植到电子信箱或网上银行上时，结果是进入电子信箱或网上银行时必须要先输入正确密码方可进入。另外的例子还有将金属电镀方法移植到塑料电镀上。

（3）结构的移植　指结构形式或结构特征的移植。例如，滚动轴承的结构移植到移动导轨上产生了滚动导轨，移植到螺旋传动上产生了滚动丝杠；积木玩具的模块化结构特点移植到机床上产生了组合机床，移植到家具上产生了组合家具等。

（4）材料的移植　指将某一领域使用的传统材料向新的领域转移并产生新的变革，也是一种创造。物质产品的使用功能和使用价值，除了取决于技术创造的原理功能和结构功能外，也取决于物质材料。在材料工业迅速发展、各种新材料不断涌现的今天，利用移植材料进行创新设计更有广阔天地。例如，在新型发动机设计中，设计者以高温陶瓷制成燃气涡轮的叶片、燃烧室等部件，或以陶瓷部件取代传统发动机中的气缸内衬、活塞帽、预燃室、增压器等。新设计的陶瓷发动机具有耐高温的性能，可以省去传统的水冷系统，减轻了发动机的自重，因而大幅度地节省能耗和增大了功效。此外，陶瓷发动机的耐蚀性也使它可以采用各种低品位多杂质的燃料。因此，陶瓷发动机的设计成功，是动力机械和汽车工业的重大突破。

18.4　创新设计常用方法

1. 奥斯本智力激励法

智力激励法是世界上最早付诸实用的创造技法，它由美国创造学家奥斯本首先提出，以后该方法又做了进一步发展，先后提出了默写式智力激励法、卡片式智力激励法等。

奥斯本智力激励法基于群体创新原理通过在一定规则下的会议方式，使参加的人员通过相互平等的讨论、相互启发、相互激励，从而可引发创造性设想的连锁反应，产生众多的创造性设想，进而可以从众人的设计中分析、比较和提取出最优的创新方案。

奥斯本智力激励法会议的具体组织方法是：参加会议的人数不超过 10 个，因人数过多会影响效率。会议的时间一般在 20min 至 1h 之间。每次会议的目标必须要明确，与会人员也必须围绕议题可以任意自由不受任何约束地发表自己的想法和建议。为了使会议的参加者都能充分表达和发挥自己的设想和观点，与会讨论的设计人员要必须遵循如下几项规定：

① 决不允许批评别人提出的设想。

② 鼓励海阔天空式的自由思考。

③ 任何人不对其他人的建议作任何的判断和结论。

④ 鼓励多提建议，设想越多越好。

⑤ 发表看法的过程应集中注意力，针对目标，不可跑题。

⑥ 参加会议的人员采用圆桌会议的方式，没有权威，没有上下级，一律平等。

⑦ 不允许私下交谈，以免干扰别人的思维活动。

⑧ 不允许用集体提出的意见来阻碍个人的创新思维。

⑨ 各种设想不分好坏，一律记录下来。

根据奥斯本智力激励法的特点，显然集思广益是该方法的核心。针对同一问题，通过与会设计人员不做任何限制的平等交流、沟通，可以使每个人都能够充分了解别人的想法并可以依据他人的观点来激发自己的灵感，形成新的设想，引发有价值的创新。

2. 类比法

类比是指由一类事物所具有的某种属性，可以推测与其在某环节存在类似的其他事物也应具有该属性的一种推理方法。就是依据两个同类或异类对象之间在某些方面的相同或相似，推论出它们在其他方面也具有相同或相似的属性。其本质就是通过在不同事物之间的“异中求同”和“同种求异”来引发设计的创新。例如，潜艇就是通过在船和鱼这两种相异事物之间异中求同，将鱼类可在水下运动的属性类比到船而形成的设计创新。

根据类比的形式不同，类比法主要包括直接类比法、间接类比法、幻想类比法、仿生类比法、拟人类比法和因果类比法。

（1）直接类比法　该方法是从自然界或者已有的成果中找寻与设计对象相类似的现象或事物加以类比，来引发设计创新的一种方法。例如，惠更斯提出的光的波动说，就是与水的波动、声的波动类比而发现的；电瓶脚踏车，就是将自行车的动力系统与电瓶车的动力系统的直接类比而设计形成的。直接类比是最基础的类比方法。

（2）间接类比法　间接类比法是在多类不同事物之间通过类比和联想而产生设计创新的类比方法。显然，采用间接类比法可以扩大类比的范围，从而可以为创新带来更加广阔的空间。例如，人们根据海边、湖边的空气中对人体有益的负离子浓度高的实际情况，通过对湖边、海边的自然状况的类比，设计创造出可产生负离子的水冲击法。进而又通过对水冲击作用的类比，设计创造出通过电子冲击产生负离子的空气负离子发生器。

（3）幻想类比法　顾名思义，幻想类比就是以超现实的理想、梦幻或虚构的完美事物为类比对象，设计者在发明创造中，通过对该类比对象的进一步分析，从中找出合理的部分加以借鉴，形成发明和创新。著名科幻小说之父贝尔纳一个多世纪前在其作品中所幻想出的霓虹灯、空调机、导弹等事物伴随科技发展都一一转变成了现实，就是以幻想类比开展产品设计和创新的证明。

（4）仿生类比法　仿生类比就是以生物的功能、结构和特点为模仿对象进行设计创新的方法。例如，通过模仿鸟类展翅飞翔，设计创造出具有机翼的飞机；同样，通过模拟鸟类可直接腾空起飞，发明了直升机。

（5）拟人类比法　也称亲身类比、自身类比或人格类比。就是设计者将设计对象拟人化地加以看待，并设身处地地设想自己作为该拟人化的设计对象后会有何感受、如何工作，从而获得创意的一种方法。例如，挖掘机的功能结构就是通过拟人化地模仿人的手臂结构和功能而设计形成的。

（6）因果类比法　该方法是根据已知事物的因果关系推测设计对象属性之间的因果关系，从而寻求创新的一种方法。例如，根据往面粉里加入发酵粉可以发面做出蓬松的馒头这个因果关系，在橡胶中加入发泡剂，制成了海绵橡胶。在合成树脂中加入发泡剂，得到质轻、隔热和隔声性能良好的泡沫塑料。

3. 联想法

依据心理学，联想是由一事物想到另一事物的心理现象，是人自发地从一种概念想到其他概念，从一种事物想到其他事物的一种心理活动或思维方式。联想思维不是简单的想入非非、漫无目的的乱想，而是在已有的知识、经验之上形成产生的，它是对输入头脑中的各种信息进行加工、置换、连接后输出的一种思维活动。由于通过联想可以把不同事物联系在一起，因此这种心理现象不仅在人的心理活动中占据重要地位，而且在推理、创造的过程中也起着十分重要的作用。实际中的许多新创造都来自于人们的联想，联想思维由此及彼、由表及里，形象生动的特点使其成为创新思维的基础。

根据联想思维的特性，可以采用如下形式开展联想来实现设计创新。

（1）接近联想　接近联想是因事物彼此之间在空间或时间上的相关而引起的。例如，看到汽车就想到汽油、交通岗、红绿灯。根据接近联想的特点，实际设计中，显然可以针对设计对象，主动地从与其在时间、空间上比较接近的事物上形成联想，帮助形成新思路、新观点，以便引发设计创新。

（2）相似联想　相似联想又称类似联想，它是因事物彼此之间在外表、形式、性质、行为等方面的相似而引起的。例如，看到水就想到河。相似联想反映的是事物间的相似性和共同性。根据相似联想的这一特点，实际设计中，显然可以从设计对象的属性层次出发开展相似联想，帮助设计人员拓宽思路，引发创新。例如，西安太阳食品集团的核心产品太阳锅巴就诞生于发明者在同客人吃饭，发现一道用锅巴作原料的菜肴很吸引人时，对于锅巴能作菜肴，为什么不能像风靡全球的薯片一样制成一种小食品的联想。

（3）对比联想　对比联想是由某一事物的回忆和感知引起具有相反特点事物的回忆和感知的思维活动，它是因两个以上的事物具有相反的特点、性质所引起的。例如看到火想到水，由沙漠想到森林，由光明想到黑暗等。根据相似联想的这一特点，实际设计中，针对设计问题，通过对比联想可以帮助设计人员从问题的相反方向开展思考，形成认知，打破思维习惯的束缚，对促进设计创新可以产生很明显的效果。例如：根据牛黄是牛胆囊中的结石的这一认识，某医药公司员工通过对比联想，形成了如果能够在牛的胆囊中制出结石，就可以得到牛黄的想法，进而通过实践，发明了人工培育牛黄的方法。

（4）关系联想　关系联想即由于事物彼此之间在整体与局部、因果、功能结构等层次上所存在的关系而形成的联想。例如，看到客人带了雨伞，你会想到外面正在下雨；实际中，针对设计问题，通过对与其相关的事物之间的联想，可以拓宽设计人员对于当前问题的认知层面，促进其从更加全面和综合的角度开展对于问题的思考，从而可以为问题的优化求解提供支持。

由于事物之间的相互关系是十分复杂的，因此，联想的方法不一定完全局限于上面所说的形式，还可以从对象的因果联系上去进行联想，也可依据事物的同类原则去进行联想，还可以从事物之间的相关特性去进行联想。各种各样的联想方法都是可以产生出创造性设想的，这里关键不是运用哪一种联想方法，而关键在于要解决什么问题？需要进行什么创造？要达到怎样的目的？或者什么样的预期目的都没有，只是想有所创造发明。那么就应根据各自的不同要求和想法，有意或无意地去进行联想，从联想产生的设想中去成功创新。

人类设计创新的实践表明，设计人员的知识积累越多，经验越丰富，联想的范围就可以越广阔，联想能力就越强。在基于联想思维开展设计的时候，对于要解决的问题，应注意多加观察，并从它的正、反面以及与它相似、相近的关联事物和经验中，多角度地进行考察分析，以便找到解决问题的新线索，形成有益的创新观念。

例如，贝尔发明电话以前，虽然已有人研究电话了，但声音不清楚无法使用。贝尔在一次实验中发现把音叉的端部放在带铁芯的线圈前，若音叉振动，线圈中便会产生感应电流，通过电线把这电流送至另一只同样线圈，线圈前的音叉也会振动，发出同样声音。他由此联想到能像音叉一样发生振动的金属簧片，如果用金属簧片代替音叉，线圈也应能产生感应电流，使簧片振动发声，这样金属簧片就能“说话”了。通过反复试制和完善，贝尔发明了世界上的第一部电话。

本 章 习 题

18-1　创新的特性有哪些？简述你对创新的理解。

18-2　创新设计的本质特征是什么？为什么说现代设计创新是知识的创新？

18-3　创新思维的形式有哪些？

18-4　举例说明常用的创新思维方法的含义及其应用。

18-5　什么是思维惯性？它对创新过程有何影响？

18-6　试对组合创新与移植创新方法进行比较说明。

18-7　何谓奥斯智力激励法？试设定一个主题组织一次奥斯智力激励创新活动。

第 19 章　反求设计方法

【内容】

本章首先介绍反求工程和反求设计的概念，然后给出反求设计的对象分析、主要内容以及过程，最后重点讨论三维反求的原理、方法和步骤。

【目的】

掌握反求设计的原理、过程和方法，了解反求设计的关键技术，熟悉三维扫描、测量以及反求技术的应用。

19.1　反求工程概述

19.1.1　反求问题的提出

实际上，任何新产品的问世都蕴含着对已有科学、技术的继承和借鉴。反求思维的方法在工程上的应用已经源远流长。只是作为反求设计或反求工程的术语提出来，以及作为一门学问进行专门研究，则出现于 20 世纪中期。

当时日本作为第二次世界大战的战败国，急于恢复与发展，他们提出的口号是："一代引进，二代国产化，三代改进出口，四代占领国际市场"。三洋电机开发洗衣机的过程就是一个很好的实例。1952 年夏，三洋电机当时的社长井植岁男看到了洗衣机市场存在巨大的潜力，决定开始研制洗衣机。他们购买了各种不同品牌的洗衣机，并将其送至干部的家中，公司也放满了各式各样的洗衣机。公司让员工们反复研究琢磨、试验、比较和分析，充分总结和剖析各类洗衣机的优缺点、安全性能、方便程度以及价格水平等，找出了一种比较满意的方案，试制了一台样机。正准备投入市场时，他们又发现了英国胡佛公司最新推出的涡轮喷流式洗衣机。这种涡轮喷流式洗衣机的性能比原先的搅拌式洗衣机有了很大的提高。三洋公司的管理者深深懂得，后开发的产品，如果在性能上没有明显优于已经上市的同类产品，那么你不仅应当预计到在今后的竞争中必然遭受失败的后果，甚至一开始就应当考虑是否投产的问题。于是三洋公司果断地放弃了已投入几千万元研制出的即将成批生产的洗衣机，开始对胡佛公司的涡轮喷流式洗衣机进行全面解剖和改进。于 1953 年春研制出日本第一台喷流式洗衣机。这种性能优异、价格只及传统搅拌式洗衣机一半的新产品，一上市便引起轰动，不仅带来巨大的经济效益，而且使三洋公司在洗衣机行业站稳了脚跟。

为实现国产化的改进，并最终占领国际市场，就迫切需要对别国的产品进行消化、吸收、改进和挖潜，这也就形成了反求设计或反求工程的发展机制。成功地运用反求工程，使日本节约了 65% 的研究时间和 90% 的研究经费。到 20 世纪 70 年代，日本的工业已经达到欧美发达国家水平。

因为研究和应用反求设计或反求工程可以有效回避研究开发探索的风险，实现在高起点去创新产品，因此重视和研究反求工程的国家很多。我国作为一个发展中的国家，科技水平相对落后，投入大量资金去研究工业发达国家已经推向市场的产品是完全没有必要的。这不仅是资金浪费的问题，也会拖延发展经济的时间或机会。因此深入研究反求设计或反求工程，在不断引进新产品或新技术的基础上开发自己的新产品，最终推向国际市场是很有必要的。

19.1.2　反求工程

反求工程（Reverse Engineering）也称为逆向工程，它以先进产品或设备的实物、软件（图样、程序、技术文件等）或影像（图片、照片等）作为研究对象，应用现代设计理论与方法、生产工程学、材料学和有关专业知识进行系统分析和研究，探索掌握其关键技术，进而开发出同类的先进产品，是针对消化吸收先进技术的一系列方法和应用技术的组合。

反求工程不是传统意义上的“仿制”，而是基于原型的再设计。从应用目标来看，实物仿制的着眼点在于制造出与实物相同的产品；而反求工程的着眼点则在于对原始设计的还原与再设计，而后制造出和原有实物“形似”而且“神似”的产品；反求工程更强调集百家之长，在原有技术基础上进行创新和开拓延伸，形成更高层次的新技术或新产品。

1. 反求工程的过程

反求工程一般要经历以下过程：

（1）引进技术的应用过程　学会引进产品或生产设备的技术操作和维修，令其在生产中发挥作用，并创造经济效益。在生产实践中，了解其结构、生产工艺、技术性能、特点以及不足之处，做到“知其然”。

（2）引进技术的消化过程　对引进产品或生产设备的设计原理、结构、材料、制造工艺、管理方法等项内容进行深入的分析研究，用现代的设计理论、设计方法及测试手段对其性能进行计算测定，了解其材料配方、工艺流程、技术标准、质量控制、安全保护等技术条件，特别要找出它的关键技术，做到“知其所以然”。

（3）引进技术的创新过程　在上述基础上，消化、综合引进的技术，采众家之长，进行创新设计，开发出具有本国特色的新产品。最后完成从技术引进到技术输出的过程，创造出更大的经济效益。这一过程是反求工程中最重要的环节，也是利用反求工程进行创新设计的最后结果阶段。

2. 反求工程的特点

反求工程具有以下优点：

（1）快速建立新产品的数据化模型　利用坐标测量仪器对原产品进行实际测量，快速建立起新产品的原始数据模型，为快速原形制造提供数据来源。坐标数据采集是反求工程中的第一环节，是数据处理、模型重建的基础。常用的测量方法有机械坐标测量法、激光线扫描、光栅法及层切法等。

（2）显著提高新产品技术水平　在对原产品原理、结构、材料、精度、使用维护分析的基础上，采用价值工程、人机工程学、相似理论、精度设计、动态设计和可靠性设计等现代优化设计工具对其进行改进和提高，以制造出更好的产品来。因此，反求工程技术有助于企业迅速消化吸收和改进提高国内外先进技术，确保企业自身在同行业中新产品的技术水平优势。

（3）彻底改变新产品传统制造工艺方法　反求工程集成制造系统综合运用了CAD/CAE、数控、伺服驱动、激光和材料等先进技术，可在没有传统制造工具的情况下，在短时间内制造出几何形状复杂的物体。

（4）缩短新产品研发周期　快速响应制造是21世纪对制造业更具影响的技术之一。追求完美与个性化的消费需求使产品品种多样化，企业间的竞争不再只是质量与成本的竞争，更重要的是产品上市时间的竞争。采用反求技术可避免走自行开发中不可避免的许多弯路，从而大大缩短新产品的开发周期，为企业快速占领市场创造有利条件。

（5）实现异地（远地）制造或虚拟制造　将反求工程与快速原形制造相结合，利用互联网或局域网将三维物体数据方便地读入、传输，实现异地（远地）制造或虚拟制造。

（6）实现快速模具制造（RT）　将快速原形制造的样本用于模具制造，可降低成本，缩短生产周期，显著提高生产效率。硅橡胶模、金属树脂模等可用原模具为样本，用反求的方法实现快速制造模具。

（7）快速制造出复杂物体三维模型　对于一些十分复杂的物体，如车身壳体、玩具、艺术造型等，用目前的CAD软件，还很难设计出十分满意的形状要求。如果运用反求技术，则可很快地将实体模型转化为CAD模型，然后利用快速原形系统制造出样件。

19.1.3　反求设计

人们通常所指的设计是正设计，是由未知到已知和由想象到现实的过程。当然这一过程也需要运用类比、移植等创新技法，但产品的概念是新颖的、是独创的。

反求设计则不然，虽然为反设计，但绝不是正设计的简单逆过程。因为针对的是别人已知和现实的产品，而不是自己的，所以也不是全知的。是一个虽然知其然，但不知其所以然的问题。因为一个先进成熟的产品凝聚着原创者长时间的思考与实践、研究与探索，要理解、吃透原创者的技术与思想，在某种程度上比自己创造难度还要大。因此反求设计绝不是简单仿造的意思，是需要进行专门分析与研究的问题。

19.2　反求设计的内容和过程

19.2.1　反求设计的研究对象

从工程技术角度分析，反求设计的研究对象一般分为三类。它们分别是实物反求、软件反求和影像反求。反求对象应该是比较先进的技术或产品；也可能是自然界的产物，例如反求人体结构进行再植手术等。

1. 实物反求

顾名思义，实物反求是在已有实物条件下，通过试验、测绘和详细分析，研制开发出与原型产品相同或相似的新产品。实物反求过程是一个认识产品、再现产品或创造性地开发产品的过程，其中包括功能反求、性能反求、方案、结构、材质、精度、使用规范等众多方面的反求。

实物反求首先要在实物未解体前进行功能、性能等全面试验考核，测试其各项功能和性能指标。为此，应做好以下几项工作：

1）根据样本、使用说明书等技术文件，搞清产品的功能指标。

2）制定相应的试验条件和试验规范。

3）选择和完善试验台及相应测试仪表和精度。

4）科学处理试验结果，其中包括静态数据和动态数据。

5）记录试验中出现故障的现象，为进一步分析提供依据。

总之，通过试验，要客观捕捉和反映原机的真实面貌，总结其优点和不足。对有些样机，不仅要作台架试验，必要时还需要作野外行走试验。

2. 软件反求

技术软件泛指产品样本资料、产品标准、产品规范，以及与设计、研制、生产制造有关的技术资料和技术文件，如产品图样、制造验收技术条件、产品设计说明书、计算书、使用说明书和产品设计标准、工具工装设计标准、工艺守则、操作规范、管理规范、质量保证手册等。依据这些技术软件，设计新产品的过程，称为软件反求。

3. 影像反求

既无实物，又无技术软件，仅有产品照片、图片、广告介绍、参观印象和影视画面等，设计信息量最少，基于这些信息来构思、想象开发新产品，称之为影像反求，这是反求设计中难度最大的并最富有创新性的设计。影像反求设计本身就是创新过程，目前还未形成成熟的技术，一般要利用透视变换和透视投影，形成不同透视图，从外形、尺寸、比例和专业知识角度，去琢磨其功能和性能，进而分析其内部可能的结构。

影像反求设计中，对图片等资料进行分析是最关键的技术，包括透视变换原理与技术、阴影、色彩与三维信息等技术。随着计算机技术的飞速发展，图像扫描技术与扫描结果的信息处理技术已逐渐完善。通过色彩可辨别出橡胶、塑料、皮革等非金属材料的种类，也可辨别出是铸件或是焊接件，还可辨别出钢、铝、铜、金等有色金属材料。通过外形可辨别其传动形式和设备的部分内部结构。根据拍照距离可辨别其尺寸。当然，图像处理技术不能解决强度、刚度、传动比等反映机器特征的详细问题，更进一步的问题还需要技术人员去解决。

19.2.2　反求设计对象分析

1. 产品设计的指导思想分析

了解产品设计的指导思想是分析产品设计的重要前提，是明确反求设计要求的关键。不同时期的产品在设计指导思想方面是不同的，并与社会的发展及科技发展水平密切相关。在产品设计早期，人们往往是从完善功能、扩展功能、降低成本方面开发产品，但随着社会的发展，人民生活水平的提高，在保证功能的前提下，产品的精美造型、工作生活的舒适性等也成为设计人员追求的目标。冰箱要求能美化人们家居生活，能满足人们的健康需求；计算机键盘、鼠标必须使操作人员手位舒适；汽车座椅设计能够缓解驾驶员的疲劳等。

要分析一个产品，首先要从产品的设计指导思想入手。它决定了产品的设计方案，深入分析并掌握其指导思想是分析了解整个产品设计的前提。了解反求对象的功能将有助于对产品设计方案的分析、理解和掌握，才有可能在进行反求设计时，得到优于原产品的设计方案。

2. 材料分析

同一零件采用不同的材料及材料处理方式，对零件的功能、加工工艺、使用性能有着重要影响。探求原设计零件材料的化学成分、结构和表面处理情况，可以使用表面观测、化学分析、金相检验等分析方法。物理试验可以测定材料的各种物理性能和主要的力学性能，确定材料牌号及热处理方式。立足本国资源，必要时选择适用的国产材料替代。替代原则是优先满足力学及物理性能，其次满足化学成分的要求，参照其他同类产品，确定替代材料的牌号及技术条件。

3. 功能原理方案分析

各种产品都是按照一定的要求设计的，而满足一定要求的产品，可能有多种不同的形式。所以产品的功能目标是产品设计的核心问题，不同的目标可引出不同的原理方案。例如设计一个夹紧装置时，如果把功能目标定在机械手段上，则可能设计出螺旋夹紧、凸轮夹紧、连杆结构夹紧、斜面夹紧等原理方案。如果把功能目标扩大，则可能出现液压、气动、电磁夹紧等原理方案。充分了解反求对象的功能有助于对产品原理方案的分析、理解和掌握，也才有可能在进行反求设计时得到基于原产品而又高于原产品的原理方案，这也是反求工程技术的精髓所在。

4. 零、部件结构分析

结构设计不仅仅是原理方案的具体化过程，还必须要考虑许多细节，而细节的总和就是质量。因此，零、部件结构分析时除了要考虑提高产品性能（提高强度、刚度、精度、寿命，减少磨损，降低噪声等），还要考虑工艺、装配、美观、成本、安全、环保等诸多方面的要求和限制。

5. 零、部件形体尺寸分析

根据拥有反求对象的资料（实物、软件或影像）的不同，在确定反求对象形状尺寸时，所选用的方法也有所不同。若是实物反求，则可对产品直接进行测量；若是软件或影像反求，则可采用参照物对比法、利用透视成像原理和作图技术，并结合人机工程学和相关的专业知识，通过分析计算确定其形状尺寸。对于具有复杂曲线曲面的零件，则要采用一些先进的测绘手段及测绘仪器方可实现。

6. 工艺分析

在反求工程技术中，反求设计与反求工艺是相互联系、缺一不可的。在某些情况下，反求工程中工艺问题比设计问题更难处理，因此，在缺乏制造原型产品的先进设备与先进工艺方法和未掌握某些特殊技术的条件下，对反求工程中的工艺问题的处理就显得尤为重要。通常采用的方法有：用反叛法编制工艺；改进工艺方案，保证原设计的要求；用曲线对应法反求工艺参数；材料国产化，局部改进原型结构，以适应工艺水平。

7. 精度分析

精度是衡量反求对象性能的重要指标之一，也直接影响产品的成本。零件尺寸易于获得，但尺寸精度却难以确定，这也是反求设计中的难点之一。合理分析设计零件精度及其分配关系，对提高产品的装配精度、机械性能，降低产品成本至关重要。

8. 工作性能分析

针对产品的工作特点及其主要性能（强度、刚度、精度或寿命等）进行试验测定、反计算和深入的分析，掌握其设计准则和设计规范。在分析产品的运动特性、力学特性过程中，建立合理的数学模型，进行静态、动态的全面分析。例如，某机床厂与法国 Vernier 公司合作，开发生产 DB420 型工作台不升降铣键床。在测试了原铣键床的部件几何精度，机床静刚度，主传动效率，主轴部件热变形、温升，并进行切削振动、激振、噪声等试验之后，抓住了刚度和热变形的主要矛盾。主要矛盾的解决，使新产品工作性能得到了很大改善。

9. 外观造型分析

在市场经济条件下，产品的外观造型在商品竞争中起着重要的作用。对产品的造型及色彩进行分析时，应从美学原则、顾客需求心理、商品价值等角度进行外观造型设计和色彩设计。美学原理包括合理的尺度、比例，造型上的对称与均衡、稳定与轻巧、统一与变化、节奏与韵律等。此外，色彩也能美化产品并引起感情效果。对有关产品色调的选择与配色、色彩的对比与调和等方面作相应分析，有利于了解它的设计风格。

10. 对产品的维护与管理进行分析

分析产品的维护与管理方式，了解重要零、部件及易损的零、部件，有助于维修、改进设计和创新设计。

19.2.3 反求设计的主要内容

1. 设计思想的反求

反求设计的最重要内容是探求设计者的设计思想。设计思想是设计者的灵魂，设计者会挖掘个人的所有知识与经验用来开发新产品，是设计者本人或设计小组全体成员智慧的结晶。

设计思想主要应包括设计产品开发的必要性与适应性，产品是在何种条件下产生的，为什么要研制开发这种产品；产品造型的特殊性，这种造型会产生何种效应与影响，是单纯为操作者提供方便，还是具有某种特殊功能；产品的结构特点，有些什么与众不同的特点，进而分析这些特殊结构的特殊原因，以及会造成的结果等。设计思想的反求是贯穿反求全过程的工作，在反求设计中的每一步骤都不要忘记揣摩设计者的意图。

例如，为降低产品成本，以及方便使用与携带，产品的小型化则成为设计者的指导思想；为满足不同用户要求各异的特点，推出衍生性产品也成为设计者的指导思想。如日本索尼公司创造的随身听系列产品，在不改变主要技术原理和产品元件的条件下，只是通过改变局部辅助功能，而推出儿童用的小巧型、运动使用的防振型、海滩娱乐使用的防水型等。从 20 世纪 80 年代初到 90 年代初，索尼公司仅在美国市场就推出了 572 种随身听产品。

2. 功能原理的反求

功能原理的反求也是一个分析过程。对于一个已知产品，其总功能是已知的，但深入分析其组成结构时，会发现产品的各组成部分的分功能，乃至功能元并非全了解，因此很有必要首先分析组成产品各部分存在的意义。其次应深入分析实现这一功能的工作原理，是简单的机械效应，或是气动与液压的效应，还是电磁等效应；是采用了分割，还是合并原理等。掌握了功能原理，就可以变被动为主动，开发出实现同样功能的不同原理解，也就实现了从反求到创新的过程。

3. 结构形状与尺寸参数的反求

结构形状与尺寸参数的反求既是一个分析过程，也是一个实际测绘过程。反求活动中包含有实物测量、数据处理、误差分析等内容。

对于实物反求，可以比较容易的获得产品某部分的实际结构形状，这将有利于反求工作的进行。一般情况下，零件形状可以划分为规则的（如平面、圆柱、圆孔、凸台、导轨等），以及不规则的形状（如凸轮、叶轮、自由曲面等）。根据形状的复杂程度，可以采用不同的测量手段、获取数据的方法，以及误差的分析方法。

对于不规则形状零件的反求，首先要建立零件的测量坐标系。测量时测点的位置在均匀分布的基础上，再按曲率特性补充测点，使测量路径既容易形成，又考虑到加工难度随曲率变化的规律。目前用于工业测量的方法有坐标测量仪、激光测量仪、工业 CT、逐层切削照相测量等。若采用测量机或激光扫描等采样设备时，还要注意测头的方位。

数据的处理主要是指对不同测量方法所获得的结果进行整理、检查。剔除废点数据，增加必要的补偿点，对测量数据进行平滑处理以消除噪声信号及其他干扰因素造成的抖动。然后对数据采用一定的方法进行拟合，并生成光滑的曲线输出。或产生 NC 轨迹，直接加工。

误差分析是指对反求所获得的尺寸与参数和原始零件的尺寸与参数之间存在的误差进行分析。这些误差包括测量误差、数据整理时造成的计算误差、原始零件在制造过程中产生的不可避免的制造误差、原始零件在使用过程中的磨损或破损误差。为了提高反求精度，可采取各种措施，如提高测量精度、提高拟合计算精度等。

有时无法获得产品某一部分，而且是关键部分的真实面目，若强行破坏会造成经济损失，这时就可以采用工业 CT 与分析相结合的手段。工业 CT 成本较高，精度较低，但不损伤实物。有了 CT 的大概图像，再从原理角度详细分析可能的结构形状。或者可以根据遮盖物的外形分析内部看不见的物体可能的结构形式，再构造其结构形状。

对于规则形状零件的反求，首先要选择测量基准。一般可选择零件的底面、端面、中心线、轴线或对称面为测量基准。在测量时，一般取不同的角度或方位多次测量同一尺寸，然后取其平均值。

对于规则形状零件的尺寸也可根据概率统计原理（即零件尺寸的制造误差与测量误差的概率分布服从正态分布规律，尺寸误差位于公差中值的概率最大）来确定。对于一些重要的配合尺寸，首先应判别是基孔制还是基轴制配合。基孔制配合的孔的上极限偏差为正值，下极限偏差为零；而基轴制配合的轴的上极限偏差为零，下极限偏差为负值。

对影像、图片的反求，只能根据透视原理、色彩、参照物对比等效果所获得的信息，再通过功能原理的分析进行推理，构造产品的结构形状。例如，根据国外某杂志介绍的省力矩扳手的圆盘外形，以及输入输出同轴特点进行分析，认为可能是采用行星齿轮传动，以大减速比实现增矩的效果。按此设想进行设计，果然效果很好。

4. 材料的反求

材料的反求包括材料成分的反求、材料组织结构的反求、材料的力学性能反求以及材料的工艺反求。

材料的成分是指材料的化学成分。金属材料常用的最简单反求方法有火花鉴别和音质鉴别。前者是根据材料与砂轮磨削后产生的火花形状鉴别材料的成分，后者是根据敲击材料的声音频率判断材料的成分。比较准确的材料成分反求有原子发射光谱分析法、微探针分析法等，以及对非金属材料反求采用的红外光谱分析法。

材料的组织结构是指材料的化学成分及结构组织情况，可用显微镜观察，然后通过计算机描述。

材料的工艺反求是指材料的成形方法，包括铸造、锻压、挤压、烧结、各种机加工以及各种热处理等。

材料的力学性能反求可以通过各种测试仪器，如应力应变仪、硬度计等进行测量，通过对材料各种力学性能的测试还可以反求出材料的热处理方法，以及材料的主要成分。

通过对材料一系列性能的反求，可以反求出原始的材料，或反求出原始材料的相关力学特性，这些将成为反求设计选择材料或代用材料的依据。

5. 关键技术的反求

关键技术是指那些能够实现同类产品难以达到的技术水平、模仿难度较大，且具有一定竞争力的技术。关键技术是反求设计的重点，也是难点。关键技术包括关键功能、关键原理、关键结构和关键材料。

在乳状物料包装机的反求设计中，发现在物料输送机构的侧面并联了一个气泵机构，经过分析与多次试验确定了该气泵的功能是断料。虽然物料的输送量有计量机构专门控制，但物料的流动性与黏聚性在一定程度上影响了包装的质量。有了这样一个断料的功能大大提高了物料分装的准确性。

19.2.4　反求设计的主要过程

1. 实物（整机）反求

实物反求形象直观，可面对产品进行分析、测试、运行，以获得详细的设计资料。同时还具有参照性、可比性，有利于改进产品，开发新产品。其反求过程如下所述：

（1）分析　分析是指对原始产品的功能特点、原理方案、结构形式、工艺过程、产品的造型特色等宏观内容的分析。

1）功能分析。功能分析是要分析产品的主要功能、分功能和辅助功能，并按照体现机电产品功能的能量、物料、信息，以及与超系统的关系进行分析。例如分析产品共有几个动力源，属于何种动力源，这些动力源的技术参数分别是多少，如功率多大，转矩多大，又是如何将动力分配给各子系统的。物料包括产品本身的实物组合形式，以及制品的形式。分别分析它们对产品功能的影响情况，哪些有利于产品功能的发挥，产生有利因素影响的原因是什么。信息主要指传感与控制系统，分析它们对功能发挥所起的作用。超系统主要指产品存在的环境、使用者或操作者。分析产品对环境的影响，以及环境对产品的影响。分析产品的可操作性及适应性。

2）原理方案分析。是要分析总功能及每项分功能各自采用什么样的工作原理，实现同样功能的还可能有的工作原理是什么，比较它的优越性和特色。

3）结构形式分析。则主要分析外观构造与形状、色彩。外形构造和谐、配色恰当的产品会具有较大的吸引力。

4）工艺过程分析。主要是分析产品的工作流程，并与同类产品进行比较，包括复杂性，流程的长短，资源的利用等。

（2）测试　测试是指开车运行，并在运行中进行有关性能的测试，即对产品质量有影响的关键性能进行测试。例如功能测试，即是否能完成应具备的各种功能；原理方案测试，即判断分析时所反求的原理是否正确；振动测试，即测试机器运行时的振动情况；还有诸如起动时间、噪声、运行速度等性能的测试。然后对试验的数据进行科学处理，记录试验的故障现象，为进一步反求提供依据。

（3）分解　分解是指对原始产品的解体、拆卸。在有条件的情况下最好能对反求的原始产品进行分解，其主要目的是进一步探索产品的工作原理、结构特性及零部件的特殊结构等。但分解时要遵循一定的原则，应在能恢复原机的原则下进行分解，分解的零部件要按机器的组成进行编号记录；拆后不易复位的（如过盈配合的零部件）、特殊组件等不可分解。

（4）测绘　测绘主要是对零部件的测量与绘制。测绘前首先要分清标准件与非标准件，分清规则形状零件与不规则形状零件，分清重要零件与一般零件。对于重要的、形状又不规则的零件应采用三坐标仪等高精度仪器进行测量，并借助计算机进行曲线拟合与数据整理并输出。对有配合的零件要注意公差的反求与表面精度的反求。测量后的绘制需要对零件的工作特性与技术要求进行标注，特殊的情况还应进行优化设计，或采用有限元等分析方法反求零件的强度与刚度等。

（5）改进与创新　在反求已知产品的基础上进行设计的形式有三种，它们是：模仿设计、改进设计和创新设计。模仿设计没有太大的实际意义；改进设计是在分析原有产品的基础上对原产品的某些结构、参数、材料等进行部分的改进性设计；创新设计就是在分析原产品的基础上，抓住功能的本质，从原理方案开始进行创新设计。

在进行改进与创新时必须注意新产品与原产品的功能与成本的关系比较。应该使新产品相对于原产品保持功能不变，降低成本或增加功能，降低成本或增加功能，成本不变。

2. 软件反求

在软件反求过程中，产品样本、技术文件、设计书、使用说明、图样、有关规范和标准、安装说明、管理规范等均为可用的技术软件。软件反求有两种情况，一种是既有技术软件，又有产品实物；另一种没有产品实物，只有技术软件。对于后一种，由于没有实物，所以对产品的功能实现，原理方案实施过程中可能存在的问题都是未知的，反求时首先应论证必要性与可行性。然后通过软件资料进行功能、原理、结构尺寸的分析。搞清楚产品的功能目标、工作原理和结构特性。对国外资料还要进行某些标准的转换、材料牌号的代换等。为了使反求设计顺利进行，一般先从样机开始设计，或利用计算机进行虚拟设计，以免造成不必要的浪费与失败。

3. 影像反求

根据照片、图片、影视画面、宣传广告等资料进行反求设计为影像反求。这种反求的特点是信息量少，反求难度大，要求设计者具有较丰富的设计与实践经验。这种反求设计的基本过程是，首先要收集相关资料和同类产品的资料，用于设计时进行对比与参照；其次是利用产品的外形结构特点、透视变换原理、三维信息技术、图像扫描技术、色彩判断等手段，反求产品的结构形状、尺寸大小、工作原理以及材料等。例如，观察是否具备管道供气或供油系统来判断是否为气液传动；通过观察机器外形分析其传动系统是齿轮传动，还是蜗杆传动；根据图片的色彩以及结构的细节，能够分析其材料是金属材料，还是非金属材料等。

专利是一种比较特殊的影像材料。专利一般包括说明书（发明背景、内容、实施、附图），权利要求，说明书摘要等。对专利的反求，要注意判断内容的实用性、新颖性、经济性，要分析专利持有者的设计思想，研究专利中的关键技术。从分析、研究中获得启发，再从产品的功能入手，进行原理方案、结构形式的创新设计。

19.3　机械设备的反求设计

已知机械设备的反求设计，因存在具体的机器实物，又称实物的反求设计，也有人称硬件的反求设计，是反求工程中最常用的设计方法。

19.3.1　机械设备反求设计的种类与特点

1. 机械设备反求设计的种类

根据反求的目的，机械设备反求设计可分为三种：

（1）整机的反求　整机的反求是指对整台机械设备进行反求设计。如一台发动机、一台汽车、一台机车、一台机床、整套设备中的某一设备等。一些不发达的国家在经济起步阶段常用这种方法，以加快工业发展的速度。

（2）部件反求　反求对象是机械装置中的某一些部件，如机床中的主轴箱、汽车中的后桥、内燃机车中的液力变矩器、飞机中的起落架等组件。反求部件一般是机械中的重点或关键部件，也是各国进行技术控制的部件。如空调、电冰箱中的压缩机，就是产品的关键部件。我国在大量进口空调机的同时，正在加紧进行压缩机反求设计，力争在较短的时间内，实现压缩机的国产化，以提高我国空调机的整体质量，早日打开国际市场。

（3）零件反求　反求对象是机械中的某些零件，如发动机中的凸轮轴、汽车后桥中的锥齿轮、滚动轴承中的滚动体等零件。反求的零件一般是机械中的关键零件，如发动机中的凸轮轴，一直是发动机反求设计的重点。

2. 机械设备反求设计的特点

机械设备的反求设计有如下特点：

1）具有形象直观的实物，有利于形象思维。

2）可对产品或设备的性能、材料等项内容直接进行测试与分析，以获得详细的设计资料。

3）可对产品或设备的尺寸直接进行测试与分析，以获得重要的尺寸设计资料。

4）目的是反求仿制时，缩短了设计周期，提高了产品的生产起点与速度。

5）仿制产品与引进产品有可比性，有利于提高产品的质量。

6）在仿制的基础上加以改进和创新，为开发新产品提供了有利条件。

19.3.2　零、部件的测绘与分析

在进行测绘之前，应备齐、读懂有关资料，为反求设计作前期准备工作。如产品说明书、维修手册、同类产品样本及产品广告等。还要收集与测绘有关的资料，如机器的装配与分解方法、零件的公差及测量、典型零件（齿轮、轴承、螺纹、花键、弹簧等）的画法、标准件的国家标准等。

在进行零、部件的测绘之前，首先要明确待反求设备中各零、部件的功能。这是测绘过程中进行分析的不可缺少的内容。明确各部分的功能后，再开始测绘。

1. 机械设备的分解原则

测绘之前，要对样机进行分解，以便进行尺寸测量。分解实物时要注意以下原则：

1）遵循“能恢复原机”的原则进行拆机。也就是说，拆完后能按原样装配。

2）分解的零、部件按机器的组成进行编号，并有专人保管。

3）拆后不易复位的零件（如游标、度盘等部件）、过盈配合的零件或有些特殊的组件可不进行分解。

4）分解过程中要有分解记录。要特别注意记录那些难拆的零件和有装拆技巧的零件的分解过程，以减少恢复原机的困难。

2. 测绘的一般方法

被测零件的形状千差万别，但按其在机械中所起的作用可分为连接、紧固零件、传动零件、密封件和箱壳类零件等。在测绘时要标明是否为标准件。

测绘时要基本按比例画出零件草图，然后标注测量尺寸。尺寸的测量对实物反求至关重要。在进行尺寸测量时要注意以下问题：

1）选择测量基准。机械零件有两种尺寸，即表示零件基本形体相对位置的定位尺寸和表示零件基本形体大小的形状尺寸，定位尺寸确定后才能确定形体尺寸。一般可选择零件的底面、端面、中心线、轴线或对称面为尺寸基准。

2）关键零件的尺寸要进行多次测量，取其平均值为测量尺寸。

3）对配合尺寸、定位尺寸等功能性尺寸要测量到小数点后三位数字，没有公差的非功能性尺寸，仅测量到小数点后一位数字即可。

4）测量具有复杂形面的零件时（如汽轮机叶片、凸轮廓线等），要边测量、边画放大图，以检查测量中出现的问题，及时修正测量结果。

5）有些不能直接测量到的尺寸，要根据产品性能、技术要求、工作范围等条件，通过分析计算求出来。

3. 实测尺寸数据的处理

实测尺寸不等于原设计尺寸，需要从实测尺寸推论出原设计尺寸。假设所测的零件尺寸均为合格的尺寸，实测值一定是图样上规定的公差范围内的某一数值。即

$$\text{实测值} = \text{公称尺寸} \pm \text{制造误差} \pm \text{测量误差}$$

制造误差与测量误差之和，必定小于或等于给定的公差，故实测值应在上极限尺寸和下极限尺寸之间。又根据概率统计原理，零件尺寸的制造误差与测量误差的概率分布服从正态分布规律，尺寸误差位于公差中值的概率最大，这是处理实测数据的基础。

对于有些国家的英制产品，也可参照上述方法处理。

19.3.3 机械零件材料的反求设计

机械零件材料的选择与热处理方法直接影响到零件的强度、刚度、寿命、可靠性等指标，材料的选择是机械设计中的重要问题。

1. 材料的成分分析

材料的成分分析是指确定材料中的化学成分。对材料的整体、局部、表面进行定性分析或定量分析时，可通过以下手段：

1）火花鉴别法　根据材料与砂轮磨削后产生的火花定性判别材料的成分。

2）音质判别法　根据敲击材料声音的清脆不同，判别材料的成分。铸铁音质哑，钢材的音质脆、余音长。

3）原子发射光谱分析法　可通过几毫克~几十毫克的粉末对材料进行定量分析。

4）红外光谱分析法　该方法多用于橡胶、塑料等非金属材料的成分分析。

5）化学成分分析法　该方法是金属材料的常用定量分析法。可根据分析结果从有关手册上查取材料的牌号。

6）微探针分析法　该方法是最近发展起来的材料表面成分的分析方法，利用电子探针、离子探针等仪器对材料的表面进行定性分析或定量分析。

2. 材料的组织结构分析

材料的组织结构分析是指材料的宏观组织结构和微观组织结构。进行材料的宏观组织结构分析时，可用放大镜观察材料的晶粒大小、淬火硬层的分布、缩孔的缺陷等情况。利用显微镜可观察材料的微观组织结构。

3. 材料的工艺分析

材料的工艺分析是指材料的成形方法，铸造、锻压、挤压、烧结、焊接、机加工以及热处理等是最常见的工艺。反求时，可酌情处理。

4. 材料的硬度分析

可通过硬度计测定材料的表面硬度，并根据硬度或表面处理的厚度判别材料的表面处理方法。一般情况下，利用喷丸、滚压等表面形变硬化手段形成的硬化层为 0.15 ~ 0.3mm，利用高频淬火形成硬化层为 0.2 ~ 1.5mm，利用渗碳淬火形成的硬化层为 0.8 ~ 1.5mm，利用碳氮共渗形成的硬化层为 0.5 ~ 0.8mm。详细情况可查阅有关手册。

通过对材料的分析，结合我国国产材料的具体性能，选择合适的代用品。

19.3.4　关键零件的反求设计

因为机械是可见的实物，容易仿造，所以任何机器中都会有一些关键零件，也就是生产商要控制的技术。这些零件是反求的重点，也是难点。在进行反求设计时，要找出这些关键零件。如发动机中的凸轮轴、纺织机械中的打纬凸轮、高速机械中的轴承、重型减速器中的齿轮等都是反求设计中的关键零件。特别是高速凸轮的反求，要把实测的凸轮廓线坐标值拟合为若干段光滑曲线，而且要和其运动规律相一致，难度很大。因此，发动机厂家都把凸轮作为发动机的垄断技术。对机械中关键零件的反求成功，技术上就有突破，就会有创新。不同的机械设备，其关键零件不同。关键零件的确定，要视具体情况。一般情况下，关键零件的反求都需要较深的专业知识和技术。

19.3.5　机构系统的反求设计

根据工作要求设计出机构系统的简图，然后选择材料，根据强度、刚度、制造工艺等要求进行结构设计，画出总装图、零件图，这一过程为正设计。而根据已有的设备，画出其机构系统的运动简图，对其进行运动分析、动力分析及性能分析，并根据分析结果改进机构系统的运动简图，称之为反求设计。机构系统的反求设计就属此类。它是反求设计中的重要创新手段。

进行机构系统的反求时，要注意产品的设计策略反求。一般情况下，产品的反求设计策略有：

1）功能不变，降低成本。

2）增加功能，降低成本。

3）增加功能，成本不变。

4）减少功能，降低更多的成本。

5）增加功能，增加成本。

其中第二条最为理想，但有困难。只有依赖新技术、新材料、新工艺的突破。例如，大规模的集成电路的研制成功，计算机产品的功能越来越强大，而价格却在下降。

19.4 技术资料的反求设计

在技术引进过程中，常把引进的机械设备等实物称为硬件引进，而把与产品生产有关的技术图样、产品样本、专利文献、影视图片、设计说明书、操作说明、维修手册等技术文件的引进称为软件引进。硬件引进模式是以应用或扩大生产能力为主要目的的，并在此基础上进行仿造、改造或创新设计新产品。软件引进模式则是以增强本国的设计、制造、研制能力为主要目的的，是为了解决国家建设中急需的任务。软件引进模式要比硬件引进模式经济，但却要求具备现代化的技术条件和高水平的科技人员。

19.4.1 技术资料反求设计的特点

按技术资料进行反求设计的目的是为了探索和破译其技术秘密，再经过吸收、创新达到大力发展本国生产技术的目的。按技术资料进行反求设计时，要首先了解技术资料反求设计的特点。

（1）技术资料反求设计的抽象性　引进的技术资料不是实物，可见性差，不如实物形象直观。因此，技术资料反求设计的过程是一个处理抽象信息的过程。

（2）技术资料反求设计的智力性　按技术资料反求设计的过程用逻辑思维分析技术资料，最后返回到设计出新产品的形象思维。由抽象思维到形象思维不断反复，全靠人的脑力进行。因此说，技术资料反求设计具有高度的智力性。

（3）技术资料反求设计的科学性　从技术资料的各种信息载体中提取信号，经过科学的分析和反求，去伪存真，由低级到高级，逐步破译出反求对象的技术秘密，从而得到接近客观的真值。因此，技术资料反求设计具有高度的科学性。

（4）技术资料反求设计的综合性　技术资料反求设计要综合运用相似理论、优化理论、模糊理论、决策理论、预测理论、计算机技术等多学科的知识。因此，进行技术资料反求设计时，要集中多种专门人员共同工作，才能够完成任务。

（5）技术资料反求设计的创造性　技术资料反求设计本身就是一种创造、创新的过程，是加快发展国民经济的重要手段。

19.4.2 技术资料反求设计的一般过程

进行技术资料反求设计时，其过程大致如下：

1）论证对引进技术资料进行反求设计的必要性。对引进技术资料进行反求设计要花费大量时间、人力、财力、物力，反求设计之前，要充分论证引进对象的技术先进性、可操作性、市场预测等项内容，否则会导致经济损失。

2）根据引进技术资料，论证进行反求设计成功的可能性。并非所有的引进技术资料都能反求成功，因此要进行论证，避免走弯路。

3）分析原理方案的可行性、技术条件的合理性。

4）分析零、部件设计的正确性、可加工性。

5）分析整机的操作、维修是否安全与方便。

6）分析整机综合性能的优劣。

19.4.3　图片资料的反求设计

图片反求资料容易获得，通过广告、照片、录像带可以获得有关产品的外形资料。20世纪70年代，我国代表团访问前苏联，在考察牙轮钻机时，对方不允许靠近钻机，只允许在100m外拍照，我国技术人员根据当时拍的照片，反求出我国第一台牙轮钻机，从而取代了落后的冲击式钻机，填补了我国钻机领域的空白。我国的国防工业在国外封锁、禁运的情况下，也是靠一些简单的图片资料，设计出我们自己的导弹和火箭。20世纪50年代的日本，靠收集到的几张数控机床的照片，研制开发出更为先进的数控机床，并返销美国，使美国人大吃一惊。因为廉价的图片易得，通过照片等图像资料进行反求设计逐步被采用，并引起世界各国的高度重视。

（1）图片资料反求设计的关键技术　对图片等资料进行分析是最主要的关键技术，主要有透视变换原理与技术、透视投影原理与技术、阴影、色彩与三维信息等技术。随着计算机技术的飞速发展，图像扫描技术与扫描结果的信息处理技术已逐渐完善。通过色彩可判别出橡胶、塑料、皮革等非金属材料的种类，也可判别出铸件或是焊接件，还可判别出钢、铜、铝、金等金属材料。通过外形可判别其传动形式。气压传动一般是通过管道集中供气，液压传动多为单独的供油系统，该系统由电动机、液压泵、控制阀、油箱等组成。电传动可找到电缆线，机械传动中的带传动、链传动、齿轮传动等均可通过外形判别。通过外形还可判别设备的内部结构。根据拍照距离可判别其尺寸。现代的高新技术正在使这个难度大的反求设计变得比较容易。当然，图像处理技术不能解决强度、刚度、传动比等反映机器特征的详细问题，更进一步的问题还要科技人员去解决。

（2）图片资料反求设计的步骤　进行图片资料的反求设计时，可参考以下步骤：

1）收集影像资料。

2）根据影像资料进行原理方案分析和结构分析。

3）原理方案的反求设计与评估。

4）技术设计的反求设计。

5）技术性能与经济性的评估。

19.4.4　已知设备图样的反求设计

引入国外先进产品的图样直接仿造生产，是我国20世纪70年代技术引进的主要方法。

这是洋为中用、快速发展本国经济的一种途径。我国的汽车工业、钢铁工业、纺织工业等许多行业都是靠这种技术引进发展起来的。实行改革开放政策以后，增加了企业的自主权，技术引进快速增加，缩短了与发达国家的差距。但世界已进入了代表高科技的知识经济时代，仿造可加快发展速度，但不能领先世界水平。所以要在仿造的基础上有创新，研究出更为先进的产品返销国外，才能产生更大的经济效益。

一般情况下该过程可参考以下几点：

1）读懂图样和技术要求。

2）用国产材料代替原材料，选择适当的工艺过程和热处理方式，并据此进行强度计算等技术设计。

3）按国家标准重新绘制生产图样和提出具体的技术要求。

4）试制样机并进行性能测试。

5）投入批量生产。

6）产品的信息反馈。

7）进行反求设计，以改进或创新设计新产品。

19.5 三维反求技术

19.5.1 三维反求技术的工作原理和基本流程

三维反求技术是利用电子仪器去收集物体表面的原始数据，之后再使用软件，计算出采集数据的空间坐标，并得到对应的颜色。扫描仪是对物体作全方位的扫描，然后整理数据、三维造型、格式转换、输出结果。整个操作过程，可以分为四个步骤：

1）物体数据化。普遍采用三坐标测量机或激光扫描仪来采集物体表面的空间坐标值。

2）从采集的数据中分析物体的几何特征。依据数据的属性进行分割，再采用几何特征和识别方法来分析物体的设计及加工特征。

3）物体三维模型重建。利用 CAD 软件，把分割后的三维数据作表面模型的拟合，得出实物的三维模型。

4）检验、修正三维模型。

三维反求的典型工作流程主要是对现有的实物，使用数据化的仪器，准确、快速地采集表面轮廓的空间坐标值，然后构建曲面，经 CAM 软件产生 CNC 加工刀路，在 CNC 机床上把实物模型制造出来或利用快速原型制造机，把实物原型制造出来。在产品设计方面，采集的空间坐标值，可对实体三维模型，作复杂的修改或再创新。快速原型制造机可读取 STL 格式的文档，可以由云点直接转换或在建造的曲面、实体三维模型中转换。

19.5.2 三维扫描或测量方法

1. 接触式扫描或测量方法

（1）三坐标测量仪　坐标测量机是一种大型精密的三坐标测量仪，可以对具有复杂形状的工件的空间尺寸进行逆向工程测量。采集方式主要是利用安装在仪器上的探针逐点采集对象表面上的数据。探针沿对象表面运行时，对象表面上反作用力使探针位移。位移是通过探头内的弹簧反映出来的。连接弹簧的传感器便会测量位移的大少、方向等。之后便通过计算显示各采集点的三维空间坐标。

由于三坐标测量仪本身的机械结构及设计，采集数据精度高，对被扫描对象的表面的颜色及反射特性没有特别要求。采集数据时，探针是压着被扫描对象运行的，所以一些材质较软的发泡胶等便不能准确扫描，因为被扫描对象会被探针压着而变形。探针经常在坚韧的对象表面运行时，容易磨损，所以要经常较正探针的直径，维持一定的精度。由于它是逐点采集数据，所以扫描速度相对较慢，主要是用来测量不太复杂，具有少量特征曲面的对象。

目前由英国 Renishaw 公司提供的 Cyclone 扫描机，采用一种三维力-位移传感的扫描测量头，该测头可以在工件上滑动测量，连续获取表面的坐标信息，扫描速度可达 8m/s，数字化速度最高可达 500 点/s，精度约为 0. 03mm。可以采集复杂的对象表面的曲线数据，操作容易。所采集的数据，通过扫描机自身配备的软件，转化成计算机加工中的刀路，直接制造模具。这种测头价格昂贵，目前尚未在坐标测量机上广泛采用。坐标测量机主要优点是测量精度高，适应性强，但一般接触式测头测量效率低，而且对一些软质表面无法进行逆向工程测量。

（2）层析法　层析法是近年来发展的一种反求工程技术，将研究的零件原形填充后，采用逐层铣削和逐层光扫描相结合的方法获取零件原形不同位置截面的内外轮廓数据，并将其组合起来获得零件的三维数据。层析法的优点在于可以对任意形状和结构零件的内外轮廓进行测量，但测量方式是破坏性的。

2. 非接触式扫描或测量方法

非接触式测量根据测量原理的不同，大致有光学测量、超声波测量、电磁测量等方式。

（1）结构光法　结构光法的操作原理是把一定模式的光源，投射到被扫描对象的表面上，投射参考面光源会被放在该位置的被扫描对象阻挡而发生变形，此时使用不同的镜头摄取不同角度的图像，再分析变形的光源，就可计算出被测对象表面的整幅图像的三维坐标。

结构光法采用的光源以光栅影线较为普遍。目前分析光栅影线变形的方法主要有傅里叶及相移法。而相移法相对较为准确，这种方法的优点是测量的速度很快、扫描的面积大、设备相对轻便、方便携带、测量场地没有特别要求。在汽车行业，它普遍被用来扫描汽车的车身等大面积对象。德国 Steinblicher 公司的 COMET IV 扫描仪，可以扫描的面积为 100mm × 75mm ~ 1200mm × 1200mm。它的摄像器可装在三脚架上，随意移动至任何位置作高速扫描。摄像器更可以装在机械手上扫描复杂的对象，分辨率可达 400 万像素之高。对一些精细零件都能采集良好的数据。

（2）激光三角法　激光三角法是在被扫描物的表面用有规则几何图形的激光束（如点光源或线光源）进行扫描，被扫描面便会形成漫反射光点、光带，接着安装在光路的图像传感器接收这些光点、光带，然后利用三角形原理计算出被采集点的空间坐标。

激光三角法的技术成熟、被广泛使用，扫描速度快、精度高。它的图像传感器体积小而轻，安装方便。它甚至可以安装在三坐标测量机上，安装拆卸容易，这是它的另一个特点。它也可以扫描材质较柔软的对象，如橡胶等。日本的 Konica Minolta 公司的非接触仪 Vivid 9i 的扫描精度可达 0. 05mm，只需要 2. 5s 便可获取精确的数据。

（3）基于光学三角形原理的逆向工程扫描法　这种测量方法根据光学三角形测量原理

工作，其结构形式可以分为光点、单光条、多光条等，将其投射到被测物体表面，并采用光电敏感元件在另一位置接收激光的反射能量，根据光点或光条在物体上成像的偏移和被测物体基平面、像点、像距等之间的关系计算物体的深度信息。

（4）基于相位偏移测量原理的莫尔条纹法　这种测量方法将光栅条纹投射到被测物体表面，光栅条纹受物体表面形状的调制，其条纹间的相位关系会发生变化，用数字图像处理的方法解析出光栅条纹图像的相位变化量，从而获取被测物体表面的三维信息。

（5）基于工业 CT 断层扫描图像的逆向工程法　这种测量方法对被测物体进行断层截面扫描，以 X 射线的衰减系数为依据，经处理重建断层截面图像，根据不同位置的断层图像可建立物体的三维信息。该方法可以对被测物体内部的结构和形状进行无损测量。该方法造价高，测量系统的空间分辨率低，获取数据时间长，设备体积大。美国 LLNL 实验室研制的高分辨率 ICT 系统测量精度可达 0.01mm。

（6）立体视觉测量方法　立体视觉测量是根据同一个三维空间点在不同空间位置的两个（多个）摄像机拍摄的图像中的视差，以及摄像机之间位置的空间几何关系来获取该点的三维坐标值。立体视觉测量方法可以对处于两个（多个）摄像机共同视野内的目标特征点进行测量，而无须伺服机构等扫描装置。

立体视觉测量面临的最大困难是空间特征点在多幅数字图像中提取与匹配的精度与准确性等问题。近来出现了以将具有空间编码的特征的结构光投射到被测物体表面制造测量特征的方法，有效解决了测量特征提取和匹配的问题，但在测量精度与测量点的数量上仍需改进。

19.5.3　三维反求技术的应用

三维反求技术的应用十分广泛，一些高技术含量的航空、航天工业，汽车工业都采用了该技术用于产品研发及制造。在制造工业上，采集的数据用于模具制造，产品设计、开发，例如消费性的电子产品等。

此外，反求技术配合快速原型制造技术，更能发挥快速原型技术的优势、扩大它的应用范畴。凭借反求技术及有关的软件，设计者可以快速制造实物，同时可以快速对实物修改、优化和创新设计，这样便可以缩短产品设计的周期，加速了新产品的出现，提高公司的竞争力。

三维反求技术的应用综合如下：

（1）从概念到快速原型制造　在产品设计中，有些实物很难利用 CAD 软件来建造 CAD 模型和表达设计概念，但有了三维反求技术后，该过程就变得简单了。

（2）快速制造模具　技术人员利用反求技术扫描实物，然后把采集得到的数据，通过专门的软件，如 Renishaw 公司的 Tracecut 软件，直接产生刀路，输出到数控加工中心，制造出模具来。这种情况，在汽车配件市场及电子消费品市场特别普遍。汽车的原厂零部件相对较贵，所以倾向于寻找代替品，价格也相对便宜。由于市场相当庞大，所以诱发一批厂家生产这些代替品。由于没有原厂产品技术资料，如实物的工程图或 CAD 模型，他们只好利用反求技术，采集实物的三维数据，转化成刀路，直接制造模具。另一种情况是一些停产老产品，现在有需求。由于停产多时，原始数据都没有了，只好把现有的实物扫描、采集数据、转成刀路来制造模具，实现再次生产。

（3）快速制造　反求技术把实物数据化之后，通过专用软件转化成可用的数据，就可以与 CAD/CAM/CAE、ERP 等软件、电脑数控机床进行信息、数据交替，缩短生产的等候时间，大幅度提高生产效率，增强竞争力。

（4）仿制流线型、形状复杂而且无法用人工方法准确量度的实物　航空、航天器的有些零部件流线型特别强，一般的测量仪器是绝对无法准确测量其曲面的。反求技术便可以在一个面积细小表面上采集上百万、上千万的三维坐标数据、之后便可以通过软件建造曲面。在一个相等面积的表面，三维坐标数据越多，建造的曲面便越准确。

（5）产品复制、修改、设计　当实物被数据化后，技术人员便可建造 CAD 实体模型、曲面，这样设计师便可以迅速在软件上作有关的产品修改、创新的设计。

本 章 习 题

19-1　何谓反求设计？其内容是什么？

19-2　简述反求设计的过程。

19-3　结合实例，说明在反求设计中应注意的问题。

19-4　简述机械设备反求设计的特点和过程。

19-5　简述技术材料反求设计的特点和过程。

19-6　简述三维反求设计的工作原理和过程。

第 20 章　其他典型设计方法简介

【内容】

本章首先介绍动态设计的内涵、原理和过程。其次讨论并行设计的特征、关键技术。然后分析绿色设计、绿色产品的概念和特点，并对绿色设计的内容和评价指标展开讨论。最后从虚拟设计的概念、效果、核心问题等方面展开对虚拟设计的讨论。

【目的】

掌握动态分析设计、虚拟设计和并行设计的原理和特征，了解绿色设计的主要内容和评价指标。

20.1　动态分析设计

20.1.1　动态分析设计的来源和含义

随着人类生产和科学技术的发展，产品的结构正朝着大型、轻载、高速化的方向不断发展，这就对设计提出了更高的要求。传统的设计以经验、规范为主要依据，针对设计问题只按一些固定状态下的约束条件加以静态的考虑，这虽然可在一定程度上实现对问题的简化，但毕竟与问题的实际情况不完全相符，特别是当问题复杂、多变时，传统设计方法就显得很不适合。动态分析设计方法就是针对传统设计方法仅从静态角度，以设计对象在某些稳定状态下的属性和特征为出发点开展产品设计所存在的不足而提出的。其目标就是通过对机械系统或产品动态特性的分析和调整，来实现其性能的改进、提升和工作的稳定。所谓机械系统或产品的动态特性是指系统或产品本身的固有频率、阻尼特性和对应于各阶固有频率的振型以及其在动载荷作用下的响应。前者是机械系统或产品在其自身工作状态下振动情况分析的基本要素，后者则是机械系统或产品动强度分析得以开展的必要依据和条件。

动态是相对传统稳态设计而言的，针对一个实际的产品、设备或工程系统，动态分析设计不仅仅要考虑它的静态属性和特性，而且更要考虑分析其功能、结构等在外界作用下所体现出的动态特性和规律，并依据其来实现产品设计方案的优化，使产品不仅可以完成各种预定的任务或指标，而且可以工作地更加长久、稳定、协调。

动态设计是一项正在发展中的新技术，它涉及现代动态分析、计算机技术、产品结构动力学理论、设计方法学、稳定性分析、可靠性分析等众多学科范围，目前还没有形成完整的动态设计理论体系。为了提高我国机械产品在国际市场上的竞争能力，保证产品的高性能、高质量和低成本，则要求在设计阶段能预估机械结构的静、动特性。因此，机械动态设计方法已成为一种不可或缺的设计手段。

20.1.2　动态设计的相关概念和基本原理

1. 动刚度

机械系统（机器或机械结构）是一个系统，在一定条件下受到交变激振力的作用而产生振动，从而影响机械系统的工作精度和使用寿命。组成机械系统的零部件的抗振性能如何，直接影响到整个机械系统的振动稳定性。提高机械结构动态性能及抗振性能的关键是提高其动刚度，机械结构动态设计的核心就是如何设计出动刚度较高的结构。

动刚度 K_D 是衡量机械系统及结构抗振能力的常用指标，在数值上等于单位振幅所需的动态力，即

$$K_D = F/A$$

为研究问题方便，多采用单自由度系统动刚度表达式，来定性地分析影响动刚度的各种因素。单自由度振动系统受简谐激振力作用时，其动刚度可用下式表示

$$K_D = F/A = K\sqrt{\left(1 - \frac{\omega^2}{\omega_n^2}\right)^2 + \left(2\xi\frac{\omega}{\omega_n}\right)^2}$$

$$\omega_n = 2\pi f_n \qquad f_n = \omega_n/2\pi = \frac{1}{2\pi}\sqrt{\frac{K}{m}}$$

式中，F 为激振力幅值（N）；A 为振幅（mm）；K 为系统的静刚度（N/mm）；ω 为激振力的角频率（rad/s）；ω_n 为系统固有角频率（rad/s）；ξ 为系统的阻尼比；f_n 为系统的固有频率（Hz）。

从以上公式可以看出，可以通过以下的一些措施来提高系统的动刚度。

1）提高机械系统结构的静刚度。

2）提高固有频率。为了提高系统的动刚度，必须避免机械结构产生共振现象。由于每种机械系统在一定的激振力频率范围内工作，一般不易改变，因此所设计结构的固有频率必须高于外激振频率，否则，在机器起动或停车时，激振力必然在低频区产生共振，从而会破坏机械系统的振动稳定性。因此，必须提高机械结构的固有频率，使结构在远离固有频率的低频率工作，以避免产生共振，从而提高系统的动刚度。

3）增加结构阻尼。

2. 临界转速

机械系统或机械传动部分的轴系是一个具有多个自由度的弹性系统，因而具有多个固有频率。当轴系的旋转角速度与系统的某一固有频率重合时将会发生共振，有可能使传动部件和支承它的固定部件承受过大的载荷，甚至引起过大的变形，导致密封、轴承等失效，引发系统的故障。通常，把轴发生共振时的转速称之为临界转速。转轴在某一速度下运行而产生共振时，则会产生大幅横向振动。轴的临界转速就是轴在横向出现自由振动时的固有频率。

根据临界转速的概念，影响旋转轴临界转速的因素主要有：

1）轴系的结构特征，即转轴的几何尺寸、支承间跨距、材料的弹性模量、联轴器的质

量和刚度，以及支承座、底板、基础的动刚度、轴承、密封的动特性等因素都影响旋转轴的临界转速。

2）各转子之间的连接条件。

3. 动平衡

动平衡所研究的是机械系统或产品在工作和运行状态的平稳性问题。由于离心力的原因，动平衡问题在存在旋转运动的机械系统和产品中更加突出。具体来说主要考虑的就是机械系统或产品在旋转状态下因离心力所引发的旋转失衡问题。

一台设备在安装投产使用过程中，由于受温度、应力等各种工况的影响，会引起变形、不均匀腐蚀和磨损，这些均可破坏转子动平衡状态，并能导致旋转机械故障的发生。旋转物体失衡的本质是质量中心与回转中心的不相重合，即存在偏心质量，旋转时将会产生离心力。由于离心力的大小与角速度的平方成正比，因此高速转子的动平衡尤其重要。机械系统的旋转失衡会引起许多故障，危害性极大。转子失衡产生的离心力给运动副附加一个交变的动压力，增大了运动副的摩擦和机件中的内应力，降低机械效率，增加能源的消耗，缩短设备的使用寿命。由于离心力引起的周期性强迫振动，可能使机械连接松动，长期作用可使机座基础或厂房结构产生裂纹，如引起频率共振可使机器零部件很快被破坏。

导致机械系统出现旋转失衡的原因可以归结为以下三种情况：

1）静不平衡。旋转构件上的各偏心质量产生的合力不等于零，这种不平衡力可以在静力状态下确定，故称静不平衡。

2）动不平衡。旋转物体上的各偏心质量合成出两个大小相等方向相反但不在同一直线上的不平衡力，物体在静止时虽然获得平衡，但在旋转时就会产生不平衡力矩，这种不平衡只能在运功状态下方能确定，故称动不平衡。

3）混合不平衡。一个物体既存在静不平衡又有动不平衡，混合不平衡是物体失衡的普遍状态，特别是长度与直径比较大的物体，如轴类零部件，多产生混合不平衡。

根据上述旋转失衡出现的原因，实际中，针对所设计的机械系统或产品应该依据以下的原则来避免出现旋转失衡，即保证系统工作状态的转速避开由下式所规定的系统各阶临界转速

$$(0.7 \sim 1.3)60nf_0(n = 1,2,2,\cdots)$$

式中，f_0为机械系统或产品的固有频率；n 为与机械系统各阶固有频率相对应的整数。

目前，实际中常用的平衡方法主要包括：专用平衡机、三点平衡法、闪频平衡法、影响系数法。下面就针对一些具体的情况说明对于旋转系统如何进行动平衡。

1）刚性旋转零件的动平衡。对于如轮盘、砂轮、齿轮、汽车轮胎等这类具有轴向长度较小结构的薄盘类型旋转零件，由于其不平衡惯性力偶一般可忽略，故只要在一个校正平面上加上校正配重，在低速平衡机上就可进行平衡。对于平衡精度要求不高的其他情况也可以在静平衡机上进行静平衡。

2）刚性转子的平衡。对于轴向长度较大的旋转零件，如轴类、滚筒、厚齿轮以及在轴上安装有各种旋转零件的刚性转子等，通常情况下，不仅有不平衡惯性力，还有不平衡惯性力偶。刚性转子是指从零到最高工作转速范围内，转子本身可以看成是刚体，即弹性挠曲很

小可以忽略的转子。刚性转子平衡时，平衡转速不受限制，不必要求在工作转速下平衡。如果平衡设备的灵敏度较高，一般采用低速平衡。

3）挠性转子的平衡。所谓挠性转子，通常指工作转速大于 0.7 倍的一阶临界转速的转子。由于挠性转子本身旋转时的动挠度会对转子的平衡状态产生重要影响，而转子的动挠度曲线随着转速的改变而改变，因此不能使用刚性转子的平衡方法来平衡挠性转子。挠性转子的平衡方法基本上有两种：振型平衡法和影响系数平衡法。在这两种基本平衡方法的基础上进一步派生出了一些其他的挠性转子平衡方法，具体可参见有关资料。

20.1.3　动态分析设计的基本原则

动态设计的目标是在保证产品或机械系统满足其功能要求的条件下具有良好的动态性能，使其经济合理、运转平稳、可靠。因此，必须把握机械结构的固有频率、振型和阻尼比，通过动态分析找出系统动态性能的薄弱环节来改进和设计。针对所设计的产品或系统，以提高其在不断变化的外界作用下的动态性能和稳定性为最终目标，开展动态设计所应该依据的一些基本原则及其所应达到的目标主要包括：

1）防止共振。

2）减小在外界作用下的振动幅度。

3）提高产品结构的各阶模态刚度，并使其接近相等。

4）避免疲劳破坏，提高产品零部件的疲劳强度。

5）提高产品或系统的振动稳定性，避免失稳。

具体设计时，依据上述的基本原则和目标，可以根据所设计产品或系统的特点和使用要求进一步确定开展动态设计所准备实现的具体设计指标。

20.1.4　动态分析设计的基本过程、内容和方法简介

根据以上动态分析设计的含义，以机械系统为例，动态设计的基本过程是：首先，针对产品初步设计图样，或对需要改进的实物产品结构进行动力学建模，并作动态特性分析；然后，根据工程实际情况，给出其动态特性的要求或预定的动态设计目标；接着，基于所建立的模型，依据所确立的目标，按动力学方法求解满足目标的设计参数，并计算所得参数进行结构的修改和修改后系统动态特性预测和分析。这种修改与预测可反复多次，直到满足机械系统的动态特性设计要求，即最后设计出满意的机械产品。

针对动态分析设计的基本过程，动态分析设计的内容主要包括两个方面：一是建立一个切合实际的机械系统或产品的动态力学模型，从而为进行机械系统或产品的动态力学特性分析提供条件；二是选择有效的机械系统动态优化设计方法，以获得一个具有良好动态性能的机械系统或产品结构设计方案。针对动态分析设计的内容，动态分析的主要理论基础是模态分析和模态综合，基于此两种理论所对应形成的方法主要包括：传递函数分析法、有限元分析法、模型试验法等。

其中，传递函数分析法就是通过对系统微分方程式进行拉普拉斯变换，根据微分定理，当初始条件为零时可得拉普拉斯变换后的代数方程，进而获得微分方程在初始条件为零时输

入量的拉普拉斯变换与输出量的拉普拉斯变换之比，这便是系统的传递函数。然后，根据系统的传递函数，通过一定的代数运算和拉普拉斯反变换，求得系统在时域的微分方程式并直接求解，便可得到与系统稳态相应的瞬态响应，从而知道系统的动态性能。“传递函数”是动态分析法的中心内容。利用传递函数不必求解微分方程就可研究初始条件为零的系统在输入信号作用下的动态过程，同时还可研究系统参数变化或结构参数变化对动态过程的影响，因而使分析和研究过程大为简化。另外，通过传递函数还可以把对系统的性能要求转化为对函数的约束，从而可把系统的各种特性用数学模型有机地结合在一起，使综合设计易于实现。

有限元分析法就是采用有限元法的原理和有限元软件建立出机械系统或产品的动态分析模型，通过单元分析和单元组集，建立单元节点受力与节点位移（速度、加速度）的关系（质量、阻尼和刚度矩阵），最后把所有单元的这种关系集合起来，就可以得到以节点位移为基本未知量的动力学方程，求解方程就可以获得机械系统或产品的动力学参数，进而可以基于分析所得的动力学参数进一步分析机械系统或产品的性能。目前，这一方法已广泛地应用于航空、航天、船舶、汽车、机床等许多机电产品或工程结构的动态分析和设计中。

模型试验法主要应用激振响应法测定系统的动力特性，包括各阶固有频率、各阶模态振型、有关点的动柔度等，然后再利用这些数据进行分析，找出系统的薄弱环节，最后提出改进措施加以实现。目前，动态测试技术已能对各种测试信号进行多种变换和分析，如快速傅里叶变换、频谱分析和功率谱分析等，并已发展了相应的分析仪器和软件系统。针对所研究产品或系统，基于实验所得数据，通过对测试信号的有关分析处理，便能揭示其动态特性。

20.2　并行设计

20.2.1　并行设计的概念、内涵和特征

如图 20-1 所示，传统产品开发过程按照需求分析、方案设计、结构设计、工艺规划、产品制造、产品装配、销售和售后服务、设计修改的步骤顺次串行开展，一个阶段的工作完成后，下一个阶段的工作才开始，后一阶段的工作以前面阶段的工作为基础，每一阶段都有自己的输入和输出。在这种顺序开展的串行模式下，产品设计早期阶段的失误和不足往往在后期，甚至在制造和使用阶段才能被发现，这样就形成了设计→制造→再设计的大循环，导致产品开发周期长，成本高，质量低。

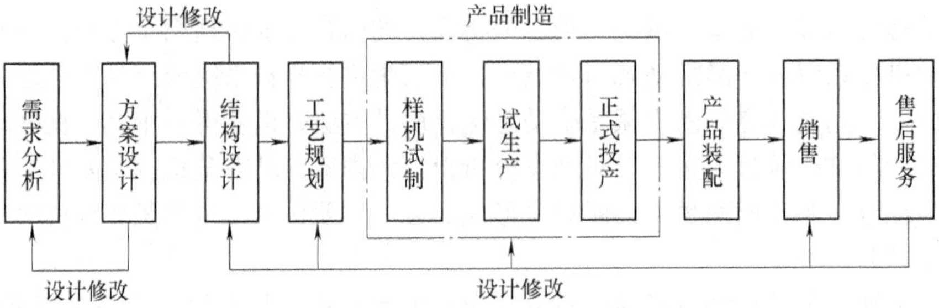

图 20-1　传统产品开发过程

为了解决串行开发过程的不足，人们提出了并行工程的思想，即在产品设计一开始，就考虑产品整个生命周期从概念形成到报废处理的所有因素，特别是将下游环节的可靠性、生产条件、维修保养等作为设计环节的约束条件，以实现对设计的及时全面评价，从而可尽早发现产品设计针对后续工艺、制造、储运和使用等过程和阶段所存在的问题并及时改进，保证产品设计具有良好的可制造性、可装配性、可维护性及回收再生等方面的特性，最大限度地减少设计反复，缩短设计、生产准备和制造时间，在满足用户需求的同时，实现企业人力、物力、财力资源的高效利用。并行设计的概念就是在这一思想下形成的，相对于传统的串行产品开发过程，并行设计的基本过程如图 20-2 所示。

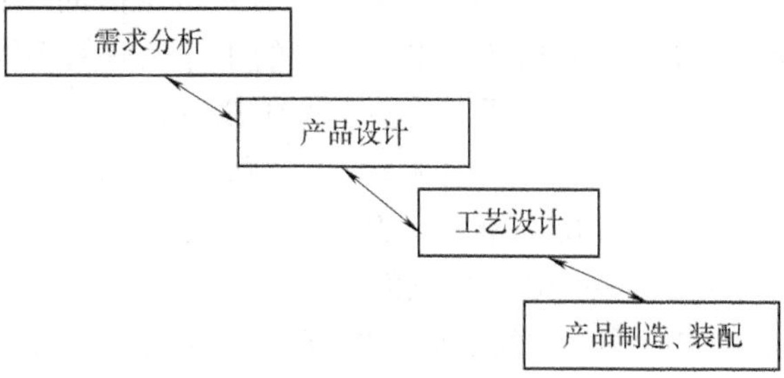

图 20-2　并行设计的基本过程

在并行设计模式下，产品设计、工艺设计、制造装配等工作在时间开展的秩序上存在重叠，是同步开展的，各阶段的工作小组可以在前面的工作小组完成其任务之前开始自己的工作。后一工作小组在消化、理解前一工作小组已做的工作和传递来的信息时，这些信息可能是不完备的，各阶段的设计活动虽然是利用这些不完备的信息开始自己的工作的，但由于信息的输出与传送是持续的，当前阶段的设计工作每完成一部分，就将结果输出给相关后续的阶段，因此一旦上一阶段的工作完成，下一阶段的工作就不必向串行设计一样从零开始。同时，针对前一阶段所形成的设计信息，后一阶段在基于其开展工作的同时，也可以同步地基于自身的工作需求和目标形成对应的调整信息，并通过及时地反馈而实现对前一阶段设计工作的优化和提高，保证其可以针对后续环节具有更加优良的属性。面向产品开发全过程的不同阶段，在基于当前设计信息，实现设计、工艺、制造等各阶段工作的同步开展、共同提高的基础上，显然，并行设计完成产品开发的时间必然会远远小于串行设计过程。

根据上述并行设计的含义，并行设计本质上是一个将产品的功能、原理、结构及其加工制造和使用维护方法进行一体化设计的过程。并行设计在本质上设计的不再仅仅是产品的功能、原理及实现方案、而是产品实现的技术步骤和具体过程。其实现的技术机理就是在设计阶段即以表 20-1 所示的产品后续制造等过程和阶段的需求和因素为目标及约束，同步地加以考虑来开展具体的产品设计工作。

表 20-1　并行工程所要考虑的因素

制造阶段	销售阶段	使用阶段	终止报废阶段
易制造、易装配	新、特、奇、低成本	可靠、稳定、易操作、消耗低	环保

如表 20-1 所示，在并行设计模式下，通过对上述因素的考虑，设计工作在逻辑上是面向产品全生命周期各环节，特别是制造阶段同步开展的，它打破了传统产品开发过程设计、工艺、制造等阶段之间的界限，在设计产品实现功能原理方案的同时，同步考虑所设计产品的工艺、制造等属性来完成最终的设计。显然并行设计通过基于当前设计信息对所形成产品

实现方案的工艺性、制造属性、使用维护等属性的分析和评判，可以有效提高设计质量、并最终可保证产品设计制造一次定性成功，缩短产品开发周期，实现企业人财物资的充分利用，减少浪费。

根据并行设计的上述含义，并行设计相对于各阶段设计活动各自独立开展的传统产品开发过程具有以下一些明显的特征：

（1）产品的设计、制造活动同步开展、一体化集成　一方面，在设计阶段即以设计方案的制造属性对其进行评价和修订，保证设计制造的一次性成功；另一方面，针对所提出和形成的设计方案，同时开展对应的工艺设计、制造仿真和资源采购。

（2）设计、制造等多领域的人员群组协同工作　基于由设计、工艺、制造、生产调度、管理、销售、客服等人员所组成的工作团队的平等协作，可保证产品设计方案在第一时间得到及时、准确、全面、客观的评价修改。

（3）分布式的工作环境　并行设计意味着在同一时间内多人、多机、多工具地针对同一设计问题的协同求解，因此，网络化、分布式的信息系统是其必要条件。

（4）统一的产品信息模型　基于描述一致的统一产品信息模型，可以保证产品设计信息能够在来自不同领域的工作人员之间实现及时准确的交流和共享。这也是实施并行设计的基础。

（5）产品设计质量的提高和研发周期缩短　针对激烈市场竞争下和产品快速上市的要求，在面向制造等后续开发阶段的特点和要求从技术角度提升设计质量的同时，势必导致产品研制周期的缩短。

20.2.2　并行设计的核心问题和关键技术

根据并行设计的概念，并行设计要求在产品设计阶段即同步地综合考虑产品生命周期中后续各个环节的要求和影响来开展设计工作，这在有效提高产品设计效率和质量，保证产品设计制造一次成功、不反复的同时，也使产品设计所依据的理论和技术领域得到了显著扩展，设计人员在从功能、需求等角度出发设计产品的同时，还需要进一步考虑产品制造、使用等生命周期后续阶段的约束和要求。这显然需要一定的条件和机制来加以保证，具体就是要解决如下一些问题：

1. 跨学科协同工作的产品开发团队

为了能够在设计阶段即同步考虑后续制造等阶段的约束和要求来进行产品设计，并行设计的开展显然需要打破传统产品设计在部门和人员组织上的限制，通过设计、工艺、制造等不同学科领域的人员共同合作来开展设计工作。这也是并行设计在人员组织上所首先必须解决的问题。并行设计中，针对所设计的产品，在设计开展前应成立专门的工作小组，小组的成员如图 20-3 所示，由来自设计、制造等不同领域和部门的人员构成，他们不仅要具有完备的专业技术水平和领域知识，而且应具备相互合作的协作精神，

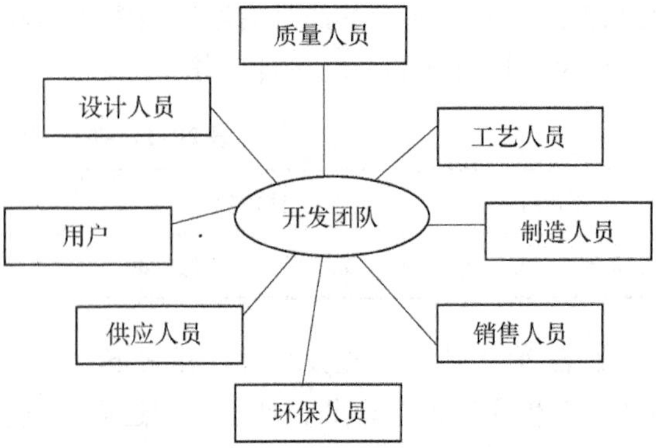

图 20-3　并行设计工作组的人员构成

从而可保证产品开发过程中任一阶段的设计工作可以在第一时间得到全面的检查和评审，使当前设计中针对后续阶段所存在的问题得以及时暴露并可立即得到解决。

2. 面向产品全生命周期的一致性产品信息描述模型

产品设计过程在本质上是一个产品信息由少到多、由粗到精，不断积累、创新和完善的过程，设计过程中，产品以各阶段设计工作所形成的产品数据和信息加以体现。这些信息不仅包含完备的几何外形、尺寸信息，而且包含精度信息、加工工艺信息、装配工艺信息、原材料以及生产和制造成本等信息。显然，仅仅依靠二维、三维几何模型是不能将这些产品信息全面准确记录的。如果这些伴随设计过程开展动态生成的产品信息不能在第一时间得到全面准确地记录，它们就不能在协同工作的设计人员之间得到及时准确地共享和交流，设计人员针对当前设计的协同工作也无从谈起，因此，并行设计的产品信息模型应能将来自产品开发过程不同阶段、不同内容、不同结构、不同形式、不同抽象程度的产品信息包容在一个统一的产品信息模型中。

3. 设计过程的管理

在并行设计产品研发模式下，产品开发是由来自不同部门和领域的产品研发团队共同完成的，同时设计过程中每一步的设计工作都会受到来自其他部门和学科的设计人员的分析和评判，一旦存在问题，就要就地修改，因此并行设计将传统设计的大循环转变为一系列同步开展的设计小循环。这显然提高了设计过程的动态性和复杂性，也对设计过程的动态监控和组织管理提出更高的要求。因此，并行设计的顺利开展显然需要对设计过程的实施开展步骤加以有效管理。目前的企业组织机构是建立在产品开发的串行模式基础上的，并行设计的产品开发各项活动在时间上是平行进行的，这就要求企业在组织和工作方式上都应具备更高的管理水平与之相适应。实际中，并行设计能取得成功的根本就在于管理、协调设计全过程的技术。这也是并行设计得以顺利实施开展的根本保障。

4. 基于网络的协同工作平台

在动态管理设计过程的同时，为了保证设计过程中协同工作团队成员彼此之间可以针对当前设计问题的设计方案进行及时准确地沟通，这显然需要一个可以打破部门和组织界限，实现信息实时交流沟通的工作平台的支持。因此，基于网络运用计算机网络建立一个可支持协同工作的信息交流共享平台对并行设计十分必要。

5. 计算机模拟仿真技术

并行设计的核心是在产品设计阶段就能充分考虑加工、装配，甚至使用、维修这些与产品开发相关的后续过程。传统的产品开发过程是“设计→样机制作→修改设计”的循环过程，不仅样机制作既耗时又费工，延长了产品开发周期，而且在样机制作后才发现设计存在的问题，将会造成巨大的浪费。因此，如何基于产品的设计信息实现对产品后续加工制造等阶段中产品属性和状态的模拟仿真，以便不通过试制样件便可及时发现设计所存在的问题，显然是并行设计需要解决的关键问题。这就需要用到计算机模拟和仿真技术。针对并行设计的特点，依据产品的设计信息，在基于计算机利用 CAD 技术完成产品建模的基础上，如果可以基于产品模型，进一步实现对产品加工、制造过程及其工作状态及环境的模拟，则可以及时发现产品设计针对后续制造、使用等产品生命周期后续阶段所隐含的缺陷和存在的不足，并使其可以得到及时修正，这显然可以为并行设计的开展提供有力支持，并且是并行设计能够顺利实施的有力保证。

6. 产品设计的实时动态评价

产品评价主要从经济指标，技术指标两方面评价。经济指标如：材料成本、加工成本、刀具、机床、工装和劳动力成本等。技术指标如：可加工性、可装配性、加工工艺性、装配工艺性、标准化程度等。基于产品的功能对产品的可装配性、可制造性、可维护性和产品成本进行评价。基于面向对象理论实现对评价知识的表达建立产品可制造性知识库和制造资源库。基于评价知识对产品设计进行评价，从而指导产品设计，优化产品及其开发过程，获得具有最佳性能价格比的产品。产品可制造性是产品评价的重要方面，产品可制造性与产品本身结构和制造资源有密切的关系。它取决于制造资源，制造资源包括各种加工设备、工具、夹具及物料传输系统等。可制造性涉及的因素很多，而且各种因素对可制造性有不同程度的影响，因此可制造性是一个多因素、多指标的相对概念，其中有些指标是定量的，但多数指标是定性的，甚至是模糊的，因此有待于研究建立合理的可制造性评价模型。采用先进的评价方法（模糊推理技术），对产品的可制造性进行正确合理的评价，指导产品设计。

7. 并行设计过程协调与控制

并行设计是在产品设计阶段并行地综合考虑产品生命周期中各个环节的影响，并行设计的本质是许多大循环过程中包含许多小循环的层次结构，它是一个反复迭代优化产品的过程。并行设计是基于先进的计算机网络技术、信息技术和各种设计工具，实现多专家系统协同工作。产品设计过程的管理、协调与控制是实现并行设计的关键。

20.2.3　并行设计的技术经济效益

并行设计的技术经济效益主要体现在以下几个方面：

（1）提高企业对市场需求的响应速度　并行设计通过工作步骤的平行交叉、基于时间的决策等，大大地缩短产品开发时间、提高企业对市场需求的响应速度，为企业提供了可靠的技术保证。

（2）提高产品开发的一次成功率　所谓产品开发的一次成功率，是指最大限度地减少产品开发后期及产品投放市场后对产品的修改和完善工作量，在一次循环中开发出满足市场及用户需求、具备产品全寿命周期优良性能的产品。

（3）降低产品的开发成本　大量调查统计表明：产品设计阶段决定了产品制造成本的70%。并行设计的实施提供了一种降低产品成本的途径，即：在产品开发之前，首先考虑市场（用户）对该产品的价格承受能力，提出产品的所谓目标成本，然后将目标成本分解到每个零部件上，并作为约束条件，自始至终地制约整个设计过程。

20.3　绿色设计

20.3.1　绿色设计的概念和特点

针对全球日益严重的环境问题，绿色设计的思想出发点是在设计阶段就将环境因素和预防污染的措施纳入产品设计之中，将环保属性作为产品的设计目标和出发点，力求将产品对环境的危害和影响减为最小。基于此，可以将绿色设计定义为：在产品整个生命周期内，以产品的环境属性（可拆卸性、可回收性、可维护性、可重复利用性等）为设计目标，在保证产品功能、质量和成本的同时，综合考虑环境影响和资源效率，使产品从设计、制造、使用到报废整个产品生命周期中，符合环保要求，对生态环境无害或危害极少，节约资源和能源，对资源利用率最高，能源消耗最低的设计技术。

20.3.2　绿色产品的概念和特点

作为绿色设计的最终结果和客观体现，绿色产品是使用绿色材料、通过先进的绿色设计及制造方法、采用绿色包装生产的一种节能、减耗、减污或无污染的环境友好型产品。在其生命周期全过程中，符合特定的环境保护要求，对生态环境无害或危害极小，资源利用率高，能源消耗低的产品。

根据以上绿色产品的概念，面向产品全生命周期，从节约资源和能源以及保护环境的角度，绿色产品的内涵体现在以下三个方面：

1）节约资源、能源。

2）保护生态环境。

3）有利于人类的安全、健康和持续发展。

从绿色产品的这些内涵可以看出，绿色产品是环境友好型产品，这是绿色产品区别于一般产品的最重要特征。绿色产品的环境友好应该体现在产品的生命周期全过程，而不是产品的某一局部或某一阶段。面向全生命周期，绿色产品的特点如下：

1）优良的环境性能，即产品从生产到使用乃至废弃、回收处理的各个环节都对环境无害或危害最小。

2）资源的充分有效利用，即产品结构简单，用料品种少，用量低，来源广泛，无有毒有害物质，零部件可回收再利用。

3）高效率、低能耗。

20.3.3　绿色设计的策略

在面向产品全生命周期考虑环境属性开展设计的原则下，绿色设计的环保目标可以从如下的几个层面具体考虑落实。

1）减少产品原料密集度，即减少生产单位产品所使用原材料数量。

2）减少产品能源密集度，即减少生产单位产品所使用能源数量。

3）减少有毒物的使用。

4）提高产品的可回收性。

5）使产品最大限度地使用可再生能源。

6）提高产品耐久性。

7）提高产品的服务质量和效率。

根据上面所分析的绿色设计的目标，针对产品生命周期不同阶段的特点，实现绿色设计所考虑的相关策略见表 20-2。

表 20-2　绿色设计的策略

产品生命周期的不同阶段	绿色设计策略
设计阶段	使用可再生的材料
	使用能耗少的材料
	使用可重用的材料
	选择环保表现好的零部件供应商
制造阶段	缩短工艺处理时间，简化工艺过程、采用节省原料的工艺方法。减少辅助设施和装备
销售和使用阶段	减小体积、质量，使用可再生的包装材料
使用阶段	降低产品能耗，使产品容易维护，提高产品寿命
回收、报废阶段	产品可方便拆卸

20.3.4　绿色设计的主要内容

根据以上的分析，面向产品生命周期不同阶段中产品自身的属性和特点及其与环境的关系，从产品节约资源能源以及可回收重用角度来看，绿色设计的内容具体包括如下几个方面的内容。

1. 绿色设计的产品材料选择及管理

对于材料的使用，在选择材料时应考虑产品的使用和性能，即选择无毒、无污染和易回收、可重复使用、易分解的材料，对稀有贵重材料尽量少用。具体来讲，就是在针对所设计产品的功能、结构、工艺性、安全性和经济性要求开展选材的同时，进一步基于如下的原则进行绿色设计材料的选择。

1）优先选用可再生材料，尽量选用可回收材料，提高资源回收率。

2）尽量选用生产加工能耗低、少污染的材料。

3）尽量选择环境兼容性好的材料，即在使用过程中，对环境无副作用，对人和动物没有伤害，与环境有良好的协调性。

4）所选材料应是易加工且加工过程中无污染或污染最小。

5）尽量选用能自然分解并为自然界吸收的材料。

上述原则落实到实际的设计工作中，就是要从环境无损的角度按表 20-3 所示的方法实现材料的选定。

表 20-3　绿色材料的选定

选材措施	解释及说明
减少产品中材料种类	材料种类减少，便于产品废弃后的材料分类、处理和回收，可减少回收成本，提高回收效益
提高材料间的相容性	材料相容性好，便于零部件一起回收，减少拆卸工作量及成本
尽量选用低能耗的材料	不同材料生产方式不同，其加工过程的能耗也不同，选用能耗低的材料可减少产品的生产能耗

（续）

选材措施	解释及说明
材料易回收、可降解，优先选用可再生材料	易回收材料，如塑料、铝等通过简单转化可反复使用，不但节约资源，而且可彻底消除不可回收材料造成的污染
尽量选用不加任何涂、镀层的原材料	涂镀工艺本身有毒副作用，会给环境带来极大污染，并且带有涂层的材料会给材料的回收再利用带来困难

由于产品中可能无法完全避免对有毒、有害材料的使用，因此，必然需要通过加强对材料的管理来保证有毒、有害材料的使用不会对环境产生破坏，而那些无毒无害可回收重用的材料可以得到有效利用。具体就是首先应将含有有害成分的材料分开堆放，明确标识、严格管理；其次是对已完成生命周期的产品，对其有用的废弃部分，可采用回收工艺处理，使产品对环境污染减少至最低程度。

2. 产品可回收性设计

产品设计初期应考虑其零件回收及再生的可能性，即在其他新产品中，可以利用使用过的或废弃产品中的零部件及材料。具体就是应考虑产品零部件或材料回收的可能性、回收价值大小、回收处理办法、回收处理结构工艺等问题，并进行可回收性的经济评估，使废弃物减少到最低限度。

3. 产品的可拆卸性设计

产品的可拆卸性应作为结构设计的一个评价准则。零部件的装配性与拆卸性往往会产生矛盾，但应首先考虑拆卸方便，它是产品回收再生的前提，这样废弃产品的零部件或构成的材料经过一定的再生技术后可重复使用。由于产品的千差万别，其解决的具体方法也不同，基本原则如下：

① 减少拆卸工作量，多用可拆连接方式，少用不可拆（如焊接、粘接）连接方式。

② 采用易于拆卸的结构。

③ 减少零件的多样性。

4. 绿色设计的成本核算

产品绿色设计的初期就必须考虑其回收、重复利用等功能，因此在成本分析时，不能只考虑设计、制造与销售过程中企业内部成本，还要考虑包括使用和废弃过程中用户和社会承担的成本，因此在成本分析时，应从下述各方面进行估算：可污染物替代材料成本、产品拆卸成本、产品重复利用成本以及特殊产品相应的环境成本。应该说明的是，同样的产品项目，在不同地区和国家中，其实际费用也会产生成本上的差异，因此，绿色产品成本的分析应在每一设计阶段中进行，这样才能设计出成本低而对环境污染少的产品。

20.3.5　绿色设计的评价指标

绿色设计的最终结果是绿色产品，绿色设计的评价即绿色产品的评价。传统产品设计评价主要考虑三个方面，即质量（Q）、成本（C）和时间（T）。相对于传统设计评价而言，绿色设计评价还必须满足环境属性要求，其评价一般应从技术、经济和生态环境等方面进行，评价指标通常包括环境指标、资源指标、能源指标和安全性指标四个方面。

（1）环境指标　主要包括：

1）对水环境的影响，即产品在生命周期全过程中可能会产生的水体影响。

2）对大气质量的影响。

3）对土壤的影响。

4）产生的固体废弃物等。

（2）资源指标　主要从以下三个方面加以考虑：

1）资源种类。即产品所用资源种类，这里既包括主要原材料也包括辅料，并且还应该考虑它们是可再生资源还是不可再生资源，是稀有资源还是丰富的资源。

2）资源特性。主要指资源的化学特性和物理特性，可利用或可再生特性，对生态环境的影响特性等，其中资源的化学特性和物理特性是考虑的重点。

3）资源消耗状况。即资源的消耗量、利用率、损耗率和再生利用率等。

（3）能源指标　主要从以下三个层面考虑：

1）能源种类。所用能源种类包括一次能源和二次能源，要考虑它们是可再生能源还是不可再生能源，是短缺能源还是丰富能源等。

2）能源环境特性。即能源在使用过程中对生态环境的影响等。

3）能源消耗状况。包括消耗量、利用率、再生利用率等。

（4）安全性指标　主要考虑以下两个方面：

1）对生态系统的影响，产品在生命周期全过程中可能对生态系统的平衡造成的影响。

2）对人体健康的影响。

20.4　虚拟设计

20.4.1　虚拟设计的概念和内涵

虚拟设计是20世纪80年代提出的概念，并于20世纪90年代得到重视和发展。它是伴随信息技术、计算机技术、网络技术、自动化技术等在制造领域的深入和广泛应用，在产品开发日益并行化、网络化、数字化的趋势下进一步演化形成的一种新产品开发理念。在虚拟设计这一概念中，对于设计的理解不应再仅仅局限于针对产品功能原理和实现方案所开展的规划求解活动，而应理解为面向产品全生命周期的产品实现方案的规划求解及评价和修订活动。对于虚拟的理解就是计算机模拟和仿真，综合起来，虚拟设计就是以计算机仿真技术为手段，在产品设计阶段即面向产品全生命周期后续阶段，通过基于设计方案实时开展的对后续加工、制造过程和使用方法、场景等的计算机模拟和仿真，并从“产品性能、制造成本、可制造性、可操作性、可维护性、环境适应性”等角度实现对设计方案的预测和评估，从而及时发现设计的问题和不足并进行修正，保证产品可一次设计、制造成功，不反复。

根据虚拟设计的概念，可以从广义和狭义两个层面来开展对于虚拟设计这一概念的认识和理解。首先，在狭义上，虚拟设计可理解为是以三维CAD系统、虚拟现实技术、多媒体技术等为平台而开展的以产品的三维建模及其功能、结构的动态模拟和仿真为特点的设计活动。在广义上，虚拟设计则对应于虚拟的产品开发，即针对产品概念，在以CAD、CAE等技术为工具，建立产品模型的基础上，以所建立的数字化产品模型为纽带，利用虚拟现实等技术通过对产品开发全过程的动态模拟和仿真来预演实际的产品制造过程，分析当前产品设计开发所需的时间、成本、资源、质量和风险以及所存在的问题，从而可为进一步开发“对应实际产品”形成综合、准确、及时的建议。

根据虚拟设计的概念可知，虚拟设计不涉及生产实际的产品，基本上不消耗资源和能量，它是产品设计、开发与加工过程在计算机上的本质实现，即产品设计开发的数字化实现过程。这正是虚拟设计的内涵。

20.4.2　虚拟设计的效果

虚拟设计是在并行工程等先进设计、制造技术的广泛普及和应用的基础上，针对产品开发过程中所存在的问题和不足进一步形成发展起来的。根据其概念，虚拟设计的价值主要可以通过以下方面来体现：

1. 缩短研发周期

虚拟设计通过计算机硬件及软件仿真系统，能够真实地模拟产品的设计过程，从根本上改变了设计、试制、设计修改、试制、设计修改、…、试制、规模生产的传统产品设计模式，从而大大缩短了产品研发周期。例如，在美国波音 777 飞机设计中，采用了虚拟设计技术在 SGI 图形工作站上建立了波音 777 飞机的虚拟原型，使设计师、工程师们能漫游于这个虚拟飞机中，审视飞机各个部分，并能方便地调出其中任一零件进行修改。波音公司仅用 3 年便实现了原来需要 7 ~ 8 年甚至更长时间才能实现的设计试飞一次成功的目标。

2. 降低成本

在产品研发过程中，应用虚拟设计技术可以避免频繁的设计修改，减少或免除样机的试制，从而显著降低产品的研发成本。

3. 提高研发成功率

虚拟设计可以在设计早期即系统地考虑并依据后续制造过程的需求对设计方案进行分析与修正，因而可提高产品的研发成功率。例如，从空间上，基于虚拟设计可以全面展现产品内部的装配情况，及时发现可能存在的冲突并及时解决。从时间上，虚拟设计通过对后续环节可制造性、可装配性等的分析，可以有效防止由于设计失误出现大规模返工的现象。

4. 提高产品竞争力

虚拟设计可以打破传统产品开发模式下，产品开发人员与最终消费者之间的阻隔，虚拟设计通过虚拟现实环境和计算机仿真技术，使消费者可以在产品生产出来之前就通过与代表真实产品的虚拟模型的交互，获得关于该产品的感性认识并可及时地发现问题、提出建议来帮助改进设计。

20.4.3　虚拟设计的内容和技术体系

根据虚拟设计的概念，虚拟设计的技术体系和结构如图 20-4 所示。虚拟设计以产品概念设计为起点涵盖了的产品开发各个阶段，其主要包含：虚拟概念设计、虚拟样机设计、虚拟制造、虚拟样机检验设计等。

1. 虚拟概念设计

如图 20-4 所示，在虚拟设计的技术体系中，虚拟概念设计是将虚拟技术与概念设计结合起来，用于在虚拟环境下进行产品概念设计的方法。它正在成为虚拟设计的一个重要研究领域。虚拟环境下的机械产品概念设计已超越了传统产品概念设计的功能、原理和符号层面，具有更好的直观性和可视性。基于虚拟现实等技术，所设计产品的功能、原理等概念设计方案可以通过三维虚拟实体更加直观明确的体现，并且可以虚拟概念样机的形式出现在设计人员面前。因此，在虚拟环境下，机械产品概念设计建模不仅具有与初始设计目标相对应的功能指标、结构要求等静态信息，而且还有可针对设计目标动态修改调整的虚拟产品模型等动态信息。目前，已投入实际应用的虚拟概念设计系统有3-DRAW、JDCAD、COVIRDS 等。

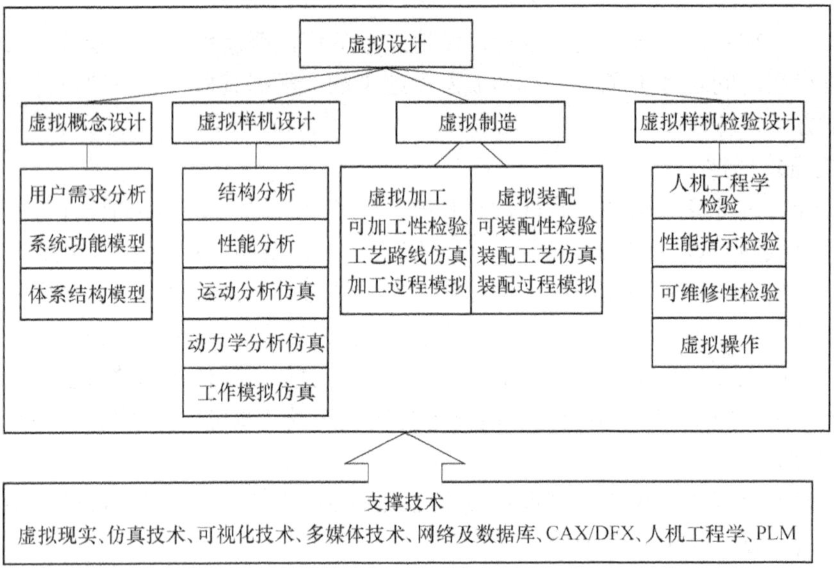

图 20-4　虚拟设计技术体系和结构

2. 虚拟样机设计

虚拟样机是对产品相关领域的 CAD 模型、仿真模型等数字化模型的集成，它包含有与真实产品相对应的全部关键特征。基于虚拟样机的产品设计过程能够以低成本开发和展示产品的各种方案，评估用户的需求，提前对产品的用户满意度做出检查，这就提高了产品设计的自由度；基于虚拟样机，设计人员能够迅速方便地将自身的想法展示给用户，并可在产品开发的早期即测试产品的功能，从而可以降低因早期设计不足而出现重大设计错误的可能性。利用虚拟样机还可以使产品所针对的用户更直接有效地参与到产品开发过程中，从而可以从多个角度全方位地对产品设计方案进行更加及时、准确和全面的测试评估，保证设计的优质高效。同时，利用虚拟样机还可以避免物理样机的建立，不仅可以节约产品开发的时间，而且可以降低开发成本。

详细设计中，利用虚拟样机技术可从运动学、动力学角度对产品进行性能分析。通过有限元模型的建立和分析，可以对产品的性能进行分析与设计。同时，虚拟样机技术也可以应用在产品的整体性能检验阶段，包括人机工程检验、性能指标检验、可操作性和可维修性检验等。显然，虚拟样机设计是虚拟设计的核心内容，它直接影响和决定了虚拟设计的成败。

3. 虚拟加工

虚拟加工是利用计算机以可视化的、逼真的形式来直观表现产品加工过程，通过对模拟加工中的干涉、碰撞、切削力和变形的预测和分析，可以实现切削用量和工艺参数的优化，提高加工效率、质量，减少报废。目前对虚拟加工技术的研究主要分成两个方面：一是虚拟加工硬件环境的研究；二是对加工过程的研究。虚拟加工硬件环境的研究分车间、加工中心及刀具、夹具和毛坯这三个层次。其所涉及的关键技术包括几何建模、运动建模及坐标系建模等。而对加工过程的研究包括几何验证和物理验证两方面。

4. 虚拟装配

相对虚拟加工的概念，虚拟装配就是对虚拟设计在装配领域的拓展和应用。在针对产品零部件建模的基础上，虚拟装配利用虚拟现实技术、计算机图形学、人工智能技术和仿真技术等构造虚拟的装配环境和虚拟的产品模型，从而可仿真产品的装配过程和结果。通过虚拟装配不仅能够检验、评价以及预测产品的可装配性，而且能够面向装配过程形成直观、经济、合理的装配规划。

20.4.4 虚拟设计的核心问题

如前所述，虚拟设计在本质上是对产品实际开发过程的计算机模拟仿真，为了实现这一点，虚拟设计在利用 CAD 系统通过特征建模、参数化设计等技术开展产品设计的同时，显然需要从产品设计开发仿真的角度进一步针对产品设计建模解决如下的一些问题：

（1）产品的可视化建模和数字样机　产品开发过程本质上是一个产品从无到有、从虚到实、从主观到客观的信息转化和物化过程。针对所设计的产品，为了保证能够利用产品设计开发过程中所形成的设计信息，实现该产品的动态模拟和仿真，需要首先解决所设计产品在设计开发过程的可视化建模问题。这也是设计过程中设计人员可以针对设计结果及时准确地开展交流、评价的前提和保证。在通过可视化建模解决设计方案的可视化描述和表达这一问题的基础上，为了更好地实现对设计的全面评价，显然不能仅从设计人员主观的角度建立可帮助设计者表达其设计意图和原理方案的产品模型，而且还应面向用户从产品最终的工作环境和服务的客户这一客观角度建立起可表现产品实际工作环境、工作状态以及其操控方式的产品及其工作环境的可视化模型，即所设计产品的数字化样机。这也是依据所设计的产品模型，按用户需求进一步从运动学、动力学、人机关系等角度开展对设计结果的分析和评价的前提基础。目前，关于产品的可视化建模和数字化样机的研究主要包括如下方面的内容：

1）基于几何建模和图像相结合的建模方法及相关算法：主要解决提高产品及其场景模型的真实感并有效减少模型的数据量问题，以满足虚拟设计实时交互和动态修改的要求。

2）基于图像的虚拟现实关键技术：主要研究解决如何建立快速的图像压缩和解压缩算法，从图像学角度解决产品及其场景模型的三维快速重建等问题。

（2）具有物理属性的产品模型　在通过产品的可视化建模和数字样机技术从结构角度实现产品的可视化建模和仿真的基础上，为了能够依据所建立的产品模型进一步模拟产品在其对应工作状态的具体属性和工作性能，还需要针对可视化的产品模型进一步解决产品的物理属性的建模和描述问题。这也是虚拟设计可以依据所建立的可视化产品模型脱离实物样机对所设计的产品进行运动学、动力学等性能的验证和评价的前提。

20.4.5 虚拟现实技术

针对上述虚拟设计的核心问题，目前所形成的最成熟的解决方案就是虚拟现实技术。下面就具体介绍一下该技术。作为虚拟设计核心技术之一的虚拟现实技术是20世纪末兴起的一门崭新的综合性信息技术。它集数字图像处理、计算机图形学、人工智能、多媒体技术、传感器、网络以及并行处理技术等多个信息技术分支的最新发展成果为一体，为人类创建和体验虚拟世界提供了一个有力的技术平台。目前，虚拟现实技术已在机电工程、军事、医学、考古、艺术、娱乐等诸多领域得到越来越广泛的应用。

1. 虚拟现实技术的定义和特征

虚拟现实技术的定义为：虚拟现实技术是指利用计算机生成一种模拟环境，并通过多种专用设备使人可以“投入”到该环境中，实现人与模拟环境直接进行自然交互的技术。

根据其定义，虚拟现实技术的显著特征是可以让人基于自身对外界进行认知的自然技能，如视觉、听觉、触觉等对虚拟世界中的物体进行考察或操作，并可同时提供多种直观而又自然的实时感知。具体体现在以下三个层面：

（1）沉浸感　虚拟现实技术使人可以作为主角沉浸于所创建的模拟环境中。即人可以进入到该环境中，觉得自己是所创建虚拟环境中的一部分，由观察者变为参与者，获得对于虚拟环境的沉浸感。

（2）交互性　虚拟现实技术使人可以与虚拟环境中事物进行交互，并可以得到及时、真实自然的反馈。即在虚拟环境中，人可以同在真实环境中一样，利用自身技能与虚拟环境中的对象发生交互关系，可以操作虚拟环境中的事物，虚拟环境中的事物也会按人的操作发生对应的响应或改变。

（3）想象性　通过与虚拟环境的交互，设计人员可以从与现实世界完全不同的或现实世界不具备的全新角度对所研究的对象进行观察和思考，从而可以进一步激发灵感和想象力，这在提高设计人员驾驭设计对象能力的同时，也为设计的成功起到良好的促进和提高作用。

2. 虚拟现实系统的组成和体系结构

虚拟现实系统的体系结构如图20-5所示。

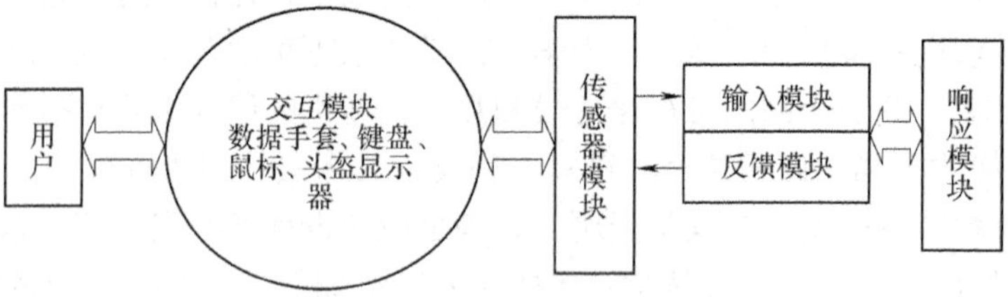

图20-5　虚拟现实系统的体系结构

虚拟现实系统由交互模块、输入模块、反馈模块、传感器模块和响应模块等几个软硬件模块共同构成。其各自的职能如下：

（1）交互模块　它是用户操控和感知虚拟现实系统的硬件工具和接口，主要由数据手套、头盔显示器等器件构成。一方面，其负责向用户提供操控虚拟环境的途径和接口，另一方面，虚拟环境的当前状态也通过它向用户做最终的展示。

（2）输入模块　它是虚拟现实系统的信息输入接口，输入模块例如数据手套、头盔显示器上用于感应人手和头部动作及位置等的器件。其功能是检测并获取用户针对虚拟现实系统所发出的操作并将其转化为输入信号传递给响应模块进行信息的分析和处理。

（3）反馈模块　它是虚拟现实系统的信息输出接口。其功能是将响应模块生成的信息通过传感器模块传给交互模块的输出设备，如头盔显示器、耳机等，以便实时地向用户展现虚拟环境当前的最新状态，另外它同时还针对所传输的数据信息进行对应的视觉效果和声音效果的实时渲染工作。

（4）传感器模块　是虚拟现实系统中操作者和虚拟环境之间实现沟通的桥梁。一方面，传感器模块可以按照用户的动作向输入模块传递相对应的输入信号，经由输入模块传递给响应模块，以保证操作者的操作可以最终作用于虚拟环境；另一方面它还将操作后产生的反馈结果传递给输出模块，以便可以将虚拟环境的当前状态实时地显示给操作人员。

（5）响应模块　是虚拟现实系统的信息处理和控制中心。响应模块一般是软件模块，其作用是处理来自输入模块的操作输入信息，并依据输入控制反馈模块进行虚拟环境的动态再生和更新。例如，根据用户视点位置和角度实时生成对应位置和视角下的三维模型，根据用户的位置实时生成音效。

根据虚拟现实系统的构成，虚拟现实系统必然是一种以计算机为平台的由一系列软、硬件子系统所构成的综合体。虚拟现实系统的功能通过硬件子系统实现，而硬件子系统的动作和控制则通过软件子系统完成。目前，虚拟现实系统的软、硬件体系结构如图 20-6 所示

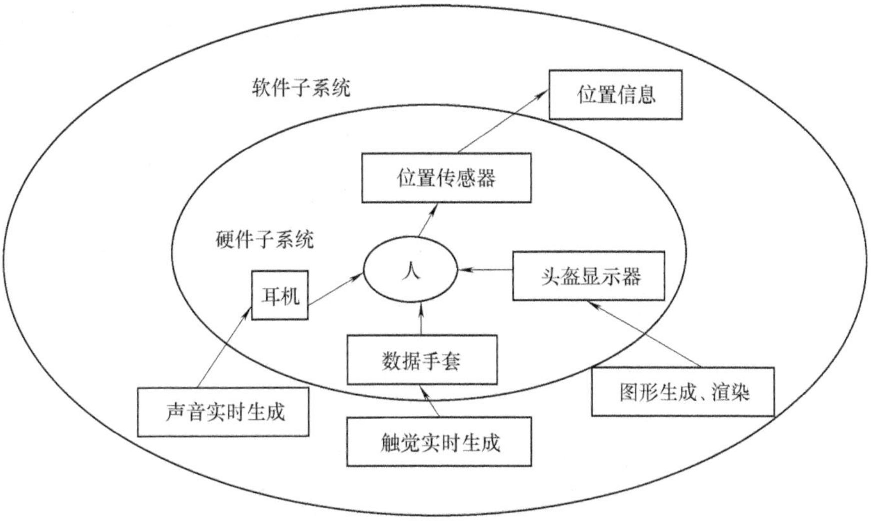

图 20-6　虚拟现实系统的软、硬件体系结构

3. 虚拟现实建模语言

建立虚拟环境一个重要的问题是选择合适的描述语言。虚拟现实建模语言（Virtual Reality Modeling Language，VRML）是目前虚拟现实系统中用于描述虚拟场景的一种最广泛使用的场景描述语言，VRML 2.0 版本可以像使用超文本语言一样方便，用以描述三维虚拟环境。由于它的柔性和开放结构已成为 ISO 标准语言，是建立虚拟环境的主要工具。如果说，HTML 超文本语言是能与多种信息相连的二维页面的文件格式，那么 VRML 虚拟现实建模语言是能与多种信息相连的三维世界的文件格式，借助 VRML 建立的虚拟环境可以与 HTML 页面或其他 VRML 虚拟环境相连接。VRML 是与计算机平台无关的，转移到另一台计算

机上不会产生任何困难。

本章习题

20-1　动态分析设计方法主要包括哪三方面？试加以说明。

20-2　简述并行设计的核心问题和关键技术。

20-3　何谓绿色设计？试归纳总结绿色设计的评价指标系统。

20-4　何谓虚拟设计的本质特征？

20-5　简述虚拟现实技术的定义和特征。

参考文献

[1] 陈屹，谢华．现代设计方法及其应用［M］．北京：国防工业出版社，2004.

[2] 张鄂．现代设计方法［M］．西安：西安交通大学出版社，1999.

[3] 王凤岐，张连洪，邵宏宇．现代设计方法［M］．天津：天津大学出版社，2004.

[4] 余俊．现代设计方法及应用［M］．北京：中国标准出版社，2002.

[5] 宋爱平．CAD/CAM 技术综合实训指导书［M］．北京：机械工业出版社，2006.

[6] 周陶勇，李珊，王磊，等．基于 Auto LISP 的 AutoCAD 参数化绘图［J］．现代机械，2006，（4）：69-70，73.

[7] 陈酹滔．零部件参数化设计方法研究与系统实现［D］．南京：南京理工大学，2004

[8] 刘唯信．机械优化设计［M］．北京：清华大学出版社，1986.

[9] 李万祥．工程优化设计与 MATLAB 实现［M］．北京：清华大学出版社，2010.

[10] 孙海鹰．蚁群算法的理论与性能研究［D］．扬州：扬州大学，2009.

[11] 李虹，孙志毅．基于 MATLAB 的改进型基本蚁群算法［J］，太原重型机械学院学报，2003，24（3）：201-204.

[12] 吴冬敏，芮延年，钱华．基于蚁群算法大功率曝气机减速齿轮箱的可靠性优化设计［J］．新技术新工艺，2006（12）：23-25.

[13] 王凌．智能优化算法及其应用［M］．北京：清华大学出版社，2001.

[14] 黄洪钟，黄文培，陈新．机械优化设计的 Hopfield 神经网络算法［J］，机械科学与技术，1998，17（2）：206-208.

[15] 杨浩．模型与算法［M］．北京：北京交通大学出版社，2002.

[16] 雷英杰，张善文，李续武，等．MATLAB 遗传算法工具箱及应用［M］．西安：西安电子科技大学出版社，2005.

[17] 张勤．粒子群算法在机械优化设计中的应用［J］．煤矿机械，2005，（5）：26-27.

[18] 芮钧，陈守伦．MATLAB 粒子群算法工具箱求解水电站优化调度问题［J］．中国农村水利水电，2009（1）：114-116.

[19] 吴建生，秦发金．基于 MATLAB 的粒子群优化算法程序设计［J］．柳州师专学报，2005（4）：97-100.

[20] 曾建潮，介婧，崔志华．微粒群算法［M］．北京，科学出版社，2004.

[21] 刘伟，王太勇，周明，等．基于蚁群算法的工艺路线生成及优化［J］．计算机集成制造系统，2010，16（7）：1378-1382.

[22] 野莹莹，付丽君，程立英．基于 MATLAB 的蚁群算法仿真研究［J］．装备制造技术，2008（11）：13-14.

[23] 吴俊飞，李瑰贤，李华敏．基于神经网络的变厚齿轮 RV 减速器动态优化设计［J］．中国机械工程，2001，12（9）：976-979.

[24] 石伟．有限元分析基础与应用教程［M］．北京：机械工业出版社，2011.

[25] 王洪，王石刚，黄文振．人工神经网络在凸轮型线拟合中的应用［J］．工具技术，2001，35（1）：28-30.

[26] 凌玲，胡于进，王青青，等．基于改进遗传算法的孔群加工路径优化［J］．华中科技大学学报，2009，37（8）：88-91.

[27] 张泓，李爱平，刘雪梅．面向 TSP 求解的混合蚁群算法［J］．计算机工程，2009，35（8）：

34-37.

[28] 严晨，王直杰. 基于改进型能量函数和瞬态混沌神经网络的 TSP 问题研究［J］. 系统仿真学报，2006，18（5）：1402-1405.

[29] 孙守宇，郑君里. Hopfield 网络求解 TSP 的一种改进算法和理论证明［J］. 电子学报，1995，23（1）：73-78.

[30] 贾建军. 神经网络在金属切削刀具中的应用研究［D］. 兰州：兰州理工大学，2007.

[31] 邱林，孟晓红. 基于灰色神经网络理论的东江水库入库径流量预测［J］. 华北水利水电学院学报，2012，33（2）：43-45.

[32] 马向玲，田宝国. Hopfield 网络应用实例分析［J］. 计算机仿真，2003，20（8）：64-66.

[33] 孙学军. 人工神经网络在机械优化设计中的应用［J］. 黑龙江科技信息，2011（11）：7.

[34] 曾歆懿，陈玮，王钦若，等. 基于蚁群算法的数控板材加工路径规划［J］. 机床与液压，2007，35（5）：33-34，38.

[35] 谢里阳. 现代机械设计方法［M］. 北京：机械工业出版社，2010.

[36] 吴永平. 机械可靠性工程［M］. 北京：人民交通出版社，2009.

[37] 张伟. 结构可靠性理论与应用［M］. 北京：科学出版社，2009

[38] 刘惟信. 机械可靠性设计［M］. 北京：国防工业出版社，2009

[39] 刘混举. 机械可靠性设计［M］. 北京：科学出版社，2012.

[40] 杨瑞刚. 机械可靠性设计与应用［M］. 北京：冶金工业出版社，2008.

[41] 袁清珂. 现代设计方法与产品开发［M］. 北京：电子工业出版社，2010.

[42] 胡家秀，陈峰. 机械创新设计概论［M］. 北京：机械工业出版社，2005.

[43] 张春林. 机械创新设计［M］. 北京：机械工业出版社，2007.

[44] 吴连连. 反求工程技术的研究及应用［J］. 装备制造技术，2012（1）：137-139.

[45] 何丽辉. 反求工程中点云数据的获取［J］. 交通信息化，2012（11）：128-130.

[46] 黄平. 现代设计理论与方法［M］. 北京：清华大学出版社，2010.

《现代设计方法与应用》

房亚东 陈桦 主编

信息反馈表

尊敬的老师：

您好！感谢您多年来对机械工业出版社的支持和厚爱！为了进一步提高我社教材的出版质量，更好地为我国高等教育发展服务，欢迎您对我社的教材多提宝贵意见和建议。另外，如果您在教学中选用了本书，欢迎您对本书提出修改建议和意见。

一、基本信息

姓名：________ 性别：________ 职称：________ 职务：________________

邮编：________ 地址：________________________________

工作单位：__________校/院__________系 任教课程：________________

学生层次、人数/年：__________ 电话：________—________（H）________（O）

电子邮件：________________________________ 手机：__________

二、您对本书的意见和建议

（欢迎您指出本书的疏误之处）

三、您对我们的其他意见和建议

请与我们联系：

100037 北京百万庄大街 22 号 · 机械工业出版社 · 高等教育分社 舒恬 收

Tel：010-88379217（O） Fax：010-68997455

E-mail：shutiancmp@ gmail. com